西安石油大学“沉积学与储层地质学”科研创新团队建设计划（2013KYCXTD03）
国家“十二五”科技重大专项项目（2011ZX05044-3）
国家“十三五”科技重大专项项目（2016ZX05050006）
国家自然科学基金（41802140）　资助
陕西省自然科学基础研究计划项目（2019JQ-257，2019JM-381）
刘宝珺地学青年科学基金暨山东省沉积成矿作用与沉积矿产重点实验室开放基金（DMSM2019007）

鄂尔多斯盆地西南部延长组致密砂岩储层微观特征

杨友运　赵永刚　陈朝兵　著

科学出版社
北　京

内 容 简 介

鄂尔多斯盆地西南部延长组储层是我国典型的"低渗透油田（藏）致密砂岩储层"之一。本书从致密砂岩的"骨架"、"空隙"（储层中所有空间）、"渗流"三方面研究储层微观特征，通过长石颗粒溶解模拟、成岩作用与成岩相、孔隙结构参数非均质性等领域的精细研究，探索致密砂岩储层微观骨架、空隙、渗流的主要影响因素，全方位、系统地揭示了致密砂岩储层的微观特征及成因。本书在重点研究鄂尔多斯盆地西南部延长组致密砂岩储层微观特征的同时，形成了具有特色的致密砂岩储层表征技术及储集能力定量评价技术。

本书可供从事储层地质学和石油地质学研究、石油地质综合研究及石油勘探的人员参考；也可供地质学、地质工程、地球物理等专业的研究人员和高等院校相关专业的师生阅读、使用。

图书在版编目(CIP)数据

鄂尔多斯盆地西南部延长组致密砂岩储层微观特征 / 杨友运，赵永刚，陈朝兵著. —北京：科学出版社，2020.6

ISBN 978-7-03-065383-3

Ⅰ. ①鄂… Ⅱ. ①杨… ②赵… ③陈… Ⅲ. ①鄂尔多斯盆地-致密砂岩-砂岩储集层-研究 Ⅳ. ①P618.130.2

中国版本图书馆 CIP 数据核字（2020）第 093613 号

责任编辑：焦 健 陈姣姣 / 责任校对：张小霞

责任印制：肖 兴 / 封面设计：北京图阅盛世

科学出版社 出版

北京东黄城根北街 16 号

邮政编码：100717

http://www.sciencep.com

三河市春园印刷有限公司 印刷

科学出版社发行 各地新华书店经销

*

2020 年 6 月第 一 版 开本：787×1092 1/16

2020 年 6 月第一次印刷 印张：26

字数：600 000

定价：368.00 元

前 言

致密砂岩是一类特殊的砂岩，它由比较致密的碎屑岩构成，主要包括粉砂岩、粉–细砂岩、细砂岩和少部分中–粗砂岩。碎屑岩储层可以按渗透率分为常规砂岩储层和致密砂岩储层，两者在沉积发育背景和环境、成岩演化、孔隙类型、孔喉结构、孔隙连通性、储集性能等方面均有较大差异。中国主要含油气盆地的典型致密砂岩储层按照埋深由浅至深主要分布在：鄂尔多斯盆地三叠系延长组、石炭–二叠系，四川盆地三叠系须家河组，松辽盆地南部白垩系登娄库组，松辽盆地北部白垩系泉头组二段至侏罗系火石岭组，吐哈盆地侏罗系水西沟群，准噶尔盆地侏罗系八道湾组，塔里木盆地塔东志留系、库车东部侏罗系、库车西部白垩系巴什基奇克组等。致密砂岩储层既可以是天然气的载体，也可以赋存石油。近年来，大多数对致密砂岩储层的研究主要集中在气田（藏），而对油田（藏）致密砂岩储层的研究相对薄弱。

鄂尔多斯盆地西南部延长组储层作为国内典型的“低渗透油田（藏）致密砂岩储层”之一，总体表现为岩性致密、物性差、储层微观孔隙类型多样、孔喉结构复杂、非均质性强、储集性能悬殊、自然产能低、勘探与开发难度大的特点。前人对致密砂岩储层微观特征研究大多集中在微观孔隙类型、孔喉结构及渗流特征等方面，未能全面、深入地研究致密砂岩储层微观特征。本书以鄂尔多斯盆地西南部陇东地区延长组长 6_3、长 8_1 致密砂岩储层为例，从粒度结构、物性特征、储层的孔喉结构、物性参数空间变化、杂基微观孔喉结构、可动流体及束缚水饱和度、长石颗粒溶解模拟、成岩作用引起的孔隙增减、成岩相对孔喉分布及储层微观结构的影响、孔隙结构参数非均质对储层渗流的影响、储层渗流空间特征定量评价、储层岩石渗流能力评价等方面展开研究，实现“骨架”+“空隙”+“渗流”全方位研究致密砂岩储层微观特征。

全书主要由西安石油大学杨友运执笔完成，约 30 万字。西安石油大学赵永刚撰写了本书的内容简介、前言、第一章、第十二章、第十三章、第十四章、第十五章，约 15 万字，并负责全书的统稿。西安石油大学陈朝兵参与编写了本书第二章至第十八章，约 15 万字。西安石油大学任晓娟、常文静、庞军刚、田建锋、尚晓庆、魏钦廉、肖玲参与了本书所依托的国家“十二五”科技重大专项项目（2011ZX05044-3）的研究工作，为本书的撰写提供了很大支持。

本书是在中国石油天然气股份有限公司长庆油田分公司领导及长庆油田分公司科技处、勘探部、勘探开发研究院相关领导和科研人员、国家“十二五”科技重大专项（2011ZX05044）项目负责人、相关测试分析单位同志的大力支持和帮助下完成的，在此表示衷心的感谢！本书的出版得到了西安石油大学各级领导的关心和有关同事的大力支持，在此深表谢意！

此外，阮昱、王茜、李昊远、何拓平、南凡驰、史刘奇、王耀、张瑞、李磊、王志伟、杨路颜清绘了书中的大部分图件，并参与了书稿部分文字、图表的校对工作。在此一并感谢！

由于书稿完成的时间仓促，书中必然存在疏漏与不妥之处，敬请读者不吝赐教。

作　者

2020 年 1 月

目　录

前言
绪论 ……………………………………………………………………………… 1
第一章　沉积环境、沉积微相与砂体空间展布 ………………………………… 4
　第一节　沉积环境与沉积微相特征 ……………………………………………… 4
　第二节　储层骨架砂体空间展布 ……………………………………………… 10
　第三节　沉积物源方向改变引起的储层砂体形态变化 ……………………… 14
　第四节　沉积环境演化与剖面砂体层序结构 ………………………………… 15
第二章　沉积物源分区与砂岩组分成因类型分布 ……………………………… 21
　第一节　砂岩组分特征与成因类型 …………………………………………… 21
　第二节　物源方向、沉积相带与砂岩组分类型的分区 ……………………… 28
第三章　致密砂岩的结构特征及成因分析 ……………………………………… 38
　第一节　致密砂岩的结构特征 ………………………………………………… 38
　第二节　骨架矿物颗粒表面微观结构特征表征及成因分析 ………………… 43
　第三节　不同搬运沉积方式形成的砂粒结构与物性分异 …………………… 48
第四章　储层孔渗相关性与孔喉结构分析 ……………………………………… 54
　第一节　储层物性发育特征及孔渗相关性 …………………………………… 54
　第二节　高孔渗物性带平面分布与沉积微相及砂岩粒度 …………………… 60
　第三节　孔喉大小分布及结构组合分析 ……………………………………… 61
　第四节　储层孔隙结构特征与物性的相关性 ………………………………… 67
　第五节　储层物性主要控制因素 ……………………………………………… 72
第五章　储层地质参数建模及空间变化特征 …………………………………… 77
　第一节　储层建模基本原理 …………………………………………………… 77
　第二节　储层建模数据准备 …………………………………………………… 85
　第三节　储层构造形态模型 …………………………………………………… 87
　第四节　沉积相模型 …………………………………………………………… 90
　第五节　储层岩相模型 ………………………………………………………… 92
　第六节　物性属性建模 ………………………………………………………… 98
第六章　致密砂岩杂基微观孔喉结构精细表征与计算 ………………………… 111
　第一节　致密砂岩中主要杂基成因类型与分布 ……………………………… 111
　第二节　杂基内微小颗粒构成、主要矿物含量与孔径关系 ………………… 112
　第三节　致密砂岩颗粒、杂基及不同尺度孔喉微观结构精细表征 ………… 113

第四节　杂基微小颗粒微观结构类型 …… 117
第五节　致密砂岩孔喉类型与影响杂基微孔隙的主要黏土矿物 …… 119
第六节　杂基微观孔喉成因类型与结构特征 …… 123
第七节　场发射扫描电镜下杂基黏土矿物集合体晶间微孔结构精细表征 …… 127
第八节　高杂基致密砂岩黏土矿物晶间微观孔隙定量计算 …… 130
第九节　成岩过程中易溶组分及黏土矿物结晶转化对杂基微孔的影响 …… 136
第七章　致密砂岩胶结物微观结构分析与表征 …… 139
第一节　主要胶结物组分、成因类型、产状习性、显微组构与储层物性 …… 139
第二节　胶结物中自生矿物成因序次与共生组合类型 …… 163
第三节　胶结物沉淀结晶、自生矿物生长及转化对孔喉微观结构的影响 …… 165
第四节　不稳定颗粒和胶结物选择性溶蚀迁移对孔喉微观结构非均质的影响 …… 168
第八章　储层物性非均质性特征与流动单元划分 …… 171
第一节　储层物性非均质性特征 …… 171
第二节　流动单元划分及分布特征 …… 185
第九章　孔喉半径与比值、可动流体及束缚水饱和度测量与孔喉微观结构分析评价 …… 204
第一节　恒速压汞分析与孔隙、喉道、孔喉半径比测量 …… 204
第二节　核磁共振测定可动流体（束缚水）饱和度与储层质量分析 …… 220
第十章　长石颗粒溶解室内模拟实验与粒内溶孔量计算 …… 228
第一节　长石室内模拟溶蚀实验 …… 228
第二节　深埋砂岩储层长石溶孔率的定量计算 …… 238
第十一章　主要成岩作用引起的孔隙增减量计算与物性恢复 …… 246
第一节　国内外储层物性演化研究现状 …… 246
第二节　致密储层物性恢复方法 …… 248
第三节　剖面孔隙分布演化特征与有利区带预测 …… 256
第十二章　储层砂岩成岩致密序次及剖面演化差异 …… 261
第一节　成岩时间、期次与致密序次分析 …… 261
第二节　储层砂岩成岩史及剖面演化差异 …… 273
第三节　连井剖面成岩要素组合与差异演化特征 …… 277
第十三章　成岩相对孔喉分布及储层微观结构的影响 …… 280
第一节　典型成岩相类型以及引起的储层微观结构及物性变化 …… 280
第二节　成岩矿物组合特征与分区差异 …… 296
第三节　影响成岩相类型发育分布的主要因素 …… 298
第十四章　多尺度孔隙结构参数非均质对储层渗流的影响 …… 301
第一节　致密储层多尺度非均质孔隙结构形成的岩性基础 …… 301
第二节　致密储层孔喉结构主要类型划分与组合特性 …… 302
第三节　砂岩粒度与孔喉结构参数相关性及长 6_3 和长 8_1 差异对比 …… 304

第四节　物性相关性及变化反映的孔喉成因特征 …… 306
第五节　高压压汞参数相关性变化揭示的孔喉非均质特征 …… 308
第六节　多尺度孔喉结构参数变化对储集及渗流能力的影响 …… 311
第十五章　致密砂岩储层渗流空间特征定量评价 …… 316
第一节　储层岩石孔隙结构特征及评价 …… 316
第二节　储层岩石滑脱系数特征 …… 331
第三节　覆压对研究区储层渗透率和孔隙度的影响 …… 334
第四节　储层可动流体饱和度分类特征 …… 338
第十六章　致密砂岩储层岩石渗流能力评价 …… 342
第一节　微观渗流特征 …… 342
第二节　单相水和单相油渗流特征 …… 343
第三节　原油流动能力评价指标（K_{oi}/K_a） …… 349
第十七章　低渗致密砂岩储层定量化分类评价 …… 353
第一节　国内有关低渗致密砂岩储层分类评价概况 …… 353
第二节　低渗致密砂岩储层分类渗流能力参数确定依据 …… 356
第三节　低渗致密砂岩储层定量化分类评价 …… 357
参考文献 …… 359
附图

绪　论

一、研究背景与意义

鄂尔多斯盆地中生界延长组致密砂岩储层中蕴藏着世界上罕见的低渗、特低渗油藏，储层发育层位多，分布面积广，长期以来，一直是该盆地石油的主力勘探和开发目的层。目前，中国石油长庆油田已在鄂尔多斯盆地延长组探明石油地质储量近50亿吨，低渗透致密砂岩储量占总探明储量的90%以上。鄂尔多斯盆地西南部陇东地区面积约$4\times10^4 km^2$，分布有西峰、华庆、马岭、合水及镇原等几个大油田，是国家“十二五”示范工程“鄂尔多斯盆地大型低渗透岩性地层油气藏开发示范工程”的重点选区之一。围绕陇东地区延长组致密砂岩储层开展的“中生界延长组低渗透储层微观评价技术”攻关，是“鄂尔多斯盆地大型低渗透岩性地层油气藏开发示范工程”项目的重要研究内容之一。本书以陇东地区为例，在“中生界延长组低渗透储层微观评价技术”项目的支撑下，重点研究“鄂尔多斯盆地西南部延长组致密砂岩储层微观特征”。

晚三叠世，陇东地区位于鄂尔多斯湖盆腹地和沉降中心。陇东地区上三叠统延长组的致密砂岩储层埋藏深度为1800～2600m，地质历史时期经历了印支、燕山及喜马拉雅等多期构造运动和成岩演化，受构造运动和沉积成岩环境影响，形成鄂尔多斯盆地中生界延长组致密砂岩储层中最具代表性、组分结构最复杂的储层。虽然陇东地区延长组致密砂岩储层的影响因素复杂，具体表现为沉积微相、砂体构型和内部结构、成岩相变化多端，岩石颗粒细小，储层孔喉细微，物性极差，非达西渗流特征典型，却有巨大的含油潜力。前人就“鄂尔多斯盆地西南部延长组致密砂岩储层微观特征”进行了长期研究和探索，积累了较丰富的研究成果，也设计了一些研究方案并更新了技术方法，但受当时储层地质学理论发展、石油勘探开发技术进程及资料信息等的限制，研究中对致密砂岩储层砂体构型、微观结构特征等认识不深入，表征描述不够精细，特别是针对致密砂岩储层仍缺乏特色评价方法和先进表征技术，通常选用的致密砂岩储层评价参数标准不统一，而且也不完全适用于陇东地区延长组致密砂岩储层；次生孔隙成因、微观结构变化和物性之间的关系没有厘清；孔隙微观特征、自生矿物成因类型、与物性和渗流变化的关系，以及成岩过程中孔隙演化的定量表征等问题均没有解决；对油气充注成藏与成岩致密序次过程缺乏深入分析，导致延长组砂岩储层组分、成岩机理及孔隙演化关系不清，渗流机理不明，储集能力评价缺乏定量判识标志，在延长组低渗透油气田经济有效开发中，影响人们对储层内部微观结构特征的深入认识，制约了对优质储层的有效预测。

通过广泛深入调研国内外有关低渗透油气藏开发技术现状、研究进展及理论动态，笔者与团队在国家“十一五”示范工程技术研究的基础上，结合国家“十二五”示范工程技术公关总目标，研究并形成“低渗透储层微观表征技术”、“低渗透储层储集能力定量评价技术”和“低渗透储层成岩及孔隙演化序列”，有效支撑了国家“十二五”示范工程建设，为国家大力发展长庆油田，努力打造西部大庆，落实国家目标，带动全国低渗透油气田的开发提供了技术支持。

针对鄂尔多斯盆地中生界延长组致密砂岩储层在勘探和开发中存在的评价技术难题和以往研究工作中存在的研究薄弱环节，本书主要以鄂尔多斯盆地西南部陇东地区华庆油田延长组长 6_3 和马岭油田延长组长 8_1 的致密砂岩为研究对象，重点研究致密砂岩储层微观特征。

二、研究目标

在国家“十一五”示范工程技术研究的基础上，充分利用岩心精细描述、样品测试配套分析、沉积微相分析、成岩相分析，以及测井和地震资料分析等成熟技术，密切结合国家“十二五”示范工程技术公关的总目标，“鄂尔多斯盆地西南部延长组致密砂岩储层微观特征”的主要研究目标如下：

（1）形成具有特色的致密砂岩储层表征技术，包括岩相分析、建立精细储层格架、孔隙结构分类评价、储层流动单元划分、储集空间描述及定量评价等的技术方法。

（2）形成致密砂岩储层储集能力定量评价技术，建立该类储层的分类评价标准。

（3）建立致密砂岩储层成岩作用及孔隙演化的典型序列，预测优质储层。

三、主要研究内容

本书主要包括以下 7 项研究内容：

（1）通过系统研究致密砂岩储层的宏观分布特征，刻画砂体几何形态，恢复砂体分布和叠置样式，总结同期和不同期砂体的空间复合分布规律。

（2）分析致密砂岩储层岩石内部组分、结构、构造及成岩变化特征，通过岩石学特征分析，揭示储层岩石组分在演化过程中的变化规律。

（3）研究致密砂岩储层内部砂体构形特征，系统划分孔隙类型，分析孔喉结构及组合匹配关系，重点开展储层微观特征及成因分析，结合渗流屏障分析，划分储层层级、构型单元和流动单元。

（4）在致密砂岩微观结构和非均质性研究的基础上，分析储层质量差异，进行储层微观表征，建立致密砂岩储层孔喉微观结构评价标准，并进行分类评价实践。

（5）通过对低渗透储层驱油实验、高压压汞及恒速压汞实验和非达西流实验，弄清复杂储层结构驱替规律和渗流机理，获取反映储集能力的孔隙结构参数。

（6）分析不同代表性井区的低渗透储层油水两相渗流实验、低渗透储层敏感性实验和可动流体饱和度实验结果，进行储集能力分类定量评价，形成低渗透储层储集能力分类定量评价技术。

（7）厘定砂岩储层成岩演化与砂岩致密序次，进行孔隙演化定量评价，建立致密砂岩储层成岩及孔隙演化序列。

四、主要研究成果

（1）在储层沉积条件、岩石组分、砂体结构及孔喉特征研究的基础上，划分了致密砂岩储层孔喉类型，建立了组分、粒度、物性、孔喉结构及非均质性之间的关系。

（2）基于铸体薄片、阴极发光、高分辨率扫描电镜、流体包裹体和电子探针等技术方法，表征了成岩相与孔喉微观结构，建立了成岩期次与砂岩致密序次关系，分析了孔隙演化及成岩致密过程。

（3）分尺度采用多种显微扫描技术精细表征了致密砂岩杂基微观孔喉结构与晶间微孔，分类定量计算了高杂基细粉砂岩杂基微孔中主要黏土矿物晶间微孔占比，奠定了定量化评价致密砂岩储层的参数依据。

（4）在典型单井成岩埋藏史研究的基础上，计算了成岩演化过程中主要成岩作用引起的孔隙增减量，建立了相关计算模型，并利用地震、测井及岩心分析测试结果，进行了剖面孔隙反演。

（5）在沉积层序、沉积微相、粒度结构及韵律变化研究的基础上，采用目前适用于强非均质性致密砂岩微观孔隙结构的流动带指数法（FZI 计算法）划分了储层流动单元，并研究了引起宏观物性非均质性的沉积学因素。

（6）基于气测岩心的滑脱系数测定、覆压孔渗测定、压汞法（常规、恒速）孔喉结构测定及核磁共振可动流体饱和度测定，分别获取了评价致密砂岩储层渗流能力的可动流体饱和度、可动流体孔隙度、孔喉半径、主流喉道半径、孔隙/喉道体积比等参数，研究了孔隙、喉道大小的分布特征，建立了储层微观孔喉结构变化与上述参数之间的关系，确定了储层储集及渗流空间类型、渗流能力的定量划分参数标准。

（7）制定了企业标准-低渗（特低渗）致密砂岩储层分类定量评价方法，建立了低渗透储层成岩及孔隙演化序列，提出了长石溶孔模拟实验及计算方法和低渗透储层晶间微孔计算方法。

第一章　沉积环境、沉积微相与砂体空间展布

第一节　沉积环境与沉积微相特征

在区域沉积背景及早期研究的基础上，根据陇东地区华庆油田长 6_3 砂层组和马岭油田长 8_1 砂层组的取心井岩心观察、生物化石组合、粒度特征、沉积序列、沉积结构、沉积构造、录井、测井资料等指相标志的综合分析（附图 1），分别划分了沉积微相类型，并对沉积相带展布和演化进行了预测和分析。

一、陇东地区长 6–长 8 油层组主要沉积微相类型

由于区域沉积背景相似，湖盆环境演化有一定继承性，所以陇东地区华庆油田长 6_3 和马岭油田长 8_1 砂层组的不同层位和区段在沉积环境体系以及微相发育类型方面，既有共性，也有区别。总体上主要沉积体系为三角洲和浊流以及砂质碎屑流，微相类型包括水下分流河道微相、河口砂坝、远砂坝和浊积砂坝。

1. 三角洲前缘主要沉积微相

三角洲前缘是三角洲的主要骨架，也是砂体发育最多的地带。从河口往湖依次可分为水下分流河道、分流间湾、河口坝、远砂坝及前缘席状砂等微相，其中水下分流河道微相作为其骨架相十分发育。自然电位曲线、自然伽马曲线中低值，呈齿状，表现为多个箱形或钟形曲线的叠加。

1）水下分流河道

水下分流河道是水上分流河道向湖泊水体延伸的部分，发育于研究区北部和东北部。该类砂体组合形式一般是由两期或多期水下分流河道砂体叠加而成，由于物源经过长距离的搬运，入湖后经湖水阻滞而使得水流能量变低，所以研究区水下分流河道砂岩主要是深灰色、灰绿色的细砂岩和粉砂岩，砂岩呈厚层块状，夹有深灰色粉砂质泥岩、泥岩，底部发育冲刷面，并可见含有泥砾，泥砾大小根据水动力的不同而不同。单期水下分流河道砂体表现为向上粒度逐渐变细的正粒序特征。沉积构造自下而上为平行层理、小型交错层理、槽状或板状交错层理、透镜状层埋和水平层理。水下分流河道横向上侧变为浅湖亚相泥质粉砂岩和粉砂质泥岩，垂向剖面结构中常出现多起河道的连续叠置，或与河口坝、分流间湾呈截切关系，这一叠置形式为间歇性水下分流河道发育条件下的产物，顶部与分流河道间呈渐变关系。自然伽马曲线和自然电位曲线表现为齿化的多个箱形或钟形的叠加（图 1-1）。说明水下分流河道砂体紧密地叠置在一起并且水动力条件较强且较稳定。

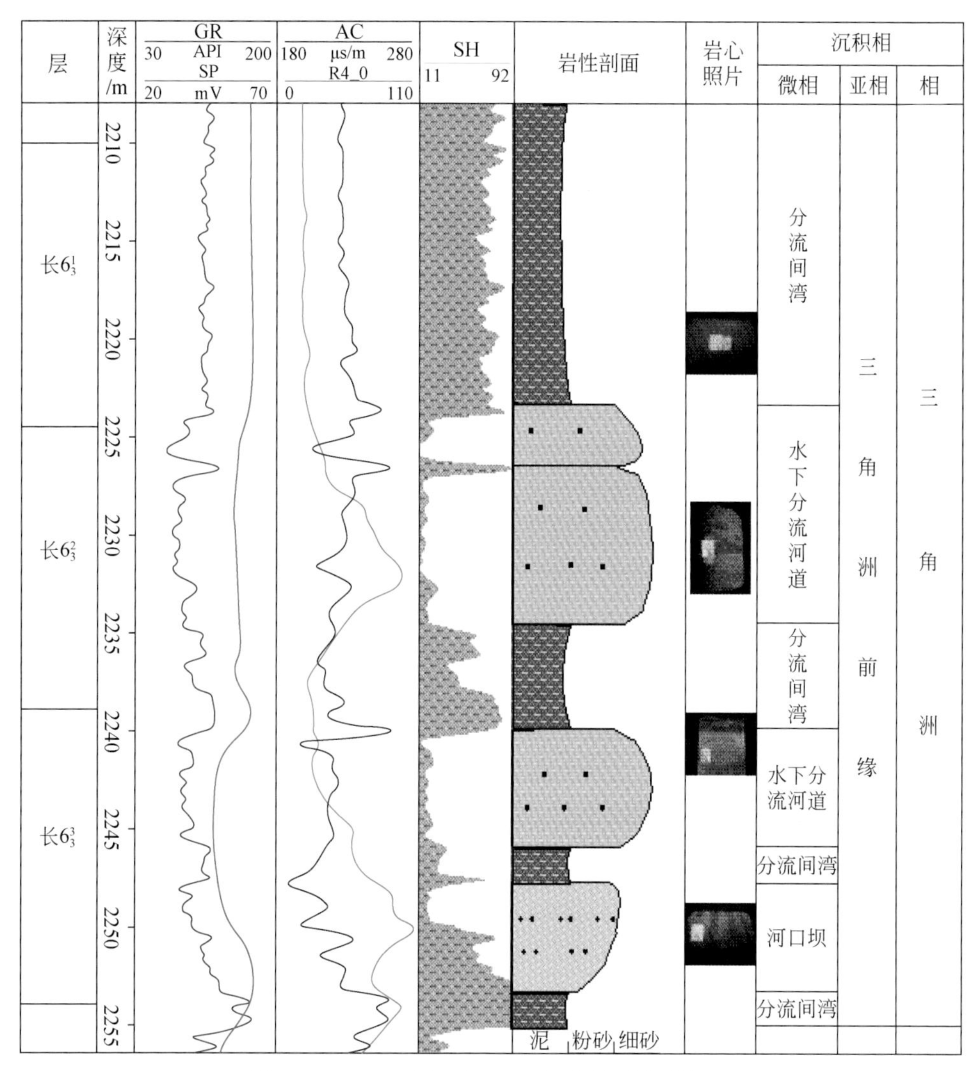

图 1-1　白 437 井三角洲前缘沉积微相柱状剖面

2）水下分流间湾

分流间湾是水下分流河道之间形成的相对凹陷的海湾地区，与海或湖泊等开阔水体相连通。当三角洲向前推进时，在分流河道间形成一系列尖端指向陆地的楔形泥质沉积体，以细粒沉积为主，岩性以厚层灰黑色、黑色的粉砂质泥岩、泥质粉砂岩为主，发育水平层理、沙纹层理及变形层理，反映出该微相主要处于较平静的低能环境中。可见虫孔、虫迹以及生物扰动构造，由于水下分流河道的改道和不同期次沉积的叠加，分流间湾沉积在单井剖面上与水下分流河道相互叠置。自然伽马曲线和自然电位曲线表现为低幅的微齿状或线状，电阻率曲线呈中低幅齿状（图 1-1）。

3）河口坝

河口坝砂体是位于水下分流河道河口处的砂质沉积体，分选性较好，主要由浅灰色、灰色、灰绿色的细砂岩及粉砂岩组成，砂体下部主要发育水平层理、流水沙纹层理、浪成沙纹层理，局部有块状层理，向上发育槽状交错层理、板状交错层理、平行层理等，反映水动力向上逐渐增强。在垂向剖面结构上，河口坝砂体往往与较细粒的远砂坝砂体叠置组成向分流间湾或前三角洲下超的进积复合体，顶部被向湖盆方向延伸的水下分流河道截切超覆，或被分流间湾细粒沉积物覆盖，表现为上粗下细的反粒序结构。岩电特征主要是漏斗状或齿化漏斗状的自然电位曲线和自然伽马曲线，单个河口坝一般呈顶部突变、底部渐变，说明水动力条件逐渐增强，物源供给增多，多个河口坝叠加主要表现为阶梯状漏斗形或箱形与漏斗形叠加或钟形叠加漏斗形（图1-1）。

华庆油田的河口坝不是太发育，由于受湖盆的抬升和古地理沉积环境的影响，河口不断向前推移，对原本沉积的河口坝进行改造和冲刷，现在所见到的河口坝为残余河口坝，其上往往叠置水下分流河道沉积。

4）席状砂

三角洲前缘席状砂是先期形成的分流河道和河口砂坝被湖泊波浪改造，发生横向迁移并连接成片形成的砂体，岩性为粉细砂岩，分选较好，与泥岩互层，发育小型交错层理及波状层理。在相序上与远砂坝、前三角洲泥或浅湖泥共生。研究区沉积主要受河流控制，所以前缘席状砂体发育不好，只在个别井中出现。自然电位曲线和自然伽马曲线主要是低幅的齿状漏斗形或指状。

5）远砂坝

平面位于三角洲前缘末端，与前三角洲泥共生，其岩性以粉砂岩、细砂岩及泥质粉砂岩为主，砂体一般厚0.5～2m，常发育包卷层理、透镜状层理及沙纹层理，测井曲线一般呈低-中幅指形或漏斗形，高自然伽马、低自然电位，表明其砂质含量低、泥质含量高。在垂向上位于进积三角洲的沉积旋回底部，发育泥质粉砂岩和泥岩夹薄层粉砂质泥岩，发育水平层理、透镜状层理、波状层理等，偶有潜穴构造。具有低幅齿形、微齿形的自然伽马曲线（图1-2）。

2. 浊积扇主要沉积微相

三角洲前缘湖底滑塌浊积扇沉积在华庆油田以长6_3砂层组最为发育，根据其内部特征进一步分为内扇、中扇、外扇以及扇外多个亚相沉积和微相类型，其中储层砂体具有不同特征。

1）内扇亚相主水道

内扇亚相主要发育主水道，离物源最近。主水道可向中扇和外扇输送沉积物，在垂向上，往往有数个砂体连续叠置充填，但横向上，厚度变化较大，岩性主要为灰色细粒岩屑长石砂岩，偶夹薄层深灰色粉砂岩，分选和磨圆较差，颗粒支撑为主。砂体单层厚2～3m，底面有岩性突变的底冲刷面，向上略显正递变粒序层理、平行层理、波状层理等沉积构造，以发育鲍马序列的a—b段组合为主，自然电位、自然伽马曲线呈齿状、箱形组合。

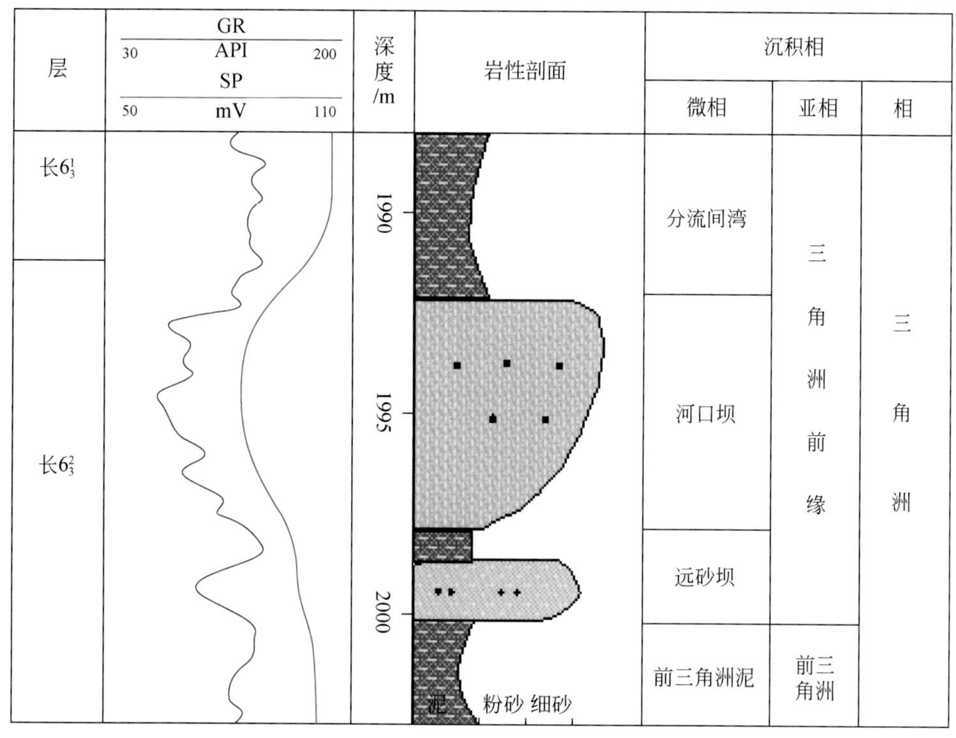

图 1-2　白 475 井三角洲前缘-前三角洲沉积微相序列

2）中扇分支水道及水道间

中扇亚相是湖底滑塌浊积扇的沉积主体（图 1-3），占研究区整个浊积扇砂体面积的 60%~70%，而且往往厚度较大。相对内扇，该亚相砂岩明显较细，而泥岩组分和夹层增多，进一步细分为分支水道、浊积水道间和无水道前缘席状砂 3 个微相。中扇亚相的主体，向上与内扇主水道相接，向下分支为多个次级水道。岩性以细砂岩、粉砂岩和粉-细砂岩为主，结构和成分成熟度都较低，常含有撕裂状泥屑和泥砾，具有清晰的底冲刷面，发育平行层理、正递变粒序层理、沙纹层理、块状层理和重荷模构造，大部分显示不完整的 a—b 段和 b—c—d 段鲍马序列。垂向剖面上与水道间微相的泥、粉砂岩或中扇前缘席状粉细砂岩呈韵律互层，或由多个砂体相互截切、连续叠置构成叠合砂体，显示中扇水道有频繁变迁的特点。粒度概率曲线呈一段式或较平缓的两段式。电性特征表现为自然电位、自然伽马曲线呈锯齿状起伏，并且表现为低-中高幅的锯齿状的近箱形或钟形曲线的频繁叠加，电阻率曲线为中、低阻的反复叠置。微相是滑塌浊积扇砂质最为活跃的部位，分布广、厚度大和储集性较好，因此也是研究区沉积微相中重要的骨架砂体和油气聚集单元，加之具有良好烃源岩条件的半深湖-深湖相泥岩，有着优越的自生、自储、自盖的配置条件。

3）浊积水道间

浊积水道间是指溢出分支水道的水道间浊流沉积，厚度不大，主要发育泥质粉砂岩和泥岩组合，以鲍马序列的 c—d—e 段为主要特征，具有较强的生物扰动。从中扇上游向下

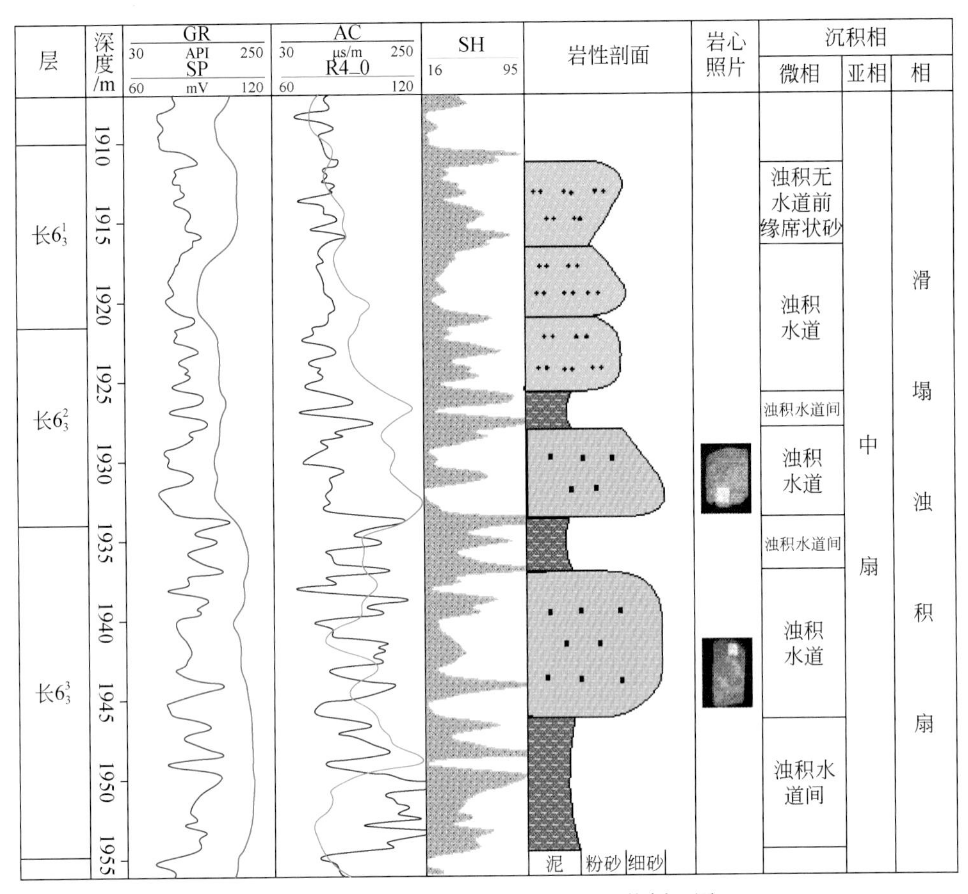

图 1-3　白 283 井浊积扇沉积微相柱状剖面图

游，其砂岩的单层厚度、含量、粒度都会逐渐变薄、变少和变细。电性特征表现为齿形或平直状的低自然电位和自然伽马（图 1-3）。

4）外扇低密度浊流远砂坝

外扇位于中扇与半深湖-深湖之间宽广的过渡带，围绕扇体呈弯曲环带状分布，以低密度浊流沉积为主。主要发育灰黑色泥质粉砂岩和粉砂质泥岩组合，夹黑色泥岩，具水平层理、沙纹层理和波状层理，以鲍马序列的 c—d—e 段及 d—e 段组合为主。自然伽马曲线以低幅细齿形+指形为特征。

5）扇外缘席状砂坝

扇外缘席状砂坝指中扇分支水道前端的无水道溢流沉积部分，通常与分支水道逐渐过渡，沉积物分布广但层薄，岩性以粉-细石英砂岩与泥质粉砂岩互层为主。泥砾含量极少，但泥质条带、泥岩和泥质粉砂岩夹层增多，底冲刷面不甚发育，沉积构造有沙纹层理、水平层理、平行层理、泄水构造和滑塌包卷层理等，可识别出鲍马序列 b—c—d—e 段或 c—d—e 段组合。自然伽马曲线以中-低幅指形+低幅齿形组合为主。

在上述微相中，水下分流河道和浊积扇的浊积水道砂体较为发育，由于长 6_3^3-长 6_3^1表现为湖盆的逐渐萎缩，因而形成了三角洲前缘向湖盆中心推进的特征。其中，长6_3^3砂层组砂体最厚。

6）*砂质碎屑流微相*

华庆油田砂质碎屑流块状砂岩主要发育在研究区中部，为北东向强物源体系下三角洲前缘沉积物顺坡滑动的产物，岩性以长石砂岩、岩屑长石砂岩为主，石英含量较低，呈块状，砂岩内部不具任何层理构造，平行于层面分布。

二、华庆油田长6_3各小层主要沉积微相平面展布特征

根据华庆油田已完钻井的岩心观察，电测曲线测井相分析及对单井沉积相、连井相剖面分析，结合相序的变化，编制出各小层沉积相带平面展布图。从沉积微相平面展布图可以看出总体呈北东-南西向展布，东北部发育三角洲前缘亚相，由东北方向物源供给，优势相带主要为三角洲前缘水下分流河道微相和河口坝微相，中部发育大面积重力流沉积，西南一隅为浊流沉积，浊流搬运的物质主要来自西南物源。

1）*长6_3^1沉积微相*

由于物源主要来自北部和东北部，长6_3^1期研究区主要发育的4支三角洲前缘水下分流河道砂体也呈北东-南西向展布（附图2）。

平面上砂体呈群状、带状、不规则的扇状展布。砂体厚度一般为6～13m，最厚可达15.7m。砂地比一般大于40%。井位上沿里95-元427-元431-元430-元287-元413-元297-白135-白239-白183-剖107-白169-白266-白133-白242-午211井一线识别为深水坡折带（陡坡），上部为三角洲前缘沉积，下部为湖底滑塌浊积扇沉积，发育重力流成因的浊积水道砂体和深湖泥。

2）*长6_3^2沉积微相*

长6_3^2期继承了长6_3^1期三角洲前缘部分，仍有四大分流河道（附图6）。平面上砂体呈群状、带状、不规则的扇状展布。砂体厚度一般为6～16m，最厚可达18.5m。平均砂地比为54%。井位上沿元441-元138-元294-元295-元440-白241-元296-白138-白157-白123-白410-白490-白184-白242-午218井一线识别为深水坡折带（陡坡），上部为三角洲前缘沉积，下部为湖底滑塌浊积扇沉积，发育浊积水道砂体和深湖泥。

3）*长6_3^3沉积微相*

长6_3^3期基本继承了长6_3^2期的特点，砂体展布与长6_3^2期基本相似，但由于湖盆处于收缩早期，侵蚀基准面变低致使物源剥蚀量增大，为湖盆中心砂体沉积提供了充足物源。东北主要物源和西南次要物源在湖盆中心汇集，砂体厚度大，一般为8～18m，最高可达19.4m，平均砂地比为58%，且储层分选性好、物性相对较好，井位上沿元421-元439-元421-元439-元289-元425-元245-白231-白216-白427-白129-白192-白121-午211井一线识别为深水坡折带（陡坡），上部为三角洲前缘沉积，下部为湖底滑塌浊积扇沉积。

总的来看（附图10），长6_3沉积期，沉积环境比较稳定，砂体在平面上的分布特征具有一定的继承性，分流河道沉积格局、砂体展布方向基本一致，只是水动力的改变导致砂体发育规模具有差异。长6_3^3期由于处在湖盆收缩的早期砂体最发育，砂体平面上连片性好，呈群状、带状展布，纵向上连通性强，为主要的含油小层。

三、马岭油田长8_1各小层主要沉积微相平面展布特征

鄂尔多斯盆地长8油层组处于湖盆扩展期。马岭油田长8油层组以三角洲前缘沉积为主。其储层砂体的沉积微相主要有水下分流河道、分流河道边缘、河口坝等，非储层的沉积微相主要为水下分流间湾。水下分流河道微相发育灰褐色细砂岩和深灰色细砂岩，砂层厚，具平行层理、块状层理、波状层理，具良好油气显示，可见泥砾，局部可见天然裂缝，含油性好，其自然伽马曲线呈钟形或箱形，或钟形和箱形的复合形态；水下分流间湾主要为灰褐色泥岩和灰色细粉砂岩，自然伽马曲线呈齿状，自然电位近于直线，可见碳质泥岩和植物根茎。

根据岩性、电测曲线特征，将长8油层组分为长8_1、长8_2两个层段，其中，长8_1又分为长8_1^1、长8_1^2、长8_1^3三个小层，其岩性特征、物性特征、含油性等相对优于长8_2。

1）长8_1^1沉积微相

长8_1^1储层主要为三角洲前缘沉积，发育分流河道、分流河道边缘、分流河道间湾、河口坝等沉积微相（附图20）。

2）长8_1^2沉积微相

长8_1^2、长8_1^3储层沉积与长8_1^1基本一致（附图24，附图28），但砂体较薄，砂地比较小，分流河道范围也相对较小。

长8_2储层为三角洲前缘和半深湖沉积体系，其沉积与长8_1一致。东北方向和西南方向发育水下分流河道，分流河道末端河口坝发育。

第二节 储层骨架砂体空间展布

一、华庆油田长6_3各小层砂体平面展布趋势

总体上，华庆油田长6_3期砂体展布受区域沉积相带控制，从图1-4可看出，砂体呈北东–南西向展布，北东方向延伸过来的三角洲前缘的水下分流河道砂体呈长条状向本区内延伸展布，砂体较厚。在白155井区西南方向发育重力流沉积，受东北、西南物源的共同控制，砂体呈北西–南东向连片分布，砂体厚度大，仅局部地区砂体不发育。浊积砂体平面分布稳定性相对较差，呈北西–南东向带状展布，或呈孤立的透镜状，单砂体厚度一般较小。水下分流河道主体部位与河道交汇区以及深湖多期叠置砂质碎屑流舌状体是厚砂层

发育的主要位置，也是相对高渗储层形成的有利地区。细分长6_3^1、长6_3^2和长6_3^3各个小层因环境演化有区别。

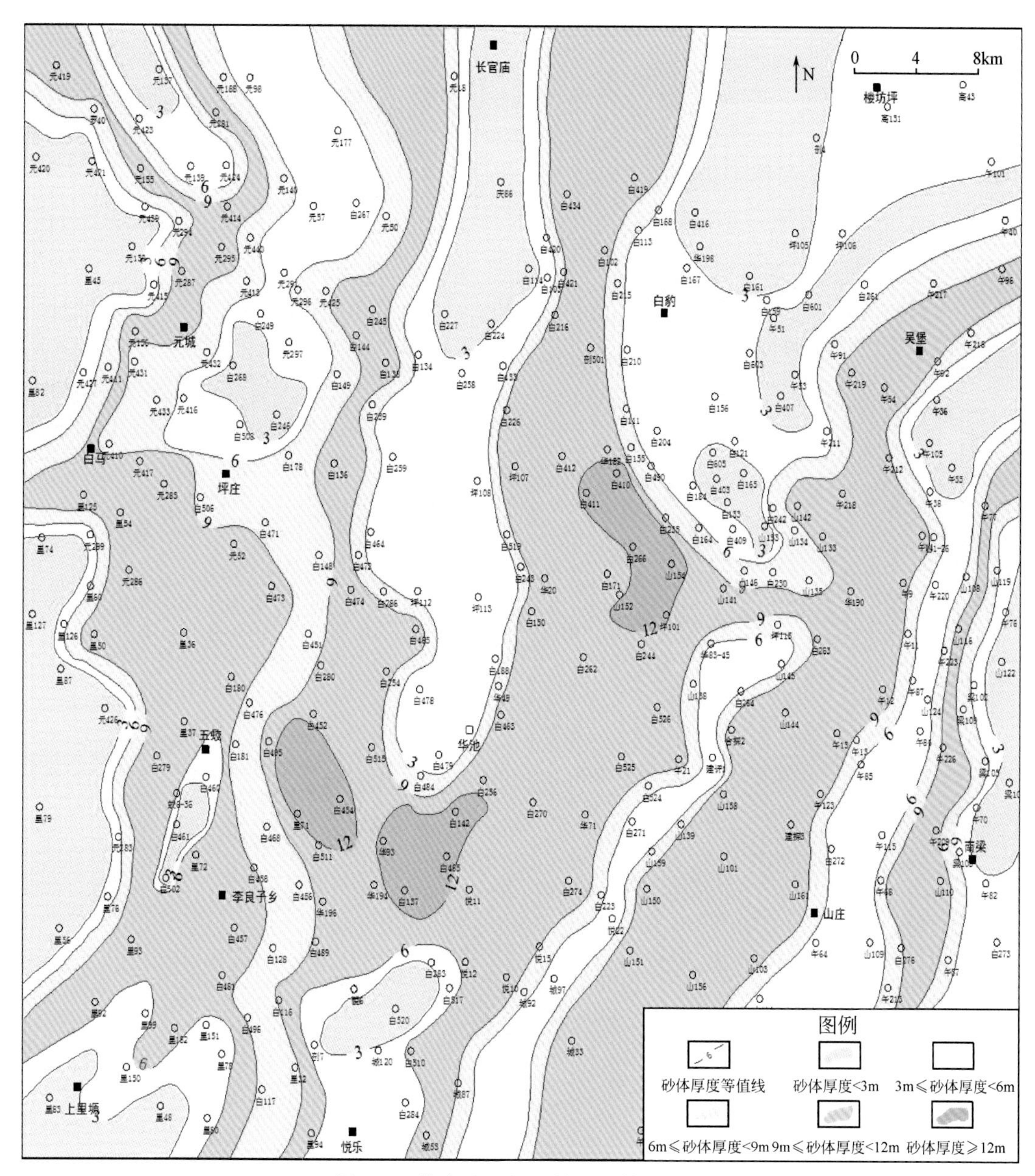

图 1-4　华庆油田长6_3储层砂体展布图

1）长6_3^1砂体发育分布特征

由于物源主要来自北部和东北部，平面上砂体呈群状、带状、不规则扇状展布（附图3）。砂体厚度一般为6～13m，最厚可达15.7m。砂地比一般大于40%。细分发育4支三角洲前缘水下分流河道砂体，呈北东-南西向展布，井位上沿里95-元427-元431-元430-

元 287–元 413–元 297–白 135–白 239–白 183–剖 107–白 169–白 266–白 133–白 242–午 211 井分布。

2）长 6_3^2 砂体发育分布特征

平面上顺水下分流河道，砂体有四大分支，平面上上游呈带状，下游呈不规则的扇状（附图 7）。砂体厚度一般为 6 ~ 16m，最厚可达 18.5m。平均砂地比为 54%。具体井位上沿元 441–元 138–元 294–元 295–元 440–白 241–元 296–白 138–白 157–白 123–白 410–白 490–白 184–白 242–午 218 井分布。

3）长 6_3^3 砂体发育分布特征

砂体展布与长 6_3^2 基本相似，砂体厚度大，一般为 8 ~ 18m，最高可达 19.4m。平均砂地比为 58%。沿元 421–元 439–元 421–元 439–元 289–元 425–元 245–白 231–白 216–白 427–白 129–白 192–白 121–午 211 井一线分布（附图 11）。

上述小层的砂体统计结果（表 1-1）显示，相对而言长 6_3^3 砂体最发育，砂体呈条带状展布，单砂体厚度平均值为 3.45。当然，在不同小层和沉积微相中发育状况有差异［图 1-5（a）］。

表 1-1　华庆油田长 6_3 各小层砂体厚度平面分布统计表

层位	砂体厚度平均值/m	单砂层数/个
长 6_3^1	3.33	547
长 6_3^2	3.42	571
长 6_3^3	3.45	552

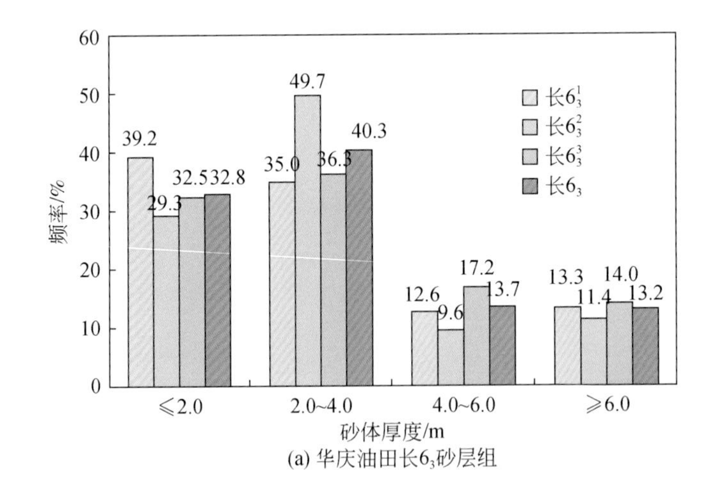

(a) 华庆油田长 6_3 砂层组

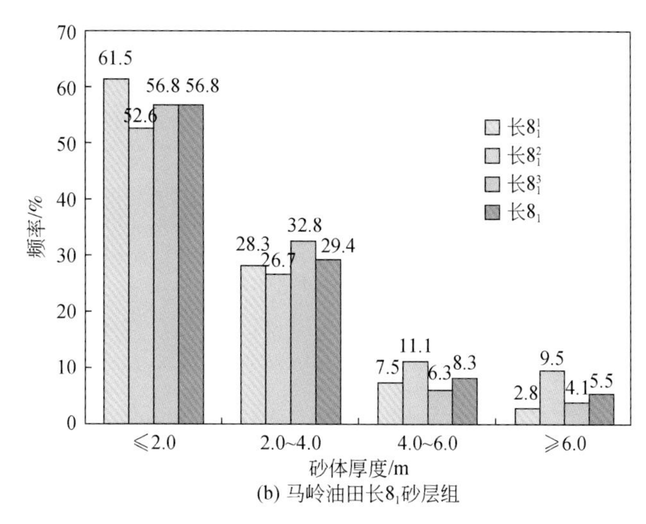

图1-5　马岭油田长8_1和华庆油田长6_3各小层单砂层厚度分布直方图

二、马岭油田长8_1各小层砂体平面展布规律

1）长8_1^1砂体发育分布特征

砂体呈条带状沿北东–南西向展布（附图21），厚度为0.855～26.754m，平均厚度为7.6m，高值区分布最广，砂体连片性最好，主要分布在环58、环64、里189、木7等井附近，显示储层连通性最好。

2）长8_1^2砂体发育分布特征

砂体呈条带状沿北东–南西向展布（附图25），厚度为0.805～21.35m，平均厚度为6.78m，高值区主要分布在环56、里165、环71、环305井附近。

3）长8_1^3砂体发育分布特征

砂体呈条带状沿北东–南西向展布（附图29），厚度为0.85～19.995m，平均厚度为6.07m，高值区主要分布在环71、木28、木30、木48、木19、木39、木34、木16、木21、环68、木22井附近。

综合上述小层砂体分布特征（表1-2）可以看出，马岭油田长8_1各小层不及华庆油田长6_3各小层发育，小层内部虽然砂体均呈网状分布，但相比长8_1^2最好，单砂体厚度平均值为2.86m，不同小层和沉积微相中发育状况如图1-5（b）所示。

表1-2　马岭油田长8_1各小层砂体厚度平面分布统计表

层位	砂体厚度平均值/m	单砂层数/个
长8_1^1	2.29	423
长8_1^2	2.86	461
长8_1^3	2.27	483

第三节　沉积物源方向改变引起的储层砂体形态变化

剖面上砂体的展布是在单井沉积时间单元对比的基础上，通过分析砂体各级沉积旋回特征，对比同时期沉积砂体变化，结合沉积物源与三角洲体系和垂直湖岸方向以及引起的沉积环境相带演化趋势，分别刻画了研究区沿北东–南西、北西–南东向不同方向剖面砂体展布特征和形态样式。

一、华庆油田长6_3不同方向连井剖面上砂体形态样式变化

在小层划分的基础上，根据小层时间单元平面单期砂体展布情况，由老到新，单期砂体剖面展布特征如下。

1）顺物源剖面

由于顺物源方向，同期单砂体会有多口井同时揭示。研究区河道单砂体纵向上多期叠置相对较多，连续性较好，厚度较大，特别是白 107 井区单期河道砂体较厚（附图 14，附图 15）。

2）垂直物源剖面

由于垂直物源方向，单砂体纵向上多期叠置较少，连续性一般，总厚度也一般。

相比而言，顺河道展布方向砂体的连续性较高，延伸远，条带状展布明显，而垂直河道展布方向，砂体多数呈现透镜状，横向变化较快，部分井层明显呈现反映不同期次分流河道沉积（透镜状砂体）的侧向迁移，此外在部分井层也发育连续性相对较高的砂体，该分流河道砂体的厚度较顺河道方向连续性砂体的厚度要小，这主要是水下分流河道的改道与交织所致，但其主流方向仍然为南西–北东方向（附图 16，附图 17）。

二、马岭油田长8_1不同方向连井剖面上砂体形态样式变化

1）顺物源剖面

环 305–木 19 剖面（附图 34）：位于研究区西部，砂体厚度较大，连通性较好，显示储层连片性好，规模大。剖面上长8_1^1砂体连通性最好，长8_1^2次之，长8_1^3最差，且砂体厚度变化大。剖面上长8_1^3期储层砂体从沉积开始沿环 39、里 185、环 82 井处河流依次改道，砂质沉积逐渐减少成为泥；8_1^2早期河流在里 185、环 39、木 42 井处改道，储层砂体不发育，后期在里 185 井之后不再沉积砂岩；8_1^1期河流改道则发生在木 30、环 39 井处，储层不发育。里 74–里 157 剖面（附图 35）：位于研究区东部，砂体厚度较薄，连通性较好，显示储层连片性好，但砂体厚度起伏变化太大。长8_1^3、长8_1^2、长8_1^1三期的河流改道基本都发生在里 188、里 190 井附近。

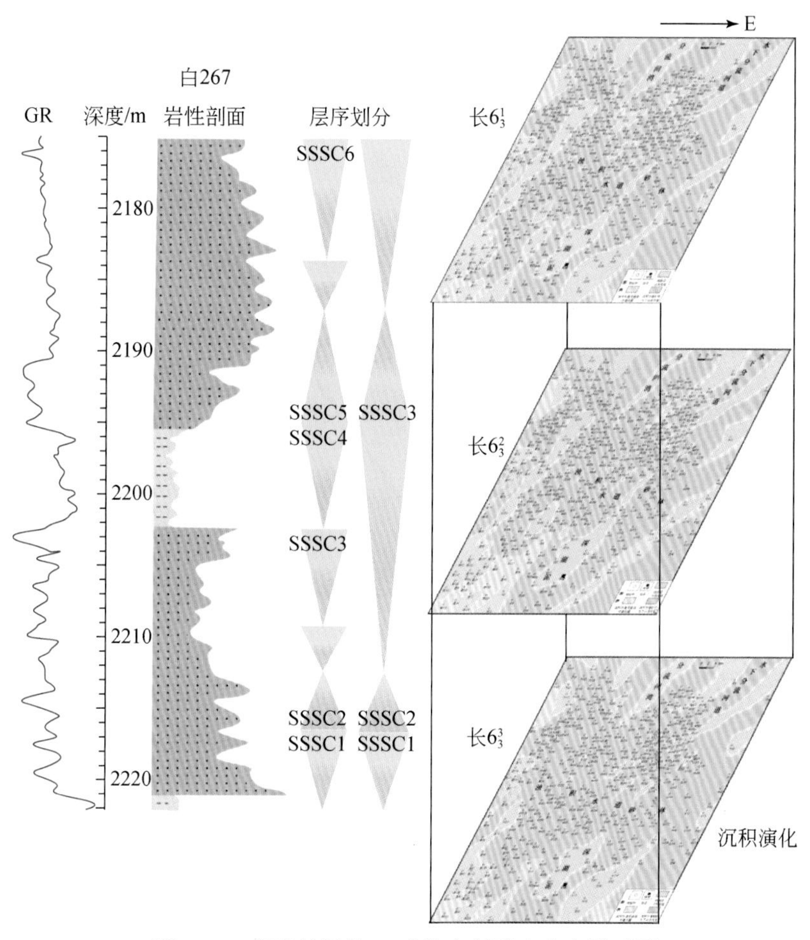

图 1-10 华庆油田长 6_3 砂体空间形态分布模型图

长 8_2^2沉积期水动力能量相对较强，砂体普遍下切侵蚀形成层层叠置的厚砂层，长 8_2^1沉积期水动力能量降低，砂体下切侵蚀仅发生在部分井层，而长 8_1^3、长 8_1^2沉积期水动力能量开始增强，砂体普遍下切侵蚀形成了叠置和下切叠置的厚砂层，随着水体的加深，泥质沉积增多，长 8_1^1的砂体较长 8_1^2不发育。

纵向上，每个次级旋回不同程度地发育不同厚度的沉积砂体。在分流河道主体部位，砂体层层叠置形成巨厚的砂层，如环68、里165、环99、木30、环23、里208、环84、环91、里217 等井在长 8 形成的叠置砂体厚度达 15 ~ 25m，而在分流河道边缘相带呈现砂泥互层，分流间湾微相则表现为“泥包砂”的沉积特征。

顺河道展布方向砂体的连续性较高，延伸远，条带状展布明显，而垂直河道展布方向，砂体多数呈现透镜状，横向变化较快，部分井层明显呈现反映不同期次分流河道沉积（透镜状砂体）的侧向迁移，此外在部分井层也发育连续性相对较高的砂体，该分流河道砂体的厚度较顺河道方向连续性砂体的厚度要小，这主要是水下分流河道的改道与交织所致，但其主流方向仍然为南西–北东向。

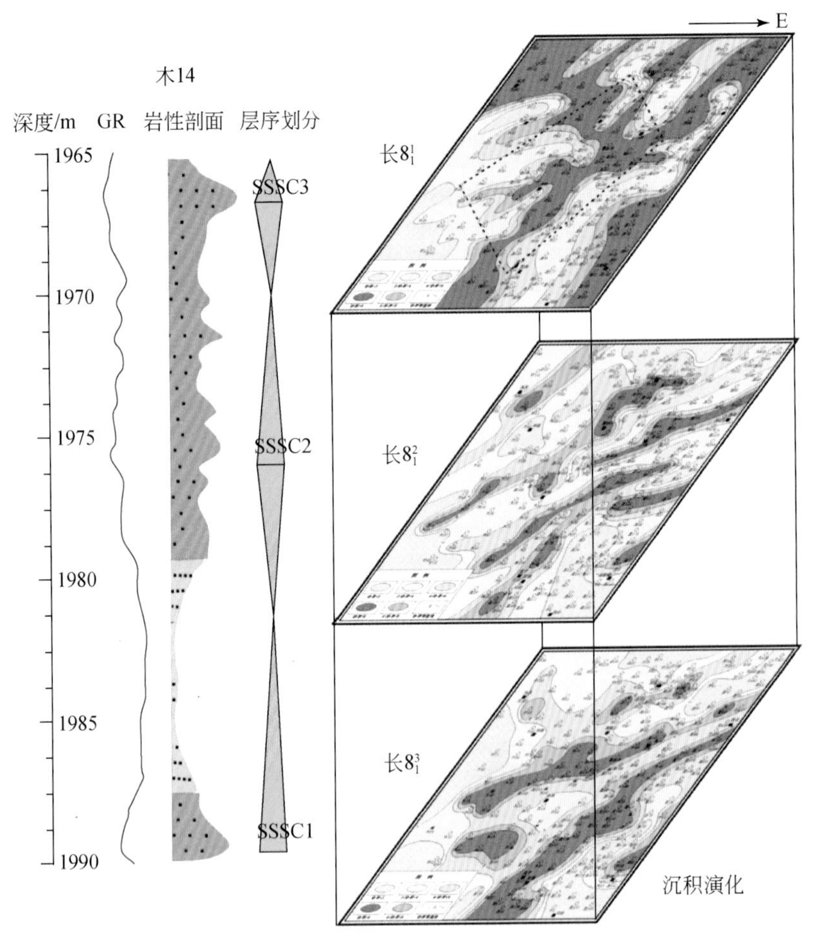

图 1-11　马岭油田长 8_1 砂体空间形态分布模型图

第二章　沉积物源分区与砂岩组分成因类型分布

对于陇东地区延长组致密砂岩的组分特征，主要应用偏光显微分析、电子探针以及元素化学分析技术进行了系统研究，在此基础上通过分区对比，弄清了成因与物源以及成岩引起的变化，进一步探讨了组分变化对储层储集性能以及评价分类产生的影响。

第一节　砂岩组分特征与成因类型

一、砂岩骨架颗粒成因类型、结构形态特征

1. 石英赋存形式、结构与分布特征

石英颗粒是研究区延长组砂岩中最常见的矿物，存在方式有两种：一是砂岩最主要的骨架颗粒构成矿物（图 2-1），由沉积作用形成；二是分布在颗粒之间及孔隙喉道中的自生石英晶簇（图 2-2），在成岩变化过程中形成。砂岩中的石英骨架颗粒，在风化搬运过程中因抗风化能力很强，既抗磨又难以分解，同时在大部分岩浆岩和变质岩中石英含量又高，因此是碎屑岩中分布最广的一种碎屑矿物，砂岩颗粒越细，含量越高，研究区细砂岩和粉砂岩的石英含量高于粗砂岩和砾岩。

图 2-1　华庆油田白 242 井长 6_3 砂岩中的石英骨架颗粒

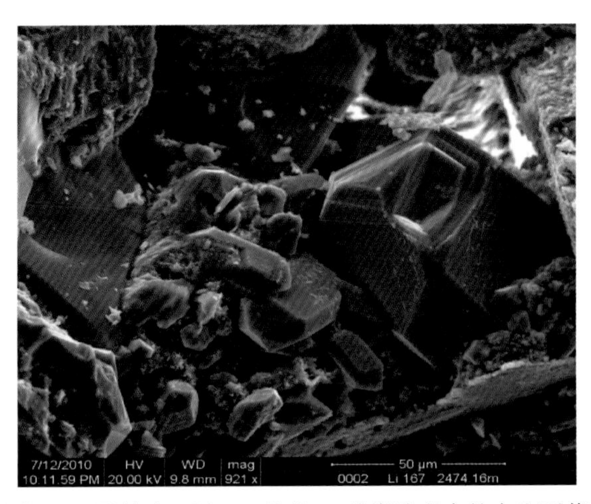

图 2-2　马岭油田里 167 井长 8_1 砂岩孔喉中的自生石英

石英的硬度、解理、脆性、结晶缺陷和化学性质等特征是构成砂面形态的基础，对外力作用的效果有重要影响。

2. 燧石的结晶形式、结构与分布

延长组砂岩因组分主要源自盆地外围阴山和秦岭古老的动力变质岩系，所以富含较多的燧石颗粒，根据岩石学分类理论，砂岩组分统计中属于石英颗粒系列的重要组成部分。燧石由微晶或隐晶石英组成，其中常含有玉髓（玉髓也是微晶的石英），在薄片中呈清晰的放射状结构，圆形或椭圆形代表放射虫，可见生物体的骨针或罕见的内部格栅状特征。燧石中石英晶体大小变化很大，可从十分之几微米到几十微米，燧石中的针状燧石中，硅质海绵骨针很丰富。在高倍显微镜下，燧石的单个颗粒通常显示一种与相邻颗粒有区别的纤维状波状消光。较老的燧石全部都是前寒武纪的，由细粒的镶嵌状的石英组成。一些不太致密的含有大量似气泡状的孔，有些孔隙多到使燧石像炉渣一样，这些孔隙可能是被水充填的。有些燧石则不是很纯，在显微镜下显示，在整个燧石体上分散着碳酸盐，这些含有碳酸盐包裹物的燧石从含有少量分散状的方解石或白云石菱面体的燧石一直过渡到含有大量碳酸盐菱面体互相接触的岩石，形成一个似海绵状的网，它的孔隙充填了蛋白石或蛋白质和玉髓。碳酸盐可能均匀地分布在整个燧石内。

燧石的化学性质稳定，结构致密，抗风化能力较强，在碎屑岩中分布很广泛。它主要来源于碳酸盐岩中的燧石夹层，燧石结核或海相较深水沉积的燧石层。大部分燧石都是近于纯的氧化硅；结晶的杂质主要为黏土矿物、方解石及赤铁矿，其含量通常都小于 10%。

3. 长石的赋存形式、结构与分布特征

研究区长 6 和长 8 致密砂岩是以富含长石为特征，含量为 15%~65%，一般为 25%~45%。由于长石的稳定性比石英小一些，是延长组砂岩储层的又一重要的骨架颗粒（图 2-3），含量仅次于石英。常见的长石种类有钾长石、微斜长石、钠长石和斜长石。颜色一般较浅，有无色、灰白色、深灰色、黄色、浅红色、肉色、浅绿色等。较常见的为灰白色和

肉红色两种，一般灰白色为斜长石，肉红色为钾长石。不同种类的长石来自不同母岩，透长石较常见于酸性火成岩，正长石、条纹长石和微斜长石常见于酸性深成岩，斜长石中的钠长石来自低级变质岩及花岗岩，更长石常见于花岗岩石英二长岩、花岗闪长岩、正长岩，中长石常来自中性火成岩，拉长石和培长石则多来自基性火成岩，来自火成碎屑岩的长石常是自形的或破碎的自形晶，具有一层玻璃质的包壳或经去玻化的玻璃质包壳，而来自深成岩的长石则常为他形的，火成岩和浅成岩中的斜长石则以密集的环带为特征。长石和石英一样，成岩中往往发生次生加大或呈自形微晶状充填于骨架颗粒之间的孔喉中，以减小储集空间，自生长石多为纯钠长石（图2-4）。长石具两组比较完全的解理，钾长石的解理比斜长石更发育。

在偏光显微镜下，薄片中长石晶体多无色，新鲜的长石无色透明，碱性长石（透长石、正长石、微斜长石、歪长石、冰长石及条纹长石）具低的负突起，大部分的斜长石则表现为低的正突起。长石糙面很不显著，干涉色常为一级灰至一级黄。长石类都是二轴晶矿物，碱性长石全为负光性，斜长石光性可正可负。双晶是长石的重要特征之一。长石的双晶类型很多，如卡斯巴接触双晶、卡斯巴贯穿双晶、钠长石双晶、肖钠长石双晶等。

图2-3　白412井长6_3电子探针分析的长石分布

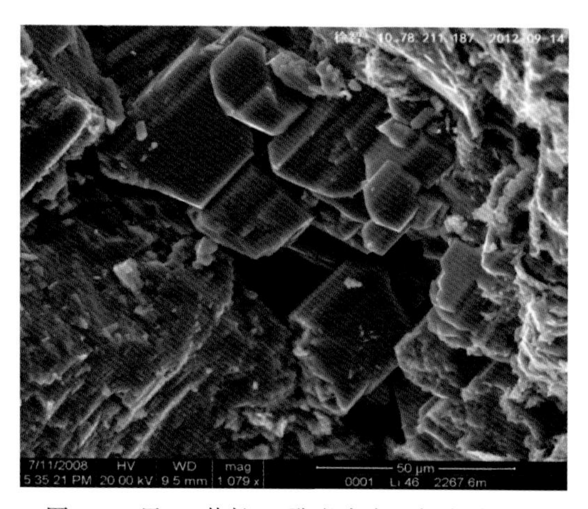

图2-4　里46井长8_1孔喉中自生加大钠长石

由于长石组分富含 K、Na、Al 等元素，加之晶体结构中双晶纹和解理缝（面）发育，钾长石发育卡式双晶和格子双晶，斜长石发育聚片双晶。化学上以及晶体结构的不稳定性，导致其在风化、搬运以及沉积后成岩变化中极易发生溶蚀，一方面组分蚀变在颗粒表面形成绢云母化，或者转化成伊利石、蒙脱石等黏土矿物分布在颗粒表面或者充填在早期粒间孔隙中，另一方面在颗粒表面或者粒内部产生溶蚀孔洞。计算表明，延长组长石砂岩中长石溶孔一般为 0.5%~2.3%，是重要的次生孔隙类型之一。

4. 岩屑颗粒成因类型与结构形态

岩屑是提供沉积物来源、判断源区母岩岩石类型的直接标志。研究区延长组砂岩中常见岩屑的岩石类型包括火成岩（包括侵入岩岩屑、喷出岩岩屑）、变质岩、碳酸盐岩和石英质岩，具体特征主要从成分、结构、构造等方面进行了表征。

1）火成岩碎屑

火成岩碎屑主要包括花岗岩岩屑、喷出岩岩屑和隐晶岩岩屑。其中花岗岩岩屑主要由长石、石英及云母矿物晶粒构成，或者仅由长石、石英晶粒（多晶石英）组成，花岗结构，其晶粒间紧密接触或呈缝合线状接触，各晶粒大小相似，形状近等轴状，无定向排列。大多数花岗岩岩屑不稳定，在风化搬运过程中易于崩解，所以主要分布在河流以及三角洲沉积体系的上游粗砂沉积物中。

喷出岩岩屑在陇东地区砂岩中含量很丰富，尤以来自秦岭的中、酸性喷出岩岩屑最常见，酸性喷出岩岩屑由透明的玻璃质组成，表面因铁质或其他杂基浸染像浮了一层灰色或红褐色土状物，从而呈云雾状。有时见酸性喷出岩特有的流纹状构造及透长石、石英斑晶，常见霏细结构和放射状球粒结构；中基性喷出岩岩屑特征与酸性喷出岩岩屑很相似，玻璃质较少，而板条状或小的柱状长石微晶出现较多，正交偏光下常具明显的粗玄结构，其中分布有透明针状长石微晶，有时见板状斜长石斑晶。玻基交织结构，长条形或针状斜长石微晶呈平行或半平行排列，长石的双晶隐约可见，含暗色矿物及磁铁矿颗粒，主要来自秦岭和阴山古老基岩；碱性喷出岩岩屑的基质由大量板条形长石微晶及部分玻璃质组成，偶见斑晶，具粗面结构，长石微晶呈流状定向排列，可见黑云母、绿色角闪石等暗色矿物，但常被绿泥石、方解石交代，长石以正长石为主，高岭石化明显。

隐晶岩岩屑常指那些看不到斑晶的火成岩碎屑，大部分情况下为一些偏酸性的喷出岩或凝灰岩等。具霏细结构的酸性喷出岩岩屑的鉴定是比较困难的，这一方面是由于岩屑中单个晶体非常细小，另一方面酸性喷出岩岩屑与燧石、凝灰岩岩屑等又确有相似之处。凝灰岩岩屑透明，但表面常有红褐色云雾状物质，常见表面光洁的棱角状晶屑及弯弓形、角状玻屑。晶屑多为长石，流纹质凝灰岩可见石英晶屑。

2）变质岩岩屑

变质岩岩屑包括高级变质岩岩屑和低级变质岩岩屑。高级变质岩岩屑中石英-长石质变质岩岩屑与花岗岩岩屑相似，但各种变质岩岩屑中的石英晶体普遍表现为波状消光，岩屑中的石英多有定向伸长外形，片状或针状矿物定向分布，偶尔在岩屑中会见到特征的变质矿物，如石榴子石、夕线石等；中低级变质岩岩屑中常见片岩、千枚岩和板岩，其中片岩中的云母片结晶相对粗大，千枚岩次之，板岩基本无法看到片状矿物的晶形，片理明显，石英、鳞片状绢云母、白云母、绿泥石等定向排列，粒状矿物含量相对偏高。千枚岩岩屑中片状矿物分布相对密集，粒状矿物较少。板岩岩屑中矿物的质点都非常细小，与泥岩和页岩不同的是定向构造比较明显。石英岩岩屑也是常见的变质岩岩屑类型之一，包裹了变质成因的多晶石英和脉石英。在变质岩成因的石英岩中，各晶粒间普遍表现为缝合接触，缝合线弯曲复杂，石英晶体多为扁平伸长形，各晶粒伸长方向相互平行。石英岩颗粒内部的石英晶体大小常为双粒度型，即石英晶粒的粒度分布频率曲线为双峰态，反映了形成变质岩的重结晶作用不是一次完成的，其中较小的晶体发育较晚。部分石英岩中石英晶粒定向不明显，常为花岗变晶结构。脉石英岩岩屑主要来源于热液脉或伟晶岩脉。多晶脉石英中的晶粒常显定向伸长形，粒间界线呈细小弯曲线状，形成鸡冠状构造。晶体消光方位复杂，在镶嵌成梳状或犬牙交错状的晶粒间，消光时显示出似有叠置的现象。

3） *沉积岩岩屑*

泥岩岩屑主要分布在浊流以及分流河道粒序的底部，表面一般污浊，呈土褐色，常有黑色碳质混入物。在正交偏光下由鳞片状绢云母及黏土矿物组成，干涉色低。页岩具微细层理构造；砂岩岩屑以粉砂岩为主，具砂状结构，未经变质，填隙物及碎屑清晰可辨；碳酸盐岩岩屑主要有白云岩岩屑和灰岩岩屑，主要来自古生界奥陶系地层和震旦系古老地层，与碳酸盐胶结物的区别是具明显的碎屑颗粒外形，常保留原岩的组构特征。奥陶系灰岩中有时可见残留的生物碎屑或隐藻结构等。

研究中还发现，粗砂岩中，无论是火成的还是变质的，岩屑含量较高，细粒结构及隐晶结构的岩石碎屑也可以出现在细砂岩中。而在中粒砂岩中，岩屑含量最低，岩屑经崩解之后以矿物颗粒的形式出现。当然砂岩中各类岩屑的含量还取决于母岩的性质，细粒的或隐晶结构的岩石，如燧石、中酸性喷出岩等岩石的碎屑分布很广，而易受化学分解的石灰岩，除非在母岩附近有快速堆积和埋藏条件，否则很难被保存下来成为岩屑。

5. 常见副（重）矿物颗粒成因种类及结构形态

1） *云母*

延长组砂岩中的云母主要呈粉碎的薄片和碎片状，包括白云母和黑云母，一般含量小于1%。云母具有非常鲜艳的干涉色及片状晶形，但当云母发生蚀变甚至变形之后，识别起来便有一定的难度，对一些粒度偏细、蚀变较深、变形强烈的云母应结合较高倍数的物镜反复观察加以确定。

在研究区延长组广泛分布的白云母，抗风化能力要比黑云母强得多，相对密度也略小，常见其呈鳞片状平行分布于细砂岩、粉砂岩的层面上，有时会富集成层，主要来源于花岗岩、花岗伟晶岩和云英岩、云母片岩等低级变质岩及古老的沉积岩中；黑云母的风化稳定性差，主要见于离母岩较近的砾岩或杂砂岩中，经风化及成岩作用分解为绿泥石和磁铁矿，并已发生泥化、钛铁矿化、碳酸盐化，蚀变后体积膨胀或变形，严重时可占据周边孔隙，形成假杂基。产状有两种状态，颗粒大的云母片在颗粒接触处压实变形弯曲，另外，三角洲前缘相细砂岩和粉砂岩中，云母常顺层分布，沿层面定向富集，影响砂岩储集性能和非均质性，导致垂向渗透能力变差。

2）*绿泥石*

绿泥石常呈片状或集合体状，成因多来自中性和基性火成岩或绿泥石片岩、千枚岩等低级的区域变质岩的母岩以及铁镁硅酸盐如黑云母、角闪石、辉石等矿物的蚀变产物。

3）*重矿物*

延长组沉积时在盆地周缘和基底提供的不同类型母岩，风化破坏后会产生不同的重矿物组合，种类较多，如以酸性岩浆岩为母岩的碎屑岩具磷灰石、普通角闪石、独居石、金红石、榍石、锆石、电气石、锡石、黑云母重矿物组合；以中性及基性岩浆岩母岩为主的碎屑岩具锡石、萤石、白云母、黄玉、电气石、黑钨矿等重矿物组合；以变质岩母岩为主的碎屑岩具红柱石、石榴子石、硬绿泥石、蓝闪石、蓝晶石、夕线石、十字石、绿帘石等重矿物组合；以沉积岩为母岩的碎屑岩具锆石、电气石、金红石等重矿物组合。根据重矿物的风化稳定性可将其划分为稳定和不稳定两类，前者抗风化能力强，分布广泛，在远离母岩区的沉积岩中含量相对增高；后者抗风化能力弱，分布不广，离母岩区越远其相对含量越少。

二、砂岩填隙物组成与砂岩结构分析

1. 杂基矿物组分、沉积充填特征及显微结构分析方法

以华庆油田长6_3砂岩为例，填隙物主要由杂基和胶结物组成，总量最高平均含量为15.78%，杂基中的正杂基是砂岩中与粗碎屑一起沉积下来的细粒填隙物，成分多为黏土矿物，有时可见碳酸盐灰泥、云泥及一些细粉砂颗粒，粒度一般小于0.03mm（或大于5ϕ)，含量反映搬运介质的流动特性及碎屑组分的分选性和碎屑结构成熟度，也是识别流体密度和黏度以及判断水动力强度标志。研究区长6–长8快速搬运沉积的粉细粒重力流（包括浊流和碎屑流）沉积物中一般含有大量杂基，形成的沉积物呈杂基支撑结构；而在三角洲前缘亚相水下分流河道以及河口砂坝中，由牵引流搬运形成的砂质沉积物主要为颗粒支撑，相对杂基含量一般小于5%，填隙物化学沉淀胶结物占比高于75%。高能环境中，水流的簸选能力强，黏土会被移去，从而形成干净的砂质沉积物；相反，砂岩中杂基含量高表明分选能力差，结构成熟度低，为泥质结构。原杂基经成岩作用重结晶之后为显微鳞片结构。此外，显微镜下经常可以看到似杂基，包括淀杂基、外杂基、假杂基三种。

（1）淀杂基是在成岩作用过程中，由孔隙水中析出的黏土矿物胶结物，它们常是单矿物，晶体干净，透明度好，常见鳞片状或蠕虫状自生晶体集合体，在碎屑颗粒周围可呈栉壳状或薄膜状分布，它们应该属于胶结物。

（2）外杂基是指碎屑沉积物堆积之后至成岩期间充填于粒间孔隙中的外来杂基物质，如凝灰质等，在岩石中有时含量较高，蚀变现象普遍，有时则分布不均匀，污浊、透明度

差。此外，在成岩过程中由于孔隙水的运动，在局部孔隙中，充填着一些渗流泥，这些黏土矿物在砂岩的石化作用中却占有重要的地位，能将碎屑颗粒紧密地黏结在一起。

（3）假杂基则是软碎屑经压实碎裂形成的类似杂基的填隙物，如蚀变强烈的云母碎屑、泥质岩屑、灰质岩屑，特别是具类似成分的盆内碎屑性质都很软弱，在压实作用下会被压扁、压断、压裂甚至压碎，从而形成假杂基，往往在压实和构造强烈区带常见。

2. 胶结物元素地球化学特征与成岩水介质恢复

在沉积岩形成过程中以化学方式自溶液中沉淀析出的物质在碎屑岩中常构成碎屑物质的胶结物。其中在沉积成岩阶段生成的矿物叫自生矿物，自生矿物一般是沉积物质与所处环境处于物理化学平衡时的产物，是恢复其形成阶段物理化学条件的标志。常见的有碳酸盐、硅质以及铁泥质和黏土质胶结物，胶结物形成环境与成岩水介质恢复对于研究储层孔喉结构演化有重要意义。

砂岩颗粒之间胶结物中的常量元素 Ca、Mg、Ca/Mg 值，以及黏土胶结物中的 Sr、Ba、Ga、V 、Ni 、Rb 等微量元素也是确定孔喉水体介质的有效方法。盆地西南缘露头剖面上砂岩 82 个胶结物样品中，Ca、Mg 以及 Ca/Mg 值分析结果显示，延长组长 6–长 8 砂岩胶结物中淡水方解石丰富，Ca/Mg 值均大于 1，甚至在盆地内部西峰、白豹以及黄陵超过 40，反映当初湖盆沉积环境处于淡水介质环境，沉积水系为开放体系。

延长组长 6–长 9 油层组中 31 个黏土矿物样品微量元素的测试结果（表 2-1）进一步表明，Sr/Ba 值一般为 0. 19 ~0. 41，小于 0. 5（Sr/Ba 值≤0. 5 为淡水环境，Sr/Ba 值>1 为咸水环境）。另外 B 元素含量为 51 ~56. 5ppm，小于 100ppm（海相>100ppm），进一步证实当初湖水蒸发量小于补给量，处于开放敞流淡水环境。

表 2-1　延长组长 6–长 9 黏土矿物微量元素分析表

地区	Ba	Sr	V	Ni	Rb	Ga	Sr/Ba 值
华池–白豹	1140	225. 33	132. 67	31	134	22. 67	0. 19
西峰–芮水	885	316. 83	108. 17	36	116. 17	20. 5	0. 37
镇原	875	377. 50	117. 50	43	129. 50	26. 50	0. 41
宁县	1183. 33	317	130	31	113. 33	28. 67	0. 28
黄陵	974	215	105	31	158	24. 5	0. 27

注：微量元素含量单位为 ppm①，化学分析样品数 n=31。

根据碳酸盐岩胶结物的氧、碳、锶同位素分析可以恢复沉积成岩时孔喉的水介质的特性，判断沉积成岩封闭开放环境。陇东地区长 8 砂岩碳酸盐胶结物的 $\delta^{18}O$ 为偏负至 –25. 042‰ ~ –16. 550‰，$\delta^{13}C$ 偏负至–9. 450‰ ~ –0. 883‰，说明长 8 沉积时湖水蒸发量小于补给量，处于开放敞流淡水环境。

① 1ppm=1mg/kg。

张文正等（2006，2008a，2008b）通过延长组长 7、长 9 及长 6 烃源岩的干酪根组成与类型、干酪根碳同位素、正烷烃组成研究等恢复的古湖泊沉积环境也进一步印证当初为淡水环境。

第二节　物源方向、沉积相带与砂岩组分类型的分区

砂岩物源分区特征体现在岩石的碎屑成分、组合，填隙物特征、碎屑的粒级、分选、磨圆、支撑类型、胶结类型等一系列特征中，本节主要探讨砂岩组分、结构等基本要素分区特征反映的物源信息。

一、区域上沉积物源在同期不同区带之间引起的砂岩组分分区

1. 物源方向、沉积相带与石英特征的分区变化

通过对研究区延长组中的石英颗粒成分、标型特征、含量特征统计分析发现，延长组砂岩中的石英会因物源方向、源区母岩成因类型不同有单晶、多晶及“二轮回”石英、碎裂石英、富尘状混浊石英和波状消光石英等多种类型。

砂岩单晶石英中常见的“二轮回”石英在盆地内分布最多，在镇 49 井长 8_1 和白 402 井长 6_3 等油组的砂岩中都有分布，镜下石英颗粒具有核加大边和双层结构，核边缘有明显或不明显的薄尘边，石英的次生加大边已有明显磨蚀或者黏土膜。主要来自盆地外围边缘基底前古生界沉积岩以及秦岭造山带前寒武系沉积岩变质型母岩。碎裂石英是石英在应力作用下产生粒内微裂，而这些裂缝又被晚期硅质填补弥合，主要来自盆地南缘秦岭造山带和西缘逆冲带中，形成时具有较高的热液作用和较强的构造应力条件；特别是火山碎屑岩中石英颗粒形态特征呈矛头状、鸡骨状，常见于马岭木钵、上里塬、环县和贺旗一带的长 8_1 以及华庆油田长 6_3 砂岩中，可能来源于西北缘阿拉善群、渣尔泰山群的火山岩、变凝灰岩等。富尘状混浊石英主要来自盆地北缘阴山地区前寒武系中。波状消光石英是石英颗粒在地应力作用下晶体结构的局部性变异或滑移作用的结果，在东北三角洲体系中比较普遍，推测来自北缘阴山以及吕梁隆起中的前寒武纪变质岩地层中。

砂岩中常见的多晶石英，主要见于盆地边缘古老的片麻岩中，晶粒间多呈缝合状接触，各晶粒大小相似，形状近等轴状，镜下无定向排列，在研究区马岭油田长 8_1 砂岩中比较常见，推测来自秦岭古隆起基底的片麻岩中。

构成砂岩骨架碎屑颗粒的石英，不仅磨圆程度随形成条件、搬运过程以及沉积环境的不同而不同，长 6_3 和长 8_1 不同层位以及源自东北和西南不同母岩体系的石英颗粒，结晶过程、搬运破坏程度有差异，其形态有较大变化。在陇东地区延长组砂岩中，偏光显微镜下，总体上碎屑石英以次圆-次棱为主，石英柱状生长习性的表现或缘于石英的 c 轴方向上和 a 轴方向上的硬度有微弱的不同而成为向量磨蚀，颗粒明显残留有沿结晶 c 轴方向生长延伸形迹。通过镜下测量对比，来自变质岩中的石英比火成岩的石英要更长一些，来自花岗岩的石英长轴与短轴之比为 1.43∶1，而来自片岩的石英则为 1.75∶1。研

究发现，来自东北阴山和秦岭古老的结晶片岩、深成中酸性岩浆岩、石英-长石质片麻岩及片岩中常含有大量石英，它们是碎屑石英的主要来源，而来源于浅成的流纹岩、脉岩及其他含石英原生母岩的碎屑石英则少得多。同时来自不同成因的石英，消光也有从突变到波状变化多种差异，其中来自古老变质岩的石英常显示出明显的波状消光；来自年轻火山岩的石英则常呈突变消光，并带小的熔蚀港湾的圆化的轮廓或具有六方双锥形的直边；火山石英易于和霏细岩屑共生，并可能与环带状长石的颗粒共生。部分碎屑石英颗粒中任意分散于颗粒之内或沿晶体的显微裂隙分布的针状金红石、磷灰石、夕线石、阳起石，片状的绿泥石，以及锆石、磁铁矿等细小包裹体，虽然很小，但是指示石英来源的重要标志，来自火成岩的石英是以针状或不规则状包裹物为特征，片岩和片麻岩则有规则的包裹物。石英也有单晶石英和多晶石英之分，单晶石英是指由单个石英晶体构成的颗粒，而多晶石英则是指由多个石英晶体构成的石英集合体，成因条件有差异，多晶石英其实是一种岩石碎屑。

在研究区致密砂岩中，骨架石英颗粒虽然稳定性高，抗风化能力强，但在复杂多变的成岩环境和长期作用过程中，也不是坚如磐石，一成不变。外貌形态以及表面结构都会发生改变，再生长结晶现象也十分普遍。其中在风化、搬运、沉积和成岩过程中，外力对石英砂的作用方式主要有两种：一是化学溶解和沉淀作用，强度取决于环境介质的酸碱性化学性质和温度压力条件；另一种是颗粒间的机械摩擦、碰撞和撞击作用，强度取决于搬运形式、搬运介质的动力性质和颗粒的磨圆程度。但无论是华庆油田长 6_3，还是马岭油田长 8_1 砂岩的石英特征，均与沉积搬运过程中三角洲分流河道砂以及重力流的形态特征和水流强度、搬运距离有密切关系。对于华庆油田长 6_3 储层砂岩，砂体沉积过程有明显分带性，其中在三角洲上游，由于东北物源经过曲流河、三角洲分流河道长距离搬运运移迁徙，砂岩粒度频率累积曲线形态多为双峰、负偏度，粒度变化范围大，平均粒度数值小，标准偏差平均值为0.6，粒度分布特征显示搬运中流动介质以牵引流为主。砂粒在水流作用下，石英颗粒棱角大多被磨圆；这些石英颗粒进一步通过三角洲水下分流河道、河口坝等微相的带入，或通过坡折带附近的砂质碎屑流、浊流等二次快速搬运过程，最终进入湖盆腹地。急流中高密度的碎屑颗粒搬运过程中互相摩擦、碰撞和撞击在所难免，石英颗粒表面又会形成一系列反映沉积搬运环境特征以及经历特有受力过程踪迹的微观表面结构。

2. 长石组分分区与变化特征

长石是研究区延长组砂岩中又一非常重要的骨架矿物颗粒，颗粒细，分选好，含量高，一般为22%~65%，分布普遍。长石的性质和数量往往成为岩石分类和命名的依据，精确地测定长石的性质、区分长石的类别以及研究长石的特点对于物源分析和成岩作用研究显得尤为重要。长石的电子探针成分分析在物源研究中极有意义。通过研究区斜长石电子探针成分分析（表2-2），化学组分以中酸性斜长石为主，结合黑云母的分布认为主要来自盆地外围的关山岩体、翠华山、海原，以及陇西的中酸性黑云母花岗岩体，此外一些环带状的斜长石与火成岩以及阴山老地层的基性侵入岩和变质岩也有关。并且钾长石多于斜长石，蚀变强烈，主要来自周缘地壳运动剧烈、物源丰富、气候干燥的花岗岩和花岗片麻岩区。

表 2-2　陇东地区长 8 砂岩颗粒中斜长石组分含量（%）分析表（电子探针样品数 $n=38$）

地区	SiO_2	TiO_2	Al_2O_3	FeO	MnO	MgO	CaO	K_2O	Na_2O
华池-白豹	66. 45	0. 015	22. 26	0. 15	0. 01	0. 05	0. 33	0. 085	11. 05
西峰	65. 81	0. 033	21. 99	0. 11	0. 023	0. 048	0. 87	0. 008	10. 67
宁县	64. 37	0. 00	22. 15	0. 08	0. 02	0. 07	0. 83	5. 83	6. 68
庆阳	65. 15	0. 01	22. 54	0. 14	0. 006	0. 09	1. 27	0. 234	10. 98
铜川	64. 91	0. 00	22. 04	0. 14	0. 00	0. 14	2. 28	0. 27	10. 07

总之，具体到华庆油田长 6_3 砂层组，这种受东北物源和西南物源控制的砂岩组分变化也很明显，不同区带上砂岩轻矿物组合成分也存在很大差异（图 2-5）。来自东北物源区的砂岩矿物成熟度较低，具有高长石、低石英、低岩屑含量的特点；西南物源区具有高石英、高岩屑、低长石含量的特点，矿物成熟度较高；而混合物源供给区砂岩的碎屑成分特征介于东北与西南两个物源区之间。

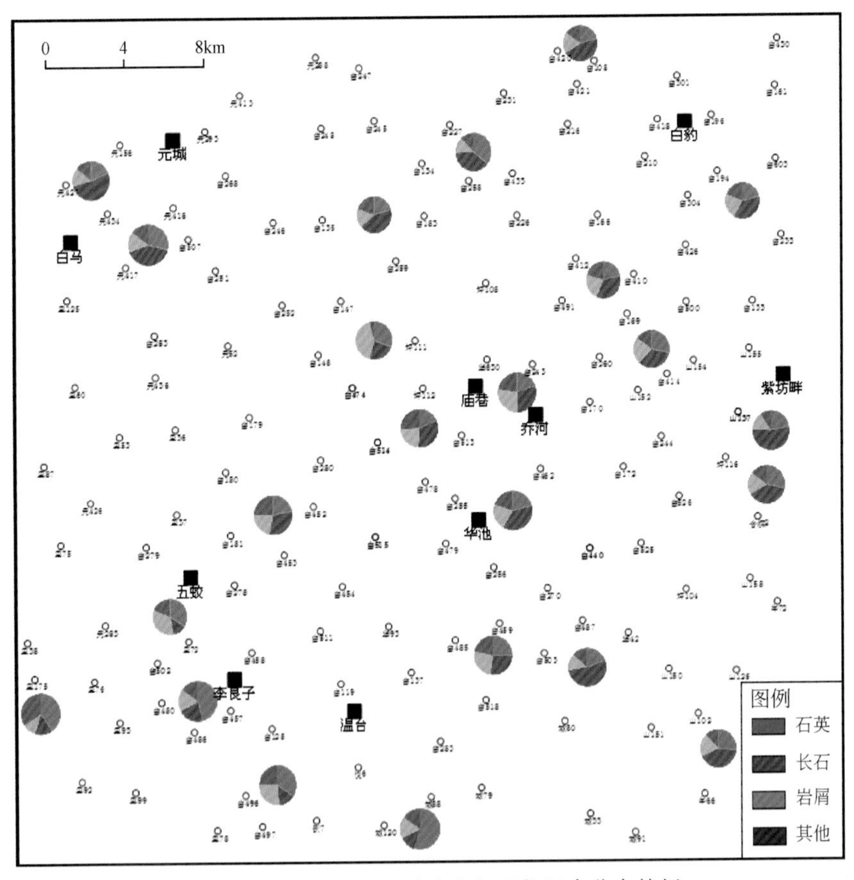

图 2-5　华庆油田长 6_3 砂岩中轻矿物组合分布特征

3. 物源方向与岩屑组合分区

碎屑岩中岩屑是唯一保持着母岩结构的矿物集合体，比其他碎屑颗粒带有更多的源岩区证据。岩屑含量既受源区构造稳定性、风化物的供给量、搬运沉积速度影响，构造与火山活动频发地区，岩屑供给量丰富，沉积速度快的砂岩岩屑保留多，也与搬运沉积以及成岩过程中的物理化学条件、母岩成分以及抗风化的稳定性有关，颗粒搬运距离远近、颗粒粒度、各类母岩的成分、结构以及在沉积成岩过程中稳定性不同，颗粒搬运距离远，颗粒粒度小，岩屑保留少，岩石结构以及组分稳定性差，抗风化能力弱，岩屑含量低，否则相反。所以岩屑在各级碎屑岩中含量差异很大。

岩屑的岩石种类很多，变化也大：火成岩岩屑具隐晶结构或斑状结构；碎屑岩岩屑常具有碎屑岩的结构；区域变质岩岩屑常具有片状或半片状等定向结构；高级变质岩岩屑常具不等粒结构及定向构造；等等。由于各类岩石的成分、结构、风化稳定性等存在显著差别，经过风化、搬运进入沉积盆地研究区之后，不同地区与层段含量变化极大。此外，搬运距离与不稳定岩屑含量成反比，与沉积速度成正比，研究区位于盆地腹地，沉积物沉积前一般都经历了长距离搬运，所以碎屑岩中岩屑的含量与粒度有很强的依存关系，在粗砂岩中岩屑含量丰富，在细砂岩中，岩屑含量较低。受成岩作用影响，部分塑性岩屑被挤压变形或被一些矿物交代变得面目全非，细砂岩中岩石碎屑细小，难以识别。

根据对盆地外围区域地质特征研究，陇东地区延长组潜在母岩由两部分组成：一是盆地外围阴山、秦岭造山带，以及吕梁、陇西、海原、千里山古隆起和造山带的古老基岩风化冲积物；二是盆地边缘前延长期的古生代基岩（图 2-6）。其中盆地外围古隆起和造山带的古老基岩中主要是变质岩和火成岩，在盆地北部和东北部的阴山以及西北部阿拉善等地有太古宇集宁群和乌拉山群的石英岩、片麻岩、变粒岩，元古宇色尔腾山群、二道凹群、白云鄂博群、渣尔泰山群、黄旗口群的石英岩、变质砂岩、石英片岩、板岩及千枚岩等。在盆地南部秦岭造山带有秦岭群、宽坪群的斜长角闪岩、黑云母斜长片麻岩、钙硅酸盐岩和石墨大理岩、绿片岩以及石英片岩，丹凤群变质玄武岩以及蟒岭、翠华山酸性花岗岩。在盆地西缘陇西–关山古隆起、平凉–海原古隆起和同心隆起有元古宙黑云母石英片岩、含透闪石石英片岩、钠长绿帘阳起片岩、英安玢岩、流纹斑岩，辉绿岩、角闪花岗岩、含云母大理岩、二云花岗岩等；古生代沉积岩基岩，主要包括下古生界海相碳酸盐岩以及上古生界灰质砂岩、凝灰岩碎屑岩、紫红色凝灰质砂岩等，主要见于渭北古隆起、平梁古隆起、千里山隆起以及盆地西缘抬升区。

根据盆地内部陇东地区延长组砂岩分析，岩屑含量一般为 5%～10%，岩屑类型中，常见的火成岩有花岗岩、火山喷出岩、凝灰岩和隐晶岩，花岗岩岩屑主要见于盆地西南部西峰、镇原以及盆地东北周缘露头区剖面中的长 8 和长 6 砂岩中。火山岩岩屑既有中酸性喷出岩，也包含凝灰岩和基性喷出岩，基性火山岩在西峰、马岭、合水以及镇原和华庆等地长 8 和长 6 均有分布；变质岩有石英岩、云英片岩、板岩、千枚岩和片岩等，千枚岩以鳞片状矿物为主体的浅变质岩岩屑，有明显的定向构造，指示母岩为古生界以及中新元古界浅变质岩系，石英岩属区域变质型石英岩，来自北缘古陆渣尔泰山群、白云鄂博群、阿拉善群的蚀变产物。云母石英片岩与北缘的元古宇、太古宇变质岩系有直接成因联系。片

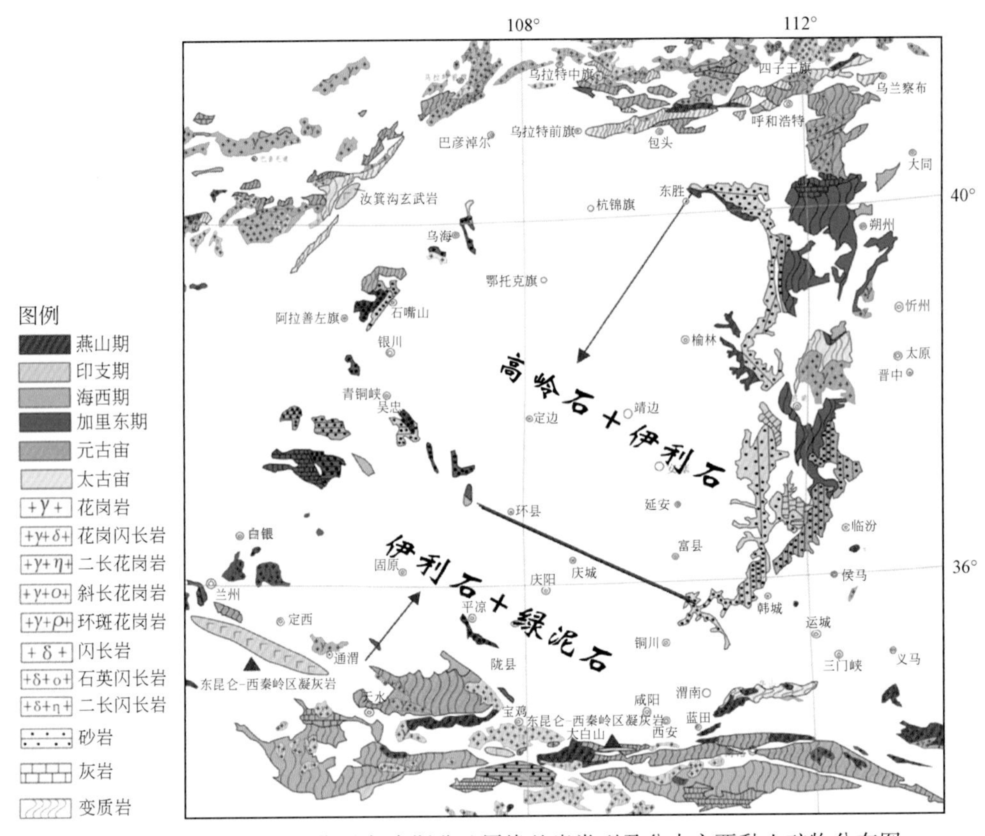

图 2-6　晚三叠世延长期鄂尔多斯盆地周缘基岩类型及盆内主要黏土矿物分布图

麻岩源于盆地外围阴山和秦岭造山带古元古界、太古宇和中深变质岩系，在西南方向的长 8 辫状河三角洲平原沉积中有少量分布；沉积岩常见的类型有碳酸盐岩、粉砂岩和泥岩，碳酸盐岩岩屑是区内延长组砂岩中最主要的岩屑类型，以长 8–长 6 油层组为例（图 2-7）。

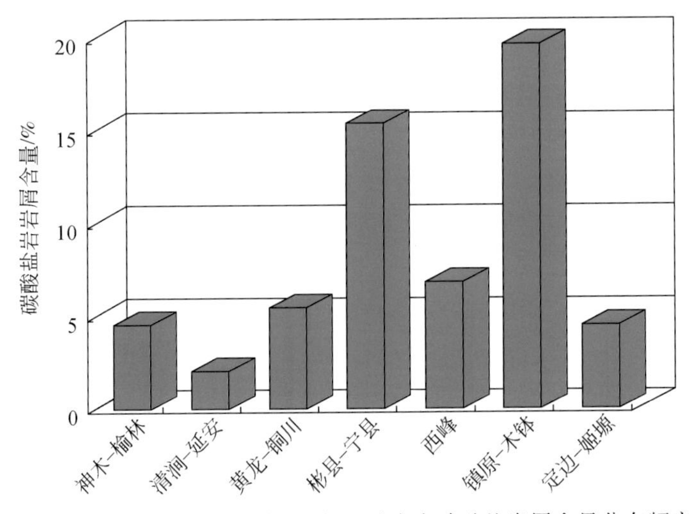

图 2-7　鄂尔多斯盆地不同地区长 8 砂岩中碳酸盐岩屑含量分布频率

含量在宁县、镇原、木钵地区高，西峰和铜川地区相对较低，推测主要源自南部渭北古隆起和平凉古陆寒武系、奥陶系碳酸盐台地。因物源方向不同，岩屑种类和含量也不同（表2-3），长8在白豹和西峰地区火成岩和变质岩岩屑含量高，分别是8.23%~14%和7%~11.05%。而在固城川和环县地区，沉积岩岩屑含量高，为3.41%~5.13%。说明岩屑分区分带性强，同样其他区带因物源差异而岩屑组分存在差异，显然应用岩屑类型及含量变化，恢复母岩性质以及物源方向是比较有效的方法。

表2-3　陇东地区长6–长8油层组砂岩碎屑含量统计表

井区	井数/口	样品数/个	石英/%	长石/%	岩屑/%			云母和绿泥石/%
					火成岩	变质岩	沉积岩	
环县	2	4	35.83	33.17	4.07	6.43	5.13	3.84
镇原北	4	28	34.44	33.32	3.53	7.58	0.71	4.19
马岭	15	128	32.08	32.26	5.64	6.35	1.89	5.57
西峰	3	10	30.25	35.16	8.23	11.05	1.28	4.02
板桥	5	27	26.73	40.50	6.47	5.20	1.14	3.58
华庆	6	20	32.33	35.37	4.12	5.16	2.00	5.99
白豹	1	1	13.00	37.00	14.0	7.00	0.00	23.0
木钵	3	3	25.55	25.2	6.91	13.27	0.50	6.29
上里塬	2	3	33.6	30.4	7.91	9.60	0.48	4.69

盆地西北缘阿拉善地块是研究区一个值得注意的重要物源区。据区域地质资料分析，在晚古生代乃至燕山期，该隆起区构造活动持续强烈，曾发生过多次脉动式拉伸作用，其内部有多期裂谷发育和强烈的火山喷发作用，有巨厚的石炭–二叠纪火山岩系（王廷印等，1993）。且以酸性岩浆喷出（前期）和侵入（后期）为主要活动形式，喷发岩形成过程中产生的大量火山喷发物质则是与研究区延长组密切相关的火山碎屑物质。

4. 物源与重矿物组合分区

不同类型的母岩其矿物组分不同，经风化搬运破坏后会产生不同的重矿物组合，所以在盆地内部不同地区以及不同类型的砂岩中重矿物含量及类型也不相同。利用重矿物组合以及含量变化，追索物源和恢复母岩在延长组已经被广泛应用。研究区延长组是多物源沉积，重矿物种类很多，根据重矿物的风化稳定性可将其划分为两类：一类是稳定重矿物，主要包括金红石、锆石、电气石、锐钛矿、石榴子石、钛铁矿、磁铁矿、十字石等，抗风化能力强、分布广，远离母岩区的含量相对升高；另一类是不稳定重矿物，主要包括角闪石、辉石、红柱石等，抗风化能力弱、分布不广，远离母岩区，含量相对减少。

由于重矿物在搬运、沉积和成岩过程中，会受到搬运以及成岩作用的影响，这就限制了常规的重矿物数据在恢复物源方面的准确性，需要研究不同地区、不同粒级砂岩中一些重矿物的组合，从而避免物源分析中的偏差。陇东地区延长组砂岩中的重矿物组合就有两种，一是锆石+石榴子石+绿帘石+榍石组合，二是锆石+石榴子石+硬绿泥石组合（表2-

4)，分别反映了东北和西南两大物源体系。前者东北物源区的砂岩重矿物组合，显示母岩中沉积变质岩的组分大大提高，越向南部稳定重矿物越多，且矿物混合程度越高，西南物源三角洲体系中的重矿物组合反映了中高变质和花岗岩的母岩特征。

表 2-4　陇东地区长 6–长 8 储层砂岩中重矿物组合特征

地区	重矿物组合	分布特点
东北物源形成的三角洲体系	锆石+石榴子石+绿帘石+榍石	①同一组合呈西北–东南向带状分布 ②稳定矿物呈东北–西南向增加
西南物源形成的三角洲体系	锆石+石榴子石+硬绿泥石	稳定矿物有三种方向变化趋势： ①西→东　②西南→东北　③东南→西北

统计结果显示（表 2-5），陇东地区长 6–长 8 中重矿物组成有很大差异。此外，一种重矿物也不止来源于一种母岩，所以除研究重矿物组合外，也要观察分析重矿物的颜色、形状、包裹体及风化程度，以此可以判断重矿物的成因和在搬运沉积以及成岩过程中的变化。延长组砂岩中的重矿物含量变化及组合因源区母岩类型、风化物以及挟带的重矿物的搬运路径和沉积场所不同，于是利用重矿物及组合可以示踪源区方向。研究区从剖面和平面两个方面可以反映出物源特征与上述变化：一是同一油层组不同区带之间的重矿物种类、含量以及组合类型，在陇东地区长 8 重矿物含量组合特征（表 2-6）分区性也很强。二是在同一地区不同油层组之间不同，在镇原榍石含量为 4. 40% ，固城川的石榴子石含量为 44. 45% 。

表 2-5　陇东地区长 6–长 8 储层砂岩中重矿物组成

层位	主要矿物（>10%）	次要矿物（1%~10%）	少量矿物（<1%）
长 8	锆石+石榴子石+白钛矿	电气石+金红石+绿帘石+硬绿泥石+绿泥石+黑云母+重晶石	榍石+锡石+黄铁矿+锐钛矿
长 7	锆石+白钛矿	石榴子石+电气石+金红石+硬绿泥石	绿帘石+榍石+锡石
长 6	锆石+白钛矿+石榴子石	电气石+绿帘石+绿泥石+磷灰石+黑云母	锐钛矿+重晶石+黄铁矿

表 2-6　陇东地区长 6–长 8 油层组不同区带重矿物含量统计表

区带	样品数/个	锆石/%	金红石/%	电气石/%	石榴子石/%	榍石/%	绿帘石/%	硬绿泥石/%	白钛矿/%
演武	5	44. 9	1. 16	3. 66	29. 56	0. 00	0. 04	2. 50	16. 82
镇原	24	11. 73	0. 98	1. 28	43. 43	4. 40	0. 00	1. 44	14. 32
镇原北	39	15. 29	0. 50	2. 39	42. 07	0. 01	0. 00	2. 75	27. 58
西峰	1	61. 50	1. 00	0. 00	10. 00	0. 00	0. 00	2. 00	20. 00
马岭	83	22. 93	2. 11	4. 09	35. 03	0. 00	0. 02	2. 84	24. 89
板桥	19	18. 46	1. 02	1. 95	57. 07	0. 00	0. 00	0. 66	17. 58
固城川	13	20. 08	3. 51	4. 32	44. 45	0. 00	0. 04	6. 02	21. 06
城壕	9	36. 49	1. 93	4. 74	24. 12	0. 00	0. 03	2. 72	23. 82

5. 单颗粒矿物阴极发光特征对比与物源恢复

硅酸盐矿物的阴极发光受物源控制，依此可以认识延长组砂岩骨架颗粒中石英和长石的来源及母岩性质，可作为分析位于盆地腹地的陇东地区的粉–细砂岩中的石英颗粒物质来源问题的一种有效的重要途径和方法。

将盆地内部石英的阴极发光特征与盆地外围秦岭、阴山，以及陇西古陆不同成因的石英阴极发光对比，发现延长组中的石英具有不同阴极发光颜色，其中来自秦岭印支期火成岩的石英发蓝色光，来自阿拉善以及秦岭断裂带附近喷出岩的石英比来自吕梁古隆起侵入岩的石英所发的蓝色要浅，来自阴山低级变质岩类的石英一般显红褐色，随着变质程度的逐渐加深，来自比前寒武纪更早的高级变质岩类中的石英，阴极发光颜色会发生均化，甚至会成为一致的红褐色，故可以辨别石英颗粒来自周缘不同地区不同母岩。

尽管上述石英的源岩与阴极发光之间有关系，但是在搬运、沉积、石化和成岩作用期间，石英的阴极发光是不稳定的，我们在薄片中所看到的阴极发光颜色不可能是某一岩石类型的唯一标志。所以运用石英的阴极发光特征判断物源，必须结合其他方法综合判断。

二、华庆油田长 6_3 与马岭油田长 8_1 的砂岩类型及组分差异

通过对华庆油田长 6_3 储层 51 口井 669 个样品进行砂岩三角分类投点，结果显示长 6_3 砂层组的砂岩类型［图 2-8（a）］以岩屑长石砂岩为主，其次是长石砂岩，含少量的长石岩屑砂岩，颜色为浅灰色、灰色以及深灰色。碎屑含量平均为 84.21%，其中石英占 28.01%、长石占 36.62%、岩屑占 19.58%，说明砂岩成分成熟度较低。碎屑颗粒粒度一般小于 0.5mm，平均为 0.257mm，砂岩粒度小，以细粒为主，少量为中–细粒。碎屑颗粒总体分选中等，磨圆以次棱角状为主，说明砂岩的结构成熟度中等。填隙物成分复杂，主要由黏土矿物（绿泥石、水云母）和碳酸盐（方解石、铁白云石、铁方解石）组成。以水云母和铁方解石为主，绿泥石含量也较多，多为泥质和钙质胶结。胶结类型主要为孔隙胶结和薄膜–孔隙式胶结，颗粒支撑结构，颗粒间接触方式主要为点–线接触和凹凸接触。

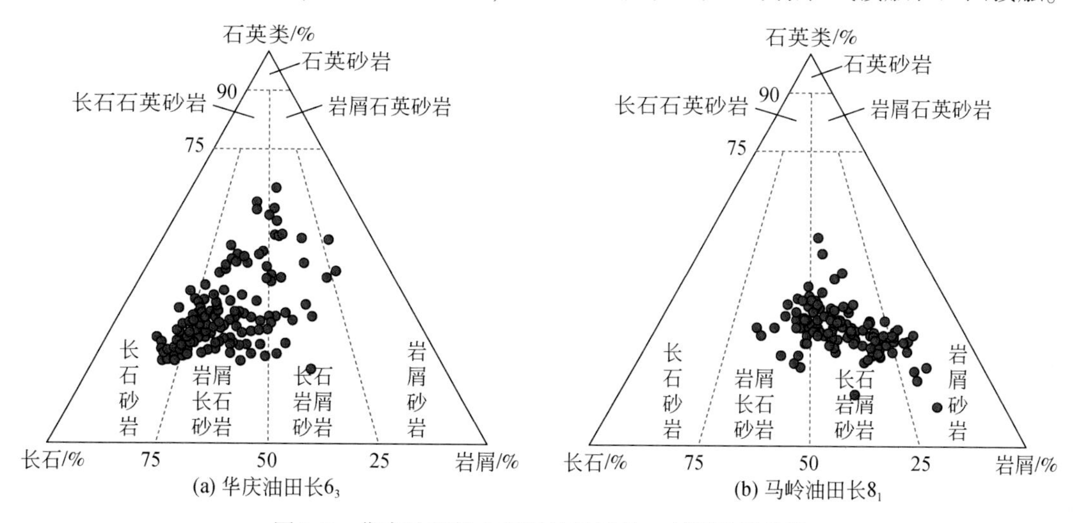

图 2-8　华庆油田长 6_3 和马岭油田长 8_1 储层砂岩分类

马岭油田长 8_1 砂层组的砂岩类型［图 2-8（b）］主要为中细粒长石岩屑砂岩、岩屑长石砂岩，成分成熟度较低。根据岩心观察和薄片鉴定结果，本区三叠系延长组长 8_1 储层段岩石类型主要为浅灰色、灰色岩屑长石砂岩和长石岩屑砂岩，以及少量的岩屑砂岩。长石、石英、岩屑比例接近 1∶1∶1，各个小层中颗粒具体含量见表 2-7 和表 2-8。砂岩以细-中粒为主，极细-细粒和细粒次之。砂岩碎屑组分主要有石英、云母、粉砂质岩屑、燧石、千枚岩等。砂岩的结构成熟度低，分选以中等-好为主，磨圆度以次棱角状为主，接触方式主要为点-线接触、线接触，胶结类型以孔隙式为主，其次是薄膜式、加大式及它们的复合类型。

表 2-7　研究区砂岩碎屑成分及填隙物含量统计表

层位	碎屑颗粒含量/%			填隙物/%	样品数/个
	石英	长石	岩屑		
长 8_1^1	27.50	22.59	31.38	18.53	24
长 8_1^2	31.30	26.80	25.37	16.53	120
长 8_1^3	29.17	30.41	25.13	15.29	55

表 2-8　研究区砂岩岩屑含量统计表

层位	喷发岩/%	隐晶岩/%	高变岩/%	石英岩/%	片岩/%	千枚岩/%	变质砂岩/%	板岩/%	云母/%	样品数/个
长 8_1^1	4.57	1.37	0.48	2.31	0.92	5.37	0.80	1.48	9.26	24
长 8_1^2	5.64	1.97	0.71	2.75	1.82	4.14	1.40	1.85	5.86	113
长 8_1^3	8.38	0.29	0.74	2.8	1.03	4.29	1.19	1.21	4.37	46

长 8_1^1 油层组岩石类型主要为细-中粒岩屑长石砂岩和长石岩屑砂岩，砂岩碎屑成分中石英含量为 27.50%、长石含量为 22.59%、岩屑含量为 31.18%。岩屑以云母、千枚岩和喷发岩为主，其中云母含量为 9.26%，千枚岩含量为 5.37%，喷发岩含量为 4.57%。

长 8_1^2 油层组岩石类型主要为细-中粒长石岩屑砂岩和岩屑长石砂岩，砂岩碎屑成分中石英含量为 31.30%，长石含量为 26.80%，岩屑含量为 25.37%。岩屑以云母、千枚岩和喷发岩为主，其中云母含量为 5.86%、千枚岩含量为 4.14%、喷发岩含量为 5.64%。

长 8_1^3 油层组岩石类型主要为细-中粒岩屑长石砂岩和长石岩屑砂岩，砂岩碎屑成分中以石英和长石为主，分别占 29.17% 和 30.41%，岩屑含量占 25.13%。岩屑以喷发岩、云母和千枚岩为主，其中喷发岩含量为 8.38%，云母含量为 4.37%，千枚岩含量为 4.29%。

源区母岩类型、水动力以及搬运方式变化，引起陇东多源区华庆油田长 6_3 与马岭油田长 8_1 砂岩中碎屑颗粒［图 2-9（a）］以及填隙物含量分布［图 2-9（b）］有明显变化，对比统计结果，二者之间存在差异，其中长 6_3 较长 8_1 岩屑成分含量低，长 6_3 较长 8_1 填隙物含量略高。

成岩中华庆油田长 6_3 和马岭油田长 8_1 砂岩中长 7 凝灰质转化对孔喉中自生黏土矿物

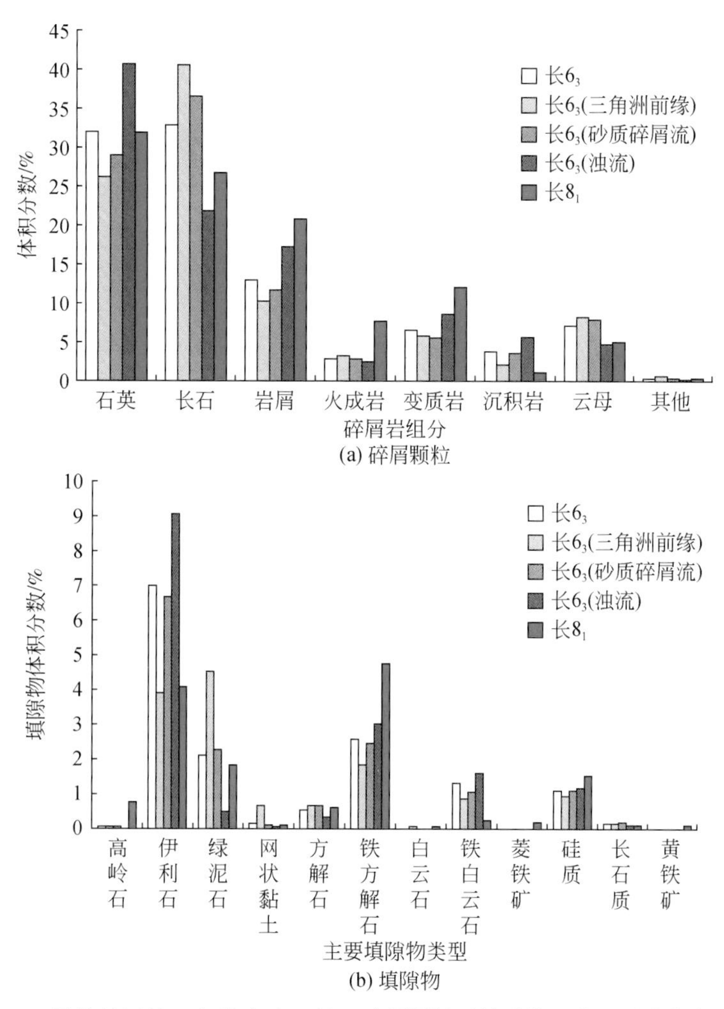

图 2-9　马岭油田长 8_1 与华庆油田长 6_3 碎屑颗粒及填隙物组分差异分布直方图

形成和分布的影响表现为：晚三叠世沉积演化中物源区母岩类型及物源变化对延长组各油层后期成岩变化中的矿物组分以及砂岩孔喉填隙物中的自生黏土矿物种类组合有不同影响，其中华庆油田长 6_3 在东北物源区，黏土矿物为高岭石和伊利石组合，在西南物源区为伊利石和绿泥石组合；马岭油田长 8_1 在东北物源区为高岭石、伊利石和绿泥石组合，而在西南物源区为伊利石、绿泥石和高岭石组合。马岭油田长 8_1 高岭石含量普遍高于华庆油田长 6_3，主要与长 7 中凝灰质含量、有机质演化以及层位空间位置有关。

依据 122 口井统计结果编绘的长 7 油层组含凝灰岩地层厚度变化反映了研究区含凝灰岩层厚度变化趋势。显然东北火山凝灰质分布含量少，西南多。长 7 中大量凝灰质溶解提供的高铁物质以及暗色泥岩演化产生的大量有机酸均下渗到长 8_1 储层中，有利于高铁绿泥石和高岭石自生黏土矿物形成。于是，长 7 中如此有利的富含铁镁质组分的沉积物基础，在成岩溶蚀作用下，通过分解、转移、沉淀和胶结，对紧邻其下的长 8_1 砂岩孔喉中自生矿物种类和填隙物杂基中黏土矿物结晶以及含量、类型的分布有重要影响，火山凝灰物质的分布对长 8_1 以及长 6_3 次生孔喉形成和分布也有一定控制作用。

第三章　致密砂岩的结构特征及成因分析

第一节　致密砂岩的结构特征

致密砂岩的结构特征包括碎屑颗粒的粒度、圆度、球度和颗粒表面特征以及胶结物的特征、填隙物与碎屑之间的关系等。

一、砂岩粒度结构分布特征

根据研究区华庆油田长 6_3 砂岩255个样品、马岭油田长 8_1 砂岩169个样品粒度分析数据统计，研究区长 6_3 和长 8_1 砂岩的粒度总体较细（表3-1），其中长 6_3 以细砂、极细砂为主，其次为粉砂、泥、极粗砂，并含少量的粗砂、中砂（图3-1）。碎屑颗粒中，细砂平均为52.20%，极细砂平均为40.25%；根据岩心粒度分析等资料统计，长 8_1 主要为细砂中砂，个别含少量粉砂（图3-2）。

表3-1　华庆油田长 6_3 和马岭油田长 8_1 砂岩粒度统计表

层位	粒级分布占比/%							样品数/个	井数/口
	粗砂	中砂	极细砂	极粗砂	细砂	粉砂	泥		
华庆油田长 6_3	0.01	0.54	40.25	2.13	52.20	2.86	2.01	255	27
马岭油田长 8_1	0.66	25.24	0	0	67.68	2.77	3.65	169	11

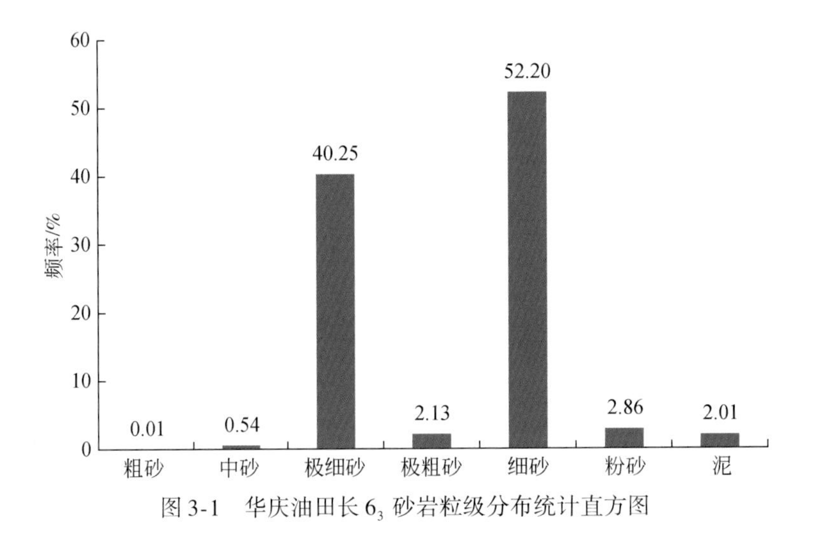

图3-1　华庆油田长 6_3 砂岩粒级分布统计直方图

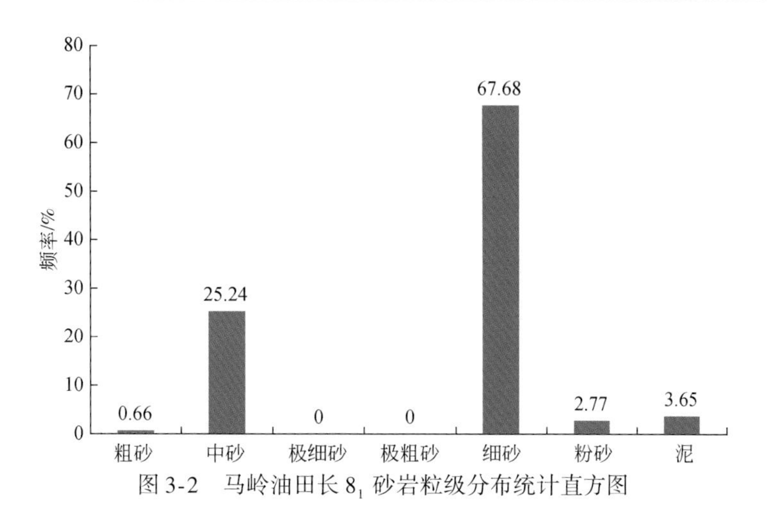

图 3-2　马岭油田长 8_1 砂岩粒级分布统计直方图

二、颗粒磨圆度特征

磨圆度分析数据（表 3-2）表明，华庆油田长 6_3 砂岩磨圆以次棱角状为主，马岭油田长 8_1 砂岩磨圆以次棱角-棱角状为主。华庆油田长 6_3 碎屑颗粒中，次棱角状占 87. 35%，棱角-次棱角状占 7. 21%（图 3-3，图 3-4）；马岭油田长 8_1 砂岩碎屑颗粒中，次棱角-棱角状占 82. 9%，棱角-次棱角状占 5. 69%（图 3-5）。

表 3-2　研究区长 6_3-长 8_1 砂岩薄片分析磨圆度统计表

层位	类别	磨圆度					样品数/个	井数/口
		棱角状	棱角-次棱角状	次棱角-棱角状	次棱角状	次圆-次棱角状		
长 6_3	数目/个	9	66	12	594	8	689	51
	频率/%	2. 50	7. 21	1. 76	87. 35	1. 18		
长 8_1	数目/个	4	7	102	4	6	123	20
	频率/%	3. 27	5. 69	82. 90	3. 25	4. 89		

(a) 白123井，长6_3，2101.5m，次棱角状

(b) 白123井，长6_3，2119.6m，次圆-次棱角状

图 3-3　华庆油田长 6_3 砂岩磨圆度镜下照片

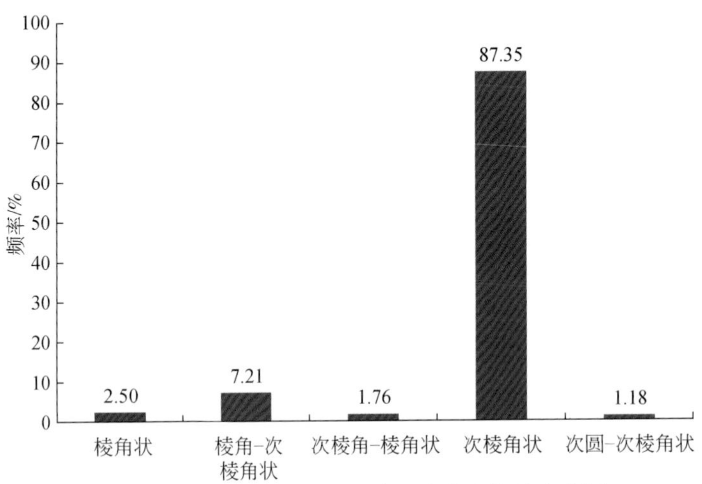

图 3-4　华庆油田长 6_3 砂岩磨圆度分布统计直方图

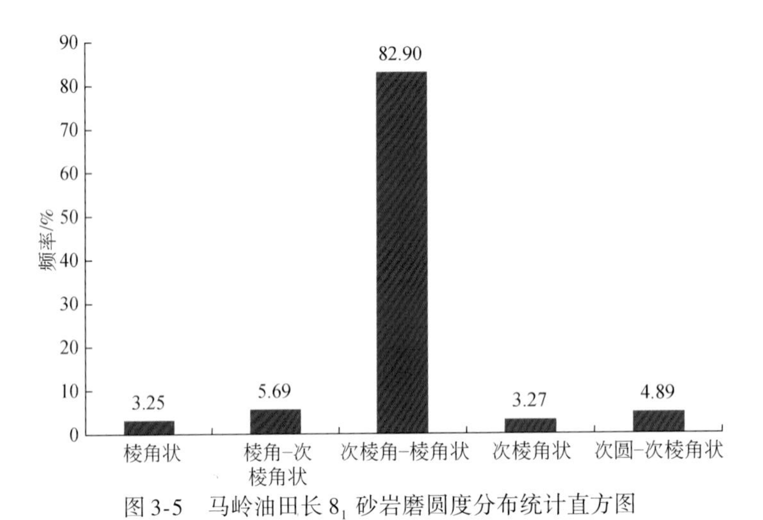

图 3-5　马岭油田长 8_1 砂岩磨圆度分布统计直方图

三、粒度分选特征

通过岩心详细观察描述和室内图像粒度分析，分别统计了华庆油田长 6_3 砂岩 680 个样品和马岭油田长 8_1 砂岩 123 个样品的薄片鉴定数据（表 3-3），认为将该区的分选性级别可以划分为差、中-差、差-中、中、好-中、中-好、好 7 个级别。

表 3-3　研究区长 6_3-长 8_1 砂岩薄片分析分选性统计表

层位	类别	分选性							样品数/个	井数/口
		好	中	好-中	中-好	中-差	差-中	差		
华庆油田长 6_3	数目/个	196	221	27	18	30	32	156	680	51
	频率/%	28.82	32.50	3.97	2.65	4.41	4.71	22.94		

续表

层位	类别	分选性							样品数/个	井数/口
		好	中	好-中	中-好	中-差	差-中	差		
马岭油田长 8_1	数目/个	33	63	2	8	26	22	17	171	20
	频率/%	26.63	50.02	1.63	5.20	2.30	2.10	12.12		

其中研究区目的层砂岩，总体为中、好的分选性（图 3-6，图 3-7），分选性为好-中、中-好、中-差和差-中的样品只占少数。华庆油田长 6_3 与马岭油田长 8_1 相比，华庆油田长 6_3 部分层段的砂岩分选性偏差，同样统计数据中粒度中颗粒分选差的比例也较大（图 3-6），占比达 22.94%，同样偏光显微镜下也有突出特征（图 3-8）。分析原因与多物源快速搬运物混入有密切关系。

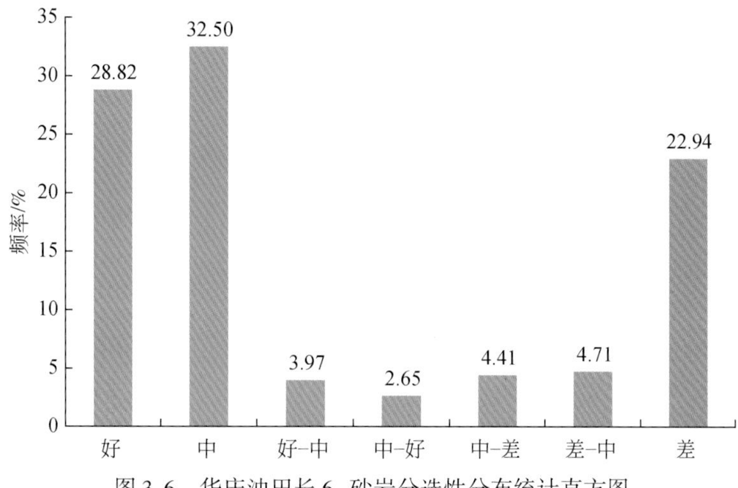

图 3-6　华庆油田长 6_3 砂岩分选性分布统计直方图

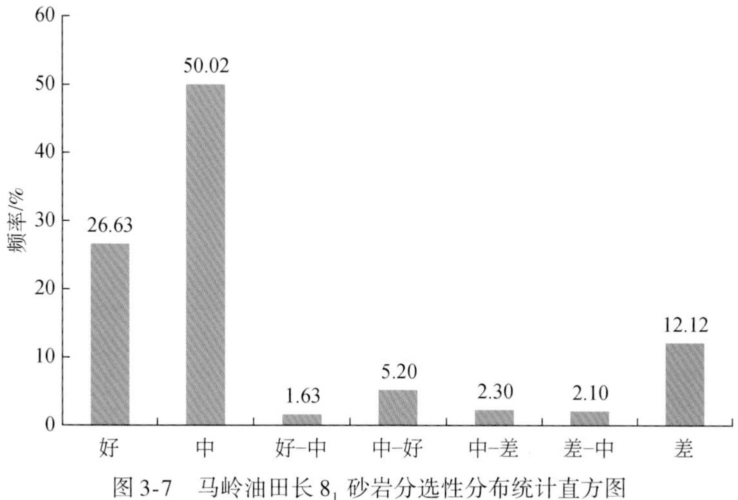

图 3-7　马岭油田长 8_1 砂岩分选性分布统计直方图

(a) 白209井，长6_3，2057.7m，颗粒支撑

(b) 白190井，长6_3，2037.45m，分选中等

图 3-8　华庆油田长 6_3 砂岩分选性镜下照片

四、颗粒接触类型

在偏光显微镜下（图 3-8），研究区粉-细砂岩以颗粒支撑结构为主，碎屑颗粒的接触类型有点接触、线接触、凹凸接触和缝合接触，其中以线接触为主，凹凸接触也较普遍，点接触和缝合接触较少，且往往存在两种或两种以上的接触类型，以其中一种接触类型为主，储集岩碎屑颗粒接触类型表明岩石经受了中等强度的压实作用。以孔隙式、薄膜式、加大式及它们的复合类型的胶结类型为主。

五、颗粒间填隙物结构特征

以马岭油田长 8_1 砂岩为例，填隙物总体含量较高，为 15. 52%，分别由杂基和胶结物两部分组成（表 3-4）。胶结物由黏土矿物（5. 92%）、碳酸盐胶结物（5. 90%）及硅质胶结物（1. 43%）组成，含少量其他成分的填隙物。黏土矿物由绿泥石（1. 37%）、高岭石（0. 69%）和水云母（3. 86%）组成。碳酸盐胶结物主要由铁方解石（3. 92%）和方解石（1. 47%）组成。硅质胶结物包括次生加大式胶结及孔隙充填式胶结两种，以石英加大边状为主，少量充填孔隙（表 3-4）。

表 3-4　马岭油田长 8_1 砂岩填隙物组分含量统计

层位	填隙物总量/%	黏土矿物/%			碳酸盐胶结物/%					硅质/%	其他/%	样品数/个
		高岭石	水云母	绿泥石	方解石	铁方解石	白云石	铁白云石	菱铁矿			
长 8_1^1	18. 07	2. 04	7. 41	0. 31	1. 78	3. 04	0. 00	0. 40	0. 49	1. 15	1. 45	28
长 8_1^2	15. 32	0. 65	3. 75	1. 12	1. 79	3. 38	0. 04	0. 29	0. 34	1. 68	2. 28	127
长 8_1^3	15. 51	0. 37	2. 88	2. 72	0. 94	5. 42	0. 00	0. 03	0. 00	1. 14	2. 01	56
长 8_1	15. 52	0. 69	3. 86	1. 37	1. 47	3. 92	0. 03	0. 23	0. 25	1. 43	2. 27	201

1）杂基含量组分与颗粒支撑形式

杂基主要为泥质及细粉砂，平均为1%~3%，总体颗粒接触，充填于粒间孔中，部分被绿泥石和方解石胶结物交代。由于杂基分布不均匀，局部杂基含量较高，可达3%~6%，甚至更高达12%，显杂基支撑。

2）胶结物含量分布与沉淀胶结类型

常见的胶结类型中孔隙式胶结在颗粒之间多呈点状接触，胶结物含量少，只充填于碎屑颗粒的孔隙中，胶结物多以水云母和碳酸盐胶结物充填原生粒间孔的方式存在；接触式胶结为颗粒之间呈点接触或线接触，胶结物含量很少，分布于颗粒相互接触的地方，此胶结类型占的比重较少；压嵌胶结是随着进一步埋深，碎屑颗粒之间由点接触到线接触和凹凸接触，颗粒之间镶嵌在一起，其间无填隙物，但是碎屑颗粒之间的接触强度较大，其间留下较少的空间，因而岩石孔隙不发育；次生加大胶结是石英和长石加大时，对碎屑颗粒起胶结作用，同时也减少了孔隙空间。

在华庆油田长6_3砂岩中，胶结类型以孔隙式胶结为主，占43.28%，其次为加大-孔隙式胶结，占22.90%，薄膜-孔隙式胶结占11.67%，薄膜式胶结占7.83%，其他胶结类型所占比例较少（图3-9）；马岭油田长8_1的分析统计资料显示以自生黏土矿物和碳酸盐胶结物为主，硅质胶结物含量较低。黏土矿物以水云母为主，其次为绿泥石和高岭石，碳酸盐胶结物以铁方解石为主。

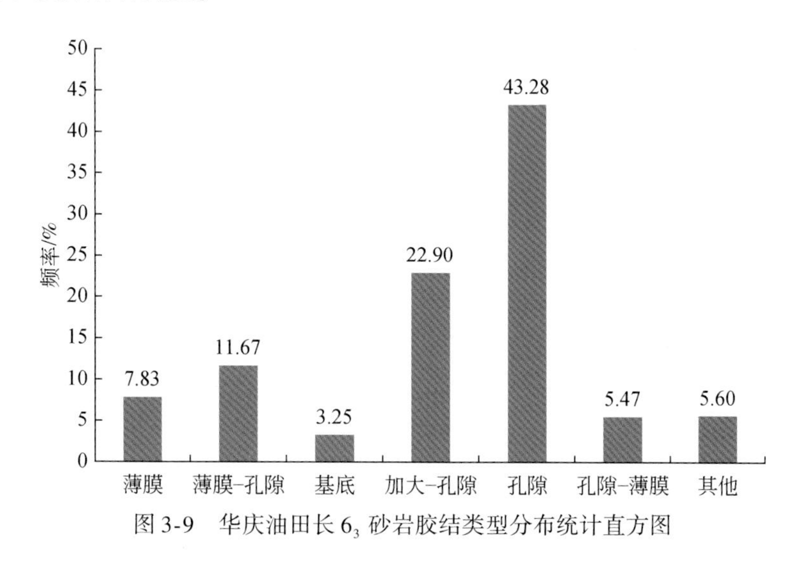

图3-9　华庆油田长6_3砂岩胶结类型分布统计直方图

第二节　骨架矿物颗粒表面微观结构特征表征及成因分析

在致密砂岩骨架颗粒矿物、填隙物以及孔隙结构的微米级观测与分析中，通常人们关注的是黏土矿物和孔隙结构纳米尺度自生矿物的特征，而对影响孔喉性能以及非均质性的骨架矿物表面微观变化研究较少。致密砂岩骨架矿物在沉积成岩过程中，因晶体遭受溶解、胶结以及结晶作用在矿物表面及晶体内部形成的类蚀像凹坑、雏晶单晶、平行脊线、晶体位错、类包裹体晶内核等纳米尺度微观结构变化特征难以仔细观察和描述表征，近年来随着场发射电镜、透射电镜等显微测试分析技术应用，大大深化了人们的成因认识。

研究区长石和石英颗粒有类蚀像凹坑、雏晶单晶、平行脊线、晶体位错、类包裹体晶内核5种结构类型；长石镜下可见晶面平行凹痕、溶蚀针、纳米级薄层断阶、长石高岭石化、晶体位错和超微包裹体6种结构类型；这些微观结构现象大多在几百纳米的尺度范围内，有的甚至只有几十纳米，显微表现、大小和结构特征与矿物硬度、晶体晶格缺陷、晶体生长过程以及成岩作用中沉积压实、构造应力改造作用有关。形成碎屑岩骨架矿物纳米尺度结构变化的同时，影响粒间、粒内孔渗性能。

一、砂岩石英颗粒表面纳米级结构特征

研究区长6_3砂岩类型以长石砂岩为主，岩石骨架矿物相应的则为石英和长石。石英相对于长石而言，仍保持其微观尺度上的稳定性，镜下可见类蚀像凹坑、石英再生（加大）雏晶、平行脊线、晶体位错、类包裹体晶内核等5种纳米级的结构特征，反映了成岩过程石英晶体表面的微观特征和晶体生长过程。

1. 石英颗粒表面类蚀像凹坑

在20000倍场发射镜下，可以清晰地看到石英晶体表面受溶蚀后，石英晶体表面可见50～300nm类蚀像凹坑，凹坑形状以三角形为主，沿直线排列，形态和分布受控于晶体内部质点的排列方式。三角形凹坑沿一直角边发育拖曳痕，拖曳痕从凹坑顶点向外深度逐渐均匀减小直至消失，越接近凹坑处，下切深度越大（图3-10），类蚀像凹坑既是强有机酸介质流动留下的踪迹，也影响孔喉糙面。

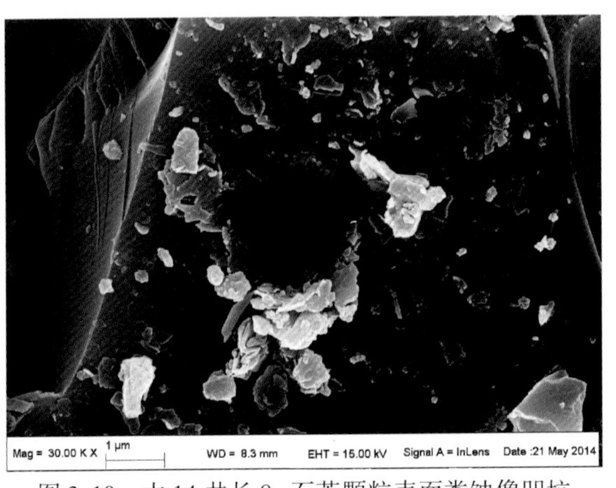

图3-10　木14井长8_1石英颗粒表面类蚀像凹坑

2. 石英再生（加大）雏晶

在砂岩硅质胶结作用类型中，石英自生加大是最常见的重要类型之一。石英石在骨架

矿物中粒径相对较大，自生加大边是成岩中期砂岩的主要胶结和致密产物，对砂岩粒间孔喉微观结构影响也最明显。在高倍扫描电镜下，可以观察到自生加大矿物石英的雏晶单晶生长和排列方式，次生加大边和自生石英晶芽均显石英单晶纳米级六方柱状完整晶形，晶体截面六边形形态清晰规整（图3-11），单晶截面边长测距100～300nm，晶群中晶体均垂直粒缘及孔壁生长，填充和挤占原生孔隙，但在晶群各晶体间残留有几十纳米的晶间缝和100nm左右的小孔隙，局部缝隙连通性好。透射电镜照片中，石英各六方柱晶体间并不呈完全规则排列，而呈紧密与疏松的杂乱产状，形成糙面，部分石英次生加大边还有溶蚀现象，反映岩石成岩环境和成岩过程中晶体堆积方式和晶体结构缺陷以及晶内孔隙演化特征。

图3-11　白242井长6_3石英颗粒表面形成的再生（加大）雏晶

3. 石英晶体表面的微观平行脊线与晶体生长过程

在扫描电镜下用30000放大倍率可见石英晶体截面上呈平行状产出的脊线状结构。脊线宽度为20～30nm，脊线由纳米级单体摩擦粒定向排列形成（图3-12），各纳米线有相互扭结特征，属于剪切滑移应力作用下矿物表面形成定向组构，一般与岩石平行面理和线理产状吻合。

(a) 元284井

Mag = 50.00 K X　200 nm　WD = 7.6 mm　EHT = 15.00 kV　Signal A = SE2　Date :6 Jul 2014

(b) 山103井

图3-12　场发射镜下长6_3石英晶体生长表面的胶结糙面

4. 晶体位错

晶体位错成因与晶体生长过程中因原子偏离产生缺陷和后期应力作用有关。透射电镜下观察石英晶体中发育位错环，形态稍显扁圆状，沿两个方向呈线形排列，直径大于200nm，以及由位错紊乱形成位错壁。

5. 类包裹体晶内核

在偏光显微镜下观察会发现长石颗粒中存在圆形、椭圆形等不同形态的流体包裹体，包裹体大小一般为几微米。通过透射电镜观察，还发现当放大倍数足够大时，晶体内部存在形态和结构上都与包裹体类似的核状物，且该组织内部还有一个与外部形态类似但个体只有100nm左右的包体。该核状物内部有晶体位错，外部的位错纹止于其边部。

二、砂岩长石颗粒表面纳米级结构特征及蚀变

长石不仅有再生加大胶结、交代，而且因其组分具有易溶特性，镜下微纳米级溶蚀结构发育。因溶蚀条件及过程不同，表现程度和形式各异。

1. 沿晶面平行分布的溶蚀凹痕（孔洞）

与石英晶体不同，易溶的长石矿物顺晶体表面具有细长条状的规则溶蚀凹痕（孔洞），凹痕宽度为100～500nm，延伸长度差别较大，短的只有100～2000nm，长的几乎沿长石晶体贯穿，多条凹痕密集平行排列，延伸方向始终与长石晶体长轴方向一致（图3-13）。从溶蚀凹痕（孔洞）形态来看，成因应为长石晶体结构引起的非均质溶蚀作用，扫描电镜观察时一般选取岩心敲开的新鲜断面。

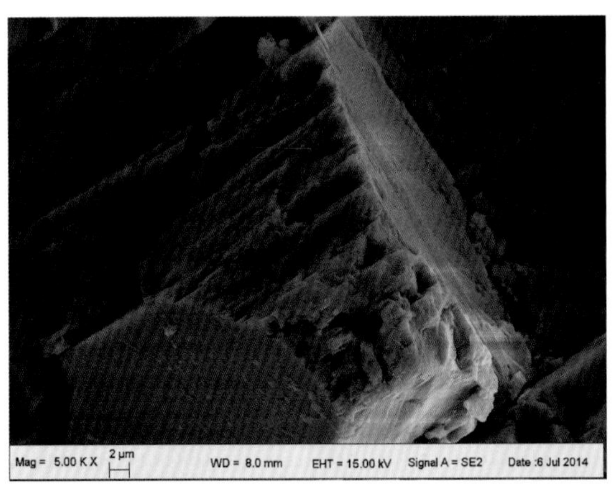

图3-13　元210井长6_3钠长石晶内沿晶面平行分布溶孔

2. 溶蚀针状孔

在高倍扫描电镜下观察，当长石溶蚀程度非常强烈时就会出现溶蚀针状孔（图3-14）。

溶蚀针是比筛状颗粒溶蚀程度更高的溶蚀作用表现形式，在视域下发现长石颗粒已完全失去原有晶形，只在颗粒端部保留垂直的相互之间呈平行状态的针状溶蚀残留物，溶蚀针直径小于400nm，且分布不均匀。溶蚀针状孔是较强成岩作用的反映，根据其形态和分布特征可以对溶蚀作用机理和矿物颗粒遭受溶蚀后形态变化过程有较为完整的认识。

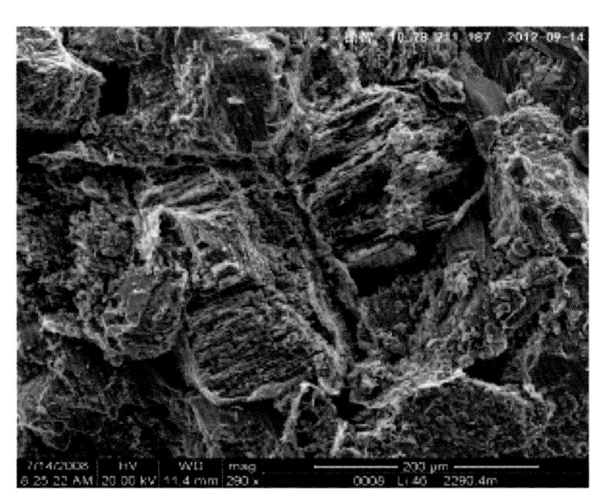

图3-14　里46井长8_1长石粒内溶蚀针状孔

3. 纳米级薄层断阶

马岭油田位于盆地西南部，濒临盆地西缘断裂带，成岩过程中受到构造作用，镜下经常能够观察到砂岩长石颗粒发生破裂，外力作用改变了矿物原有的完整晶形，高倍扫描电镜下可以看到断面上留下痕迹，宽度约100nm（图3-15）。断阶高度越大表明应力作用越大。

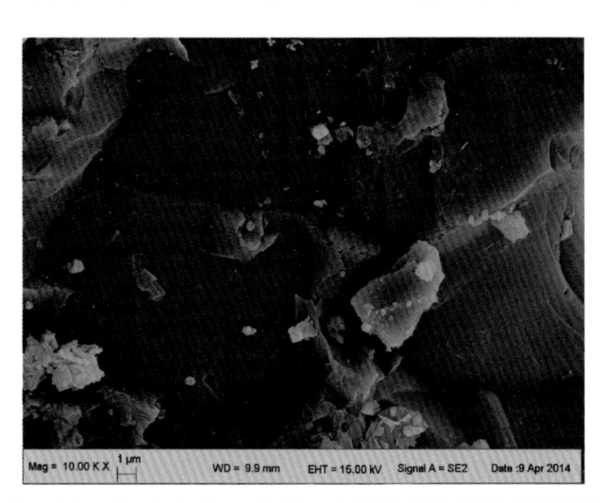

图3-15　里46井长8_1砂岩长石颗粒纳微米级薄层断阶

4. 长石颗粒高岭石化

微观分析表明，成岩中高岭石可以由长石蚀变而来，常与溶蚀长石残骸或残余物同时出现，完全交代时呈交代假象。扫描电镜下长石颗粒由边缘开始向高岭石转化（图3-16），在长石晶粒表面开始出现高岭石集合体条带结构，边缘则为层片结构，层片单层厚度和条带宽度都不足 100nm。

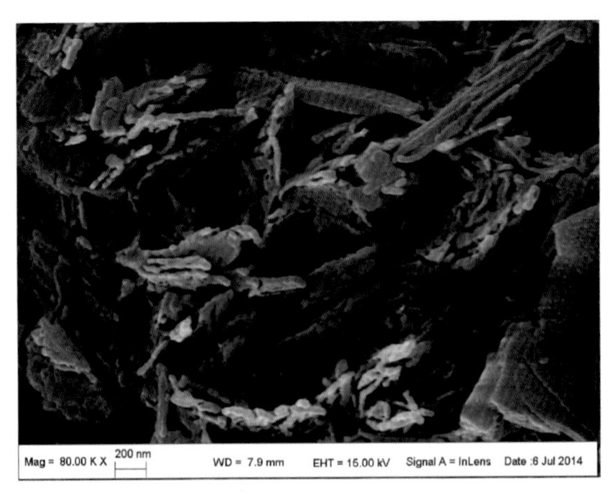

图 3-16　里 46 井长 8_1 砂岩长石晶体高岭石化

5. 晶体位错

长石晶体中的位错纹形式多样，既有等间距近平行的弯曲位错纹和其间的堆积缺陷，又有毫无规律可循的极不规则散乱状位错纹，也有“Z”字形的位错纹组合和台阶状位错纹，分布范围很小，并且该类现象相对少见。

6. 超微包裹体

长石中呈台阶状规则排列的超微包裹体，大小为 60 ~ 100nm。包裹体内部可见一个或两个气泡，有的包裹体中气泡在磨片和过程中破裂，现为空洞，但保留了其原始形态，可见属气液两相包裹体。

第三节　不同搬运沉积方式形成的砂粒结构与物性分异

1. 粒度概率累积曲线特征

利用砂岩粒度概率累积曲线可以较好地区分颗粒的搬运性质和水流强弱，以及有无回流等特点。马岭油田长 8_1 砂岩颗粒的搬运方式可以分为两个类型，即三段式和两段式（图 3-17），总体滚动段不发育，主要为跳跃和悬浮搬运两段式。三段式概率累积曲线以跳跃总体为主，斜度为 60° ~ 70°，分选中等，与滚动总体的截点在 1.0ϕ ~ 2.5ϕ，与悬浮总体的截点在 3.0ϕ ~ 3.75ϕ；其次为悬浮次总体，斜度为 10° ~ 35°；还有较少部分的滚动次总体部分，其斜度在 15° ~ 35°。三段式结构为典型的牵引流沉积，反映沉积物沉积时水动力能量强，河道底部发育底冲刷明显。

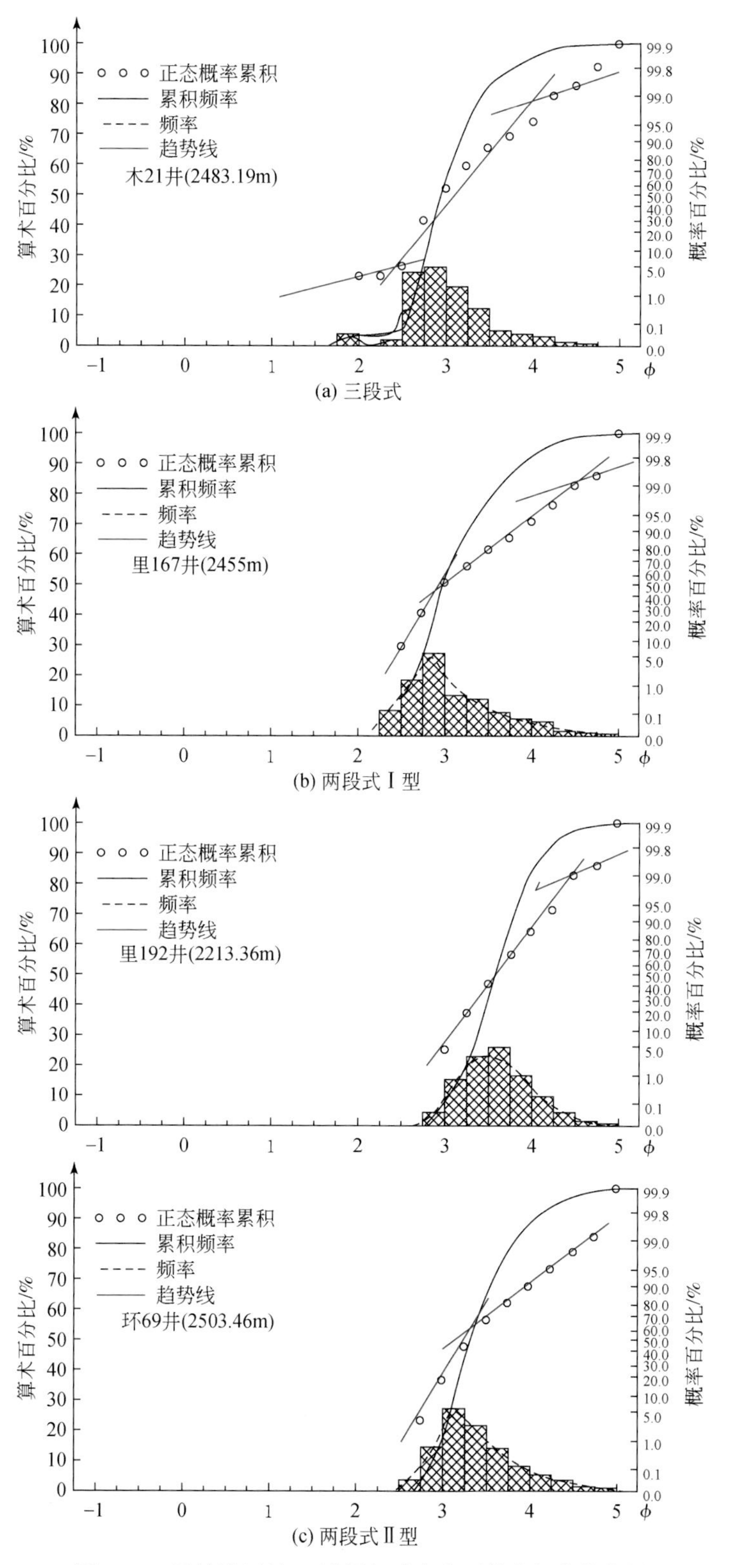

图 3-17　马岭油田长 8_1 油层组砂岩典型粒度概率分布图

根据其跳跃总体是否有回流又可分为两段式Ⅰ型和两段式Ⅱ型。两段式Ⅰ型以跳跃总体为主，含量占60%～80%，跳跃总体斜率为60°～75°，分选中等；悬浮总体斜率为20°～30°，分选差，它与跳跃总体截点变化区间在3.0ϕ～4.25ϕ，是典型牵引流的沉积特征，反映沉积时的水动力条件相对较强和较稳定，悬浮组分不易沉积下来，一般出现在水流强度较大的分流河道沉积中；两段式Ⅱ型仍然以跳跃总体为主，分选中等-好，但跳跃总体呈现两段直线（占两段式的30%～40%），这是由于其沉积组分包括了冲刷和回流两种沉积作用（图3-17）。这些结构特征反映了研究区马岭油田长8_1砂层组主要以牵引流沉积为特征。

2. 粒度分析特征参数计算

由于每一个粒度参数都以一定的数值定量地表示碎屑物质的粒度特征，这对于判断沉积物质搬运时的水动力条件很有用处，即粒度参数被用作鉴别沉积环境的依据。应用广泛的福克和沃德的公式中粒度特征参数主要有平均粒径M_z、标准偏差σ、偏度S_K和峰度K_G。

（1）平均粒径（M_z）：表示粒度分布的集中趋势。根据福克和沃德的定义，平均粒径为

$$M_z=\frac{\phi_{16}+\phi_{50}+\phi_{84}}{3}$$

（2）标准偏差（σ）：表示颗粒分选程度的度量。标准偏差公式为

$$\sigma=\frac{\phi_{84}-\phi_{16}}{4}+\frac{\phi_{95}-\phi_{5}}{6.6}$$

用标准偏差确定分选级别的标准为：①分选极好，<0.35；②分选好，0.35～0.50；③分选较好，0.50～0.71；④分选中等，0.71～1.00；⑤分选较差，1.00～2.00；⑥分选差，2.00～4.00；⑦分选极差，>4.00。

（3）偏度S_K：偏度被用来判别粒度分布的不对称程度。偏度公式为

$$S_K=\frac{\phi_{16}+\phi_{84}-2\phi_{50}}{2(\phi_{84}-\phi_{16})}+\frac{\phi_{5}+\phi_{95}-2\phi_{50}}{2(\phi_{95}-\phi_{5})}$$

朱筱敏（2008）按偏度值S_K将偏度分为五级。很负偏度，-1～-0.3；负偏度，-0.3～-0.1；近于对称，-0.1～0.1；正偏度，0.1～0.3；很正偏度，0.3～1。

（4）峰度K_G：用来衡量粒度概率累积曲线尖锐程度的。也就是度量粒度分布的中部与两尾端的展形之比。峰度公式为

$$K_G=\frac{\phi_{95}+\phi_{5}}{2.44(\phi_{75}-\phi_{25})}$$

福克等用K_G值确定了峰值的等级界限。很平坦，<0.67；平坦，0.67～0.90；中等（正态），0.90～1.11；尖锐，1.11～1.56；很尖锐，1.56～3.00；非常尖锐，>3.00。

依据上述计算公式，通过研究区长8_1油层组80块样品图像粒度分析的特征参数统计，平均粒径介于1.72ϕ～5.66ϕ，平均为2.959ϕ；标准偏差介于0.38ϕ～2.56ϕ，平均为

0.728ϕ；偏度介于-0.15～1.62，平均为0.265；尖度（峰度）介于0.83～4.47，平均为1.409。由此说明，长8_1油层组砂岩主要为细砂岩、含粉细砂岩结构，分选中等-较好，以正偏度为主，并且峰值以很尖锐-非常尖锐为主。因此长8_1砂岩沉积时的水动力能量较强，颗粒分选较好也反映出沉积物距离物源区具有一定的距离。

3. *C-M* 图解反映的长6_3、长8_1搬运过程与分选性

C-M 图由沉积学家帕塞加（朱筱敏，2008）提出，*C-M* 图中的 *C* 值（累积曲线上颗粒含量1%处对应的粒径）与样品中最粗颗粒的粒径相当，代表了水动力搅动开始搬运的最大能量；*M* 值（累积曲线上50%处对应的粒径）是中值，代表了水动力的平均能量。华庆油田长6_3砂岩的 *C-M* 图（图3-18），232个样品的 *C*、*M* 值投点图形基本平行于 *C-M* 基线，反映储层的浊流快速沉积成因特点。图中投点大多处于 *QR* 段且 *C* 值与 *M* 值密切相关变化，代表研究区大多属于递变悬浮沉积。浊流的流速很快，当流速降低时，悬浮物质移向底部，使底部密度不断增加，最终形成整体的沉降作用，并形成分选性差的沉积物。另外图中 *C* 值与 *M* 值变化幅度均较大，这一点正是浊流沉积 *C-M* 图的独有特征。进一步分析马岭油田长8_1砂层组86块样品的 *C-M* 图分布特点（图3-19），砂岩总体粒度相对较细，以中-细砂岩结构为主。其中粗砂级占总量的0.66%，中砂级占总量的25.24%，细砂级占总量的67.67%，粉砂级占总量的2.77%，泥占总量的3.65%，沉积物搬运中发育牵引流和浊流两种形式，总体上牵引流沉积为主，*C-M* 图中 *C* 值与 *M* 值的差异不是很大，也说明沉积物分选较好。牵引流以滚动或悬浮两种方式搬运，组分含量最多的 *QR* 段代表以递变悬浮沉积为主，递变悬浮搬运是指在流体中悬浮物质由下向上粒度逐渐变细，密度逐渐变低。由于 *C* 值与 *M* 值呈比例增加，图形与 *C*=*M* 基线平行；此外，*PQ* 段以悬浮搬运为主，含有少量滚动搬运组分。

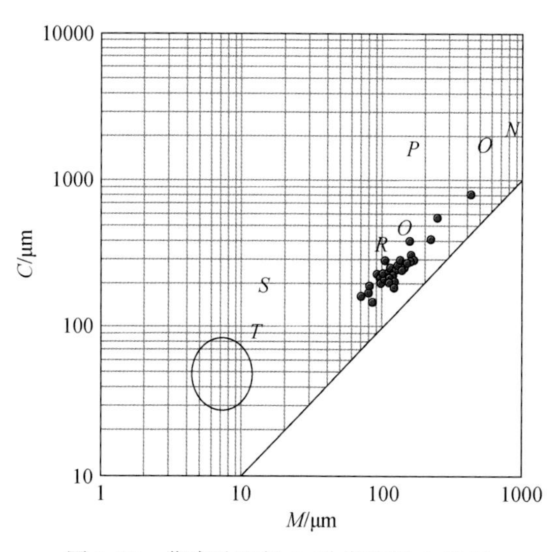

图3-18 华庆油田长6_3砂岩粒度 *C-M* 图

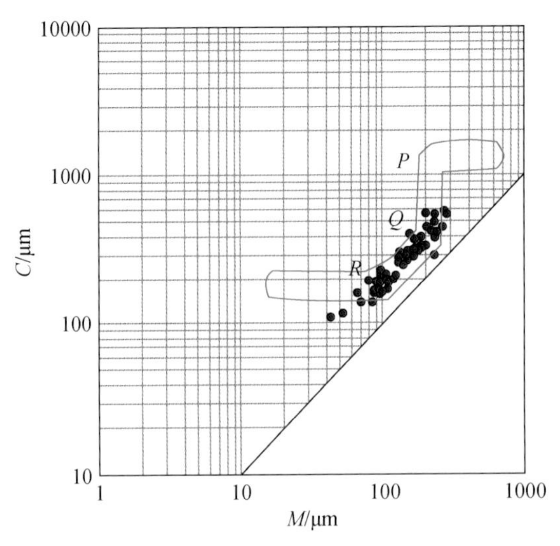

图 3-19　马岭油田长 8_1 砂岩粒度 *C-M* 图

4. 不同沉积微相的砂岩粒度结构与物性变化

1）水下分流河道牵引流中细粒砂岩与物性分布

牵引流是指水流带动碎屑作牵引运动的流体，水挟沉积物主要有河道沉积、漫流（片流）沉积和筛状沉积作用三类。对沉积物的推力（牵引力）主要取决于流速，推力越大则能搬运的沉积物颗粒越大，颗粒主要以滚动或悬浮两种方式搬运，部分悬浮，粒度概率曲线图上滚动、跳跃和悬浮三段式特征明显［图 3-17（a）］。*C-M* 图牵引流沉积的典型图形可划分为 *N-O-P-Q-R-S* 各段（图 3-18）。三角洲前缘水下分流河道是主要沉积场所，平面砂体带状顺河道分布，颗粒粗中细分选磨圆和分选，填隙物中杂基含量低于 5%，原生孔隙发育，物性好；剖面上正粒序层理发育，断面上透镜体分布，层内纵向粒级以及物性均呈韵律性变化，非均质性强。其中底部粒度大，后期碳酸盐胶结物易沉淀胶结，原生孔隙减少，喉道变差，但胶结物溶蚀孔隙发育，导致物性均质性差；中部为中细粒结构，分选磨圆好，杂基含量小于 3%，物性较好，原生孔隙发育；上部粉细砂岩，颗粒均匀，悬浮组分发育，泥质杂基含量高，物性差异大，孔隙度一般在 6%～12%，平均渗透率为 $0.05\times10^{-3}\sim5\times10^{-3}\mu m^2$。

2）水下扇中弥散状砂质碎屑流中细粒砂岩与物性分布

弥散状砂质碎屑流是研究区长 6–长 8 油层中东北物源最发育的一种岩相类型，主要分布在湖盆底部斜坡带下游，属于三角洲末端厚层细粒砂质沉积经过进一步整体搬运形成的快速高密度块体流，也是含水的黏滞性或非黏滞性砾石级的砂质碎屑流体，借助瞬间的碰撞力和流体的黏度进行支撑和悬浮，在重力作用下进行块体搬运和沉积作用［图 3-17（b）］。沉积体呈弥散状扇形分布，剖面上以厚层块状砂岩为主，泥岩粉砂岩夹层少见，底部发育漂浮的泥岩、泥质碎屑和不规则分布的板条状泥岩撕裂屑等。测井曲线呈现箱形和钟形。纵向上层内测井曲线、粒级变化以及物性差异较小，均质性较好，但物性总体较差，孔隙度一般在6%～10%，平均渗透率为$0.08\times10^{-3}\sim0.3\times10^{-3}\mu m^2$。

3）浊积扇粉细砂岩与物性特征

浊流是一种在水体底部形成的高速紊流状态悬浮方式搬运的混浊流体，属于水和大量呈自悬浮的沉积物质混合成的一种密度流，也是一种由重力作用推动成涌浪状前进的重力流，在研究区长6–长8油层组中，属于西南物源沉积的一种主要沉积微相类型。研究区主要发育在西南部悦乐一带，为西南物源体系下沉积物经长距离搬运至湖盆中心的产物，岩性以长石岩屑砂岩为主，稳定矿物石英含量较高，纵向上以砂泥互层的形式出现，泥质条带连续，没有被撕裂的特征。岩层底面沉积构造主要为不均匀压实而形成的重荷模、槽模等。自然电位曲线呈钟形，自然伽马曲线呈锯齿状。因浊流在搬运中具有回水旋流，导致沉积物粒度变化有多斜率和多波段变化［图3-17（c）］，杂基含量相对较高，组分分选较差，但颗粒均匀。在C-M图中有平行于$C=M$的基线图形（图3-18）。虽然纵向剖面上，沉积物粒度具有递变悬浮的特征，形成向上变细的正粒序或多期韵律性旋回，但总体上沉积物经历了长距离搬运，颗粒细而均匀，层内非均质性不强，物性总体较差，孔隙度一般在5%～8%，平均渗透率为$0.05\times10^{-3}\sim0.2\times10^{-3}\mu m^2$。

第四章　储层孔渗相关性与孔喉结构分析

第一节　储层物性发育特征及孔渗相关性

一、华庆油田长 6_3 储层物性分布特征及孔渗相关性分析

1. 长 6_3^1 储层孔渗分布特征

根据物性测试结果统计，长 6_3^1储层孔隙度为3.09%～18.90%（图4-1），平均孔隙度为9.44%，孔隙度大于12%的样品数占总样品数的19%，孔隙度分布的高峰区间为6%～12%，频率为68%；储层渗透率分布在 $0.01\times10^{-3}\sim4.52\times10^{-3}\mu m^2$，平均渗透率为 $0.35\times10^{-3}\mu m^2$，其中渗透率大于 $0.6\times10^{-3}\mu m^2$的样品分布频率为13%，分布频率较低，渗透率分布的高峰区间为小于 $0.3\times10^{-3}\mu m^2$，频率为73%。

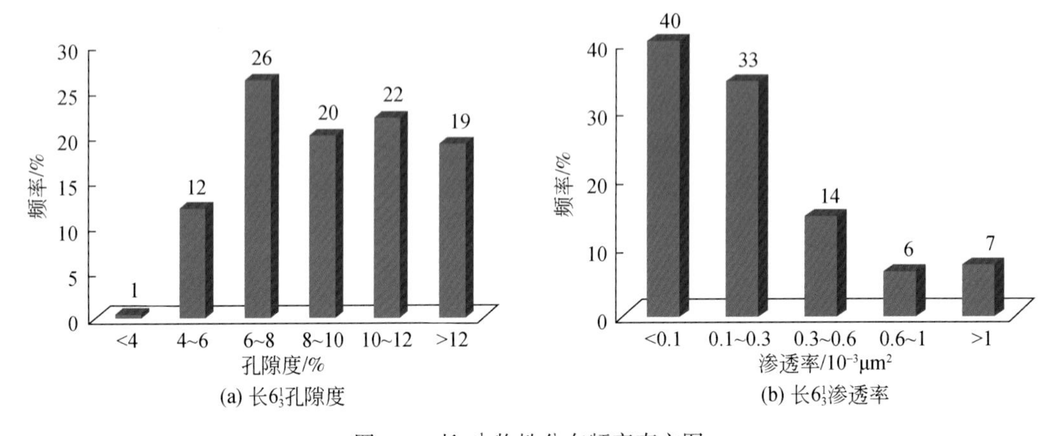

图4-1　长 6_3^1 物性分布频率直方图

2. 长 6_3^2 储层物性分布特征

长 6_3^2 储层孔隙度为2.68%～18.08%，平均孔隙度为9.37%（图4-2），孔隙度大于12%的样品数占总样品数的16%，孔隙度分布的高峰区间为6%～12%，频率为75%；储层渗透率分布在 $0\sim3.37\times10^{-3}\mu m^2$，平均渗透率为 $0.27\times10^{-3}\mu m^2$，其中渗透率大于 $0.6\times10^{-3}\mu m^2$的样品分布频率为9%，分布频率较低，渗透率分布的高峰区间为小于 $0.3\times10^{-3}\mu m^2$，频率为76%。

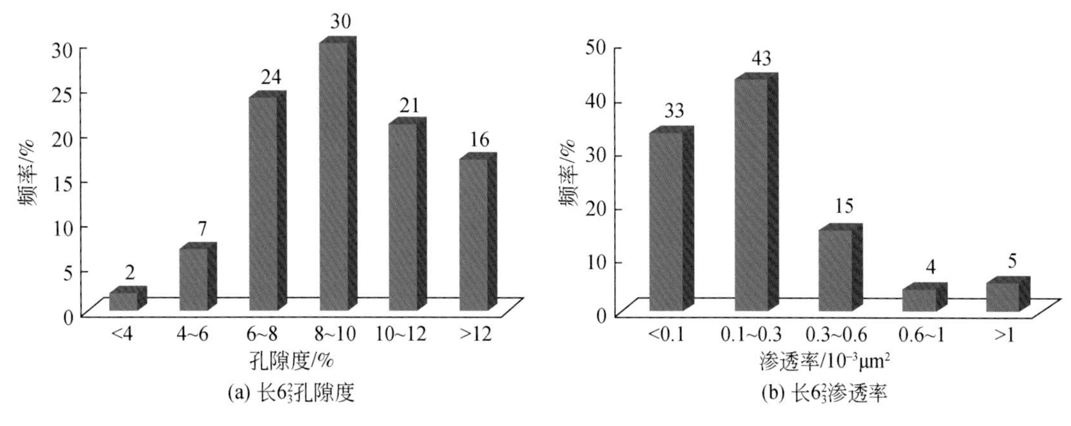

图 4-2　长 6_3^2 物性分布频率直方图

3. 长 6_3^3 储层物性分布特征

长 6_3^3 储层孔隙度为 1.53%~20.77%，平均孔隙度为 9.41%，孔隙度大于 12% 的样品数占总样品数的 15%，孔隙度分布的高峰区间为 6%~12%，频率为 78%；储层渗透率分布在 0~5.16×10^{-3}μm^2，平均渗透率为 0.3×10^{-3}μm^2，其中渗透率大于 0.6×10^{-3}μm^2 的样品分布频率为 9%，分布频率较低，渗透率分布的高峰区间为小于 0.3×10^{-3}μm^2，频率均为 78%（图 4-3）。

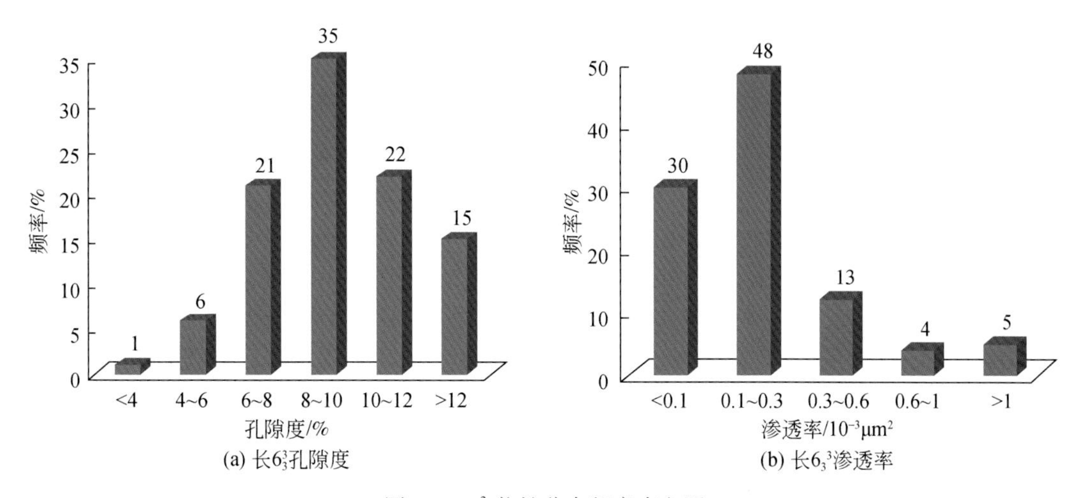

图 4-3　6_3^3 物性分布频率直方图

综合上述分析认为，研究区延长组长 6_3 储层各小层的物性相对较差。依据储层分类标准（表 4-1），各小层的孔隙度、渗透率相对较小，孔隙基本为低孔-特低孔，储集砂体属于低孔-特低孔、超低渗-特低渗致密储层，各个小层储层物性存在差异（表 4-2）。

表 4-1　国内碎屑岩储层物性评价分类标准

孔隙度分类	孔隙度/%	渗透率分类	渗透率/$10^{-3}\mu m^2$
特高孔	>30	特高渗	>2000
高孔	25 ~ 30	高渗	500 ~ 2000
中孔	15 ~ 25	中渗	50 ~ 500
低孔	10 ~ 15	低渗	10 ~ 50
特低孔	5 ~ 10	特低渗	1 ~ 10
超低孔	<5	超低渗	<1

表 4-2　研究区长 6_3 储层物性特征（311 个样品）

层位	孔隙度/%			渗透率/$10^{-3}\mu m^2$		
	最大值	最小值	平均值	最大值	最小值	平均值
长 6_3^1	18.90	3.09	9.44	4.52	0.01	0.35
长 6_3^2	18.08	2.68	9.37	3.37	0.00	0.27
长 6_3^3	20.77	1.53	9.41	5.16	0.00	0.30

4. 长 6_3 储层孔隙度–渗透率相关性

根据华庆油田长 6_3 储层各小层的物性分析资料，对孔隙度和渗透率的关系进行回归分析，做出孔隙度–渗透率投点图（图 4-4），各小层孔–渗关系方程和不同渗透率对应的孔隙度见表 4-3。该区长 6_3^1、长 6_3^2 和长 6_3^3 要获得 $0.01\times10^{-3}\mu m^2$ 渗透率所对应的孔隙度分别为 2.89%、3.24% 和 2.80%；$0.1\times10^{-3}\mu m^2$ 渗透率所对应的孔隙度分别为 8.52%、8.51% 和 8.36%；$1\times10^{-3}\mu m^2$ 渗透率所对应的孔隙度分别为 14.15%、13.78% 和 13.92%。总体上，长 6_3 储层各小层 $0.01\times10^{-3}\mu m^2$、$0.1\times10^{-3}\mu m^2$、$1\times10^{-3}\mu m^2$ 渗透率值所对应的孔隙度值较为接近。因此，对于不同小层，获取相同的渗透率值对孔隙度的影响较小，孔隙度对渗透率的贡献值较大，孔隙度是控制渗透率的主要因素。

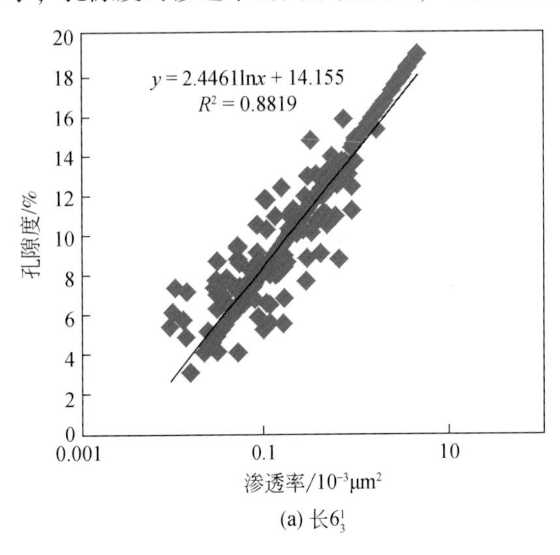

(a) 长 6_3^1

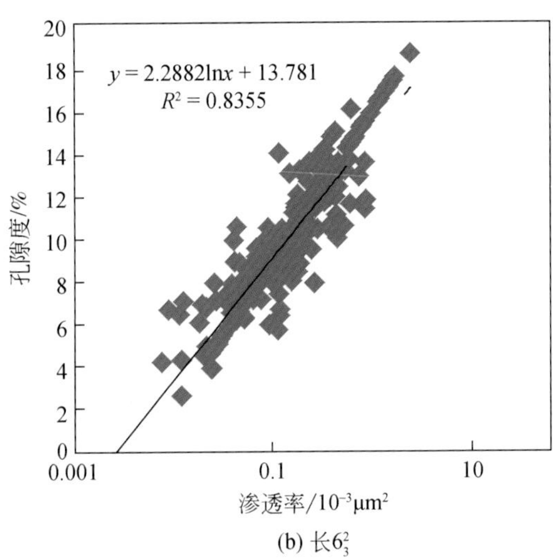

(b) 长 6_3^2

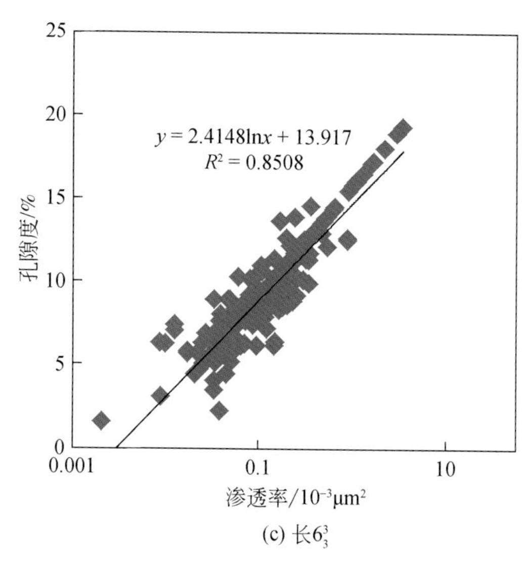

(c) 长6_3^3

图4-4 华庆油田长6_3储层孔-渗关系图

表4-3 华庆油田长6_3储层孔-渗关系方程和不同渗透率对应的孔隙度

层位	样品数/个	孔-渗关系方程			不同渗透率所对应的孔隙度/%		
		a	b	相关系数	$0.01\times10^{-3}\mu m^2$	$0.1\times10^{-3}\mu m^2$	$1\times10^{-3}\mu m^2$
长6_3^1	302	2.4461	14.155	0.94	2.89	8.52	14.15
长6_3^2	308	2.2882	13.781	0.91	3.24	8.51	13.78
长6_3^3	298	2.4148	13.917	0.92	2.80	8.36	13.92

根据孔-渗关系方程可知，不同小层的孔隙度-渗透率相关系数也很接近，且各小层的岩石孔隙度和渗透率具有很好的正相关性，渗透率随着孔隙度的增大而增大，相关系数R值大致在0.8以上，相关系数较高，说明长6_3砂岩储层为孔隙性储层，较少发育微裂缝，孔渗相对高值区主要对应水下分流河道以及浊积水道砂体。

二、马岭油田长8_1储层物性分布特征及孔渗相关性分析

1. 长8_1^1储层物性分布特征

储层孔隙度分布在1.24%~13.307%，平均孔隙度为8.24%，孔隙度大于10%的占样品的33%，孔隙度分布高峰区间为6%~12%，频率为75.7%（图4-5）；储层渗透率分布在0.002×10^{-3}~$3.257\times10^{-3}\mu m^2$，平均渗透率为$0.557\times10^{-3}\mu m^2$，其中渗透率大于$0.6\times10^{-3}\mu m^2$的样品分布频率为29.3%，渗透率分布高峰区间为小于$0.6\times10^{-3}\mu m^3$，频率为70.7%。

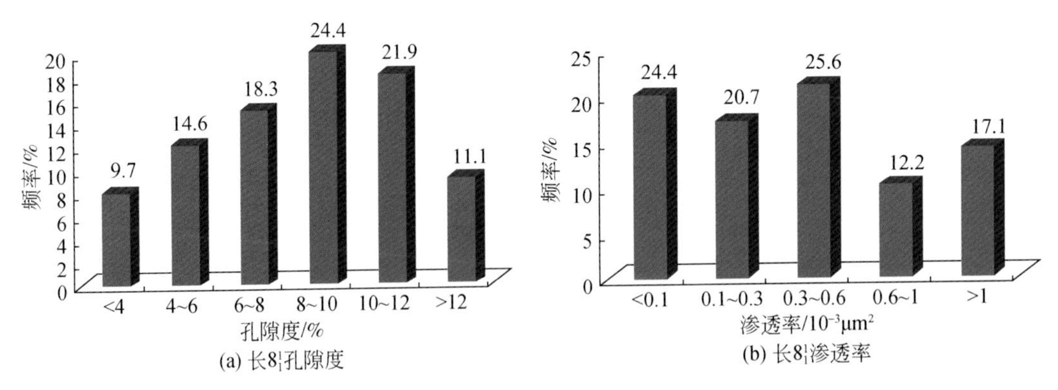

图 4-5　马岭油田长 8_1^1 物性分布频率直方图

2. 长 8_1^2 储层物性分布特征

储层孔隙度分布在 2.42%~13.82%，平均孔隙度为 8.08%，孔隙度大于 10% 的占样品的 24.1%，孔隙度分布高峰区间为 6%~10%，频率为 56.4%；储层渗透率分布在 $0.005\times10^{-3}\sim3.253\times10^{-3}\mu m^3$，平均渗透率为 $0.517\times10^{-3}\mu m^2$，其中渗透率大于 $0.6\times10^{-3}\mu m^2$的样品分布频率为 28.4%，渗透率分布高峰区间为小于 $0.6\times10^{-3}\mu m^2$，频率为 71.6%（图 4-6）。

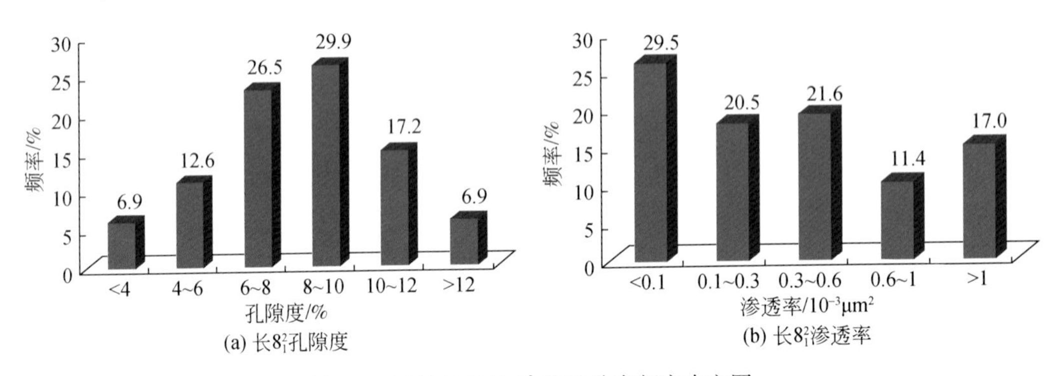

图 4-6　马岭油田长 8_1^2 物性分布频率直方图

3. 长 8_1^3 储层物性分布特征

储层孔隙度分布在 2.89%~13.22%，平均孔隙度为 8.16%，孔隙度大于 10% 的占样品的 22.1%，孔隙度分布高峰区间为 6%~10%，频率为 62%；储层渗透率分布在 $0.005\times10^{-3}\sim5.548\times10^{-3}\mu m^2$，平均渗透率为 $0.526\times10^{-3}\mu m^2$，其中渗透率大于 $0.6\times10^{-3}\mu m^2$的样品分布频率为 21.9%，渗透率分布高峰区间为 $0.1\times10^{-3}\sim0.6\times10^{-3}\mu m^3$，频率为 54.8%（图 4-7）。

孔隙度和渗透率是反映储层性能的最主要的参数，分析可知，研究区长 8_1 储层物性分布特征各有不同，孔隙度和渗透率分布区间存在一定的差异，依据储层分类标准（表 4-1），

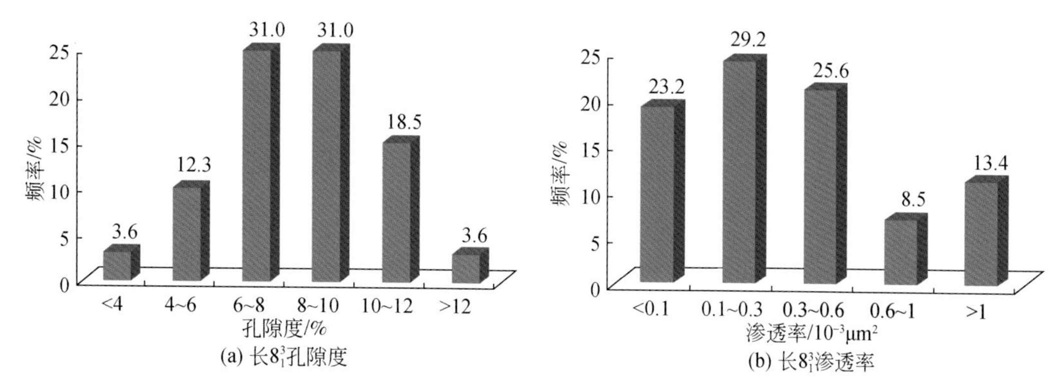

图4-7　马岭油田长 8_1^3 物性分布频率直方图

长 8_1 储集砂体为低孔-特低孔、超低渗-特低渗储层。总体上来看，长 8_1^1 储层物性较长 8_1^2 和长 8_1^3 储层物性好（表4-4）。

表4-4　研究区长 8_1 储层物性特征

层位	孔隙度/%			渗透率/$10^{-3}\mu m^2$		
	最大值	最小值	平均值	最大值	最小值	平均值
长 8_1^1	13. 307	1. 24	8. 24	3. 257	0. 002	0. 557
长 8_1^2	13. 82	2. 42	8. 08	3. 253	0. 005	0. 517
长 8_1^3	13. 22	2. 89	8. 16	5. 548	0. 005	0. 526

4. 长 8_1 储层孔隙度-渗透率相关性

从马岭油田长 8_1 储层的孔隙度和渗透率的关系图（图4-8～图4-10）可以看出，该区长 8_1 储层孔隙度和渗透率相关性较好，具有良好的指数关系。

图4-8显示长 8_1^1 储层孔隙度与渗透率相关性较好，关系式为 $y=0.0058e^{0.4343x}$。表明储层的储、渗能力主要依赖于砂岩基质孔隙与喉道，相关性较好。

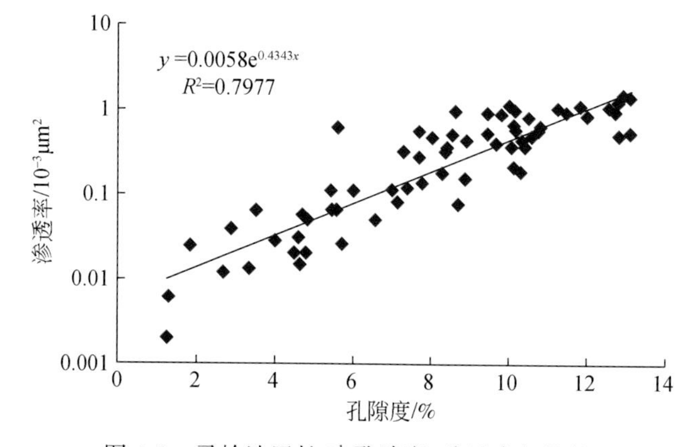

图4-8　马岭油田长 8_1^1 孔隙度-渗透率相关性

图 4-9 显示长 8_1^2储层孔隙度与渗透率相关性也较好，关系式为 $y=0.0057e^{0.4678x}$，表明储层的储、渗能力主要依赖于砂岩基质孔隙与喉道，但明显具有二分性，即当孔隙度小于平均值 8.64% 时，孔渗相关性相对较差，当孔隙度大于平均值时孔隙度与渗透率相关性变好。

从图 4-10 上可以看出，长 8_1^3 储层孔隙度与渗透率的关系式为 $y=0.0127e^{0.339x}$，渗透率与孔隙度具有较好的正相关性，渗透率随孔隙度的增大而增大。8.64% 时，孔渗相关性变好，渗透率随孔隙度增加而增大的趋势更加明显。

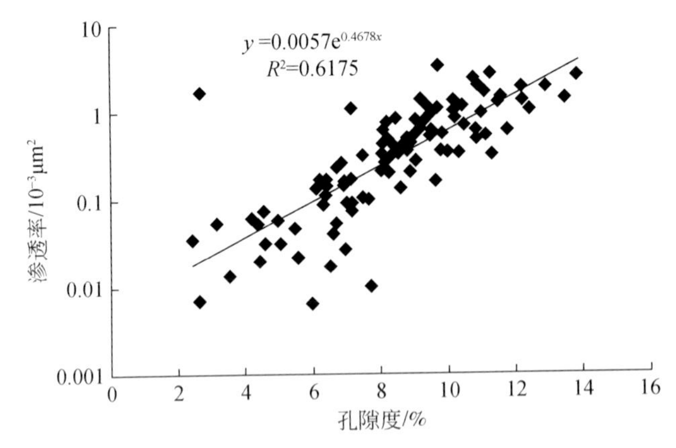

图 4-9　马岭油田长 8_1^2 孔隙度–渗透率相关性

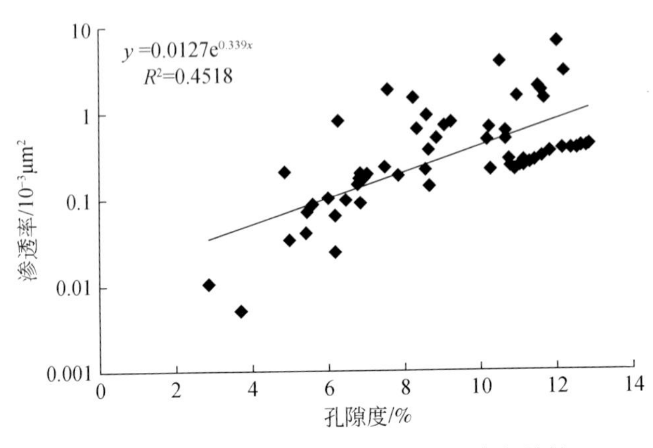

图 4-10　马岭油田长 8_1^3 孔隙度–渗透率相关性

第二节　高孔渗物性带平面分布与沉积微相及砂岩粒度

长 6_3^1 小层的孔隙度在水下分流河道中一般大于 10%，在相当大的范围内均大于 12%，在分流河道的主体位置孔隙度甚至大于 14%，主要分布在研究区的中部和东北部，如元 441 –里 98–元 442–里 45–元 422–里 95–里 82–元 156–元 415–元 412–元 430–元 292–元 416–白 507–元 290–白 506–元 52–里 42–白 475 一带（附图 4）。长 6_3^1 小层的渗透率在水下分流河道中一般大于 $0.5\times10^{-3}\mu m^2$，在相当大的范围内均大于 $0.3\times10^{-3}\mu m^2$，如元294-白268-白251-白476-白468-白466-白451-白473-白146-元297-元296-元295-元414一带，在分流间湾范围内渗透率一般小于 $0.1\times10^{-3}\mu m^2$（附图5）。

长 6_3^2 小层孔隙度在水下分流河道中一般大于10%，在相当大的范围内均大于12%，在分流河道的主体位置孔隙度甚至大于14%，主要分布在研究区的中部和东北部，如白221-山160-午72-山164-山101-山149-山161-山102-山166-山151-华42-白271-白524-白211-山138-坪116-坪115-白244一带（附图8）。长 6_3^2 小层的渗透率在水下分流河道中一般大于 $0.5\times10^{-3}\mu m^2$，在相当大的范围内均大于 $0.3\times10^{-3}\mu m^2$，如里175-元283-白279-里36-里42-元52-白178-白135-白149-白138-白506-白253-里41-里87一带，在分流间湾范围内渗透率一般小于 $0.1\times10^{-3}\mu m^2$（附图9）。

长 6_3^3 小层的孔隙度在水下分流河道中一般大于10%，在相当大的范围内均大于12%，在分流河道的主体位置孔隙度甚至大于14%，主要分布在研究区的中部和东北部，如元441-里98-元442-里45-元411-元410-白506-白251-元297-白249-元413-元295-元440-白247-里50-里126-里127一带（附图12）。长 6_3^3 小层的渗透率在水下分流河道中一般大于 $0.5\times10^{-3}\mu m^2$，在相当大的范围内均大于 $0.3\times10^{-3}\mu m^2$，如元441-里98-元442-里45-元411-元410-元286-里41-里42-白179-白473-元52-白506-白290-元434-元138-元422一带，在分流间湾范围内渗透率一般小于 $0.1\times10^{-3}\mu m^2$（附图13）。

第三节　孔喉大小分布及结构组合分析

1. 孔隙成因类型及分布特征

岩石薄片、铸体薄片及扫描电镜样品数据分析表明，华庆油田长 6_3 储层在成岩过程中形成了多种孔隙类型，主要有粒间孔、长石溶孔、粒间溶孔（图4-11），次为晶间孔、微裂隙和岩屑溶孔。

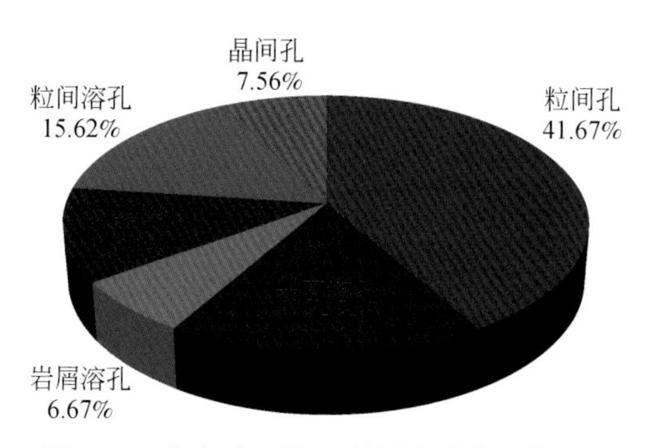

图4-11　华庆油田长 6_3 储层孔隙类型占比图

1）粒间孔

粒间孔是碎屑颗粒、基质及胶结物之间的孔隙空间。是该区最为发育的孔隙类型［图

4-12（a）]，粒间孔可分为三种类型，即原生粒间孔、溶蚀粒间孔和胶结残余孔。研究区内以残余粒间孔隙为主，孔隙形态多呈长条形、三角形及四边形等不规则形状。据铸体薄片资料可知，研究区长 6_3 油层储层的平均面孔率为 2.38%（附图 39）。其中，粒间孔含量为 0.1%~7%，平均为 1.6%，占总孔隙的 41.67%。

2）长石溶孔

长石溶孔一般是碎屑颗粒内部所含的可溶矿物被溶或沿颗粒解理等易溶部位发生溶解而成的孔隙［图 4-12（b）］。含量为 0.1%~2.4%，平均为 0.64%，占总孔隙的 16.76%。

3）粒间溶孔

粒间溶孔是在原生粒间孔隙与剩余粒间孔隙基础上经过次生溶蚀作用后形成的［图 4-12（c）］。含量为 0.2%~1%，平均为 0.6%，占总孔隙的 15.62%。

(a) 白111井，2114.0 m，粒间孔　(b) 白116井，1777.2m，长石溶孔

(c) 白192井，2069.57m，粒间溶孔　(d) 白123井，云母泥化微裂隙

图 4-12　华庆油田长 6_3 储层砂岩孔隙类型

4）微裂隙

微裂隙是指由于沉积、成岩或构造作用形成的孔径小于 0.5μm 的裂缝（隙）。研究区砂岩在成岩期因受构造应力作用发生挤压，导致部分砂岩形成破裂缝，裂缝直接切穿碎屑颗粒和基质，裂缝面平直光滑［图 4-12（d）］，对孔隙的连通性起到了极其重要的作用。含量为 0.4%~0.5%，平均为 0.45%，占总孔隙的 11.72%。

5）晶间孔

晶间孔是指填隙矿物晶体之间存在的孔隙。研究区的晶间孔含量为0.2%~0.6%，平均为0.29%，占总孔隙的7.56%。

6）岩屑溶孔

岩屑溶孔是指在岩屑颗粒内部由于发生溶蚀作用而形成的孔隙。研究区的岩屑溶孔含量最少，为0.1%~1%，平均为0.26%，占总孔隙的6.67%。

2. 孔隙组合类型

以华庆油田长6_3储层为例，根据铸体薄片、扫描电镜观察分析，研究区长6-长8砂岩储层中的孔隙组合类型主要有微孔，占46.90%，溶孔-粒间孔占23.97%，粒间孔-溶孔占12.03%，粒间孔-微孔占5.93%，溶孔占5.56%，粒间孔占5.10%（图4-13）。其中微孔是由黏土矿物晶间孔和杂基微孔等组成，是低渗储层中最主要的孔隙类型，此类孔隙个体小，因此连通性较差且分布不均一；溶孔-粒间孔由残余粒间孔和粒间溶蚀孔组成，粒间孔-溶孔由粒内溶孔和溶蚀粒间孔所组成，并含有少量残余粒间孔，这两类在研究区普遍发育，所占比重较大。不同的孔隙组合类型储集物性、渗流能力、连通程度、分布特点等差异较大。

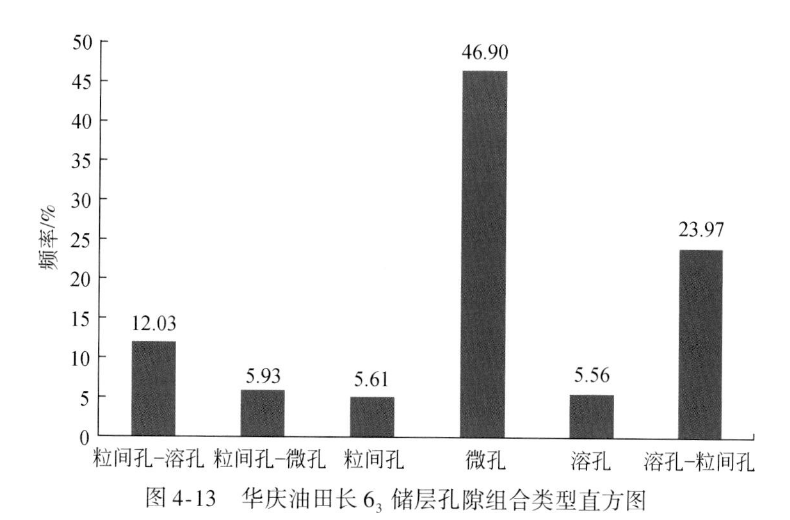

图4-13　华庆油田长6_3储层孔隙组合类型直方图

3. 喉道类型

在储集岩复杂的立体孔隙系统中，控制其渗流能力的主要是喉道或主流喉道，以及主流喉道的形状、大小和与孔隙连通的喉道数目。喉道是连通两个孔隙的狭窄通道，每一个喉道可以连通两个孔隙，但每个孔隙却可以和两个、三个乃至更多的喉道相连通。喉道类型主要受控于岩石支撑类型、颗粒接触关系以及颗粒大小、形状和胶结类型等，喉道的大小及形态主要取决于碎屑颗粒的磨圆度、分选程度、胶结物类型与含量、成岩作用的强度等，研究区华庆油田长6_3和马岭油田长8_1储层常见的喉道类型主要有五种，即孔隙缩小型、缩颈型、片状、弯片状、管束状喉道（图 4-14），具体发育特征分别表现以下特点。

(a) 白111井，长6_3，2114.0m　(b) 白142井，长6_3，2207.5m

(c) 白136井，长6_3，2100.9m　(d) 白224井，长6_3，2256.20m

图 4-14　华庆油田长 6_3 主要喉道类型

1）孔隙缩小型喉道

孔隙缩小型喉道即孔隙的缩小部分，这类喉道多发育于胶结物较少的砂岩和以颗粒支撑为主的砂岩中，孔隙和喉道比较难区分。这类孔隙结构属于大孔粗喉，孔隙几乎都是有效孔隙。

2）缩颈型喉道

该类型喉道是颗粒之间断面的收缩部分。当颗粒受到压实作用而排列比较紧密时，孔隙虽然会相对较大地保存下来，但颗粒间的喉道却由于颗粒紧密接触而变窄，形成大孔-细喉型组合，此时储层孔隙度可能会相对较高，渗透率却可能较低，还会存在部分孔隙因为喉道过窄而不能流通，形成孤立的无用孔隙。这类喉道多出现于以颗粒支撑为主的砂岩及点接触式胶结的砂岩中。在钻井采油的过程中容易因采取的措施不当而导致微粒堵塞喉道而伤害地层。

3）片状、弯片状喉道

当压实作用非常剧烈时，不但形成的孔隙很小，喉道也极细。这类喉道主要发育于长形颗粒遭受较强的压实呈近定向排列的储集岩中，喉道呈片状或者弯片状，是颗粒之间的长条状通道。成因主要是，当砂岩压实程度较强且晶体再生长时，剩余的粒间孔隙变得更小，喉道其实属于晶体之间的晶间孔隙。当沿着颗粒间发生溶蚀作用时，也可形成宽度较大的宽片状喉道或管状喉道。因此喉道变化较大，可以是小孔极细喉型，也可是大孔粗喉型。

4）管束状喉道

当颗粒间杂基及其胶结物含量较高时，有时可以完全堵塞原生粒间孔隙。杂基和各种胶结物中的微孔隙形似多个微毛细管，交叉地分布在其中，形成管束状喉道。此类喉道既是孔隙又是喉道，孔喉比接近 1 : 1。此类喉道岩石孔隙度和渗透率都非常低，喉道在交叉拐弯处容易堵塞。

由于在华庆油田长 6_3 储层颗粒分选中等，磨圆度主要为次棱角状，支撑结构主要是颗粒支撑，颗粒间接触方式主要为线接触和点-线接触，所以再结合铸体薄片的观察可知，研究区储层喉道类型以片状和管束状喉道为主，孔隙缩小型和缩颈型喉道相对较少。

4. 孔喉大小及分布

对照国内常用的李道品（1997）对孔隙大小和喉道粗细分类方案（表 4-5），根据研究区实测的 124 块压汞测试数据，长 8_1^1 平均孔径分别为 29.17μm，长 8_1^2、长 8_1^3 平均孔径分别为 43.02μm、42.58μm，小孔隙占 19.22%，中孔隙占 53.77%，大孔隙占 27.01%，46 块样品测试结果显示微喉道占 87.29%，均属于细喉道和微喉道。尽管各个小层储层孔喉大小存在差异，但是整体差。

表 4-5　孔隙大小和喉道粗细分类方案（李道品，1997）

<table>
<tr><th>孔隙大小分类</th><th>孔隙直径/μm</th><th colspan="2">喉道粗细分类</th><th>喉道半径/μm</th></tr>
<tr><td>大孔隙</td><td>>40</td><td colspan="2">粗喉道</td><td>>4.0</td></tr>
<tr><td>中孔隙</td><td>20～40</td><td colspan="2">中喉道</td><td>2～4</td></tr>
<tr><td>小孔隙</td><td>4～20</td><td colspan="2">细喉道</td><td>1～2</td></tr>
<tr><td>微孔隙</td><td>0.05～4</td><td rowspan="2">微喉道</td><td>微细喉道</td><td>0.5～1.0</td></tr>
<tr><td rowspan="2">吸附孔</td><td rowspan="2"><0.05</td><td>微喉道</td><td>0.025～0.5</td></tr>
<tr><td colspan="2">吸附喉道</td><td><0.025</td></tr>
</table>

5. 孔喉组合类型

孔隙与喉道的不同组合关系会使储层表现出不同的性质，根据镜下观察和分析，以及前人对华庆地区所做的研究，将研究区的孔喉组合划分为以下四种类型（表 4-6）。

1）小孔隙中细喉道

此类组合的孔隙度通常在 12%～14%，渗透率在 $1.0\times10^{-3}\sim10.0\times10^{-3}\mu m^2$，孔隙直径为 10～50μm，喉道半径为 1.0～3.0μm。

2）小孔隙细喉道

此类组合的孔隙度通常在 10%～12%，渗透率在 $0.2\times10^{-3}\sim1.0\times10^{-3}\mu m^2$，孔隙直径

为 10～50μm，喉道半径为 0.5～1.0μm。

3）细孔隙微细喉道

此类组合的孔隙度通常在 8%～10%，渗透率在 $0.1\times10^{-3}\sim0.2\times10^{-3}\mu m^2$，孔隙直径为 0.5～10μm，喉道半径为 0.2～0.5μm，储层物性相对较差。

4）细-微孔微细喉-微喉

此类组合的孔隙度通常小于 8%，渗透率小于 $0.1\times10^{-3}\mu m^2$，孔隙直径小于 10μm，喉道半径小于 0.5μm，储层物性极差。

表 4-6　鄂尔多斯盆地延长组孔隙喉道分级标准（据长庆油田公司勘探开发研究院，2000）

孔隙分级	平均孔径/μm	喉道分级	平均喉径/μm
大孔隙	>100	粗喉道	>3.0
中孔隙	50～100	中细喉道	1.0～3.0
小孔隙	10～50	细喉道	0.5～1.0
细孔隙	0.5～10	微细喉道	0.2～0.5
微孔隙	<0.5	微喉道	<0.2

6. 孔喉结构参数特征

孔喉结构由孔隙和喉道两部分组成，是指孔隙和喉道的大小、连通情况、配置关系及其演化特征。孔隙反映了储集层的储集能力，喉道则控制着孔隙的渗透和储集能力，孔隙结构的好坏可以直接影响储集岩的储集性能。根据华庆油田长 6_3 压汞毛细管压力分析岩石孔隙结构是目前储层中最常用的方法，用毛细管压力曲线形态及各特征参数表征孔隙结构特征（表 4-7，表 4-8）。

表 4-7　华庆油田长 6_3 储层毛细管压力曲线孔隙结构特征参数统计表

层位	孔隙度/%	渗透率/$10^{-3}\mu m^2$	孔隙大小				孔喉分布特征			孔隙连通性
			排驱压力/MPa	中值压力/MPa	中值半径/μm	偏度 S_K	分选系数	变异系数	退汞效率/%	最大 S_{Hg}/%
长 6_3	11.98	0.26	2.09	12.23	0.12	1.25	2.16	0.20	25.28	82.53

表 4-8　华庆油田长 6_3 储层部分井毛细管压力曲线孔隙结构特征参数表

井号	深度/m	均质系数	偏度 S_K	分选系数	变异系数	排驱压力/MPa	中值压力/MPa	中值半径/μm	最大进汞 S_{Hg}/%	退汞效率 W_e/%	最大喉道半径/μm
白 209	2057.00	11.13	1.76	2.31	0.21	1.14	8.35	0.09	87.30	30.58	0.65
白 213	2148.10	11.57	1.62	2.53	0.22	2.93	17.40	0.04	83.74	26.24	0.25
白 213	2153.88	12.19	1.69	2.04	0.17	1.82	15.26	0.05	89.36	30.55	0.40
白 213	2156.10	11.71	1.70	2.32	0.20	2.92	14.33	0.05	85.86	30.51	0.25
白 229	2029.00	10.40	1.38	3.30	0.32	4.55	23.60	0.03	74.29	20.16	0.16

续表

井号	深度/m	均质系数	偏度 S_K	分选系数	变异系数	排驱压力/MPa	中值压力/MPa	中值半径/μm	最大进汞 S_{Hg}/%	退汞效率 W_e/%	最大喉道半径/μm
白229	2039.18	9.09	1.35	4.46	0.49	4.56	62.88	0.01	62.21	18.01	0.16
白229	2042.83	11.44	1.69	2.35	0.21	2.92	12.57	0.06	84.62	22.55	0.25
白229	2053.50	11.52	1.49	2.57	0.22	4.57	20.82	0.04	82.05	18.64	0.16
白229	2057.13	11.22	1.32	3.21	0.29	7.34	40.78	0.02	76.37	19.50	0.10
白230	2167.50	12.44	1.45	2.13	0.17	1.82	27.36	0.03	87.55	8.64	0.40
白230	2168.75	9.86	1.54	3.03	0.31	1.82	10.02	0.07	75.81	19.16	0.40
白239	2094.38	10.09	1.93	2.40	0.24	0.45	2.74	0.27	87.99	26.10	1.63
白239	2098.98	11.82	1.46	2.47	0.21	2.93	26.68	0.03	83.72	28.01	0.40
白239	2103.20	11.44	1.61	2.33	0.20	1.82	14.73	0.05	84.87	27.78	0.40
白240	2164.18	10.09	2.00	2.44	0.24	0.74	3.75	0.20	85.17	19.11	1.00
白240	2166.49	10.20	1.94	2.53	0.25	0.45	3.36	0.22	87.00	18.66	1.62

同样，在马岭油田长 8_1 中（表4-9），长 8_1^1 物性比长 8_1^2 和长 8_1^3 略好，长 8_1^1 孔喉较小，排驱压力在1.59MPa左右，中值半径大约为0.26μm，长 8_1^1 偏度大于1，粒度偏粗；孔喉分布较好，分选系数小于1，变异系数小于0.2；孔喉连通性较好。长 8_1^2 孔喉相对长 8_1^1 和长 8_1^3 较大，排驱压力平均值为1.89MPa，中值半径主要在0.20μm左右，偏度为0～1，粒度较大；孔喉分布一般，分选系数小于2，变异系数小于0.2；孔喉连通性一般（表4-9）。

表4-9　马岭油田长 8_1 砂岩储层孔喉结构统计

层位	孔隙度/%	渗透率/$10^{-3}\mu m^2$	孔隙大小				孔喉分布特征			孔隙连通性
			排驱压力/MPa	中值压力/MPa	中值半径/μm	偏度	分选系数	变异系数	退汞效率/%	最大进汞/%
长 8_1^1	11.44	1.13	1.59	4.49	0.26	1.08	0.99	0.16	33.31	71.96
长 8_1^2	10.57	0.84	1.89	6.92	0.20	0.78	1.08	0.12	24.82	69.27
长 8_1^3	10.29	0.85	1.34	5.58	0.19	0.03	1.67	0.14	25.16	75.60

长 8_1^3 孔喉相对长 8_1^1 较大，排驱压力平均为1.34MPa，中值半径主要在0.19μm左右，偏度较小，粒度较小；孔喉分布较差，分选系数小于2，变异系数小于0.2；孔喉连通性一般（表4-9）。

第四节　储层孔隙结构特征与物性的相关性

储层的微观孔隙结构是影响储层物性的重要因素，它们之间密切的相关关系，通过参数定量地表征孔隙结构至关重要，华庆油田长 6_3 的孔隙结构特征参数与物性的相关关系见图4-15，反映孔喉大小的参数有最大孔喉半径和孔喉中值半径。最大孔喉半径为沿毛细管压力曲线平缓段作切线，与孔隙喉道半轴相交所对应的值，其反映渗流条件的好坏。研究区华庆油田长 6_3 储层最大孔喉半径分布在 0.1 ~ 1.69μm，平均半径为 0.55μm，最大孔喉半径与孔隙度、渗透率呈正相关性；孔喉中值半径是汞饱和度为 50% 时的毛细管压力（饱和中值压力），所对应的毛细管半径。一般孔喉中值半径越大，孔渗条件越好。该区孔喉中值半径分布在 0.01 ~ 0.68μm，平均为 0.12μm。孔喉中值半径与孔渗相关性不是很好，孔喉中值半径整体偏小，影响储层的物性，是导致该区致密的主要原因之一。

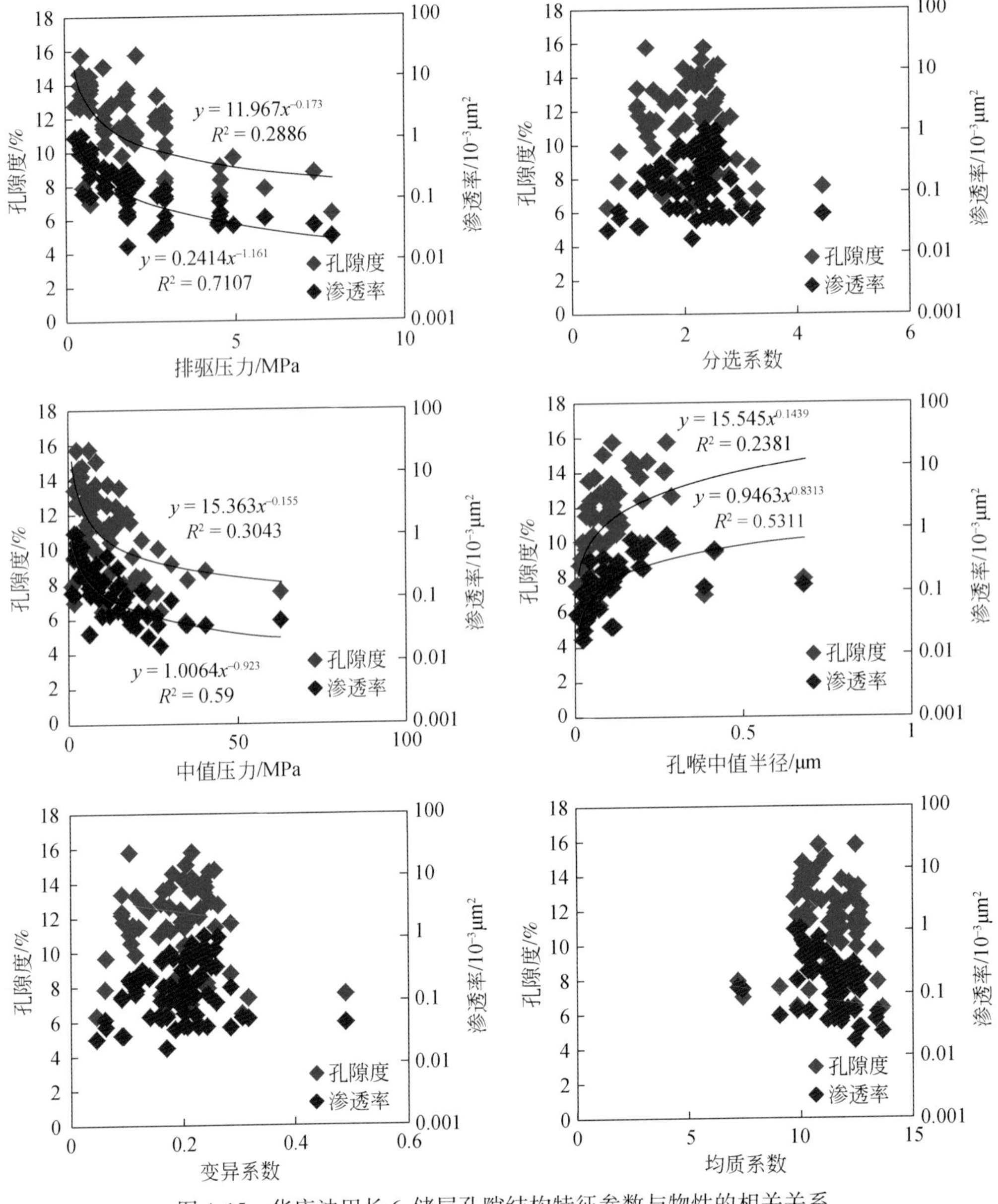

图 4-15　华庆油田长 6_3 储层孔隙结构特征参数与物性的相关关系

反映孔喉分选性的参数有分选系数、变异系数和歪度。分选系数是储层岩石样品中孔隙喉道大小标准偏差的量度，其直接反映了孔隙喉道分布的集中程度。该区分选系数分布在0.63～4.46，平均为2.16，表明分选一般，分选系数与孔渗相关性不明显；变异系数反映储集层岩石孔隙结构的好坏，与物性的相关性不明显。该区变异系数分布在0.05～0.49，平均为0.20，通常该值越大，储集岩的孔隙结构越好，说明该区孔隙结构较差；偏度为孔喉频率分布的对称性参数，反映喉道分布相对于平均值来说是偏大喉还是偏小喉。孔喉偏度越小，岩石孔喉大小分布则越偏于小孔，孔喉偏度越大，岩石孔喉大小分布则越偏于大孔。该偏度分布在-0.83～2.14，平均为1.25。

反映孔喉渗流能力的参数有排驱压力、中值压力和退汞效率。排驱压力是指孔隙系统中最大连通孔隙喉道所对应的毛细管压力。该区排驱压力为0.28～7.88MPa，平均为2.09MPa，排驱压力大，显然该区储层渗透性很差。排驱压力与孔隙度、渗透率具有较好的负相关性，随着排驱压力增大，孔隙度、渗透率减小；中值压力为汞饱和度为50%时所对应的毛细管压力值，是毛细管压力分布趋势的量度。该区中值压力在1.1～62.88MPa，平均为12.23MPa，中值压力与孔隙度、渗透率呈明显的负相关性，该值越小，岩石的孔隙度和渗透率越好，产油能力越强；退汞效率是指在限定的压力范围内，当最大注入压力降到最小压力时从岩样内退出的水银体积占降压前注入的水银总体积的百分数，反映了非润湿相毛细管效应的采收率。该区退汞效率值偏低，一般为8.64%～36.12%，与渗透率相关性不明显。

综合以上分析，研究区华庆油田长6_3储层的孔隙结构较差，主要发育小孔隙细喉道和细孔隙微细喉道，孔隙和喉道的均匀程度较差，非均质比较明显。

根据研究区马岭油田长8_1储层毛细管压力曲线特征，其储层毛细管压力曲线可分为三种类型（表4-10）。

表4-10　马岭油田长8_1砂岩储层压汞法测孔隙结构特征参数表

毛细管压力曲线类型		Ⅰ类	Ⅱ类	Ⅲ类
孔隙度/%	变化范围	7.2～12.8	5.2～15.2	2.0～9.9
	平均值	9.31	9.87	6.53
渗透率/$10^{-3}\mu m^2$	变化范围	0.02～1.11	0.02～2.98	0.02～0.34
	平均值	0.34	0.4	0.12
门槛压力/MPa	变化范围	0.19～2.34	0.41～4.17	0.17～9.57
	平均值	1.22	1.75	3.58
中值压力/MPa	变化范围	1.61～7.07	1.00～26.02	20.5～33.31
	平均值	3.99	7.26	11.24
中值半径/μm	变化范围	0.10～0.47	0.03～0.75	0.02～0.04
	平均值	0.23	0.18	0.01
变异系数	变化范围	0.10～0.22	0.08～0.21	0.05～0.22
	平均值	0.15	0.12	0.11

续表

毛细管压力曲线类型		Ⅰ类	Ⅱ类	Ⅲ类
最大进汞饱和度/%	变化范围	82.8～91.8	60.0～80.1	27.8～56.2
	平均值	87.5	72.7	43.9
退汞效率/%	变化范围	14.29～34	14.0～54.3	9.89～34.8
	平均值	24.5	28.0	21.9

（1）Ⅰ型压汞曲线：该类压汞曲线门槛压力为0.19～2.34MPa，平均值为1.22MPa；最大进汞饱和度较高，为82.8%～91.8%，平均值为87.5%；曲线有着较长的平台段，表明储层分选较好；中值压力为1.61～7.07MPa，平均值为3.99MPa；退汞效率为14.29%～34%，平均值为24.5%。代表颗粒分选较好，储层物性好（图4-16，表4-10）。

（2）Ⅱ型压汞曲线：该类压汞曲线在研究区最为常见，门槛压力为0.41～4.17MPa，平均值为1.75MPa；曲线平台阶段较短，最大进汞饱和度为60.0%～80.1%；中值压力为1.00～26.02MPa，平均值为7.26MPa；退汞效率为14.0%～54.3%，平均值为28.0%。该类曲线整体特征介于Ⅰ型与Ⅲ型之间。研究区各个小层均可见该类型曲线（图4-17，表4-10）。

（3）Ⅲ型压汞曲线：该类压汞曲线门槛压力为0.17～9.57MPa，平均值为3.58MPa；该类曲线无平台段，最大进汞饱和度较低，为27.8%～56.2%，平均值仅为43.9%。退汞效率低，平均值仅为21.9%。该类压汞曲线代表储层分选较差，储集性能较差（图4-18，表4-10）。

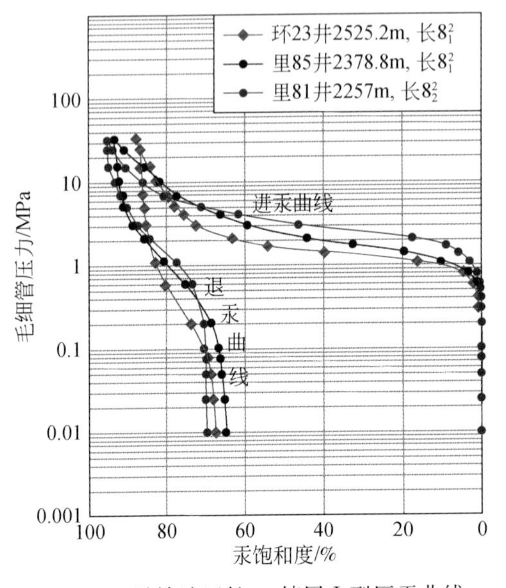

图4-16　马岭油田长8_1储层Ⅰ型压汞曲线

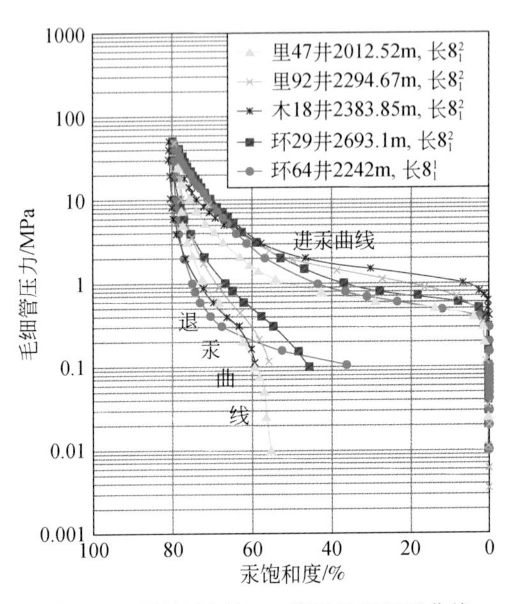

图4-17　马岭油田长8_1储层Ⅱ型压汞曲线

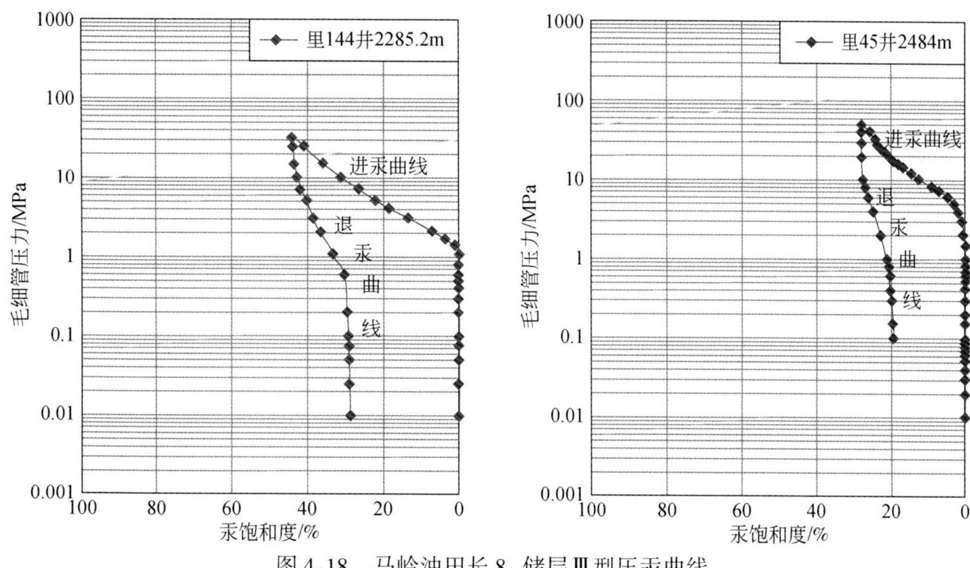

图 4-18　马岭油田长 8_1 储层Ⅲ型压汞曲线

依据铸体薄片、扫描电镜和压汞曲线综合分析，研究区马岭油田长 8_1 储层具有如下特点：

（1）研究区孔隙喉道均偏细，多属大–中孔微喉型。

（2）孔隙度和渗透率为正相关，说明本区主要为孔隙型储层；孔隙度和渗透率与中值压力、均值、排驱压力为负相关，并且和排驱压力的相关性最好。

（3）分选系数越大，喉道的分选性也越差，渗透率越差。但在该区域孔隙度与渗透率分别和分选系数呈现了正相关的关系，即孔喉的分选性越差，孔隙度和渗透率反而越高。这主要是因为成岩过程中形成的溶蚀孔改善了储层的储集性能，形成比较大的孔喉，因此造成了分选差而渗透率反而高的特殊地质现象。

（4）喉道是控制致密油藏渗流能力的决定性因素。研究区喉道分布具有单峰特征，分布集中，峰值含量高，随着渗透率的增大，较大喉道的数量增加幅度较大，而且喉道分布范围广，较大的喉道可为油藏中油水渗流做出重要贡献（图 4-19）。

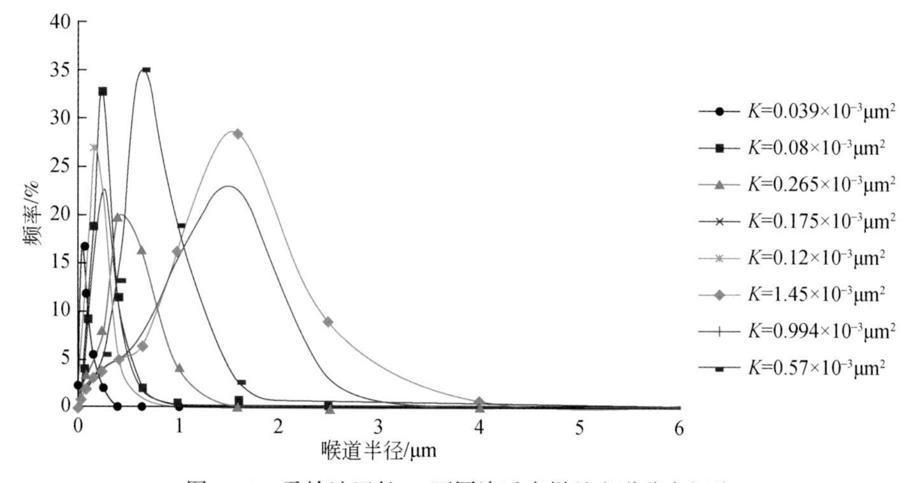

图 4-19　马岭油田长 8_1 不同渗透率样品喉道分布规律

第五节　储层物性主要控制因素

一、沉积相对储层物性的影响

沉积相是储层发育的基础，对储层物性及时空展布规律具有明显的控制作用。沉积作用是储层形成的基础，它直接影响着储集层砂体的展布。沉积作用对储层的控制，实质上是沉积环境对砂体类型及孔渗特征的控制，因为不同沉积环境的水动力条件不同，演化特征就有差异，因而所沉积的砂体在物质成分、粒度、分选性和杂基等方面各具特色，时空展布规律亦不相同，不同沉积微相的砂体具有不同的物性特征和分布规律。原始储集条件越好，越容易受后期地质作用的改造形成高孔隙发育带。马岭油田长 8_1 砂层组主要发育三角洲前缘亚相沉积，沉积微相可以进一步细分为水下分流河道、河口砂坝、决口扇、分流间湾及前缘席状砂等。沉积微相对储层物性的控制（表 4-11），主要表现在沉积微相类型控制着砂体内部的结构变化，不同微相类型就有不同的沉积构造、粒度、分选等特征，而这决定着储层的结构差异和物理特性。

表 4-11　马岭油田长 8_1 砂层组沉积微相与储层物性表

物性 沉积微相	孔隙度/%		渗透率/$10^{-3}\mu m^2$	
	区间值	平均值	区间值	平均值
水下分流河道	2.82 ~ 14.97	9.77	0.10 ~ 13.32	0.73
河口砂坝	7.64 ~ 11.77	9.89	0.11 ~ 2.34	0.86
三角洲内前缘席状砂	5.40 ~ 15.55	9.36	0.10 ~ 4.52	0.58
水下决口扇	5.99 ~ 11.52	8.77	0.12 ~ 1.67	0.45

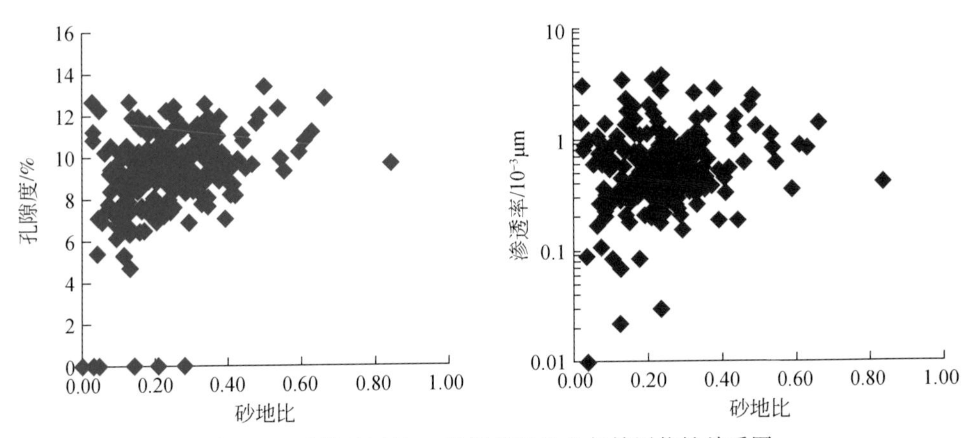

图 4-20　马岭油田长 8_1 砂层组砂地比与储层物性关系图

马岭油田长8_1属于浅水三角洲内前缘沉积，水下分流河道砂体孔隙度和渗透率较其他微相高，孔隙度和渗透率平均值分别为9.77%和$0.73\times10^{-3}\mu m^2$，且发育面积广，为有利于储层发育的微相；其次为河口砂坝，孔隙度和渗透率的平均值分别为9.89%和$0.86\times10^{-3}\mu m^2$，也是相对有利于储层发育的微相，三角洲内前缘席状砂和水下决口扇的砂体孔隙度和渗透率普遍很低，不利于储层发育。通过孔隙度和渗透率与不同砂地比（相带）的交会可知，储层物性与砂地比呈正相关（图4-20）。因此，马岭油田长8_1储层物性受沉积相控制作用明显，砂地比越大，越靠近主河道，储层物性越好。

二、成岩作用对储层物性的影响

成岩作用是研究储集岩的重要内容之一。碎屑岩的成岩变化对碎屑岩的孔隙形成、保存和破坏有着极为重要的作用，对储层物性有着决定性作用。碎屑型储集岩的成岩作用研究就是研究储集岩中的油气聚集空间的形成和演化。根据对储集岩形成的影响性质，将成岩作用划分为对形成储层有利的建设性成岩作用（如早期胶结、溶解、破裂作用等）和对形成储层不利的破坏性成岩作用（如机械压实、压溶、胶结作用等）两大类。

1. 压实作用

压实作用对原生孔隙的破坏作用和孔隙水的组成有着至关重要的作用。主要表现为沉积物颗粒在上覆负荷压力作用下不断排出孔隙间水，孔隙体积随之缩小，孔隙度下降的现象。随着地层埋深的不断增加，上覆地层压力也随之加大，压实作用的结果也由物理作用向化学作用转化，即发生压溶作用。它使得原生粒间孔进一步缩小降低，颗粒间的接触方式由点接触转为线接触、凹凸接触，甚至缝合线接触。

压实作用的结果将使颗粒的原生粒间孔隙大幅缩小。压实作用对储层物性的影响与碎屑岩储集层的矿物颗粒成分有密切关系，一般而言，石英颗粒的抗压能力是最强的，长石次之，岩屑的抗压能力则最小。研究区储层砂岩成分中长石、岩屑含量普遍较高，长石平均含量为30.5%，最高达50%，岩屑平均含量为26.7%，最高达60%。总体而言，研究区储层抗压实能力较差，储层埋藏较深，经历了中等强度的压实作用，颗粒之间以线接触、点-线接触为主，甚至出现凹凸接触和缝合线接触。抗压强度较低的岩屑和长石含量高，它们与中等压实强度共同构成了研究区特低孔特低渗致密储层的特征。

2. 胶结作用

胶结作用是孔隙水中的溶解组分在砂岩孔隙中沉淀析出的作用，能将碎屑沉积物胶结成岩。胶结物的形成过程是缩小原生粒间孔隙的过程，对原生粒间孔隙起的是破坏作用，原生粒间孔隙如被胶结物完全充填则形成胶结成因的致密层。

研究区胶结作用主要为黏土矿物胶结、硅质胶结和碳酸盐胶结。早期主要是薄膜状绿泥石胶结，晚期是大量的碳酸盐胶结，由于胶结物占据了粒间孔隙，对原生孔隙有不同程度的损害，胶结物充填堵塞孔隙，使孔隙度急剧下降，使原生孔隙损失10%~20%，小孔以上的孔隙几乎消失殆尽，仅残留微孔，使储层变得致密。但由于胶结作用亦可抑制或减慢进一步加深埋藏过程中的压实作用，部分孔隙得以保存，有利于晚期的溶蚀作用和次生孔隙的发育，所以胶结作用有破坏性也有建设性。

1）*碳酸盐矿物多期胶结对储层物性的影响*

华庆油田长 6_3 主要的碳酸盐胶结物为铁方解石、方解石、铁白云石，其中以铁方解石胶结为主［图 4-21（a）］。早期碳酸岩胶结物以泥晶团块或灰泥基质形式充填在颗粒之间，碎屑颗粒受压实作用改造较小，形成于浅埋藏成岩环境。中期碳酸盐胶结物呈分散状充填于长石溶孔以及剩余粒间孔中。晚期方解石的成分、矿物共生组合与前期有明显的变化，在高温、高压、缺氧还原条件下，由黏土矿物和黑云母转化产生的 Fe^{2+}、Mg^{2+} 结合到方解石或白云石的晶格中，形成铁方解石和少量的铁白云石。

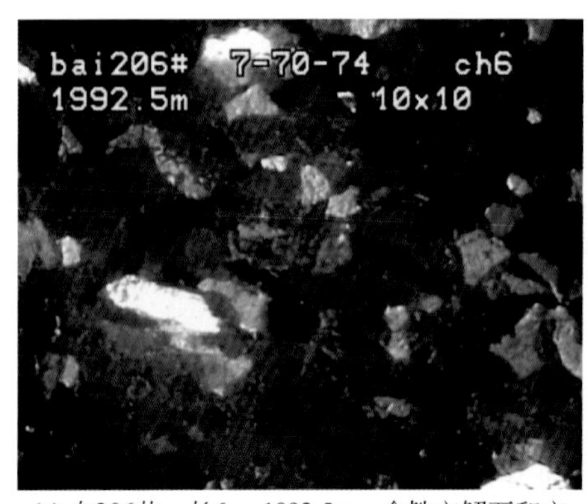

(a) 白206井，长6_3，1992.5m，含铁方解石和方解石致密胶结

(b) 午25井，长6_3，1919.9m，压实致密，胶结物主要为黏土矿物

图 4-21　华庆油田长 6_3 储层岩石薄片

马岭油田长 8_1 储层中碳酸盐矿物主要以方解石、铁方解石、白云石和铁白云石胶结物形式存在。碳酸盐胶结物充填于孔隙中将大大降低储层孔隙度和渗透性，使储层致密。碳酸盐矿物胶结物与孔隙度和渗透率都呈较明显的负相关性，这是因为碳酸盐胶结物在晚成岩阶段，可以强烈交代酸性条件下较稳定的石英、长石、岩屑等骨架碎屑颗粒，形成悬浮砂状结构，碳酸盐胶结物的大量沉淀又会充填孔隙和堵塞喉道，总的规律是碳酸盐胶结物含量高的砂带和层段孔隙性较差，其含量可达 10%～18%，甚至更高，呈大片的连晶分布，充填大部分甚至全部的粒间孔隙，使原生粒间孔几乎丧失殆尽，而成为致密隔挡层。长 8 储层中，由于碳酸盐胶结物含量高，孔渗性和面孔率降低，物性变差。研究表明，多期碳酸盐胶结物的发育是导致储层物性变差的重要原因。

然而碳酸盐胶结物对储层物性的影响具有双重性，本区碳酸盐胶结物主要是以粒间胶结物和次生孔隙内填充物的形式出现，它一方面堵塞孔隙使孔隙性能变差，另一方面沉淀在储层中可以起到支撑作用，抗压实，并为酸性水溶蚀和次生孔隙的形成创造有利条件。

马岭油田长 8_1 储层碳酸盐胶结物与储集渗透率呈负相关关系，随着碳酸盐胶结物含量的增加，不断地堵塞孔隙和喉道，储层渗透率明显减小（图 4-22）。

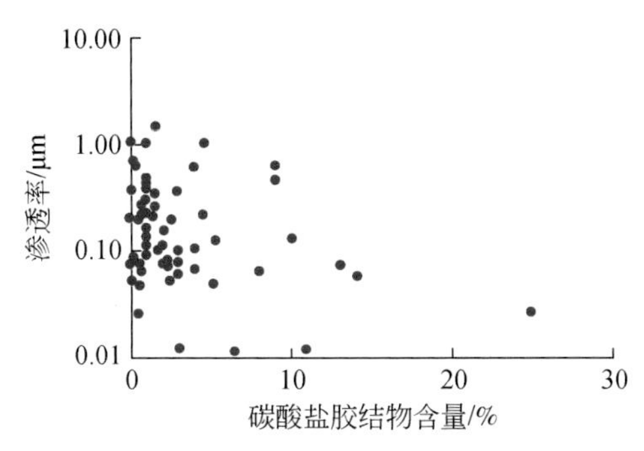

图 4-22　马岭油田长 8_1 储层中碳酸盐胶结物与渗透率关系图

2）硅质胶结对储层物性的影响

马岭油田长 8_1 硅质胶结物主要以石英次生加大形式出现，石英次生加大使原来点接触的颗粒变为线接触，使不接触的颗粒变为点接触、线接触，破坏原有的储层物性，使储层的孔渗性能降低，储集性能变差。研究区普遍可见石英加大作用。一方面，由于小颗粒填充了大颗粒之间的部分原生空间，以及由于石英加大使得原生孔隙缩小，最终导致岩石的孔隙度降低。另一方面，由于小颗粒的填充具有堵塞孔隙的作用，以及石英加大使得部分颗粒与颗粒之间的接触更紧密，导致渗流喉道缩小，孔隙与孔隙之间的连通性变差，渗透率急剧降低。石英加大普遍存在也是研究区储层特低渗致密的主要原因之一（图 4-23）。

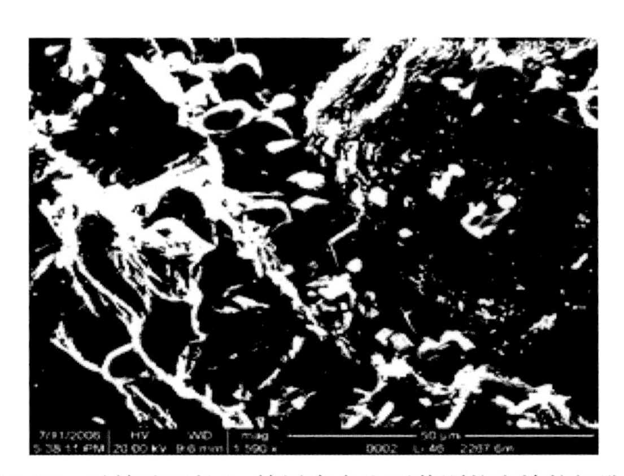

图 4-23　马岭油田长 8_1 储层中自生石英颗粒充填粒间孔喉

3）黏土胶结与自生矿物

华庆油田长 6_3 储层中黏土矿物以伊利石、绿泥石为主。储层中伊利石类胶结普遍发育，且发育程度最高。研究区早期成岩作用伊利石呈丝缕状分布于孔隙喉道壁内，随温度、压力增高，伊利石逐渐向孔隙内部生长，导致孔隙两边丝缕状的伊利石连接起来形成搭桥；搭桥状的伊利石对孔隙度，渗透率的影响更为强烈（搭桥状伊利石使完整连续的孔隙、喉道被分割成许多小孔）。研究区随伊利石含量增高，储层物性逐渐变差；储层中绿泥石胶结普遍发育，但具有不均一性，绿泥石薄膜厚度为 4.0～9.5μm 时，易于堵塞小孔隙或喉道，使储层物性变差［图 4-21（b）］。

3. 溶解作用

溶解作用主要是一种建设性成岩作用，起主要作用的是在早成岩晚期和晚成岩的早期有机酸对长石、岩屑等铝硅酸盐矿物的溶解作用。由溶解作用形成的次生孔隙一般占总面孔率的20%~70%，平均约为30%。在成岩作用后期，溶蚀作用相对较发育（图4-24），酸性流体易于在其中渗流，溶蚀作用扩大粒间孔隙，如长石颗粒边缘被溶蚀使原生孔隙扩大，成岩后生作用是通过溶蚀作用来改善岩石孔隙结构的。

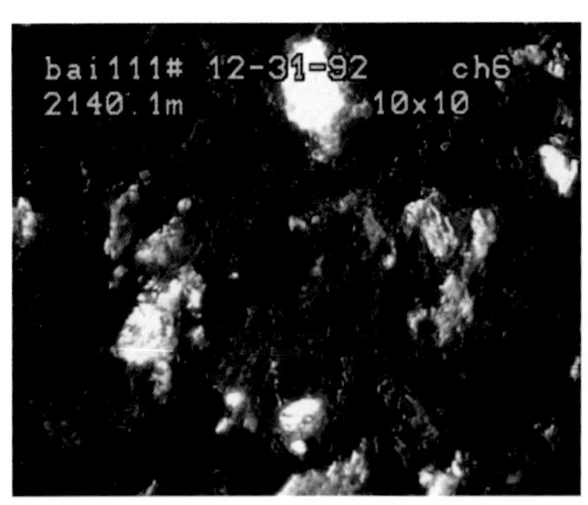

(a) 白111井，长6_3，2140.1m，方解石胶结物明显有溶蚀作用

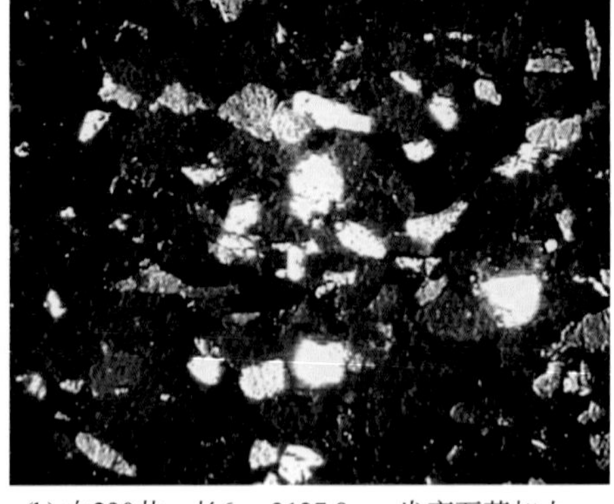

(b) 白230井，长6_3，2127.8m，发育石英加大，石英、长石发生溶蚀

图4-24 华庆油田长6_3储层岩石薄片

三、构造作用对储层物性的影响

晚三叠世印支运动使盆地整体抬升，湖盆消亡，使延长组暴露地表，地层遭受剥蚀，受到大气淡水的淋滤作用并进入表生成岩阶段，大气降水偏酸性，此时地表水淋滤使长石等易溶矿物遭受溶蚀，产生少量次生孔隙，然而此时处于成岩作用的早期，因此这些次生孔隙不易保存，极易被之后的压实作用和胶结作用破坏。

构造活动对成岩作用的影响主要有两个方面。一方面，大型的构造上升或者下降可以整体上改变原有的沉积成岩环境和介质，从而影响整个成岩作用类型、程度和进度。另一方面，在成岩环境一定的情况下，小型的构造活动可以使致密、脆性大的储层砂岩发生破裂，产生裂缝。裂缝既能提高储层的渗透性，为成岩流体提供通道，也能增加储层的非均质性。

构造作用使岩石产生微裂缝或构造裂缝，加剧了储层的压实程度。孔隙度增加，改善了储层的渗透性。研究区长8_1储层，多见构造成因的裂缝，主要孔隙类型为粒间孔和长石溶孔，裂缝作为油气运移的通道，在一定程度上增强了储层的储集和疏导能力。

第五章　储层地质参数建模及空间变化特征

在油气田的勘探评价和开发阶段，储层研究以建立定量的三维储层地质模型为目标，这是油气勘探开发深入发展的要求，也是储层研究向更高阶段发展的体现。储层三维建模是国外20世纪80年代中后期开始发展起来的储层表征新领域，其核心是对井间储层进行多学科综合一体化、三维定量化及可视化的预测。近些年，这一领域的发展十分迅速，数学地质及计算机工作者致力于发展各种建模方法，特别是各种随机模拟方法，而储层地质工作者则研究各种建模方法的地质适用性，并力求改进方法以建立符合地质实际的三维储层地质模型。

第一节　储层建模基本原理

储层地质建模是在给定地质资料的前提下，利用地质统计学方法和随机模拟理论，预测井间储层结构及储层参数的空间分布和变化特征，最终利用可视化技术给出储层三维空间展布模型。

储层建模有两种基本途径，即确定性建模和随机建模。确定性建模是对井间未知区域给出确定性的预测结果，即试图从具有确定性资料的控制点（如井点）出发，推测出井间确定的、唯一的储层参数。该建模方法主要有储层地震学方法、储层沉积学方法及地质统计学克里金估计方法。然而，在资料不完善以及储层结构空间配置和储层参数空间变化比较复杂的情况下，人们难于掌握任一尺度下储层确定的且真实的特征或性质，也就是说，在确定性模型中存在着不确定性。因此，人们广泛应用随机建模方法进行储层建模。

储层随机建模是近年来在地质研究领域发展的最新技术，对储层非均质性及复杂油藏进行描述，作为对储层非均质性进行模拟和对所有不确定性进行评估的最佳方法，随机性建模技术被广泛应用。

一、区域性变量理论

G·马特隆定义区域化变量是一种空间上具有数值的实函数，它在空间的每一个点取一个确定的数值，即当由一个点移到下一个点时，函数值是变化的。区域化变量的两重性表现在：观测前把它看成随机场，依赖于坐标（x_u，x_v，x_w）；观测后把它看成一个空间点函数（即在具体的坐标上有一个具体的值）。

区域化变量是一种随机函数，从地质和矿业角度来看，区域化变量具有以下几种属性。

1）空间局限性

区域化变量被限制于一定空间，该空间称为区域化的几何域。区域化变量是按几何支撑定义的。

2）连续性

不同的区域化变量具有不同程度的连续性，这种连续性是通过区域化变量的变异函数来描述的。

3）异向性

当区域化变量在各个方向上具有相同性质时称各向同性，否则称为各向异性。

4）空间相关性

区域化变量在一定范围内呈现一定程度的空间相关性，当超出这一范围后，相关性变弱甚至消失，这一性质用一般的统计方法很难识别，但对于地质及采矿却十分有用。

5）相互叠加性

对于任一区域化变量而言，特殊的变异性可以叠加在一般的规律之上。

6）空间结构性

对于区域变量，可以用一定的方法（如钻井、地震或测井）在空间各点对其进行观测或测量，从而得到一组观测值。这些观测值及其所显示的各个局部异常的特点，在一定程度上可以表示出区域性变量在区域上的变化特征和趋势，再加上所表征的自然现象具有的某种连续性，因此区域性变量具有空间结构特性。

为了利用随机函数理论来分析观测数据，建立统计的估计模式，需要把空间一点 x_i 处的观测值 $Z(x_i)$ 解释为在空间该点处的一个随机变量 $Z(x_i)$ 的一个实现。因而，表征 $Z(x)$ 的空间变异性的问题就转化为研究随机函数 $Z(x)$ 的各个随机变量 $Z(x_i)$ 和 $Z(x_j)$ 之间的相关关系的问题。这里所指的随机函数，实际上是一个随机场，其自变量 x 在 n 维空间中变化。

二、变差函数

1. 基本概念

变差函数是区域化变量空间变异性的一种度量，反映了空间变异程度随距离而变化的特征。变差函数强调三维空间上的数据构形，从而可定量地描述区域化变量的空间相关性，即地质规律所造成的储层参数在空间上的相关性。它是克里金技术以及随机模拟中的一个重要工具。

变差函数是地质统计学中描述区域化变量空间结构性和随机性的基本工具。在相距为 h 的两个空间点 x 和 $x+h$ 的参数值 $Z(x)$ 和 $Z(x+h)$ 之间的方差，称为变差函数（亦称结构函数），其数学表达式为

$$\gamma(h)=\frac{1}{2}E[(Z(x)-Z(x+h))^2] \tag{5-1}$$

在连续的情况下，可写成：

$$\gamma(h)=\frac{1}{2N(h)}\int_{N(h)}\left[Z(x_i)-Z(x_i+h)\right]^2\mathrm{d}x \tag{5-2}$$

在离散的情况下，可写成：

$$\gamma(h)=\frac{1}{2N(h)}\sum_{i=1}^{N(h)}\left[Z(x_i)-Z(x_i+h)\right]^2 \tag{5-3}$$

式中，x_i 为第 i 个观测点的坐标；$Z(x_i)$ 和 $Z(x_i+h)$ 分别为 x_i 和 x_i+h 两点处的观测值；h 为滞后距即两个观测点之间的距离，m；$N(h)$ 为相距 h 数据对的数目。

变差函数 $\gamma(h)$ 随滞后距 h 变化的各项特征，表达了区域化变量的各种空间变异性质，这些特征包括影响区域的大小、空间各向异性的程度，以及变量在空间的连续性。这些特征可通过变差图［变差函数 $\gamma(h)$ 随 h 的变化图］的各项参数，即变程（Range）、块金值（Nugget）、基台值（Sill）来表示（图 5-1）。

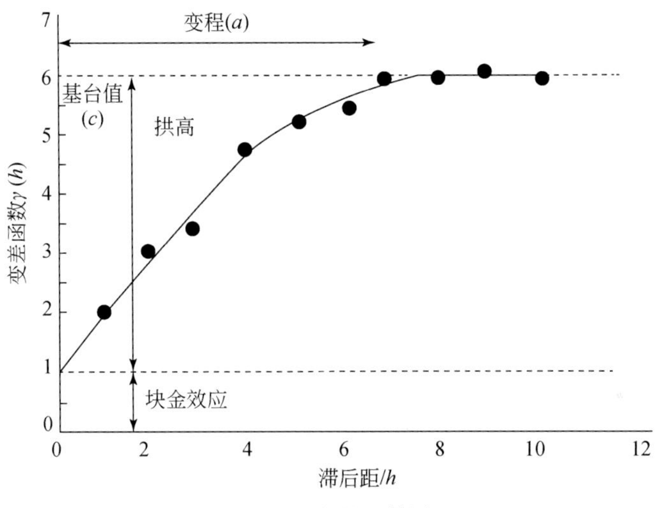

图 5-1　变差函数图

变程：区域化变量在空间上具有相关性的范围。在变程范围之内，数据具有相关性；而在变程之外，数据之间互不相关，即在变程以外的观测值不对估计结果产生影响。变程的大小反映了变量空间相关性的大小，变程相对较大意味着该方向的观测数据在较大范围内相关，反之，则相关性较小，如图 5-2 所示。

块金值：变差函数如果在原点间断，这在地质统计学中被称为“块金效应”，表现为在很短的距离内有较大的空间变异性，它可以由测量误差引起，也可以来自矿化现象的微观变异性。

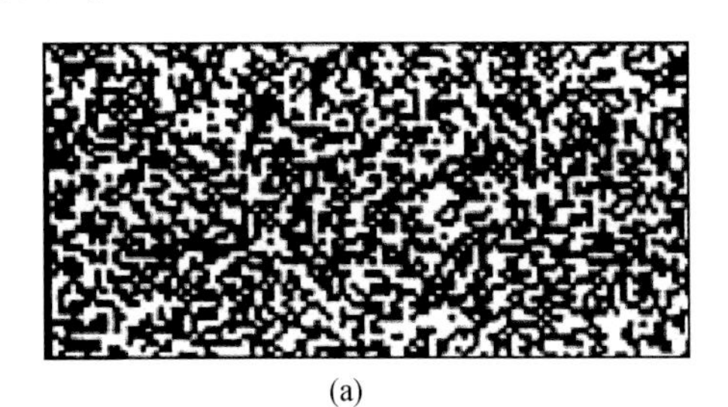

(a)

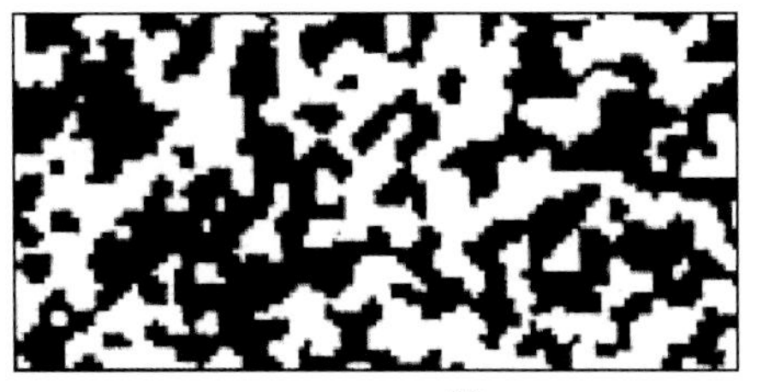

(b)

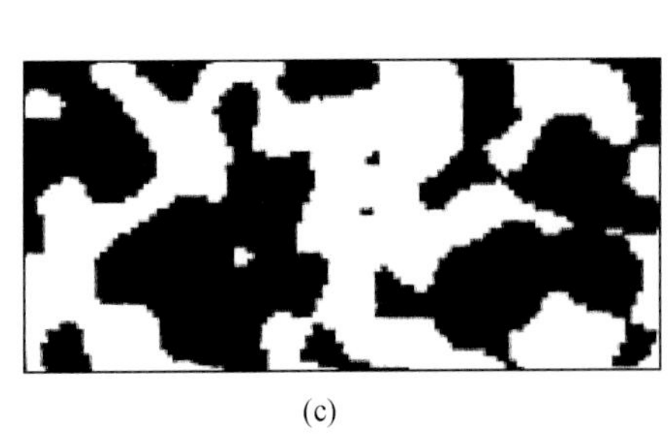

(c)

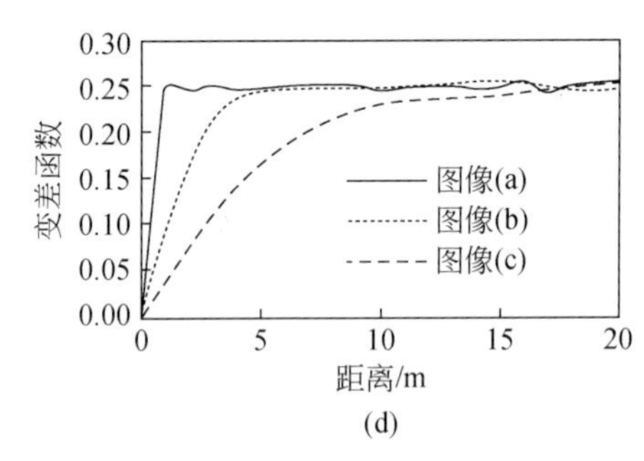

(d)

图 5-2　不同变程情况下插值结果示意图

基台值：代表变量在空间上的总变异性大小，即变差函数在 h 大于变程的值，其为块金值和拱高之和。所谓拱高，为在取得有效数据的尺度上，可观测得到的变异性幅度大小。当块金值等于 0 时，基台值即为拱高。

2. 理论变差函数模型

下面，列出三种最常用的理论变差函数模型（图 5-3）。

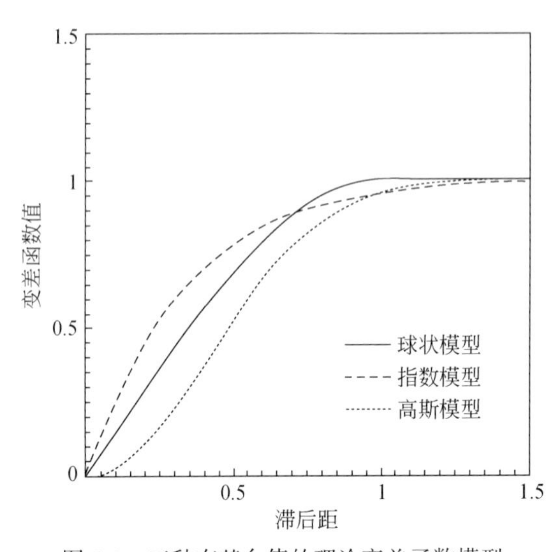

图 5-3　三种有基台值的理论变差函数模型

（1）球状模型：由一个真实变程 a 和正的方差贡献或基台值 c 来确定。

$$\gamma(h)=c\cdot \mathrm{Sph}\left(\frac{h}{a}\right)=\begin{cases}c\cdot\left[1.5\dfrac{h}{a}-0.5\left(\dfrac{h}{a}\right)^{3}\right], & h<a\\ c, & h\geqslant a\end{cases}\tag{5-4}$$

式中，c 为基台值；a 为变程；h 为滞后距。接近原点处，变差函数呈线性形状，在变程处达到基台值。原点处变差函数的切线在变程的 2/3 处与基台值相交。

（2）指数模型：由一个真实变程 a（有效变程 $a/3$）和正的方差贡献 c 来确定。

$$\gamma(h)=c\cdot\exp\left(\frac{h}{a}\right)=c\cdot\left[1-\exp\left(-\frac{3h}{a}\right)\right] \tag{5-5}$$

变差函数渐近地逼近基台值。在实际变程 a 处，变差函数为 $0.95c$。模型在原点处为直线。

（3）高斯模型：由一个真实变程 a 和正的方差贡献 c 来确定。

$$\gamma(h)=c\cdot\left[1-\exp\left(-\frac{(3h)^2}{a^2}\right)\right] \tag{5-6}$$

变差函数渐近地逼近基台值。在实际变程 a 处，变差函数为 $0.95c$。模型在原点处为抛物线。为一种连续性好但稳定性较差的模型。

3. 地质模型向数学模型的转换

变差函数含有许多地质信息，因此可以利用变差函数所提供的全部结构信息来分析研究储层非均质性等地质现象，为研究储层及储层参数在空间变化提供了一种有力的工具。

通过做出同一储层参数在不同方向上的变差函数图 $\gamma(h)$，并把它们放在一起分析比较，就可以确定该参数在各个方向上各向异性的强弱程度，从而可以用来研究平面上不同方向的非均质性。特殊地，如果各个方向的变差函数图 $\gamma(h)$ 基本相同，则可认为 $Z(x)$ 为各向同性，否则为各向异性。

各向异性又可分为几何各向异性与带状各向异性。如果变差函数在空间各个方向上的变程 α 不同，但基台值（$C+C_o$）相同（即变化程度相等），则称其为几何各向异性，这种情况能用一个简单的几何坐标变换将各向异性结构变换为各向同性结构。如果不同方向的变差函数具有不同的基台值（$C+C_o$），则称为带状各向异性，实际地质变量多具有这种各向异性结构；这种情况不能通过坐标的线性变换转化为各向同性，因而结构套合是比较复杂的。

变程 α 的大小不但能反映某区域化变量在某一方向上变化的大小，而且还能大体上反映出区域化变量的载体（如储层砂体）在这个方向上的平均尺度，因此可以利用变程来反映储层参数的影响范围，从而达到预测砂体的大小及分布规律，确定含油气范围的目的。储层砂厚、孔隙度、渗透率、饱和度（通常选垂直物源和平行物源两方向）变差函数的分析应用最为普遍。

在地质模型向数学模型转化过程中，根据不同储层地质任务所要求的精度和属性空间展布特点及数据点的分布状况，采用不同的数学模型。表 5-1 列举了几种常见的数学模型适用范围。

表 5-1　主要的地质统计学随机模拟方法的应用范围对比

对比项目 \ 模拟方法	转向带法	误差模拟	布尔模拟	序贯高斯模拟	序贯指示模拟	概率场模拟	退火模拟	截断高斯模拟	LU 分解模拟	分形随机模拟
地质结构框架（岩石相、沉积相）		√	√		√		√			
具较规则形状的结构（目标需要恢复）			√√		√		√			

续表

模拟方法 对比项目	转向带法	误差模拟	布尔模拟	序贯高斯模拟	序贯指示模拟	概率场模拟	退火模拟	截断高斯模拟	LU 分解模拟	分形随机模拟
直接模拟岩石物理特征	√	√		√√		√	√	√	√	
高度变化的复杂非均质特征（如渗透率）		√			√√	√	√			
裂缝分布			√√				√			√
井间预测（主要针对少井的情况）		√								√√

注：“√”表示模拟精度误差稍大；“√√”表示方法较适合对应情况的模拟。

三、克里金估值方法

确定性建模的方法主要有储层地震学法、储层沉积学法及地质统计学克里金方法。其中，本书主要应用克里金估值方法建立储层构造及地层模型。

在确定性的储层参数建模中，往往应用插值方法对空间上每个网格赋以储层参数值(孔隙度、渗透率、含油气饱和度)。插值方法很多，大致可分为传统的统计学估值方法和地质统计学克里金方法。由于传统的数理统计学插值方法（如距离反比加权法）只考虑观测点与待估点之间的距离，而不考虑已知点空间位置的相互联系（即地质规律所造成的储层参数在空间上的相关性），因此插值精度相对较低。为了提高对储层参数的估值精度，人们在确定性建模中广泛应用克里金估计方法来进行井间插值。

克里金估计方法是根据待估点周围的若干已知信息，应用变差函数所特有的性质，对待估点的未知值做出最优（即估计方差最小）、无偏（即估计值的均值与观测值的均值相同）的估计，其一般表达式为

$$Z^*(X) = \sum_{i=1}^{n} \lambda_i Z(X_i) \tag{5-7}$$

式中，$Z^*(X)$ 为待估点的克里金估计值；$Z(X_i)$ 为待估点周围某点 X_i处的观测值，$i=1,2,3,\cdots,n$；λ_i为 X_i的权系数，表示 X_i点值对 $Z^*(X)$ 估值的贡献大小。

克里金方法较多，如简单克里金、泛克里金、协同克里金、指示克里金等，这些方法可用于不同地质条件下的参数预测。

四、随机建模

1. 随机建模方法概述

所谓随机建模，是指以已知的信息为基础，以随机函数为理论，应用随机模拟方法，产生可选的、等概率的储层模型的方法，亦即对井间未知区应用随机模拟方法给出多种可

能的预测结果。

这种方法承认控制点以外的储层参数分布具有一定的不确定性，即具有一定的随机性。因此采用随机建模方法所建立的储层模型不是一个，而是多个，即对同一储层，应用同一资料、同一随机模拟方法可得到多个实现（可选的储层模型）。各个实现之间的差别是储层不确定性的直接反映，如果所有实现都相同或相差很小，说明模型中的不确定性因素少；反之则说明不确定性大。由此可见，储层随机建模的重要目的之一就是对储层不确定性的评价。通过各模型的比较，可了解井间储层预测的不确定性，以满足油田开发决策在一定风险范围的正确性。

随机模拟与插值有较大的差别，主要表现在以下三个方面。

（1）插值只考虑局部估计值的精确程度，力图对待估点的未知值做出最优（估计方差最小）和无偏（估计值均值与观测点值均值相等）的估计，而随机模拟首先考虑的是结果的整体性质和模拟值的统计空间相关性，其次才是局部估计值的精度。

（2）如果观测数据为离散数据，那么插值法给出观测值间的平滑估值（如绘出研究对象的平滑曲线图）就削弱了观测数据的离散性，忽略了井间的细微变化；而条件随机模拟通过在插值模型中系统地加上了“随机噪声”，这样产生的结果比插值模型真实得多。“随机噪声”正是井间的细微变化，虽然对于每一个局部的点，模拟值并不完全是真实的，估计方差甚至比插值法更大，但模拟曲线能更好地表现真实曲线的波动情况。

（3）插值法（包括克里格法）只产生一个模型，在随机建模中，则产生许多可选的模型，各种模型之间的差别正是空间不确定性的反映。

随机模拟建模，对于储层非均质性的研究具有更大优势，因为随机模型更能反映储层性质的离散性，这对油气田开发生产尤为重要。插值法掩盖了非均质程度（即离散性），特别是离散性明显的储层参数（如渗透率）的非均质程度，从而不适合用来表征。

需要强调的是，随机模拟不是确定性建模的替代，其主旨是对非均质储层进行不确定性分析。在实际建模过程中，为了降低模型的不确定性，应尽量应用确定性的信息来限定随机模拟过程。

2. 随机模拟类型

Haldorsen（1990）按变量的类型将随机模型分为离散模型和连续模型两大类。离散模型主要描述一个离散性质的地质特征，如沉积相分布、砂体位置和大小、泥质隔夹层的分布和大小、裂缝和断层的分布、大小和方位等。连续模型主要描述连续变化的地质参数的空间分布，如孔隙度、渗透率、流体饱和度、地震层速度、油水界面等参数的空间分布。

在实际油气藏中，离散模型和连续模型是并存的。将上述两类模型结合在一起，则构成混合模型，即两步建模法建立随机模型：第一步建立离散模型，描述储层大范围的非均质（储层结构）特征；第二步在离散模型的基础上建立表征岩石参数空间变化和分布的连续模型，这样便获得了混合模型。

3. 序贯高斯模拟

随机建模方法很多，主要有示性点过程、序贯高斯模拟、截断高斯模拟、序贯指示模拟等。高斯随机域是最经典的随机函数。这种模型最大的特征是随机变量符合高斯分布或经过转换符合正态分布。

序贯高斯模拟是高斯模型常用的一种模拟方法。序贯高斯模拟同许多随机模拟的方法相同，都是通过从条件分布中抽取变量 $Z(X)$ 的值来实现某一位置 X 处的模拟，但序贯高斯模拟的思想将这种条件进一步扩展到 X 附近的所有点，包括条件数据点和模拟过的数据点。

总之，序贯高斯模拟是应用高斯概率理论和序贯模拟算法产生连续变量空间分布的随机模拟方法，原理图见图 5-4。

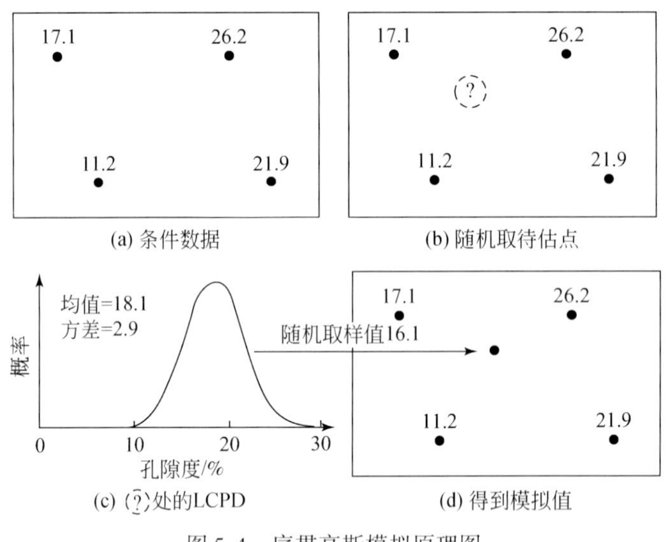

图 5-4　序贯高斯模拟原理图

LCPD 表示局部条件概率

序贯高斯模拟为产生多变量高斯场的实现提供了最直观的算法，模拟过程是从一个像元到另一个像元序贯进行的，用于建立局部累积条件概率分布的数据不仅包括原始条件数据，而且考虑已模拟过的数据。从局部累积条件概率分布中随机抽取分位数便可得到一个像元点的模拟数据。模拟的输入数据有变量的统计参数、变差函数和条件数据。如果采用相控建模，则还需要输入相模型，同时对不同相统计相应的变量参数和变差函数参数。

模拟结果产生高斯分布变量的实现，必须进行反转换。它的优点是：①算法稳健，用于产生连续变量的实现；②当用于模拟比较稳定分布的数据时，序贯高斯模拟能快速建立模拟结点的累积分布函数。然而当模拟级差较大的变量数据时，高斯矩阵不稳定，且不能用于类型变量的模拟。

序贯高斯模拟是应用极为广泛的一种连续变量的模拟方法。该方法快速简单，比较适合模拟连续地质变量，特别是一些中间值很连续且极值不是很分散（即非均质性相对较弱）的储层参数，如孔隙度、地震反射界面的构造图等。如果在高斯模拟中引入第二变量，可以进行序贯高斯协模拟又称为多元序贯高斯模拟。由于可综合第二类信息对模拟变量的影响，该方法是一种更为有效的连续地质参数的模拟方法。在用该方法进行储层建模或储层预测研究时，可使模拟结果更真实、准确地反映参数的地质意义。

本次研究中采用储层砂体厚度的分布作为第二变量，用多元序贯高斯模拟方法，多参数约束模拟预测储层物性参数的分布。

第二节　储层建模数据准备

本次储层地质建模选用了 Petrel 储层建模软件。Petrel 是一款基于 Windows 环境的 PC 版油气藏勘探开发一体化综合描述软件。它包含了地震、测井、测试和生产等多学科的油藏描述功能，侧重于储层三维定量建模。软件具有工作流程的可重复性，可自动记忆创建地质模型的整个操作流程并更新和修改模型，具有友好的操作界面和强大的联机帮助功能以及方便的图形和多种数据格式输出等显著特点。

在地质建模中，数据准备及质量控制是一项基础的但十分重要的工作。本书是在前期工作的基础上进行的，前期工作主要包括地层格架的划分、砂体等厚图的绘制、沉积微相的划分、储层参数的非均质性研究等。通过以上研究，可以了解砂体的平面展布规律、物源方向以及储层各参数的平面展布规律。

研究区位于华庆油田北部，面积共 3960km^2，其中各项数据齐全的井有 116 口，用这些井的资料我们建立了地质模型。在综合分析数据的基础上，笔者又挑选了井位相对密集的区块建立地质模型，该区块面积为 286km^2，其中各项数据齐全的井有 30 口。根据地质建模软件 Petrel 的要求，并研究油藏的地质特点，本次建模主要依据以下数据：单井井位坐标、补心海拔、地质分层数据，孔隙度、渗透率和含水饱和度测井解释成果，以及自然电位、电阻率电测曲线。

一、数据的输入

1. 井数据

主要为工区内所有井的井头文件、井斜文件、分层数据文件、物性参数文件。文件格式为 ASCII。

井头文件（表 5-2）参数 well name 为井名，x 为井口 x 坐标，y 为井口 y 坐标，kb 为补心海拔，md 为测深。

表 5-2　井头数据

well name	x	y	kb/m	md/m
白 120	36513048. 2	4053111. 2	1619. 9	2160
白 129	36508434. 8	4055097. 2	1525. 7	2077
白 136	36490602. 3	4050844. 7	1499. 9	2151
白 140	36487774. 2	4046271. 2	1558. 0	2216
白 149	36490742. 6	4055588. 7	1469. 9	2140

2. 分层数据

分层数据是指一个层位或者一个断层与井轨迹发生交叉，在井上的一系列标记，也就是地质对比分层。分层数据的信息包括井名、测深、层面名称和类型等。如表 5-3 所示，well name 为井名、md 为测深、surface 为层面名称和 type 为类型。

表 5-3　分层数据

x	y	md/m	type	surface	well name
36513048. 2	4053111. 2	2096	horizon	C633top	白 120
36513048. 2	4053111. 2	2140	horizon	C633bot	白 120
36508434. 8	4055097. 2	2006	horizon	C633top	白 129
36508434. 8	4055097. 2	2057	horizon	C633bot	白 129
36490602. 3	4050844. 7	2085	horizon	C633top	白 136
36490602. 3	4050844. 7	2131	horizon	C633bot	白 136
36487774. 2	4046271. 2	2155	horizon	C633top	白 140
36487774. 2	4046271. 2	2196	horizon	C633bot	白 140
36490742. 6	4055588. 7	2078	horizon	C633top	白 149
36490742. 6	4055588. 7	2120	horizon	C633bot	白 149

3. 测井数据（well logs）文件的加载

well logs 文件是包含钻井深度（depth）、若干测井项目数据和（或）测井解释数据的文件，其数据文件格式见表 5-4。文件名宜命名为对应井号，一口井对应一个文件，数据格式必须一致。

表 5-4　well logs 数据文件格式（以白 120 井为例）

Depth/m	GR/API	PERM/mD	SW/%	SH/%	POR/%
1637. 675	69. 989	1. 777	86. 792	24. 001	12. 973
1637. 800	68. 613	2. 176	83. 978	23. 057	13. 452
1637. 925	66. 497	2. 625	82. 133	21. 637	13. 824
1638. 050	62. 741	3. 167	81. 634	19. 203	14. 020
1638. 175	58. 749	3. 706	82. 251	16. 735	14. 065

Depth 为深度；GR 为自然伽马测井值；PERM 为渗透率，$1mD=1\times10^{-3}\mu m^2$；SW 为含水饮和度；SH 为泥质含量；POR 为孔隙度。

二、数据的质量控制

数据质量控制是非常重要的一个环节，主要是利用各种可视化工具检查原始数据中可能存在的各种不合理的地方以及可能输入的错误等。数据质量得到控制的情况下，才能进行下一步模型的建立。

（1）通过 Petrel 的三维可视化功能检查分层数据的合理性，如果存在异常高点或低点，则可能是数据不正确造成，需要加以分析解决。

（2）通过各种测井曲线对分层数据进行检查，如通过检查岩相数据和分层数据的对应关系，是否有明显的不对应。

（3）通过地层厚度检查分层数据的可靠性，再通过分层数据的核实及连井剖面的检查消除此类误差。

（4）通过厚度统计检查是否有分层厚度的异常值。如果特小或特大的分层厚度，在统计直方图中很容易看到，再结合地层厚度数据，找到并消除异常值。

第三节　储层构造形态模型

构造模型是建立三维地质模型的基础，反映储层的空间格架，一般由断层模型和层面模型组成，研究区断层不发育。模型网格形态、大小及网格方向等均会影响到骨架模型及属性模型的精度。一般来说，网格设计的原则如下：

（1）开发井网及生产过程中流体供给方向。油藏数值模拟渗流模型要求网格方向尽量与流体流动方向，也就是渗透率主轴方向平行。网格方向与生产井网的统一可以减少油藏数值模拟中死结点个数。

（2）网格大小的选取，一方面要能充分反映资料的精度，另一方面要能满足精细地质建模的需要。在重点研究区域如密井网区，可以应用网格加密技术对网格进行适当加密。

在进行平面网格设计时，综合考虑到物源方向和井排方向，研究区范围大，井数较少。因此，本次研究将平面网格步长设为50m，在进行纵向网格划分时，考虑隔夹层的个数，分沉积单元进行细分，纵向上分为5个小层，总网格数为 $2012\times1972\times15=59514960$。其中井位相对密集区平面网格步长设为30m，纵向上分为5个小层，总网格数为 $635\times827\times20=10502900$。

层次性是地质现象本身的特征之一，也是地质理论的普遍规律。大地构造、含油气构造、沉积学都离不开层次性研究问题。在建立构造模型的过程中，层次性建模策略可以很好地展示地质构造特征和地层的由粗到细、由大到小的沉积序列，将沉积地层格架和构造褶皱形态完整地组装并融为一体。在层次性建模策略进行构造和地层格架模型建立过程中，按照 convergent interpolation（收敛内插）→make horizon（层面建造）→make zones（小层搭建）→make layering（小层细分）→geometric modeling（几何建模）的流程，最终形成了层面模型。

从图5-5～图5-8可以看出，研究区长 6_3 砂层组为一东高西低的单斜构造，层面构造简单平缓。东西高低部位落差近120m，在局部形成起伏较小轴向近东西或北东向鼻状构造，这些鼻状构造与砂体匹配，对油气的富集有一定的控制作用，整个工区断层不发育。研究区长 6_3 顶底构造发育具有继承性。

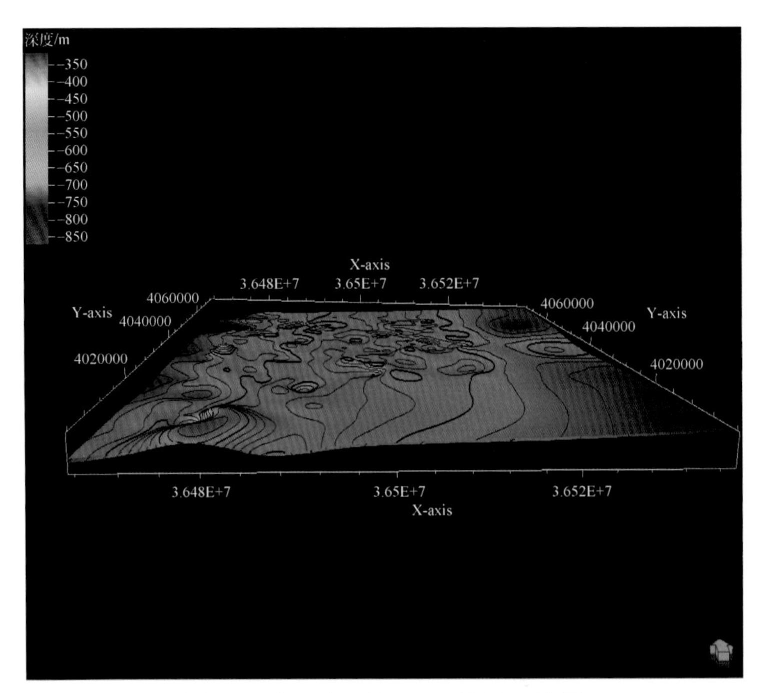

图 5-5　华庆油田长 6_3 底面构造立体图

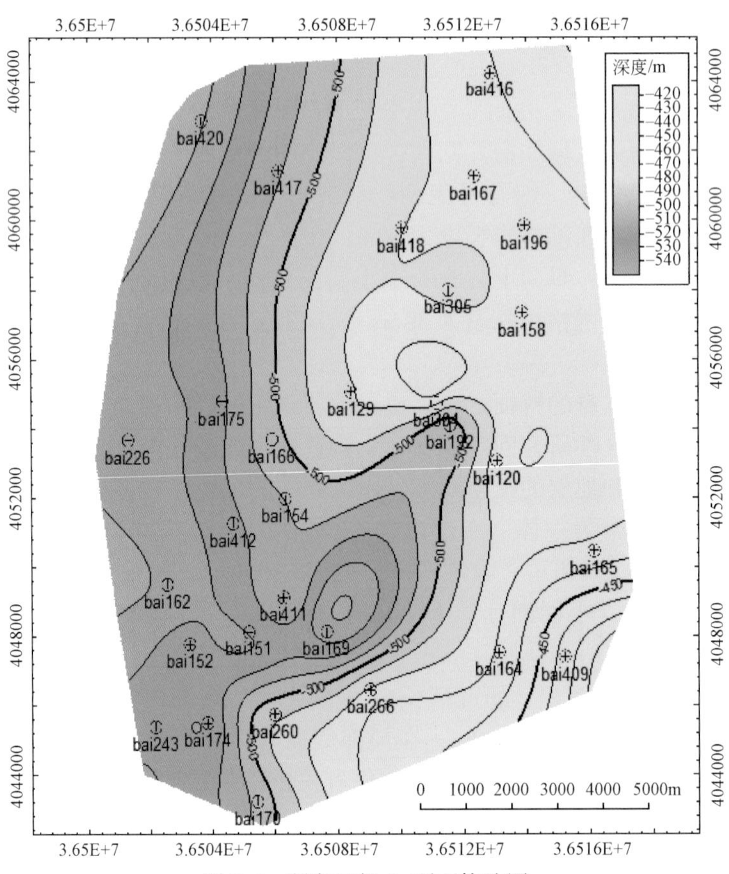

图 5-6　研究区长 6_3 顶面构造图

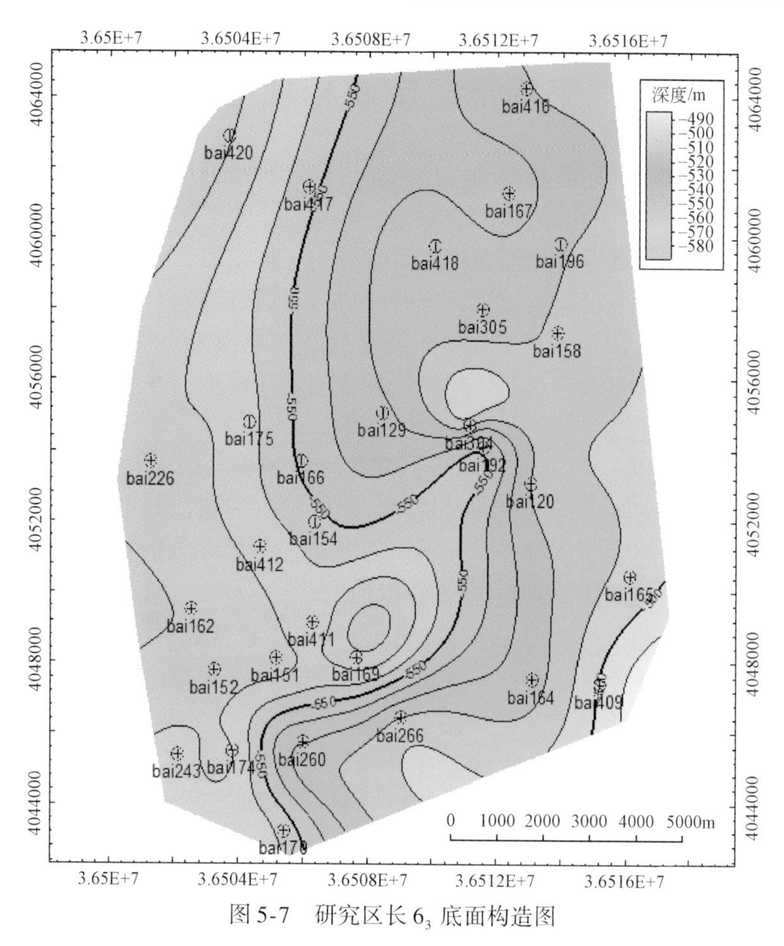

图 5-7 研究区长 6_3 底面构造图

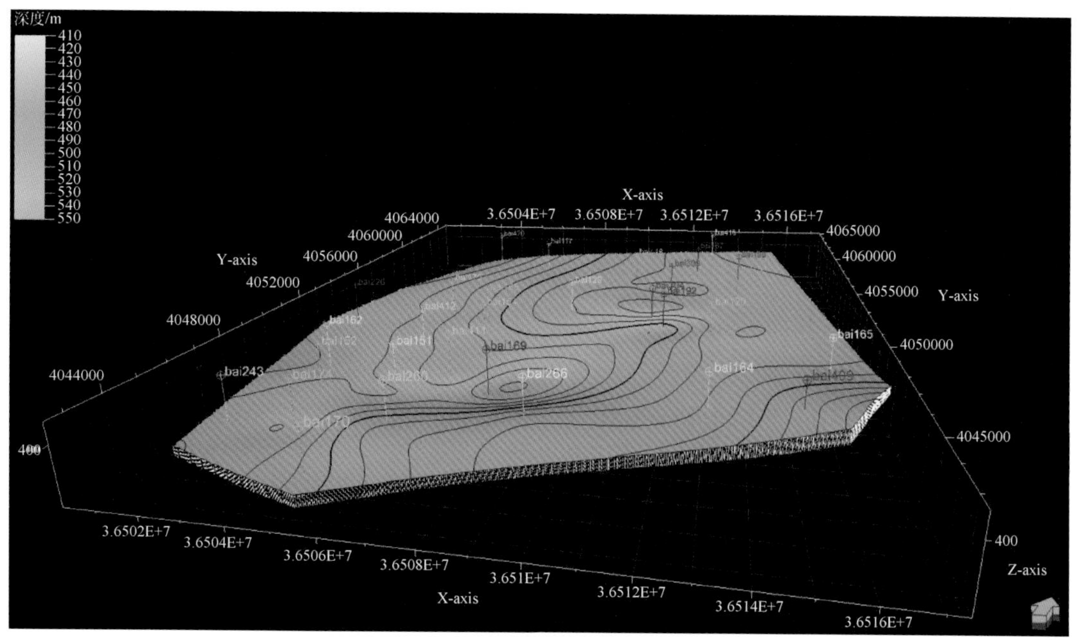

图 5-8 研究区长 6_3 底面构造立体图

第四节　沉积相模型

沉积相建模是三维储层地质建模的一项重要内容。目前可用于沉积相建模的建模方法很多，不同的方法也有各自的适应性和优缺点。Petrel 提供了序贯指示模拟、截断高斯模拟、神经网络方法、基于目标的示性点模拟等几种用于详细表征相带分布特征的确定性和随机性相建模技术，而且可以交互使用。同时用户可以通过导入自己的算法和人工赋值的方法，建立沉积相模型。结合工区实际地质特征和软件建模特点，本书以长 6_3 砂层组为例使用随机建模、确定性建模、交互式建模三种方法建立模型，并相互比较最终确定交互式建模方法适合本工区建模。

研究区长 6_3 砂层组为三角洲沉积环境，沉积相变频繁且沉积微相类型众多。在沉积相建模过程中，仅划分河道、天然堤和背景泥岩相三类沉积相，其中，河道包括三角洲沉积的分流河道、三角洲前缘的水下分流河道沉积微相，天然堤包括天然堤、决口扇和河口砂坝等沉积微相，背景泥包括分流间湾等沉积微相。

本次随机建模选用的是序贯指示模拟法，序贯指示模拟法是一种基于像元的随机算法，针对每种相分别设置各自的变差函数和所占比例，在沉积概念模型约束下建立沉积相模型。

该方法首先是结合沉积相特征将泥质含量 SH 大于 35% 的定为泥岩，代号为 3；小于 35% 的定为砂岩，代号为 0。利用 Petrel 软件中的计算器使用公式将泥质含量的连续数据变换为沉积相的离散数据。

沉积相建模简化微相的具体划分原则如下：

（1）水下分流河道相，相编码为 1，条件为：泥质含量小于 30%；

（2）决口扇相，相编码为 2，条件为：泥质含量为 30%～40%；

（3）水道间泥岩相，相编码为 0，条件为：泥质含量大于 40%。

分析离散化相编码曲线，可获得各沉积微相的厚度信息、标准偏差和沉积微相体积比例等参数。综合地质研究结果和专家知识库，可以确定各小层的储层发育状况及空间展布等特征。

然后是分别设置主方向、次方向、垂向的分析参数，包括带宽、搜索半径、步长等来调整变差函数。最终将基台值设为 1，块金值设为 0. 772，主方向变程为 22655m，次方向变程为 500m，垂向变程为 100m。其中主变程方向平行于物源方向，此变程方向垂直物源方向。

调整好变差函数后，选择序贯指示模拟法做出长 6_3 砂层组的三维沉积相模型（图 5-9）。从模型来看，砂岩相分布比较零散，基本没有成片的连接。总体看来是泥岩相与砂岩相相互分隔，错综复杂。模型反映不出沉积相的平面分布趋势。可见随机建模的效果并不理想，需要考虑其他方法建模。

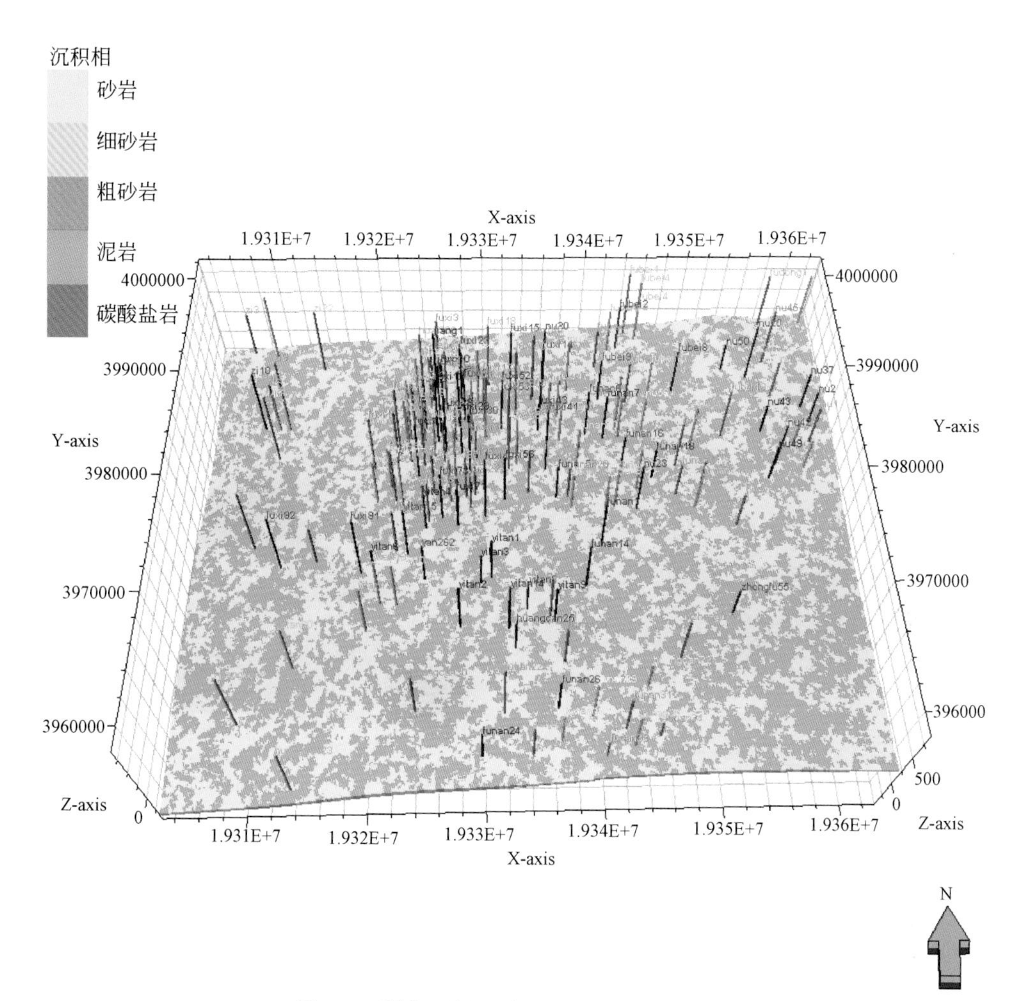

图5-9　研究区长6_3砂层组沉积相随机模型

因此我们采用赋值法建模，由于随机模拟法建立沉积相模型对函数分析要求很高，在对各种参数不了解的情况下很难做出理想的沉积相模型，因此需要导入二维趋势面并赋值的方法来建立沉积相模型。该方法是将画好的沉积相平面图导入 Petrel 中，设置好边界工区坐标后，将沉积相边界即水下分流河道与水下分流间湾的边界线用软件中的工具矢量化出来，然后使其闭合后生成一个二维趋势面。并将生成的趋势面分别赋值，因软件中砂岩可用代码0表示，泥岩可用代码3表示。可将水下分流河道相赋值为0，水下分流间湾相赋值为3。然后将这两个趋势面用 Petrel 中的 operation 计算器合并成一个曲面，不作沉积相数据的数据分析，直接在建模方法中选择 assign value 法就可生成沉积相的三维模型（图5-10）。

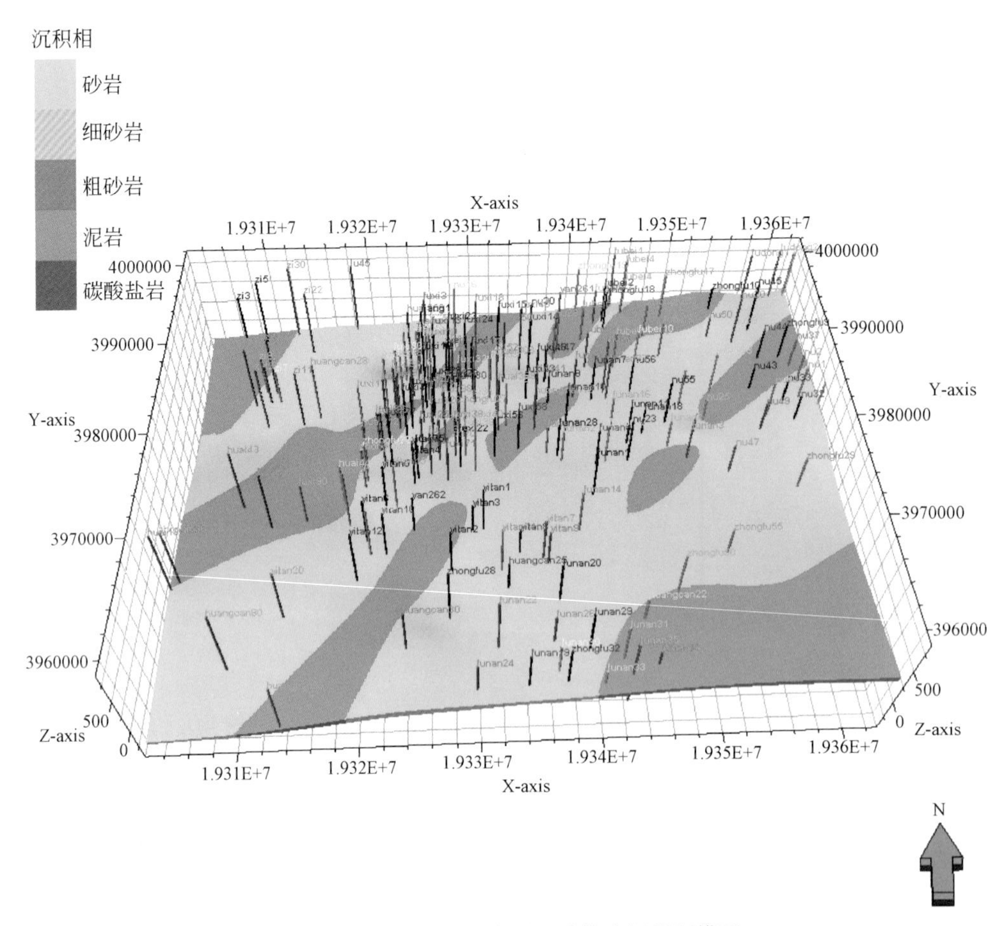

图 5-10　研究区长 6_3 砂层组赋值法沉积相模型

第五节　储层岩相模型

在对岩相进行模拟前需要统计各种岩相所占的比例，计算各种岩相的变差函数，并拟合参数值。由于传统的数理统计学插值方法只考虑观测点与待估点之间的距离，而不考虑地质规律所造成的储层参数在空间上的相关性，因此插值精度较低。为了提高对储层参数的估计精度，人们广泛应用克里金方法来进行井间插值。克里金插值方法是根据待估点周围的若干已知信息，应用变差函数所特有的性质对待估点的值做出最优（即估计方差最小）、无偏（即估计值的期望值与观测点的期望值相同）的估计。

1. 岩相所占比例

对岩相来说主要是统计各种相所占的比例，计算各种相的变差函数，并拟合参数值。模型中，泥岩用代码 0，砂岩用代码 1。在数据质量得到保证的情况下，对岩相数据进行变差函数分析，下列变差函数分析图是以主要研究对象渗砂为例进行变差函数分析得到的结果，其中大的研究区（华庆油田）主要是沿着 43°的方向，主变程最大为 11209.7m，即沿着这个方向砂体的连续性最好（图 5-11），次方向的变程为 1363. 2m（图 5-12），垂直方向的变程（图 5-13）为 17. 6m。井位比较密的小研究区（华庆油田北部）主要是沿着 43°的方向，主变程（图 5-14）最大为 3904. 6m，即沿着这个方向砂体的连续性最好，次方向的变程（图 5-15）为 877. 6m，垂直方向的变程（图 5-16）为 22. 5m。

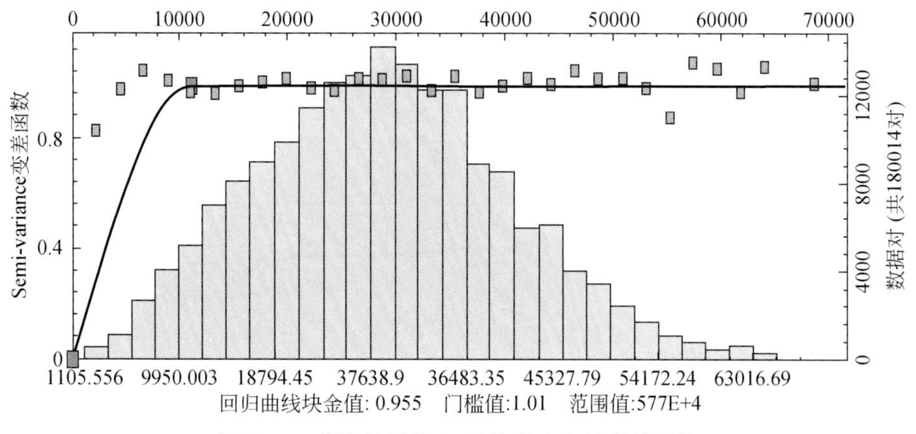

图 5-11　华庆油田长 6_3 砂体主方向的变差函数

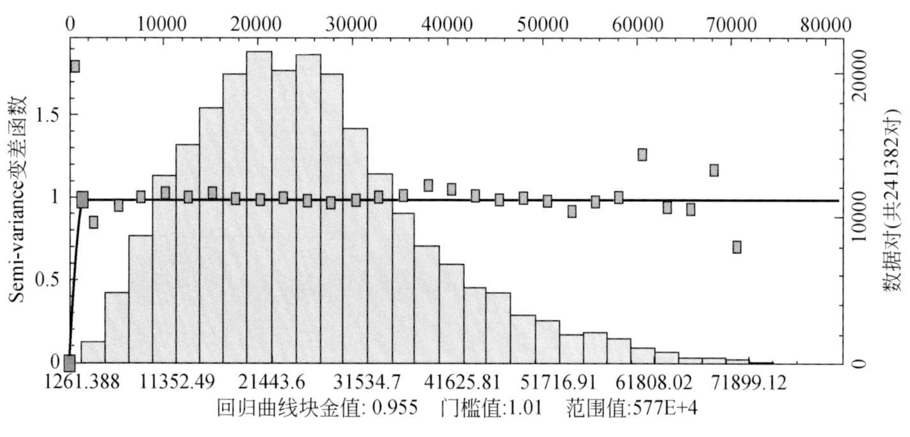

图 5-12　华庆油田长 6_3 砂体次方向的变差函数

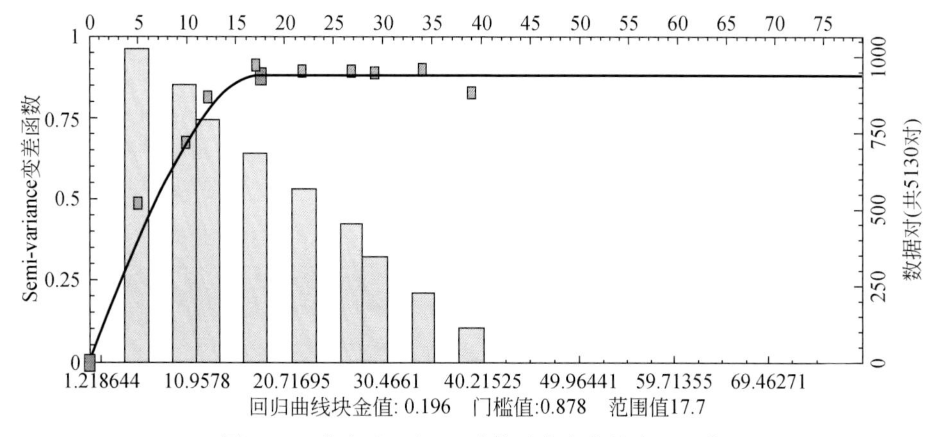

图 5-13　华庆油田长 6_3 砂体垂直方向的变差函数

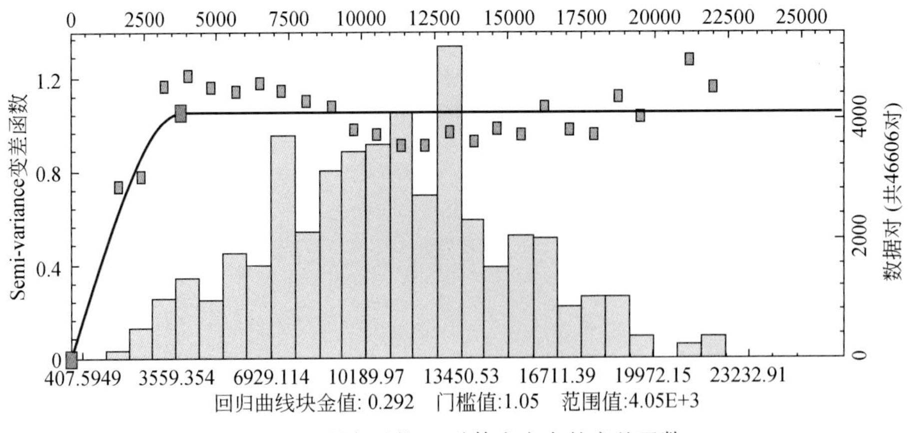

图 5-14　研究区长 6_3 砂体主方向的变差函数

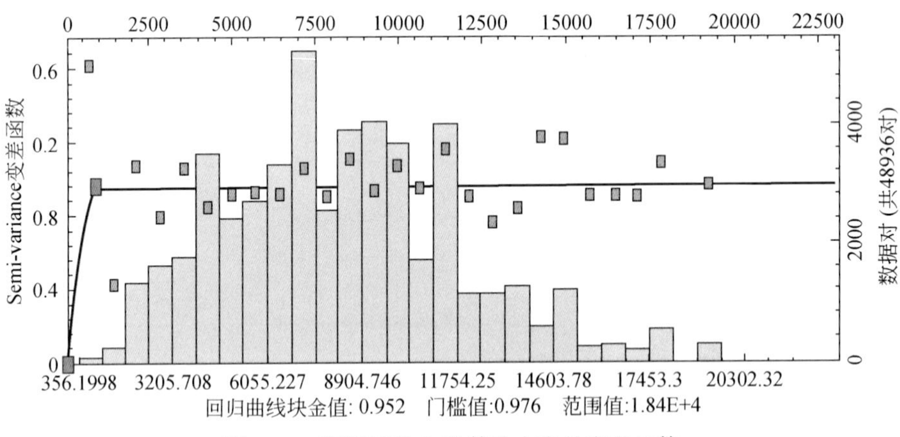

图 5-15　研究区长 6_3 砂体次方向的变差函数

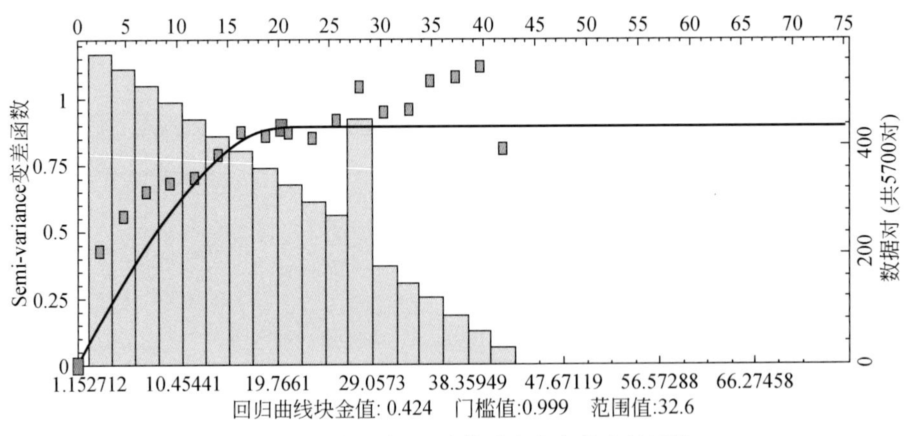

图 5-16　研究区长 6_3 砂体垂直方向的变差函数

2. 长 6_3 模拟结果及分析

利用变差函数分析的结果，对长 6_3 岩相模型进行序贯指示模拟。得到的岩相结果如图 5-17～图 5-19 所示。从栅状图（图 5-20）可以看出，整个长 6_3 砂体连续性相对较好，但泥质夹层相对较为发育，砂体的非均质性较强。图 5-20～图 5-22 显示，模拟结果与粗化及测井曲线结果吻合度也较好，砂体模型符合统计分布规律。

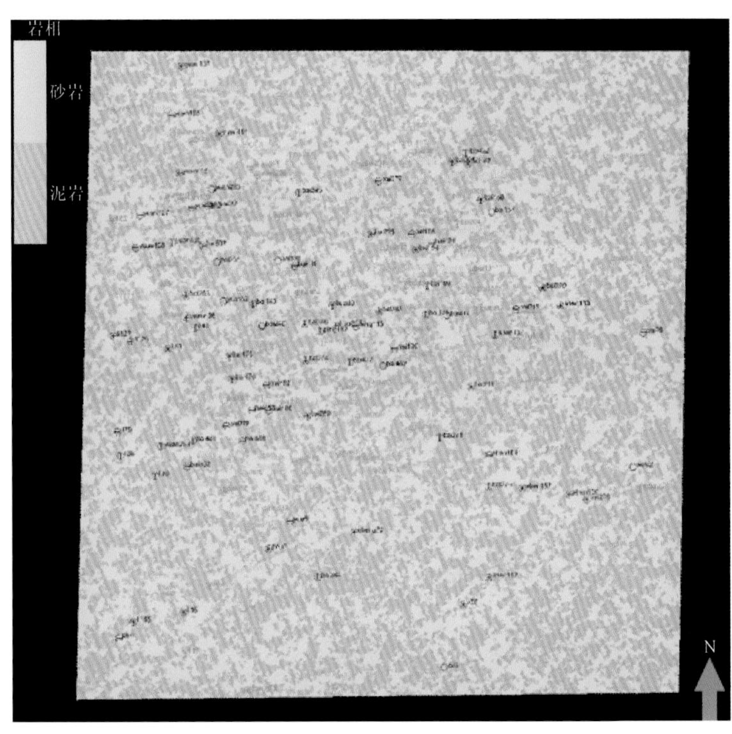

图 5-17　华庆油田序贯指示模拟方法建立的长 6_3 岩相模型（箭头为指北方向）

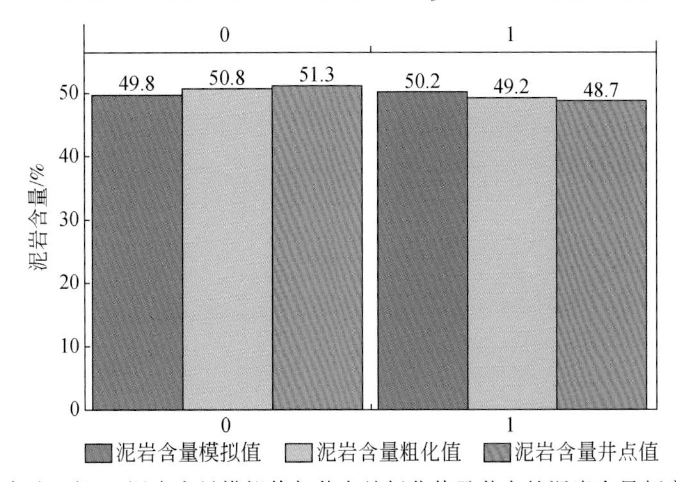

图 5-18　华庆油田长 6_3 泥岩含量模拟值与井点处粗化值及井点的泥岩含量频率分布直方图

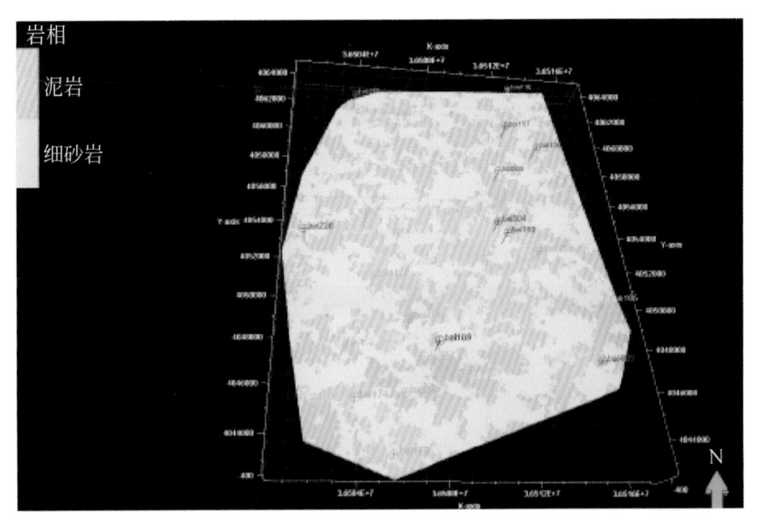

图 5-19　研究区序贯指示模拟方法建立的长 6_3 岩相模型

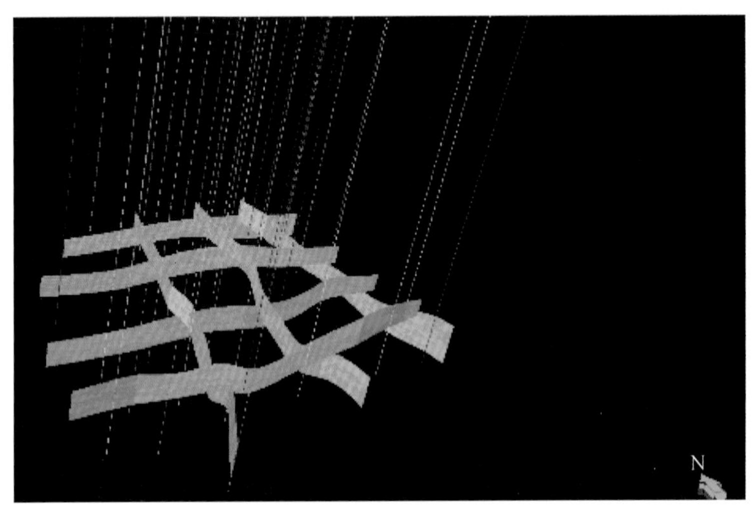

图 5-20　研究区长 6_3 岩相模型栅状图

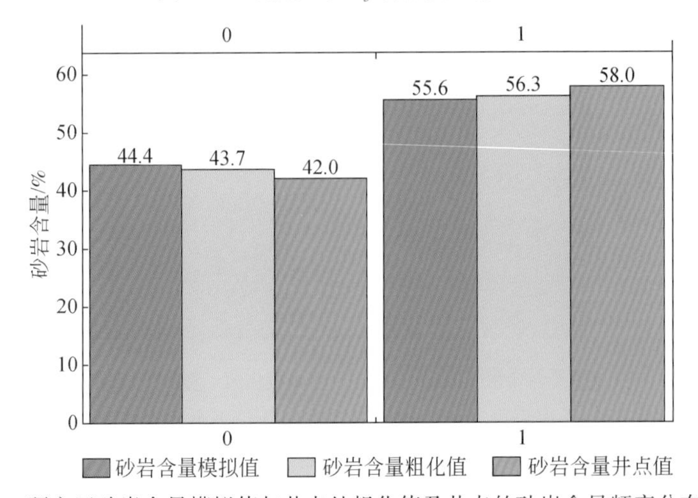

图 5-21　研究区砂岩含量模拟值与井点处粗化值及井点的砂岩含量频率分布直方图

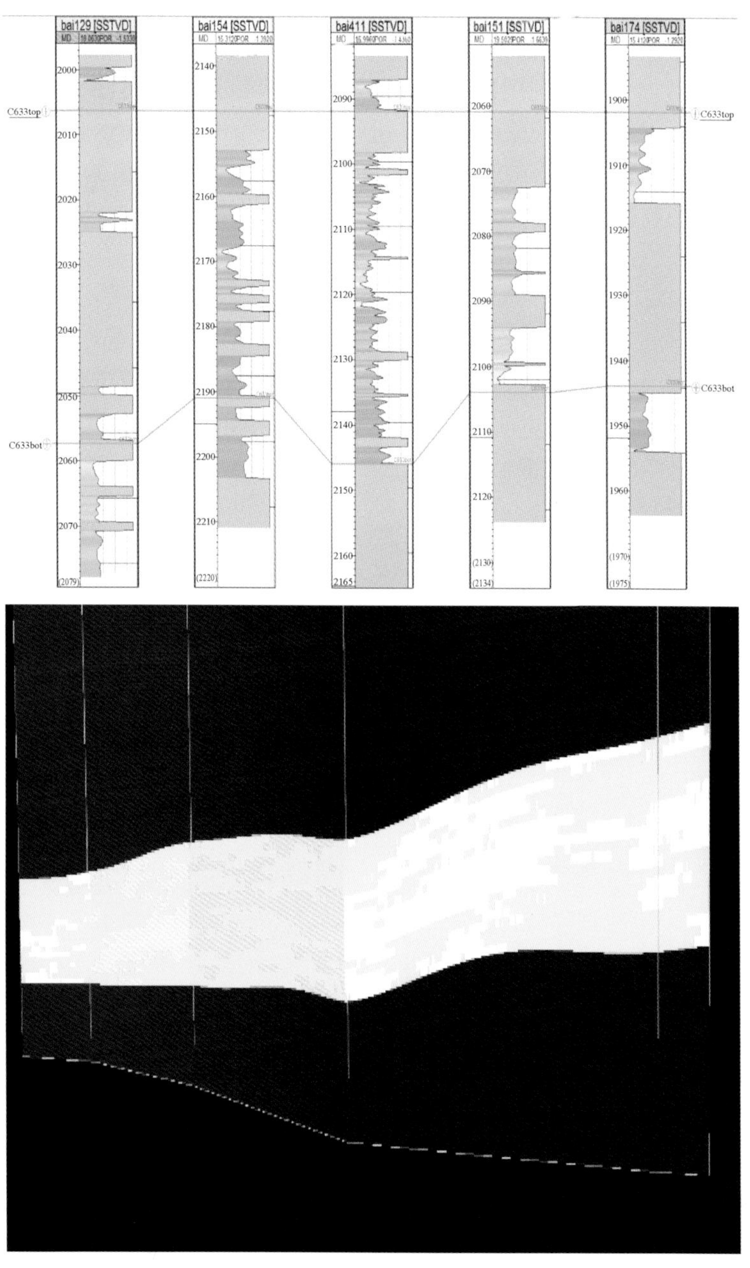

图 5-22　研究区长 6_3 输出岩相模型与测井曲线对比

第六节　物性属性建模

对于物性参数，在微相建模的基础上采用序贯高斯模拟。物性参数（孔隙度、渗透率、含油饱和度）数据主要是利用油田提供的测井解释数据。对物性参数需要分岩相类型分别统计其分布特征以及计算变差函数，并进行理论模型的拟合。

由于采用的是在岩相控制下的物性建模，因此需要对不同岩相的物性分别进行模拟，分别统计不同岩相的物性参数特征。

1. 孔隙度模拟

对大工区长 6_3 段进行变差函数分析得出孔隙度主变程为 7497. 9m，次变程为 3304. 6m，垂直变程为 15. 6m；小工区长 6_3 段进行变差函数分析得出孔隙度主变程为 4052. 5m，次变程为 1864. 8m，垂直变程为 11. 0m。由变差函数图可以看出其具有很好的形态，如图 5-23 ~ 图 5-28 所示。

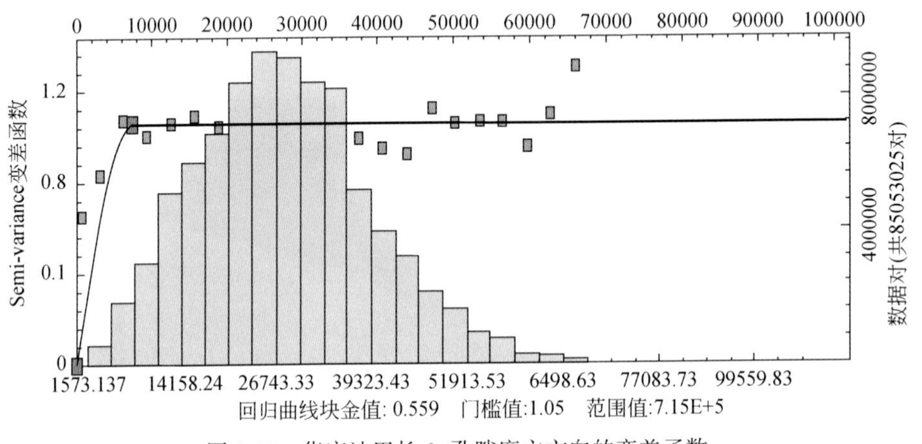

图 5-23　华庆油田长 6_3 孔隙度主方向的变差函数

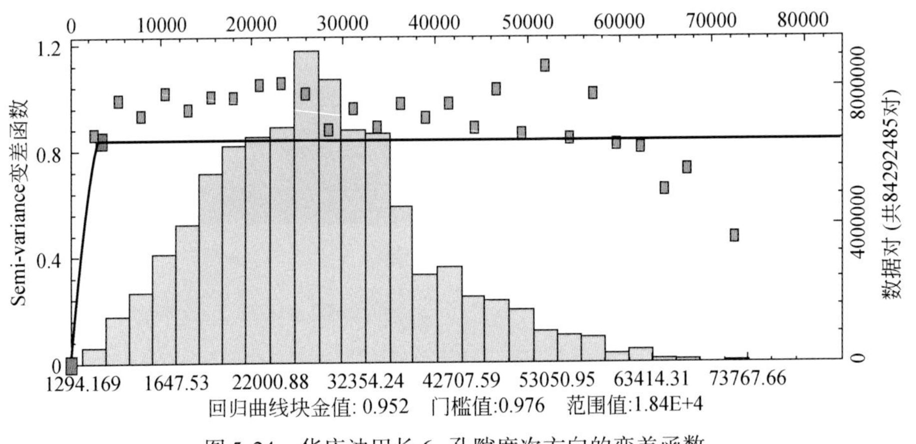

图 5-24　华庆油田长 6_3 孔隙度次方向的变差函数

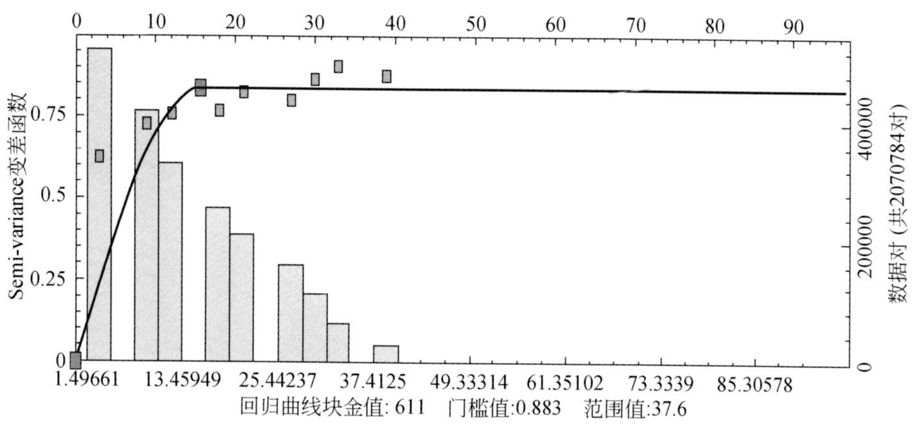

图 5-25　华庆油田长 6_3 孔隙度垂直方向的变差函数

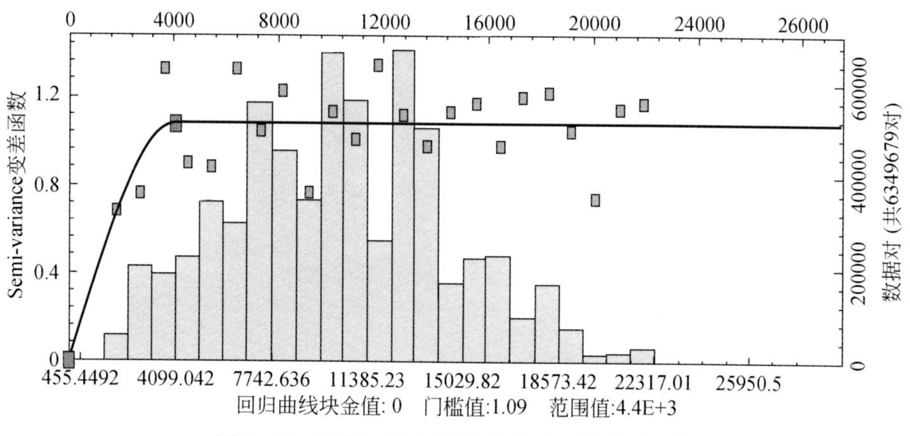

图 5-26　研究区长 6_3 孔隙度主方向的变差函数

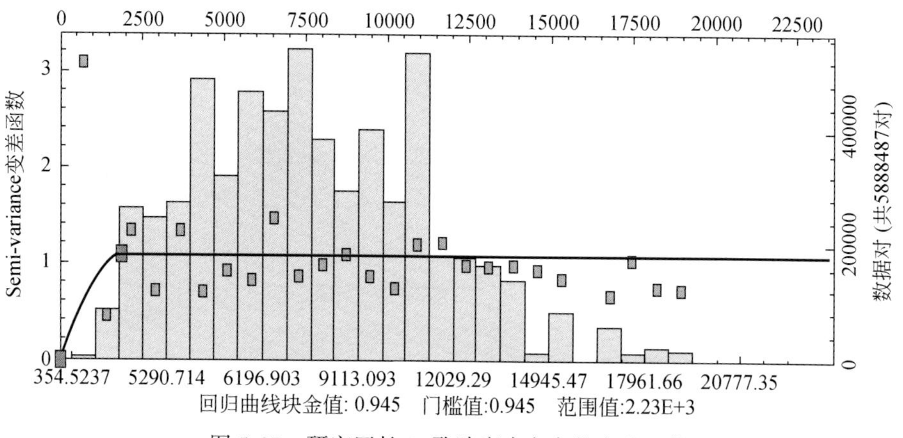

图 5-27　研究区长 6_3 孔隙度次方向的变差函数

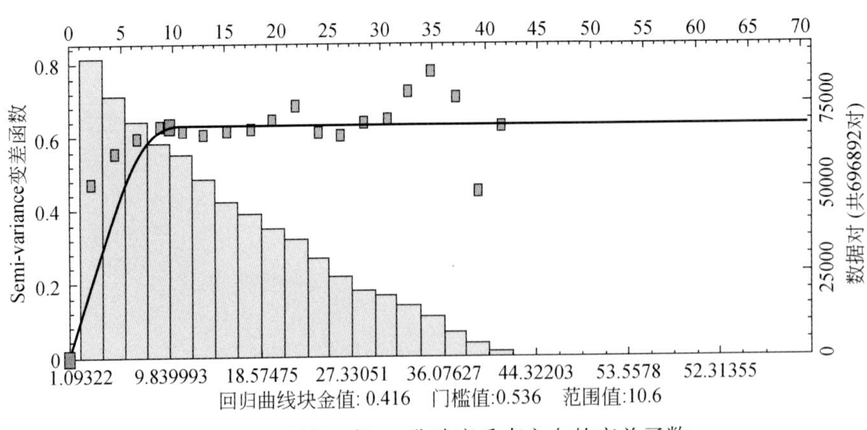

图 5-28　研究区长 6_3 孔隙度垂直方向的变差函数

2. 渗透率模拟

在数据质量得到保证的情况下，对长 6_3 的渗透率进行必要的变差函数分析，变差函数参数作为序贯高斯模拟的必要参数，在相控模拟时，必须对砂岩、泥岩进行变差函数分析。图 5-29 ~ 图 5-34 主要以砂岩为例，对变差函数进行具体分析。

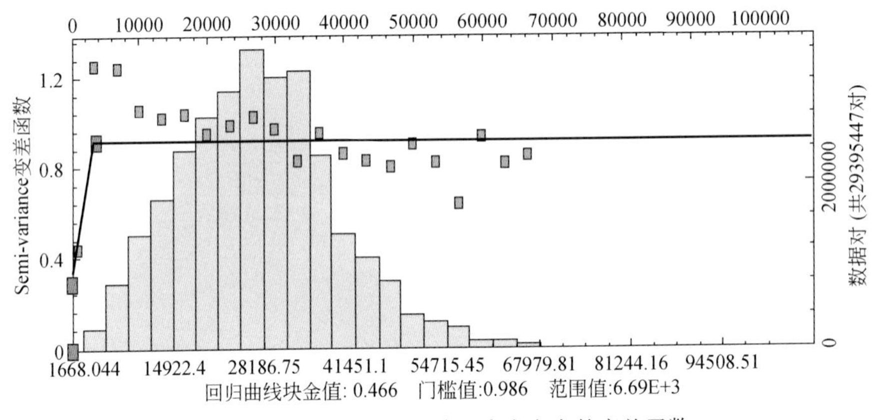

图 5-29　华庆油田长 6_3 渗透率主方向的变差函数

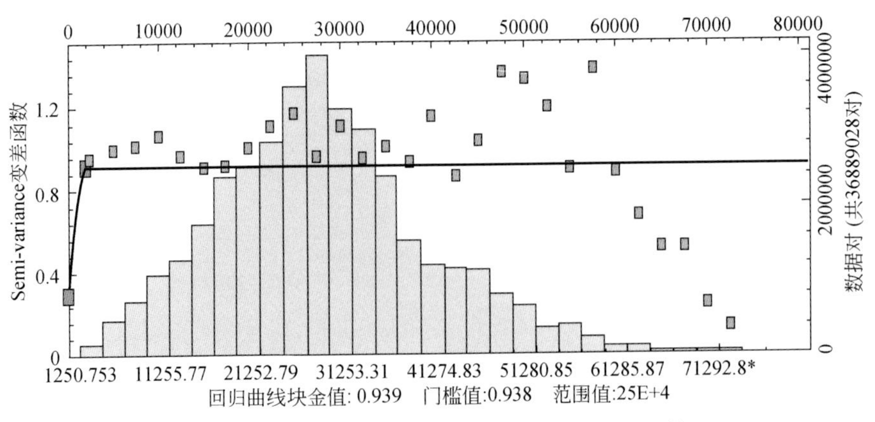

图 5-30　华庆油田长 6_3 渗透率次方向的变差函数

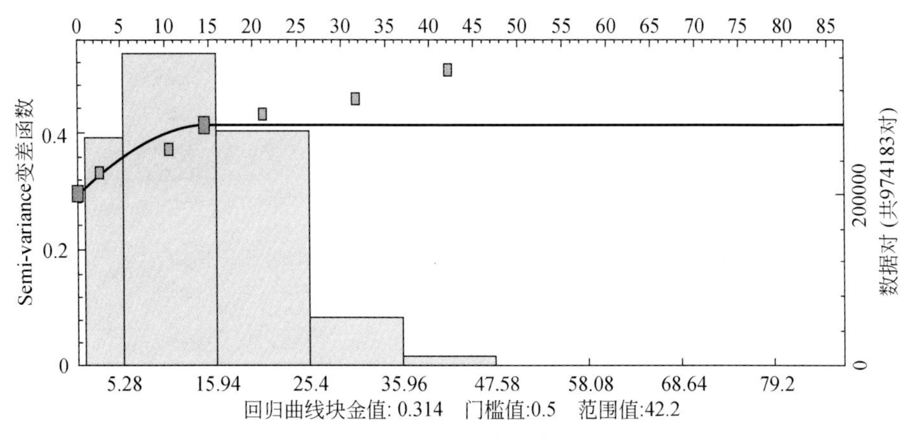

图 5-31 华庆油田长 6_3 渗透率垂直方向的变差函数

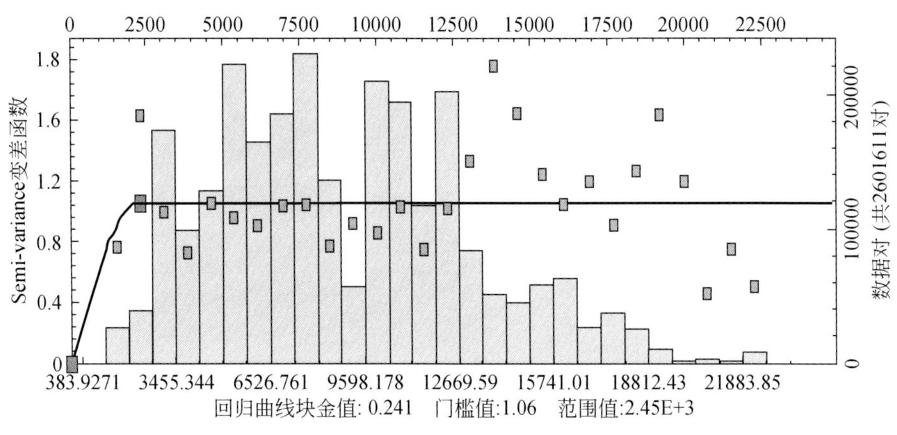

图 5-32 研究区长 6_3 渗透率主方向的变差函数

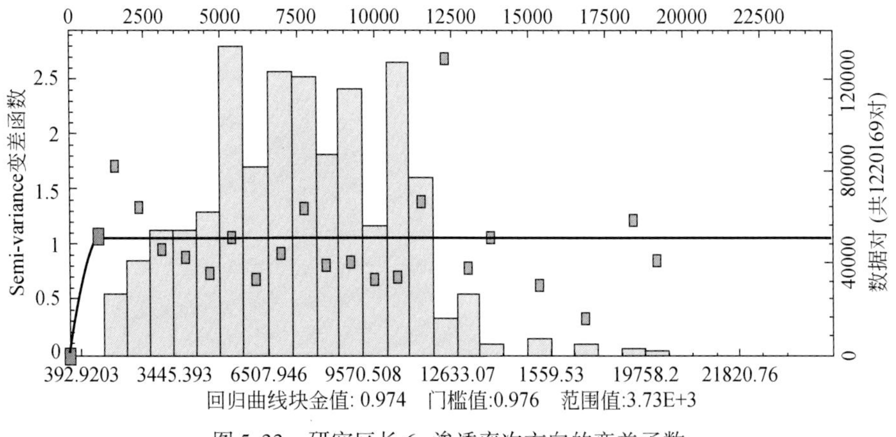

图 5-33 研究区长 6_3 渗透率次方向的变差函数

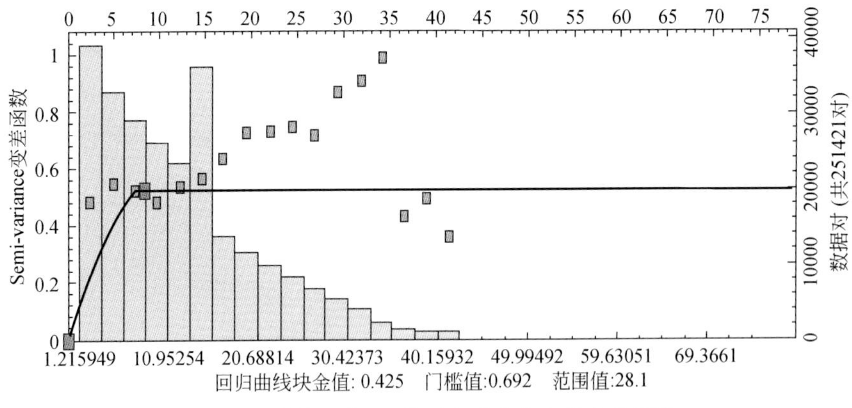

图 5-34 研究区长 6_3 渗透率垂直方向的变差函数

3. 含水饱和度模拟

在数据质量得到保证的情况下，对长 6_3 的含水饱和度进行必要的变差函数分析，变差函数参数作为序贯高斯模拟的必要参数，在相控模拟时，必须对砂岩、泥岩进行变差函数分析。图 5-35 ~ 图 5-40 主要以砂岩为例，对变差函数进行具体分析。

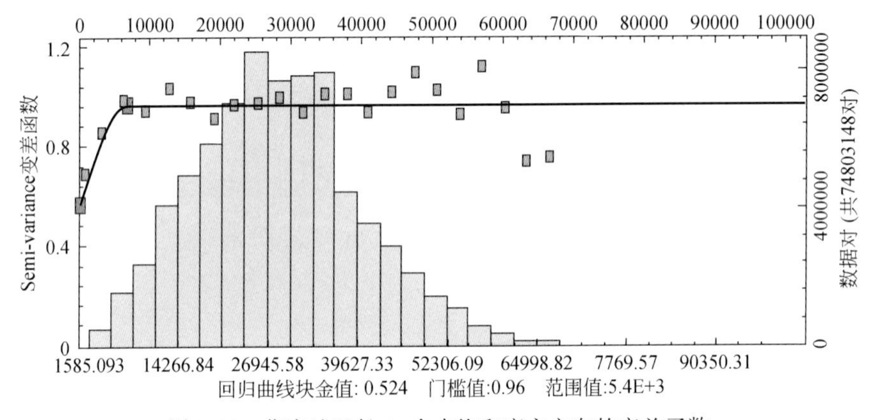

图 5-35 华庆油田长 6_3 含水饱和度主方向的变差函数

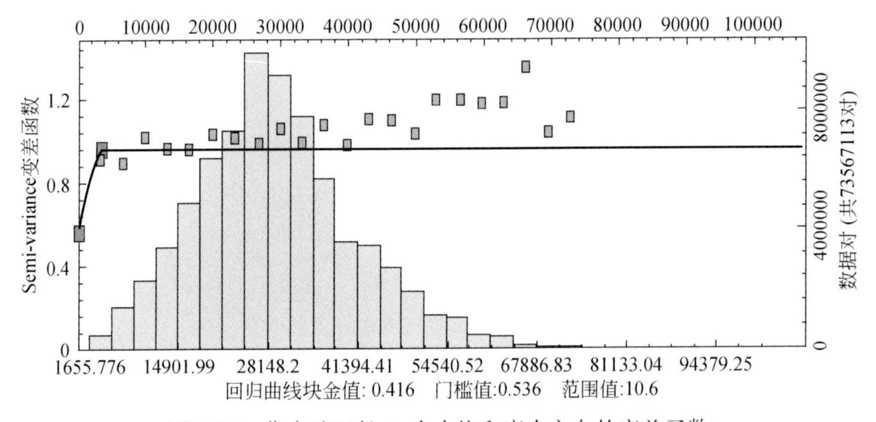

图 5-36 华庆油田长 6_3 含水饱和度次方向的变差函数

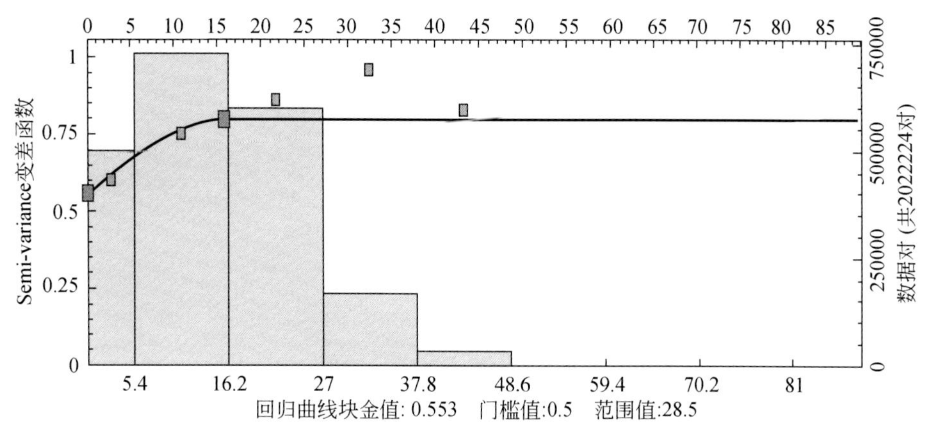

图 5-37　华庆油田长 6_3 含水饱和度垂直方向的变差函数

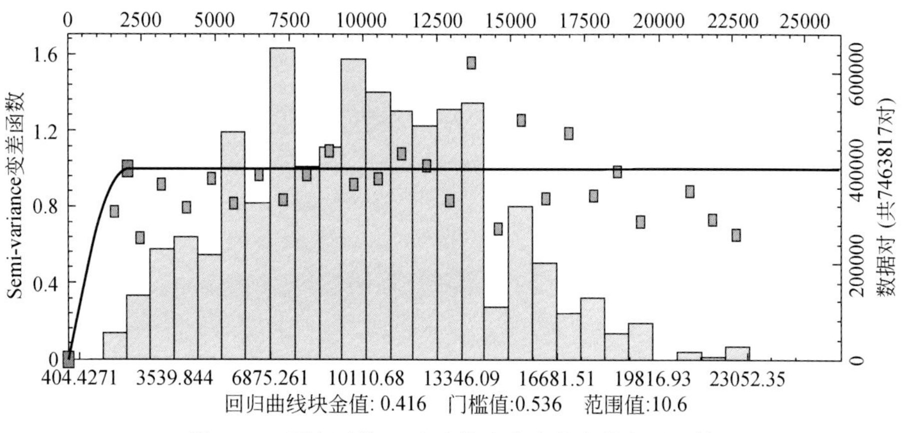

图 5-38　研究区长 6_3 含水饱和度主方向的变差函数

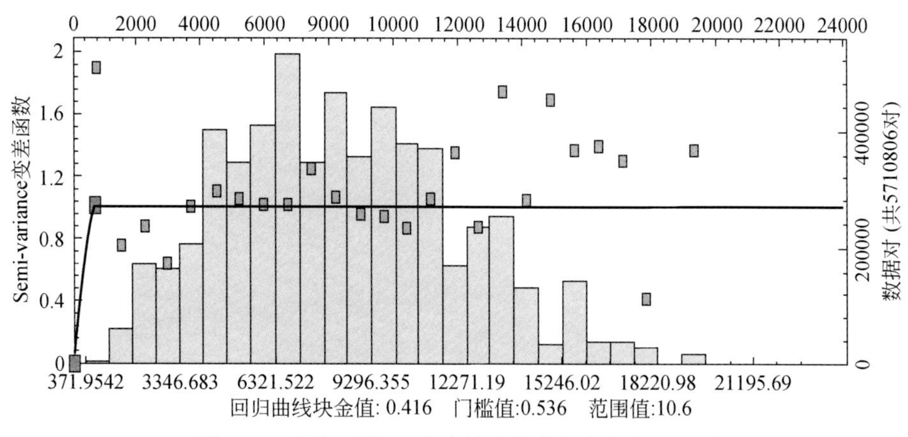

图 5-39　研究区长 6_3 含水饱和度次方向的变差函数

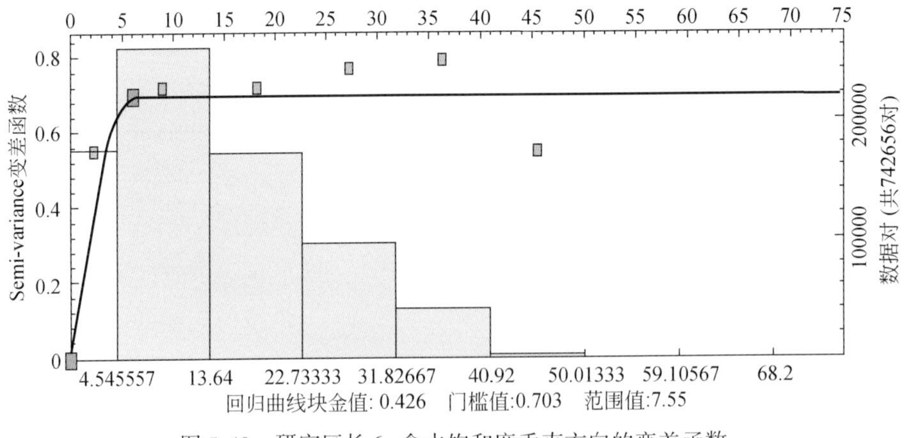

图 5-40　研究区长 6_3 含水饱和度垂直方向的变差函数

4. 储层参数模型的实现与优选

研究区储层参数模型的实现是在构造模型、地层模型的控制下，充分利用测井数据具有较高垂向分辨率而能够反映薄层的特征，选用地质统计学中适用于连续变量模拟的序贯高斯模拟算法，运用变差函数控制手段模拟得到孔隙度模型（图 5-41），储层孔隙度模型栅状切片变化（图 5-42）。

渗透率模型及栅状切片（图 5-43，图 5-44）。砂岩渗透率主要变化范围为 0.01×10^{-3} ~ $1\times10^{-3}\mu m^2$，属于特低渗–超低渗致密砂岩储层。从图 5-45 含油饱和度模型及图 5-46 栅状切片可以看出，虽然数值介于 0 ~ 100%，但大部分在 50% 左右，整体上含油性比较好。图 5-47 和图 5-48 分别为长 6_3 砂泥岩分布模型及栅状切片，反映砂体平面展布总体较好，

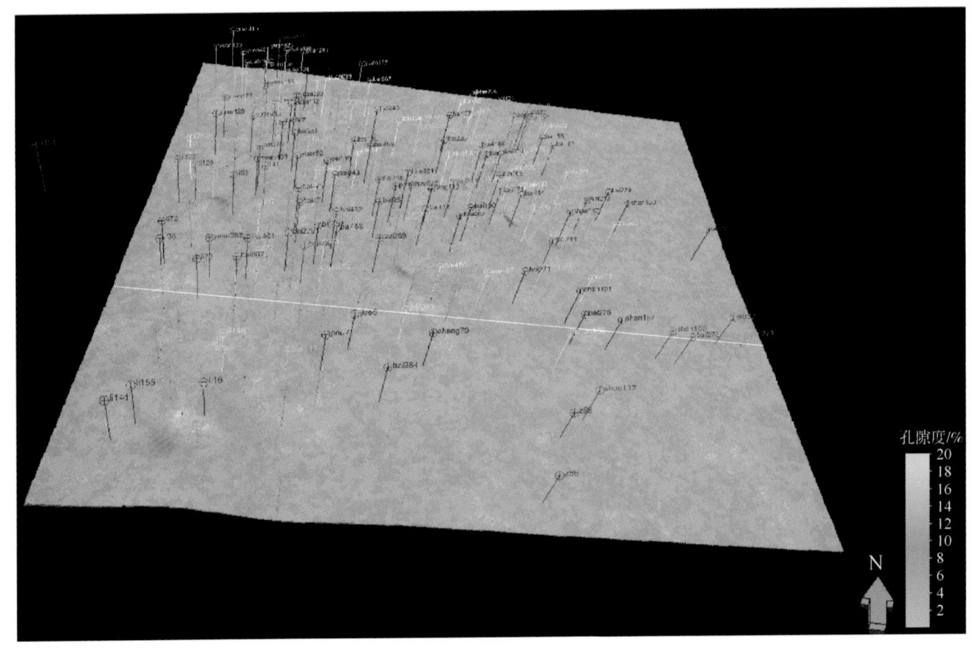

图 5-41　华庆油田相控建模方法建立的长 6_3 孔隙度模型

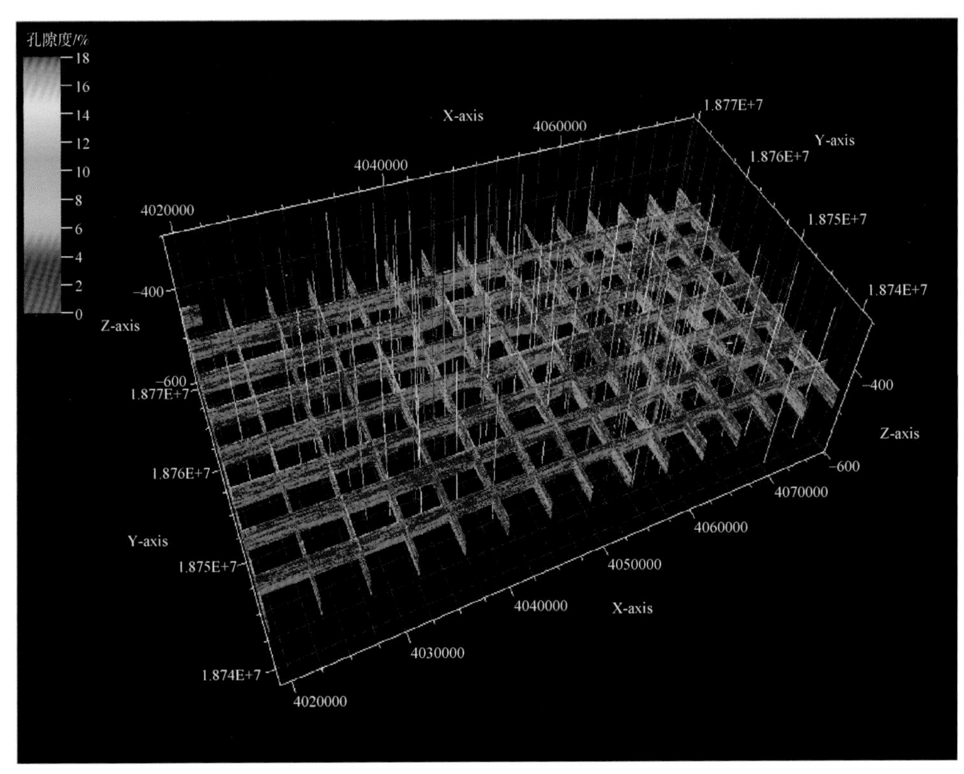

图 5-42　华庆油田长 6_3储层孔隙度模型栅状切片

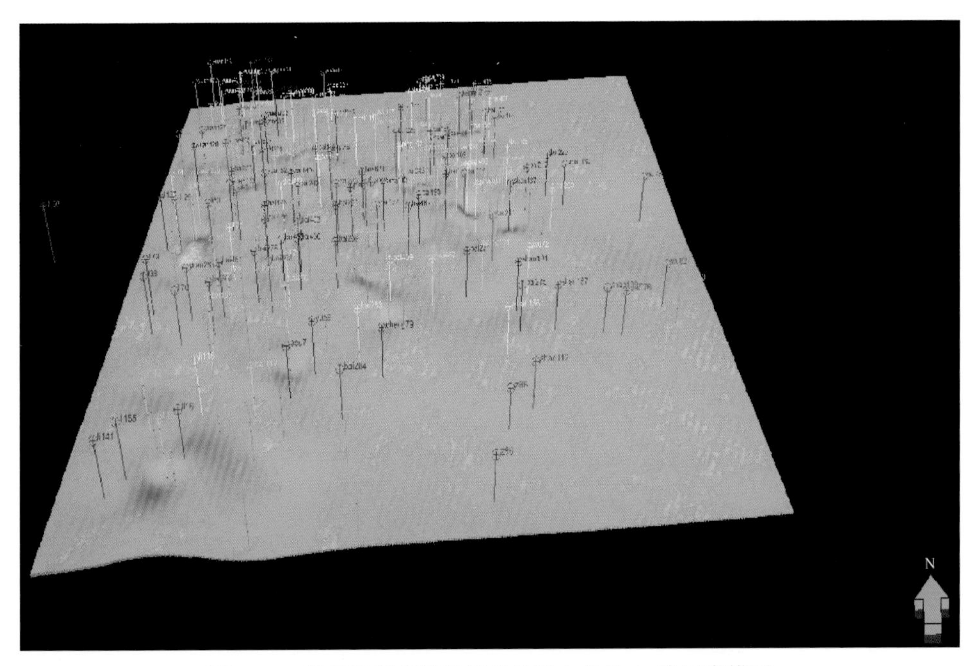

图 5-43　华庆油田相控建模方法建立的长 6_3 渗透率模型

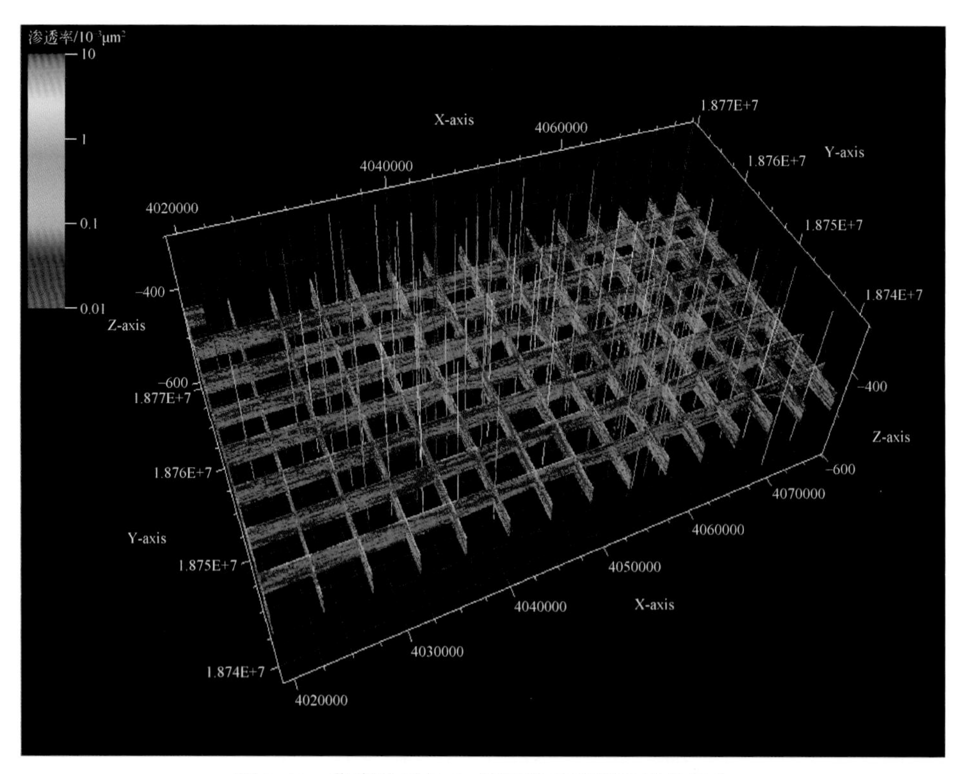

图 5-44　华庆油田长 6_3 储层渗透率模型栅状切片

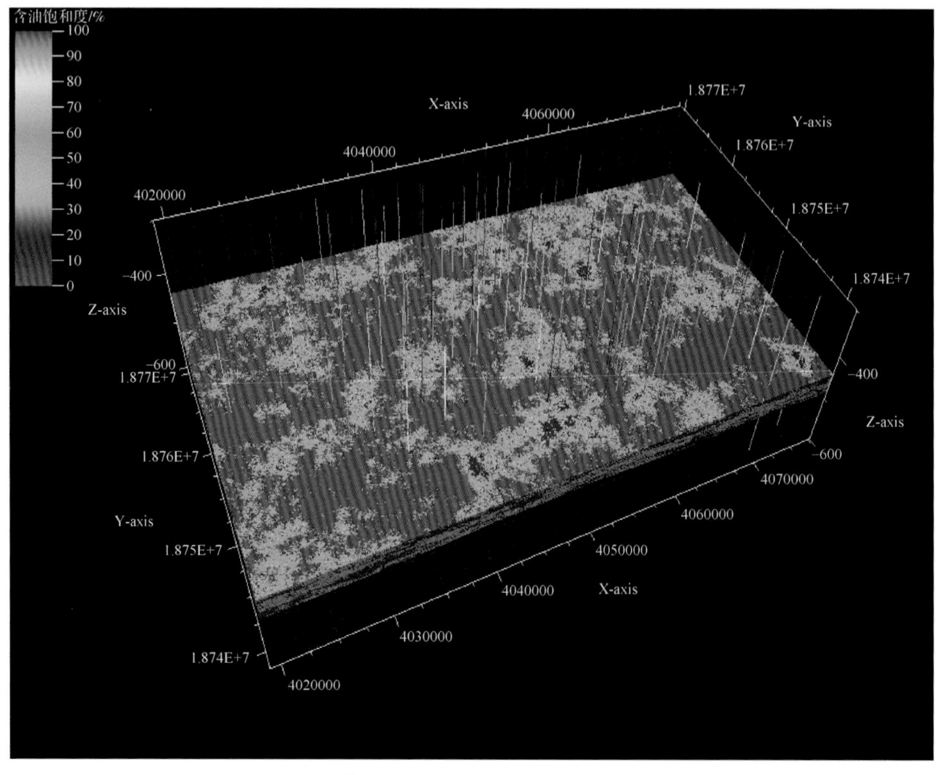

图 5-45　华庆油田长 6_3 储层含油饱和度模型

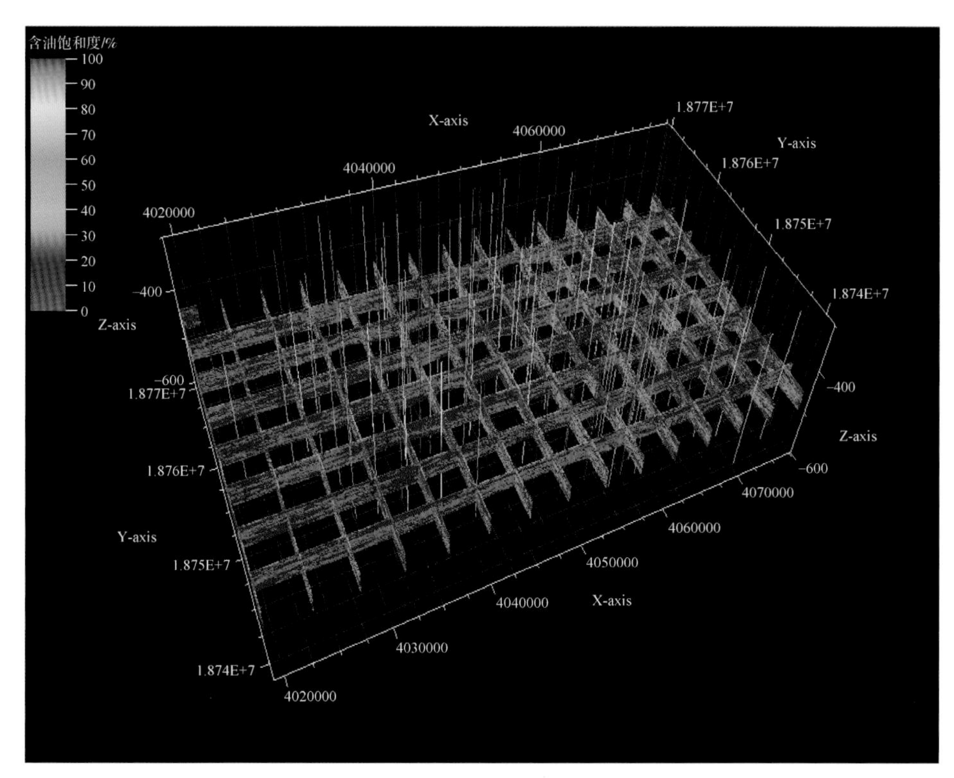

图 5-46　华庆油田长 6_3 储层含油饱和度模型栅状切片

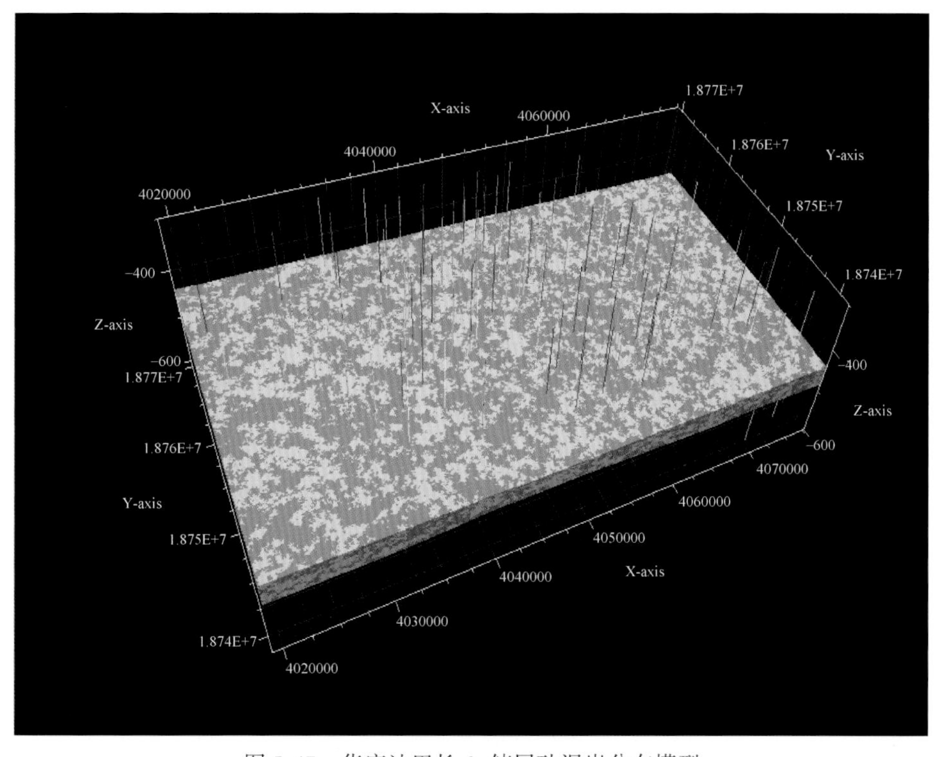

图 5-47　华庆油田长 6_3 储层砂泥岩分布模型

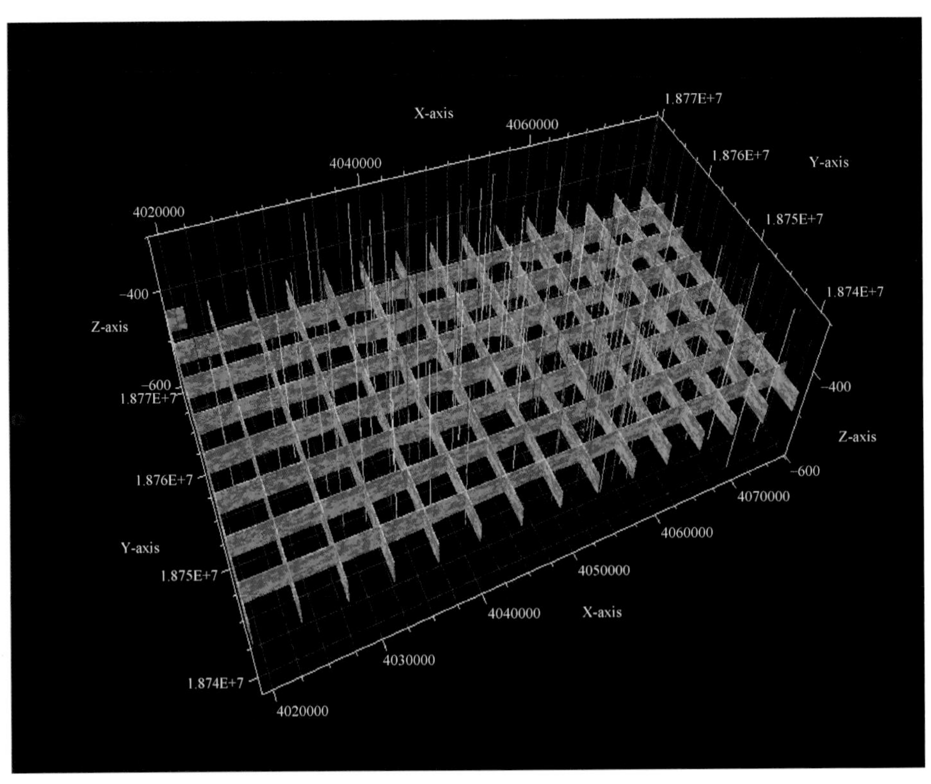

图 5-48　华庆油田长 6_3 储层砂泥岩分布模型栅状切片

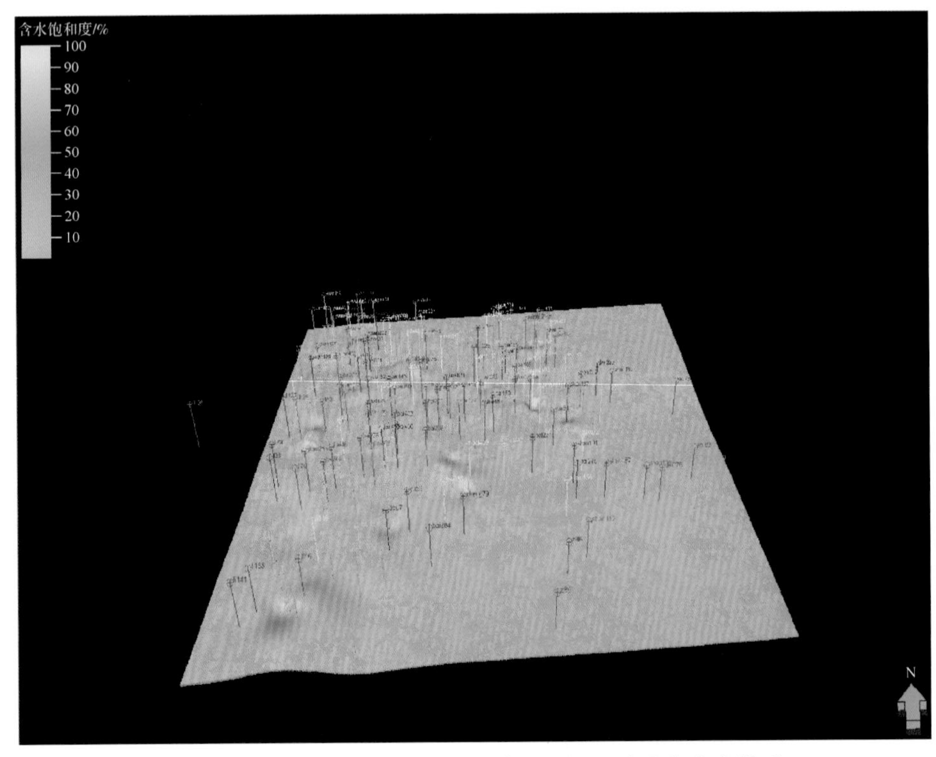

图 5-49　华庆油田相控建模方法建立的长 6_3 含水饱和度模型

骨架砂体分布范围大，连通性高；纵向砂体厚度较大。图 5-49 含水饱和度反映的数值较低，显示整体上具有较好的开发利用价值。

5. 随机实现的模型的统计参数与原始数据的符合程度及认识

本次应用序贯高斯模拟算法建立的三维地质模型，它不同于确定性建模，不是只对井间的储层参数做出最优、无偏的估计，而是要考虑到结果的整体性质和模拟值的统计空间的相关性，其次还要兼顾局部估值的精度，随机模拟在插值过程中考虑了地层中的“噪声”，也就是实际地层的细微变化，这样在考虑了地层“噪声”和插值的精度后所建立的模型才能更好地与实际地质情况相符合，但是随机模拟也不是完全替代了确定性建模，在建模的过程中要尽可能地用确定性信息来限定随机模拟的过程。通过数据的检查，本次模拟结果中的构造，砂体空间展布形态与地质认识一致，说明忠实于原始数据，模型的参数概率统计分布与原始数据也吻合得比较好，因此从模型的统计参数与原始数据的符合程度来讲，本次建立的模型与地质情况能很好地吻合，模型的精度比较高。图 5-50、图 5-51、

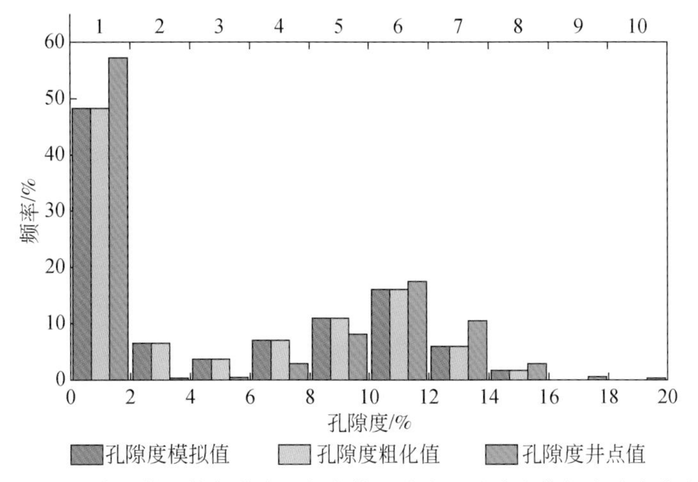

图 5-50　孔隙度模拟值与井点处粗化值及井点的孔隙度值频率分布直方图

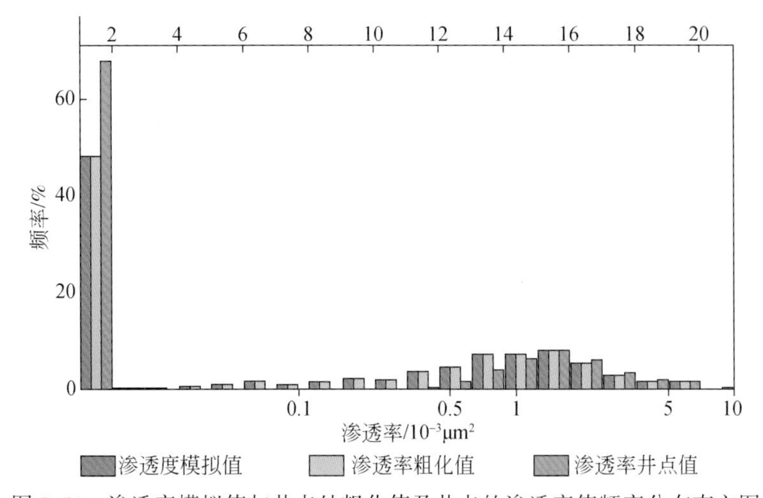

图 5-51　渗透率模拟值与井点处粗化值及井点的渗透率值频率分布直方图

图 5-52 和图 5-53 分别为优选模型的孔隙度、渗透率和含水饱和度参数与原始数据分布的对比图。结果反映上述参数模型与实际地层特征很接近，也证明了整个储层三维模型准确可信，可以作为后期开发的技术依据。

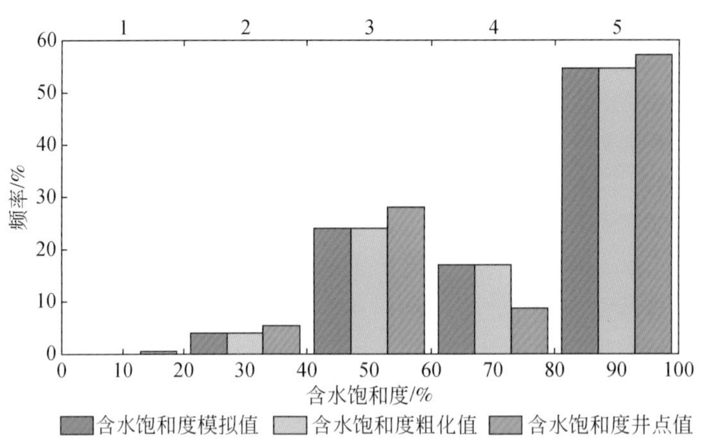

图 5-52　含水饱和度模拟值与井点处粗化值及井点的含水饱和度值频率分布图

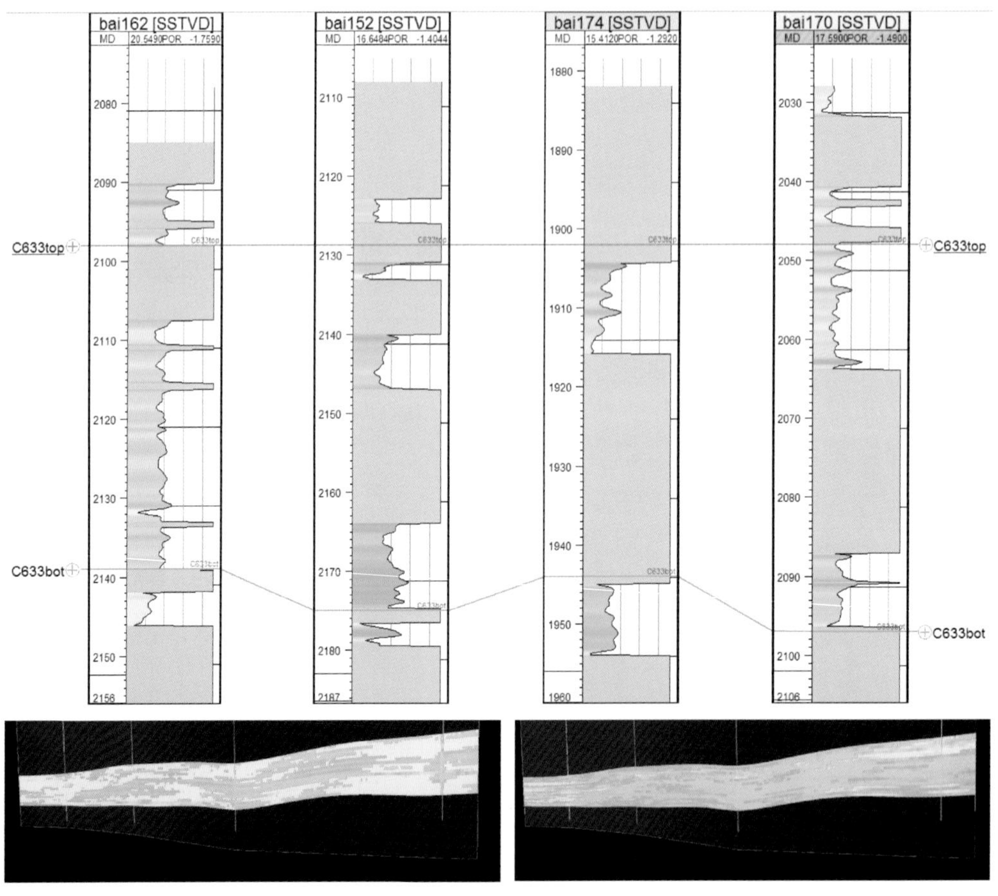

图 5-53　华庆油田长 6_3 输出孔隙度、渗透率模型与测井曲线对比

第六章　致密砂岩杂基微观孔喉结构精细表征与计算

第一节　致密砂岩中主要杂基成因类型与分布

不同区域沉积微相带中的储层，因物源组分与沉积机理的差异，砂岩颗粒间填隙物中矿物类型具有明显的区域差异性，这种差异是引起孔隙类型、形态以及微观结构中微孔含量变化的重要因素。依据偏光显微镜、电子显微镜以及阴极发光分析结果，认为陇东地区长6、长7和长8致密砂岩中的杂基成因类型受沉积成岩过程以及组分来源影响而不同，其中最重要最常见的一种类型为原杂基，属于早期同沉积过程中与砂质颗粒一起沉积下来的细粒填隙物，成分多为黏土矿物、泥质结构、未重结晶的黏土质点，可含有碳酸盐泥、云泥及石英、长石、云母等矿物的细粉砂颗粒，颗粒间界限清楚，无交代结晶以及变质交代现象，粒度一般小于0.03mm（或>5ϕ），含量因物源、搬运方式以及距离不同而有区别，一般占碎屑物的1%～3%，其多少反映搬运介质的流动特性以及碎屑组分的分选性，也是碎屑结构成熟度的重要标志。在陇东地区，由于延长组长6、长7和长8沉积时属于多物源混杂地区，其中在主要来自西南秦岭祁连古隆起区的马岭油田长8及长7油层组碎屑沉积物中，特别是重力流沉积砂岩中，沉积速度快，搬运距离短，砂岩颗粒间杂基含量大，一般占1%～3%，部分粉细砂岩为2%～5%，表明分选能力差，结构成熟度低；华庆油田长6-长7油层组碎屑沉积物，主要来自东北三角洲沉积体系的碎屑物，受河流或者分流水道牵引流长距离搬运，水流的簸选能力强，黏土会被移去，床砂载荷分选磨圆好，形成的砂质沉积物以颗粒支撑为特征，杂基含量小占0.2%～1%，填隙物多为化学沉淀胶结物。由于现今陇东地区处于盆地腹地延长组长6-长8油层组埋深1800～2500m，地温梯度达2.5～3.2℃/100m，绝对地温值为90～120℃，砂岩以及杂基均经历了成岩变化，所以镜下常可以看到原杂基经成岩重结晶之后转变成的正杂基，黏土物质表现为显微鳞片结构，见残余的原杂基结构。

另一种常见类型为似杂基，可以分出淀杂基、外杂基、假杂基三种。

（1）淀杂基是成岩作用过程中由同层异地或者上层孔隙水中析出的黏土基质运移沉淀在砂岩储层颗粒之间孔隙或者喉道中形成的黏土矿物胶结物，多为水云母、绿泥石、蒙脱石或者高岭石单矿物，一般晶体干净，透明度好，高岭石和蒙脱石多为鳞片状或蠕虫状自生晶体集合体，或者在碎屑颗粒周围可呈栉壳状或薄膜状分布，多发育分布在长8油层组。黏土矿物能将碎屑颗粒紧密地黏结在一起，往往对砂岩固结石化起重要作用。

（2）外杂基是指碎屑沉积物堆积之后至成岩期间充填于粒间孔隙中的外来杂基物质，主要见于长6和长7油层组，凝灰质等含量较高，蚀变现象普遍，有时则分布不均匀，污浊、透明度差。成岩过程中由于孔隙水的运动，在局部孔隙中，充填着一些渗流泥。

（3）假杂基是软碎屑经压实碎裂形成的类似杂基的填隙物，泥质岩屑、灰质岩屑，特别是具类似成分的盆内碎屑性质都很软弱，在压实作用下会被压扁、压断、压裂甚至压碎，从而形成假杂基。假杂基在碎屑岩中以不均匀的斑块状产出为特征。常能同时见到局部被压碎的软颗粒，这是识别假杂基的直接证据。在陇东地区长8油层组中可以见到该类岩屑。

第二节 杂基内微小颗粒构成、主要矿物含量与孔径关系

综合利用偏光显微镜、高清场发射电镜（FESEM）以及黏土矿物X射线衍射分析方法，对致密砂岩黏土杂基的矿物组分、微观结构与孔隙特征进行研究、统计，结果（表6-1）显示，杂基以黏土矿物、石英、长石和白云母为主，华庆油田长6_3砂岩中黏土矿物含量为30%～76%，平均值为52.5%，以伊利石、伊蒙混层为主，其次为绿泥石，仅个别井区样品中出现高岭石。伊蒙混层相对含量为20%～46%，变化范围较大，平均值为26.3%，蒙脱石平均含量为16.4%，伊利石平均含量为23.2%；绿泥石平均含量仅为22.2%，高岭石平均含量为2.6%。一定量的绿泥石和极低的高岭石含量均指示陆相沉积环境。长英质及云母含量为18.6%～32.6%，平均值为24.5%。杂基的矿物组成除常见的黏土矿物（伊利石、蒙皂石、高岭石）和石英外，还混杂少量长石、云母、方解石、白云石、黄铁矿、磷灰石等矿物；马岭油田长8_1砂岩中黏土矿物含量为31%～82%，平均值为59.1%，以伊利石、绿泥石为主，其次为伊蒙混层和高岭石，以高岭石含量高为特色。其中伊蒙混层相对含量为12%～39%，变化范围较大，平均值为20.6%，蒙脱石平均含量为12.2%，伊利石平均含量为27.7%；绿泥石平均含量为14.6%，长英质及云母含量为20.3%。

表6-1 陇东地区粉-细砂岩杂基中主要矿物含量统计表

地区与层位		黏土矿物总量/%	伊蒙混层/%	伊利石/%	蒙脱石/%	绿泥石/%	高岭石/%	长英质及云母/%
华庆油田长6_3	含量区间	30～76	20～46	13～38	19～26.3	20～25	0～5.8	18.6～32.6
	平均值	52.5	26.3	23.2	16.4	22.2	2.6	24.5
马岭油田长8_1	含量区间	31～82	12～39	15～32	8～17.4	10～32.4	3.2～9.6	16.5～31.2
	平均值	59.1	20.6	27.7	12.2	14.6	6.8	20.3

研究发现，在华庆油田长6_3致密砂岩中细小颗粒的矿物类型差异是影响该区纳米孔隙发育的主控因素之一，统计结果显示杂基中长石、石英以及云母等微小颗粒矿物含量与大孔（粒径>50nm）含量呈正相关（图6-1），与微孔、中小孔的总含量都存在负相关关系；而黏土矿物含量与微孔、中小孔总含量都为正相关，与大孔含量都为负相关（图6-2）。

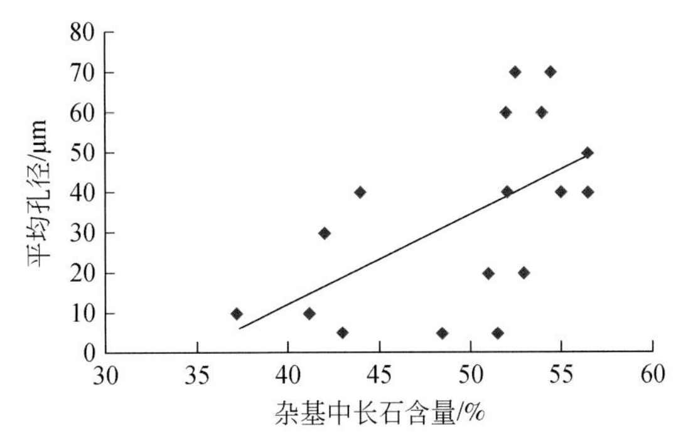

图6-1　华庆油田长6砂岩杂基中长石含量与平均孔径相关性

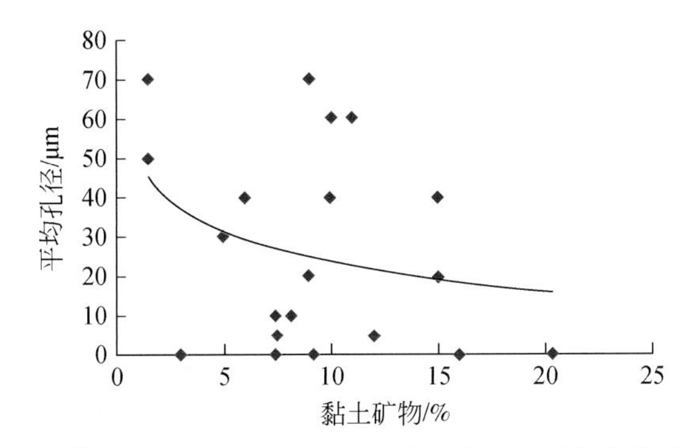

图6-2　华庆油田长6_3砂岩中黏土矿物含量与平均孔径相关性

第三节　致密砂岩颗粒、杂基及不同尺度孔喉微观结构精细表征

一、致密砂岩多尺度孔喉半径分布以及与物性相关性分析

通过统计陇东地区长6–长8砂岩中278块压汞分析的物性和孔喉参数研究，发现华庆油田长6_3砂岩中192块样品的孔隙度为6.86%～12.11%，平均为9.256%；渗透率为$0.029\times10^{-3}\sim5\times10^{-3}\mu m^2$，平均为$0.387\times10^{-3}\mu m^2$。60%以上样品的中值孔喉半径小于0.1μm，90%以上中值孔喉半径小于0.3μm（图6-3），变化的渗透率在不同中值孔喉半径的分布集中在0.05～0.50μm。华庆油田长6_3孔喉半径分布的方差较大，反映了渗透率分布与中值孔喉半径之间的关系较为复杂，在低中值孔喉半径时存在大孔喉半径贡献高渗透率的影响，而在高中值孔喉半径时存在小孔喉半径贡献低渗透率的影响。

同样，通过马岭油田长8_1砂岩中82块样品压汞测试分析，孔隙度为2.150%～14.68%，平均为8.745%；渗透率为$0.03\times10^{-3}\sim5.703\times10^{-3}\mu m^2$，平均为$0.446\times10^{-3}\mu m^2$。样品33%中值孔喉半径小于0.1μm，95%中值孔喉半径小于0.3μm，在中值孔喉半径为0.05～0.2μm时，渗透率分布较为全面，中值孔喉半径主峰为0.1～0.5μm（图6-4）。

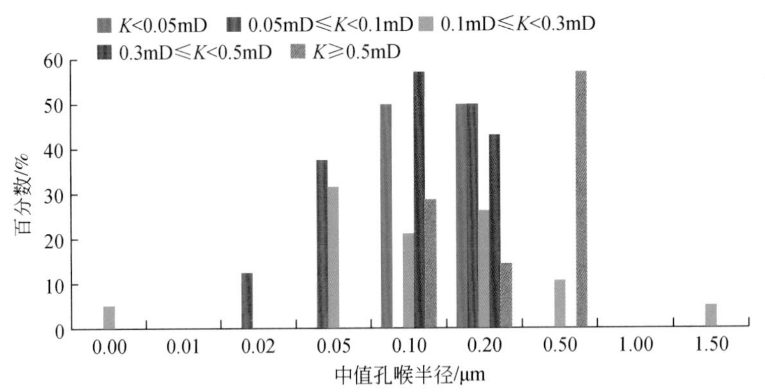

图 6-3 华庆油田长 6_3 不同渗透率物性砂岩压汞测试中值孔喉半径分布直方图

$1mD=1\times10^{-3}\mu m^2$

渗透率在不同中值孔喉半径下的分布体现较好的相关性，渗透率分布随中值孔喉半径变大呈现高渗值增多，低渗值减少的特点。

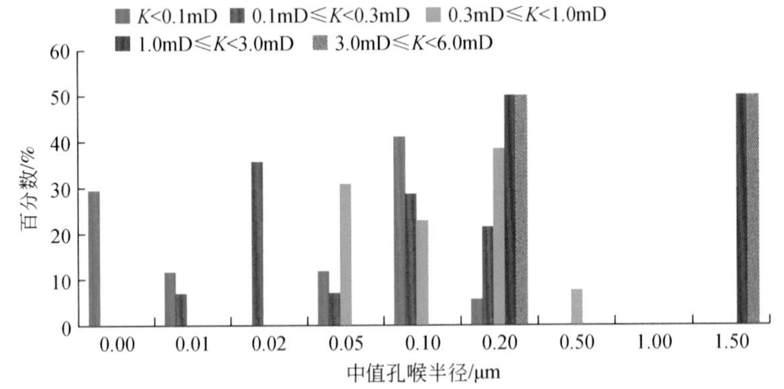

图 6-4 马岭油田长 8_1 不同渗透率物性砂岩压汞测试中值孔喉半径分布直方图

$1mD=1\times10^{-3}\mu m^2$

进一步深入分析后发现，虽然特低孔特低渗致密砂岩的物性与中值孔喉半径具有良好的相关性，物性越好，中值孔喉半径越大，当渗透率低于 $1\times10^{-3}\mu m^2$ 时，90% 以上中值孔喉半径小于 1000nm。但致密砂岩杂基中多尺度微孔喉结构特别明显，这与黏土杂基中多种微孔隙以及引起微孔隙变化的成岩自生黏土矿物含量变化有关。

二、致密砂岩杂基微孔喉及结构表征技术现状

目前国内外对于砂岩储层的孔喉结构特征描述与研究主要有三类技术方法，具体包括：①直接图像观测法，包括偏光显微镜下铸体薄片分析法、图像分析法、各种荧光显示剂注入法、扫描电镜法、场发射电子显微镜法、激光共聚焦显微镜（LSCM）、核磁共振技术等多项测试方法；②间接数值测定法，如毛细管压力法，包括压汞法、恒速压汞法、半渗透隔板法、离心机法等；③数值模拟法，包括铸体模型法、孔隙结构 CT 扫描三维模型重构技术。

近年来，核磁共振测试技术和纳米 CT 三维研究大大提升了纳米级喉道测量、孔喉微观结构以及三维连通特征研究深度与表征质量。核磁共振测试技术主要依据原子核的运动在外加电磁波下会产生核磁共振现象，根据在不同组分和结构的储层之间，因不同分子中原子核的化学环境差异，以及产生不同的共振频率和共振谱而形成不同弛豫过程，利用带有核磁性的原子与外磁场的相互作用引起的共振现象，进行信号的强度变化的观测实验，检测孔喉结构与充填物质。通过缩短回波间隔，可将低渗致密砂岩储层中微孔喉尺度的探测分辨率提高到 3nm 以内。由于岩石弛豫率不同，导致 T_2 值换算的孔喉大小存在差异。因此，利用核磁共振技术进行孔喉大小表征时，通过测试样品的弛豫率（T_2 谱），计算获取华庆油田长 6_3 孔隙度为5.65%、渗透率为0.0173×10^{-3}μm^2砂岩中，0～100nm 孔喉半径占总孔隙类型的51%，孔喉半径小于250nm 的部分约为66%，孔喉半径小于1000nm 的孔喉占 78% 以上，总体属于微观孔喉多小于 1000nm 的致密砂岩储层。

在研究陇东地区长 6–长 8 油层组部分混源区的致密砂岩储层的微观结构研究中发现，粉细粒长石砂岩储层孔喉成因复杂，非均质性强，结构特征多变，特别是杂基中黏土矿物晶间微孔、微颗粒内溶蚀孔隙以及其他杂基微孔直径多以小于 1000nm 的微纳米级孔喉为主，约占杂基微孔的85%，成为高杂基致密砂岩储层的主要储集空间，对孔隙连通性和喉道渗透性起重要作用。鉴于此，除在研究表征砂岩储层杂基中自生黏土矿物、由黏土矿物结晶产生的大量晶间微孔隙以及孔喉微观结构特征时利用传统的普通偏光显微镜分析技术、黏土矿物 X 射线衍射技术、常规扫描电镜技术外，结合砂岩油气储层特点，尝试提出了新的划分标准。对杂基微孔喉的大小、形态、分布、空间连通性以及影响因素等研究方面也开展了实验方法探索和表征技术分析，重点运用场发射扫描电镜（FSEM）技术，同时结合扫描电子显微镜（SEM）技术、X 射线衍射技术、场发射扫描电镜（FSEM）技术以及高压压汞实验参数分析技术（图 6-5）。

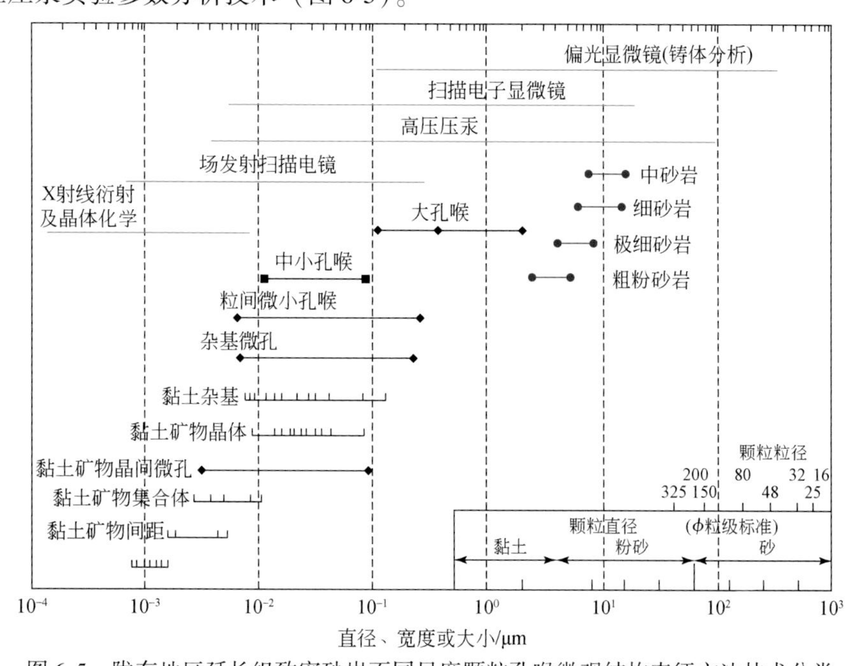

图 6-5　陇东地区延长组致密砂岩不同尺度颗粒孔喉微观结构表征方法技术分类

此外，对于微孔喉半径分类，借鉴了材料科学、土壤学、物理化学以及黏土矿物学晶体光学等学科的划分原则，以期提高低渗储层砂岩微观孔喉结构表征精度和准确性。

三、杂基中多尺度微孔喉结构特征精细描述与表征方法

1. 微米级（1～5μm）孔喉微观结构表征

针对研究区低渗致密砂岩杂基中的微米级（1～5μm）孔喉，进行形貌特征定性描述表征，主要采用直接图像观测法，包括偏光显微镜下（小于×200 倍）普通薄片和铸体薄片观察测量与描述、扫描电镜法（小于×10000 倍），其中最常用的是铸体薄片分析和扫描电镜法，该方法特点是能够形象定性-半定量表征常规储层孔喉结构的二维特征；孔喉结构孔径测量依据毛细管压力法，以压汞参数计算结果来定量分析评估孔喉结构内部变化。

2. 微-亚微米级（1～0.1μm）孔喉微观结构表征

针对孔隙直径多大于 1000nm 的储层孔喉结构形貌定性描述表征，主要采用的是直接图像观测法，包括偏光显微镜下（小于×200 倍）普通薄片和铸体薄片观察测量与描述、图像分析法、荧光显示剂注入法以及扫描电镜法（小于×10000 倍）等，其中最常用的是铸体薄片分析和扫描电镜法，该方法的特点是能够形象定性-半定量表征常规储层孔喉结构的二维特征；孔喉结构间接数值测定法有毛细管压力法，包括压汞法、半渗透隔板法、离心机法等，主要以压汞参数计算结果来定量分析评估孔喉结构内部变化；数值模拟法包括铸体模型法、孔隙结构三维模型技术，目的是重构孔喉三维特征，立体式显现孔喉结构变化特征和展布趋势。

3. 纳米级（孔径<0.1μm）的孔喉微观结构表征

统计结果表明，杂基中孔喉半径小于 0.5μm 的孔喉比例达 95%，孔喉半径介于 0.005～0.5μm 的纳米孔分别占总数的 80%，孔喉半径小于 250nm 的纳米孔所占比例为 75.6%～91%。所以纳米孔是致密储层连通性储集空间的主体，孔隙直径多小于 1000nm，对于孔喉形貌主要利用场发射扫描电镜对图像直接观测与测量，测量孔隙直径大小分为 3～1μm、1000～300nm 和 300～500nm 三类微观孔隙。

研究发现，虽然压汞法可快速准确测量岩石孔隙度、孔径等参数，但也仅限于有效的连通微观孔喉，对于比表面积比较小的致密岩石如存在大量不连通的无效孔喉，测定误差较大，并且无法获取储层中不同半径尺度的喉道数量进行定量表征评价。

四、孔喉连通系统微观描述与表征方法

1. 表征技术方法

研究中，利用不同测试方法在测试范围和精度方面也存在明显差异，如何将不同测试方法得到数据科学融合来反映孔喉分布特征，是致密砂岩储层微观孔喉结构表征技术的难

题。目前，对于储层微观孔喉连通性的定量分析方法，一是利用高分辨率激光扫描共聚焦显微镜（LSCM）技术，主要通过采集高速激光分层获取二维图像，重构三维空间图像，描述储层孔喉系统空间分布特征；二是近年来利用X射线断层成像扫描技术、聚焦离子束成像技术等新方法，数值重构储层孔喉三维空间系统，使储层微观孔喉分辨率提高到纳米级别。

聚焦离子束成像技术是利用入射离子束与试片撞击产生的二次电子或二次离子来成像，并施加大电流快速切割试片而挖出所需的洞或剖面，结合场发射扫描电镜对切割二维图像扫描，最终利用高分辨率二维图像数值重建三维微结构。

2. 发育连通性差异特征

在高分辨率场发射电镜以及纳米CT观察系统下，致密砂岩杂基中，微观孔喉在三维空间整体垂向分布不均，微米、纳米级多尺度孔喉发育特征及孔喉连通性不同。在储层颗粒之间发育的较大粒间孔和粒间溶孔，孔隙喉道半径较大，微米尺度下孔喉半径一般为1～15μm，呈孤立状、束管状，局部发育条带状微观孔喉，多围绕颗粒分布，连通性较好，是沟通较大微观孔喉的主要通道；而填隙物黏土矿物结晶形成的晶间孔、颗粒内微孔及晶内微孔的孔喉半径小，纳米尺度下纳米级-微观孔喉明显增多，孔喉相互叠加，孔喉形态主要呈管状、球状、串葫芦形和狭缝状，分布于矿物颗粒（晶体）内部或表面。孔喉大小以微米-纳米级为主，孔喉直径为30～900nm，渗透性差，孔喉系统中存在巨大的毛细管力，水动力相对缓慢甚至滞留。由于储集层中孔喉较小，孔隙空间自由流动水分布较少，浮力作用受到一定程度限制，同时孔喉毛细管力大，油气在膨胀力、异常压力或者生烃增压等的作用下发生运移，油藏一般属于混合作用力驱动型动力场形成的非常规油气藏。

当然，不同测试方法原理与假设条件不同，反映储层孔喉特征存在差异。比如气体吸附法是利用岩石孔喉吸附的气体来计算岩石比表面积、孔径大小，故只对致密砂岩储层中连通孔喉有效，而对表征连通孔喉结构特征，封闭死孔无能为力。

前人根据浮力和毛细管力公式计算（Schowalter，1979），孔喉半径减小1/10，毛细管力增加10倍。孔隙直径多在1μm以下，毛细管力至少在0.08MPa以上，微孔孔径大小为10～50nm，孔隙中的毛细管力就达2.4～12MPa，说明至少需要如此大的驱动力（浮力或者异常压力）油气才能发生运移。由于孔隙直径越小，其毛细管力越大，部分粉砂岩中，黏土矿物含量高，微纳米级孔隙发育的储层物性差，渗透率多为纳达西级，以束缚水为主，孔喉毛细管阻力大，缺乏提供强大浮力的有利条件，油气运移不再受浮力作用影响，膨胀力、异常压力和分子扩散等作用为油气运聚提供动力，油藏属于非浮力驱动聚集。

第四节　杂基微小颗粒微观结构类型

在陇东地区延长组砂岩除杂基中，除粒径为0.1～0.05mm的长石、石英以及云母等刚性骨架碎屑颗粒外，其余黏土杂基的微结构单元体主要为较强原始内聚力形成的微凝聚体集合而成的片状、粒状黏土聚集体，黏土形态学将其分为三个级序：一级结构单元是指聚集体内部由 0. 02 ~0. 05mm 的多种不同结晶程度的黏土矿物絮凝球团状集合体以及由同粒径级别的碎屑矿物颗粒组成的球团状或似球团状的絮凝集合体（颗粒团）组成（图 6-6），普通显微镜无法分辨颗粒团中晶体形态和鉴定具体矿物种属，但聚集体之间具有架空结构，颗粒和颗粒团及其排列对黏土的各向异性有着重要的影响，随着压实作用压力增大和埋藏深度增加，黏土发生大变形时大粒团几乎完全消失，原生孔隙缩小，颗粒及孔隙的方向性、黏土微结构的各向异性增强，结构单元体排列的定向性在低应力下变化相对较小，高应力水平下结构单元体的定向性增加明显；二级结构单元是在一级絮凝球团状集合体结构单元内部（图 6-7），由更细微的直径 0. 01 ~ 0. 015mm 多种黏土矿物聚合组成的集合体，集合体中也常常包含同尺寸的细粉颗粒，在场发射电镜下，这些黏土矿物集合体中可以鉴定出不同成分的黏土矿物种属，并能够区分分散的细碎屑颗粒形态；三级结构单元是由同一种黏土矿物晶片叠聚组成的叠片聚集体（图 6-8），属于黏土杂基中相对稳定的

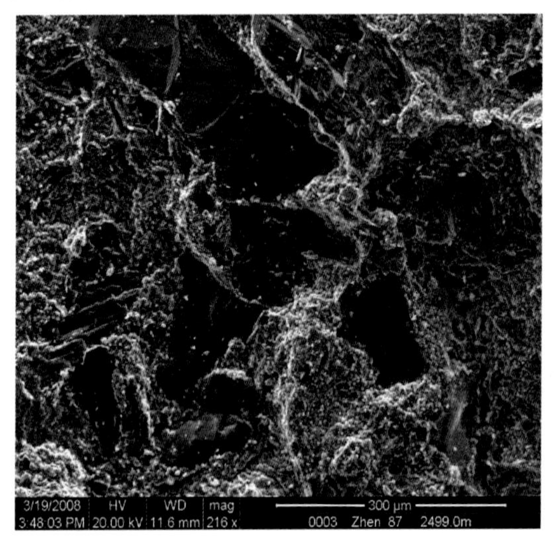

图 6-6 镇 87 井长 8_1 砂岩杂基中微小颗粒团

图 6-7 镇 87 井长 8_1 砂岩杂基黏土矿物集合体

图 6-8 镇 87 井长 8_1 砂岩杂基中高岭石叠片聚集体

基本结构单元。叠片体与叠片体间往往呈边-面形式结合，而在片状或板状聚集体内部，由于黏土矿物晶片层的表面带负电荷，边缘带正电荷，片层表面同性电荷相斥，边面异种电荷相吸产生有面-面、边-边、边-面等多种接触形态，其中最常见的是边-面结合的絮凝结构和面-面结合的分散结构，形成晶间微孔。其中蒙脱石矿物呈不规则的弯曲和边-面结合的形成薄片，薄片以边-边接触形成聚合体，进而形成絮凝状的土体结构。

第五节　致密砂岩孔喉类型与影响杂基微孔隙的主要黏土矿物

一、致密砂岩中孔喉类型占比与分布

本次对陇东地区元284、白412、白123、山103井长6_3以及里158、镇87、环42、里167井长8_1致密长石砂岩储层的286个样品进行了多种方法测试，其中通过铸体薄片、扫描电镜资料统计，研究区储层孔隙类型复杂，常规储层中主要有粒间孔57%、粒间溶孔11%、长石溶孔8%，填隙物微孔19%、微裂隙3%（图6-9）。填隙物微孔主要发育于绿泥石、伊利石、高岭石等杂基黏土矿物中（图6-10）。

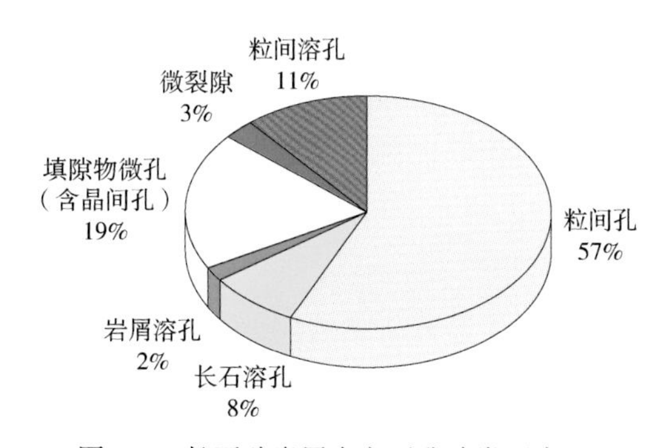

图6-9　长石砂岩层中主要孔隙类型占比

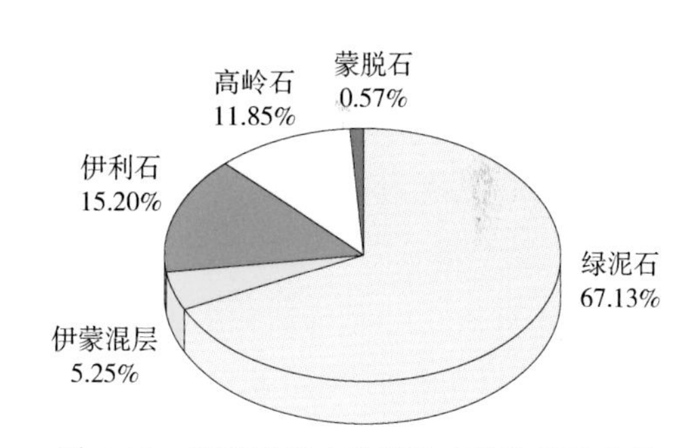

图6-10　长石砂岩中杂基黏土矿物相对含量

研究中在材料级Supra55型高分辨率场发射扫描电镜下测量了40个渗透率0.03×10^{-3}～$0.12\times10^{-3}\mu m^2$砂岩样共80个黏土矿物晶体视区中的微-纳米孔喉尺度，不同孔隙度分布规律显示，在微孔隙分类系统中，大孔隙仅占10%，中孔占19%，而小孔隙和细孔隙分别占47%和24%（图6-11），喉道分布中，微细喉占20%，细喉占3%，微喉占77%，总体上以微喉为主（图6-12）。在有效孔隙中微-纳米孔隙占85%，纳米孔隙≤15%，晶间孔是主要微孔类型之一。其中在小于等于4μm的黏土填隙物颗粒微孔隙中，贡献率最大的是绿泥石（占67.13%）、伊利石（占15.20%）和高岭石（占11.85%）三种矿物晶间微孔。

由此可见，基于孔隙类型以及杂基微孔中黏土矿物含量变化对致密砂岩储层评价的影响程度，笔者以鄂尔多斯盆地马岭油田长8_1组的致密砂岩储层为例，综合运用偏光显微镜铸体薄片分析、黏土矿物X射线衍射分析、电子显微镜分析和场发射电镜微观结构扫描，重点研究了杂基中绿泥石、伊利石、高岭石等主要黏土矿物晶体集合体几何结构，定量计算了黏土填隙物微孔隙中贡献率最大的伊利石、高岭石、绿泥石等晶间微孔含量以及在微孔隙中的占比，建立黏土微观孔隙含量与岩石物性关系，以此作为定量评价储层的参数依据，提高储层评价新标准。

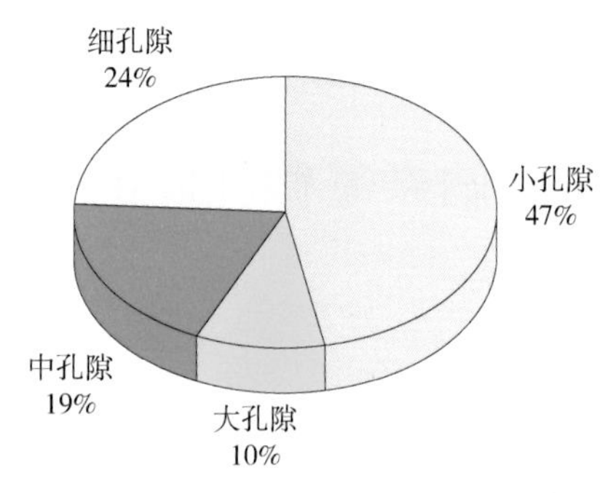

图 6-11　长 6_3 砂岩杂基中孔径分布

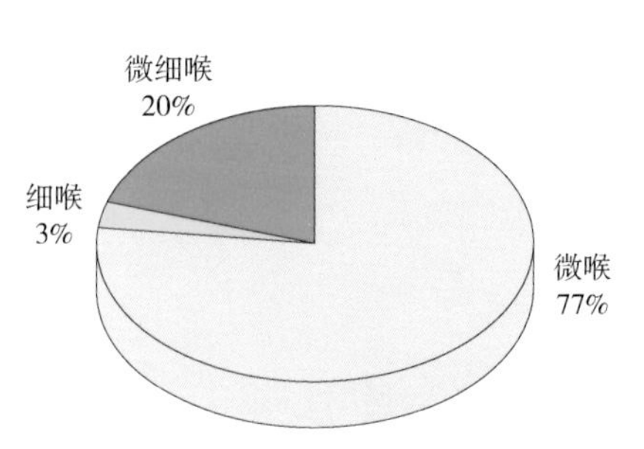

图 6-12　长 6_3 砂岩杂基中喉径分布

二、影响杂基微孔隙的主要黏土矿物与晶体结构

黏土矿物是一类颗粒细小（粒径一般小于 2μm）具有层状结构的水铝或水镁硅酸盐矿物：一般包括伊利石族、高岭石族、蒙脱石族、绿泥石族、叶蜡石族及滑石族等。研究区中 123 块铸体薄片分析结果显示，长 8_1 致密砂岩中填隙物的含量为 15.71%，其中含黏土矿物（6.05%）、碳酸盐胶结物（6.01%）、硅质胶结物（1.43%），以及其他少量成分。进一步通过扫描电镜和 X 衍射分析，6% 的黏土矿物中以伊利石（水云母）为主，占约 3.97%，其次为绿泥石（1.39%）和高岭石（0.69%）。

1）*伊利石*

马岭油田长 8_1 低渗致密砂岩杂基中伊利石的组分、能谱分析谱线及电镜显微形态分别见表 6-2、图 6-13 和图 6-14。

表 6-2　伊利石矿物化学成分组成表

元素	K 线能量比	ZAF 修正值	重量百分比/%	原子百分比/%	氧化物	重量百分比/%
Mg-（Kα）	0.00818	0.2128	2.3566	6.2002	MgO	3.9074
Al-（Kα）	0.03309	0.2940	6.8948	16.3455	Al_2O_3	13.0276
Si-（Kα）	0.05819	0.3796	9.3927	21.3914	SiO_2	20.0939
Fe-（Kα）	0.62140	0.7775	48.9482	56.0630	FeO	62.9712

2）*高岭石*

马岭油田长 8_1 低渗致密砂岩杂基中高岭石的组分、能谱分析谱线及电镜显微形态分别见表 6-3、图 6-15 和图 6-16。

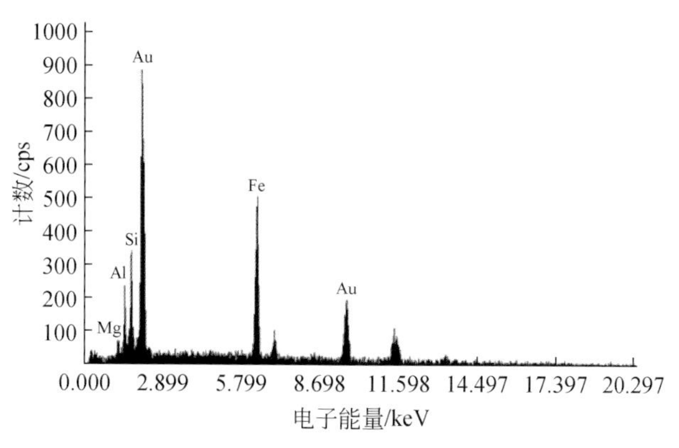

图 6-13　伊利石能谱分析图

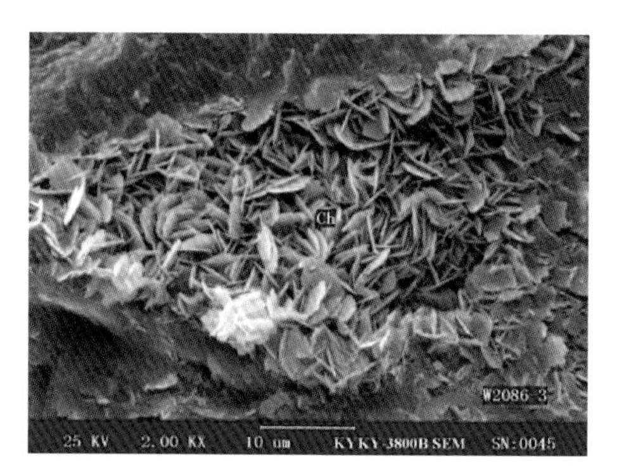

图 6-14　伊利石扫描电镜图

表 6-3　高岭石矿物化学成分组成表

元素	K 线能量比	ZAF 修正值	重量百分比/%	原子百分比/%	氧化物	重量百分比/%
Al-（Kα）	0. 24889	0. 5187	21. 6482	44. 9265	Al_2O_3	40. 9036
Si-（Kα）	0. 24761	0. 4044	27. 6240	55. 0735	SiO_2	59. 0964

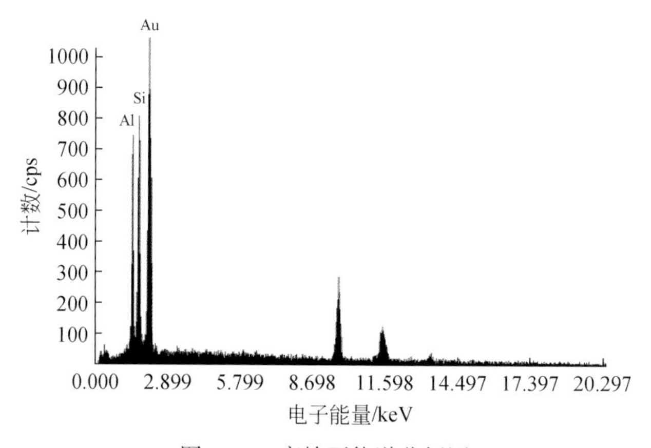

图 6-15　高岭石能谱分析图

图 6-16　高岭石扫描电镜图

3）绿泥石

马岭油田长 8_1 低渗致密砂岩杂基中绿泥石的组分、能谱分析谱线及电镜显微形态分别见表 6-4、图 6-17 和图 6-18。

表 6-4　绿泥石矿物化学成分组成表

元素	K 线能量比	ZAF 修正值	重量百分比/%	原子百分比/%	氧化物	重量百分比/%
Al-（Kα）	0.01143	0.2937	2.6520	6.5711	Al_2O_3	5.0108
Si-（Kα）	0.06340	0.4072	10.6142	25.2657	SiO_2	22.7071
K-（Kα）	0.01772	0.7879	1.5329	2.6209	K_2O	1.8465
Fe-（Kα）	0.63850	0.7949	54.7503	65.5422	FeO	70.4355

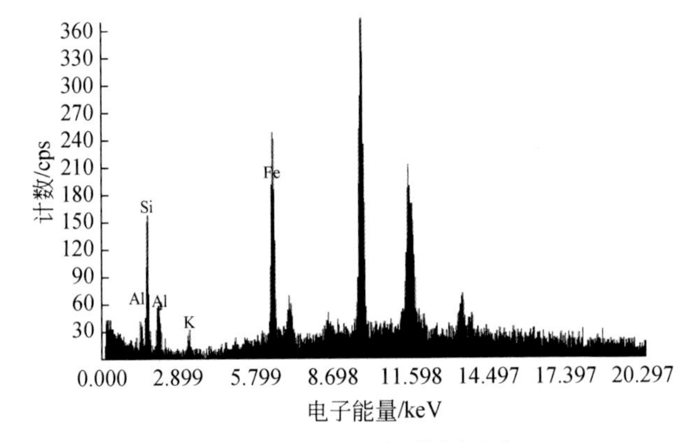

图 6-17　绿泥石能谱分析图

图 6-18　绿泥石扫描电镜图

第六节　杂基微观孔喉成因类型与结构特征

一、微孔隙分类原则、技术依据和分类

1. 分类原则

对砂岩黏土填隙物中微孔隙分类，根据目前研究现状、测试技术水平和孔隙发育分布特征，主要依据三方面原则：①分类依据原则有主次之分，先确定大类，后确定其亚类及次亚类；②简单实用原则，划分结果利于镜下确定和描述表征；③系统具体，兼顾孔隙和喉道，利于反映与渗流特性关系。

2. 分类技术方法

研究首先是以偏光显微镜、高分辨率电子显微镜、场发射显微镜以及铸体观察、表述和阴极发光分析为基础。储层杂基中的微观孔喉大小跨越了厘米、微米、毫米及纳米多个尺度，其中在致密砂岩的杂基结构中，微观孔喉结构常常是纳米、微米甚至毫米、厘米级孔喉与裂缝系统共存，孔喉半径一般为 150 ~ 1000nm，孔喉结构致密性和复杂性决定了储层中油气水具有非达西渗流和非浮力多种富集方式。本次在陇东地区延长组研究中，采用目前国际上公认纳米级尺度空间即 0. 0001 ~ 0. 1μm，亚微米级尺度空间即 0. 1 ~ 1μm，微米级尺度空间即 1 ~ 5μm，如何精细系统表征微小样品多尺度空间域下孔喉结构特征是目前面临的技术难题，本方案有待在实践应用中完善。

3. 低渗致密砂岩杂基微孔分类

根据华庆油田长 6_3 和马岭油田长 8_1 砂岩黏土填隙物中微观孔隙的大小、形态、分布特征，结合渗流特性、孔隙成因将孔隙分为原生沉积残留型的原生微孔、成岩后生改造型的次生微孔及混合成因型三个大类，进一步依据黏土填隙物中微观孔喉的发育位置、形态分布以及成因细分为杂基粒间微孔、黏土矿物晶间微孔、细小碎屑粒内微孔、粒间溶蚀微孔、微裂缝（表6-5）。探讨了影响黏上填隙物中微观孔隙的主要因素及孔隙演化特征。

表6-5　致密砂岩杂基微孔隙分类及尺度范围划分表

孔隙类型		原生微孔隙		次生微孔隙					
				易溶碎屑粒内微孔			微裂缝		黏土矿物晶间微孔
		粒间微孔	粒间溶蚀微孔	长石粒内溶孔	岩屑粒内溶孔	有机质内微孔	成岩微裂缝	构造微裂缝	
孔隙位置		长石石英岩屑粒间	骨架颗粒边缘	颗粒内部		有机质内	定向矿物粒间	杂基内均可发育	自生黏土矿物晶片间
孔隙发育程度与连通性		少量孤立部分连通	孤立	主要孤立，少量连通			部分连通	部分连通	高岭石、伊利石部分连通，混层孤立
孔隙半径/nm	范围	100～1000	10～350	200～2000	300～2500		10～1000	10～2000	7～900
	峰值区间	500～1000	10～200	500～1500	1000～2000		30～500	10～350	30～300
微孔隙对应尺度划分/μm		微米级		亚纳米级			纳米级		
		1～5		0.1～1			0.0001～0.1		

二、杂基微孔主要类型

研究区长6–长8油层组中广泛分布快速沉降的浊流相粉–细粒砂岩，砂岩中杂基黏土矿物含量高，不仅黏土矿物脆性低塑性高，矿物常常呈现纤维状、片层状、絮状等形态分布，晶层间极易形成微孔隙，增加微孔、中小孔，而且黏土矿物会填充大孔空间，导致大孔含量的减少（图6-2）。黏土矿物含量与微孔（粒径<2nm）、中小孔总含量呈显著的正相关性。

1. 杂基微颗粒粒间微孔

杂基微颗粒粒间微孔主要指沉积在颗粒之间杂基中更细小的碎屑矿物颗粒（长石、石英、方解石、岩屑及原生黏土矿物等，一般粒径小于粉砂级）因相互支撑未被其他矿物充填而保存下来的原始孔隙，粒间孔形态与颗粒外缘一致，表现为环状包围碎屑矿物（图6-19），边缘较为清晰，平面为长条形、三角形、不规则状，孔隙半径主体介于56～350nm，孔喉一般紧闭，与其他类型孔隙联系较少。粒间微孔的存在为轻质油和游离气提供了一定的存储空间，局部发育微米级孔隙，孔径为250～1500nm。

2. 晶间微孔

晶间微孔主要指杂基经历成岩变化后，黏土矿物高岭石、伊利石、绿泥石等结晶形成的大晶体颗粒聚体中的晶间微孔（图6-20），在场发射镜下观测，一般孔径为10～200nm，

图 6-19　里 158 井长 8_1 砂岩杂基中颗粒间微孔

多集中于 50～100nm，形状常为不规则的多边形，主要受黏土矿物排列方式控制。最发育的是伊利石，其次是绿泥石、高岭石和蒙脱石。同时铸体实验分析表明，综合孔径发育大小、有效储集空间和对气体吸附能力最好的是高岭石，其次是蒙脱石与绿泥石，最差是伊利石。

图 6-20　里 46 井长 8_1 砂岩杂基高岭石集合体晶间微孔

3. 杂基颗粒粒内微孔

杂基颗粒粒内微孔主要指易溶的长石、云母和火山岩、碳酸盐岩细小岩屑以及火山凝灰质（图 6-21）颗粒在成岩演化中酸性介质作用下在颗粒内部形成的不规则溶蚀孔隙。常见的是长石、云母、方解石等沿解理缝产生不规则的溶孔和溶缝。

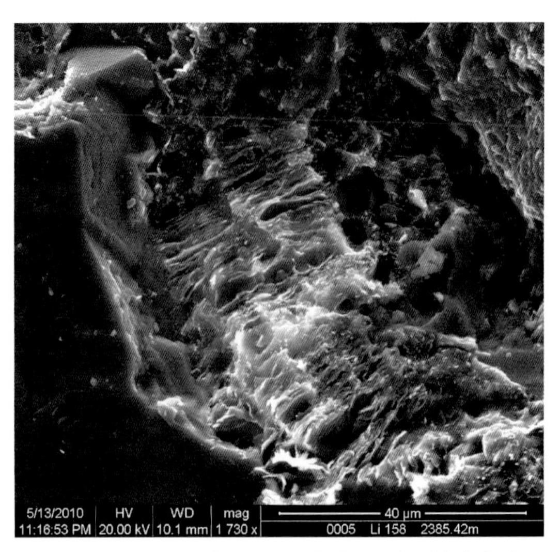

图 6-21　里 158 井长 8_1 砂岩杂基颗粒粒内微孔

4. 粒间溶蚀微孔

粒间溶蚀微孔主要是易溶颗粒的粒缘港湾状溶蚀和同生期沉淀的灰泥及黏土矿物遭受的复杂微小溶蚀孔洞（图 6-22）。

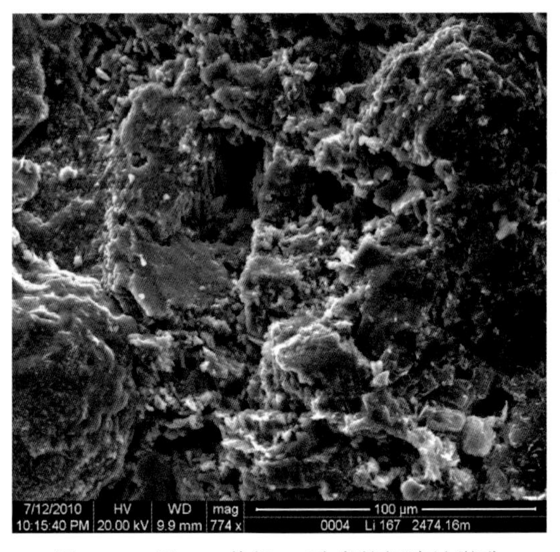

图 6-22　里 167 井长 8_1 砂岩粒间溶蚀微孔

5. 微裂缝

微裂缝主要由构造运动、泥岩储层破裂作用及差异水平压实作用等后生改造作用形成，常呈锯齿状或曲线状，主要受矿物脆性差异大小控制，微裂缝长度一般为 1 ~ 20μm。如果没有被后期充填，微裂缝将会是良好的渗滤通道，多发育在两种矿物颗粒间或有机质条带与云质颗粒、长石颗粒间，形状为长条形、不规则状，长度可达几十微米，宽度为几百纳米，无充填。

三、主要喉道类型及孔喉连通方式

喉道是连接两个孔隙的通道，其大小、粗细以及形态影响流体渗透性能，也控制油藏的储集和疏导能力。在铸体和电子显微镜下，常见的类型有管束状、片状、弯曲片状、管片状、哑铃缩径状（图6-23），马岭油田长8储层砂岩颗粒之间以线接触、点-线接触为主，凹凸接触和缝合线接触次之，喉道类型以孔隙缩小型喉道、缩颈型喉道以及片状或弯片状喉道为主，管束状喉道较为少见。

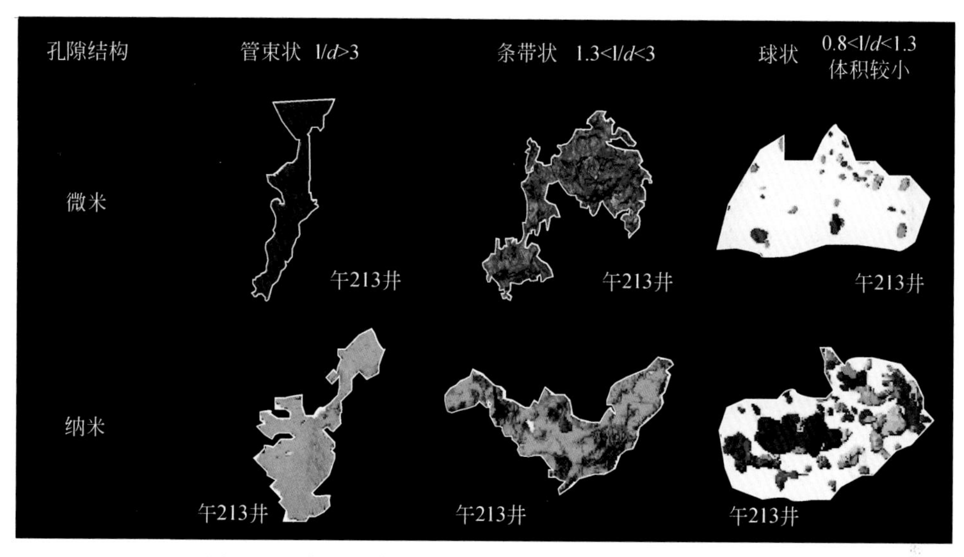

图6-23　杂基中常见孔喉连通类型（邹才能等，2013）

第七节　场发射扫描电镜下杂基黏土矿物集合体晶间微孔结构精细表征

通过场发射扫描电镜技术，确定杂基中黏土矿物集合体晶间微孔分类标准。

一、场发射扫描电镜技术特性

场发射扫描电镜（FSEM）具有超高分辨率，达到0.5～2nm，能做各种固态样品表面形貌的二次电子像、反射电子像观察及图像处理。配备高性能X射线能谱仪，能同时进行样品表层的微区点线面元素的定性、半定量及定量分析，具有形貌、化学组分的综合分析能力，是微米-纳米级孔隙结构测试和形貌观察的最有效仪器之一。清晰展现了低渗致密砂岩储层杂基中常见的微孔隙面貌（图6-24）。

图 6-24　场发射电镜下杂基中各类微孔隙类型

二、场发射扫描电镜微-纳米孔喉尺度标定

在材料级 Supra55 型高分辨率场发射扫描电镜下，测量了陇东地区长 6_3 和长 8_1 的 40 个渗透率 $0.3\times10^{-3}\sim0.12\times10^{-3}\mu m^2$ 砂岩样，共 80 个黏土矿物晶体视区中的微-纳米孔喉尺度（图 6-25 ~ 图 6-27），表征了不同尺度微-纳米孔喉微观结构特征、自生矿物产状及胶结物糙面。

(a)×5000　　(b)×20000　　(c)×50000

图 6-25　环 42 井长 8_1 砂岩在场发射镜下粒间自生绿泥石晶体结构及晶间微纳米孔喉结构

(a)×5000　　(b)×20000　　(c)×60000

图 6-26　白 412 井长 6_3 砂岩在场发射镜下粒间自生伊利石晶体结构及晶间微纳米孔产状

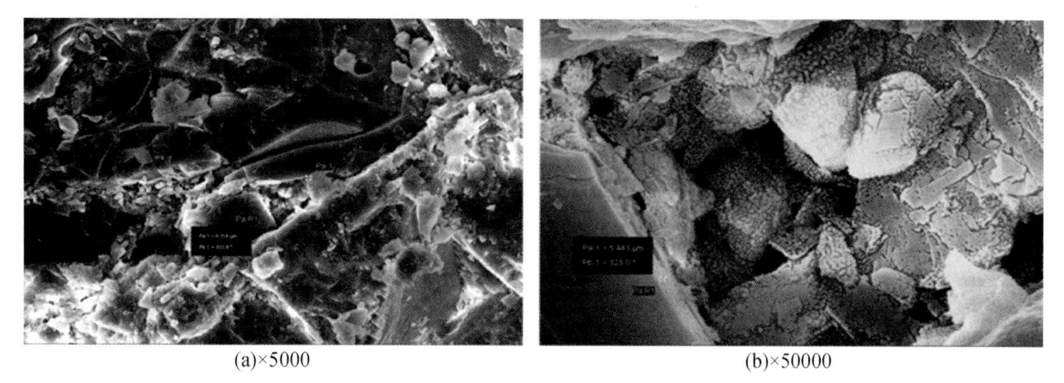

(a)×5000　　(b)×50000

图 6-27　山 103 井长 6_3 砂岩在场发射镜下自生矿物晶间纳米孔及晶面晚期碳酸钙胶结物糙面

三、黏土矿物集合体晶间微孔分类标准划分

在陇东地区延长组致密砂岩杂基的黏土矿物晶体集合体中，孔隙常有大孔隙和微孔隙两种。微孔隙是指集合体内在的孔隙和毛细孔隙；而大孔隙比集合体之间的孔隙还要大。通过不同高倍镜下多尺度测量统计，晶间孔是主要微孔类型之一，尤其是黏土矿物集合体以晶间微孔为主，晶间微孔的有效孔隙中 85% 是微-纳米孔隙，70% 的孔喉半径≤1μm，纳米孔隙≤15%。近年来的许多学者对晶间微孔隙划分的标准进行了大量的尝试，定量地给出各类孔隙的界定标准，其中 Shear 的标准更具有代表性，对储层评价有重要借鉴意义，因此，根据陇东地区延长组致密砂岩储层杂基微孔特征和对应渗流特性为纳米级-非达西流的渗流特点，基于国内外黏土分析中常用的 Shear 划分标准，通过 Supra55 型高分辨率场发射扫描电镜进行测量，划分了研究区常见的四类黏土矿物晶间微孔类型（图 6-28），建立了黏土矿物晶间微孔分类标准。其中孔隙半径小于 0.007μm 的主要指颗粒（单晶体）内孔隙；在 0.007～0.9μm 的为颗粒（单晶体）间的孔隙；0.9～35μm 的为团粒（晶体集合体）孔隙；35～2000μm 的为团粒（晶体集合体）间的孔隙，一般超过 2000μm 的是宏观孔隙。其中Ⅳ型和Ⅴ型以及部分Ⅲ型孔喉半径≤1μm，对应渗流特性为纳米级-非达西流，Ⅲ型为集合体内孔隙，孔喉半径为 1～5μm，Ⅱ型集合体间孔隙，孔喉半径为 5～500μm，Ⅰ型≥500μm 为宏观孔隙。

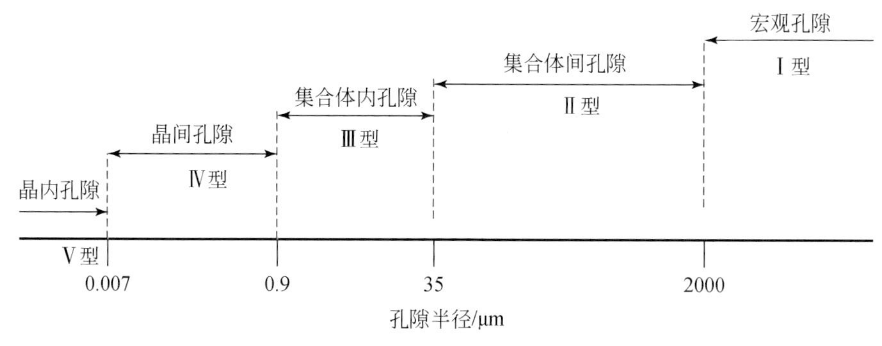

图 6-28　黏土矿物晶间及集合体间微孔分类

四、Supra55 型场发射扫描电子显微镜（FESEM）精细表征砂岩微观结构中黏土矿物演化，测量晶间孔喉径大小

陇东地区位于晚三叠世鄂尔多斯湖盆腹地，湖盆发育鼎盛期沉积的延长组长6–长8砂岩沉积，快速搬运沉积的巨厚浊流相细粒富长石致密砂岩，与常规储层相比，致密砂岩中不仅粒度小，杂基含量高，而且成岩地质、物化环境和油气封闭成藏过程非常复杂，制约因素多。杂基中既存在微小颗粒粒间的原生孔隙，也发育成岩中形成的粒内溶蚀孔隙，这些微纳米级细小孔喉约占整个储层储集空间的56%，成为低渗致密砂岩储层油气的重要储集空间。其中结晶高岭石、伊利石、绿泥石及蒙脱石混层等黏土矿物的晶间孔隙，黏土矿物因种类、产状不同，对杂基微喉以及渗流储集性能的影响程度不同，既可以缩小孔径，分隔、堵塞孔喉，增加孔壁糙面，改变微观结构，又能降低储集能力，也有微纳米级孔喉结构变化。但在普通显微镜下的铸体分析以及分辨率最高10000倍的扫描电子显微镜（SEM）下，难以表征阐明上述特征变化，弄清成因规律。Supra55型材料级场发射扫描电子显微镜（FESEM）具备超高分辨扫描图像观察能力，分辨率可达120000，能做各种固态样品表面形貌的二次电子像、反射电子像观察及图像处理，0.5nm颗粒孔喉、微裂隙清晰可辨。尤其是仪器采用了最新数字化图像处理技术，能够提供高倍数、高分辨扫描图像，并能即时打印或存盘输出，是观察致密砂岩储层杂基中微米、纳米级的颗粒形貌、表面微观结构特征、自生黏土矿物晶体形貌、大小，微小孔喉分布、产状以及半径测试的有效仪器，同时具有高性能的X射线能谱仪，不仅可以进行矿物颗粒样品表层的微区点线面元素的定性、半定量及定量分析，还具有形貌、化学组分综合分析能力。

第八节　高杂基致密砂岩黏土矿物晶间微观孔隙定量计算

一、高杂基致密砂岩成岩条件、物性特征与杂基黏土矿物晶间孔分布

研究区高杂基特低渗致密砂岩主要位于陇东地区长6–长8油层组，主要赋存于西南物源与火山凝灰质混源沉积杂砂岩以及快速沉积的浊流相粉–细砂岩。砂岩中杂基含量为10%～25%，杂基中微颗粒包括长石、石英和云母，黏土矿物主要包括成岩作用形成的黏土矿物和以碎屑为主的黏土矿物。126个砂岩样品统计孔隙度为1.2%～4.5%，平均为2.6%，渗透率为$0.01\times10^{-3}\sim0.16\times10^{-3}\mu m^2$。由于研究区位于盆地腹地，长6–长8致密砂岩储层的地温为90～140℃，埋深1800～2500m，地温梯度为2.8～3.2℃/100m，有利于黏土矿物结晶。一方面砂岩颗粒间高杂基含量降低了粒间孔隙，相应增大了杂基微孔，降低了渗透率，另一方面，良好的成岩条件导致杂基中黏土矿物结晶。高倍电镜分析结果显示，研究区砂岩粒间杂基中充填黏土矿物晶体，这些由杂基黏土形成的结晶体，虽然占据了大量杂基中原始微粒空间，但并没有导致孔隙度降低，说明有晶间微孔隙存在。进一步观察发现，黏土矿物中含有大量的晶间微孔，黏土矿物晶间微孔是储层杂基微孔隙中纳

米级孔隙喉主要类型，其中高岭石、伊利石以及绿泥石等自生矿物形成的晶间孔隙对致密砂岩储层起决定作用。

另外，在研究区长6–长8砂岩杂基中，结晶的黏土矿物以及黏土晶体间微孔隙分布不均匀，局部单位面积晶间微孔隙总量较大，晶间微孔在整个杂基微孔中占比较高，但由于整个岩性结构非均质性强，孔隙连通性差，所以决定了高杂基致密砂岩储层的特低渗物性特征。

二、建立结晶集合体理想化模型

研究中，主要利用高分辨率电镜（SEM）观察分析以及在Supra55型材料级场发射扫描电子显微镜（FESEM）下对杂基中结晶好的高岭石、伊利石以及绿泥石晶间孔喉进行测量标定（图6-29）。进一步通过解析相关黏土矿物的晶体结构，经过微观尺度颗粒形态分析，发现黏土颗粒大多呈扁平板状或薄片状，典型结构有蜂巢状、规则网状和叠层状三种，通过解析黏土矿物晶体结构和集合体三维构成，重点构建了典型井中砂岩颗粒间杂基中黏土矿物高岭石（图6-29）、伊利石（图6-29）和绿泥石（图6-28）结晶集合体的理想化模型（图6-29）和几何体形态，定量计算了黏土矿物晶间微–纳米孔含量，形成了特低渗致密砂岩储层定量评价重要参数。

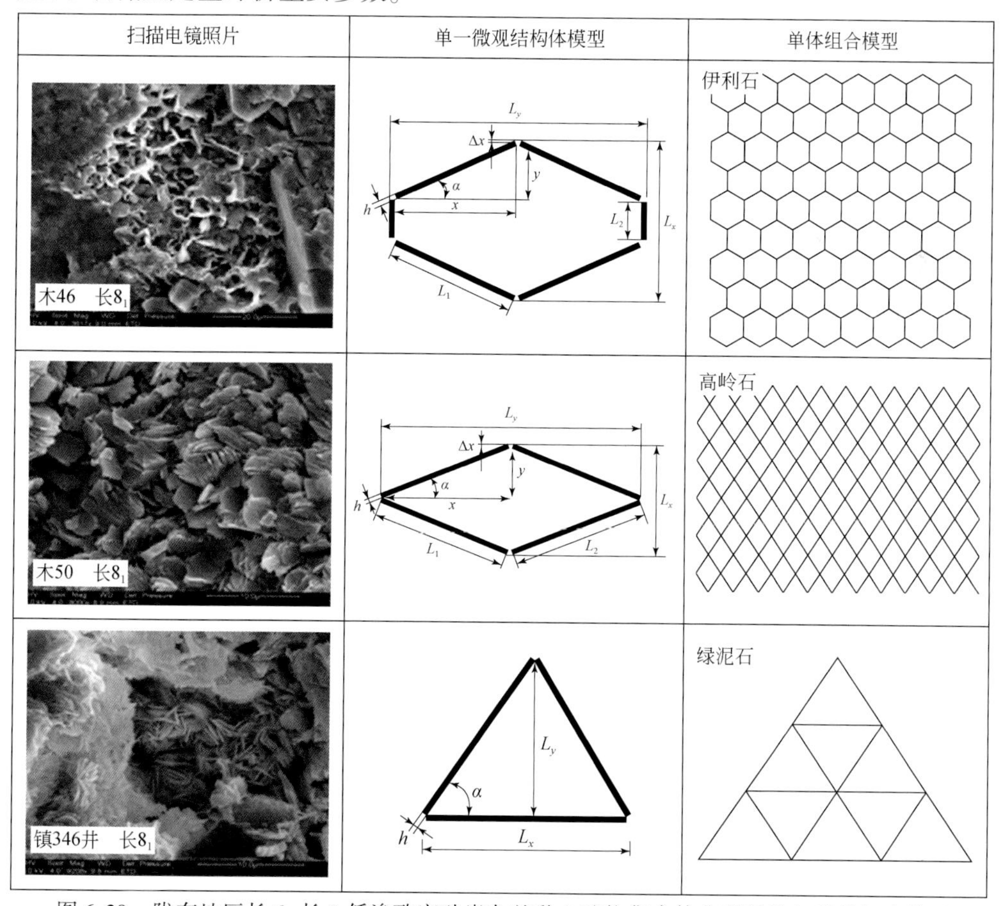

图6-29　陇东地区长6–长8低渗致密砂岩杂基黏土矿物集合体典型结构与单体组合模型

1. 高岭石矿物晶体集合体典型结构

在高倍电子扫描电镜下，研究区长 8_1 致密砂岩储层杂基内的自生高岭石晶体以及微观结构清晰可辨，结晶程度高的矿物晶体单体为蠕虫状、手风琴状及片状六边饼状集合体，微小的高岭石晶体相互聚集形成层状微聚集体，单元体集合体主要微观结构有絮状［图 6-30（a）］和分散［图 6-30（b）］两种类型。

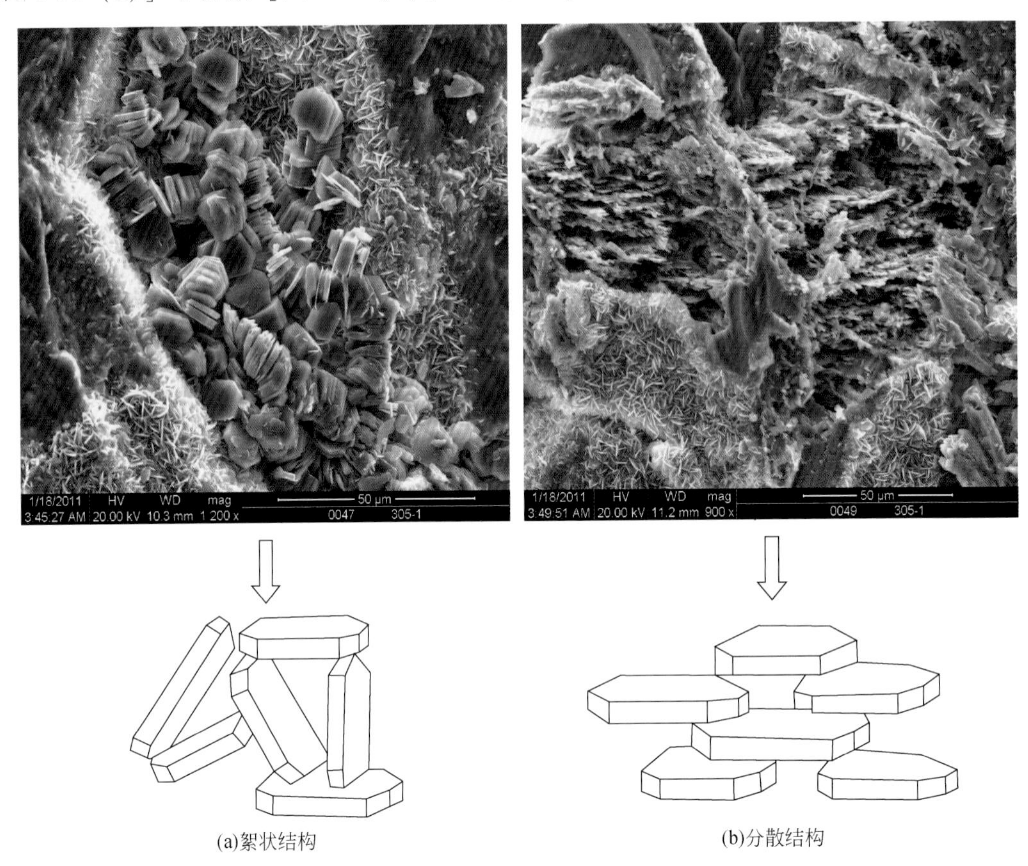

(a)絮状结构　　(b)分散结构

图 6-30　高岭石矿物晶体集合体典型结构

2. 绿泥石矿物晶体集合体典型结构

致密砂岩储层内绿泥石矿物晶体集合体以片状和扁平状黏土矿物颗粒相互聚集形成的层状微聚集体为主，组成了复杂黏土微观结构的主要结构单元体。基于微观扫描结果，建立了集合体的理想化模型（图 6-31），L 为集合体的长度，W 为集合体的厚度。

3. 伊利石矿物晶体集合体典型结构

通过扫描电子显微镜下观察杂基中自生伊利石矿物单晶片以及集合体的生长状态、产状分布特征，并根据 Terzaghi 蜂窝结构的微结构概念理论，分别建立了自生伊利石晶体的微观单体结构模型（图 6-32）和集合体想化的微观组合模型（图 6-32）。

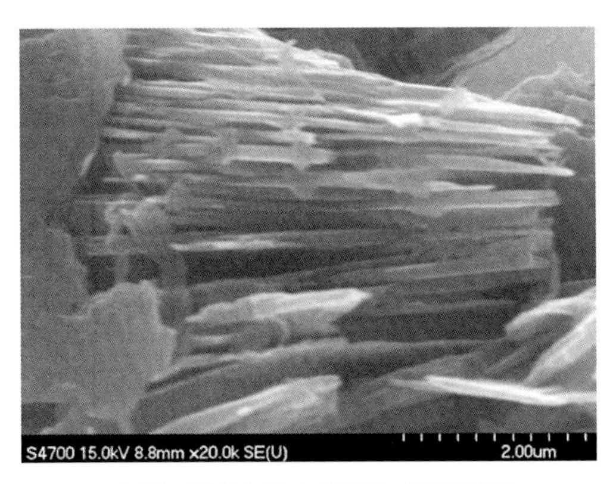

(a)绿泥石矿物扫描电镜照片（20000倍）

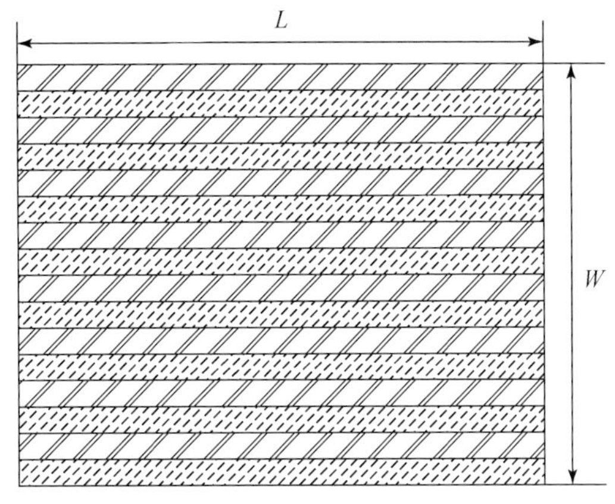

(b)基于扫描电镜的理想化模型

图 6-31　绿泥石矿物集合体理想化模型

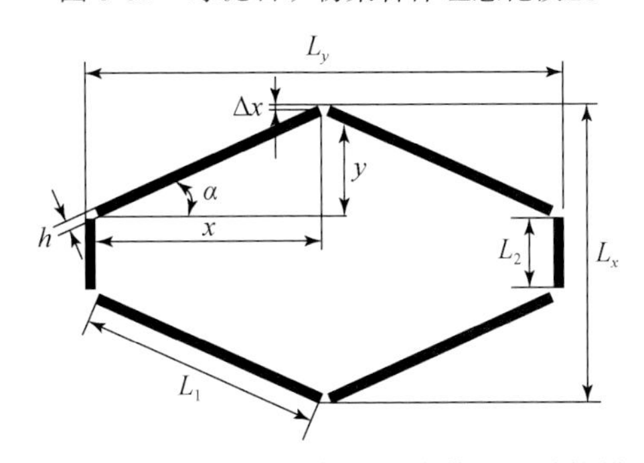

图 6-32　伊利石矿物单体及集合体微观结构模型

L_x. 单一微观结构体长度；L_y. 单一微观结构体宽度；L_1. 长集合体长度；L_2. 短集合体长度；h. 集合体厚度；α. 长集合体与水平方向的夹角；Δx. 集合体厚度在竖直方向的投影长度

在建立了黏土矿物单体微观结构模型之后，将微观单体结构模型组合之后得到了黏土矿物的组合模型（图 6-33）。

(a)木46井长8_1伊利石矿物扫描电镜照片

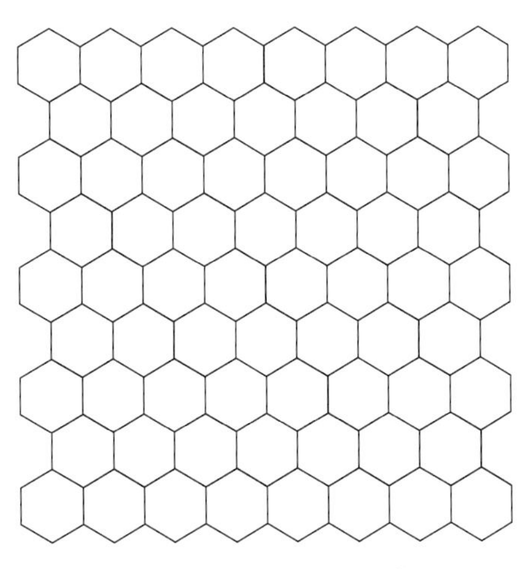

(b)伊利石晶片微观结构组合模型

图 6-33　伊利石矿物理想化的微观组合模型

三、晶体集合体中晶间微孔隙度计算

基于微观模型，得到了单一微观结构体的几何尺寸。如果达到饱和状态，则可认为此单元体所包括的面积 S 最大。由此可知：

$$S = 2L_1\sin\alpha\cos\alpha + 2L_1L_2\cos\alpha \tag{6-1}$$

式中，L_1 和 L_2 均由微观实验分析获得。

按式（6-1），可计算获得 S 最大时，α 的数值。经计算分析可得：

$$\alpha = \arcsin\left(\frac{-L_2 + \sqrt{L_2^2 + 8L_1^2}}{4L_1}\right) \tag{6-2}$$

由计算可知：

$$L_x = 2L_1\sin\alpha + L_2 + 2\Delta x = 2L_1\sin\alpha + L_2 + 2h\cos\alpha \tag{6-3}$$

$$L_y = 2L_1\cos\alpha + 2h \tag{6-4}$$

将单一微观几何模型连在一起时，其几何模型如图 6-33（b）所示。当用长 L_x、宽 L_y 的基本单元组合成一个六面体时，可以近似用一个矩形来求解孔隙比。所以，黏土矿物孔隙比为

$$e = \frac{L_xL_y - 2h(2L_1 + L_2)}{2h(2L_1 + L_2)} \tag{6-5}$$

当已知黏土矿物的孔隙比时，可以根据孔隙比和黏土矿物的含量去计算黏土矿物在整个储层砂岩中的孔隙度，即我们所研究的黏土矿物的微观孔隙度。

$$\phi = \frac{e}{e + \frac{1}{n}} \times 100\% \tag{6-6}$$

根据黏土矿物微观结构的薄层厚度、叠聚体单片长、片层之间的间距，基于该计算模型，可以计算得到黏土矿物的微观孔隙度为 2.28%～6.45%，平均值为 2.34%。

四、计算结果与致密砂岩样品的压汞分析比较

研究中，采用黏土矿物晶体结构以及孔隙比计算原理，基于建立的晶体集合体以及晶间微观结构计算模型，依据单一微观结构体薄层厚度、结晶集合体中叠聚体单片长、片层之间的间距等相关参数，分别计算了 15 口井赋存在砂岩颗粒之间杂基中蜂巢状、规则网状、叠层状三种主要黏土矿物微观孔隙度含量（表 6-6），表中三种主要黏土矿物晶间微孔隙度为 0.27%～4.05%，进一步根据 X 射线衍射分析的黏土矿中高岭石、伊利石、绿泥石以及伊蒙混层含量求得砂岩总微观孔隙中黏土矿物晶间微孔占比为 19.4%～81.6%，可见伊利石是形成晶间微孔隙最主要的黏土矿物。

表 6-6　陇东地区长 6–长 8 油层组砂岩总微观孔隙中杂基黏土矿物晶间微孔占比

黏土矿物种类	井区	砂体层位	黏土矿物含量 N/%	孔隙比 e/%	晶间微孔隙度 ϕ/%	（晶间微孔隙/总微观孔隙）/%
高岭石	庄 133	长 6_3	0.39	1.54	0.27	19.4
伊利石	木 46	长 8_1	5.72	1.84	4.05	81.6
绿泥石	庄 133	长 6_3	5.11	0.79	1.54	36.3

孔隙比 $e=\frac{晶孔体积}{矿物体积}\times100\%$。

为了进一步阐明计算结果的准确性，将上述数据与相应的压汞试验分析结果进行了对比（图 6-34），以验证通过黏土矿物微观孔隙结构模型获取的微观孔隙可靠性。据薄片资料分析和高压压汞测试分析，致密砂岩储层孔喉分选系数分布范围大、喉道半径小。孔喉半径以大–中孔微喉型为主，具体分析数据见表 6-7。

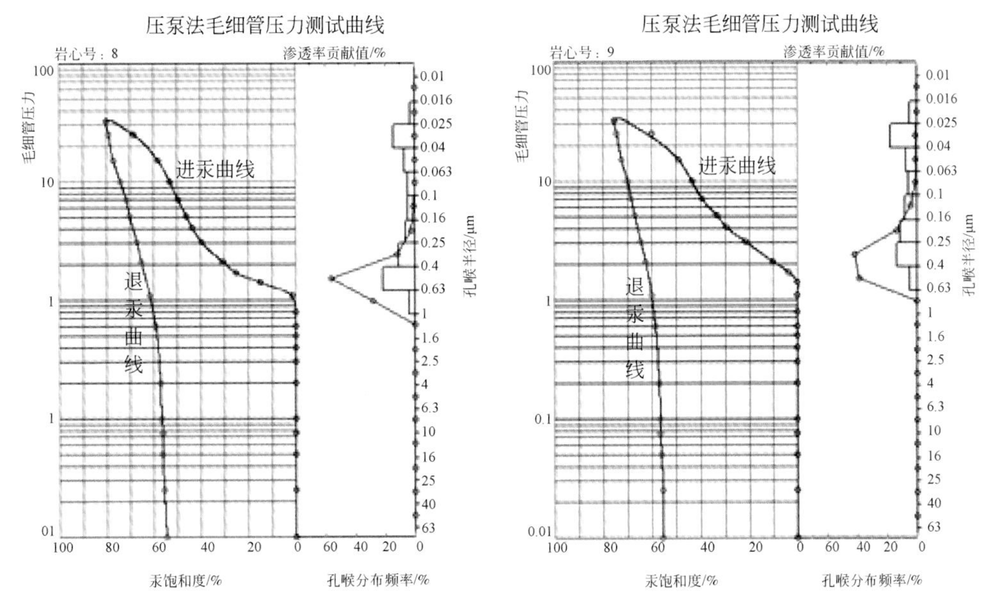

图 6-34　庄 133 井压汞进贡量与孔喉半径关系图

表 6-7　陇东地区长 8_1 砂岩储层孔喉半径统计

层位	孔隙（据薄片资料）			样品数	喉道（据压汞资料）			样品数
	大孔隙	中孔隙	小孔隙		微细喉道	微喉道	吸附喉道	
	>40μm	40~20μm	20~4μm		1~0.5μm	0.5~0.025μm	<0.025μm	
长 8_1	19.22%	53.77%	27.01%	124	12.71%	87.29%	0	46

陇东地区长 8_1 砂岩储层孔隙度为 1.24%~13.31%，平均为 8.24%，根据薄片资料和压汞数据统计结果，可以大致估测到微观孔隙度为 0.33%~3.59%，平均为 2.22%。

可以看出，通过模型建立计算出的结果和通过薄片分析及压汞分析半定量得到的结果相比，在范围上本书所建模型计算的结果比薄片分析及压汞分析半定量的结果要小，但在平均值上差异不是很大。于是，利用高分辨率电镜测定和计算黏土矿物晶间微孔含量，完善了致密砂岩储层孔隙结构定量化表征和评价技术，有利于进一步提高评价质量。

第九节　成岩过程中易溶组分及黏土矿物结晶转化对杂基微孔的影响

一、主要黏土矿物结晶转化路径与成岩条件

1. 岩屑、长石颗粒溶解及粒间杂基黏土矿物形成

1）埋藏成岩作用初期到 120～140℃古地温以前长石溶解方式及控制因素

同生到埋藏成岩作用初期，延长组砂岩广泛分布同期火山物质，残余长石以钠长石（或酸性斜长石）为主，同期火山物质以及有机物成熟有利于钾长石溶解是控制长石溶解方式的主要因素。偏基性的斜长石（如钙长石）在风化阶段就已大量溶解，延长组砂岩地层中保留的钾长石和偏酸性斜长石（如钠长石），有酸性流体交换，残留钾长石和斜长石开始钠长石化，同时高岭石、石英以及蒙皂石相继沉淀结晶。有机酸进一步作用，钠长石溶解，蒙皂石转化，自生石英与长石溶解产生的硅和蒙皂石转化产生的硅共同作用，形成更多高岭石和石英。反应式如下：

$2KAlSi_3O_8$（钾长石）$+ 2H^+ + H_2O$ ══ $Al_2Si_2O_5(OH)_4$（高岭石）$+ 4SiO_2$（硅质）$+ 2K^+$

$2NaAlSi_3O_8$（钠长石）$+ 2H^+ + H_2O$ ══ $Al_2Si_2O_5(OH)_4$（高岭石）$+ 4SiO_2$（硅质）$+2Na^+$

蒙皂石 $+ 4.5K^+ + 8Al^{3+} \rightarrow$ 伊利石 $+ Na^+ + 2Ca^{2+} + 2.5Fe^{3+} + 2Mg^{2+} + 3Si^{4+}$

2）成岩后期 120～140℃古地温以后长石溶解方式及控制因素

当温度超过 120～140℃以后，可以认为地层已基本处于封闭状态，同时该温度将启动高岭石的伊利石化反应，那么钾长石溶解（提供钾离子）就成为高岭石伊利石化的必须伴随反应。然而，并不是所有的深埋藏地层都能满足这样的条件，除埋藏前碎屑组成中需要有足够的钾长石（物源因素）以外，地层的初始物质中含膨胀层的黏土矿物（如同期火山物质）应相对较少，否则，当成岩作用演化到该阶段时，地层中的钾长石是十分有限的。研究区三叠系延长组砂岩中的残余长石就以钠长石或其他酸性斜长石为主，因为存在较多的同期火山物质，其在 120～140℃以前的成岩作用方式就在 120～140℃以后发生了，即钾长石溶解和高岭石伊利石化，以及形成次生孔隙。

2. 蒙脱石–伊蒙混层（I/S）–伊利石转化

伊蒙混层黏土矿物是伊利石和蒙脱石两个端元矿物之间的过渡矿物，由蒙脱石晶层和伊利石晶层沿 *C* 轴或垂直于（001）方向组成的特殊类型的层状硅酸盐矿物；根据单元晶

层沿 *C* 轴堆积的规律性，可以把混层黏土矿物分为规则（有序）混层黏土矿物和不规则（无序）混层黏土矿物。伊蒙混层矿物的有序度代表了蒙脱石向伊利石转化的程度，有序度越大，说明蒙脱石的伊利石化程度越高。

伊利石首先是格里姆（Grim）于 1937 年作为泥质沉积物中的 10Å[①] 黏土矿物的一般术语提出的，属于云母族。Gaudette 等（1965）对其进行了化学分析和 X 射线分析，根据其膨胀性确定伊利石属于含 10% ~15% 膨胀层的伊蒙混层。Hower 和 Mowatt（1966）在对比研究了大量的伊蒙混层与伊利石之后，认为伊利石就是伊蒙混层（I/S）正向演化中形成的一个相对稳定终端黏土矿物，伊利石的结晶度变化实质上是混层比的变化。

长石、云母等富钾矿物的分解提供了足够的 K^+ 和 Al^{3+}，随埋深的增加、温度的升高，蒙脱石脱水并且八面体 Al^{3+} 对四面体 Si^{4+} 进行代替，引起层间负电荷增加而使 K^+ 进入晶层开始形成伊蒙混层矿物。Velde 和 Vasseur（1992）研究认为，蒙脱石向伊利石的转化可分为两步：第一步反应形成具有 R=0 型无序结构的伊蒙混层矿物（含 50% ~100% 膨胀层），第二步反应形成 R=1 型有序结构的伊蒙混层矿物（0~50% 膨胀层）。伊利石黏土岩中伊蒙混层矿物的 X 射线衍射图谱，用变差系数法来判断伊蒙混层矿物的有序性及有序度。蒙脱石向伊蒙混层、伊利石转化，在高倍场发射电镜下，蒙脱石和伊利石在结构、成分、构造上均互不连续，二者并非均匀的混层状分布，而常以束状晶体交叉分布，其中蒙脱石晶层多为具有许多位错的大晶体，伊利石晶层则轮廓分明，无缺隙。

通常在泥岩黏土矿物演化中，时间和温度控制蒙脱石伊利石化的两个最主要因素，随时间的增加和温度的升高（表 6-8），蒙脱石开始转化为伊利石，随着伊利石层含量在伊蒙混层中逐渐增多，伊蒙混层黏土矿物的结构也由无序趋于有序。但砂岩粒间杂基胶结物中蒙脱石-伊蒙混层-伊利石转化，因为孔隙水介质参与并且条件易于发生变化，成因过程比泥岩要复杂，因为砂岩杂基中黏土矿物晶体之间的转化程度受控于多种因素，除温度、压力外，成岩时介质酸碱性以及氧化还原电位和其中来自火山质、钾长石、云母等颗粒溶解出的 Si^{4+}、Na^+、Fe^{2+}、Mg^{2+}、H_2O、Al^{3+} 和 K^+ 的溶度变化也是影响甚至控制转化进程和程度的重要因素，可以有多种自生伊利石化途径，即高岭石伊利石化、长石伊利石化以及蒙脱石伊利石化，伊利石化实际反映的是不同路径过程中反映动力学控制的水-岩反应。

表 6-8　蒙脱石伊利石化与温度的关系（Hoffman and Hower，1979）

蒙脱石向伊利石转化的程度	Hoffman 和 Hower 模型（5 ~300Ma）	Jennings 和 Thompson 模型（<3Ma）
蒙脱石→R=0 型 I/S	50 ~60℃	温度不定
R=0 型 I/S→R=1 型 I/S	100 ~110℃	120 ~140℃
R=1 型 I/S→R=3 型 I/S	170 ~180℃	170 ~180℃

红外光谱、电子显微镜、能谱等多种测试方法研究后也认为，在蒙脱石向伊利石转化过程中继承了 2：1 层黏土矿物的基本结构，发生在单元层内化学成分的变化，即蒙脱石由于 Si^{4+}、Na^+、Fe^{2+}、Mg^{2+}、H_2O 的带出以及 Al^{3+} 和 K^+ 的带入，在其周围逐渐形成伊利

① $1Å=1\times10^{-10}m$。

石。因此，温度还不可能使混层 I/S 全部转变为伊利石，当温度因素作用不明显时，孔隙流体的化学成分，尤其是 Al^{3+} 和 K^{+} 的含量起主要控制作用，孔隙流体中 Al^{3+} 和 K^{+} 的含量增加，有利于蒙脱石向伊利石转化，富 Al^{3+} 的蒙脱石比贫 Al^{3+} 的蒙脱石更易向伊利石转化。但蒙脱石的埋深、压力对蒙脱石伊利石化的影响不明显。

往往物源不同，地层中保留的主要是钾长石和偏酸性的斜长石（如钠长石），富钾矿物长石、云母等的分解提供了足够的 Al^{3+} 和 K^{+}，随埋深的增加、温度的升高，蒙脱石脱水并且八面体 Al^{3+} 对四面体 Si^{4+} 进行代替，引起层间负电价增加从而使 K^{+} 进入晶层形成伊蒙混层，直至形成伊利石。裹挟在砂岩颗粒间的泥质黏土矿物种类有差异，其中砂岩物源以变质岩和花岗岩为主，填隙物中富含伊利石，但当物源富含火山碎屑岩和凝灰岩时，填隙物泥质富含蒙脱石。与自生石英与长石溶解产生的硅和蒙皂石转化产生的硅叠加有关。

二、黏土矿物结晶转化对杂基微孔隙的影响

颗粒间的杂基经历成岩作用，黏土矿物也会产生相应变化，具体程度和变化产物与地压、地温以及 pH-Eh 等物化条件有关，总趋势是时代越老、埋藏越深、时间越长，温度越高，黏土杂基转化成黏土矿物以及重结晶作用越强，粒间的孔隙会垂直于压力变得狭长，压力增大，主要影响颗粒团间的大孔隙，粒内孔隙影响较小。另外，杂基中黏土矿物大量结晶，表明地下水的化学作用相当活跃，其产物也可反映地下水的物理化学特点，不同环境会形成不同的黏土矿物结晶，其中高岭石淀杂基表明当时为酸性孔隙水，蒙脱石淀杂基则为碱性孔隙水的反映。此外，外杂基的存在表明岩层孔隙水的渗滤作用，假杂基的形成与较强的压实作用相关。

在华庆油田长 6_3 砂岩储层中，大量伊利石、高岭石等黏土矿物结晶发生在颗粒之间杂基填隙物中，有利于增加晶间微孔隙；而蒙脱石、伊蒙混层以及绿泥石等黏土矿物结晶都发生在颗粒表面或者颗粒之间的孔隙和喉道中，不仅减小、分隔孔隙，形成微孔隙，同时也可以堵塞喉道和小孔隙，降低渗透性。在研究区马岭油田长 8_1 致密砂岩中，由于处于 100℃以上的高温条件下，随温度升高，蒙脱石晶间距减小，膨胀性减弱，对储层孔隙结构的危害不大；蒙脱石及其他成岩矿物高温条件下发生溶蚀、转化形成新的矿物颗粒充填改造大、中孔喉，变成微、小孔喉，导致储层孔隙结构变差。以此，明确了高温条件下影响储层孔隙结构的关键因素是钙基蒙脱石及其他成岩矿物转化形成新的矿物颗粒造成的堵塞而非其膨胀性。

当然，不同成分杂基的成岩后生变化强度有差异，杂基发生重结晶的难易程度，还取决于矿物自身是否含有水，或者是否有外来水的加入。黏土杂基随埋深增加，封存于原杂基中的软泥水，以及黏土晶格中的层间水、结构水都要释放出来，在水的作用下黏土矿物的化学性质变得活跃而发生重结晶或转化。似杂基都属成岩后生变化产物，它们反映了成岩后生期孔隙水的性质、压实作用强度等。

第七章　致密砂岩胶结物微观结构分析与表征

砂岩储层岩石形成演化过程中，碎屑颗粒、杂基和孔隙中水介质的化学溶解物质以化学方式自溶液中沉淀析出，化学沉淀物质填充在碎屑颗粒之间构成碎屑物质的胶结物。颗粒间的化学胶结物含量、胶结方式是研究评价储层性能的重要岩石学因素。胶结物类型、形式、含量以及结晶结构因经历的沉积成岩环境、过程不同在研究区不同，层位和区带有所差异。采用的研究中方法和技术流程也有所不同。

第一节　主要胶结物组分、成因类型、产状习性、显微组构与储层物性

通过对陇东地区长 6_3 和长 8_1 致密砂岩的 321 个铸体薄片观察统计，发现延长组低渗砂岩储层中颗粒之间的胶结物主要包括碳酸盐胶结物（包括方解石和白云质胶结）、硅质胶结物、黏土矿物胶结物，胶结类型包括孔隙式、接触式、基底式胶结和薄膜胶结。以马岭油田长 8_1 低渗致密砂岩成分统计为例，填隙物总量平均为 15.28%，其中碳酸盐（包括方解石和白云质胶结）胶结物含量占 6.04%，硅质胶结物（石英加大）含量占 0.82%，黏土矿物胶结物含量占 8.91%，黏土矿物中伊利石平均含量占 3.18%，绿泥石平均含量占 3.13%，高岭石平均含量占 0.5%，伊蒙混层平均含量占 2.1%，长石加大占 0.05%（表 7-1）。

表 7-1　马岭油田长 8_1 储层砂岩填隙物中胶结物组分含量统计表（%）

填隙物总量	黏土矿物				碳酸盐胶结物				硅质石英加大	长石加大
	伊利石	绿泥石	伊蒙混层	高岭石	方解石	铁方解石	白云石	铁白云石		
15.28	3.18	3.13	2.1	0.5	3.55	1.24	0.04	1.21	0.82	0.05

研究中首先在偏光显微镜下做细致的铸体薄片鉴定和分析，初步确定主要胶结物中（共生）矿物种类、结晶程度以及和颗粒之间的胶结物类型，根据电子探针（EPMA）定点分析胶结物中矿物组分，确定矿物亚种，进行结晶环境分析，利用背散射电子图像（BSE）和扫描电镜（SEM）技术来观察自生矿物形貌和微观结构。对于黏土胶结物中主要黏土矿物种类，重点用扫描电镜（SEM）和场发射扫描电子显微镜（FESEM）观测，精细描述自生矿物赋存状态、不同形貌和微观结构，测量晶型大小，判断生长顺序，根据 X 射线衍射和电子探针（EPMA）等半定量–定量化学成分矿物晶体参数，分析其含量对储层物性、微观孔喉结构以及非均质性的影响，建立之间的相关性，分别从结晶体堵塞充

填的大孔喉和新增加的晶间微孔隙对储层产生的正负效应两方面来评估矿物对储层物性的影响效果。

一、碳酸盐胶结物

碳酸盐胶结物是陇东地区延长组致密砂岩中常见的胶结物和孔喉充填物，也是导致储层致密的重要因素之一。本次研究分别收集选取了华庆油田长 6_3 和马岭油田长 8_1 砂层组36口井的625块样品的薄片统计资料，利用偏光显微镜和阴极发光分析对样品薄片进行观察和记录，并对典型沉积和成岩现象进行照相，分析矿物组分、赋存状态及占位的先后关系；利用扫描电镜和能谱分析仪做进一步的成分分析，以观察超微观条件下方解石的产出状况并进一步确认有关矿物的组分；用铁氰化钾和茜素红溶液对薄片进行染色处理，以区别不同的碳酸盐矿物，同时定性区分方解石和铁方解石胶结物，并结合碳、氧同位素分析对碳酸盐胶结物中不同矿物分别进行分析总结，分别统计含量变化，描述产状和晶体形态、分析组分成因来源、厘清沉淀胶结期次，探讨分布特征以及对储层孔喉结构的影响。

1. 碳酸盐多期胶结、赋存状态与主要产状类型

在华庆油田长 6_3 致密砂岩中，碳酸盐胶结物主要类型有方解石、含铁方解石、白云石和铁白云石，分别形成于不同沉积成岩阶段，组分特征与物质来源成因以及对储层孔喉结构的影响效果和形式都有差异。

早成岩期方解石胶结物，常见的产状和赋存状态主要有泥微晶结构方解石、粒状结构重结晶镶嵌式方解石和斑块镶嵌式铁方解石三种。在偏光显微镜下，泥微晶结构方解石胶结物常以泥微晶结构方式存在，方解石形成时间较早，在有效压实作用之前与湖相内杂基同沉积，碎屑颗粒“漂浮”在胶结物中，粒间分布体积大，结构均匀；粒状结构重结晶镶嵌式方解石胶结物，阴极发光下发暗红–橙红色光，属于贫铁方解石胶结，属于沉积阶段和早成岩阶段A期产物。扫描电镜下长石溶孔中没有分布，但表面被片丝状伊利石溶蚀，说明其形成时间早于长石颗粒溶蚀之前；斑块镶嵌式铁方解石，扫描电镜照片下可见铁方解石主要呈斑块状嵌晶式结构，铸体薄片下可见铁方解石充填长石等铝硅酸盐矿物溶蚀形成的次生孔隙，并交代碎屑。

2. 碳酸盐方解石胶结物矿物组分与成因分析

薄片、扫描电镜、阴极发光、元素组分及碳、氧同位素分析表明，在华庆油田长 6_3 致密砂岩中，顺层分布的基底镶嵌式碳酸盐胶结物构成部分早期钙质层，重结晶的晶粒方解石碳、氧同位素分析表明，方解石胶结物的 $\delta^{13}C_{PDB}$ 值普遍较低，甚至为0，主要值分布范围为–8.087‰~–0.883‰，$\delta^{18}O_{PDB}$ 值分布范围为–20.502‰~–17.327‰（表7-2），显示出无机碳源同位素特征，这与沉积水介质中的碳酸钙过饱和及沉积时碱性条件有关，方解石的成因与同生–早成岩早期发生的（铝）硅酸盐矿物的水化作用有关外，同时间接表明沉淀温度相对较低，气候寒冷，这与研究区砂岩中大量保存长石，遍布长石砂岩相一致。于是，推测此种镶嵌式碳酸盐胶结物其形成时间大致为沉积阶段和早成岩阶段A期。

在后期形成的斑块镶嵌式铁方解石 $\delta^{13}C_{PDB}$值相对较低，分布范围为-4.34‰～-2.19‰，$\delta^{18}O_{PDB}$值分布范围为-22.64‰～-20.78‰，显示为有机碳源同位素特征，其形成与成岩过程中有机质演化形成介质中富脱羧基作用有关，沉淀温度相对较高，沉淀时间为早成岩阶段 B 期。

表 7-2 陇东地区长 8 砂岩胶结物氧、碳同位素分析数据表

井号	测试组分	$\delta^{13}C$/‰，PDB	$\delta^{18}O$/‰，PDB
西 35	砂岩方解石胶结物	-7.85	-19.094
宁 17	砂岩方解石胶结物	-4.008	-19.069
庄 19	砂岩方解石胶结物	-8.087	-20.009
木 7	砂岩方解石胶结物	-0.883	-17.327
庄 19	砂岩方解石胶结物	-4.972	-20.502
宁 8	砂岩方解石胶结物	-5.604	-19.461

研究区长 6-长 8 油层组中的岩屑主要有来自盆地基底的古生界和震旦系的碳酸盐岩岩屑，以及盆地外围造山带的古老变质岩岩屑和岩浆岩岩屑。①在准同沉积期及早成岩阶段，砂岩中碳酸盐岩岩屑直接溶解为砂岩沉积物提供了碳酸盐胶结物组分，形成了泥微晶结构方解石胶结物，也有人称为同沉积的湖相内杂基的组成部分；②晚成岩阶段 A 期，来自变质岩和岩浆岩碎屑中的暗色矿物和浅色矿物，在水化作用下变质岩、岩浆岩岩屑的铝硅酸盐矿物中先后析出碱金属离子（K^+，Na^+）和碱土金属离子（Ca^{2+}，Mg^{2+}）等，为方解石胶结物的沉淀提供了丰富的物质基础。一方面，早期生成的方解石胶结物进一步结晶为中到粗粒状并嵌晶式分布在颗粒之间；另一方面，在早成岩阶段 A 期形成的方解石胶结物进一步在早成岩阶段 B 期经历与铝硅酸盐的水化作用，研究区有机质热演化以及煤氧化形成的酸性流体使 pH 降低，但在埋藏条件下，长石等铝硅酸盐溶蚀又使 pH 升高，导致方解石的沉淀，发生有机酸对铝硅酸盐矿物的溶蚀及黏土矿物的转化作用生成铁方解石胶结物。在 B 期形成斑块镶嵌式含铁方解石胶结物，它们不仅充填于原生孔隙，还沉淀结晶于骨架颗粒溶蚀形成的次生孔隙中，成因机理与有机酸对长石等铝硅酸盐矿物的溶蚀作用和黏土矿物的转化作用有关。可见，铁方解石胶结物的物质来源除长石溶蚀外，还有由黏土矿物转化所提供的 Ca^{2+}，Fe^{3+}，有机质热成熟过程中产生 CO_2，使流体的 pH 降低，长石等铝硅酸盐溶蚀又使流体的 pH 升高，导致方解石沉淀，这是在薄片中观察到长石溶蚀的同时，也观察到大量方解石胶结物沉淀的原因（图 7-1，图 7-2）。

根据自生矿物占位关系和组分特征分析，显微镜下砂岩中也发现有晚成岩阶段 B 期形成的方解石，主要为斑块状沉淀结晶的自生（含铁）方解石（图 7-1），在长石溶解后溶蚀孔隙中沉淀结晶，也可以出现在石英加大边之后，占据长石溶解空间，也分布在残余粒间孔隙中。组分中含有少量铁，其矿物同位素分析显示，$\delta^{13}C_{PDB}$值在 14.2‰～-2.1‰（大多数样品都在-8.5‰以下），显示了有机碳的影响；$\delta^{18}O_{PDB}$值在-12.6‰～-3.6‰，多数样品小于-11.8‰，沉淀温度较高，多数样品大于 80℃小于 95℃，少数样品大于 95℃，推测胶结物物质来源主要与深埋藏条件下成岩演化中有机酸对长石砂岩中铝硅酸盐矿物的溶解以及杂基、上下层与夹层泥岩中黏土矿物转化有关。虽然总体含量较少，占胶结物的0.5%～1%，主要见于马岭油田长8_1小层砂岩中，分布局限并且不均，但对局部储层具有堵塞孔喉、降低孔渗性能，形成非均质性的破坏性作用。

图7-1　白136井长6_3砂岩铁方解石胶结（A）和铁白云石胶结（B）

图7-2　元301-59井长6_3砂岩铁方解石胶结（A）和铁白云石胶结（B）

3. 白云石及铁白云石胶结物组分特征与成因

平面上，来自西南物源的碳酸盐岩岩屑和碳酸盐胶结物多（附图46），长石含量相对较低，而来自北东物源控制，贫碳酸盐岩岩屑和碳酸盐胶结物，高长石碎屑，白云石含量也很低，但铁白云石含量高，表明其形成于有效压实作用之后的较晚成岩阶段；剖面上，由浅到深，白云石、铁白云石胶结物在砂岩中的含量随埋藏深度的增加而减少，颗粒之间以及孔隙中沉淀出的白云石氧同位素数据也证明，大气水在白云石的形成中起主要作用，同时也说明这些胶结物沉淀于低温环境（低于80℃）。部分砂岩中胶结物呈基底式分布，占用了大量原生孔隙度，表明沉淀胶结作用发生在有效压实作用之前，形成于成岩早期；铁白云石出现在方解石沉淀之后较晚的埋藏成岩阶，沉淀环境的温度较高。含铁白云石形成于100～120℃（埋深2600～2800m），铁白云石形成于120～130℃（埋深2900～3200m）。

含铁方解石和铁白云石部分是在延长组后期形成，与印支运动暴露时间间隔中、岩石有效压实之前由大气淡水（包括与煤层有关的酸性水）溶解早期奥陶系海相碳酸盐内源沉积物形成的有关，分布上不同层位与区带有明显差异（图7-3），其中华庆油田长6_3砂岩中铁方解石（附图47）含量高；马岭油田长8_1砂岩中铁白云石含量高。

另外，电子探针分析结果显示，白云石胶结物中$MgCO_3$含量变化在11.30%～37.86%，平均值为23.76%；$FeCO_3$含量为8.627%～23.82%，平均值为16.94%。与白云石胶结物共生的白云岩岩屑中的白云石的$MgCO_3$含量为45.59%～50.38%，平均值为48.84%；$FeCO_3$含量为0～2.63%，平均值为0.45%，可见白云岩岩屑由低铁白云石组成，具有沉积白云石特征，来源于古陆的奥陶纪地层。铁白云石胶结物$MgCO_3$含量为11.30%～31.63%，平均值为19.31%；$FeCO_3$含量为13.00%～23.82%，平均值为

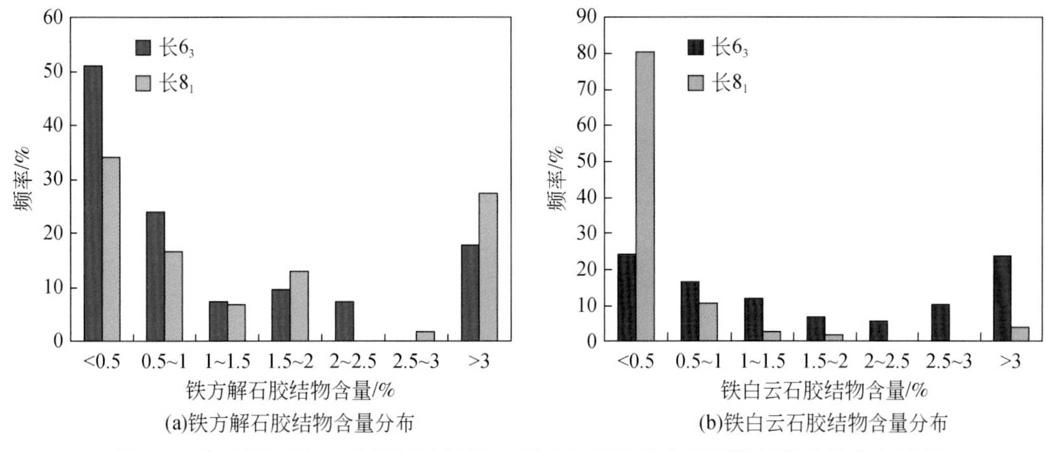

图 7-3 华庆油田长 6_3 和马岭油田长 8_1 铁方解石和铁白云石胶结物含量分布频率

20.49%。与研究区东北相邻的白豹地区铁白云石胶结物的 $MgCO_3$ 含量为 13.10% ~ 37.86%，平均值为 27.14%；$FeCO_3$含量为 15.33% ~13.03%，平均值为 14.35%。此外，铁白云石中高 Fe 含量和较低 Mg 含量以及铁白云石胶结物含有一定数量的 Na、Sr 和 Ba 等元素，说明来源与古生界海相碳酸盐岩岩屑溶解有关。

4. 碳酸盐胶结物含量变化对储层物性的影响

华庆油田长 6_3 致密砂岩中方解石胶结物含量的分布特征表现为由北向南逐步递减，大多数方解石、铁方解石的胶结作用对储层物性起负面影响，这一变化特征一方面受控于物源组分和沉积成岩特征的影响，另一方面又影响储层的物性。物性统计显示，北部砂体孔隙度平均为 9.69%，高于南部砂体。沉积微相上，北部为三角洲前缘砂体，孔隙度平均为 9.86%；中部为砂质碎屑流沉积，孔隙度平均为 9.53%；南部砂体为浊流砂体，孔隙度平均为 8.67%，总体呈现由北向南砂体孔隙度降低的趋势。虽然高于其下的马岭油田长 8_1 砂岩，孔隙度平均为 7.5%。但长 6_3 砂岩渗透率平均仅为 $0.19\times10^{-3}\mu m^2$，低于长 8_1 砂岩渗透率平均为 $0.34\times10^{-3}\mu m^2$，说明长 6_3 砂岩很多孔隙是不连通且无效的，主要原因是砂岩具有非常高的杂基含量、较小的面孔率以及较小的粒间孔隙。显然，成岩对长 6_3 砂岩渗透率影响更大，而在长 6_3 砂岩中，方解石、铁方解石胶结物在岩石中的平均含量高达 3.53%，占胶结物总量的 30%，是含量最高的自生矿物。

碳酸盐胶结物不仅充填在原生粒间孔隙中，也充填在长石和岩屑溶蚀产生的次生孔隙内，由于方解石沉淀堵塞了大部分原生孔隙，因此降低了岩石的孔隙度和渗透率，从而使储层质量变差。特别是晚成岩阶段含铁碳酸盐发生连晶式胶结，使原生粒间孔隙度大幅降低。在碳酸盐胶结物含量与面孔率的投点图中（图 7-4），华庆油田长 6_3 致密砂岩中碳酸盐胶结物含量与面孔率呈负相关性，碳酸盐胶结物含量越高，面孔率越低，储层物性越差。

成岩时间上，不同阶段对储层的影响程度和方式不同。同沉积–早成岩期，方解石胶结物在岩石中的含量可达 20% ~30%，甚至更高，构成致密的钙质层，孔隙度小于 1%，渗透率小于 $0.1\times10^{-3}\mu m^2$，显著降低了储层的有效厚度，其含量在多数情况下与储层物性

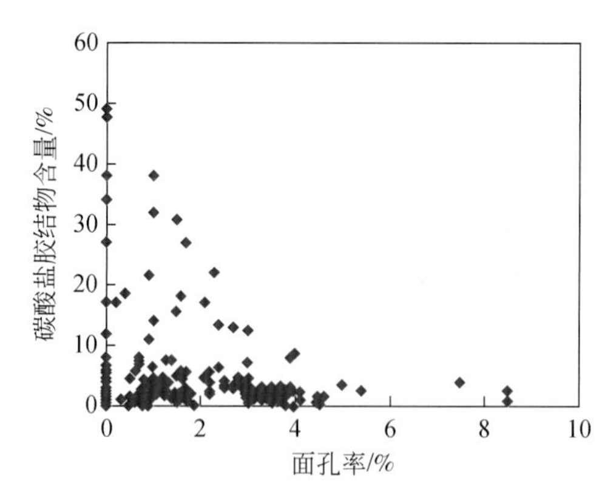

图 7-4　华庆油田长 6_3 砂岩碳酸盐胶结物含量与面孔率关系图

呈负相关（图 7-5，图 7-6），不仅是导致储层的非均质性的重要因素之一，对储层原生孔隙影响也最大。由于胶结作用为破坏性成岩作用，尤其是方解石的胶结作用。因为含量较高方解石胶结物占据原生孔隙及骨架颗粒溶蚀形成的次生孔隙，其沉淀作用必然降低储层质量。根据成岩恢复，可以计算对颗粒之间原生孔隙的影响，钙质胶结物含量与增减孔量计算，对于原生孔隙减量影响明显（图 7-7）。

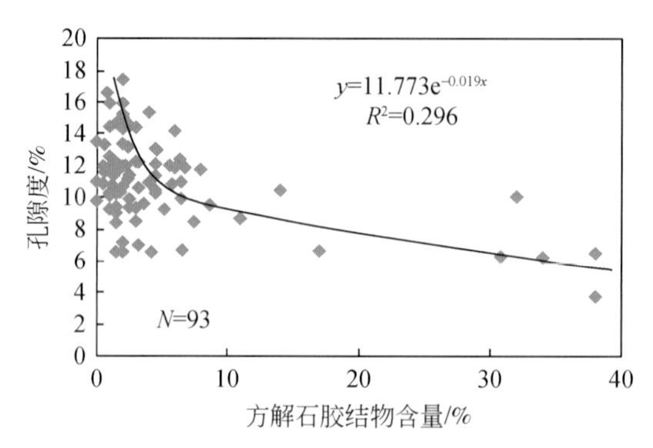

图 7-5　马岭油田长 8_1 砂岩方解石胶结物量与孔隙度关系

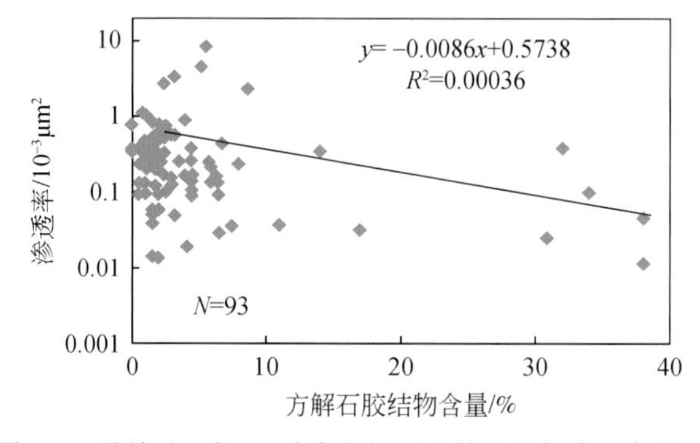

图 7-6　马岭油田长 8_1 砂岩方解石胶结物量与渗透率关系

晚成岩阶段 B 期形成的方解石，主要为斑块状沉淀结晶的自生（含 Fe）方解石，由于出现在石英加大边之后，沉淀结晶长石溶解后的溶蚀孔隙中，占据长石溶解空间，所以

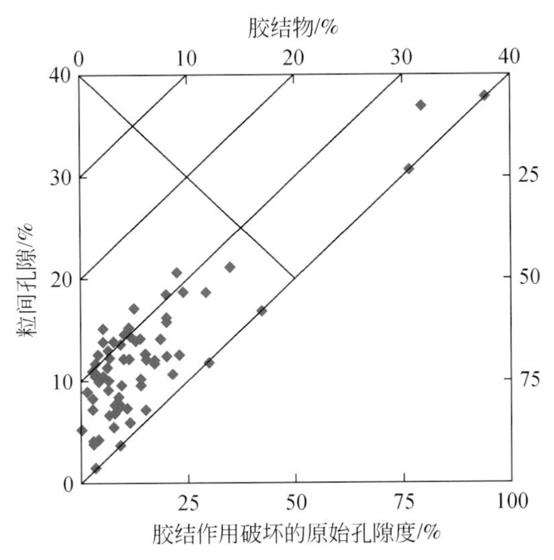

图 7-7　马岭油田长 8_1 砂岩钙质胶结物含量与增减孔量计算

对孔隙影响大，如马岭油田长 8_1 砂岩部分孔喉中充填少量自生铁白云石。(含 Fe) 方解石与铁白云石多为斑块状不均匀充填孔隙，对面孔率影响较小，但总体与渗透率呈负相关性，但相关性不强（图 7-8）。

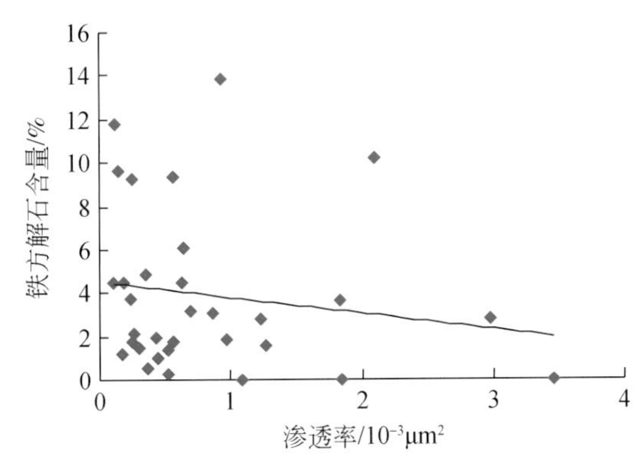

图 7-8　马岭油田长 8_1 砂岩铁方解石含量与渗透率的关系图

空间分布上，受地层水作用，致密段常出现在砂（水）层顶部，因为富含 Ca^{2+} 的孔隙流体向上运移沉淀。喉道极细，渗透率很低。其中铁方解石，富含 Fe^{2+}，分布广，含量为 1% ~2%，高值区分布在白 213 井–庙巷–华池、白马–元城；铁白云石含量分布面积也较广，含量为 0.5% ~1.5%，分布范围广，高值区主要分布在白 280 井–温台–悦乐及乔河一带。

二、硅质胶结物成因类型、产状与微观结构

1. 硅质胶结物成因类型、胶结期次及其赋存产状

通过偏光显微镜、高分辨率扫描电镜观察发现，自生石英胶结形式包括次生加大石

英、孔隙充填自生石英、裂隙愈合自生石英和黏土矿物的硅化作用形成石英，延长组中最主要产出形式为次生加大石英和孔隙充填自生石英。其中石英次生加大常与压溶作用伴生，主要发生在骨架颗粒中刚性石英颗粒富集区的石英粒缘，石英加大往往使石英颗粒呈镶嵌状；成岩晚期形成因酸性环境长石溶蚀以及交代黏土杂基和黏土矿物转化产生的自生石英，多充填于残余粒间孔、溶蚀粒间孔和粒内溶孔中，晶粒大小不一，自形程度较高。常见的骨架颗粒包膜有黏土矿物（绿泥石、伊蒙混层）包膜和微晶石英颗粒包膜，微晶石英颗粒是指包在骨架颗粒表面的一层薄薄的成岩矿物层，它是成岩矿物自生过程的产物。由于镜下微晶石英难以观察，人们常忽视微晶石英对储层的保护作用，事实上，微晶石英的生成可以抑制大晶体石英的发育，多被认为对储层起到化学致密胶结作用。孔渗性好的储层与微晶石英的发育具有对应关系，差储层微晶石英含量为5%～12%，好储层中微晶石英含量为0～2%，微晶石英膜最佳厚度为0.1～0.2μm。根据已有资料统计的研究区低渗砂岩储层硅质胶结物量只有0.82%，且局部分布。

2. 硅质胶结物的组分来源与成因

据区域研究资料获悉，陇东地区的长6-长8油层组砂岩，现今埋深1800～2300m地下，成岩温度为80～120℃，具有硅质形成的物理条件。同时，砂岩中长石砂岩和岩屑长石砂岩占总岩样的80%～90%，其中长石砂岩占55%～75%，岩屑砂岩和长石石英砂岩仅占总岩样的25%～40%。另外，在长石砂岩中，无论是颗粒中、颗粒间填隙物，还是砂岩上下的泥岩中，含有1%～5%的火山碎屑、凝灰质夹层或者凝灰质组分，各地厚度不等，特别是与之相邻的长7更具有丰富的硅质来源。可见，砂岩组分中有形成硅质胶结物的岩石矿物以及地化组分基础。

马岭油田长8_1储层砂岩中，自生硅质胶结物的流体包裹体均一温度测定结果显示，硅质胶结物结晶温度分布在65～190℃，呈多峰特征，其中主要集中在65～80℃、90～110℃和110～150℃三个温度区间。成岩模拟研究表明，成藏期温度曾高达110～150℃。国内外相关研究表明，在上述温度和压力条件下，有利于有机酸的形成，同时也有利于硅质胶结物的产生。在研究区马岭油田长8_1岩石组分和结构复杂的砂岩中以及华庆油田长6上部地层中都很发育（图7-9）。

在电镜下可以看到，马岭油田长8_1部分砂岩的钾长石溶蚀形成的溶蚀孔中充填有自生石英、钠长石和伊利石等矿物，表明砂岩中长石溶解释放的SiO_2是硅质胶结物的物质来源之一。另外，硅质胶结物的包裹体测温数据显示，结晶温度为90～110℃的硅质胶结物样品几乎没有，而长石溶解的理想温度区间是80～120℃。研究区主要是长石含量较高的岩屑长石砂岩和长石砂岩，长石溶解释放的SiO_2是砂岩中形成硅质胶结物的重要来源之一。

砂岩中碎屑长石主要来源于高温条件下形成的火成岩和变质岩（300℃），成岩中长石因地层中压力、温度和流体化学性质改变而不稳定易发生溶解反应，尤其是钾长石遇到酸发生溶蚀，释放出了大量的SiO_2，反应式（7-1）和反应式（7-2）：

$$2KAlSi_3O_8\text{（钾长石）}+2H^++H_2O=\!=\!=Al_2Si_2O_5(OH)_4\text{（高岭石）}+4SiO_2\text{（石英）}+2K^+ \tag{7-1}$$

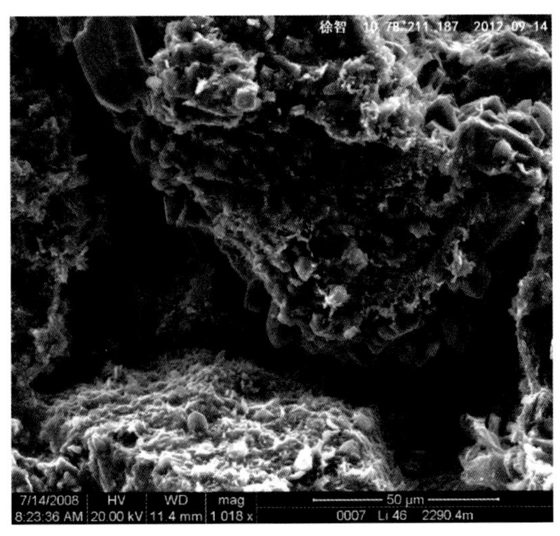

图 7-9　马岭油田长 8_1 砂岩中垂直石英颗粒表面生长的自生石英雏晶

$$3KAlSi_3O_8（钾长石）+2H^+ \!=\!=\!= KAl_3Si_3O_{10}（OH）_2（伊利石）+6SiO_2（石英）+2K^+ \quad (7\text{-}2)$$

显然，根据上述反应，随着砂岩以及相邻泥岩层埋藏深度增加及成岩演化加强，长石、火山岩屑以及凝灰质溶解均成为硅质胶结物的形成提供重要的硅质来源。长石溶解释放的 SiO_2 沉淀物进一步形成硅质胶结物的结晶温度范围主要分布在 80～120℃。

砂岩杂基以及相邻泥岩层中的黏土矿物转化释放 SiO_2。黏土矿物的转化主要是在蒙脱石或伊利石层含量相对较低的伊蒙混层向伊利石含量相对较高的伊蒙混层及伊利石的转化过程中进行。其中蒙脱石在砂岩中常常以渗透性黏土、胶结物、泥质内碎屑等形式存在，在泥岩中也普遍存在，虽然蒙脱石化学成分变化较大，但具有较高的 Si/Al 值。在碱性介质环境中，随着埋藏深度的加大，压力和地温不断增高，蒙脱石逐渐转化为伊蒙混层矿物，进而向伊利石转化，蒙脱石向伊利石转化的过程中会不断释放 SiO_2，Abercrombie 等曾提出了蒙脱石向伊利石转化化学反应式：

$$KAlSi_3O_8（钾长石）+蒙脱石 \longrightarrow KAl_3Si_3O_{10}（OH）_2（伊利石）+SiO_2（石英）\quad (7\text{-}3)$$

上述砂岩内蒙脱石向伊利石转化反应，主要发生在中成岩阶段 A 期（古地温为 85～140℃），其中 110～130℃是黏土矿物转化的高峰温度区，140℃反应终止，蒙脱石消失。

根据流体包裹体均一温度测试数据，约 20% 硅质胶结物样品结晶温度在 110～140℃，黏土矿物 X 射线衍射分析则显示，研究区砂岩黏土矿物以伊利石和绿泥石为主，高岭石、伊蒙混层、蒙脱石含量很低，表明蒙脱石已大部分转化为伊利石，因此砂体内和邻近泥岩层的蒙脱石向伊利石转化过程中释放的 SiO_2 是孔后中自生石英形成硅质的主要来源之一。

在与华庆油田长 6_3 以及马岭油田长 8_1 砂岩段相邻的长 7 泥岩段中，蒙脱石等黏土矿物的含量显著高于砂岩内部，因此泥岩段中的黏土矿物转化往往比砂岩内部更加发育，释放的 SiO_2 更多，它们可以通过孔隙、微裂缝等通道进入相邻砂岩内部沉淀形成硅质胶结物，其结晶温度与泥页岩中黏土矿物转化的温度相比明显较低。

碎屑石英压溶作用释放的 SiO_2 是硅质胶结物物质来源之一，碎屑石英压溶作用释放的 SiO_2 沉淀形成的硅质胶结物与温度、压力、石英颗粒接触关系、石英颗粒含量等具有一定的相关性。其中温度主要影响 SiO_2 的溶解度及其溶解、运移和沉淀的速度，压力主要影响 SiO_2 的溶解度和石英颗粒的接触关系，石英含量高，有利于碎屑石英的溶解和硅质胶结物的形成。由于石英颗粒溶解和再沉淀，SiO_2 局部浓度梯度下的扩散作用可以导致净移动的发生，压溶作用溶解位置异常升高的 SiO_2 活性驱使硅质向低浓度区扩散。事实上，在偏光显微镜下直观现象表明，一定的温度和压力条件下，碎屑石英颗粒呈缝合线和凹凸接触，石英颗粒接触点可发生化学溶解并形成硅质胶结物。压溶作用主要控制因素为温度、压力和碎屑石英含量。

薄片资料统计表明，在研究区长 6_3 和长 8_1 致密砂岩中，随碎屑石英含量（附图 44）增高，硅质胶结物含量有增加的趋势，与华庆油田长 6_3 相比，马岭油田长 8_1 砂岩硅质胶结物含量高（图 7-10），砂岩中石英次生加大含量也随着石英颗粒接触关系的增强逐渐增加。特别是碎屑石英含量在 50% 以上的长石石英砂岩，硅质胶结物平均含量为 0.8% ~1.2%，明显高于硅质胶结物含量平均值 0.5%。在长 8 深埋藏下以及西部构造强作用带，石英颗粒之间多以线接触–凹凸接触为主，石英颗粒间压溶作用明显。虽然长石砂岩中石英含量总体相对较低，但碎屑石英压溶作用释放的 SiO_2 仍是硅质胶结物的重要硅质来源，砂岩中石英骨架颗粒含量越高，石英压溶作用释放的 SiO_2 胶结物越多。

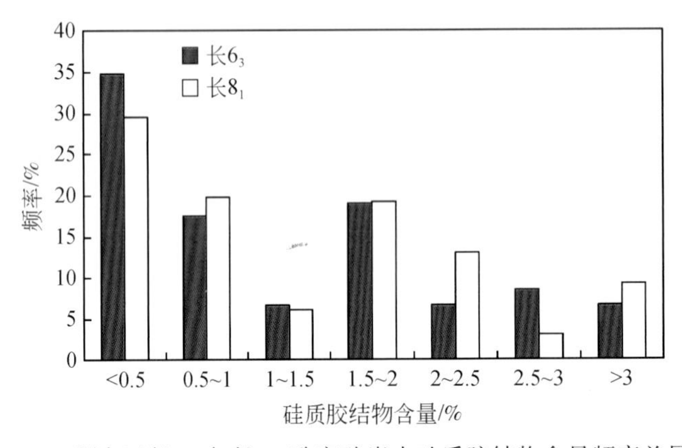

图 7-10　研究区长 6_3 与长 8_1 致密砂岩中硅质胶结物含量频率差异图

综上认为，研究区长 6、长 8 长石砂岩硅质胶结物的硅质分别源自砂体内部颗粒和填隙物和砂体外部相邻岩层。其中砂体内部分别包括：碎屑颗粒石英颗粒因压溶作用释放的游离硅；砂岩中易溶硅酸盐矿物溶解释放的硅，包括长石颗粒溶解释放的硅和杂基中黏土矿物演化释放的硅；砂岩颗粒、杂基中火山凝灰质在同生–早成岩阶段转化提供的硅；另一种硅质来自相邻的泥岩层中凝灰质及蒙脱石等黏土矿物转化释放的 SiO_2。其中最主要的来源是长石火山物质溶解和蒙脱石向伊利石转化过程中产生的硅质。

3. 硅质胶结物对储层孔喉微观结构和渗透性的影响

砂岩自沉积之后，埋藏过程中多种胶结成岩作用就不断地改变着沉积物的组分和结构，以至于影响陇东地区延长组长6-长8致密长石砂岩的储集性能和渗透性。其中受硅质胶结作用影响较强的砂岩，由于次生加大挤占原生粒间孔隙（图7-11），自生石英分隔并堵塞孔喉空间，所以孔隙度一般较低，平均值为1.35%～8.5%，主要为3.97%～6.22%，渗透率为0.015×10^{-3}～$0.18\times10^{-3}\mu m^2$，主要为0.02×10^{-3}～$0.12\times10^{-3}\mu m^2$，总体上较差，属于典型低渗-特低渗致密砂岩储层。

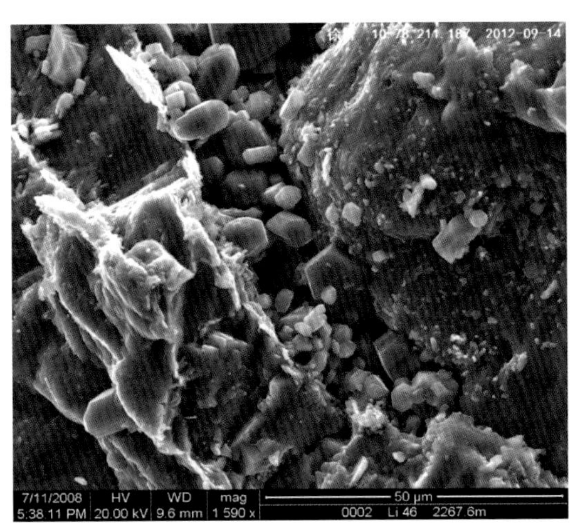

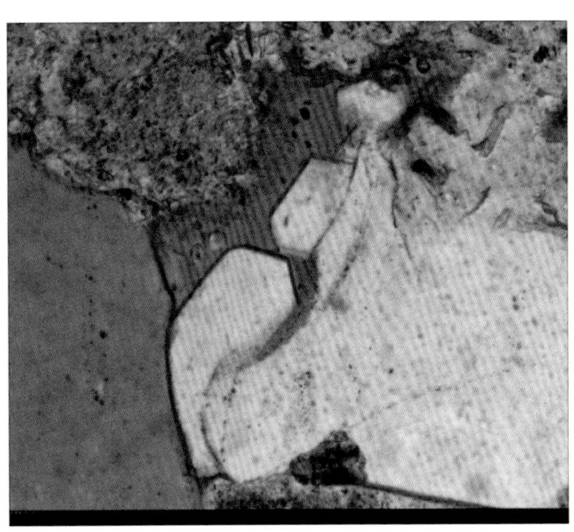

图7-11　里46井长8_1（左）和白411井长6_3（右）砂岩中石英加大产状及对粒间孔喉的影响

砂岩中硅质胶结物的不同赋存状态和包裹体均一温度特征显示，早成岩末期到中成岩初期，时间在150～120Ma，形成的包裹体均一温度较低，一般温度为70～90℃，硅质胶结物以石英次生加大和孔隙充填自生石英为主；中成岩阶段形成的硅质胶结物显示，硅质胶结物主要赋存状态为孔隙充填自生石英，少量呈石英次生加大边出现。压实作用一直持续到中成岩阶段B期，因此，早期少量分散存在的石英次生加大和大量的刚性颗粒，抵消了压实作用对原生孔隙破坏，对于储层原生孔隙的保存具有一定的保持性作用，但是由于岩石中各种成岩作用效应不均匀，在由压溶作用形成的次生加大边富集区，破坏残余原生粒间孔隙的连通性，硅质胶结物占据孔隙空间，缩小了储层孔喉道半径，降低了渗透能力，尤其是在孔喉中形成的自生石英晶体与其他伴生自生矿物占据了孔喉储集空间，堵塞、分隔大孔喉为多个小孔喉，改变了孔喉结构，降低了孔隙连通性，增加了孔喉结构复杂性，是砂岩储层致密化和形成储层微观非均质性的重要原因之一，也是对储层微观孔喉结构和渗透性影响最大的硅质胶结物方式。

有关储层中硅质沉淀、胶结以及对储层孔喉结构影响，不同成岩作用表现方式不同。一方面提高了岩石的机械强度和抗压实能力，并使孔隙在埋藏过程中被保存下来；另一方面改变了储层的孔隙结构，使砂岩储层的物性变差。由于在所有胶结物中，之前统计数据显示，硅质胶结物占比较小（0.82%），所以，依据普通偏光显微镜下统计的华庆油田长6_3资料，自生硅质胶结含量与面孔率的投点图中，自生硅质胶结含量与面孔率的总体相关性不明显（图7-12）。

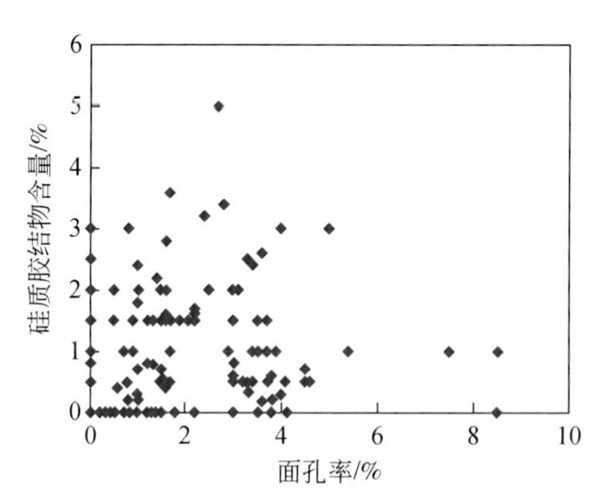

图 7-12 华庆油田长 6_3 致密砂岩硅质胶结物含量与面孔率关系

三、主要黏土胶结物矿物的产状习性、显微组构与孔喉微观变化

1. 黏土矿物种类和含量分布特征

在普通偏光显微镜下，能够识别华庆油田长 6_3 与马岭油田长 8_1 致密砂岩中颗粒之间填隙物中粒径小于 1μm 主要矿物成分包括黏土矿物、云母、石英、钾长石和少量微粒重矿物。其中黏土矿物是具有无序过渡结构的微粒质点含水层状硅酸盐矿物。它是研究区低渗储层中分布最广、含量最丰富的矿物，也是砂岩储集层最重要的胶结物和填隙物。黏土矿物按其成因可分为陆源和自生两类，与陆源黏土矿物相比，自生黏土矿物具有良好的晶形，不仅对砂岩起胶结作用，也可以改变孔喉微观结构和降低渗透性。本次对黏土矿物胶结物研究表征中，综合采用了长庆油田勘探开发研究院、中国地质大学（北京）、同济大学以及西安石油大学多家 X 射线衍射实验以及场发射扫描电镜，对共计 66 个黏土矿物样品进行了分析扫描，重点分析了孔喉中的自生黏土矿物微观特征以及对储层的影响。其中 X 射线衍射实验仪器采用日本理学（Rigaku）旋转阳极 X 射线衍射仪，仪器型号为 D-Max2400eSiers，Cu 靶，额定功率为 12kW，采用管压为 35kV、电流为 20mA，稳定性为 ±0. 03%，聚焦面积为 0. 5mm×10mm，测角仪直径为 185mm。试验过程中采用 $2\theta/\theta$ 联动扫描模式，扫描范围 3°～35°，扫描速度 2 °/min。实验执行我国石油天然气行业标准《沉积岩黏土矿物相对含量 X 射线衍射分析方法》（SY/T 5163—1995），采用 HP9000 工作站进行全自动数据处理。分析结果显示，在陇东地区延长组沉积物中，黏土矿物包括伊利石、绿泥石、高岭石、蒙脱石以及伊蒙混层 5 类，研究区伊利石相对含量为 2. 5% ～7. 5%，绿泥石为 2. 5% ～7. 5%，高岭石为 0. 5% ～1. 8%，伊蒙混层为 5. 8% ～7. 6%，绿蒙混层为2. 5% ～6. 6%（图 7-13）。具体组合分布差异既受周围陆地陆源输入种类（物源）、搬运途径、沉积环境气候条件的控制，也受成岩蚀变演化环境以及进程的影响，现今在陇东多源沉积区的时空上都有变化，不同区带分布差异性更明显。

在华庆油田长 6_3 致密砂岩中，伊利石、绿泥石、伊蒙混层是油气层中最为常见的黏

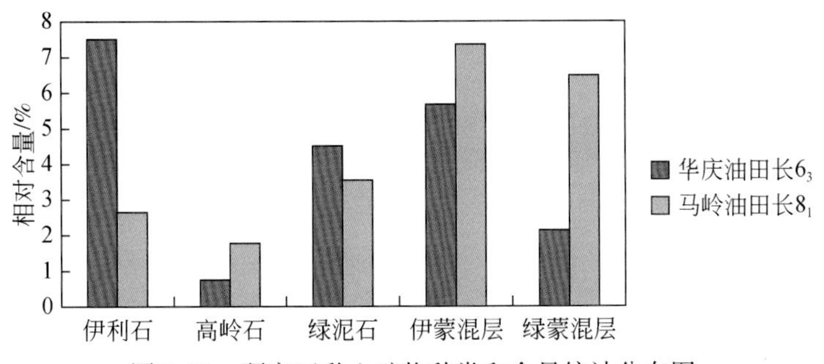

图7-13　研究区黏土矿物种类和含量统计分布图

土矿物（图7-13），而在马岭油田长8_1致密砂岩中，绿泥石、伊蒙混层、绿蒙混层含量较高，高岭石含量明显增加。砂岩富集绿泥石和伊利石指示了源于中-高纬度寒温带陆相气候沉积物经历了弱风化强度和深埋演化晚期易溶矿物蚀变，处于高温高压条件；在陇东地区东北部华池一带长7以及长6中高岭石富集，说明研究区黏土矿物在湿润温暖气候中形成，并且上层靠近古河道和风化面的淋滤与有机酸的化学作用较强；长7、长6广泛分布的火山凝灰质，在早期碱性介质中易于蚀变成蒙脱石，后期酸性条件下形成高岭石及绿泥石。在长8-长6剖面上，黏土矿物韵律式组合变化反映了沉积物来源地的气候分别具有东北较冷干或冷湿与西南温湿气候交替的变化。

2. 伊利石成因类型、生长习性及赋存状态

伊利石也称水云母，X衍射分析表明，是研究区延长组最常见的自生矿物，晶体结构与白云母基本相同，属于2∶1型结构单元层的二八面体型，单体呈二向延长的（弯曲）片状（长宽比<3）和一向延长的板条状（长宽比3～50）及纤维状（长宽比>50）。统计发现，研究区长6_3致密砂岩储层填隙物中普遍发育伊利石，平均含量高达8.2%，是最常见、含量最高的黏土矿物。

1）*伊利石产状习性、显微组构及分布规律*

由于研究区湖相长石砂岩中黏土矿物伊利石的形成过程条件和方式不同，伊利石化学成分复杂，有多种成因类型，在铸体薄片、高分辨率扫描电镜下，孔喉中有多种发育特征、结构产状和分布状态，常见的晶体结构有好也有差。表观上既有叶片蜂窝状、丝缕状毛发状、膜状伊利石生长在颗粒边缘（图7-14），也有丝缕状、绒毛状以团块式和拉丝搭桥式网状伊利石分布在粒间孔内和喉道中，其中颗粒间和孔壁边缘主要产状为杂乱分散片状；片状伊利石集合体近平行排列和似蜂窝状生长在颗粒边缘呈膜状，有利于长石、岩屑等易溶颗粒免遭破坏和粒间原生孔隙保存；孔隙喉道中主要分布少量丝缕状和搭桥状伊利石。白480井，2006.35m，长6_3砂岩粒间伊利石呈卷曲片状。

能谱分析表明，不同产状的伊利石Si/Al值具有明显差异性，颗粒间分散杂乱的及片状的伊利石Si/Al值分别为2.59和2.67；颗粒间伊利石在早期颗粒黏土膜基础上经伊蒙转化作用形成的片状伊利石以及未完全转化的伊蒙混层中的Si/Al值为2.3、2.6；似蜂窝状伊利石Si/Al值为1.92～2.18，孔隙中丝缕状、绒毛状以团块式和拉丝搭桥式伊利石Si/Al值为1.75～1.96。

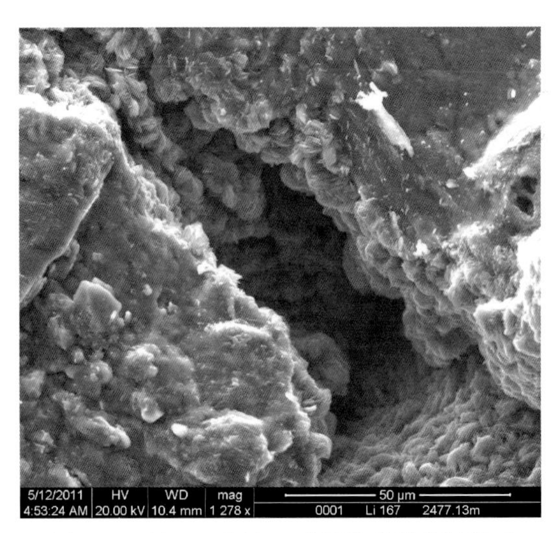

图 7-14　里 167 井长 8_1 砂岩孔壁膜状伊利石

$4.5K^{+}+8Al^{3+}+KNaCa_2Mg_4Fe_4Al_{14}Si_{38}O_{100}(OH)20H_2O$（蒙脱石）$\longrightarrow K_{5.5}Mg_2Fe_{1.5}Al_{22}Si_{35}O_{100}(OH)_{20}$（伊利石）$+Na^{+}+2Ca^{2+}+2.5Fe^{3+}+2Mg^{2+}+3Si^{4+}+10H_2O$

伊利石含量分布与储层沉积微相及颗粒结构相关，在研究区延长组长 6 和长 8 油层组中，不同沉积微相带，伊利石含量不同，三角洲前缘水下分流河道相以及河口砂坝分选较好的细砂岩中伊利石含量少于快速沉积的浊流相极细砂岩，表明沉积水动力是控制伊利石分布的重要因素。渗流实验进一步证明，在陇东地区长 7 和长 8 浊流沉积的极细砂岩中，伊利石是影响储层性能最主要的黏土矿物。薄片和粒度分析资料的统计表明，伊利石含量与砂岩粒度具有明显的负相关性，砂岩粒度越小、填隙物越多，伊利石含量越高。

黏土矿物组合变化具有古环境意义。气候特征为暖湿、热湿时，高岭石含量较高，伊利石含量较低；而位于冷干气候特征的层位，伊利石含量较高，高岭石则偏低。

2）*伊利石成因类型*

研究区的伊利石分为原生和自生两种类型：原生伊利石与陆源碎屑颗粒一起沉积，受沉积物源和构造条件控制，在强烈造山带或者盆地边缘，由于陆源区快速抬升、剥蚀，经历风化作用时间很短，黏土矿物组成往往富含伊利石；自生伊利石虽然是成岩期形成的伊利石，但一方面研究区伊利石平均含量的高低和产状类型受物质来源、沉积微相、粒度结构以及成岩条件控制，伊利石特征也产生相应变化（表 7-3）。另一方面，伊利石既可单独出现，也可与绿泥石及蒙脱石黏土矿物伴生，或者与石英铁方解石等其他自生矿物共生，在大量伊蒙混层的杂基中尤其如此，显然，伊利石成因与颗粒间黏土填隙物中蒙脱石的伊利石化有关，于是，按物质来源和分布，将陇东地区延长组储层中的伊利石成因类型可分为蒙脱石转化型、高岭石转化型和直接结晶型三种类型。

表 7-3　自生伊利石成因、转化过程与条件变化中的晶体形状

自生伊利石成因	转化过程与晶体形状变化
火山岩岩屑$\longrightarrow$蒙皂石+K^++$Al^{3+}$$\longrightarrow$伊利石	晶体结构差，蜂窝状、片状
钾长石溶蚀+K^++$Al^{3+}$$\longrightarrow$伊利石	溶蚀，晶体结构好、丝缕、片状网状结构
长石溶蚀$\longrightarrow$高岭石+K^++$Al^{3+}$$\longrightarrow$伊利石	晶体结构好，丝缕、片状、蜂窝状或搭桥状网状结构，充填粒间孔隙或少量溶孔，部分保留少量高岭石或伊蒙混层基体
蒙脱石$\longrightarrow$伊蒙混层$\longrightarrow$高岭+K^++$Al^{3+}$$\longrightarrow$伊利石	
云母+蒙脱石+K^++$Al^{3+}$$\longrightarrow$伊利石	黑云母发生水化水解，在富 K^+碱性条件下，促使蒙脱石通过伊蒙混层转化形成

（1）蒙脱石转化型伊利石化

该类伊利石在研究区华庆油田长 6_3 浊流相砂岩中常见，埋藏达到 1700～2000m 时，地温 90～120℃。地层温度一般不超过 120℃。研究区砂岩岩屑含量高，常见的有千枚岩（3.6%）、石英片岩（2.3%）和喷发岩（2.2%），且沉积时期火山活动频繁，西南物源区具有丰富的火山碎屑岩和凝灰岩，为形成早期蒙脱石提供了丰富的物质基础。

在长 6_3 砂岩中，随着埋深和温度的升高，蒙脱石将发生脱水作用。当温度达到在 70～100℃时，蒙脱石将普遍发生伊利石化。蒙脱石既可以是原生沉积的，也可以是早成岩阶段自生形成的，其转化过程分为固态反应和溶解–沉淀反应两种机理。在开放环境下，蒙脱石通过溶蚀–沉淀形成伊利石，而在封闭环境下，蒙脱石以固态反应机理形成伊利石。单从热力学角度来看，固态反应机理较溶解–沉淀反应机理更易发生，具体的转化机理可以通过对比先存矿物与伊利石的产状确定。固态反应机理是一个交代过程，故形成的伊利产状与先存蒙脱石相似，由原生蒙脱石转化形成的伊利石分布于粒间孔隙内，常呈他形分散片状，而由自生蒙脱石形成的伊利石则可呈蜂窝状。由于交代程度的非均质性，伊利石成分不均一。溶蚀–沉淀反应机理形成的伊利石产状与先存蒙脱石相关性差，可呈自形–半自形的假六边形、板条状和纤维状，属于开放环境下溶液结晶的产物，成分均一。

（2）高岭石转化型伊利石化

通常，在早成岩阶段，砂岩处于开放环境之中，孔隙流体内的 K^+迁移能力强，K^+浓度难以达到伊利石结晶的 K^+/H^+值范围。而在中成岩阶段至 120℃以前，有机质成熟释放大量有机酸，导致孔隙流体呈酸性，H^+浓度过大而达不到伊利石结晶的 K^+/H^+值范围，以形成高岭石为主。现今在华庆油田长 6_3 以上更高层位（特别是长 2–长 3）近出露区含煤系地层中，高岭石不仅含量高，而且结晶程度高，总体温度低于 120℃的地层难见高岭石发生伊利石化。当温度超过 120℃以后，伊利石的结晶速率明显增加，同时温度越高，孔隙流体逐渐转变为碱性，且达到伊利石结晶所需要的 K^+/H^+值也在减小，一旦达到伊利石结晶范围时，反应将快速发生，直到高岭石和钾长石两者中一种产物基本耗尽为止。在马岭油田长 8_1 储层中，可能有其他成因的高岭石（如大气淡水淋滤）。

研究区只有在埋藏已经达到 1800～2400m 的华庆油田长 6_3 三角洲前缘相分流河道相砂岩储层中，且地温接近或者超过 120℃时，高岭石才开始伊利石化（图 7-15）。热力学计算表明，砂岩成岩阶段钾长石与高岭石反应生成伊利石的结晶速率明显加快，先存蒙脱

石的伊利石化导致地层中自生伊利石急剧增加。能谱分析表明，发生溶蚀的是热力学上相对稳定的钾长石，而非易溶的斜长石。钾长石溶蚀时钾大量消耗。按反应，钾长石通过消耗 H^+ 发生溶解提供 K^+，K^+ 与高岭石反应又能够释放 H^+，产生的 H^+ 进一步溶解钾长石。

图 7-15　元 210 井长 6_3 砂岩高岭石转化絮状伊利石分隔充填孔喉

由于该类伊利石是在高岭石的基础上，通过钾长石溶蚀提供钾形成 1M 型伊利石，其分布明显受先存高岭石分布控制，常呈纤维状和搭桥状分布于残余粒间孔隙和长石溶蚀孔隙内。因为伊利石有（010）、（110）和（110）3 个生长方向，其中（010）面暴露有八面体配位的 OH-，易于与有机或无机功能团络合（如有机酸根），从而阻止（010）面的继续生长，基本都呈纤维状产出。高岭石化伊利石是快速结晶的产物，化学成分较均一。

（3）直接结晶型伊利石

此类伊利石形成是在埋藏深度较大、温度较高的条件，有外来富钾高温流体加入时，才可导致伊利石直接结晶，或蒙脱石与外来流体反应形成。伊利石分布与地层埋藏史无直接关系，主要受外来流体的波及范围控制，然而在长 6 和长 8 油层组中目前有关外来富钾高温流体存在与否尚无证据。但近年来越来越多研究成果间接表明研究区曾有过富钾热流体的充注，另外，研究区长 7 油层组中有高温热液沉积，火山凝灰质溶解也是溶液中大量钾的来源之一。因此，不能排除长 6_3 曾有直接结晶形成大量伊利石的地质条件。

3）伊利石生长习性对砂岩孔喉微观结构的影响

伊利石主要分布在原生孔隙边缘或者残余粒间孔喉中，铸体薄片和扫描电镜观察均发现，其中残余粒间孔喉中的伊利石往往与自生石英、铁白云石等共生（图 7-16），长石岩屑溶蚀孔中很少见任何形态的伊利石。薄膜状的伊利石贴附在孔隙表面，孔隙半径减小。发丝状、纤维状的伊利石容易被高速流体冲刷折断，运移后堵塞孔喉，使储层渗透率降低，发丝状伊利石使岩心比表面积增大，束缚水增加，储层有效孔隙半径减小（图 7-17）。由高才尼与尔曼导出的渗透率公式可知，储层渗透率与孔隙半径的平方呈正相关，孔隙半径微弱的减小，都会造成渗透率大幅降低。所以伊利石含量越高，储层渗透率和孔隙度越小。

华庆油田长 6_3 砂岩粒间以及孔喉中，伊利石含量往往与方解石和自生石英呈负相关

图 7-16　里 158 井长 8_1 砂岩孔喉中多种自生矿物

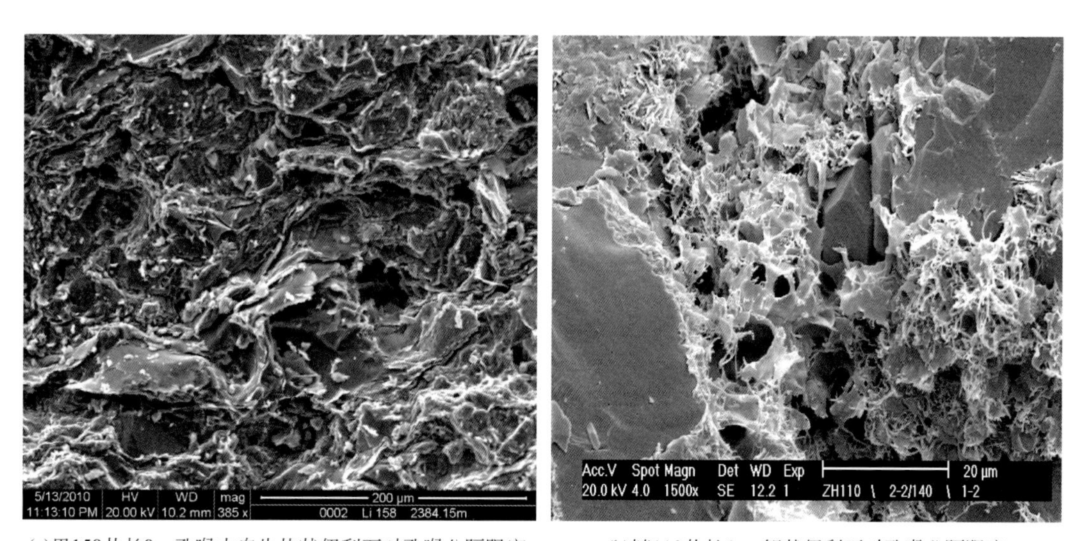

(a)里158井长8，孔喉中自生片状伊利石对孔喉分隔阻塞　　(b)镇110井长6_3，絮状伊利石对孔喉分隔阻塞

图 7-17　里 158 井长 8_1 砂岩孔喉中自生片状和镇 110 井长 6_3 砂岩孔喉中絮状伊利石对孔喉分隔阻塞

（图 7-18），尽管可以形成复杂的孔喉结构和晶间微孔，但总体含量与渗透率呈负相关（图 7-19）。

3. 绿泥石成因类型及赋存状态

绿泥石族层状结构硅酸盐矿物，化学成分复杂，元素组成为 Mg · Fe · Al [$(Si \cdot Al)_4O_{10}$] $(OH)_8$，晶体结构由带负电荷的 2 : 1 型结构单元层与带正电荷的八面体片交替组成，多型发育，常见单斜、三斜或正交（斜方）晶系，多型种类与其成分变化和形成条件有关。晶体呈假六方片状或板状，薄片具挠性，铸体镜下常以鳞片状或玫瑰花形集合体产出。颜色随含铁量的多少呈深浅不同的绿色。颜色浅绿色至绿黑色，深浅与二价铁离子

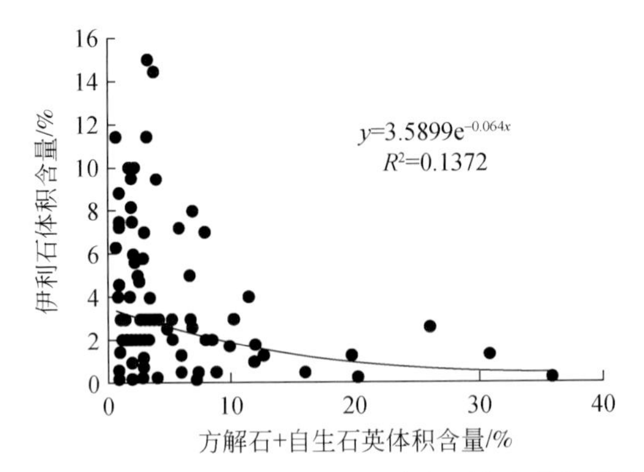

图 7-18　伊利石含量与方解石+自生石英含量相关性

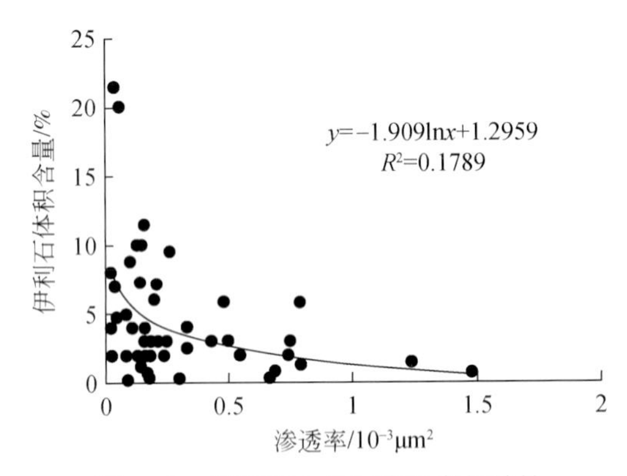

图 7-19　伊利石含量与渗透率相关性

(Fe^{2+}) 含量的多少有关，多者呈暗绿色，少者呈淡绿色，属于中、低温热液作用，浅变质作用和沉积成岩作用中的产物。据 Foster (1962) 的绿泥石分类方案，在陇东地区延长组长 6、长 7 和长 8 砂岩中，绿泥石为富铁种属，以铁镁绿泥石和铁斜绿泥石为主，少量铁叶绿泥石和鲕绿泥石，其中孔隙衬里和孔隙充填绿泥石以铁镁绿泥石和铁斜绿泥石为主，陆源碎屑绿泥石和蚀变绿泥石主要为铁镁绿泥石。Laid (1988) 根据绿泥石矿物中 Al/(Al+Mg+Fe) 来识别绿泥石与其母岩的关系，一般认为，由泥质岩蚀变形成的绿泥石比由镁铁质岩转化而成的绿泥石具较高的 Al/(Al+Mg+Fe) 值 (大于 0.35)。自生绿泥石的化学成分主要来源于泥质岩 (或黏土矿物转化)，陆源碎屑绿泥石的化学成分来源于镁铁质岩，而蚀变绿泥石的化学成分受泥质和镁铁质两类原岩控制，且镁铁质岩所占比例较大。

研究区延长组孔隙衬里绿泥石、孔隙充填绿泥石和蚀变绿泥石为典型的成岩绿泥石，但成岩绿泥石往往与其他类型层状硅酸盐矿物共生，与二八面体黏土矿物混层，目前镜下难以分离测试。

1) *砂岩中绿泥石成因类型与形成顺序*

研究区马岭油田长 8_1 砂岩中的绿泥石，以铁镁绿泥石和铁斜绿泥石为主，绿泥石按其成因分为陆源碎屑绿泥石、自生绿泥石和蚀变绿泥石三类：第一类是与陆源碎屑颗粒一起沉积的陆源他生绿泥石，主要以杂基形式分布于碎屑颗粒间，分散状、形态不自形，部分呈碎屑颗粒形式存在。由于与碎屑颗粒一起搬运沉积，主要分布于水动力较弱的沉积环境中，其 Fe、Mg、Mn 和 Al 含量高，Si、Ca 和 Al 含量低。因搬运和沉积过程中有过磨蚀，晶体形态不规则，边缘呈滚圆状或次棱角状，且埋藏过程中受机械压实作用改造常发生弯曲变形，但仍保留其原有的晶体结构和化学组成。第二类是在成岩期形成的自生绿泥石，是碎屑岩成岩晚期阶段的重要产物之一，在研究区长 6_3 致密砂岩储层填隙物中普遍发育、含量占比最高的黏土矿物之一。第三类蚀变绿泥石，一是辉石、角闪石、黑云母等富含铁镁铝硅酸盐碎屑的蚀变产物，二是在成岩中随温度压力以及孔隙水介质变化，早期沉积的长石、高岭石、伊利石矿物经水岩反应后形成产物。不同类型绿泥石的形成时间顺序依次为颗粒包膜绿泥石→孔隙衬里绿泥石→孔隙充填绿泥石，蚀变绿泥石的形成可贯穿于整个成岩阶段。它们的晶体化学特征、产状、分布规律、成因机制，以及对孔渗性能影响等方面有明显差异。

2）自生绿泥石晶体形态、产状及显微组构特征

砂岩中自生绿泥石常以集合体胶结物形式产出，高分辨率镜下自形程度高，形态完整，边缘清晰可辨。根据其晶体排列方式及与碎屑颗粒的接触关系，将赋存状态分为碎屑颗粒包膜、孔隙衬里以及孔隙充填、易溶矿物岩屑颗粒蚀变绿泥石四种类型。

（1）碎屑颗粒包膜绿泥石

碎屑颗粒包膜绿泥石是研究区最为主要的产出方式，广泛分布，在颗粒黏土包膜基础上生长发育，包膜厚度一般不足 1μm，其中陇东地区马岭油田长 8_1 的含量高于华庆油田长 6_3（图 7-20），电子显微镜下自生绿泥石形态有叶片（针）状和绒球状两种状态分布在碎屑颗粒表面，场发射显微镜下单个绿泥石晶体很小，晶形不完整，呈不规则片状。绿泥石膜通常呈双层结构，里层环边状胶结物致密，外层绿泥石晶形好，呈树叶状或针状，晶体延长方向在碎屑颗粒与孔隙接触处垂直或斜交于碎屑颗粒表面（图 7-21）垂直于环边层向孔隙中生长，而在相邻碎屑颗粒接触处平行于碎屑颗粒表面分布，表明其形成时间较早，早于碎屑颗粒相互接触的初始压实阶段，主要形成于同生成岩阶段。

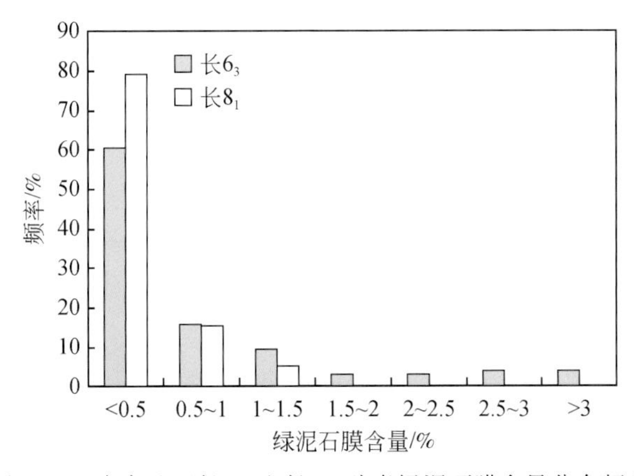

图 7-20　陇东地区长 6_3 和长 8_1 砂岩绿泥石膜含量分布频率

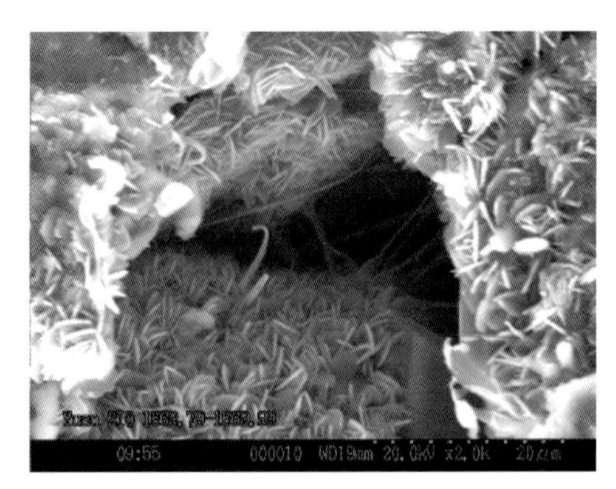

图 7-21 华庆油田元 210 井长 6_3 砂岩中针状绿泥石膜

研究区延长组自生绿泥石的又一主要产出形式是自生绿泥石垂直孔壁叶片状生长，而在相邻碎屑颗粒接触处不发育。场发射电子显微镜下，单个绿泥石晶体呈叶片状垂直于碎屑颗粒表面向孔隙中心方向生长，且由碎屑颗粒边缘向孔隙中心方向自形程度逐渐变好，叶片增大变疏，厚度一般为 5～15μm。阴极发光下孔隙衬里绿泥石一般不发光或发棕褐色光，少部分发亮绿色光。

（2）孔隙衬里绿泥石

孔隙衬里存在的自生绿泥石有时也表现为环边形式，偏光显微分析发现，孔隙衬里绿泥石可分为明显不同的 3 个期次：早期的孔隙衬里绿泥石在单偏光下呈淡绿色；中期的孔隙衬里绿泥石因受油气浸染，单偏光下呈黄褐色；晚期的孔隙衬里绿泥石在单偏光下又表现为淡绿色。电子探针分析结果显示，孔隙衬里绿泥石含较高含量的 Fe 和 K 及较低含量的 Ca 和 Mg，从碎屑颗粒边缘到孔隙中心方向，Fe、Mg、Al 和六次配位阳离子总数逐渐增加，K、Si、Al 含量逐渐减少。在铸体薄片中，孔隙衬里绿泥石只分布于铸膜孔边缘，而在长石或岩屑的粒内溶孔中未见，表明其形成要早于溶解作用的发生。

依据上述诸多微观特征判断，孔隙衬里绿泥石从早成岩机械压实作用过程中碎屑颗粒相互接触开始，持续到早成岩阶段晚 A 期自生石英雏晶沉淀之后，形成温度经历早期的 20～40℃和 70～80℃多个阶段，与之对应的埋深分别为小于 1000m 和 2000～2500m。

（3）孔隙充填绿泥石

研究区长 6、长 8 砂岩孔喉中充填的绿泥石（附图 45），含量少，晶体大，自形程度高，晶体延长方向和碎屑颗粒表面无明显的垂直或平行关系，多个绿泥石晶体聚合在一起呈绒球状分布在孔喉之间，叶片之间有的边与边接触，有的边与面接触。电子探针分析结果显示，自生绿泥石的 Fe、Mg 和 Al 含量低，Si、Ca 和 Al 含量高。电子显微镜下，孔喉中呈玫瑰花状（图 7-22）、绒球状或分散片状三种形式发育生长，主要充填于孔隙衬里绿泥石胶结后的残余原生粒间孔中（图 7-23），其次为次生溶孔中，形成晚于中成岩阶段 A 期晚期自生高岭石胶结物和自生石英雏晶的沉淀，是致密砂岩储层中堵塞喉道、分隔孔隙、降低渗透率的主要因素之一。

（4）易溶矿物岩屑颗粒蚀变绿泥石

易溶矿物岩屑颗粒蚀变绿泥石主要由辉石、角闪石、黑云母等富铁镁铝硅酸盐矿物沉

积后受温度、压力及流体等多种因素影响，尤其是地层水的作用后绿泥石化形成，蚀变绿

图7-22　镇346井长8_1砂岩孔喉中高铁玫瑰花状绿泥石

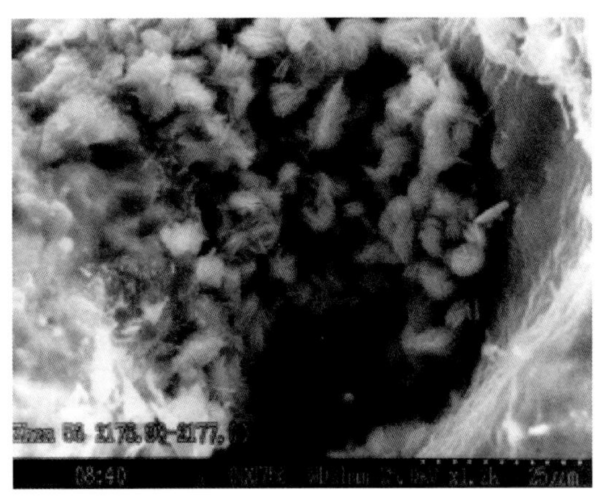

图7-23　镇53井长8_1砂岩孔喉中绒球状绿泥石

泥石具较高含量的Fe、Mg和Al，较低含量的Si、Ca和Al。形成过程长，贯穿于整个成岩阶段。沿黑云母的边缘、解理和中心进行交代，并保持黑云母的假象。不同黑云母颗粒或同一颗粒的不同部位，因绿泥石化程度不同，偏光显微镜下显示出明显差异，一般随绿泥石化程度增强，黑云母的颜色由黑褐色向黄褐色再向淡绿色渐变、干涉色由二级黄向一级灰白渐变或表现为绿泥石的异常蓝干涉色、一组极完全解理由清晰可见到逐渐消失、消光性质由十分规则的平行消光过渡为典型的波状消光。扫描电镜下，原先的黑云母片状结构体被一个个紧密排列的针叶状绿泥石取代，部分自生绿泥石呈绒絮状或者蚕丝状分布在粒间孔隙中。这些细小的绿泥石晶体大致按原黑云母解理面的延伸方向展布，致使黑云母片体间的间距加大变宽，体积膨胀。

3）自生绿泥石矿物空间分布规律

自生绿泥石主要形成于富铁镁的碱性环境，形成绿泥石铁镁来源有三种：一是河流溶解铁镁的不断注入、咸水盆地的絮凝沉淀及成岩过程中的溶解；二是同沉积富铁镁岩屑的水解，水解作用可造成铁镁等金属阳离子的析出；三是相邻泥岩压释水的灌入，延长组为典型的砂泥岩互层，成岩过程中泥岩层向相邻砂岩层排放出具丰富铁镁离子的压释水。受沉积微相、成岩相、砂岩成分和结构等方面控制，不同类型绿泥石分布规律各异，绿泥石矿物空间分布与产状有一定关系。

颗粒包膜和孔隙衬里绿泥石，其所需铁镁物质由同沉积絮凝含铁镁沉积物溶解提供，与母岩区物源特征有关，主要见于来自西南秦岭区辫状河三角洲，主要发育在水动力较强的前缘水下分流河道和分流河口砂坝砂体的中心部位。岩石类型以长石岩屑砂岩为主，岩屑长石砂岩次之，且颗粒粒度越大，分选越好，越有利于其发育，以及长6_3和长7凝灰质富集层（区）砂体；孔隙充填绿泥石的分布受控于砂岩结构，孔隙水铁镁质元素来源，砂岩粒度越大、孔喉结构越好越有利于其发育，所需铁镁物质由泥岩压释水以及来自临近或者本身内部富含火山凝灰质溶解物提供，成岩相为绿泥石胶结-长石溶蚀相和弱压实-绿泥石胶结相。

4）矿物颗粒蚀变绿泥石的成因机制与空间分布

蚀变绿泥石是由中基性火山岩、千枚岩、片岩和黑云母碎屑蚀变而来，由于中基性火山岩中辉石、角闪石、黑云母等碎屑富含 Fe、Mg 和 Ti，尤其是黑云母含量最高。蚀变绿泥石较自生绿泥石富含 Fe、Mg，而 Ti 离子因与绿泥石矿物结构不相容，单显微镜下观察，常在蚀变绿泥石周围以富含 Ti 的矿物形式存在。

华庆油田长 6_3 砂岩中，蚀变绿泥石主要分布在粒度较小，角闪石、黑云母碎屑含量高的辫状河三角洲前缘水下分流河道砂体的边缘部位或厚层泥岩所夹薄层砂岩中，成岩相为黑云母强机械压实相。

5）不同生长习性的自生绿泥石对砂岩储层微观结构的改变

通常深埋藏条件下，影响储层砂岩孔隙结构的因素包括孔隙构成（如原生孔隙和次生孔隙的相对含量）、黏土矿物总量、黏土矿物类型、孔隙度变化等。在不同成岩阶段，自生绿泥石对砂岩孔隙的影响特征和方式不同。

（1）包膜、孔隙衬里自生绿泥石对储层原生孔隙的保护

沉积成岩初期，绿泥石包膜与储层原生孔隙具有关联作用，其形成与同沉积时期水动力条件关系密切，属于强水动力沉积条件的一种标志，主要发育于三角洲前缘水下分流河道和河口砂坝等微相中，具有较强的环境专属性，但绿泥石黏土膜保护砂岩孔隙能力有限。绿泥石膜发育的砂体物性较好，主要是由于强水动力条件下沉积的砂体本身岩石学特性所决定，与绿泥石膜关系不大。

包膜绿泥石沉淀是在长石溶解前较早成岩阶段发生，此时压实作用使颗粒点接触-线接触，而颗粒间的沉淀绿泥石犹如颗粒存在的缓冲软垫，大大降低了上覆载荷压实作用对早期颗粒粒间孔隙的破坏作用。另外，绿泥石沉淀后，会在埋藏成岩过程中继续生长，并持续到自生石英沉淀以后，会不断增加岩石的机械强度并平衡埋藏成岩过程中不断增加的上覆载荷，从而使砂岩的原生粒间孔隙和次生溶蚀孔隙得以保存。

（2）自生绿泥石包膜对储层原生孔隙的侵占与系统性缩喉

绿泥石包膜往往沿骨架颗粒表面垂直孔壁膜状生长，由网状绿蒙混层、毛毡状、叶片状绿泥石组成。虽然早成岩期绿泥石包膜以及随后自生的石英沉淀在降低压实作用对岩石粒间孔隙破坏、改善喉道分选性和非均质性，但同时铸体镜下看到，不仅明显增加了孔喉微观结构的复杂性，与之对应地系统性缩减了原生粒间孔径大小和喉道半径，减少了大喉道数量，而且增加孔壁糙面，增加吸附性和表面黏滞力，改变润湿性和敏感性，小孔隙颗粒比表面积大，单位时间内流体流速高。在白 252 井长 6_3 砂岩中，低铁绿泥石膜的保护作用，保留了原生粒间孔，该成岩相主要分布在三角洲前缘，一般孔隙度为 10% ~15%，渗透率为 $0.5\times10^{-3}\sim5.0\times10^{-3}\mu m^2$。其中长 6_3 低渗致密砂岩储层成岩相类型与孔渗分区的关系表明，原生孔隙分布与绿泥石薄膜相有一定对应关系。华庆油田长 6_3 砂岩绿泥石填隙物含量见附图 45。

（3）孔隙衬里自生绿泥石对储层原生孔隙的改造

晚成岩早期阶段形成的孔隙衬里式绿泥石，主要为片状集合体垂直分布在孔喉壁上。通过降低每个砂岩颗粒上单晶生长部位的数量来起到对石英胶结的抑制，造成绿泥石胶结

作用发生的地方少有自生石英生长，间接保护了砂岩孔隙。成岩后以剩余粒间孔、粒间扩大溶孔为主。孔隙度为 12% ~ 15%，渗透率大于 $0.5\times10^{-3}\mu m^{-2}$，粒间扩大溶孔≥50μm，孔喉平均半径为 35 ~ 50μm。绿泥石发育砂岩的孔隙度、渗透率显著高于埋藏深度类似，但不发育这类自生绿泥石的砂岩。所以，砂岩孔隙度大小以及渗透率变化会随着以孔隙衬里方式存在的自生绿泥石含量增加而增加。

在封闭成岩演化环境中，随着孔隙衬里上的绿泥石薄膜能够缓冲孔隙流体 pH 的变化，当保持石英颗粒表面甚至整个孔隙流体偏碱性时，可以抑制石英颗粒表面加大现象发育；在开放的高孔渗环境中，孔喉中流体运移频繁，硅质不断被及时带出，也可以减少自生石英雏晶的坐床和生长以及对孔隙衬里上的绿泥石薄膜的破坏。

（4）孔隙内充填的针叶、绒球、绒絮、蚕丝、玫瑰花状或分散片状绿泥石分隔堵塞孔喉，增加了孔喉微观结构不均匀性，降低了储层渗流性。

孔喉中呈玫瑰花状、针叶、绒球、绒絮、蚕丝状或分散片状等多种形式发育生长，主要充填于孔隙衬里绿泥石胶结后的残余原生粒间孔中。在孔隙度变化较小的情况下，随着孔喉中自生绿泥石含量的增加，喉道均值是减小的，同时各种类型喉道的数量，包括半径大于 0.075μm、大于 0.1μm 和大于 0.2μm 的喉道百分数都显著降低，而且相关系数绝对值都在 0.7 以上，明显改变了砂岩的孔隙结构，导致压汞实验中的排驱压力显著增加，中值压力增加，降低了退出效率，说明以孔隙衬里方式存在的自生绿泥石会堵塞或减小喉道。经压实作用后的绿泥石薄膜多在孔隙内形成孔隙内衬，呈细小鳞片状、针叶状，使孔喉缩小；当封闭的成岩环境中孔隙流体偏酸性时，绿泥石薄膜就不能抑制石英颗粒表面加大现象发育，自生石英雏晶的生长，自生石英雏晶生长会占据大量孔喉，并与自生绿泥石等矿物充填、分割、堵塞部分孔喉，既增加了孔喉微观结构不均匀性，也制约储层的渗流能力。

4. 高岭石成因类型及赋存状态

在华庆油田长 6_3 砂岩中，埋藏成岩过程总体上缺乏活跃的嗜酸性矿物，如高岭石和石英两种主要嗜酸性矿物中，高岭石含量几乎为 0，自生石英含量约为 1%；而伊利石和绿泥石含量相对较高，分别为 32.83% 和 51.83%。高岭石主要分布在马岭油田长 8_1。

1）高岭石的成分、晶体特征与成因类型

高岭石是砂岩储层中最常见的第三种自生黏土矿物之一，分为成岩自生高岭石和物源他形高岭石。自生高岭石发育通常伴随着长石的强烈溶蚀，是由孔隙水中酸性介质与长石反应，产生的铝离子和硅酸根离子达到过饱和，从孔隙中直接晶析而成。自生高岭石在形成过程中，由一个四面体和一个八面体按 1∶1 的层结构以 O–H–O 键相连，中间没有夹层的阳离子，因此在形成过程中，离子进入晶格的比例非常严格，其形态发育规则，单晶呈假六方片状，集合体呈书页状或蠕虫状，结晶度较高。在扫描电镜下可观察到自生型高岭石既有团块状分布在颗粒间，形状主要为书页状、蠕虫状、假六方板状、片状和扇形状，在高倍放大的条件下，晶体呈假六边形，且发育了为数众多的，直径约为数微米的晶间孔；也有以集质点形式填充于孔隙中，极少数为碎片状。扫描电子显微镜分析结果显示，

高岭石的 SiO_2 为 45.96% ~ 50.61%，Al_2O_3 为 39.08% ~ 41.33%，其他杂质大多在 0.6% 以下，比理想高岭石 SiO_2 = 46.5%，Al_2O_3 = 39.5%，总体较纯。

物源他形高岭石在母岩的风化阶段即可发生，然后在搬运过程中继承和发展，形成的高岭石为物源高岭石。由于会受到剥蚀、搬运和沉积作用的改造，原有的晶体形态将受到不同程度的破坏（棱角磨损）。在扫描电子显微镜下多位于颗粒表面，呈碎片状，结晶度低，棱角处磨损严重。

2）*高岭石矿物的晶体结构、空间分布与晶间微孔*

在酸性成岩环境中，自生高岭石由长石以及伊利石等矿物转化形成，通常有两种形式产出：一是团块集合体分布在颗粒之间的杂基中，单偏显微镜下在铸体薄片中可以清晰地看到结晶后的集合体形态有手风琴、蠕虫状以及书页状，晶体结构中密布晶间微孔隙，晶间微孔不仅数量可观，更重要的是由于它的存在，可以大大改善砂岩的孔渗性能，改变孔隙结构类型；二是分布在孔隙喉道中的高岭石晶体，不仅是长石溶解和次生孔隙发育的指示矿物，与其他自生矿物共生，影响或改变孔喉结构，降低渗流能力；三是随着成岩温度压力环境变化，以及孔隙水中 pH-Eh 性质改变，可以不断转化。陇东地区高岭石主要见于滨浅湖沼及三角洲平原分流河道濒临腐泥环境地层的砂岩，砂岩颗粒较粗，由于颗粒孔喉中流动的介质水受成岩时有机质形成的酸性介质作用，改变的 pH 大小，高 pH 溶液有利于高岭石结晶和稳定保存。

3）*高岭石对砂岩储层孔喉微观结构的影响*

对于研究区长 6–长 8 致密砂岩储层，成岩中自生的高岭石晶体集合体以及形成的晶间微孔喉更有意义。X 射线衍射和红外光谱的分析结果表明，研究区以发育高结晶度的自生型高岭石为主。手风琴、蠕虫状以及书页状的高岭石，与基质附着力小，晶间孔隙发育，层间结合力弱，在流体的冲刷下容易分散运移，堵塞喉道。在高 pH 溶液中，OH–依附于其表面，使晶层间斥力增大，易沿晶层方向裂成鳞片状微粒堵塞孔隙喉道。高岭石与碱发生化学反应会产生沉淀、形成绿泥石（图 7-24）和石英次生加大，堵塞储层孔隙，使渗透率降低。

5. 蒙脱石以及伊蒙混层成因机制及赋存状态

研究区延长组粉砂岩中黏土矿物 X 射线分析结果表明，蒙脱石（S）、伊利石（I）及蒙脱石伊利石化的中间产物伊蒙混层（I/S）黏土矿物三者之和占了黏土杂基中黏土矿物的大部分，可见蒙脱石是研究区延长组砂岩储层杂基中最重要的含水铝硅酸盐构成的黏土矿物之一。蒙脱石颜色或白灰或浅蓝或浅红色，颗粒细小，为 0.2 ~ 1μm，硅铝镁酸盐矿物晶体，结晶构造中八面体阳离子配位位置全部被阳离子充填，则称为三八面体片，理论化学成分为 SiO_2 占 66.72%，Al_2O_3 占 28.53%，H_2O 占 5%。蒙脱石化学成分含量不定，具胶体分散特性，在普通单偏显微镜下呈网状、毛毡状微晶集合体，高倍电子显微镜下为一种层状结构、片状结晶体（图 7-25），晶体属单斜晶系的含水层状结构硅酸盐矿物。在温暖气候条件或者高地温条件下，蒙脱石往往由火山物质或者钾长石矿物溶蚀沉淀物蚀变而成，有利的成岩环境易于完成蚀变反应，实现火山凝灰质火山物质在碱性介质中易于蚀变向蒙脱石转变，蒙脱石含量高且结晶度好（图7-25），推测为温和-潮湿的环境，以强烈的化学风化为特征。但蒙脱石又是准稳定的矿物，成岩演化中，当深埋藏富 K^+ 碱性介质时可以转化成绒球状绿泥石，分布在颗粒空间；当有机酸残余时也会进一步逆向向伊蒙混层或者绿蒙混层转化。

图7-24　元210井长 6_3 砂岩粒间高岭石转化绿泥石

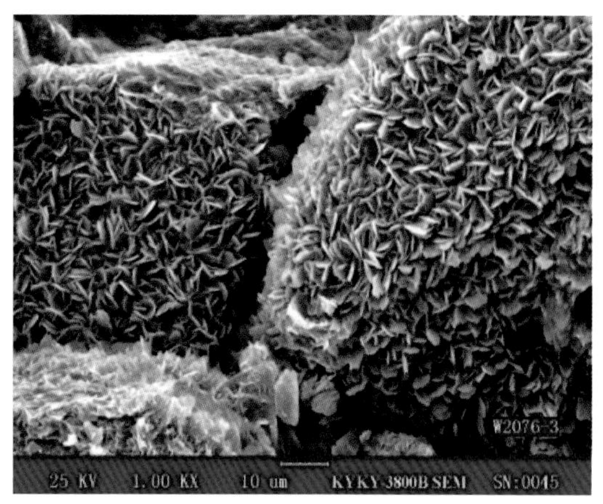

图7-25　庄146井长 6_3 砂岩颗粒表面毛毡状蒙脱石膜

第二节　胶结物中自生矿物成因序次与共生组合类型

一、胶结物中自生矿物成因序次

胶结物中自生矿物的赋存状态和种类是沉积物质与所处沉积成岩环境处于物理化学平衡时的产物，自生矿物共生组合面貌也是某一沉积成岩阶段物理化学条件的综合反映，也是延长组是低渗储层的重要成因因素和反映孔喉和成岩演化的标志。根据研究区16口井127个长石砂岩样品分析结果显示，长 6_3 和长 8_1 砂岩成岩演化遵循的序列顺序是：机械压实→早期黏土膜（绿泥石膜或蒙脱石膜）→石英次生加大Ⅰ期→方解石沉淀Ⅰ期→伊蒙混层和绿蒙混层→（浊沸石形成）→孔隙充填Ⅰ期伊利石及绿泥石形成→长石颗粒溶解Ⅰ期→自生高岭石形成→石英Ⅱ期加大→长石次生加大→自生钠长石→方解石弱溶→方解石溶蚀Ⅱ期→高岭石溶蚀→伊利石Ⅱ期充填→高铁绿泥石形成→含铁方解石（连晶）胶结Ⅱ期→晚期铁方解石充填→晚期白云石充填→后期溶蚀作用→石油Ⅱ期充注→石英、方解石脉形成。其中胶结物中常见的自生矿物有碳酸盐岩中的方解石、白云石、铁方解石、铁白云石，硅质（石英），黏土矿物伊利石、蒙脱石、绿泥石和高岭石以及黏土矿物混层。

二、自生矿物共生组合形式与分布差异

1. 自生矿物共生组合形式

陇东地区延长组长6、长7以及长8砂岩在上述演化顺序中，自生矿物形成时间不同，不同阶段和区带成岩物理、化学及地质环境决定了研究区胶结物中自生矿物有相对固定的共生组合关系，主要有以下四种组合形式。

1）*高岭石与自生石英、方解石、自生伊利石组合*

在研究区东北部白豹地区长6顶部砂岩中，成岩早期成岩条件转化过程中，高岭石的沉淀与长石的溶解有关，随着不稳定长石和易溶火山岩屑组分向黏土矿物高岭石转化，砂岩中长石减少，高岭石增加富集，自生高岭石含量高，高岭石晶间微孔隙发育，对应孔隙度、渗透率一般也较高。无论在平面上，还是纵向上，高岭石含量较高的层段或区块也是自生石英含量较高的层段或区块。

2）*孔隙衬里绿泥石、自形石英雏晶、浊沸石和方解石组合*

储层中绿泥石黏土膜发育的地方，自生石英一般以雏晶形式存在，绿泥石环边经常在溶解的骨架颗粒的边界上形成一种绿泥石环边包围孔隙的结构，特征类似于铸模孔，相应孔喉壁上呈孔隙衬里式分布。孔隙衬里绿泥石发育的砂体粒间孔隙中经常能发现连晶状分布的浊沸石和方解石胶结物，绿泥石可围绕自生石英生长，并逐渐包裹石英，说明绿泥石环边形成后继续生长的时间至少持续到了自生石英开始沉淀之后。

绿泥石生成后，随着埋深加大，相关物质（岩屑、火山物质等）进一步水解，孔隙流体pH不断升高，当CO_2分压较低时，就会有浊沸石沉淀，整个过程发生在有机质成熟以前，所以浊沸石发育的地方，都可见孔隙衬里绿泥石。孔隙衬里绿泥石发育的地方，由于形成绿泥石时偏碱性环境，石英易溶蚀，同期成岩的石英加大和硅质胶结不发育，但可见晚期的自形石英雏晶。

3）*绒球状自生高铁绿泥石、石英、铁方解石、钠长石组合*

晚成岩期自生高铁绿泥石多为绒球状绿泥石充填在粒间孔喉中，其形成顺序为早期绿泥石膜→自生石英→高铁绿泥石→自生钠长石。

4）*铁白云石、高铁绿泥石、沥青、方解石组合*

铁白云石是成岩晚期孔喉中的主要致密物，往往形成斑块状封闭，对微观非质性影响很强。

2. 自生矿物成分分布差异

（1）马岭油田长8_1砂岩颗粒细，杂基含量较高，塑性岩屑（泥岩岩屑或其他含泥质的岩屑）较多，但一方面由于砂岩中缺乏孔隙流体活动空间，长石的溶解和高岭石的沉淀是有限，另外，因较其他区带和层位埋藏深度大，相对压实作用强，地温高，部分生成的高岭石不稳定而进一步转化成伊利石或者绿泥石，所以伊利石和绿泥石是最主要的胶结黏

土矿物。高岭石含量与长石含量间相关性较差，粗砂岩相对好一些。

（2）华庆油田长6_3砂岩中，在砂岩颗粒之间沉淀的亮晶方解石、白云石等碳酸盐矿物和自生高岭石胶结物充填于孔隙衬里绿泥石胶结后的残余原生粒间孔中，且对孔隙衬里蒙脱石、伊蒙混层、绿蒙混层以及绿泥石进行交代，表明孔隙衬里中的蒙脱石、伊蒙混层、绿蒙混层绿泥石的形成要早于亮晶方解石和自生高岭石胶结物的沉淀。黏土矿物自生序列为毛毡状蒙脱石→网状伊蒙混层→蠕虫状高岭石→叶片状伊利石→丝缕状伊利石→绒球状绿泥石→搭桥式浮生绿泥石，其中，丝缕状、搭桥式浮生绿泥石分布是降低储层渗透率的因素之一。

（3）根据对比观察和统计结果发现，马岭油田长8_1砂岩在成岩中形成的自生石英与早成岩期在颗粒黏土膜基础上经伊蒙转化作用形成并分布在颗粒边缘的片状伊利石集合体具有相斥性，伊利石发育的位置，孔隙介质多为碱性环境，石英加大不发育或自生石英雏晶不发育，在石英加大和自生石英雏晶表面也无任何形式的伊利石出现；而在华庆油田长6_3储层中，由于酸性孔隙水作用，生长在孔喉中搭桥式分布的丝缕状伊利石则可以与石英共生，自生石英雏晶主要分布于孔隙衬里绿泥石胶结后的残余原生粒间孔中，有时也可见孔隙衬里绿泥石对自生石英雏晶的交代现象。

第三节　胶结物沉淀结晶、自生矿物生长及转化对孔喉微观结构的影响

通过对成岩产物利用偏光显微铸体分析、普通扫描电镜以及场发射扫描电镜分析，不仅能够区分胶结物中原生矿物、各种成岩作用产物生长结晶对原生孔隙的破坏，判断成岩过程产物在颗粒之间和孔喉中的占位方式、空间分布以及与颗粒之间的相互支撑关系，而且可以判断在孔喉内部产生微观结构的自生矿物引起孔喉微观结构构造变化以及形成的晶间微孔对孔渗的改善情况。

1. 早期沉淀胶结物结晶转化和迁移形成的大量微纳米孔，极大改善了孔喉结构

研究区延长组砂岩颗粒间胶结物常见沉淀方式有基底式、接触式和斑块状碳酸盐岩、颗粒边缘胶结物黏土矿物包膜状、石英成长石加大边，孔喉内有斑块状方解石、自生矿物以及残留有机质，在成岩早期，主体面貌对原生孔隙起破坏作用，属于不利因素。但在不同成岩阶段，因成岩环境转化、产状位置和生长方式不同，胶结物对孔喉结构的改变方式不同，影响的储集空间类型、作用孔喉位置以及对孔喉的改造强度不同，一方面常见有引起减孔缩径的孔壁贴膜胶结物，引起孔喉糙面并垂直孔壁丛式生长的衬里式自生矿物，分隔堵塞孔喉空间的绒球、花絮及拉丝搭桥状黏土矿物，挤占充填孔喉的斑块状方解石与铁白云石晶体；另一方面，高岭石（图7-26）、伊利石（图7-27）黏土胶结物矿物结晶形成了大量的晶间微孔隙，改变了类型和结构，增加了微纳米级孔隙和喉道数量，大大提高和改善了致密储层的孔渗性能。对于具体数量在第十一章有详细的量化计算方法和结果。

2. 孔喉内壁垂直生长的膜状自生黏土矿物有明显减径缩喉作用

在偏光镜下，华庆油田长6_3长石砂岩颗粒表面经常能够看到贴壁垂直生长的膜状自

(a)×200　　(b)×5000

图 7-26　元 210 井长 6_3 砂岩偏光镜下（a）和高倍电镜下（b）结晶高岭石形成的晶间微孔

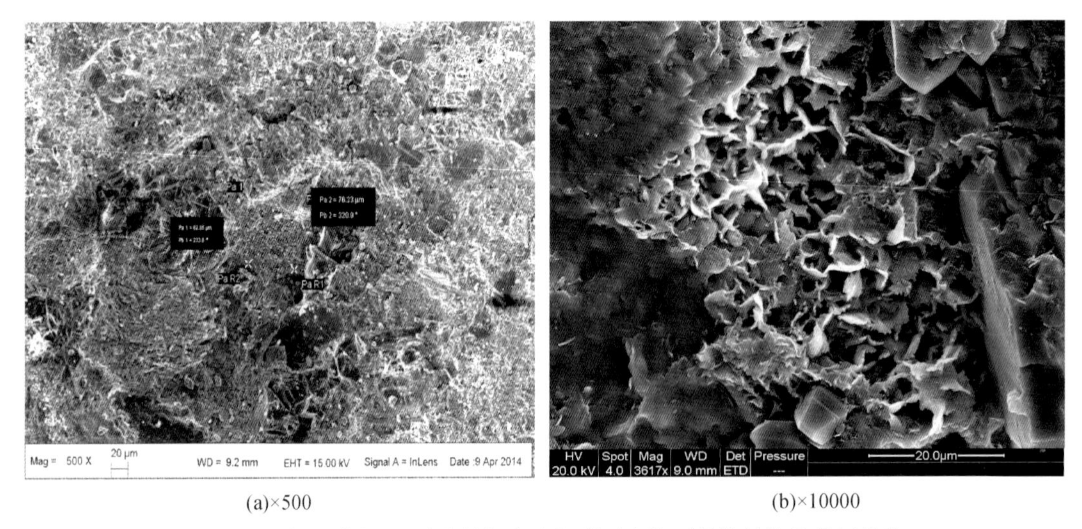

(a)×500　　(b)×10000

图 7-27　木 46 井长 8_1 砂岩粒间自生伊利石电镜下晶体结构及晶间微孔

生矿物集合体（黏土膜），而在高分辨率电镜下，膜状自生矿物集合体进一步显示为垂直颗粒（喉道壁）叶片状生长的低铁绿泥石（图 7-28）和伊蒙混层膜（图 7-29），不仅直接对原生孔隙和喉道进行缩径和缩喉，降低孔喉空间，而且在上述两个有绿泥石膜的剩余孔隙内以及石英加大后残留粒间孔中，成岩成藏过程中产生的酸性介质流体会进一步对长石和岩屑等易溶颗粒粒缘以及杂基等易溶组分溶蚀，导致骨架颗粒粒缘微结构复杂化。随着有机酸溶解作用增强和受烃运移影响，溶蚀物从酸性流体溶解物中析出的沉淀物结晶成铁方解石、自生石英（图 7-28），油气对自生绿泥石膜浸染，铁方解石充填在油浸染的自生绿泥石孔隙中，形成于自生绿泥石膜之后的铁方解石常与沥青一起充填堵塞孔喉，增加了孔喉内部微观结构的复杂性，同时也大大降低了渗透性能。

此外，成岩中在石英次生加大边以及与被加大的石英颗粒间，没有其他成岩矿物，表明石英加大直接增大了骨架颗粒粒度，同时减小了原生粒间孔隙和喉道。

图 7-28　元 210 井长 6_3 砂岩中早期绿泥石膜及自生石英

图 7-29　陇东地区长 6_3 砂岩中颗粒表面伊蒙混层膜

3. 孔喉中多种自生矿物结晶是微观结构改变和储层致密的重要因素

成岩演化中，在颗粒间以及孔喉中形成的自生矿物种类和生长方式较多，喉道内部丛状生长的石英（图 7-28）、蠕虫状高岭石、绒球状绿泥石、叶片状丛生或丝缕状搭桥式浮生的伊利石和绿泥石，既分隔、堵塞孔喉，减小喉道半径，也增加渗流通道迂曲度、渗流阻力，造成大孔隙颗粒比表面积小，单位时间内流量高，但流速低，改变了渗流性质，形成非达西流。

陇东地区午 66 井长 6_3 砂岩孔喉中自生铁白云石（图 7-30），白 123 井长 6_3 砂岩孔喉中的自生钠长石（图 7-31），里 167 井长 8_1 颗粒表面的绿蒙膜及孔喉中自生石英，不仅缩喉，而且可以形成糙面。黏土矿物集合体晶间，微纳米孔为主，孔喉平均半径为 4～30μm，其中纳米级孔（平均孔径≤0.9μm）≤50%，孔隙度为 5%～8%，渗透率为 $0.12\times10^{-3}\sim0.3\times10^{-3}\mu m^2$。镇 110 井长 6_3 细粒长石砂岩经历成岩后，自生黏土矿物对孔喉结构的影响最明显的是高岭石晶体增加了微孔隙，孔喉中自生伊利石对孔喉分隔阻塞，孔喉平均半径为 30～45μm。孔隙度为 8%～12%，渗透率为 $0.3\times10^{-3}\sim0.5\times10^{-3}\mu m^2$。可见沉淀结晶既影响孔喉结构，增加结构复杂度，也降低储层渗透性。

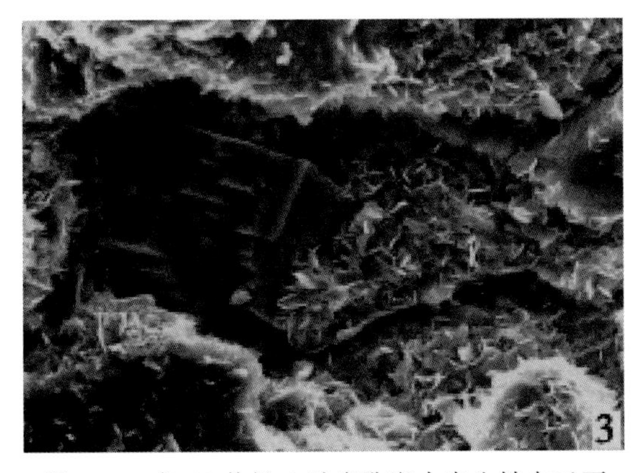

图 7-30　午 66 井长 6_3 砂岩孔喉中自生铁白云石

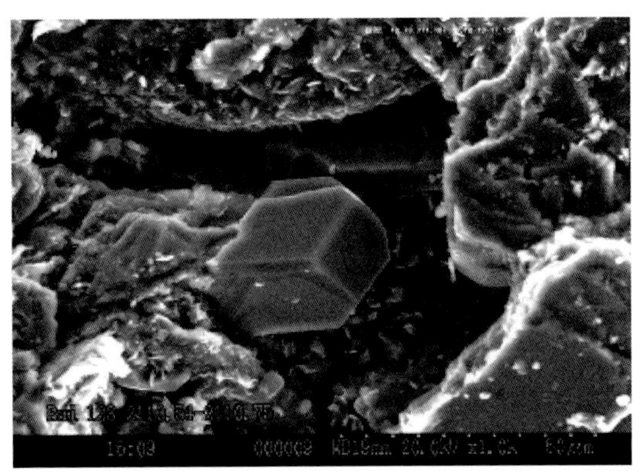

图 7-31　白 123 井长 6_3 砂岩孔喉中的自生钠长石

第四节　不稳定颗粒和胶结物选择性溶蚀迁移对孔喉微观结构非均质的影响

本书以陇东地区华庆油田元 210 井长 6_3 致密的细粒长石砂岩为例，通过综合运用扫描电子显微镜、电子探针、铸体微观实验以及包裹体测试技术，分析易溶长石、岩屑骨架颗粒及碳酸盐胶结物溶蚀、转化与迁移路径，以及沉淀结晶产物引起的孔喉微观结构改变特点。在微观孔喉中，自生矿物常见的生长顺序和组合形式有：①石英次生加大Ⅰ期→高岭石结晶→伊蒙混层→伊利石→自生石英；②早期绿泥石膜→石英次生加大Ⅰ期→长石溶解→伊蒙混层；③石英次生加大Ⅰ期→自生高岭石→伊利石充填；④早期绿泥石膜→自生高铁绿泥石→绿蒙混层→伊利石。

统计表明，华庆油田长 6_3 低孔超低渗致密长石砂岩中，长石溶孔和黏土矿物晶间微孔对次生孔隙的贡献率分别为 55.2% 和 32.5%，既是次生孔隙的主体，也是微纳米孔主体。孔喉结构与溶蚀强度有关，溶解物主要包括长石和方解石胶结物，其次为岩屑和黏土杂基。长石、岩屑以及碳酸盐胶结物的溶蚀不仅影响储层孔隙度（8% ~12%）和渗透率（0.1×10^{-3} ~ $10\times10^{-3}\mu m^2$），也对孔喉微观结构有明显改造作用。

次生孔隙是砂岩孔隙中最为重要的组成部分，研究区延长组次生孔隙主要由富含铝硅酸盐的长石、火山岩岩屑等最为常见的易溶骨架颗粒溶解形成，很多砂岩中次生孔隙的形成都是长石等铝硅酸盐溶解的结果。电子探针分析结果也显示，长石中钾长石被选择性溶蚀是形成岩石结构差异性的重要因素之一。在电子探针分析视域范围，存在石英、方解石、伊利石和绿泥石和反条纹长石等颗粒，反条纹长石中深蓝色是钠长石，浅蓝色是正长石，以 3μm 宽度有规律交生形成。骨架颗粒中长石含量越高，溶蚀孔隙含量也越高。但在相同条件下，不同长石种类遭受溶蚀的方式以及量不同。其中斜长石从边缘开始溶解形成锯齿状或港湾状，斜长石或钾长石的双晶结合面、破裂缝或边缘等也是溶解薄弱环节，强烈溶蚀可使长石整体溶解呈现为蜂窝状或渣状（图 7-32）。研究中分别统计计算了华庆油田长 6_3 长石含量（附图 41）以及 3 种常见长石溶蚀孔隙的含量（附图 42），结果显示长石中钾长石被选择性溶蚀是形成岩石结构差异性的重要因素之一（图 7-33）。

成岩过程中长石（火山凝灰质）与高岭石、伊利石、绿泥石之间的物质交换［见式（7-4）和式（7-5）］，也是导致粒内次生孔隙形成以及溶蚀迁移的过程。当然长石溶解是一个十分复杂的过程，涉及不同化学反应间的相互作用、与长石溶解过程有关的自生矿物的沉淀、系统的开放性和封闭性、元素的带进带出以及流体性质等多种因素，这些因素不仅控制了不同类型的长石的溶解方式，也显著控制了不同成岩阶段长石的溶解习性，当然也有完全不同的次生孔隙形成机制。在开放体系的成岩过程中，长石等铝硅酸盐溶解生成的水溶物将以扩散和对流方式迁移，且迁移速率通常都大于长石的溶解速率，长石溶解产生的钾离子会被迅速带走，很难达到伊利石沉淀反应所需的钾离子浓度的临界值，因而在开放体系中，通过长石溶解形成伊利石几乎是不可能的。大多数碎屑岩地层中与长石等铝硅酸盐溶解伴生的自生黏土矿物大都是高岭石而不是伊利石，煤系地层酸性物质的加入和与大气水有关的成岩条件则更有利于长石溶解生成高岭

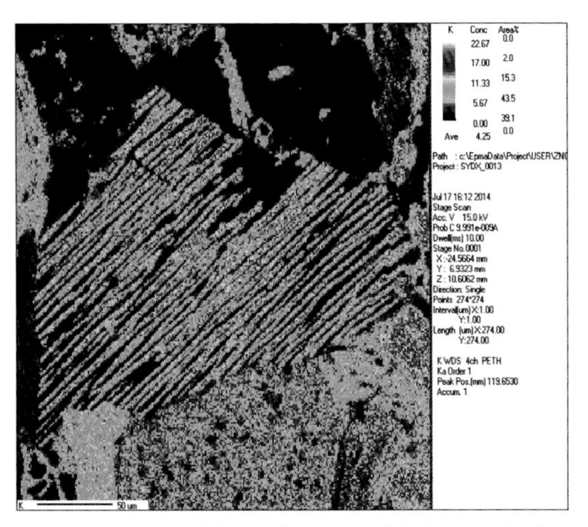

图 7-32　元 210 井长 6_3 条纹长石中钾长石选择溶蚀

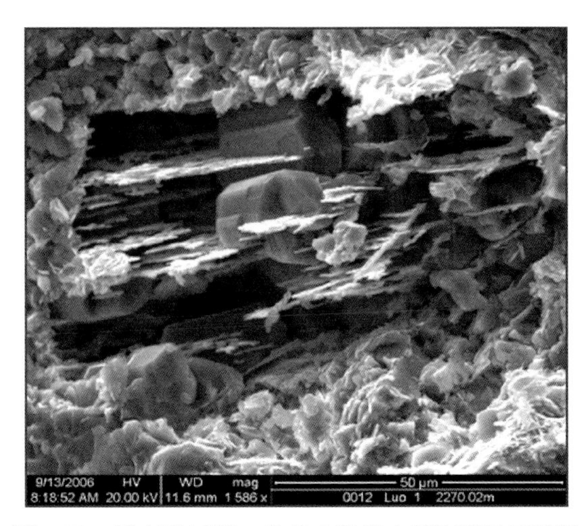

图 7-33　陇东地区罗 1 井长 6 砂岩中长石顺晶面溶蚀

石而不是伊利石，伊利石生长所需的钾主要由钾长石溶解提供。

$$KAlSi_3O_8(钾长石) + AL_2Si_2O_5(OH)_4(高岭石) = KAl_3Si_3O_{10}(OH)_2(伊利石) + 2SiO_2 + H_2O \tag{7-4}$$

$$3AL_2Si_2O_5(OH)_4(高岭石) + 2K^+ = 2KAl_3Si_3O_{10}(OH)_2(伊利石) + 2H^+ + 3H_2O \tag{7-5}$$

长石溶蚀与构造和埋深引起的古温度和古压力变化以及酸性古流体有密切关系，长石等铝硅酸盐以及胶结物的溶解介质主要是有机酸，其溶解过程是在埋藏成岩作用相对封闭条件下发生的。现今长 6–长 8 长石砂岩埋深 1800 ~ 2500m，包裹体测试进一步表明，一般地温为 90 ~ 140℃，地温最高不超过 160℃。根据里 54 井不同埋藏深度下的碎屑长石统计结果显示，粒内溶蚀作用通常随着埋藏深度增加和层位变老而增强，尤其是长石（特别是钾长石）被溶蚀变化最明显。

在溶解介质方面，通过化学实验对长石次生孔隙形成机制进行了研究，有机酸阴离子的络合作用是引起铝硅酸盐溶解过程中铝迁移的重要因素，来自烃源层的有机酸对分布于储集层中长石溶解过程有重要作用。蒙皂石（或同期火山物质）的存在是控制长石溶解方式的主要因素。

铸体薄片中观察到被溶蚀的长石溶孔内常很干净，很少有自生矿物或者其他化学胶结物充填，表明在复杂的胶结、充填成岩环境演化关系中，长石溶孔是在石英加大、次生高岭石、铁方解石及沥青充填后形成。

同样，在有流体交换的情况时，颗粒间陇东地区碳酸盐胶结物不均匀溶蚀是储层非均质变强、孔喉结构复杂的又一重要成岩作用类型。在里 156 井长 6_3 砂岩中观察到因碳酸盐胶结物溶蚀增加的孔隙。陇东地区长 6_3 低渗致密砂岩储层成岩相类型与孔渗分区的关系表明，致密砂岩中碳酸盐胶结物较强溶蚀相区，孔隙度为 6% ~10%，渗透率为 $0.01\times10^{-3}\sim1.0\times10^{-3}\mu m^2$，成岩中碳酸盐溶孔增量为 2% ~4%。

第八章　储层物性非均质性特征与流动单元划分

第一节　储层物性非均质性特征

储层的非均质性是影响油藏开发效果和开发程度的极为重要的储层特性。由于构造、沉积、成岩共同作用引起的储层岩性、物性、含油性及连通程度在三维空间分布上的不均一特征，砂体变化表现在层内、层间和平面非均质性三个方面。本书充分利用分析测试结果和岩相、物性、孔喉结构参数及产能数据重点进行层内，层间、平面非均质性研究。

并采用目前适用于强非均质性致密砂岩微观孔隙结构的流动带指数法。

一、层内非均质性

1. 评价标准

层内非均质性是指单砂层内垂向储层性质变化，它能够直接影响并控制砂层内垂向上流体波及体积。由于不同的沉积方式和成岩因素会导致不同砂体以及同一砂体不同部位的物性和孔喉结构差异，引起非均质变化。对此，评价的内容虽然包含粒度、渗透率、层内夹层等变化规律与发育分布特征等诸多因素，但因渗透率的各向异性和空间配置是决定储层采收率的主要因素，渗透率变化是非均质性的集中表现，所以也成为判别层内非均质程度的最有效指标，于是目前国内外在油田开发研究中通常采用计算和统计渗透率的平均值（$\overline{K}$）、最大值（K_{max}）、最小值（K_{min}）、突进系数（T_k）、变异系数（V_k）、级差（J_k）等一些非均质参数，对层内非的均质性分布进行评价分析（表 8-1）。

表 8-1　储层层内非均质性评价标准

<table>
<tr><td colspan="2">评价参数</td><td>变异系数（V_k）</td><td>突进系数（T_k）</td><td>级差（J_k）</td><td>均质系数（K_p）</td></tr>
<tr><td colspan="2">计算公式</td><td>$V_k = \frac{\sqrt{\sum_{i=1}(K_i - \overline{K})^2/n}}{\overline{K}}$</td><td>$T_k = \frac{K_{max}}{\overline{K}}$</td><td>$J_k = \frac{K_{max}}{K_{min}}$</td><td>$K_p = \frac{\overline{K}}{K_{max}}$</td></tr>
<tr><td rowspan="3">非均质程度</td><td>弱</td><td>≤0.5</td><td><2</td><td rowspan="3">渗透率级差越大，非均质性越强</td><td rowspan="3">值越接近 1，均质性越好</td></tr>
<tr><td>中</td><td>0.5～0.7</td><td>2～3</td></tr>
<tr><td>强</td><td>≥0.7</td><td>>3</td></tr>
</table>

在表 8-1 中相关参数计算公式中，K_i是层内某个样品渗透率的值，$\overline{K}$是全部样品渗透率的平均值，N是样品个数，K_{max}是渗透率的最大值，K_{min}是最小值，一般用砂层内的渗透率最高和最低两个相对均质层段渗透率的值表示。当渗透率变异系数 $V_k>0.7$ 时，表明非均质程度强；V_k为 0.5 ~ 0.7 时，非均质程度中等；$V_k<0.5$ 时，则非均质程度弱。渗透率的突进系数 $T_k>3$ 时，表明非均质程度强；T_k为 2 ~ 3 时，非均质程度中等；$T_k<2$ 时，非均质程度弱。同时渗透率的级差 J_k越大，渗透率非均质性越强，反之，J_k越小，非均质越弱。

根据上述标准，对马岭油田 96 口井中长 8_1 储层的渗透率参数进行了计算统计（表 8-2），结果显示长 8_1 储层内非均质性总体较强，但不同小层之间仍有差异，其中长 8_1^1的非均质性中等，长 8_1^2的非均质性很强，长 8_1^3非均质性与长 8_1^1相似，非均质性较强。

表 8-2　马岭油田长 8_1渗透率非均质性参数表

参数 层位	渗透率/$10^{-3}\mu m^2$			平均变异系数	平均突进系数	平均级差	均质系数
	最大值	最小值	平均值				
长 8_1^1	3.297	0.003	0.557	0.81	2.69	49.72	0.181
长 8_1^2	3.651	0.004	0.531	1.11	3.52	105.2	0.574
长 8_1^3	5.126	0.006	0.528	0.96	3.01	138.6	0.234

2. 重点探井长 8_1 层内非均质性物性参数计算

1）长 8_1^1 层内非均质性

长 8_1^1储层孔隙度、渗透率分布相对长 8_1^2储层、长 8_1^3储层较集中，分选中等-好，次棱角磨圆，该层砂岩的铸体薄片面孔率为 0.6% ~6.8%，多为粒间孔和长石溶孔。相对而言，陇东地区北部八珠-木钵、郝家涧-环县地区的孔隙度值和渗透率值相对较高，上里塬和研究区西南部地区的孔隙度和渗透率较低。渗透率越小的井其渗透率参数值越小，如里 167、里 185、里 192、环 59、元 428 等井，其渗透率变异系数小于 0.1，突进系数小于 2，级差值小于 15，非均质性特征不是非常明显。但环 32、环 38 等井渗透率值变化很大，渗透率变异系数达到 1 以上，突进系数大于 4，级差值高达 200 以上，层内非均质性特征非常显著。

长 8_1^1 储层渗透率为 0.003×10^{-3} ~ $3.297\times10^{-3}\mu m^2$，最大值和最小值之间相差 3 个数量级，平均为 $0.557\times10^{-3}\mu m^2$。渗透率变异系数为 0.09 ~ 2.24，渗透率突进系数为 1.09 ~ 9.97，渗透率极差为 1.2 ~ 862.29。从渗透率参数计算出的值可以看出，储层渗透率的非均质性中等。木 51 井的渗透率变异系数、突进系数、级差分别为 0.76、2.64、15.31，木 57 井的渗透率变异系数、突进系数、级差分别为 0.82、3.30、16.99，渗透率非均质性参数值都比较高，说明此层段木 51 井和木 57 井的层内非均质性中等较强（表 8-3）。

表 8-3　马岭油田部分探井长 8_1^1 层内非均质系数

井号	最大渗透率 /$10^{-3}\mu m^2$	最小渗透率 /$10^{-3}\mu m^2$	均值/$10^{-3}\mu m^2$	样品个数 /个	V_k	T_k	J_k
里 128	8. 340	0. 170	0. 120	2	0. 42	1. 42	2. 43
里 137	1. 750	0. 260	0. 913	4	0. 66	1. 92	6. 73
里 138	0. 700	0. 280	0. 490	2	0. 43	1. 43	2. 50
里 157	0. 490	0. 030	0. 308	6	0. 60	1. 59	16. 33
里 158	2. 070	0. 270	0. 960	4	0. 76	2. 16	7. 67
里 160	0. 750	0. 160	0. 530	4	0. 45	1. 42	4. 69
里 163	1. 330	0. 260	0. 850	3	0. 52	1. 56	5. 12
里 167	0. 200	0. 150	0. 175	2	0. 14	1. 14	1. 33
里 168	1. 790	0. 100	0. 945	2	0. 89	1. 89	17. 90
里 185	0. 120	0. 100	0. 110	2	0. 09	1. 09	1. 20
里 189	0. 400	0. 090	0. 268	4	0. 42	1. 50	4. 44
里 192	0. 660	0. 400	0. 530	2	0. 25	1. 25	1. 65
里 195	0. 120	0. 090	0. 105	2	0. 14	1. 14	1. 33
里 46	1. 620	0. 500	1. 037	3	0. 44	1. 56	3. 24
里 69	1. 460	0. 130	0. 795	2	0. 84	1. 84	11. 23
里 73	1. 740	0. 960	1. 420	3	0. 23	1. 23	1. 81
里 86	0. 540	0. 190	0. 373	3	0. 38	1. 45	2. 84
里 90	2. 260	0. 580	1. 420	2	0. 59	1. 59	3. 90
白 33	0. 036	0. 016	0. 026	2	0. 39	1. 39	2. 28
虎 3	0. 046	0. 002	0. 014	4	1. 28	3. 22	20. 05
环 13	0. 074	0. 002	0. 024	7	1. 03	3. 11	31. 24
环 23	0. 422	0. 097	0. 181	36	0. 42	2. 32	4. 33
环 27	0. 302	0. 001	0. 065	36	1. 23	4. 63	281. 90
环 32	0. 959	0. 005	0. 114	20	1. 85	8. 43	213. 07
环 38	0. 082	0. 001	0. 018	19	1. 15	4. 60	81. 50
环 59	0. 037	0. 012	0. 021	4	0. 49	1. 78	3. 14
环 65	2. 135	0. 002	0. 214	20	2. 24	9. 97	862. 29
环 73	0. 362	0. 004	0. 049	12	1. 93	7. 31	92. 33
镇 222	0. 650	0. 007	0. 135	24	1. 02	4. 82	93. 09
镇 134	0. 033	0. 001	0. 015	14	0. 65	2. 28	23. 09
镇 93	0. 076	0. 026	0. 050	16	0. 37	1. 53	2. 95

续表

井号	最大渗透率 $/10^{-3}\mu m^2$	最小渗透率 $/10^{-3}\mu m^2$	均值$/10^{-3}\mu m^2$	样品个数/个	V_k	T_k	J_k
镇 69	0.170	0.005	0.065	4	0.97	2.60	31.18
元 428	0.050	0.004	0.026	5	0.67	1.93	13.11
环 98	0.095	0.011	0.040	24	0.83	2.37	8.64
罗 30	1.380	0.082	0.348	35	0.86	3.96	16.89
木 11	2.783	0.049	0.842	54	0.85	3.30	57.02
木 20	0.290	0.105	0.210	19	0.31	1.38	2.77
木 33	0.132	0.004	0.042	10	0.86	3.17	35.65
木 37	0.384	0.020	0.120	9	0.92	3.21	19.20
木 38	0.109	0.005	0.028	8	1.26	3.94	24.13
木 51	0.296	0.019	0.112	24	0.76	2.64	15.31
木 57	0.183	0.011	0.055	13	0.82	3.30	16.99

长 8_1^1 储层物性的垂向分布特征为：随着埋深的增加，压实作用逐渐加强，长 8_1^1 储层的孔隙度和渗透率值总体呈降低趋势，但砂体各层的沉积相带不同，并且受成岩作用的影响，部分储层单砂体的孔隙度、渗透率也会有所增加。

总体来说，长 8_1^1 储层孔隙度分布范围较大，但相对来说，大部分值都在一个较小的范围内。就其连通性和延伸性来说，都相对比较好。通过对长 8_1^1 储层渗透率平面展布进行分析，研究其渗透率的分布特征。整体上，长 8_1^1 储层渗透率的分布范围比较大，连通性和延伸性都较好。在研究区，东北到西南方向，八珠-木钵是渗透率的一个高值区。

根据对渗透率参数数值的分析，认为研究区长 8_1^1 的层内非均质性中等。

2）长 8_1^2 层内非均质性

长 8_1^2 渗透率最小值为 $0.004\times10^{-3}\mu m^2$，最大值为 $3.651\times10^{-3}\mu m^2$，平均值为 $0.531\times10^{-3}\mu m^2$，变异系数为 0.02～2.6，突进系数为 1.1～25.83，级差为 1.4～1928.93，说明其层内非均质性相对较强。研究区整体渗透率等值线分布较为密集，说明长 8_1^2 渗透率变化大，向南等值线井间差异大，中部八珠-木钵方向渗透率变化较大，有几个高值点，层内非均质特征较长 8_1^1 变强。在储层的垂向分布上，长 8_1^2 储层的物性特征为：随着埋深的增加，储层的孔隙度和渗透率呈降低趋势，但变化不是特别大。但是，由于各层的沉积微相有所不同，再加上成岩作用不均一性的影响，储层孔隙度、渗透率在部分层段也会有所增大。孔隙度和渗透率参数的平面分布变化与砂体平面展布有很大的关系，受其影响较为明显。长 8_1^2 储层的铸体薄片的面孔率为 0.6%～5.7%，分选较好，次棱角磨圆，主要孔隙类型为粒间孔、长石溶孔。其中，木 53 井的渗透率等数值相对较大，它的渗透率变异系数、突进系数、级差分别为 1.15、4.42、379.80。说明此层段木 53 井的层内非均质性比较强（表 8-4）。

表 8-4　马岭油田长部分探井长 8_1^2 层内非均质系数

井号	最大渗透率/$10^{-3}\mu m^2$	最小渗透率/$10^{-3}\mu m^2$	均值/$10^{-3}\mu m^2$	样品个数/个	V_k	T_k	J_k
里 137	1. 430	0. 460	0. 793	3	0. 57	1. 80	3. 11
里 138	0. 340	0. 290	0. 315	2	0. 08	1. 08	1. 17
里 148	1. 770	0. 370	1. 017	3	0. 57	1. 74	4. 78
里 149	0. 380	0. 030	0. 205	2	0. 85	1. 85	12. 67
里 157	3. 970	0. 020	1. 080	4	1. 55	3. 68	198. 50
里 160	0. 240	0. 080	0. 160	2	0. 50	1. 50	3. 00
里 164	0. 490	0. 140	0. 387	6	0. 31	1. 27	3. 50
里 165	0. 020	0. 020	0. 020	2	0. 00	1. 00	1. 00
里 167	0. 500	0. 090	0. 270	4	0. 64	1. 85	5. 56
白 33	0. 077	0. 003	0. 024	13	0. 90	3. 27	26. 52
白 39	0. 134	0. 002	0. 031	16	0. 92	4. 35	57. 62
环 23	4. 081	0. 025	0. 613	95	1. 13	6. 66	160. 99
环 38	2. 893	0. 002	0. 315	11	2. 59	9. 19	1928. 93
环 61	1. 872	0. 006	0. 247	63	1. 39	7. 57	318. 95
环 62	0. 686	0. 019	0. 098	21	1. 47	6. 99	37. 10
环 73	0. 007	0. 006	0. 006	2	0. 04	1. 04	1. 08
镇 247	0. 025	0. 015	0. 022	7	0. 16	1. 17	1. 67
镇 222	0. 534	0. 007	0. 137	14	1. 27	3. 90	76. 58
镇 94	1. 367	0. 015	0. 166	52	1. 31	8. 23	93. 36
镇 93	0. 043	0. 014	0. 026	20	0. 29	1. 66	3. 03
镇 69	0. 015	0. 003	0. 007	3	0. 77	2. 08	5. 40
元 420	0. 203	0. 010	0. 035	10	1. 62	5. 77	20. 87
环 86	0. 145	0. 006	0. 075	21	0. 49	1. 94	26. 18
环 99	4. 662	0. 011	0. 360	125	1. 96	12. 96	423. 82
环 306	0. 307	0. 026	0. 056	69	0. 73	5. 52	11. 68
环 313	0. 290	0. 009	0. 087	34	0. 80	3. 34	33. 28
环 314	0. 017	0. 004	0. 013	7	0. 36	1. 33	4. 00
环 317	3. 997	0. 004	0. 155	119	2. 60	25. 83	956. 20
罗 30	0. 349	0. 004	0. 091	54	0. 76	3. 83	80. 03
木 9	0. 280	0. 011	0. 070	10	1. 19	4. 02	25. 64
木 10	0. 093	0. 012	0. 052	2	0. 77	1. 77	7. 84
木 18	0. 767	0. 002	0. 148	69	0. 97	5. 17	496. 78
木 23	0. 065	0. 038	0. 052	3	0. 21	1. 24	1. 72

续表

井号	最大渗透率/$10^{-3}\mu m^2$	最小渗透率/$10^{-3}\mu m^2$	均值/$10^{-3}\mu m^2$	样品个数/个	V_k	T_k	J_k
木 33	0.094	0.009	0.055	3	0.64	1.70	10.91
木 37	0.137	0.030	0.068	6	0.56	2.00	4.57
木 38	0.752	0.008	0.131	36	1.24	5.73	92.25
木 51	0.055	0.024	0.040	9	0.26	1.37	2.28
木 53	3.718	0.010	0.842	54	1.15	4.42	379.80

总体来说，长 8_1^2 储层孔隙度和渗透率的分布范围都比较大，其连通性和延伸都比较一般，分布特征与长 8_1^1 相似。通过对长 8_1^2 储层渗透率分布特征得出，长 8_1^2 的层内非均质性很强。

3）长 8_1^3 层内非均质性

长 8_1^3 段渗透率最小值为 $0.006\times10^{-3}\mu m^2$，最大值为 $5.126\times10^{-3}\mu m^2$，均值为 $0.528\times10^{-3}\mu m^2$，渗透率变异系数为 0.01 ~ 2.5，突进系数为 1.01 ~ 13.23，级差为 1.03 ~ 877.86。8_1^3 渗透率参数中的变异系数和级差系数的平面分布特征与长 8_1^1 的相似，但其层内非均质性比长 8_1^1 强。长 8_1^3 储层砂岩的铸体薄片面孔率为 0.3% ~5%，孔隙度、渗透率相对长 8_1^1 较低，相对长 8_1^2 研究层较高，分选较好，次棱角磨圆，主要孔隙类型为溶蚀粒间孔、自生矿物晶间孔、微裂缝和残余粒间孔、长石溶孔等，孔隙和渗透率分布都不均匀。

随着埋深的增加，由于沉积微相和成岩作用不一致，长 8_1^3 储层的孔隙度和渗透率值有所不同，且变化较大。

从渗透率非均质性参数的分布规律可以看出，长 8_1^3 储层的层内非均质性整体上比较强。木 48 井的渗透率变异系数、突进系数、级差分别为 1.24、7.23、202.34，说明木 48 井的层内非均质性比较强（表 8-5）。

表 8-5　马岭油田部分探井长 8_1^3 层内非均质系数

井号	最大渗透率/$10^{-3}\mu m^2$	最小渗透率/$10^{-3}\mu m^2$	均值/$10^{-3}\mu m^2$	样品个数/个	V_k	T_k	J_k
里 119	0.400	0.390	0.395	2	0.01	1.01	1.03
里 128	0.600	0.150	0.357	3	0.52	1.68	4.00
里 137	1.600	0.650	0.898	4	0.45	1.78	2.46
里 168	0.630	0.410	0.557	3	0.19	1.13	1.54
里 176	0.760	0.520	0.640	2	0.19	1.19	1.46
里 185	0.200	0.190	0.195	2	0.03	1.03	1.05
里 189	2.280	0.110	0.569	10	1.04	4.01	20.73
白 39	0.037	0.008	0.018	4	0.64	2.08	4.68
环 23	0.244	0.001	0.088	12	0.86	2.77	345.55

续表

井号	最大渗透率/$10^{-3}\mu m^2$	最小渗透率/$10^{-3}\mu m^2$	均值/$10^{-3}\mu m^2$	样品个数/个	V_k	T_k	J_k
环 27	0.027	0.014	0.020	4	0.24	1.37	1.93
环 37	0.724	0.013	0.156	48	0.94	4.63	54.04
环 62	0.614	0.071	0.252	16	0.65	2.44	8.65
环 69	1.336	0.002	0.144	54	1.34	9.30	735.23
镇 222	0.014	0.004	0.010	9	0.34	1.39	4.00
镇 94	0.180	0.081	0.128	8	0.22	1.40	2.23
镇 88	2.100	0.032	0.590	66	0.82	3.56	65.30
镇 69	2.341	0.003	0.177	26	2.50	13.23	877.86
元 299	0.285	0.011	0.141	15	0.66	2.02	25.07
元 157	0.065	0.005	0.038	14	0.38	1.70	13.87
环 93	0.137	0.010	0.055	14	0.70	2.50	14.43
环 98	6.413	0.015	1.634	4	1.69	3.93	427.53
环 311	0.398	0.018	0.089	82	0.62	4.46	22.61
罗 30	0.044	0.009	0.024	14	0.46	1.86	4.65
木 10	0.454	0.009	0.176	16	0.61	2.57	48.76
木 13	0.518	0.013	0.187	5	0.96	2.77	39.37
木 37	0.298	0.002	0.081	34	0.77	3.67	149.00
木 38	1.549	0.008	0.179	54	1.69	8.68	182.55
木 48	3.784	0.019	0.523	47	1.24	7.23	202.34
木 51	0.076	0.005	0.028	16	0.64	2.72	16.72

对长 8_1^3储层渗透率平面展布进行分析，长 8_1^3 储层渗透率的分布范围比较小，而且连通性和延伸性都一般，其分布特征与长 8_1^1 相似，层内非均质性较强。部分区域层内非均质性强，其变异系数大于 0.7，突进系数大于 3。

根据马岭油田长 8_1 储层的探井岩心、测井数据统计分析，发现小砂层内的孔隙度和渗透率分布不均，非均质性较强。结合第六、七章成岩因素分析，认为一方面与研究区沉积、成岩过程中的不均一性有关，其中孔隙内绿泥石薄膜的形成保护了残余粒间孔，使其未被充填，孔隙度较高，但是绿泥石膜只发育在局部区域，所以残余粒间孔的分布不均，导致孔隙差别较大，同时溶蚀作用和破裂作用的不均一性，使得溶蚀孔和裂缝的分布也不均匀，故而储层具有较强的非均质性；另一方面，层内非均质性的强弱与该地区储层的沉积微相、砂体厚度、溶蚀作用有密切关系，且越新的层段非均质性相对越弱（图 8-1）。同时，结合含油饱和度资料可以发现，研究区内主要含油层段通常有较强非均质性，也就是说研究区非均质性在一定程度上有利于油气的聚集，由于其非均质性，在垂直方向上造成遮挡的同时，在水平方向上形成优势通道，流体封存条件有一定的提高，有利于油气藏的形成和保护。

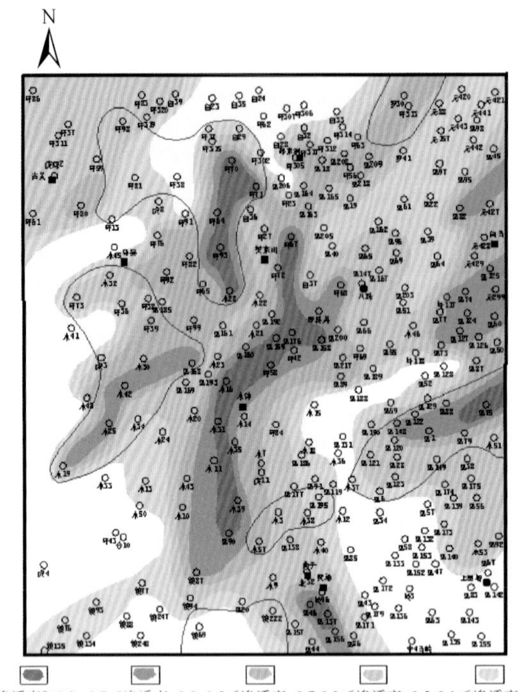

渗透率≥0.9　0.7≤渗透率<0.9　0.5≤渗透率<0.7　0.3≤渗透率<0.5　0.1≤渗透率<0.3

(a)长8_1^1储层非均质性较强区域分布

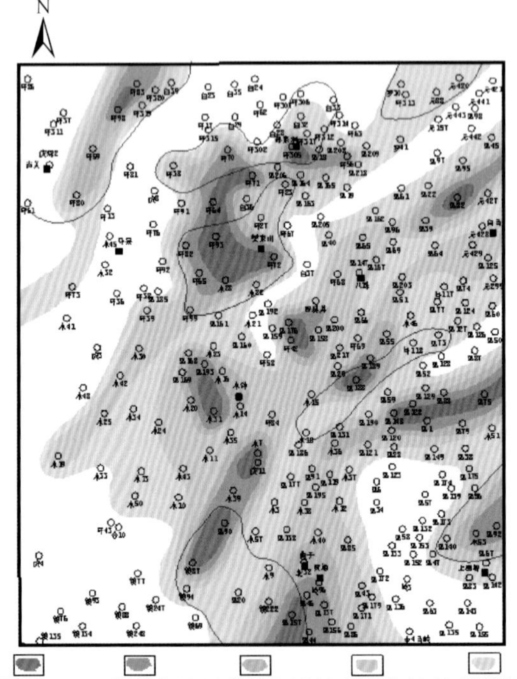

渗透率≥0.9　0.7≤渗透率<0.9　0.5≤渗透率<0.7　0.3≤渗透率<0.5　0.1≤渗透率<0.3

(b)长8_1^2储层非均质性较强区域分布

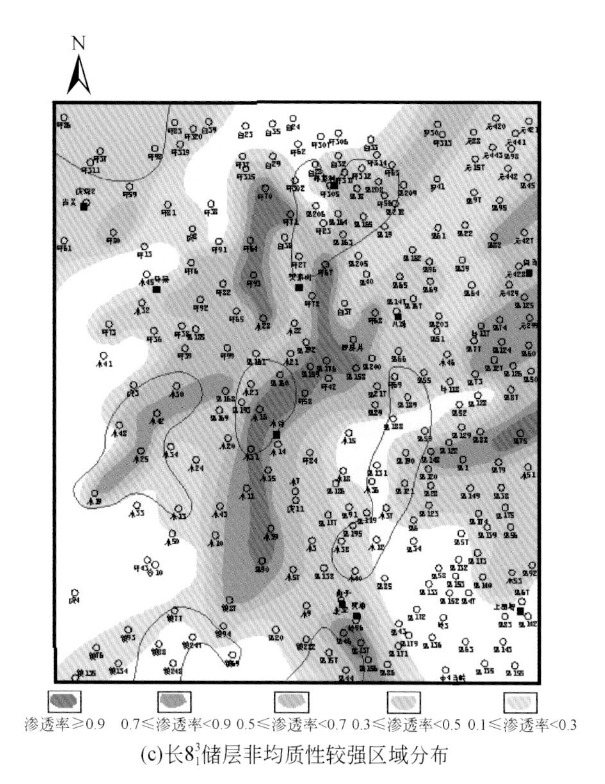

(c)长8_1^3储层非均质性较强区域分布

图 8-1　马岭油田长 8_1 储层层内非均质较强区域分布

二、层间非均质性

由于砂体沉积环境韵律变化引起的粒度组分差异和成岩作用引起的岩石结构差异，往往在一套储层内的不同砂体之间，孔隙度、渗透率以及各项渗透率参数会有较大的差异形成层间非均质性，这种非均质变化是造成油气分布、水淹程度及剩余油分布差异的根本原因。评价不同层之间非均质强弱程度，主要依据不同砂层之间孔隙度、渗透率非均质程度和隔层分布等特征。层间渗透率非均质程度的指标和计算公式与上述层内非均质性的公式（表 8-1）相同，但其参数的取值不同。式中，K_{max} 为单层平均渗透率的最大值，K_{min} 为单层平均渗透率的最小值，K_i 为第 i 层平均渗透率，$\overline{K}$ 为各层渗透率平均值，N 为总的层数。

首先，通过岩心资料和测井资料解释，得到长 8_1^1、长 8_1^2、长 8_1^3 小层的储层物性参数数据，先后分别统计计算获得各小层和单层储层物性参数数据（表 8-6，表 8-7），并进一步利用表 8-1 中的数据计算渗透率变异系数、渗透率突进系数和渗透率级差（表 8-8）。

表 8-6　马岭油田长 8_1 储层各个小层物性参数表

参数		长 8_1^1	长 8_1^2	长 8_1^3
孔隙度/%	最大值	13.31	13.82	13.22
	最小值	1.24	2.42	2.89
	平均值	8.24	8.08	8.16
渗透率/$10^{-3}\mu m^2$	最大值	3.297	3.651	5.126
	最小值	0.003	0.004	0.006
	平均值	0.557	0.531	0.528

表 8-7　马岭油田长 8_1 储层单层物性参数表

储层物性参数	单层平均最大值	单层平均最小值	平均值
孔隙度/%	13.82	1.18	7.8
渗透率/$10^{-3}\mu m^2$	5.548	0.002	0.457

表 8-8　马岭油田长 8_1 储层非均质系数列表

储层物性参数	非均质系数		
	变异系数	突进系数	渗透率级差
渗透率参数	0.29	1.22	2.41

表 8-6 中数据显示，无论是孔隙度还是渗透率，在长 8_1储层 3 个小层砂体之间平均值差异不大，说明层间非均质性较弱。

有效砂层系数和砂岩密度也是定量描述层间非均质性程度的两个参数，它们均能反映储层砂体的发育程度及发育特点（表 8-9）。其中有效砂层系数是砂层厚度和油层厚度之比，马岭油田部分井砂层总厚度、有效砂层系数计算统计结果见表 8-10；砂岩密度是指垂向上砂岩总厚度与地层总厚度之比，又称砂地比，比值越大，说明砂体越发育。

表 8-9　马岭油田长 8_1砂岩密度和有效砂层系数统计表

层位	砂岩密度/%		有效砂层系数分布范围
	范围值	平均值	
长 8_1^1	0.085～0.954	0.445	0～0.816
长 8_1^2	0～0.989	0.548	0～0.992
长 8_1^3	0.133～0.975	0.563	0～0.995

进一步分析后还发现：虽然在各个小层之间砂岩密度以及有效砂层系数均存在一定差异，但总体上数值相对较均一，其中砂岩密度长 8_1^1 为 0.085%～0.954%，长 8_1^2 为 0～0.989%，长 8_1^3 为 0.133%～0.975%；有效砂层系数分布范围长 8_1^1 为 0～0.816%，长 8_1^2 为 0～0.992%，长 8_1^3为 0～0.995%。表明这一地区长 8_1 层间非均质性较弱。可见，沉积微相和砂体展布是控制层间非均质性的主要因素。

表8-10　马岭油田部分井长8_1各小层砂岩密度、有效砂层系数统计表

井号	长8_1^1					长8_1^2					长8_1^3				
	地层厚度/m	砂层厚度/m	油层厚度/m	砂岩密度	有效砂层系数	地层厚度/m	砂层厚度/m	油层厚度/m	砂岩密度	有效砂层系数	地层厚度/m	砂层厚度/m	油层厚度/m	砂岩密度	有效砂层系数
里119	12	4.95	0	0.41	0	14	5.52	0	0.39	0	20	6.24	1.1	0.31	0.18
里128	14	1.89	0	0.14	0	9	0.8	0	0.09	0	21	4.4	1.5	0.21	0.34
里137	12	4.23	0	0.35	0	14	4.7	0	0.33	0	20	6	1.6	0.3	0.27
里138	10	4.30	2.4	0.43	0.56	11	4.3	3.7	0.39	0.85	19	4.9	0	0.26	0
里148	10	3.71	0	0.37	0	21	11	5.6	0.52	0.51	15	8.5	0	0.57	0
里149	14	13.40	8	0.95	0.6	14	3.1	0	0.22	0	20	12	0	0.61	0
里157	25	13.30	0	0.53	0	18	12	2.3	0.68	0.19	38	27	1.1	0.71	0.04
里158	19	11.00	7.4	0.58	0.68	9	0	0	0	0	17	5.1	2.9	0.3	0.57
里160	14	10.50	6	0.75	0.57	12	5.3	2.4	0.44	0.45	19	8.1	2	0.43	0.25
里163	9	7.07	2.9	0.79	0.41	15	11	11	0.74	0.98	18	2.9	0	0.16	0
里164	11	2.50	0	0.22	0	17	14	13	0.84	0.87	15	5.8	0	0.39	0
里165	16	2.91	0	0.18	0	12	3.3	0	0.27	0	17	3.3	0	0.2	0
里167	10	4.57	2.1	0.46	0.46	25	18	14	0.74	0.75	10	9.2	7	0.92	0.76
里168	11	5.58	1.5	0.51	0.27	14	2.4	0	0.17	0	21	10	3.5	0.49	0.34
里176	13	5.74	0	0.46	0	13	8.4	2.4	0.65	0.28	20	13.50	4.3	0.68	0.32
里185	13	4.57	0	0.35	0	10	1.7	0	0.17	0	23	6.8	2.8	0.3	0.41
里188	10	0.85	0	0.09	0	23	11	7.8	0.47	0.72	18	2.5	0	0.14	0
里189	28	9.60	0	0.34	0	19	10	6.4	0.55	0.61	62	11	11	0.18	0.99
里190	16	3.07	0	0.19	0	18	2.8	0	0.16	0	15	9.4	7.1	0.62	0.76
里192	15	5.88	4.8	0.39	0.82	16	1.8	0	0.12	0	15	6.6	5.3	0.44	0.8
里193	11	3.54	0	0.32	0	15	4.6	0	0.31	0	18	5.1	2.3	0.28	0.45
里195	11	4.91	0	0.45	0	23	13	12	0.56	0.93	9.5	7.4	0	0.78	0
里206	13	1.68	0	0.13	0	11	8.1	4.8	0.73	0.6	20	3.8	1.8	0.19	0.47
里46	13	7.20	4.8	0.55	0.67	12	1.5	0	0.12	0	19	13	10	0.67	0.82

续表

井号	长 8_1^1					长 8_1^2					长 8_1^3				
	地层厚度/m	砂层厚度/m	油层厚度/m	砂岩密度	有效砂层系数	地层厚度/m	砂层厚度/m	油层厚度/m	砂岩密度	有效砂层系数	地层厚度/m	砂层厚度/m	油层厚度/m	砂岩密度	有效砂层系数
里 55	17	8.51	2.5	0.5	0.29	11	5.6	0	0.51	0	13	6.9	0	0.53	0
里 65	10	2.57	0	0.26	0	21	20	17	0.97	0.85	16	6.6	0	0.41	0
里 69	14	7.45	0	0.53	0	19	9.9	8.7	0.52	0.88	8.5	1.4	0	0.16	0
里 73	17	9.40	7.4	0.55	0.79	16	16	16	0.99	0.99	8	1.1	0	0.13	0
里 74	12	4.80	0	0.40	0	13	4.8	0	0.37	0	8	7.4	7.4	0.93	0.99
里 77	10	4.98	0	0.50	0	8	1.7	0	0.21	0	22	9.9	0	0.45	0
里 82	10	2.70	0	0.27	0	17	4	0	0.24	0	17	8.3	0	0.49	0
里 86	14	6.00	2.3	0.43	0.39	9	3.9	1.9	0.43	0.49	19	9.1	7.9	0.48	0.87
里 89	13	7.70	2.3	0.59	0.3	17	14	7.4	0.8	0.54	16	7.4	2.1	0.46	0.28
里 90	10	9.00	0	0.90	0	18	14	0	0.79	0	16	13	4.5	0.8	0.35
白 39	11	4.10	0	0.37	0	17	2.8	2.1	0.17	0.74	14	2.7	0.5	0.19	0.19
木 48	9	3.30	0	0.37	0	9	0.9	0	0.1	0	24	21	2.4	0.87	0.11
木 51	10	8.00	3	0.80	0.37	22	4.7	1.1	0.21	0.24	14	7.1	2.1	0.51	0.3
木 53	8.8	3.30	0	0.37	0	27	14	6.2	0.5	0.46	8.1	2.2	0	0.28	0
木 57	18	6.40	0.7	0.36	0.1	17	5.7	0.2	0.35	0.04	13	6.8	0	0.55	0

三、平面非均质性

1. 马岭油田长 8_1 储层平面非均质性

平面非均质性是指平面上由沉积、成岩作用引起的储集砂体的形态、厚度、孔隙度、渗透率等性质空间的变化导致的储层的非均质性，其控制因素主要为砂体厚度、砂体展布形态、沉积微相特征等。研究中主要依据马岭油田长 8_1 各小层砂体分布、孔隙度、渗透率等参数分析评价平面非均质性特征。

1）长 8_1^1 砂体平面非均质性

长 8_1^1 砂体比较连通。南北方向砂体连通性较好，单砂体显示为油层和油水层。砂体分布的非均质性同样限制孔隙度、渗透率等参数的非均质性，渗透率参数在东北-西南方向有很好的连通，而在其垂直方向显示较差的连通性。

长 8_1^1储层平面上孔隙度和渗透率（附图 22，附图 23）分布范围较小，连通性较好，储层孔隙度、渗透率相对其他层段较好。长 8_1^1 渗透率级差和突进系数在平面上的分布特征相似。造成区域上非均质性差异的原因与其所处地区的沉积相分布特征有密切关系。

2）长 8_1^2 砂体平面非均质性

长 8_1^2 砂体分布主要为东北-西南方向延伸，沿东北、西南物源方向，平面砂体展布较好，且其单砂体的连通性和延伸性都较好。但垂直物源方向，其砂体展布连通性就较差了。长 8_1^2 的砂层厚度、孔隙度、渗透率等比长 8_1^1 展布差，厚度相对较薄（附图 26，附图 27）。

长 8_1^2 砂体的孔渗分布与砂体分布相似，沿东北、西南物源方向，孔隙度和渗透率的非均质性较弱，而在垂直物源的方向上，渗透率参数显示，非均质性很强。

3）长 8_1^3砂体平面非均质性

长 8_1^3 储层相对长 8_1^2 来讲，其孔隙度、渗透率和渗透率各项参数值相对高一些。同长 8_1^1、长 8_1^2 一样，长 8_1^3 的砂体分布和孔隙度、渗透率（附图 30，附图 31）主要为东北-西南方向延伸，连通性相对较好。沿东北、西南物源方向，单砂体和孔隙度、渗透率的连通性和延伸性及其变化规律都较好，非均质性相对较弱，但垂直物源方向，非均质性明显较强。

2. 华庆油田长 6_3 物性平面非均质性

1）长 6_3^1小层物性空间分布与变化

孔隙度在水下分流河道中一般大于 10%，在相当大的范围内均大于 12%，在分流河道的主体位置孔隙度甚至大于 14%，主要分布在研究区的中部和东北部（附图 4），如元 441-里 98-元 442-里 45-元 422-里 95-里 82-元 156-元 415-元 412-元 430-元 292-元 416-白 507-元 290-白 506-元 52-里 42-白 475 一带。长 6_3^1 小层渗透率在水下分流河道中一般大于 $0.5\times10^{-3}\mu m^2$，在相当大的范围内均大于 $0.3\times10^{-3}\mu m^2$（附图 5），如元 294-白 268-白 251-白 476-白 468-白 466-白 451-白 473-白 146-元 297-元 296-元 295-元 414 一带，在分流间湾范围内渗透率一般小于 $0.1\times10^{-3}\mu m^2$。

2）长 6_3^2 小层物性空间分布与变化

孔隙度在水下分流河道中一般大于 10%，在相当大的范围内均大于 12%，在分流河道的主体位置孔隙度甚至大于 14%，主要分布在研究区的中部和东北部（附图 8），如白 221-山 160-午 72-山 164-山 101-山 149-山 161-山 102-山 166-山 151-华 42-白 271-白 524-白 211-山 138-坪 116-坪 115-白 244 一带。长 6_3^2 小层渗透率在水下分流河道中一般大于 $0.5\times10^{-3}\mu m^2$，在相当大的范围内均大于 $0.3\times10^{-3}\mu m^2$（附图 9），如里 175-元 283-白 279-里 36-里 42-元 52-白 178-白 135-白 149-白 138-白 506-白 253-里 41-里 87 一带，在分流间湾范围内渗透率一般小于 $0.1\times10^{-3}\mu m^2$。

3）长 6_3^3 小层物性空间分布与变化

孔隙度在水下分流河道中一般大于10%，在相当大的范围内均大于12%，在分流河道的主体位置孔隙度甚至大于14%，主要分布在研究区的中部和东北部（附图12），如元441 –里98–元442–里45–元411–元410–白506–白251–元297–白249–元413–元295–元440–白247–里50–里126–里127一带。长 6_3^3 小层渗透率在水下分流河道中一般大于 $0.5\times10^{-3}\mu m^2$，在相当大的范围内均大于 $0.3\times10^{-3}\mu m^2$（附图13），如元441–里98–元442–里45–元411–元410–元286–里41– 里42–白179–白473–元52–白506–白290–元434–元138–元422一带，在分流间湾范围内渗透率一般小于 $0.1\times10^{-3}\mu m^2$。

四、马岭油田长 8_1 储层非均质性综合评价

上述马岭油田长 8_1 各小层层内、层间、平面砂体、孔隙度（附图22，附图26，附图30）、渗透率（附图23，附图27，附图31）等参数分布特征显示，储层非均质性较强。另外在岩心资料和铸体薄片资料中，长 8_1^1 储层中颗粒分选中等–好，呈次棱角状，砂岩铸体薄片面孔率为0.6%～6.8%，孔隙资料多为粒间孔和长石溶孔；长 8_1^2 储层的铸体薄片面孔率为0.6%～5.7%，颗粒分选较好，多呈次棱角状圆，主要孔隙类型为粒间孔、长石溶孔；长 8_1^3储层颗粒分选较好，呈次棱角状圆，铸体薄片面孔率为0.3%～5%，主要孔隙类型为溶蚀粒间孔、自生矿物晶间孔、微裂缝和残余粒间孔、长石溶孔等，但其孔隙度和渗透率分布不均匀。

综合马岭油田长 8_1 各小层岩石学特征、填隙物含量、孔隙度、渗透率、中值压力、中值半径及储层微观孔隙结构参数，将马岭油田长 8_1 砂层组的致密砂岩储层孔隙结构分为三类（表8-11）。研究区长 8_1 储层孔隙结构类型以Ⅱ、Ⅲ类为主。

表8-11　马岭油田长 8_1 储层孔隙结构分类统计表

参数		Ⅰ类	Ⅱ类	Ⅲ类
物性	孔隙度/%	>9	6～9	<6
	渗透率/$10^{-3}\mu m^2$	>1.0	0.3～1.0	<0.3
压汞参数	中值压力/MPa	<5.5	5.5～10	>10
	中值半径/μm	>0.18	0.04～0.18	<0.04
岩性	岩石学特征	中粒、细–中粒岩屑长石砂岩、长石岩屑砂岩为主，云母、千枚岩等含量少，绿泥石薄膜胶结为主		细–中粒、细粒岩屑长石砂岩、长石岩屑砂岩为主，云母、千枚岩等含量较多，绿泥石薄膜胶结为主，有自生硅质，铁方解石充填孔隙
	填隙物含量/%	<12	12～15	>15

续表

参数		Ⅰ类	Ⅱ类	Ⅲ类
图像分析	面孔率/%	>5.0	2.5～5.0	<2.5
	粒间孔/%	>1.5	0.8～1.5	<0.8
	平均孔径/mm	>40	20～40	<20

综上所述，马岭油田长 8_1 储层砂体、孔隙度、渗透率各项参数分布不均匀，非均质性较强。其中，长 8_1^1 非均质性在研究区各小层中相对较弱。同时，沿东北、西南物源方向，其非均质性相对较弱，而垂直物源方向，各参数的非均质性较强。

第二节　流动单元划分及分布特征

一、流动单元的划分依据及原则

1. 划分依据和目的

流动单元是以储层内水动力条件与岩石物性为依据，在岩相单元划分的基础上进行的次一级单元划分。理论上在同一流动单元内的岩石物性、岩性相似，即具有相似的存储系数和渗流系数，影响流体运移的岩石特征和流体流动特征相近，属于同一连通体。目的是应用表征岩性、流体渗流能力和储集能力的参数，通过流动单元划分，合理分类及定量评价各储集层内部质量，满足油田开发需要。

2. 划分原则

流动单元分类是在仔细划分沉积层序、沉积旋回并合理对比小砂层，分析储层沉积特征、岩石物理特征、孔隙结构、渗流特征，了解储层孔渗、孔喉结构非均质变化的基础上进行的。流动单元的层次结构和储层的层次结构相对应，垂向上能够以相对连续的，隔层分隔的，井间可对比的最小沉积单元做流动单元对比，侧向上以岩性、物性相近且具有相似渗流特征的连续储集体作为流动单元。

二、流动单元划分方法

目前国内外流动单元划分方法因研究目的和储层地质条件不同而不同，包括露头沉积界面分析法、沉积微相法、岩相物性法、流动带指数法、孔喉半径法、多参数分析法、层次分析法、孔隙几何形状分析法、动态流动单元研究法、生产动态资料法等。由于流动单元的划分受储层岩石物理特征、沉积微相、成岩作用等多方面因素的共同控制，于是划分方法和表征研究区地质因素参数选取甚为关键。根据陇东地区延长组致密砂岩储层特点，为了进一步定量研究储层流动单元特征，本书运用 Kozeny–Carmen 方程，通过统计、计算岩心分析的孔隙度、渗透等参数，由孔隙度和渗透率进而求得 FZI、RQI 和 ϕ_Z值，依次参数划分流动单元。通常称为流动带指数划分法（又称 FZI 法）。

1. 计算 RQI、FZI 值

（1）通过岩心分析资料，统计该层的孔隙度、渗透率，计算 RQI、FZI 等参数值。

Kozeny-Carmen 方程为

$$K = \frac{1}{H_c} \cdot \frac{\phi^3}{(1-\phi)^2} \tag{8-1}$$

式中，K 为渗透率；H_c为孔隙结构常数；ϕ 为有效孔隙度，小数。将式（8-1）两边除以 ϕ，并开方，得出：

$$\sqrt{\frac{K}{\phi}} = \frac{\phi}{1-\phi} \cdot \frac{1}{\sqrt{H_c}} \tag{8-2}$$

若渗透率单位采用 $10^{-3}\mu m^2$，定义下列参数：

储集层品质指数 RQI（Reservoir Quality Index）：

$$RQI = 0.0316\sqrt{\frac{K}{\phi}} \tag{8-3}$$

（2）孔隙体积与颗粒体积之比（标准化的孔隙度指标）：

$$\phi_z = \frac{\phi}{1-\phi} \tag{8-4}$$

（3）流动单元流动指标：

$$FZI = RQI/\phi_z \tag{8-5}$$

对方程两边取对数，整理得

$$\lg RQI = \lg(\phi_z) + \lg FZI \tag{8-6}$$

式（8-6）表明，在 RQI 和 ϕ_z 的双对数坐标图上，具有近似 FZI 值的样品将落在一条斜率为 1 的直线上，具有不同 FZI 值的样品将落在斜率相同的一组平行直线上，而同一直线上的样品具有相似的孔喉特征，从而构成一个水力流动单元，而不同的流动单元，其 FZI 值是不同的。

2. 计算累积概率并作概率图

根据式（8-7）计算累积概率，并做概率图：

$$F = \frac{1}{2}\left[1 + \sum_{i=1}^{N} \omega_i f_{er} \frac{(Z - \overline{Z}_i)}{2\sigma_i}\right] \tag{8-7}$$

式中，N 为流动单元的个数；ω_i为第 i 个流动单元分布函数的权系数；f_{er}为误差函数；σ_i为第 i 个分布的标准差；Z 为 lg(FZI)；$\overline{Z}_i$ 为第 i 个观测的平均值。对 $\omega_i = \frac{1}{N}$，$i = 1, 2, \cdots, N$。

具有不同斜率直线的条数即为流动单元类型的数目，线段的端点或交叉点所对应的值即为流动单元的分界点。由图 8-2、图 8-3 可以看出，该区流动单元分为 4 类，根据图 8-2 节点所对应的 FZI 值可以看出，4 类流动单元的 FZI 值范围是Ⅰ类流动单元大于 1.5；Ⅱ类流动单元为 0.6～1.5；Ⅲ类流动单元为 0.4～0.6；Ⅳ类流动单元小于 0.4（表 8-12）。根据利用取心井划分出的流动单元区间，统计每类流动单元的孔隙度、渗透率、RQI 范围及其平均值，得出每个类型流动单元的综合划分标准（表 8-13）。

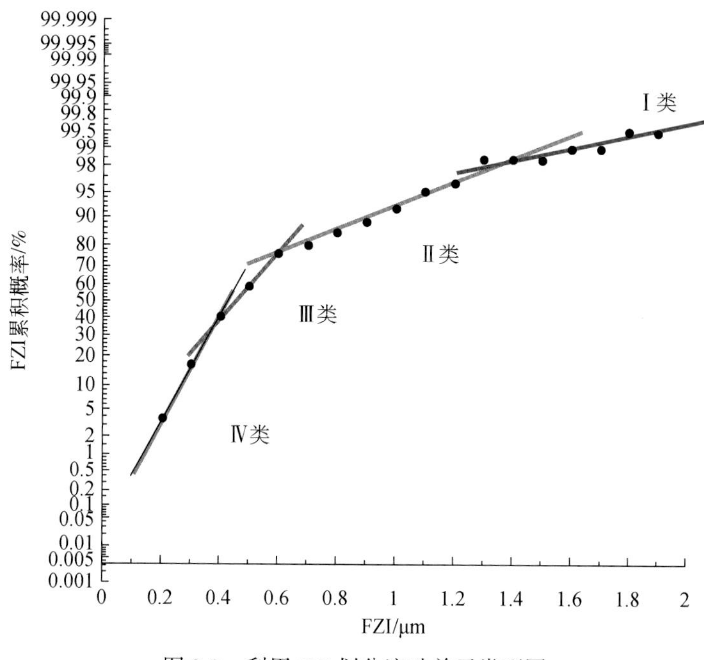

图 8-2　利用 FZI 划分流动单元类型图

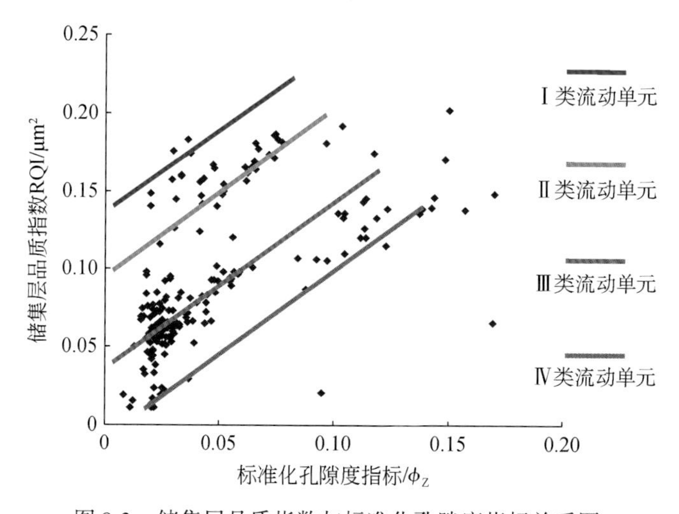

图 8-3　储集层品质指数与标准化孔隙度指标关系图

表 8-12　FZI 划分流动单元区间

FZI/μm	FZI 累积概率/%	类型
≥1.5	≥98.0	Ⅰ
0.6~1.5	76.0~98.0	Ⅱ
0.4~0.6	40.0~76.0	Ⅲ
<0.4	<40.0	Ⅳ

表 8-13　流动单元特征表

流动单元类型	范围值及平均值/%	范围值及平均值/$10^{-3}\mu m^2$	FZI/μm^2	RQI/μm^2
Ⅰ	(2.1~16.98) 9.61	(0.016~5.451) 2.547	≥1.5	(0.022~0.218) 0.152
Ⅱ	(1.39~16.82) 8.88	(0.007~3.784) 1.255	0.6~1.5	(0.012~0.169) 0.087
Ⅲ	(1.89~16.12) 7.2	(0.007~1.733) 0.197	0.4~0.6	(0.009~0.104) 0.049
Ⅳ	(1.92~15.74) 8.62	(0.008~0.867) 0.082	<0.4	(0.007~0.074) 0.032

从表 8-13 可以看出，各类流动单元的孔隙度差别不大，但是反映储集层渗流能力的渗透率、储集层品质指数（RQI）与流动带指数（FZI）则有很大差别。根据渗流能力的不同，Ⅰ类流动单元是该区块最好的流动单元，储层质量好，渗透性能强；Ⅱ、Ⅲ类流动单元的储集层物性依次变差；Ⅳ类流动单元的物性最差，流体在其中很难流动。

三、研究区流动单元划分（FZI）

1. 马岭油田长 8_1 流动单元分布特征

根据研究区长 8_1 储层 126 口井（包括取心井和非取心井）的孔隙度、渗透率计算得出的 FZI 和 RQI 值，结合砂层厚度、泥质含量、储层非均质参数等其他参数值，对研究区长 8_1 的 3 个小层的单井、剖面及平面上流动单元的分布特征进行研究。

1）取心单井流动单元划分

根据 5 口重点取心井的资料，利用修正的 Kozeny-Carmen 方程，计算出划分该区长 8_1 流动单元的流动带指数 FZI 和储集层品质指数 RQI，并且结合孔隙度、渗透率等物性参数确定该区长 8_1 储层流动单元的划分标准，划分出该区储层流动单元类型。如图 8-4 ~ 图 8-6

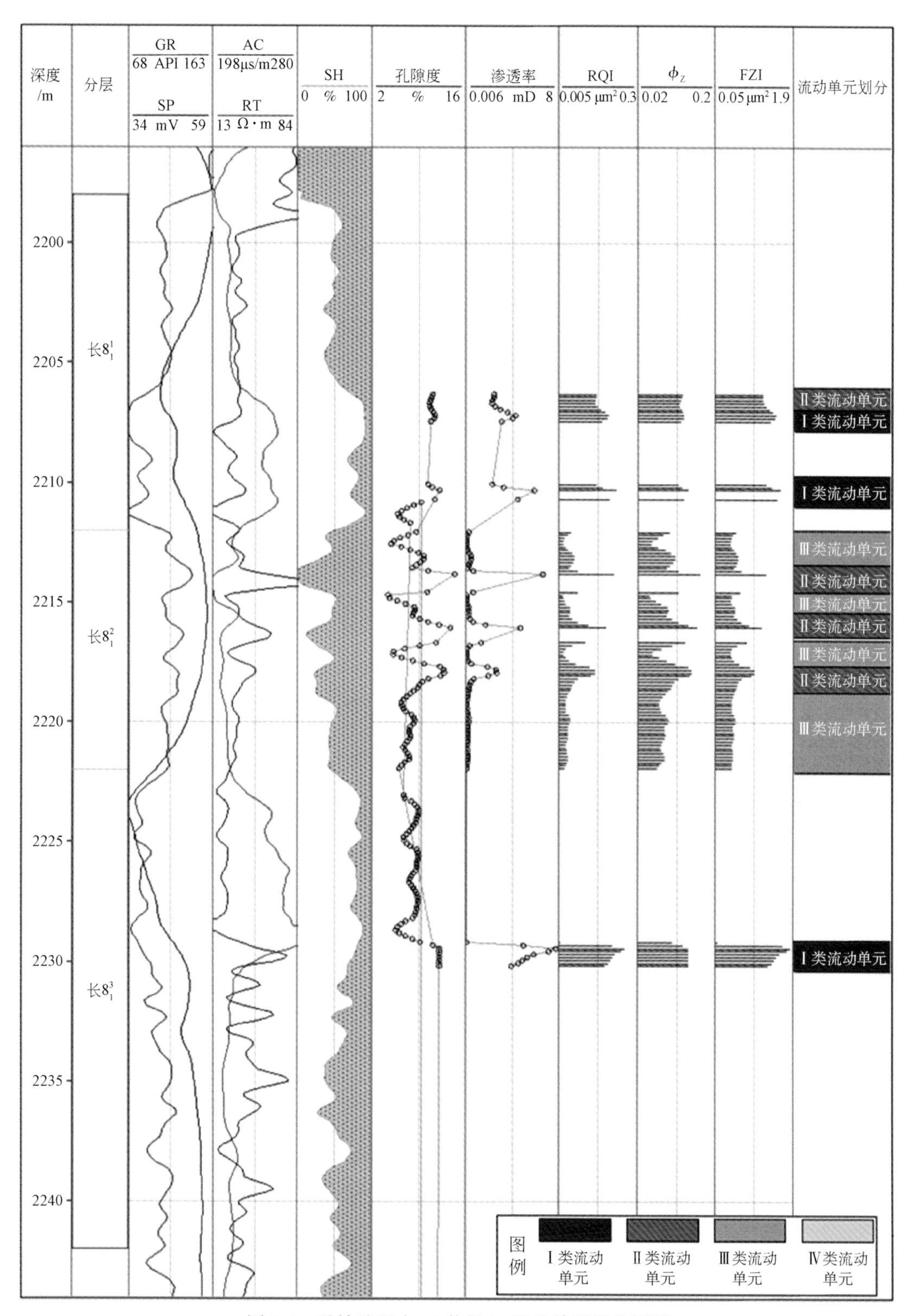

图 8-4　马岭油田木 16 井长 8_1 流动单元划分剖面

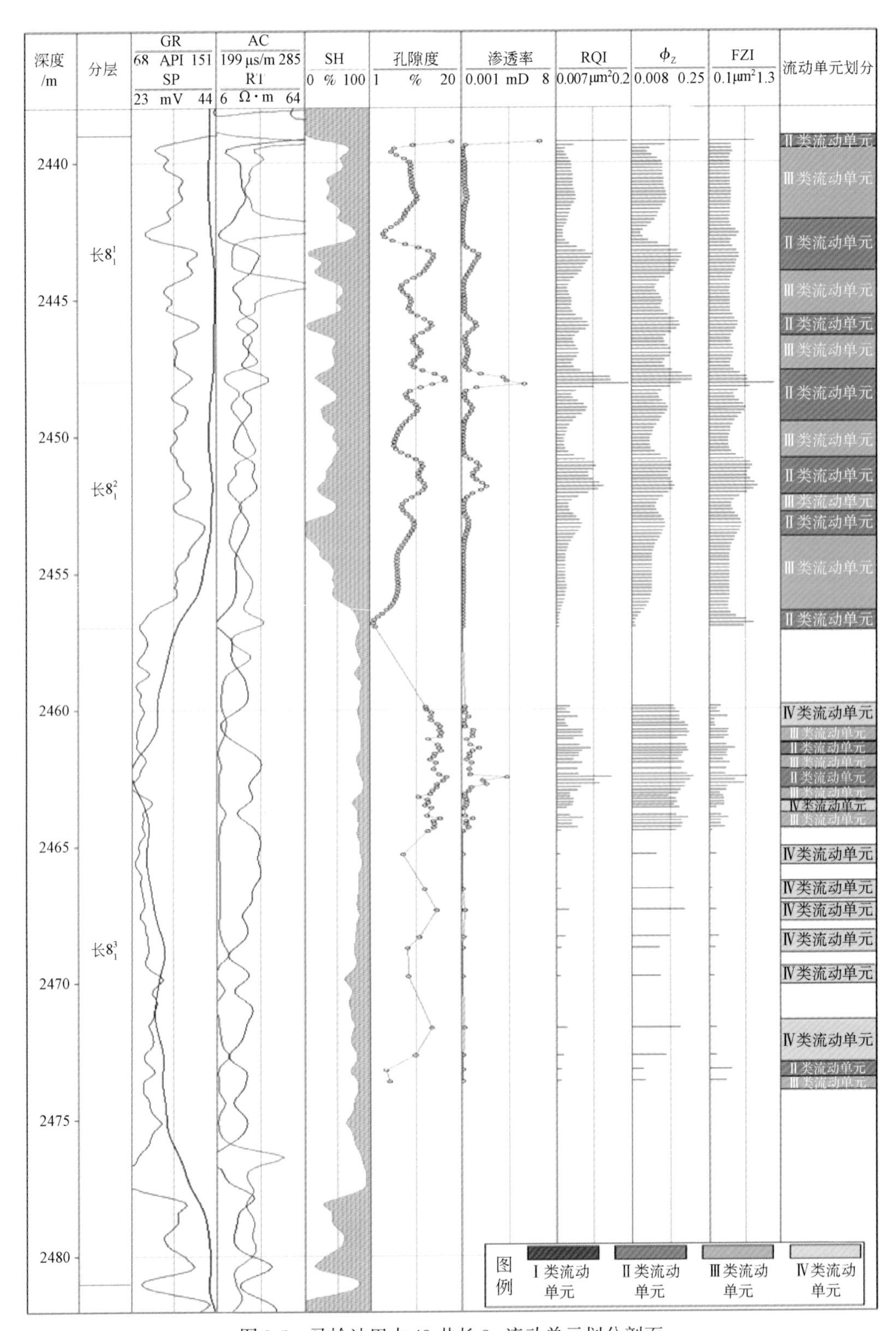

图 8-5　马岭油田木 48 井长 8_1 流动单元划分剖面

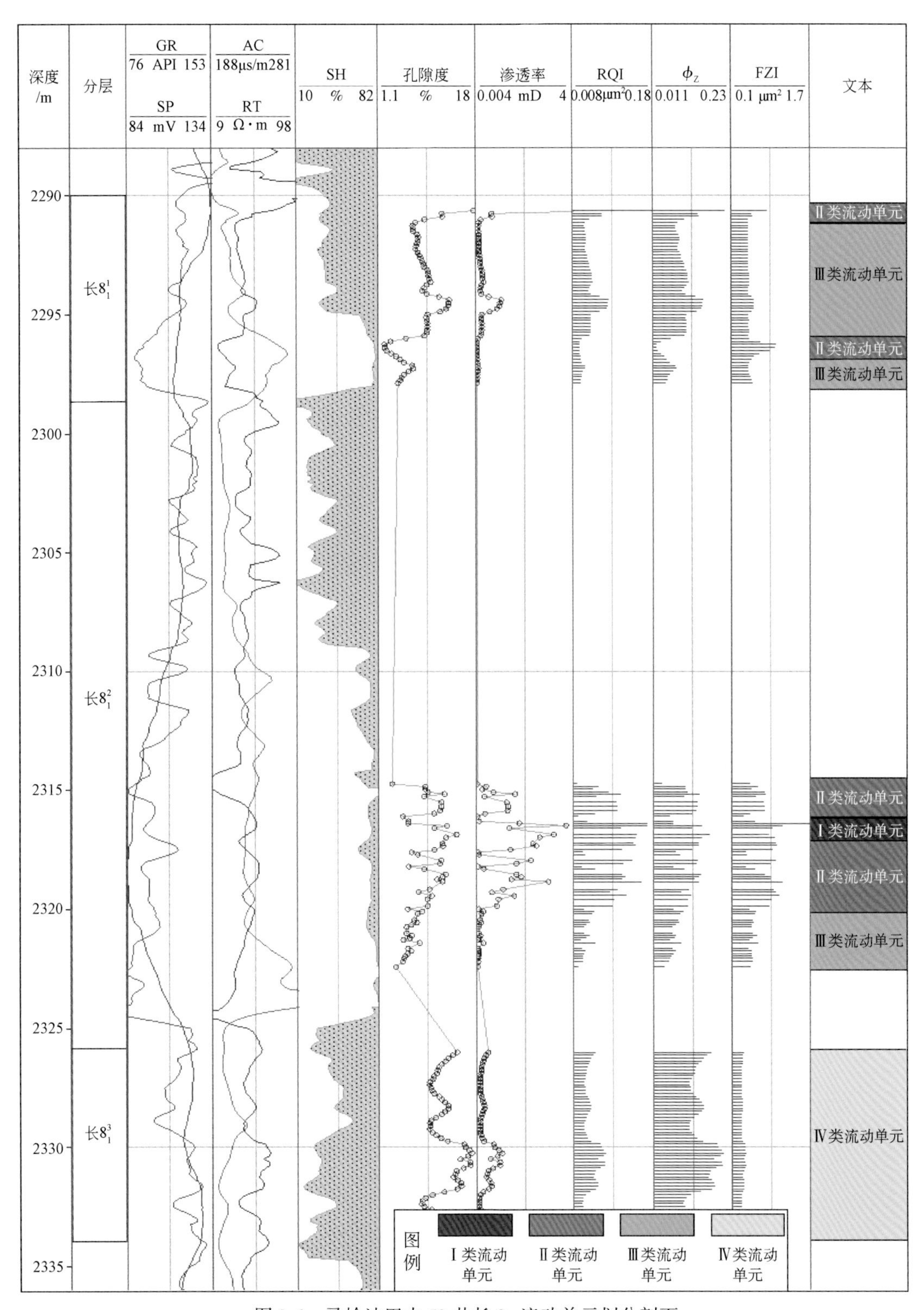

图 8-6　马岭油田木 53 井长 8_1 流动单元划分剖面

所示，木16井长8_1以Ⅱ类、Ⅲ类流动单元为主，有少数Ⅰ类流动单元；木48井长8_1孔隙度、渗透率较低，以Ⅲ类流动单元为主，Ⅱ类、Ⅳ类流动单元较多，没有Ⅰ类流动单元；木53井长8_1以Ⅱ类、Ⅲ类流动单元为主，出现Ⅰ类流动单元，长8_1^3段孔隙度较大，但渗透率非常小，全部为Ⅳ类流动单元。整体看来，长8_1段以Ⅲ类流动单元为主，Ⅱ类、Ⅳ类流动单元较多，Ⅰ类流动单元较少出现。

2）非取心井流动单元划分

非取心井流动单元的划分是在取心井划分的基础上完成的。根据划分的四类流动单元的流动带指数（FZI）、储集层品质指数（RQI）值，结合孔隙度、渗透率、泥质含量、含油饱和度等值，总结其值的分布范围，推广到非取心井。

根据16口取心井岩心资料中的孔隙度、渗透率值，通过其测井解释中的声波时差与孔隙度、孔隙度与渗透率的线性拟合得到的公式，推广到非取心井，计算出孔隙度、渗透率、泥质含量、储集层品质指数、流动带指数等参数，根据已定的划分标准，结合储层非均质性特征，划分非取心井的流动单元。

（1）长8_1^1孔隙度、渗透率拟合曲线公式为$y = 0.0049e^{0.4003x}$，$R^2=0.7438$；孔隙度、声波时差（AC）的拟合曲线公式为$y = 0.2605x - 48.478$，$R^2=0.6461$（图8-7）。

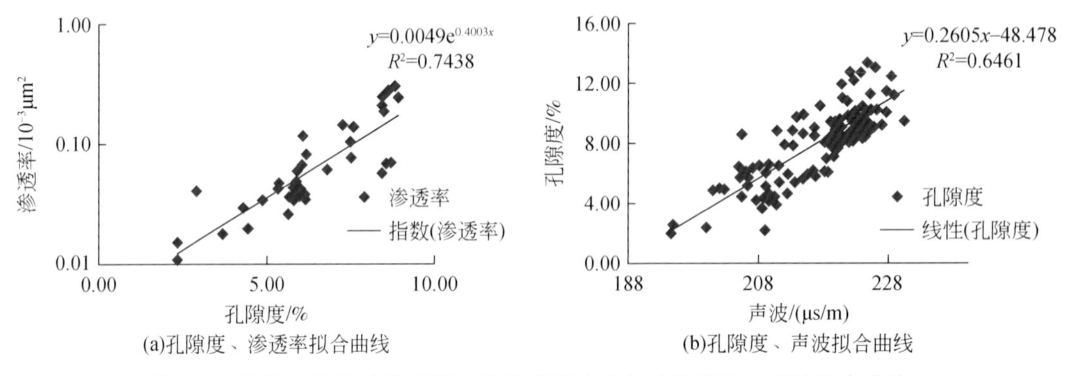

图8-7　马岭油田长8_1^1孔隙度、渗透率拟合曲线及孔隙度、声波拟合曲线

（2）长8_1^2孔隙度、渗透率拟合曲线公式为$y= 0.0012e^{0.6023x}$，$R^2=0.8463$；孔隙度、声波时差（AC）的拟合曲线公式为$y = 0.2687x - 51.683$，$R^2=0.6526$（图8-8）。

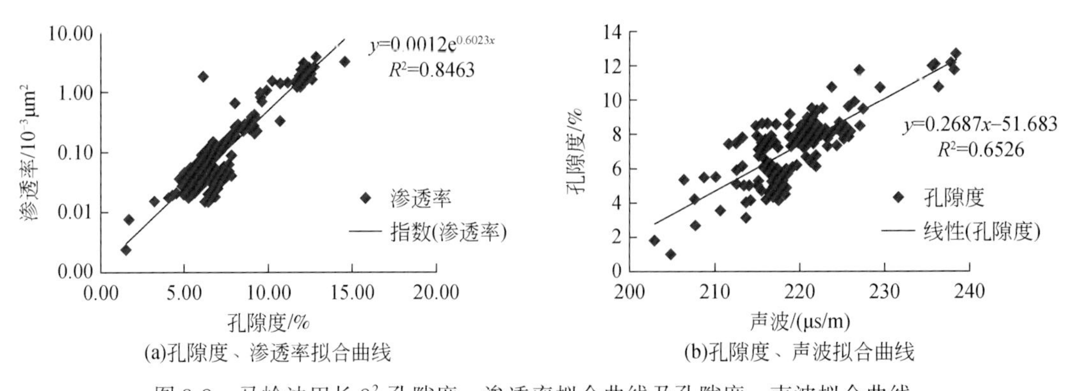

图8-8　马岭油田长8_1^2孔隙度、渗透率拟合曲线及孔隙度、声波拟合曲线

（3）长 8_1^3 孔隙度、渗透率拟合曲线公式为 $y = 0.0039e^{0.3259x}$，$R^2=0.8524$；孔隙度、声波时差（AC）的拟合曲线公式为 $y = 0.2393x - 43.146$，$R^2=0.663$（图 8-9）。

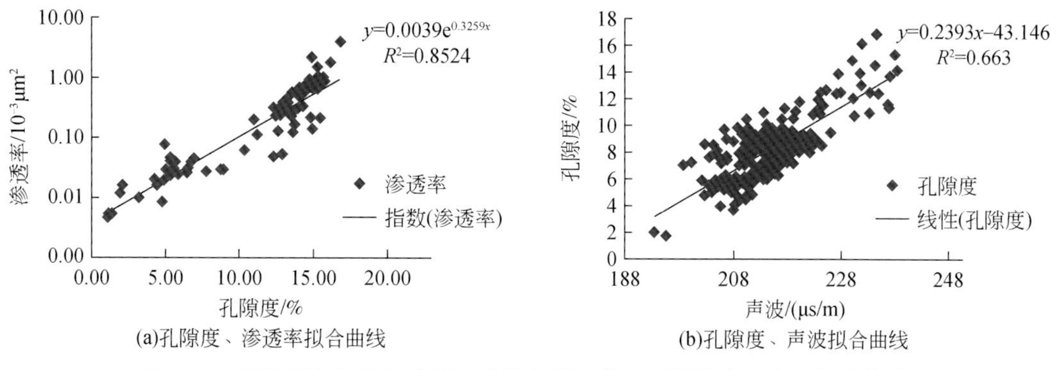

(a)孔隙度、渗透率拟合曲线　(b)孔隙度、声波拟合曲线

图 8-9　马岭油田长 8_1^3 孔隙度、渗透率拟合曲线及孔隙度、声波拟合曲线

根据上述拟合曲线公式，利用测井曲线的 AC 值，求得未取心井的孔隙度、渗透率值。

3）不同方向横剖面流动单元特征

在单井流动单元划分研究的基础上，通过对该区域地质标志剖面对比研究、测井曲线标志剖面对比研究，建立研究目的层流动单元剖面模式，揭示流动单元剖面的分布规律。流动单元划分研究的步骤为：精细地层划分与对比，沉积相研究以确定连通体分布、多参数综合评判计算储层非均质综合指数，统计分析确定流动单元的类型和目的层流动单元在垂向、横向的分布（图 8-10），结果分析。

4）平面流动单元分布特征

由图 8-11 可以看出，马岭油田长 8_1^1 储层以Ⅱ类、Ⅲ类流动单元为主，其中，Ⅲ类流动单元最多；Ⅰ类流动单元分布很少，主要是在研究区中，木钵北部和里 75 井附近的小区域内；Ⅳ类流动单元大多在研究区边缘，且这一类流动单元的砂体一般都很薄。沿东北-西南物源方向，流动单元的连通性较好，垂直物源方向连通性较差，与砂体、渗透率和非均质性延伸方向一致。

从图 8-12 可以看出，马岭油田长 8_1^2 储层以Ⅱ类、Ⅲ类流动单元为主，其中，Ⅲ类流动单元最多；Ⅰ类流动单元分布很少，主要是在研究区的曲子、贺旗南部地区和里 75 井附近的小区域内；Ⅳ类流动单元大多在研究区边缘。沿东北-西南物源方向，流动单元连通性较好，垂直物源方向连通性较差。

由图 8-13 可以看出，马岭油田长 8_1^3 储层Ⅲ类流动单元最多，Ⅱ类流动单元分布较为分散，且连续性较差；Ⅰ类流动单元分布很少，主要是在研究区中，木钵北部和环县北部的小区域内，多在渗透率高值区；Ⅳ类流动单元砂体较薄，物性差，流体在其中几乎不流动，一般无法形成储层。整体而言，沿东北-西南的物源方向，流动单元的连通性较好，垂直物源方向连通性较差。

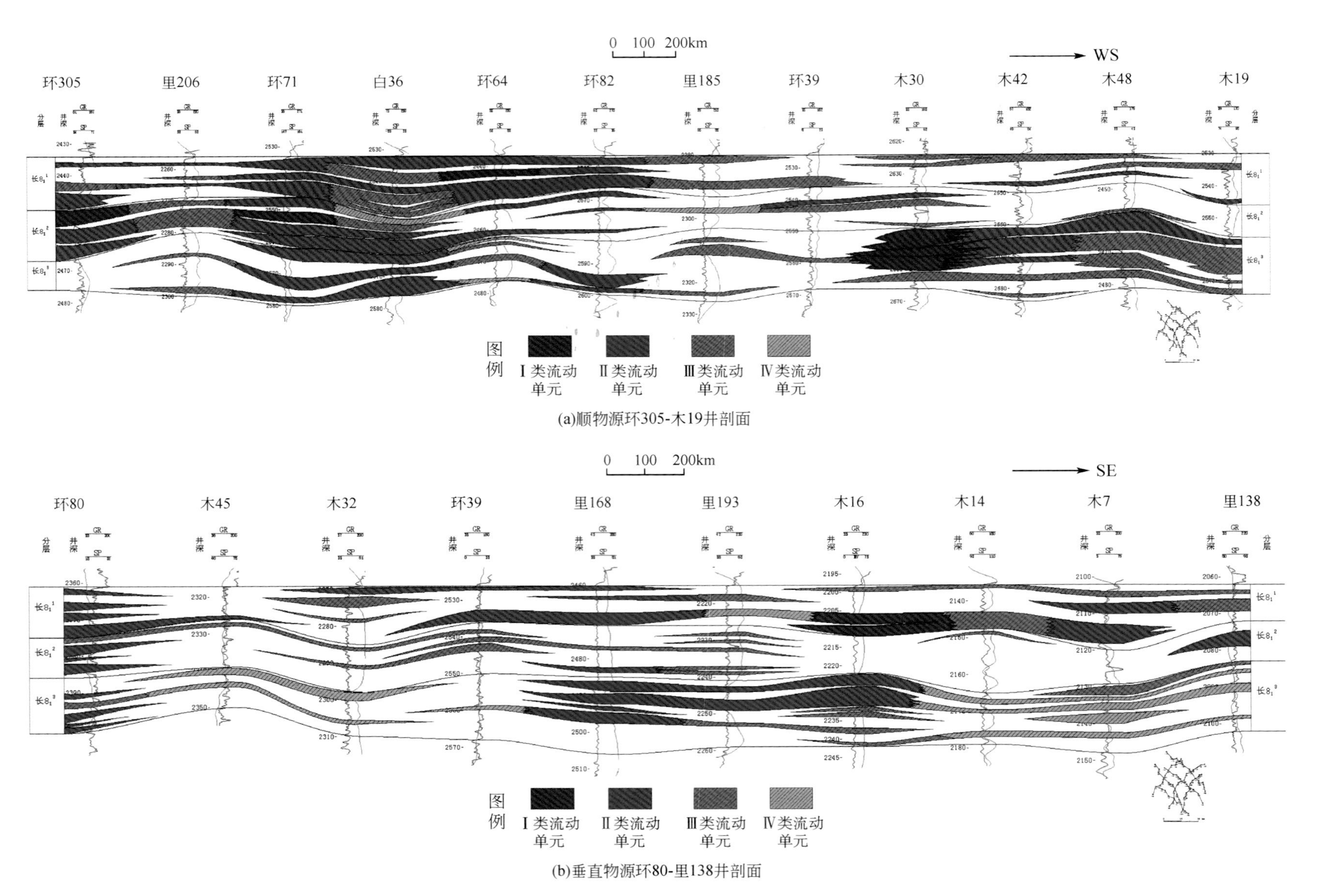

图 8-10 马岭油田长8_1储层横剖面上流动单元分布图

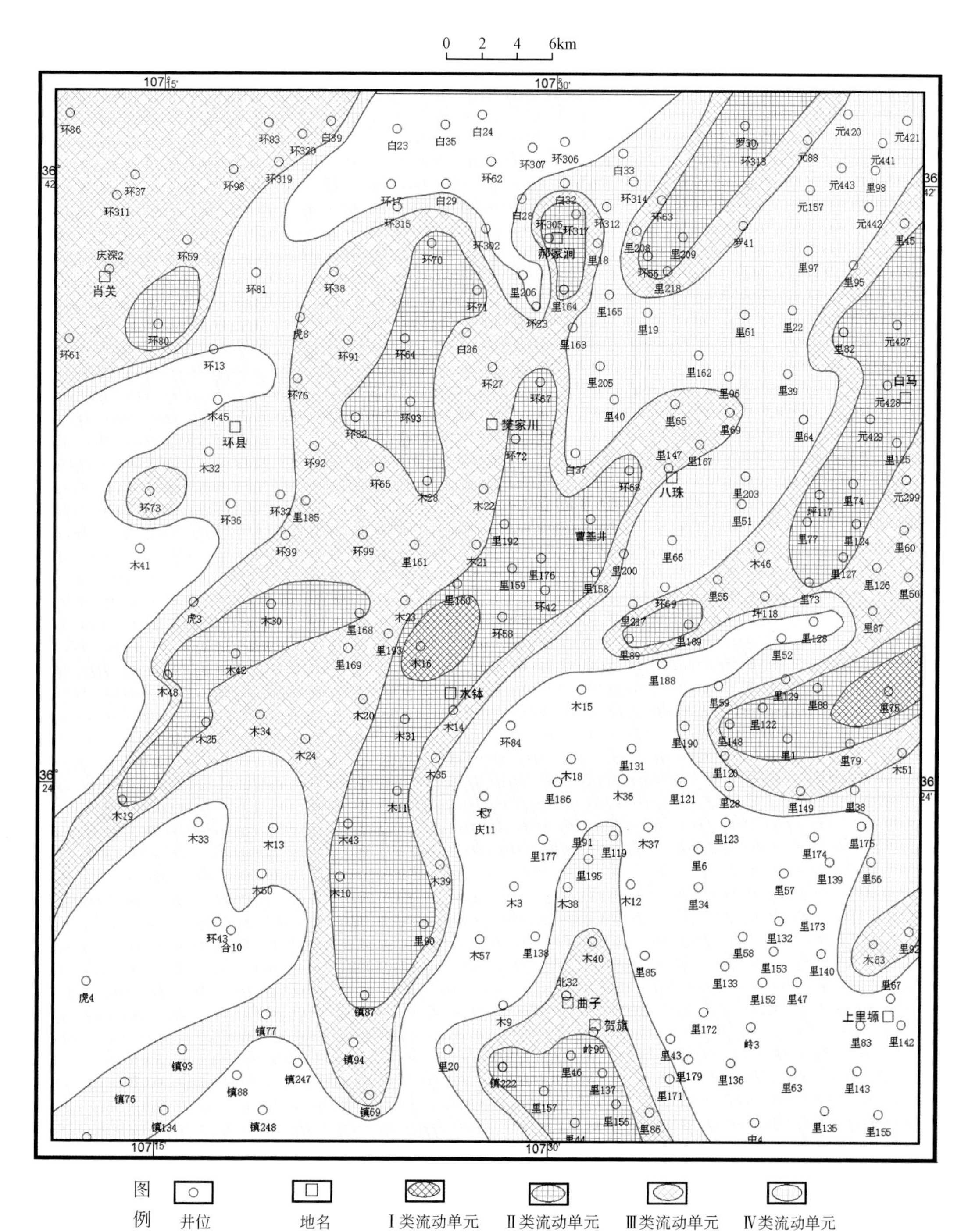

图 8-11　马岭油田长 8_1^1 平面流动单元分布图

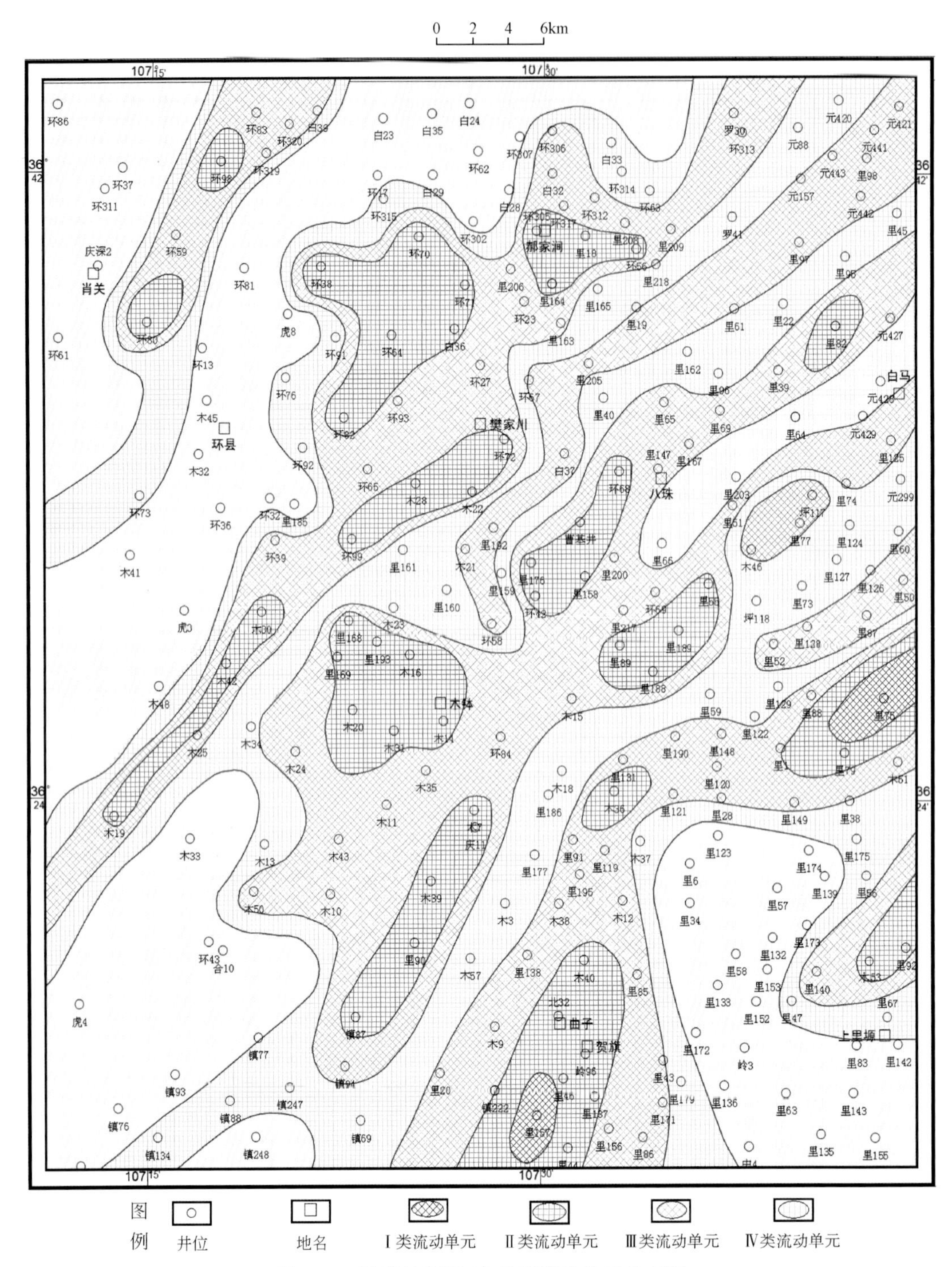

图 8-12　马岭油田长 8_1^2 平面流动单元分布图

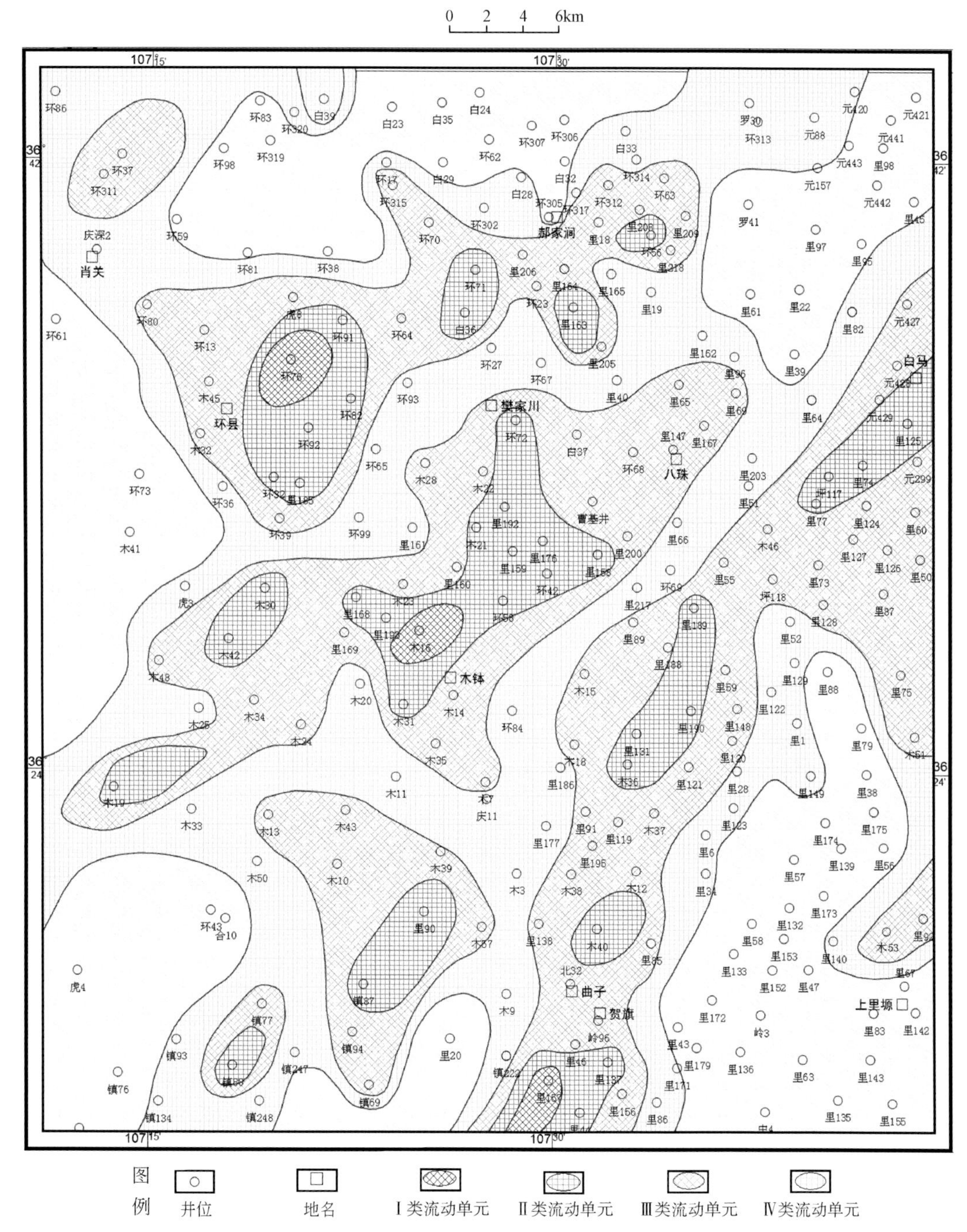

图 8-13　马岭油田长 8_1^3 平面流动单元分布图

2. 华庆油田长 6_3 流动单元分布特征

1）横剖面流动单元分布特征

华庆油田长 6_3 储层流动单元分布横剖面表明：砂体顺物源方向较连续，不同类型的流动单元在侧向上相互连通，形成一个大的连通体，白 428 井长 6_3^1 小层中的Ⅲ类和白 107 井长 6_3^1 小层中的Ⅱ类流动单元联合；砂体垂直物源方向较厚且连续性较差，流动单元呈现不连续或叠覆的特征，流动单元的复合明显多于联合，白 427 井长 6_3^3 小层中上下两个Ⅰ类流动单元复合，白 147 井长 6_3^1 和长 6_3^2 两个小层中上下Ⅰ类和Ⅱ类两个流动单元复合。此外，华庆油田长 6_3 储层Ⅰ类、Ⅱ类流动单元多位于砂体的中上部，一般处于浊积水道微相内（附图 18，附图 19）。

2）平面流动单元分布特征

根据研究区 100 余口井测井解释成果对各井小层相关数据进行统计，结合砂体沉积微相展布规律和成岩变化特征编制了华庆油田长 6_3 各小层流动单元平面分布图（图 8-14 ~ 图 8-16）。

长 6_3^1 小层（图 8-14）以Ⅱ类、Ⅲ类流动单元为主，且呈条带状和片状分布；Ⅰ类流动单元分布少，呈土豆状和豆荚状分布；Ⅳ类流动单元大多分布在研究区边缘，且这一类流动单元的砂体一般都很薄。Ⅰ类流动单元主要分布于河口砂坝、浊积扇内扇和中扇浊积分支水道微相内，Ⅱ类流动单元主要位于主水下分流河道和浊积水道微相内，Ⅲ类流动单元以水下分流河道边缘和浊积水道为主，Ⅳ类流动单元以水下分流间湾和浊积水道间为主。

长 6_3^2 小层（图 8-15）以Ⅲ类、Ⅳ类流动单元为主，且呈条带状和席状分布；Ⅱ类流动单元较多，Ⅰ类流动单元分布分散且少，呈土豆状和片状分布；Ⅳ类流动单元大多分布在研究区边缘。Ⅰ类流动单元主要分布于河口砂坝、浊积扇内扇和中扇浊积水道微相内，Ⅱ类流动单元主要位于河口砂坝、浊积水道内，Ⅲ类流动单元以水下分流河道边缘和浊积水道微相为主，Ⅳ类流动单元以水下分流间湾、浊积水道间微相为主。

长 6_3^3 小层（图 8-16）以Ⅲ类、Ⅳ类流动单元为主，Ⅱ类类流动单元也较多，Ⅰ类流动单元分布最少，呈土豆状和长条状分布。Ⅰ类、Ⅱ类流动单元主要分布于水下分流河道和浊积水道微相内，Ⅲ类流动单元以水下分流河道边缘和浊积水道微相为主，Ⅳ类流动单元以水下分流间湾和浊积水道间为主。

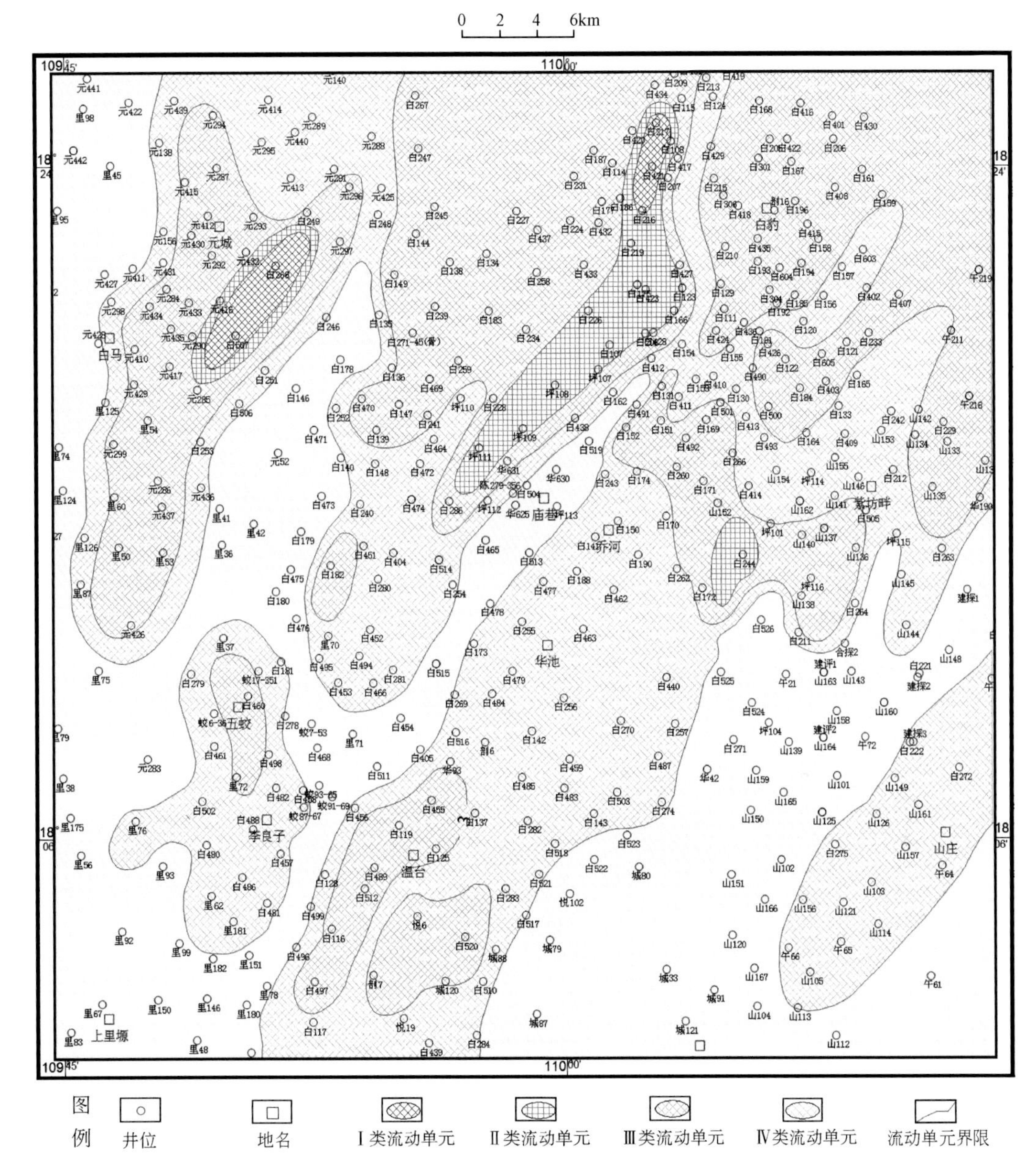

图 8-14　华庆油田长 6_3^1 流动单元平面分布图

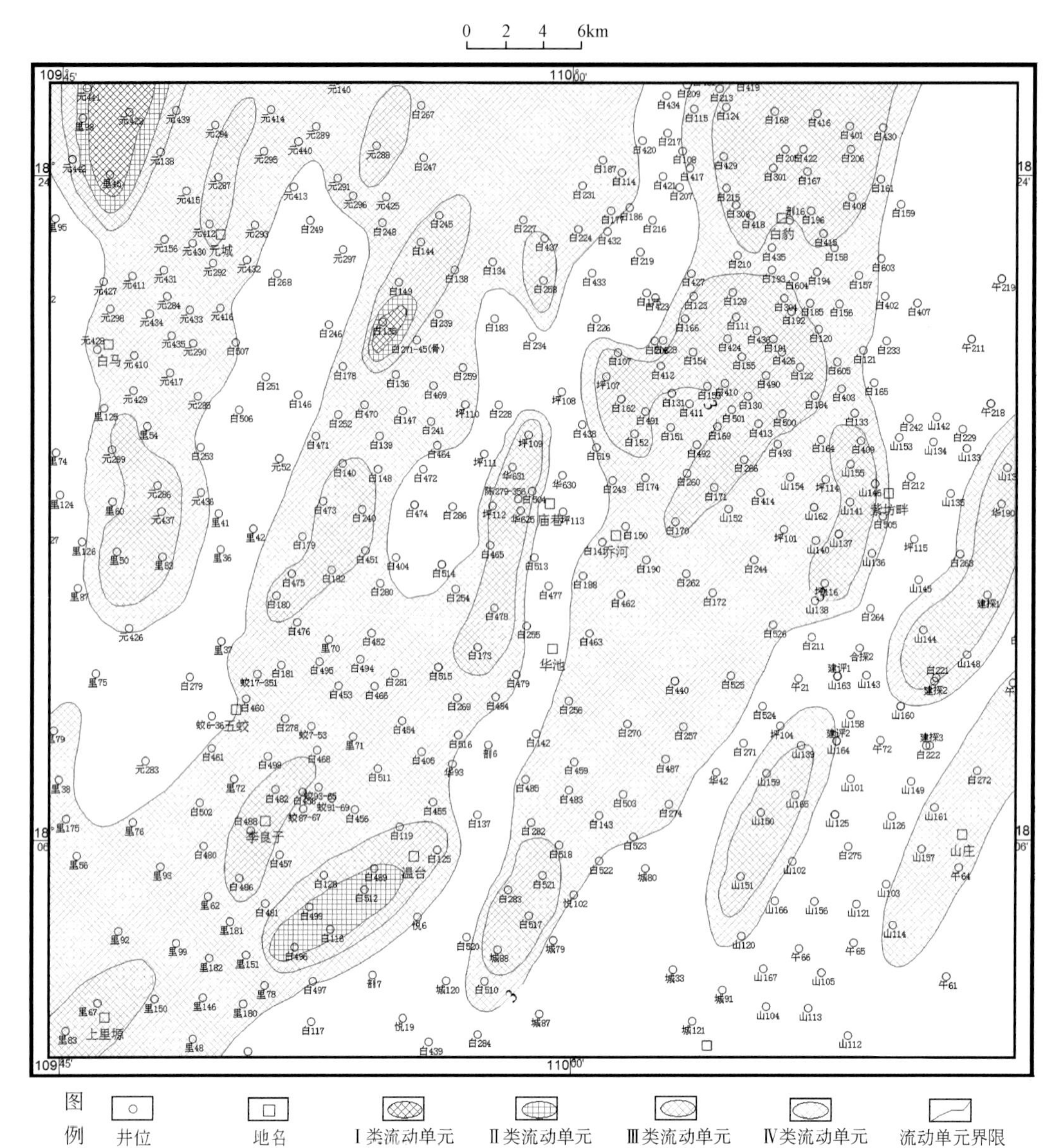

图 8-15　华庆油田长 6_3^2 流动单元平面分布图

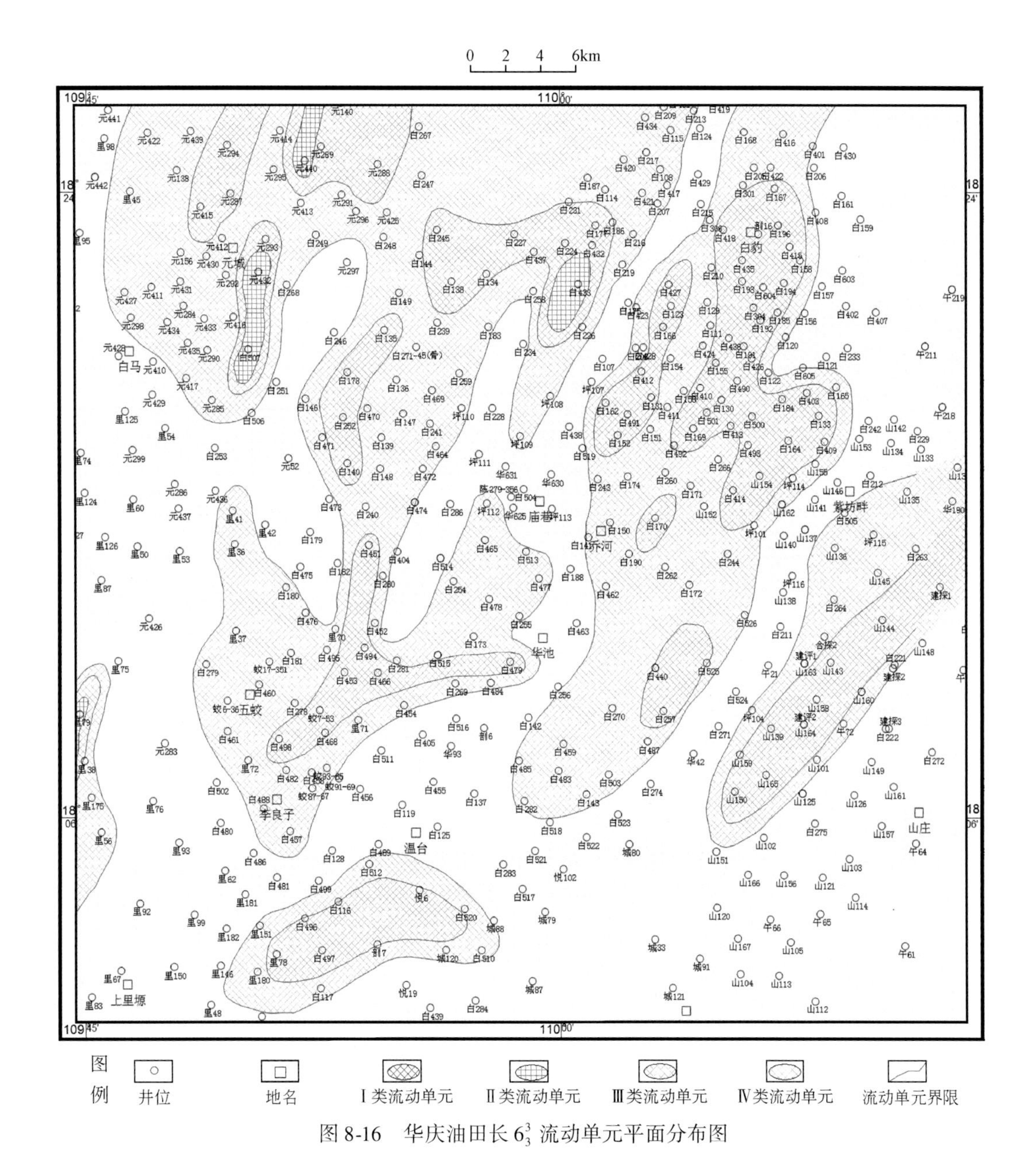

图 8-16　华庆油田长 6_3^3 流动单元平面分布图

四、研究区流动单元的生产能力分析

根据华庆油田长 6_3 储层初始试油数据（表 8-14）与长 6_3 各层段流动单元分布对比分析，可以看出该区长 6_3 各层段有利流动单元的分布和特征，其在不同程度上控制了油气的分布和产能。可以看出，试油井产量与流动单元相关性较好。

表 8-14　华庆油田长 6_3 储层试油产量分布与流动单元对应表

井号	试油层位	射孔井段/m	日产油/t	日产水/m^3	试油结论	流动单元
白 479	长 6_3^2	1962～1967	21.68	0	油层	Ⅰ类
元 298	长 6_3^1	2142～2144	23.12	0	油层	Ⅰ类
	长 6_3^3	2162～2164				Ⅰ类
白 468	长 6_3^1	1979～1983	20.74	0	油层	Ⅰ类
		1997～2000				
白 465	长 6_3^2	2080～2082	6.72	0	油层	Ⅲ类
	长 6_3^3	2100～2102				Ⅲ类
白 459	长 6_3^2	1816～1822	5.19	0	油层	Ⅱ类
白 427	长 6_3^3	1934～1940	41.57	0	油层	Ⅰ类
白 424	长 6_3^3	2053～2058	11.65	0	油层	Ⅰ类
白 416	长 6_3^3	1997～2002	4.59	0	油层	Ⅱ类
白 414	长 6_3^2	2152～2158	0.60	1.3	差油层	Ⅲ类
白 411	长 6_3^1	2104～2110	36.90	0	油层	Ⅰ类
	长 6_3^2	2116～2122				Ⅰ类
白 409	长 6_3^3	2130～2136	5.87	0	油层	Ⅱ类
白 181	长 6_3^2	2065～2076	8.84	0	油层	Ⅰ类

综合上述试油结果以及岩心分析资料、测井资料等，得出华庆油田长 6_3 储层 4 类流动单元的综合分类评价标准（表 8-15）。

Ⅰ类流动单元：分布在砂层厚度、孔隙度、渗透率和含油饱和度大的位置，其非均质程度低，但面积小、连续性差，多呈土豆状，零星分布在主水下分流河道、河口砂坝、浊积扇内扇主水道和中扇浊积分支水道微相。试油过程中产液见效快，采出程度高。

Ⅱ类流动单元：平面上分布面积较大，分布在Ⅰ类流动单元四周和砂层厚度、孔隙度、渗透率、含油饱和度较大的位置，其非均质程度较低，但面积较小，多呈窄长条带分布在水下分流河道、河口砂坝、浊积分支水道砂体的叠置相带。试油过程中由于原始含油饱和度较高，日产量较好，具有较大的开发潜力，是目前油田生产的主要井区。

Ⅲ类流动单元：平面分布面积比Ⅱ类广，分布在Ⅱ类流动单元四周和砂层厚度、孔隙度、渗透率、含油饱和度较小的位置，非均质程度增大，多分布在水下分流河道的边缘、浊积水道主体部位。试油产量较低，需压裂改造才能出油，是进一步挖潜对象。

Ⅳ类流动单元：平面分布最广，孔隙度、渗透率、含油饱和度都最小，非均质程度最大，多分布于水下分流间湾、前缘无水道席状砂和浊积水道间微相。原始含油性很差，开采价值较低，不具有进一步挖潜能力。

表 8-15　华庆油田长 6_3 储层流动单元综合分类评价标准

项目		Ⅰ	Ⅱ	Ⅲ	Ⅳ
砂石类型		中砂岩、细砂岩为主	细砂岩为主	细砂岩、粉砂岩为主	粉砂岩和泥质粉砂岩含量高
物性	孔隙度/%	>8	10～6	8～4	<6
	渗透率/$10^{-3}\mu m^2$	>2.0	0.5～2.0	0.1～0.5	<0.1
孔隙结构	P_D/MPa	<0.1	0.1～1	1～10	>10
	R_d/μm	>1	0.1～1	0.025～0.1	<0.025
	S_{Hg}/%，30MPa	>75	50～75	30～50	<30
孔隙类型及面孔率	孔隙类型	粒间孔为主，孔径大，孔径>50μm	粒间孔及粒间溶孔为主，孔径为40～50μm	粒间孔及粒内溶孔为主，孔径为30～40μm	粒内溶孔，晶间微孔隙为主，孔径<30μm
	主流喉道半径/μm	>1.5	1～1.5	0.5～1	<0.5
	面孔率/%	>6	4～6	2～4	<2
FZI/μm^2		>1.5	0.6～1.5	0.4～0.6	<0.4

第九章　孔喉半径与比值、可动流体及束缚水饱和度测量与孔喉微观结构分析评价

第一节　恒速压汞分析与孔隙、喉道、孔喉半径比测量

恒速压汞技术是目前国际上用于检测储层微观孔隙结构特征的一种先进技术。与常规压汞技术的不同之处在于，常规压汞技术是在恒定某一进汞压力的条件下，通过计算进汞量，来计算喉道半径及该进汞压力对应的喉道所控制的体积，只给出了某一喉道所控制的孔隙体积，并没有直接测量喉道数量，因此只能给出喉道半径及对应的喉道控制的孔喉体积分布，而这个分布由于掺杂了孔隙体积的因素，一般获得的孔喉数值偏低，影响对储层的正确认识。恒速压汞技术克服了常规压汞技术的不足，能够直观、定量地分析孔隙、喉道、孔喉半径比的大小及分布特征等。本次研究主要根据恒速压汞技术对孔喉微观结构进行分析评价。

一、实验基本原理

恒速压汞技术是将抽真空的标准岩样浸泡在汞液中，以极低的恒定速度（0.00005mL/min）向岩心中注入汞液，以保证准静态进汞过程的发生。通过检测汞注入过程的压力升降将岩石内部的孔隙和喉道分开。实验过程如图 9-1 所示。

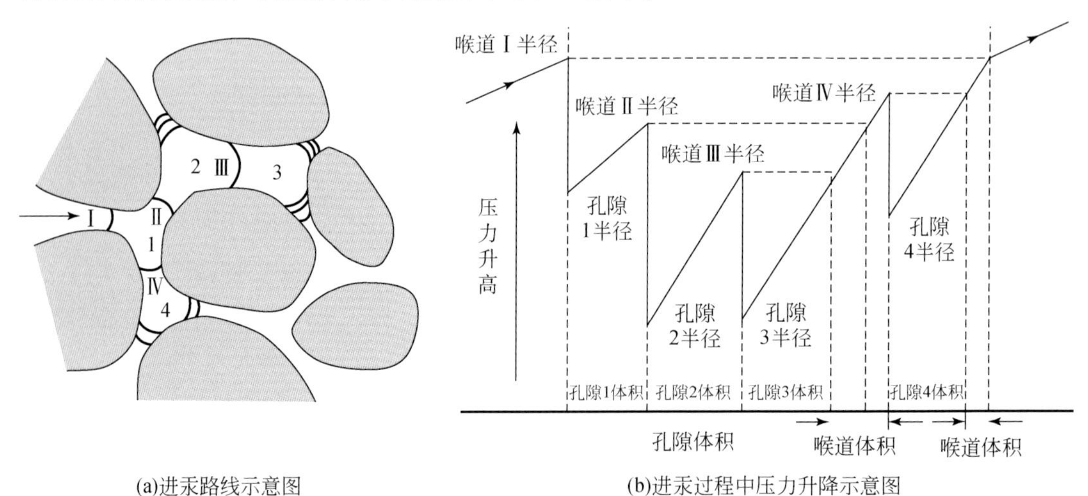

(a)进汞路线示意图
Ⅰ、Ⅱ、Ⅲ、Ⅳ为喉道序号；
1、2、3、4为孔隙序号

(b)进汞过程中压力升降示意图

图 9-1　恒速压汞检测原理图

汞液首先进入喉道Ⅰ，压力上升到一定值后，汞液突破该喉道进入孔隙1，压力降低，孔隙1充满后压力上升，汞液突破喉道Ⅱ进入孔隙2，压力再次降低，依次类推，直至与喉道Ⅰ连通以及喉道半径等于或大于喉道Ⅰ的所有孔隙充满后，汞才会进入比喉道Ⅰ小的喉道所控制的孔隙单元。不断重复以上过程，最终压力达到测试仪器的上限，实验结束。

二、实验条件及样品实验信息

本次实验采用的是ASPE-730型恒速压汞实验装置，实验温度为25～30℃，接触角为140°，汞表面张力为485dyn①/cm。本次试验分别选取了华庆油田长6_3砂岩储层具有代表性的8块岩心样品和马岭油田长8_1砂岩储层具有代表性的10块岩心样品进行恒速压汞实验（表9-1，表9-2）。

表9-1　华庆油田长6_3有效孔喉发育特征相关参数

样品编号	单位体积岩样有效孔隙体积/(mL/cm^3)	单位体积岩样有效喉道体积/(mL/cm^3)	平均孔隙半径/μm	平均喉道半径/μm	平均孔喉半径比
1	0	0.02	110.77	0.93	182.89
3	0.03	0.02	121.02	1.26	230.99
4	0.02	0.01	127.07	0.67	357.74
5	0.03	0.01	125.16	0.57	440.74
7	0.06	0.03	126.94	0.62	287.19
9	0	0.01	129.57	0.76	255.85
51	0.04	0.02	124.60	0.59	311.91
L158	0	0.02	107.61	0.69	135.61

表9-2　马岭油田长8_1孔喉发育特征相关参数

井号	样品号	气测孔隙度/%	气测渗透率/$10^{-3}μm^2$	平均喉道半径/μm	平均孔隙半径/μm	平均孔喉比
木94	18	12	0.353	1.59	123.69	184.09
环42	23	8.6	0.0318	0.45	127.56	408.04
木94	27	12.7	1.89	2.27	122.41	29.8
环99	34	13	2.614	1.72	129.83	156.07
里158	46	13.09	0.342	1.01	137.09	289.63
环42	48	5.2	0.518	0.77	136.55	377.12
镇92	58	7.7	0.629	0.2	122.09	117.75

① $1dyn=10^{-5}N$，达因。

续表

井号	样品号	气测孔隙度/%	气测渗透率 $/10^{-3}\mu m^2$	平均喉道半径/μm	平均孔隙半径/μm	平均孔喉比
里 167	59	5. 1	0. 101	1. 06	121. 73	176. 71
环 99	61	11. 4	0. 405	1. 06	132. 49	241. 75
木 48	65	10. 2	0. 71	1. 86	120. 07	108. 56

三、实验结果及孔隙、喉道、孔喉半径比分布特征

1. 华庆油田长 6_3 砂岩储层孔隙、喉道、孔喉半径比测量

恒速压汞孔隙特征分析主要从有效孔隙半径大小及其分布、有效孔隙体积两个方面进行讨论。孔隙体积是孔隙大小和孔隙个数的综合反映。一般情况下，孔隙半径越大、孔隙个数越多，孔隙体积越大，孔隙发育程度越高。本次实验采用的是 ASPE-730 型恒速压汞实验装置，实验温度为 25 ~ 30℃，接触角为 140°，汞表面张力为 485dyn/cm。

1）物性特征

本次在华庆油田长 6_3 砂岩储层共进行 8 块恒速压汞实验（表 9-3），表 9-3 为恒速压汞测试的孔隙结构特征参数，8 块样品的孔隙度为 5. 84% ~ 13. 56%，平均值为 8. 64%；渗透率介于 $0.073\times10^{-3}\mu m^2$ ~ $0.430\times10^{-3}\mu m^2$，平均值为 $0.292\times10^{-3}\mu m^2$，均属于典型的低孔特低渗致密砂岩储层。

表 9-3 华庆油田长 6_3 砂岩储层实验样品信息及主要参数统计表

样品编号	取心资料及常规分析结果			恒速压汞岩样资料				
	层位	孔隙度/%	渗透率 $/10^{-3}\mu m^2$	总体积 $/cm^3$	总孔隙体积 $/cm^3$	平均喉道半径/μm	平均孔隙半径/μm	平均孔喉半径比
1	长 6_3	6. 52	0. 430	5. 88	0. 38	1. 93	110. 77	182. 89
3	长 6_3	5. 84	0. 379	4. 41	0. 25	1. 26	121. 02	230. 99
4	长 6_3	7. 89	0. 073	8. 18	0. 65	0. 67	127. 07	357. 74
5	长 6_3	7. 10	0. 146	5. 15	0. 36	0. 57	125. 16	440. 74
7	长 6_3	13. 56	0. 348	4. 42	0. 60	0. 62	126. 94	287. 19
9	长 6_3	7. 10	0. 310	5. 15	0. 36	2. 76	129. 57	255. 85
51	长 6_3	12. 41	0. 244	4. 76	0. 57	0. 59	124. 6	311. 91
L158	长 6_3	8. 70	0. 403	4. 9	0. 42	0. 69	107. 61	135. 61

2）孔隙半径分布特征与渗透率的相关性

图 9-2 和图 9-3 分别为华庆油田长 6_3 储层单个和组合孔隙半径分布特征。8 块代表性的岩心样品孔隙半径主要分布在 90 ~ 180μm，峰值基本在 120μm 左右，从 8 块代表样品

孔隙半径分布组合曲线特征可以看出，不同渗透率级别的岩心孔隙大小及分布性质差异不大，都具有接近正态分布特征，且分布范围和峰值也基本接近。

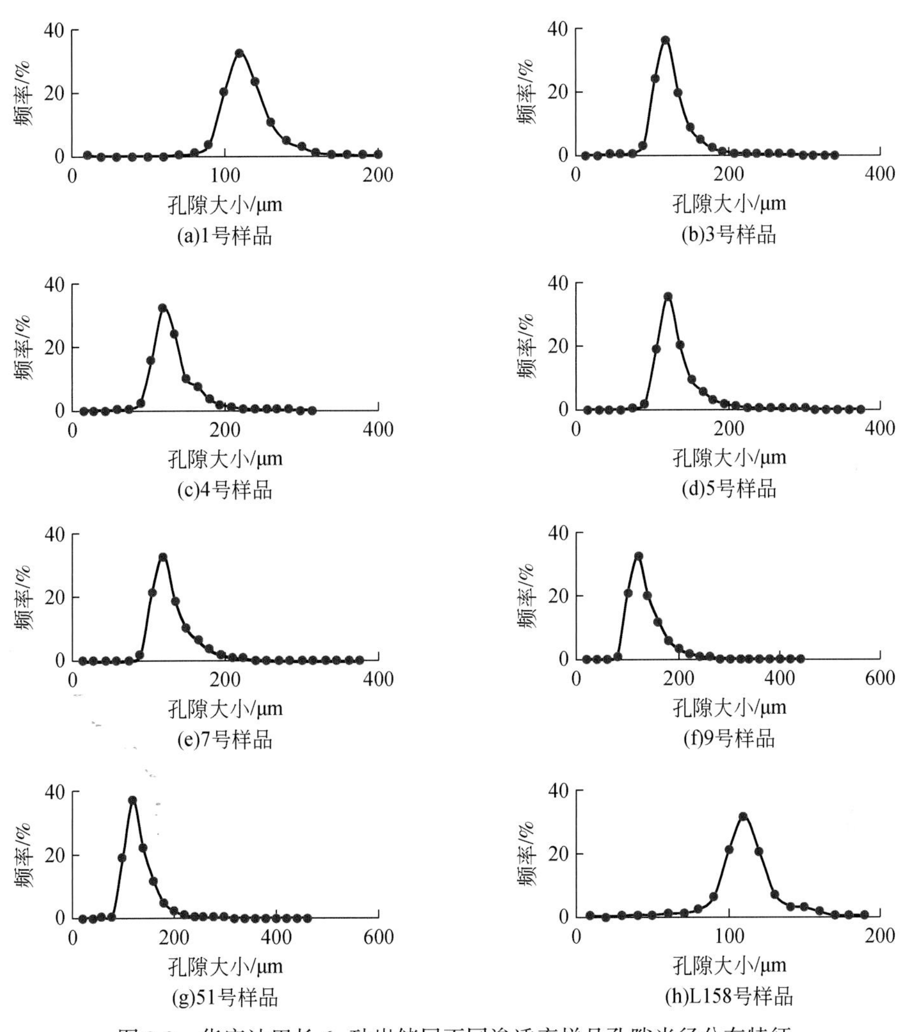

图 9-2　华庆油田长 6_3 砂岩储层不同渗透率样品孔隙半径分布特征

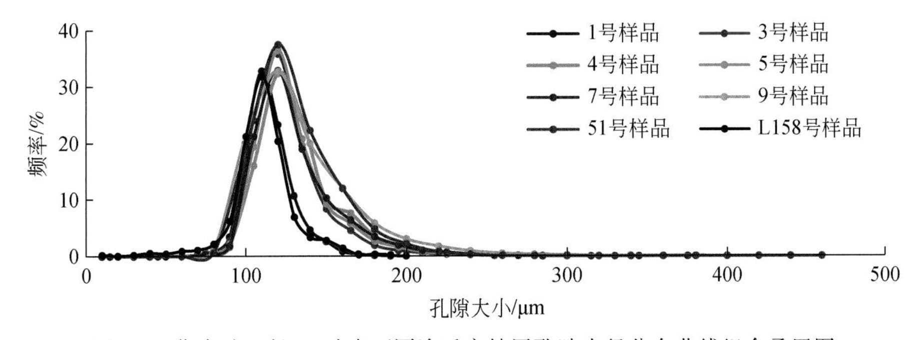

图 9-3　华庆油田长 6_3 砂岩不同渗透率储层孔隙半径分布曲线组合叠置图

孔隙半径加权平均值依次为 110.77μm、121.02μm、127.07μm、125.16μm、126.94μm、129.57μm、124.60μm、107.61μm；峰值依次为 110μm、120μm、120μm、120μm、120μm、120μm、120μm、110μm；单位体积样品孔隙个数分别为 769 个、3533 个、2016 个、7099 个、5409 个、2683 个、4587 个、192 个；单位体积岩样有效孔隙体积依次为 0mL/cm^3、0.03mL/cm^3、0.02mL/cm^3、0.03mL/cm^3、0.06mL/cm^3、0mL/cm^3、0.04mL/cm^3、0mL/cm^3。多个样品的有效孔隙半径分布较为集中，孔隙度、渗透率较高的岩样有效孔隙发育程度也较高。

由于受储层岩石内部复杂的非均质性的影响，图 9-4 可以看出有效孔隙半径加权平均值与孔隙度、渗透率基本呈正相关，但相关性不高，也存在着随渗透率的增大，有效孔隙体积变小的现象。(图 9-5)。

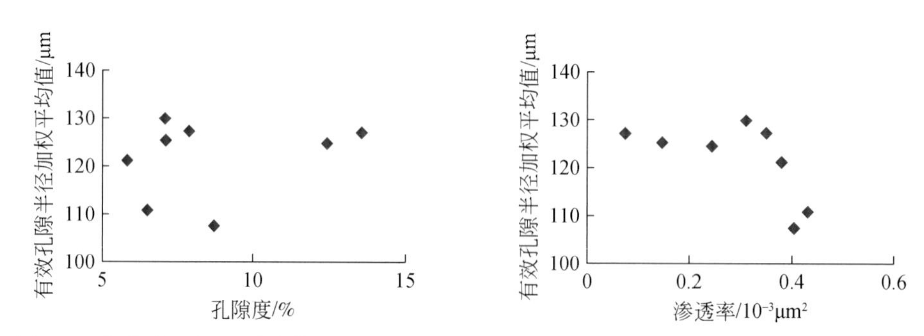

图 9-4　华庆油田长 6_3 砂岩储层有效孔隙半径加权平均值与孔隙度、渗透率的相关关系图

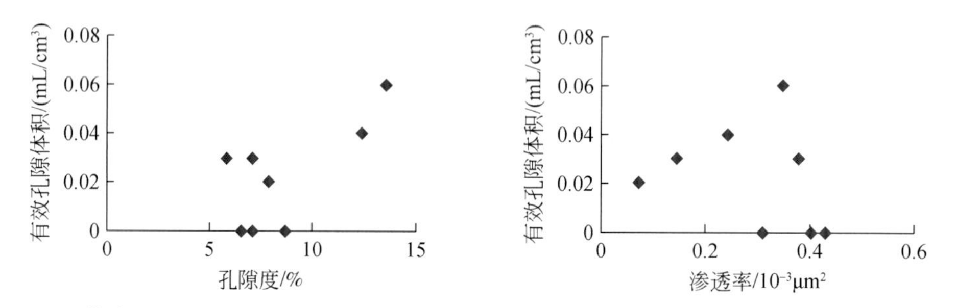

图 9-5　华庆油田长 6_3 砂岩储层单位体积岩样有效孔隙体积与孔隙度、渗透率的相关关系图

3) 喉道半径分布特征

喉道发育特征主要从以下三个方面进行分析：喉道半径的大小及分布特征、单位体积有效喉道个数和单位体积有效喉道体积。

(1) 喉道半径的大小、分布以及与渗透率的关系

图 9-6 为不同渗透率样品的喉道半径分布频率图，可以看出 1 号样品主要喉道半径分布在 0.4 ~ 0.8μm（频率大于 80%）；3 号样品喉道半径分布在 0.2 ~ 3.0μm，主要喉道半径分布在 0.3 ~ 1.0μm（频率大于 90%）；4 号样品喉道半径分布在 0.2 ~ 0.8μm，主要喉道半径分布在 0.3 ~ 0.5μm（频率大于 80%）；5 号样品喉道半径主要分布在

0. 2 ~1. 2μm，主要喉道半径分布在 0. 3 ~0. 6μm（频率大于 50%）；7 号样品喉道半径分布在 0. 1 ~1. 2μm，主要喉道半径分布在 0. 4 ~0. 8μm（频率大于 70%）；9 号样品喉道半径分布在 0. 2 ~1. 0μm，主要喉道半径分布在 0. 4 ~0. 8μm（频率大于 50%）；51 号样品喉道半径分布在 0. 2 ~1. 8μm，主要喉道半径分布在 0. 3 ~0. 7μm（频率大于 70%）；L158 号样品喉道半径分布在 0. 4 ~1. 5μm，主要喉道半径分布在 0. 6 ~0. 8μm（频率大于 70%）。峰值依次为 0. 7μm、0. 9μm、0. 4μm、0. 3μm、0. 8μm、0. 6μm、0. 5μm、0. 7μm；主流喉道半径分别为 0. 99μm、0. 87μm、0. 95μm、0. 83μm、0. 73μm、0. 86μm、0. 076μm、0. 77μm；平均喉道半径依次为 0. 93μm、1. 26μm、0. 67μm、0. 57μm、0. 62μm、0. 76μm、0. 59μm、0. 69μm。

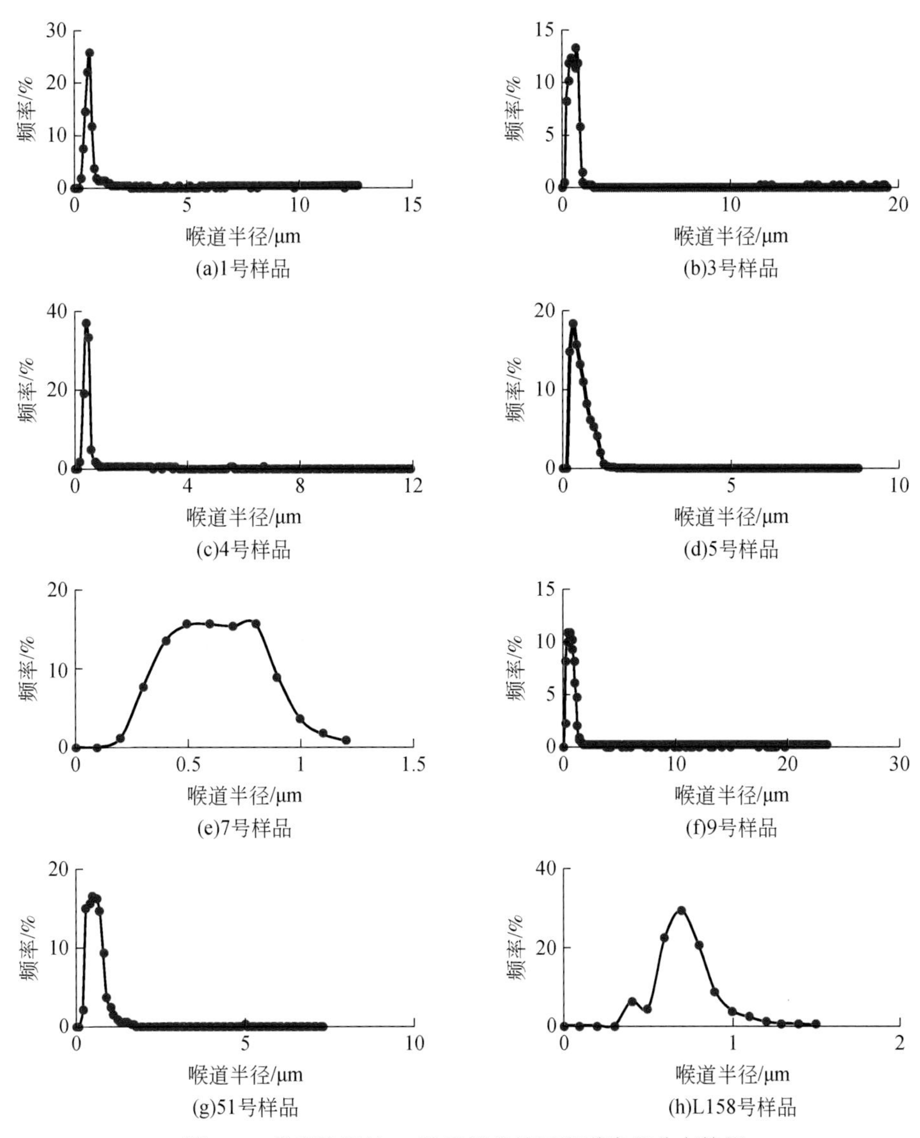

图 9-6　华庆油田长 6_3 砂岩样品储层喉道半径分布特征

从多个样品喉道半径分布频率曲线叠置效果（图 9-7）可以看出，渗透率不同的岩心样品，喉道半径分布特征差异较大。渗透率越高，喉道半径分布范围越宽且分布频率越低，渗透率越低，喉道半径分布越集中且分布频率越高。喉道半径分布范围越宽，说明喉道半径分选性越差，分布范围越窄，喉道半径分布越均匀，则分选性越好。进一步说明喉道是决定储层物性的关键因素，渗透率较低时喉道半径峰值高，随着渗透率的增大，喉道半径峰值逐渐降低，正是由于喉道的这种差异从而导致物性差异，进而影响油田的开发效果。

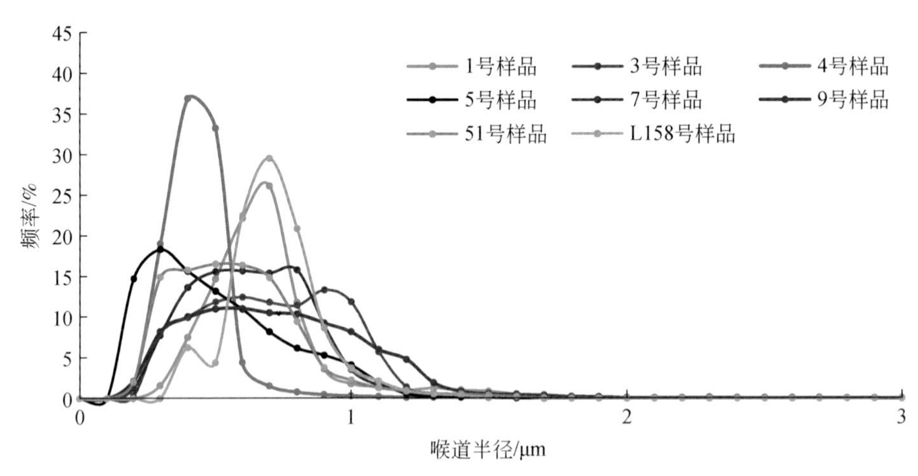

图 9-7　华庆油田长 6_3 不同渗透率砂岩储层喉道半径分布频率曲线组合叠置图

（2）单位体积有效喉道个数和单位体积有效喉道体积

长 6_3 储层 8 个实验样品中，单位体积有效喉道个数分别为 770 个/cm^3、3533 个/cm^3、2167 个/cm^3、7099 个/cm^3、5409 个/cm^3、2683 个/cm^3、4587 个/cm^3、153 个/cm^3；单位体积有效喉道体积分别为 0.02mL/cm^3、0.02mL/cm^3、0.01mL/cm^3、0.01mL/cm^3、0.03mL/cm^3、0.01mL/cm^3、0.02mL/cm^3、0.02mL/cm^3。

图 9-7 清晰显示，物性不同的岩心样品，喉道半径分布特征差异较大。按喉道半径范围大小可以将华庆油田长 6_3 储层典型样品分为以下两类：Ⅰ类为 1 号、3 号、7 号、L158 号样品，主要喉道半径分布在 0.3 ~ 1.0μm；Ⅱ类为 4 号、5 号、9 号、51 号样品，主要喉道半径分布在 0.3 ~ 0.8μm。

喉道是决定储层物性的关键因素。通常情况下，渗透率越高，喉道半径分布范围越宽且分布频率越低，渗透率越低，喉道半径分布越集中且分布频率越高。喉道半径分布范围越宽，说明喉道半径分选性越差，分布范围越窄，喉道半径分布较均匀，则分选性越好。渗透率较低时喉道半径峰值高，随着渗透率的增大，喉道半径峰值逐渐降低，正是由于喉道的这种差异从而导致物性差异，进而影响油田的开发效果。

4）孔喉半径比分布特征

实验结果显示（图 9-8），物性不同的岩心样品孔喉半径比分布特征不同。8 个样品的孔喉半径比主要分布范围依次为 80 ~ 300、90 ~ 480、70 ~ 595、90 ~ 900、120 ~ 560、40 ~ 600、70 ~ 630、120 ~ 240，峰值依次为 200、180、385、405、280、240、280、

165；孔喉半径比加权平均值依次为 182. 89μm、230. 99μm、357. 74μm、440. 74μm、287. 19μm、255. 85μm、311. 91μm、135. 61μm。不同渗透率储层孔喉半径比分布频率曲线组合叠置图上（图 9-9），物性不同的岩心样品孔喉半径比分布特征不同。随着渗透率的增大，孔喉半径比的分布范围就增大，峰值所对应的频率就减小，随着渗透率的减小，孔喉半径比分布于小值区的频率逐渐增大，且孔喉半径比的峰值向小值区移动。孔喉半径比越大，孔隙、喉道之间的差异越大，流体流动时的渗流阻力越大，开发效果往往不好；反之，则说明孔喉之间的差异较小，流体渗流时的阻力也较小，开发效果则相对较好。

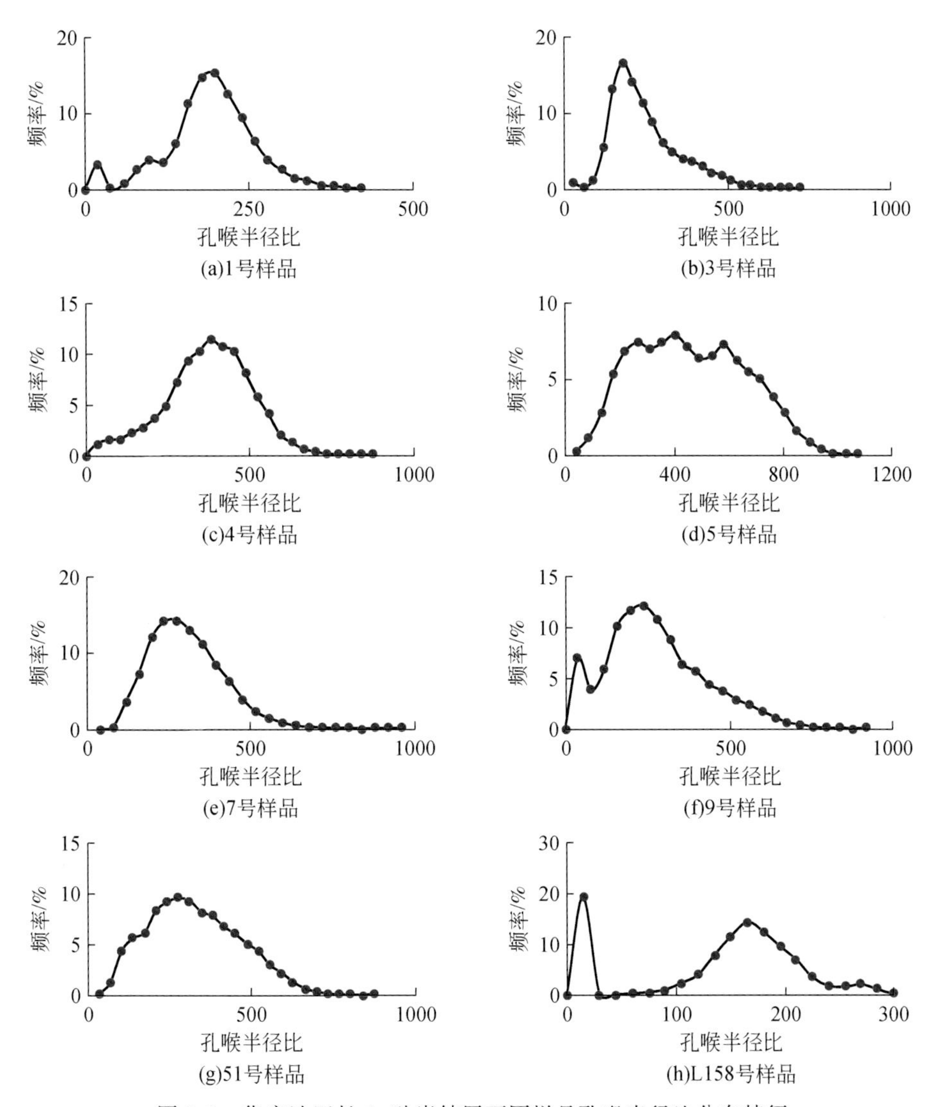

图 9-8　华庆油田长 6_3 砂岩储层不同样品孔喉半径比分布特征

5）毛细管压力曲线变化特征

相对于常规压汞实验，恒速压汞技术不仅提供了总的毛细管压力曲线（图 9-10），同时能够给出孔隙、喉道的进汞压力曲线，以定量表征孔隙、喉道半径大小及其之间的配置

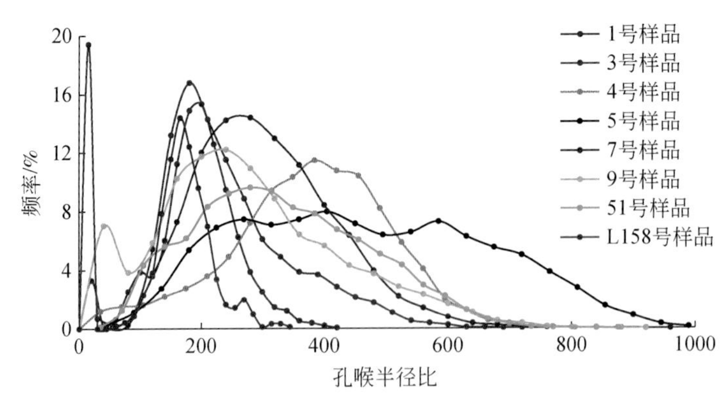

图 9-9　华庆油田长 6_3 砂岩不同渗透率储层孔喉半径比分布频率曲线组合叠置特征

关系。从图 9-10 多样品恒速压汞毛细管压力曲线图可以看出，汞首先进入阻力较小的大喉道控制的孔隙中，此时总毛细管压力曲线与孔隙毛细管压力曲线几乎重合，总进汞饱和度和孔隙进汞饱和度相近，喉道的影响不明显。随着汞进入的喉道越来越窄，毛细管压力逐渐升高，总毛细管压力和喉道毛细管压力曲线延续从前的趋势，孔隙毛细管压力曲线开始上翘。虽然进汞压力急剧增大，但进入孔隙中的汞量较少，喉道进汞饱和度明显增加，这时喉道开始起主要控制作用。汞继续进入更微小的喉道时，总毛细管压力曲线完全取决于喉道毛细管压力曲线的变化，微观喉道是影响和评价低渗储层的重要参数。

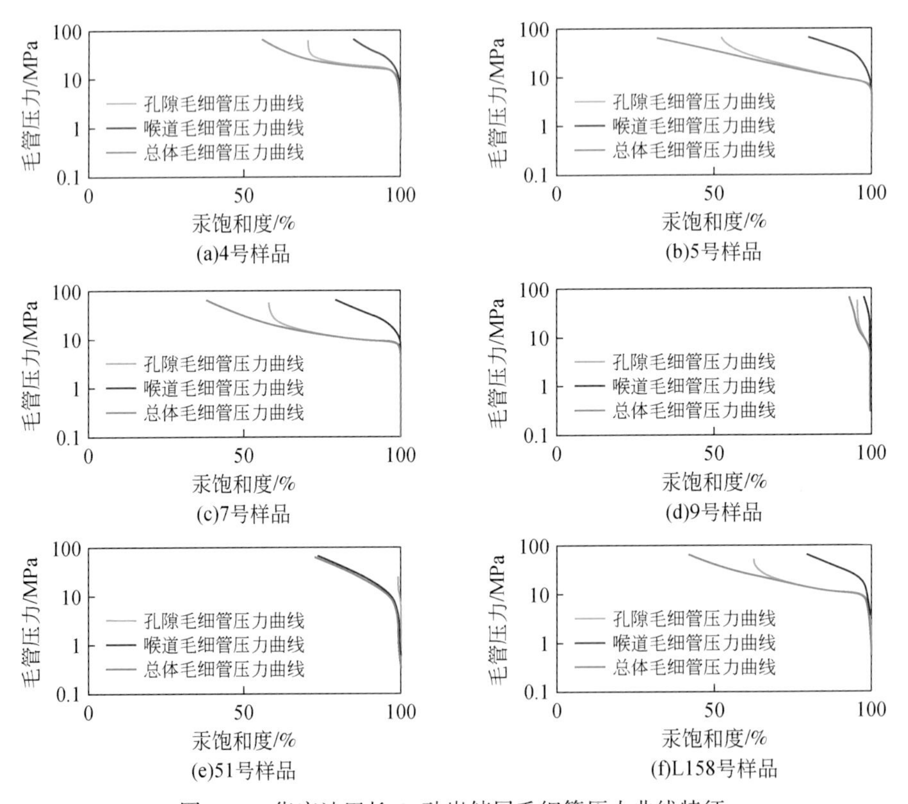

图 9-10　华庆油田长 6_3 砂岩储层毛细管压力曲线特征

根据8块实验样品各自的排驱压力和进汞饱和度参数（表9-4），将毛细管压力曲线分为两种类型，分别是低排驱压力-较高进汞型和高排驱压力-较低进汞型。

表9-4　华庆油田长6_3砂岩储层恒速压汞实验结果数据表

样品号	微观均质系数	相对分选系数	排驱压力/MPa	进汞饱和度/%		
				总体	喉道	孔隙
1	0.03	1.01	8.27	42.23	35.27	6.96
3	0.02	0.92	5.50	95.14	41.92	53.22
4	0.01	0.84	8.50	44.19	15.09	29.10
5	0.01	0.59	11.05	67.83	20.08	47.75
7	0.02	0.34	0.60	62.22	20.48	41.74
9	0.03	1.09	4.46	7.01	2.31	4.70
51	0.02	0.46	8.08	27.60	26.39	1.21
L158	0.02	0.25	4.78	58.09	20.65	37.44

（1）低排驱压力-较高进汞型

1号、3号、7号、L158号样品的排驱压力较低，为0.60～8.27MPa，进汞饱和度较高，为42.23%～95.14%。反映这些样品孔隙连通性好，且体积较大。从图9-10可以看出，总孔喉毛细管压力曲线较平缓，直线段较长，说明样品有效孔隙较多、分选性较好，代表储集能力较强，连通性较好的储层。

（2）高排驱压力-较低进汞型

4号、5号、9号、51号样品的排驱压力较高，为4.46～11.05MPa，进汞饱和度较低，为7.01%～67.83%。反映这些样品连通性较差，且体积较小。从图9-10可以看出，总孔喉毛细管压力曲线的直线段较短，说明样品有效孔隙较少，分选性较差，代表储集能力较差，连通性也较差的储层。

恒速压汞实验结果表明（表9-4），低渗储层的微观孔隙结构主要受喉道半径的控制。微观均质系数越大，相对分选系数越小，说明微观孔隙结构越差，则孔隙进汞饱和度就越小；反之微观孔隙结构越好，孔隙进汞饱和度越大。而储层孔隙半径相差不大，孔喉半径变化及由此引起的孔喉结构均质性降低是总孔隙进汞饱和度差异较大的主要原因，并导致一部分孔隙受到小喉道的控制。只要存在大喉道，则总孔隙进汞饱和度显著增大。

在恒速压汞总孔喉进汞饱和度与喉道、孔隙进汞饱和度的相关关系图上（图9-11），总孔喉进汞饱和度与孔隙、喉道进汞饱和度均呈线性相关关系，其中与孔隙进汞饱和度的相关系数大于与喉道进汞饱和度的相关系数，说明孔隙进汞饱和度的贡献大于喉道进汞饱和度的贡献。

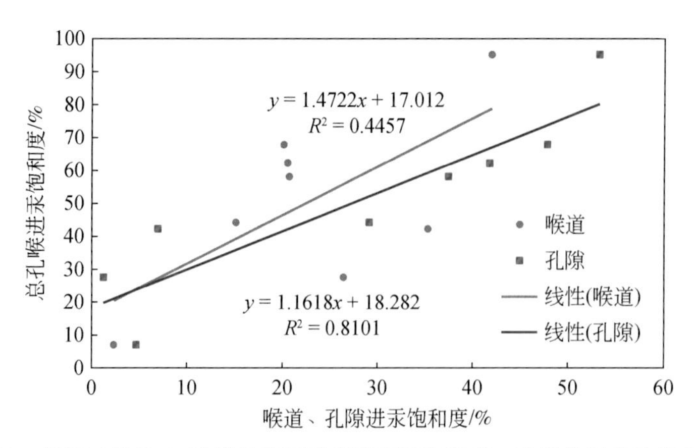

图 9-11　华庆油田长 6_3 砂岩总孔喉进汞饱和度与喉道、孔隙进汞饱和度的关系

2. 马岭油田长 8_1 砂岩储层孔隙、喉道、孔喉半径比测量

本书在马岭油田长 8_1 砂岩储层共有 10 块恒速压汞实验样品，表 9-5 为恒速压汞测试的孔隙结构特征参数，10 块样品的孔隙度为 5.1% ~13.1%，平均值为 9.9%；渗透率为 $0.342\times10^{-3}\mu m^2$ ~$2.614\times10^{-3}\mu m^2$，平均值为 $1.005\times10^{-3}\mu m^2$，全部属于典型的低孔特低渗致密砂岩储层。

表 9-5　马岭油田长 8_1 砂岩储层实验样品信息及主要参数统计表

样品号	取心资料及常规分析结果			恒速压汞岩样资料				
	层位	孔隙度/%	渗透率 /$10^{-3}\mu m^2$	总体积 /cm^3	总孔隙体积/cm^3	平均喉道半径/μm	平均孔隙半径/μm	平均孔喉比
18	长 8_1	12.0	0.353	1.47	0.12	1.59	123.69	184.09
23	长 8_1	8.6		1.22	0.02	0.45	127.56	408.04
27	长 8_1	12.7		1.32	0.16	2.27	122.41	29.80
34	长 8_1	13.0	2.614	4.42	0.57	1.72	129.83	156.07
46	长 8_1	13.1	0.342	4.42	0.58	1.01	137.09	289.63
48	长 8_1	5.2		10.30	0.54	0.77	136.55	377.12
58	长 8_1	7.7		1.27	0.09	0.20	122.09	117.75
59	长 8_1	5.1		1.32	0.06	1.06	121.73	176.71
61	长 8_1	11.4		4.90	0.56	1.06	132.49	241.75
65	长 8_1	10.2	0.710	1.22	0.12	1.86	120.07	108.56

1) 孔隙半径分布特征

从马岭油田长 8_1 砂岩储层 10 块代表样品实验分析孔隙半径分布特征曲线（图 9-12）可以看出，物性不同的岩心样品孔隙半径分布特征差异不大，都具有接近正态的分布特征，且分布范围和峰值也基本接近，从图 9-13 可以看出，10 块代表性的岩心样品孔隙半径主要分布在 100 ~ 200μm，峰值基本在 120μm 左右，岩心样品孔隙半径分布特征无显著差异。

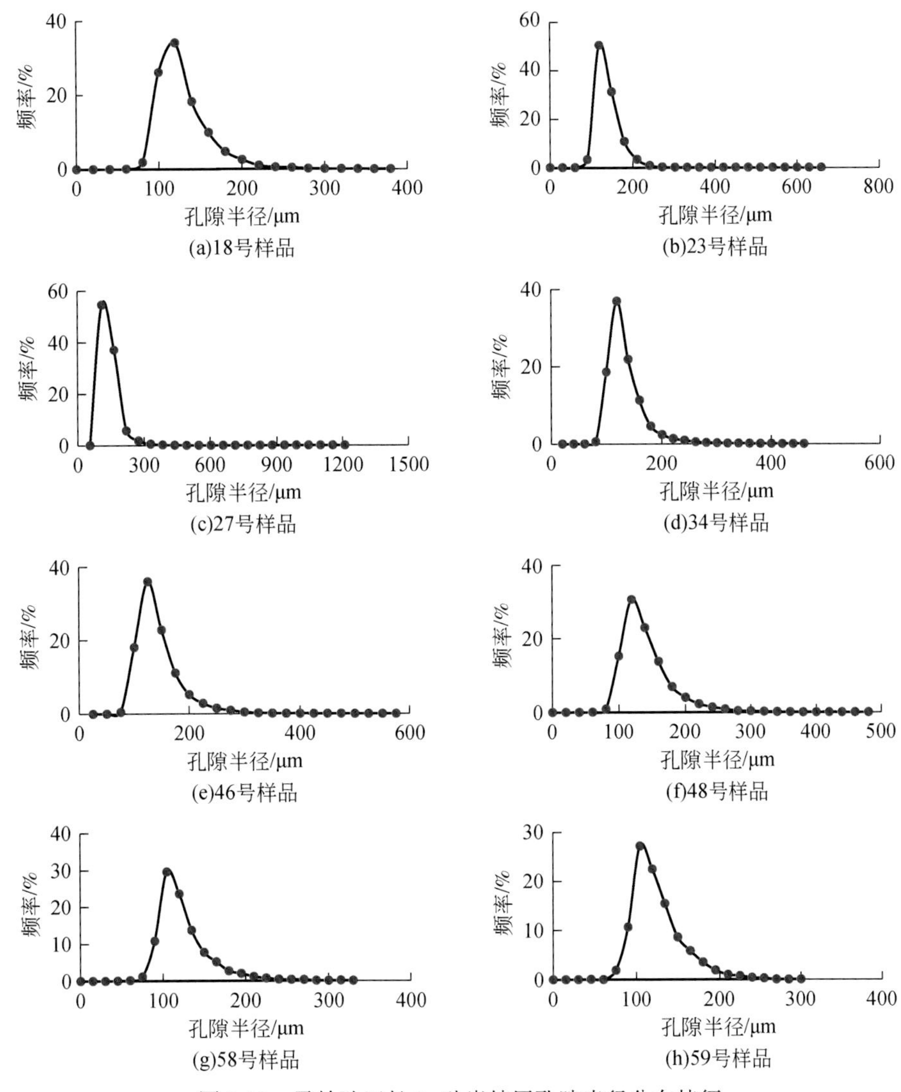

图 9-12　马岭油田长 8_1 砂岩储层孔隙半径分布特征

2）喉道半径分布特征

在图 9-13 中，物性不同的岩心样品，喉道半径分布特征差异较大。孔隙度、渗透率大小见表 9-5。从图 9-13 可以看出，18 号样品的喉道半径为 0. 1 ~ 8μm，主要分布在 0. 5 ~ 0. 8μm（频率大于 50%），23 号样品的喉道半径为 0. 1 ~ 4. 4μm，主要分布在 0. 3 ~ 0. 5μm（频率大于 70%），27 号样品的喉道半径为 0. 3 ~ 7. 7μm，主要分布在 0. 4 ~ 3μm（频率大于 80%），46 号样品的喉道半径为 0. 1 ~ 8. 3μm，主要分布在 0. 3 ~ 0. 8μm（频率大于 80%），48 号样品的喉道半径为 0. 2 ~ 1. 2μm，主要分布在 0. 3 ~ 0. 6μm（频率大于 80%），58 号样品的喉道半径为 0. 1 ~ 1. 1μm，主要分布在 0. 1 ~ 0. 3μm（频率大于 90%）。另外，

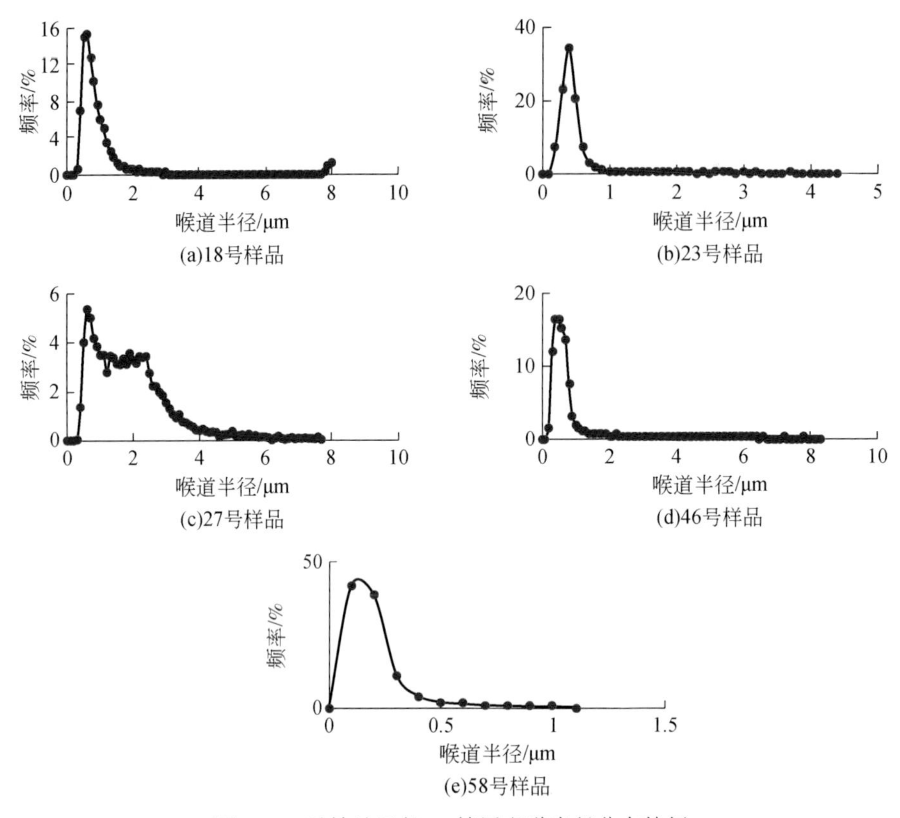

图 9-13　马岭油田长 8_1 储层喉道半径分布特征

34 号样品的喉道半径为 0.1 ~ 11.2μm，主要分布在 0.4 ~ 1.8μm（频率大于 70%），59 号样品的喉道半径为 0.1 ~ 4.2μm，主要分布在 0.5 ~ 0.8μm（频率大于 50%），61 号样品的喉道半径为 0.1 ~ 14.7μm，主要分布在 0.4 ~ 0.9μm（频率大于 60%），65 号样品的喉道半径为 0.1 ~ 6.4μm，主要分布在 0.6 ~ 1.7μm（频率大于 70%）。

10 块样品的孔隙度变化不大，但渗透率变化较大。按渗透率大小，把代表性样品分为两类：渗透率大于 $1\times10^{-3}\mu m^2$ 的 27 号和 34 号样品作为第Ⅰ类，代表特低渗致密砂岩储层，其喉道半径分布范围较宽，且半径大于 2μm 的喉道所占比例较大，这应该是此类样品渗透率高的主要原因；渗透率小于 $1\times10^{-3}\mu m^2$ 的 23 号、59 号、46 号、18 号、61 号、48 号、58 号、65 号样品作为第Ⅱ类，代表越低渗致密砂岩储层，其孔喉半径分布范围相对较窄，主体分布在 0.5 ~ 0.8μm。从第Ⅱ类样品孔喉半径分布特征可以看出，渗透率越小，喉道半径分布范围越窄，峰值有逐渐变小的趋势；反之，渗透率越大，喉道半径分布范围越宽，其峰值也越大。

选取最具代表性的 18 号、59 号、61 号三块样品，分析喉道对渗透率的贡献特征。从图 9-14 可以看出，物性越差，对渗透率起主要贡献作用的喉道半径分布越集中；反之，物性越好，喉道半径分布越分散，且大喉道对渗透率的贡献显著增大。

3）孔喉半径比分布特征

从 10 块代表样品孔喉半径比分布特征曲线可以看出，物性不同的岩心样品孔喉半径

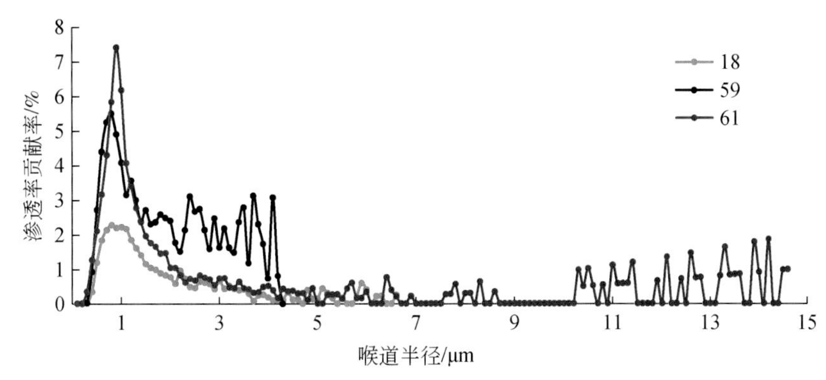

图 9-14　马岭油田长 8_1 储层渗透率贡献分布特征

比分布特征差异较大（图 9-15）。整体上是Ⅰ类样品的平均孔喉半径比小于Ⅱ类样品的平均孔喉半径比，且Ⅱ类样品的孔喉半径比分布范围更广。由平均孔喉半径比与渗透率关系图（图 9-16）看出，岩心样品的平均孔喉半径比与渗透率表现出较强的负相关性。孔喉半径比较小时，喉道对油的束缚能力较小，渗透率一般较大，孔喉的连通性较好，因此孔隙中的油很容易通过喉道被采出；孔喉半径比较大时，渗透率一般较小，油通过较小的喉道需要克服较大的毛细管阻力，因此油被采出的难度就相对较大。

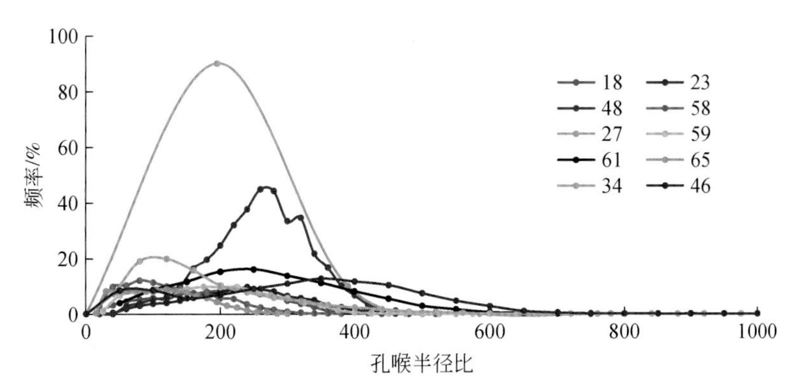

图 9-15　马岭油田长 8_1 储层孔喉半径比分布特征

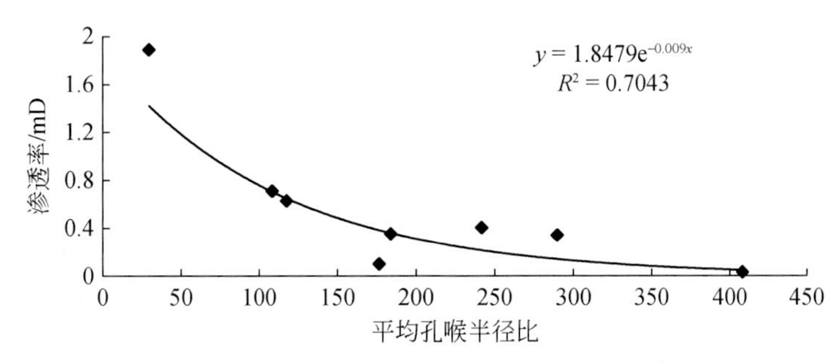

图 9-16　马岭油田长 8_1 储层平均孔喉半径比与渗透率相关关系图

4）毛细管压力曲线变化特征

研究表明特低–超低渗致密砂岩储层的微观孔隙结构主要受喉道半径的控制。微观孔隙结构越好（表 9-6 中 58 号样品），微观均质系数越小，分选系数越大，反映喉道以大喉道为主；微观孔隙结构越差（表 9-6 中 27 号样品），微观均质系数越大，分选系数越小，反映喉道以小喉道为主。低渗–超低渗致密砂岩储层的孔隙半径相差不大，导致总孔隙进汞饱和度差异较大的主要原因是一部分孔隙受到小喉道的控制。只要存在大喉道，则总孔隙进汞饱和度显著增大（表 9-6）。

表 9-6　马岭油田长 8_1 储层恒速压汞实验结果数据表

样品号	微观均质系数	相对分选系数	进汞饱和度/%		
			总体	喉道	孔隙
18	0. 03	0. 86	10. 33	4. 76	5. 58
23	0. 01	0. 53	53. 82	17. 32	36. 5
27	0. 06	0. 57	87. 18	37. 6	49. 58
34	0. 04	0. 62	71. 33	22. 27	49. 06
46	0. 02	0. 78	69. 05	14. 63	54. 43
48	0. 01	0. 86	57. 42	11. 96	45. 46
58	0	3. 28	99. 51	42. 3	57. 21
59	0. 03	0. 61	99. 97	46. 01	53. 96
61	0. 02	0. 73	60. 83	17. 34	43. 48
65	0. 05	0. 62	59. 15	27. 67	31. 49

从图 9-17 的恒速压汞毛细管压力曲线图可以看出，汞首先进入阻力较小的大喉道控制的孔隙中，此时总毛细管压力曲线与孔隙毛细管压力曲线几乎重合，总进汞饱和度和孔隙进汞饱和度相近，喉道的影响不明显。随着汞进入的喉道越来越窄，毛细管压力逐渐升高，总毛细管压力和喉道毛细管压力曲线延续从前的趋势，孔隙毛细管压力曲线开始上翘。虽然进汞压力急剧增大，但进入孔隙中的汞量较少，喉道进汞饱和度明显增加，这时喉道开始起主要控制作用。当汞继续进入更微小的喉道时，总毛细管压力曲线完全取决于喉道毛细管压力曲线的变化。由此可见，对于特低、超低储层更应侧重于对微观喉道的研究。

3. 恒速压汞测试结果反映的低渗储层微观孔喉结构特征

（1）恒速压汞技术克服了高压压汞的不足，能够将喉道和孔隙分开，直观、定量地分析孔隙、喉道、孔喉半径比的大小及分布特征等，能够获得比高压压汞更丰富和更有价值的岩石微观结构特征信息。

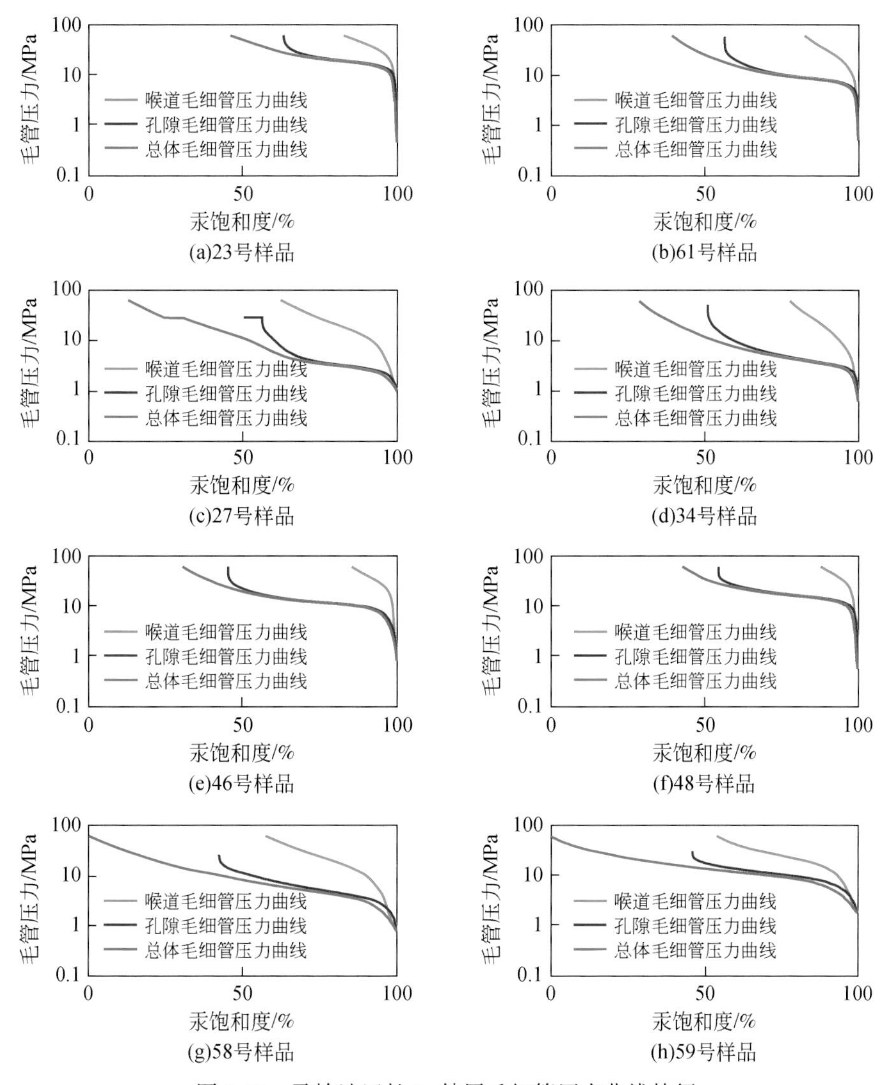

图 9-17 马岭油田长 8_1 储层毛细管压力曲线特征

（2）砂岩有效孔隙半径加权平均值和单位体积岩样有效孔隙体积与孔隙度、渗透率都具有较好的正相关关系，孔隙度、渗透率较高的岩样有效孔隙发育程度较高。

（3）物性不同的低渗砂岩，孔隙半径分布特征差异不大，都具有接近正态的分布特征，分布范围和峰值也基本接近，其差异主要体现在喉道大小及分布上。

（4）物性不同的岩心样品喉道半径分布特征差异较大。渗透率越高，喉道半径分布范围越宽且分布频率越低，说明喉道半径分选性越差，渗透率越低，喉道半径分布越集中且分布频率越高，则分选性越好。

（5）物性不同的岩心样品孔喉半径比分布特征不同。由于研究区样品的孔隙度差异不大，孔喉半径比的分布特征主要由渗透率决定。随着渗透率的增大，孔喉半径比就减小，说明孔喉之间的差异也越小，流体渗流时的阻力就越小，则开发效果就越好；反之，随着渗透率的减小，孔喉半径比增大，则孔隙、喉道之间的差异越大，流体流动时的渗流阻力越大，开发效果往往不好。

（6）低渗-特低渗致密砂岩储层性质主要受喉道控制，喉道特征是决定储层物性好坏的关键因素，不同渗透率级别的储层岩石由不同半径的喉道控制，喉道半径分类特征明显。岩心样品渗透率低的原因是孔隙结构中喉道半径过于细小，较多大孔隙被小喉道所控制。

第二节　核磁共振测定可动流体（束缚水）饱和度与储层质量分析

一、实验测试技术原理

核磁共振是处在某静磁场中的原子核系统受到相应频率的电磁波作用时，在它的磁能级之间发生的共振跃迁现象。在实验中有一个重要的物理量就是弛豫时间，它的大小主要由岩石物性和流体特征共同决定，当岩心真空饱和同一流体后，岩心孔隙内流体的T_2弛豫时间大小主要取决于岩石的物性。当岩心饱和水后，水分子受到孔隙固体表面的作用力较强时，这部分水处于束缚水或不可流动状态，称之为束缚水或束缚流体，这部分水在核磁共振上表现为T_2弛豫时间较小。反之，当水分子受到孔隙固体表面的作用力较弱时，这部分水的弛豫时间较大，处于自由或可流动状态，称之为可动水或可动流体。岩心孔隙内的束缚流体和可动流体在核磁共振T_2弛豫时间上有明显区别。因此，利用核磁共振T_2谱可对岩心孔隙内水的赋存（可动或束缚）状态进行分析，定量给出可动流体饱和度及束缚水饱和度，从而确定储层含油饱和度的上限。

二、实验条件及样品基本信息

研究中分别对华庆油田长6_3储层岩石的7块岩样和马岭油田长8_1储层岩石的13块岩样进行了实验分析。核磁共振T_2测量使用的是Magnet2000型仪器，实验温度是恒温20℃，离心毛细管压力为2.07MPa。

三、实验结果与可动流体（束缚水）饱和度分布

1. 华庆油田长6_3可动流体（束缚水）饱和度分布与储层分类

1）T_2弛豫时间图谱特征与孔喉半径分布

表9-7是实验样品基本信息及常规物性分析参数。

表 9-7　华庆油田长 6_3 储层核磁共振实验样品信息及常规物性分析参数

样品编号	井名	岩性	岩心长度/cm	岩心直径/cm	深度/m	气测孔隙度/%	气测渗透率/$10^{-3}\mu m^2$
2	山 103	细砂岩	3.347	2.51	2042.56 ~ 2043.42	6.40	0.040
7	白 123	细砂岩	3.688	2.51	2097.50 ~ 2097.66	12.40	0.620
9	白 123	细砂岩	3.649	2.51	2109.15 ~ 2110.00	10.70	0.360
10	白 412	细砂岩	3.497	2.51	2111.13 ~ 2111.22	4.80	0.020
11	白 412	细砂岩	3.555	2.51	2113.75 ~ 2113.85	9.60	0.160
14	元 284	细砂岩	3.809	2.52	2176.4 ~ 2176.5	5.50	0.040
15	元 284	细砂岩	4.022	2.52	2182.15 ~ 2182.24	9.00	0.250

T_2谱上 T_2弛豫时间小于截止值各点的幅度和占 T_2 谱所有点幅度和的百分比即为束缚流体饱和度。

在图 9-18 中，各样品的累积曲线形态相近但频率分布图差异较大。其中 2 号样品频率分布图呈双峰型，可动流体截止值为 9.64ms，在 9.64ms 时间界限左侧面积大于右侧面积，可动流体饱和度为 42.99%，束缚水饱和度为 57.01%，说明束缚水饱和度稍大于可动流体饱和度；7 号样品频率分布图呈双峰型，可动流体截止值为 11.57ms，在 11.57ms 时间界限左侧面积小于右侧面积，可动流体饱和度为 57.73%，束缚水饱和度为 42.27%，说明束缚水饱和度小于可动流体饱和度；9 号样品频率分布图呈双峰型，可动流体截止值为 9.64ms，在 9.64ms 时间界限左侧面积稍微小于右侧面积，可动流体饱和度为 53.72%，束缚水饱和度为 46.28%，说明束缚水饱和度略小于可动流体饱和度；10 号样品频率分布图呈双峰型，可动流体截止值为 24.04ms，在 24.04ms 时间界限左侧面积大于右侧面积，可动流体饱和度为 38.28%，束缚水饱和度为 61.72%，说明束缚水饱和度大于可动流体饱和度；11 号样品频率分布图呈双峰型，可动流体截止值为 11.57ms，在 11.57ms 时间界限左侧面积稍大于右侧面积，可动流体饱和度为 48.51%，束缚水饱和度为 51.49%，说明束缚水饱和度略大于可动流体饱和度；15 号样品频率分布图呈双峰型，可动流体截止值为 16.68ms，在 16.68ms 时间界限左侧面积大于右侧面积，可动流体饱和度为 46.92%，束缚水饱和度为 53.08%，说明束缚水饱和度大于可动流体饱和度。

总体上，所有实验样品都具有双峰特点，说明孔喉半径分布中等，既存在微孔又存在大孔。

当岩心的孔喉半径分布范围较小时，其弛豫时间谱呈单峰分布；当岩心的孔喉半径分布范围中等时，其弛豫时间谱呈双峰分布；当岩心的孔喉半径分布较广或者岩心有裂缝时，岩心的弛豫时间谱呈三峰分布甚至多峰分布。

2）核磁物性参数获取与孔隙结构分析

（1）核磁孔隙度

孔隙度反映了介质孔隙间能容纳多少流体，是储层物性的重要参数。常规岩心分析测

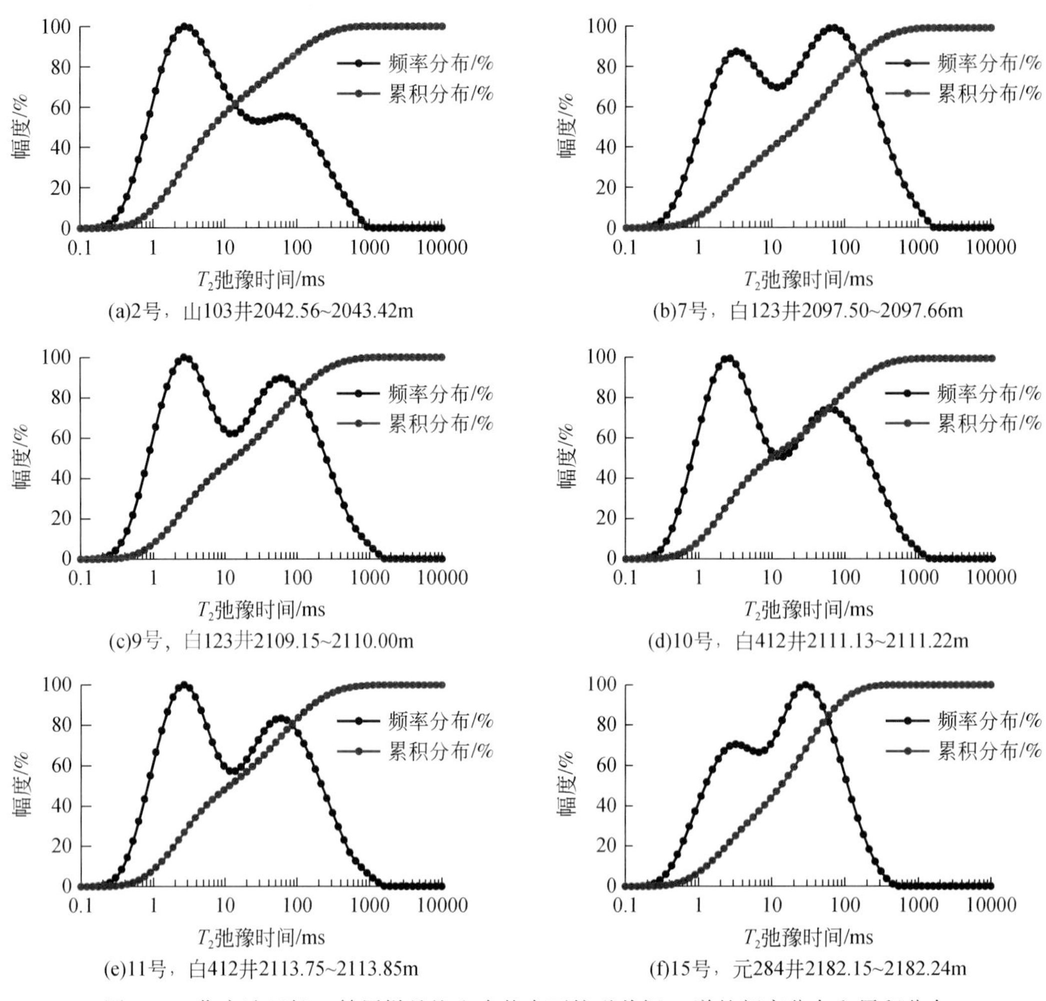

(a)2号，山103井2042.56~2043.42m　(b)7号，白123井2097.50~2097.66m

(c)9号，白123井2109.15~2110.00m　(d)10号，白412井2111.13~2111.22m

(e)11号，白412井2113.75~2113.85m　(f)15号，元284井2182.15~2182.24m

图 9-18　华庆油田长 6_3 储层样品饱和水状态下核磁共振 T_2 谱的频率分布和累积分布

量岩心孔隙度的可信度为 99%，比核磁孔隙度可信度高，但是由于用量多、速度慢等缺点，不能进行大量的分析。应用核磁共振岩心分析方法能够直接由核磁信号量计算得到岩石的孔隙度，而不需要测定岩石样品的孔隙体积或骨架体积，与一般方法相比具有明显的优势。

（2）核磁渗透率

渗透率反映的是岩石允许流体通过的能力。由核磁共振理论可以知道，岩石孔隙大小不同，其中流体对应的弛豫时间也各不相同，说明弛豫时间与岩石孔径分布之间是相关的，而岩石渗透率又与孔隙度及岩石比表面积有关，所以通过岩石核磁共振弛豫时间可以估算渗透率。到目前为止，对于渗透率的估算都是间接的，核磁共振岩心分析技术也是如此，本次实验获得的所有核磁渗透率是通过核磁孔隙度和 T_2 几何平均值计算获得。

（3）利用核磁共振 T_2 反映的孔隙结构特征

储层物性通常用孔隙度和渗透率来表征，但是孔隙度高的储集层，渗透率不见得高。这主要是受到岩石孔隙结构的影响，只有孔隙度高、渗透率高的储层，才是优质储层。因此，孔隙结构是影响储层质量好坏的主要因素之一。核磁共振岩心分析技术具有用量少、成本低、岩样无损、测量速度快、信息丰富和孔隙结构变化反应灵敏等特点。为储层孔隙结构的研究提供了新途径，毛细管压力曲线与核磁共振 T_2 分布反映的都是岩石的孔隙结构，二者之间必然存在着相关性，这就为使用核磁共振岩心分析资料研究储层孔隙结构提供了理论基础。

3）可动流体饱和度储层分类

致密砂岩储层地质条件复杂，孔隙微小，比表面积大，黏土类型各不相同，含量高低不等，导致不同储层的可动流体饱和度有可能存在很大差异，因此储层评价尤其是致密砂岩储层评价应当综合考虑可动流体饱和度参数。根据国内外油气田开发生产的经验，如果单以可动流体饱和度高低为标准，可以将储层好差划分为五类（表9-8）。

表9-8　核磁共振可动流体饱和度评价标准

可动流体饱和度/%	储层分类
>65	Ⅰ类（好）
50～65	Ⅱ类（较好）
35～50	Ⅲ类（中等）
20～35	Ⅳ类（较差）
<20	Ⅴ类（很差，近似干层）

核磁共振实验可分析可动流体饱和度，从而确定储层含油饱和度的上限。依据上述评价标准（表9-8），并结合核磁共振测试结果（表9-9）和 T_2 弛豫时间图谱分析可知，华庆油田长 6_3 储层7块样品的可动流体饱和度介于38.28%～57.73%，平均为47.18%，整体上属于Ⅲ类中等储层。按单个样品的可动流体饱和度（表9-9）分类可知，2号、10号、11号、14号、15号样品都属于Ⅲ类中等储层，7号、9号样品属于Ⅱ类较好储层。

表9-9　华庆油田长 6_3 储层样品核磁共振测试结果及储层分类

编号	核磁孔隙度/%	可动流体饱和度/%	可动流体孔隙度/%	束缚水饱和度/%	储层类别
2	6.38	42.99	2.75	57.01	Ⅲ
7	12.42	57.73	7.16	42.27	Ⅱ
9	10.69	53.72	5.75	46.28	Ⅱ
10	4.76	38.28	1.84	61.72	Ⅲ

续表

编号	核磁孔隙度/%	可动流体饱和度/%	可动流体孔隙度/%	束缚水饱和度/%	储层类别
11	9.56	48.51	4.66	51.49	Ⅲ
14	5.52	42.12	2.32	57.88	Ⅲ
15	9.03	46.92	4.22	53.08	Ⅲ

2. 马岭油田长 8_1 可动流体（束缚水）饱和度分布与储层分类

本次实验同时对马岭油田长 8_1 储层岩石的 13 块岩样进行了分析，表 9-10 是长 8_1 储层核磁共振实验样品信息及常规分析参数。

表 9-10　马岭油田长 8_1 储层核磁共振实验样品信息及常规物性分析参数

样品编号	井名	岩性	深度/m	长度/cm	直径/cm	气测孔隙度/%	气测渗透率/$10^{-3}\mu m^2$
19	白 286	细砂岩	1983.9～1983.94	3.354	2.52	8.6	0.56
22	环 42	细砂岩	2176.12～2176.21	3.586	2.52	6.1	0.12
25	里 167	细砂岩	2465.0～2465.1	3.580	2.53	5.8	0.12
26	里 167	细砂岩	2471.0～2471.05	3.520	2.53	3.1	0.18
32	环 305	细砂岩	2457.62～2457.70	3.825	2.52	2.0	0.04
37	木 42	细砂岩	2674.48～2674.58	3.410	2.51	7.5	0.46
38	木 42	细砂岩	2667.99～2268.10	3.596	2.51	7.6	0.22
39	木 42	细砂岩	2664.90～2665.00	3.433	2.51	2.3	0.01
40	白 280	细砂岩	2210.07～2210.17	3.745	2.51	7.3	0.18
41	白 280	细砂岩	2219.17～2219.27	3.768	2.51	1.1	0.004
42	白 280	细砂岩	2223.84～2223.94	3.869	2.51	2.5	0.01
43	环 32	细砂岩	2274.62～2274.7	3.908	2.52	0.6	0.003
45	环 32	细砂岩	2277.83～2277.92	3.906	2.53	0.7	0.003

1）T_2 弛豫时间图谱特征与孔喉半径分布

从图 9-19 可以看出，各样品的累积曲线形态相近但频率分布图差异较大：19 号样品频率分布图呈宽单峰型，可动流体截止值为 11.57ms，单峰主体处于 11.57ms 的左侧，可动流体饱和度为 43.24%，束缚水饱和度为 56.76%，说明可动流体饱和度小于束缚水饱和度；22 号样品频率分布图呈双峰型，可动流体截止值为 13.89ms，在 13.89ms 时间界限左侧面积大于右侧面积，可动流体饱和度为 44.22%，束缚水饱和度为 55.78%，说明可动流体饱和度小于束缚水饱和度；25 号样品频率分布图呈双峰型，可动流体截止值为 13.89ms，在 13.89ms 时间界限左侧面积大于右侧面积，可动流体饱和度为 44.76%，束缚

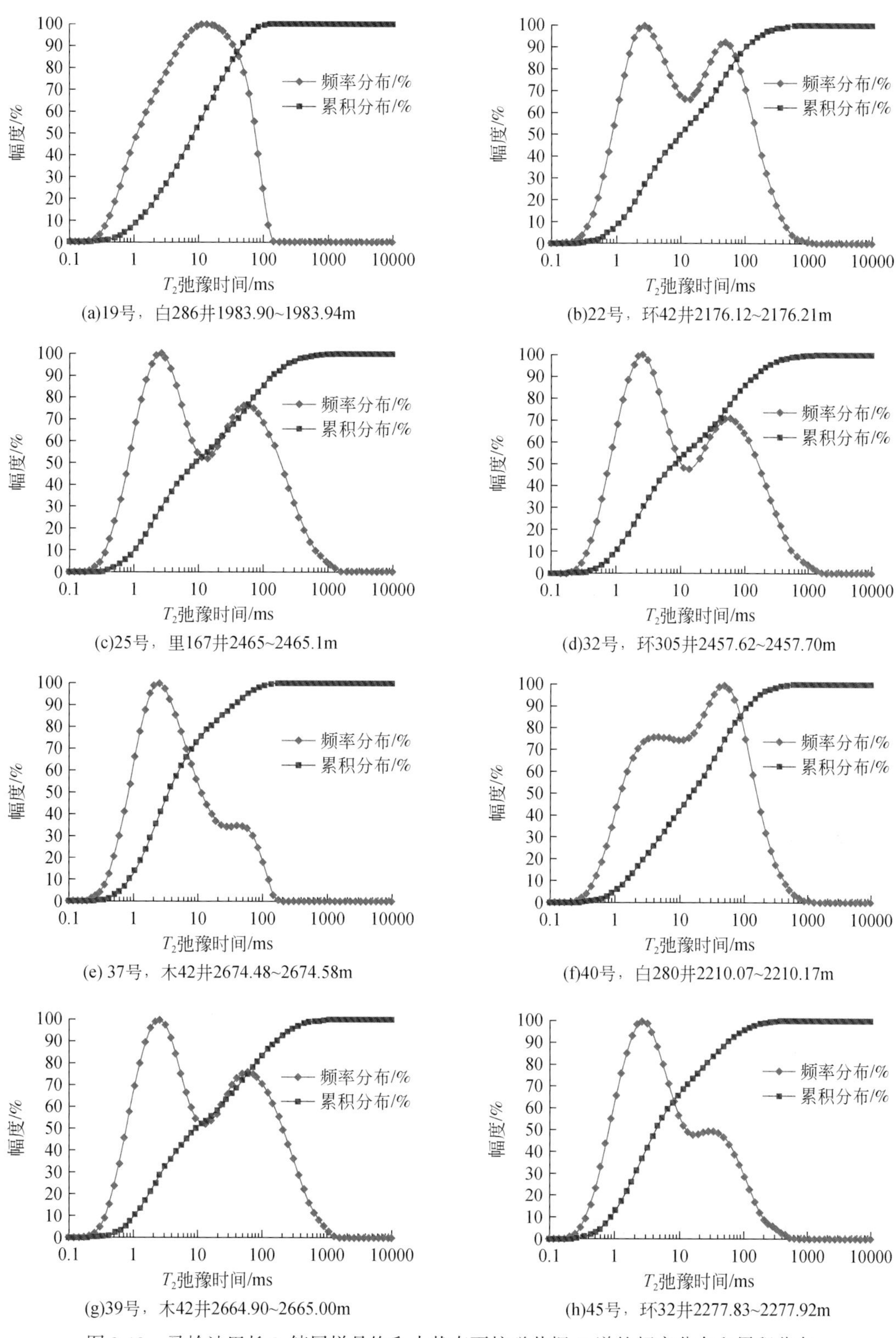

图 9-19　马岭油田长 8_1 储层样品饱和水状态下核磁共振 T_2 谱的频率分布和累积分布

水饱和度为55.24%，说明可动流体饱和度小于束缚水饱和度；32号样品频率分布图呈双峰型，可动流体截止值为16.68ms，在16.68ms时间界限左侧面积大于右侧面积，可动流体饱和度为40.58%，束缚水饱和度为59.42%，说明可动流体饱和度小于束缚水饱和度；37号样品频率分布图呈双峰型，可动流体截止值为4.64ms，在4.64ms时间界限左侧面积大于右侧面积，可动流体饱和度为42.96%，束缚水饱和度为57.04%，说明可动流体饱和度小于束缚水饱和度；39号样品频率分布图呈双峰型，可动流体截止值为20.02ms，在20.02ms时间界限左侧面积大于右侧面积，可动流体饱和度为40.44，束缚水饱和度为59.56%，说明可动流体饱和度小于束缚水饱和度；40号样品频率分布图呈双峰型，可动流体截止值为11.57ms，在11.57ms时间界限左侧面积小于右侧面积，可动流体饱和度为54.42%，束缚水饱和度为45.58%，说明可动流体饱和度大于于束缚水饱和度；45号样品频率分布图呈双峰型，可动流体截止值为9.64ms，在9.64ms时间界限左侧面积大于右侧面积，可动流体饱和度为35.06%，束缚水饱和度为64.94%，说明可动流体饱和度小于束缚水饱和度。综上所述，只有19号样品频率分布图呈单峰特点，说明岩心的孔喉半径分布范围较小，基本都属于微孔，剩下的12块样品都呈双峰分布，说明孔喉半径分布中等，既存在微孔又有大孔。

2）可动流体饱和度储层分类

依据表9-8评价标准，通过核磁共振测试结果（表9-11）和T_2弛豫时间图谱分析，可以看出本次试验的样品中：19号、22号、25号、26号、32号、37号、38号、39号、41号、42号、43号、45号样品都属于Ⅲ类储层，40号样品属于Ⅱ类储层。总体上，核磁实验反映的马岭油田长8_1储层均属于中等储层，也有少量较好储层。表9-12是陇东地区华庆油田长6_3及马岭油田长8_1核磁共振实验数据及储层可动流体饱和度分类结果。

表9-11 马岭油田长8_1储层样品核磁共振测试结果

编号	核磁孔隙度/%	可动流体饱和度/%	可动流体孔隙度/%	束缚水饱和度/%	储层类别
19	8.58	43.24	3.72	56.76	Ⅲ
22	6.11	44.22	2.70	55.78	Ⅲ
25	5.78	44.76	2.60	55.24	Ⅲ
26	3.08	48.33	1.50	51.67	Ⅲ
32	2.03	40.58	0.81	59.42	Ⅲ
37	7.46	42.96	3.22	57.04	Ⅲ
38	7.58	48.43	3.68	51.57	Ⅲ
39	2.26	40.44	0.93	59.56	Ⅲ
40	7.29	54.42	3.97	45.58	Ⅱ
41	1.13	36.07	0.40	63.93	Ⅲ
42	2.47	40.97	1.02	59.03	Ⅲ
43	0.60	35.84	0.22	64.16	Ⅲ
45	0.71	35.06	0.25	64.94	Ⅲ

表 9-12　陇东地区华庆油田长 6_3 及马岭油田长 8_1 核磁共振实验数据及储层可动流体饱和度分类表

井名	深度/m	层位	核磁孔隙度/%	气测孔隙度/%	气测渗透率/$10^{-3}\mu m^2$	可动流体饱和度/%	可动流体孔隙度/%	束缚水饱和度/%	T_2 加权平均值/ms		T_2 截止值/ms	可动流体饱和度分类
									饱和状态	离心后		
山 103	2042. 56 ~ 2043. 42	长 6_3	6. 38	6. 40	0. 040	42. 99	2. 75	57. 01	47. 02	5. 12	9. 64	Ⅲ
白 123	2097. 50 ~ 2097. 66	长 6_3	12. 42	12. 40	0. 620	57. 73	7. 16	42. 27	82. 40	6. 86	11. 57	Ⅱ
白 123	2109. 15 ~ 2110. 00	长 6_3	10. 69	10. 70	0. 360	53. 72	5. 75	46. 28	68. 80	6. 69	9. 64	Ⅱ
白 412	2111. 13 ~ 2111. 22	长 6_3	4. 76	4. 80	0. 020	38. 28	1. 84	61. 72	60. 17	11. 84	24. 04	Ⅲ
白 412	2113. 75 ~ 2113. 85	长 6_3	9. 56	9. 60	0. 160	48. 51	4. 66	51. 49	64. 35	6. 86	11. 57	Ⅲ
元 284	2176. 4 ~ 2176. 5	长 6_3	5. 52	5. 50	0. 040	42. 12	2. 32	57. 88	38. 69	8. 12	13. 89	Ⅲ
元 284	2182. 15 ~ 2182. 24	长 6_3	9. 03	9. 00	0. 250	46. 92	4. 22	53. 08	33. 37	14. 04	16. 68	Ⅲ
白 286	1983. 90 ~ 1983. 94	长 8_1	8. 58	8. 60	0. 560	43. 24	3. 72	56. 76	19. 01	9. 07	11. 57	Ⅲ
环 42	2176. 12 ~ 2176. 21	长 8_1	6. 11	6. 10	0. 120	44. 22	2. 70	55. 78	40. 94	8. 88	13. 89	Ⅲ
里 167	2465 ~ 2465. 1	长 8_1	5. 78	5. 80	0. 120	44. 76	2. 60	55. 24	58. 82	6. 86	13. 89	Ⅲ
里 167	2471 ~ 2471. 05	长 8_1	3. 08	3. 10	0. 180	48. 33	1. 50	51. 67	43. 65	9. 60	13. 89	Ⅲ
环 305	2457. 62 ~ 2457. 70	长 8_1	2. 03	2. 00	0. 040	40. 58	0. 81	59. 42	54. 49	6. 92	16. 68	Ⅲ
木 42	2674. 48 ~ 2674. 58	长 8_1	7. 46	7. 50	0. 460	42. 96	3. 22	57. 04	13. 23	6. 16	4. 64	Ⅲ
木 42	2667. 99 ~ 2668. 10	长 8_1	7. 58	7. 60	0. 220	48. 43	3. 68	51. 57	67. 72	9. 64	9. 64	Ⅲ
木 42	2664. 90 ~ 2665. 00	长 8_1	2. 26	2. 30	0. 010	40. 44	0. 93	59. 56	61. 31	11. 84	20. 02	Ⅲ
白 280	2210. 07 ~ 2210. 17	长 8_1	7. 29	7. 30	0. 180	54. 42	3. 97	45. 58	46. 56	13. 67	11. 57	Ⅱ
白 280	2219. 17 ~ 2219. 27	长 8_1	1. 13	1. 10	0. 004	36. 07	0. 40	63. 93	39. 58	11. 54	20. 02	Ⅲ
白 280	2223. 84 ~ 2223. 94	长 8_1	2. 47	2. 50	0. 010	40. 97	1. 02	59. 03	60. 17	11. 84	20. 02	Ⅲ
环 32	2274. 62 ~ 2274. 70	长 8_1	0. 60	0. 60	0. 003	35. 84	0. 22	64. 16	23. 84	6. 07	9. 64	Ⅲ
环 32	2277. 83 ~ 2277. 92	长 8_1	0. 71	0. 70	0. 003	35. 06	0. 25	64. 94	21. 84	6. 07	9. 64	Ⅲ

第十章　长石颗粒溶解室内模拟实验与粒内溶孔量计算

在进行华庆油田长 6_3 砂岩储层长石溶解实验之前，先对样品进行了砂岩 X 衍射组分分析，结果表明（表 10-1），砂岩中骨架组分主要为石英、斜长石、钾长石，其中石英含量为 21.9% ~40.5%，长石含量高达 43.1% ~70.6%，碳酸盐岩为 4.0% ~17.6%，黏土为 3.5% ~12.0%。特点是长石含量普遍高于石英，斜长石含量明显高于钾长石，然而现今的组分并不是沉积成岩期的组分原貌，以此推测大量的钾长石在成岩作用过程中被溶解。为了表征溶解过程和计算溶解的长石量，进行了多次模拟溶解前后的效果实验。

表 10-1　华庆油田长 6_3 储层砂岩全岩 X 衍射分析数据

井号	深度/m	石英/%	斜长石/%	钾长石/%	碳酸盐岩/%	黏土矿物/%
白 111	2138.7	29.4	51.1	9.8	4.6	5.2
白 111	2140.1	34.1	44.5	10.3	6.2	4.8
白 114	2150.3	38.4	28.1	15.0	10.1	8.5
白 130	2083.4	24.8	30.3	15.3	17.6	12.0
白 130	2093.0	40.5	36.1	9.8	8.4	5.2
白 134	2173.5	32.5	48.8	9.6	5.5	3.7
白 209	2062.2	21.9	41.8	28.8	4.0	3.6
白 229	2038.8	23.8	43.6	24.5	4.6	3.5
白 229	2043.0	30.3	43.6	13.7	6.7	5.8
白 229	2052.0	27.1	47.6	13.5	6.3	5.6
白 229	2053.3	27.5	38.4	24.9	5.0	4.2
白 245	2136.3	30.8	28.1	16.0	16.6	8.6

第一节　长石室内模拟溶蚀实验

一、实验目的与原理

进行致密砂岩中典型骨架颗粒（长石）溶解室内模拟实验，目的是厘清次生孔隙形成与储层流体性质以及渗流性能变化之间的关系。世界上目前已发现的砂岩储层高孔带，其形成地质条件主要有超压、烃类位侵、黏土包壳和次生孔隙，其中长石、浊沸石次生孔隙在陇东地区延长组砂岩储层中分布普遍。通过室内致密砂岩储层典型骨架颗粒溶解以及渗流机理模拟实验，统计次生孔隙形成贡献量，探讨次生孔隙形成与孔隙结构之间、次生孔隙与渗流规律变化的关系，初步实现致密砂岩储层中成岩作用对物性及储集性能影响的半定量和定量化分析，进一步提高优质储层带预测精度。

长石溶蚀实验采用中石化无锡石油地质研究所自行研制的第Ⅱ代储层溶蚀实验仪（图10-1），其基本原理是通过压力泵将新鲜配制的酸性流体连续注入设定温度、压力的高温高压反应釜中，同时，使与待溶蚀岩样接触反应后的反应液体以一定的流速流出，保持釜内压力处于动态平衡，可实现的最高反应温度为220℃，最大压力为60MPa。釜体内样品管下端通过“O”形圈压密封，实现各管路流体相互独立，可同时进行6个样品平行试验，并通过流量控制泵往复式推进实现反应尾液流速控制。

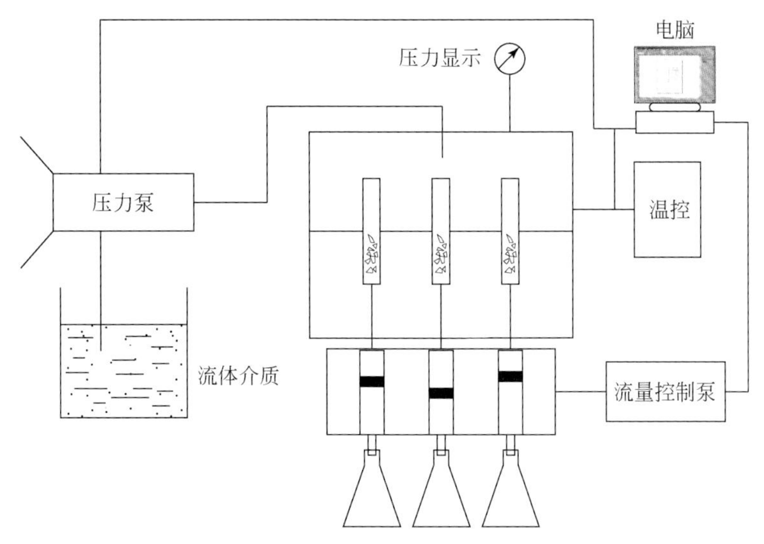

图10-1　溶蚀实验仪流程示意图

二、长石溶蚀实验条件

实验中，溶蚀条件参数选用0.5mol/L乙酸作为酸性介质，设定了4个温压实验点，分别为15MPa、65℃，20MPa、90℃，30MPa、120℃，35MPa、150℃，流速控制设定为2mL/min，以控制流速并控制总流量为前提，根据溶蚀前后样品失重变化来计算溶蚀率，本实验中累计流量设定为12L，反应时间约100h。

实验温度大致相当于埋藏成岩从早成岩早期到中成岩早期、有机质从低成熟到成熟再到高成熟的温度条件；而压力则根据渐进式埋藏成岩环境的特点选择为15~35MPa。

三、长石溶解实验过程

前人在砂岩的溶蚀实验中多采用颗粒样进行试验，其优点是粉碎后的颗粒样与流体的接触反应面积大，溶蚀失重明显，长时间反应后可进行X衍射成分比对。但由于粉碎后的颗粒样，原始岩样结构被破坏，难以进行溶蚀前后颗粒矿物特征、胶结特征的比对分析。本实验中，为进行溶蚀前后砂岩样品原位溶蚀特征的直观对比，选用约5mm厚的片状岩石样进行溶蚀，且制样时保留岩片一面是较平整的自然断面，另一面经机械切割并磨平，且尽可能使得岩片两面平行，以利于扫描电镜制样与观察。

制备后的岩片样，相继采用去离子水和无水乙醇超声清洗约3min后倒去浑浊液，并于105℃烘箱中烘干24h待用。

溶蚀前岩样需先在扫描电子显微镜下观察后方可开展溶蚀。岩石样品为非导电材料，扫描电子显微镜观察前需进行喷金处理，一般砂岩样品的喷金处理时间在250s左右，本实验中，考虑到过长时间的喷金或可影响后续溶蚀，选择喷金时间仅为100s，并辅以导电胶来提高岩片导电性。

扫描电子显微镜观察采用的设备为PhilipsXL-30电子显微镜，电子枪加速电压为20kV，工作距离为10mm，图像可实现最大10万倍的放大倍数，并配备了Oxford EDS能谱仪，可对感兴趣区域进行成分分析。

岩样观察完后，进行称重，并记录反应前的岩片重量。

将待反应的岩片置于特制的片状岩样管中后密封于高压反应釜中，利用压力泵将配置好的乙酸溶蚀注入反应釜中，待反应釜注满后停泵，并启动电加热升温。待温度升至设定温度后，启动压力泵增压至设定压力，并同时启动流量控制泵控制流速，在出口段收集反应尾液。在整个反应过程中，可收集不同时刻的反应尾液进行离子分析，也可对最终反应尾液进行离子分析。离子分析依据行业标准《油气田水分析方法》（SY/T 5523—2006），采用VISTA MPX电感耦合等离子发射光谱仪，重点对Al、Si、K、Na、Ca、Mg等离子进行定量分析。

反应结束后，将岩片样烘干后称重，记录反应后重量，并利用反应前后失重得到总溶蚀率。之后，采用无水乙醇将岩片样略加冲洗，以除去表面杂质，烘干后喷金250s后进行扫描电镜原位对比观察。

四、实验结果分析

1. 扫描电子显微镜观察

图10-2与图10-3分别是6号样品（35MPa，150℃，Spectrum2-钠长石，Spectrum3-钾长石，Spectrum4-钠长石，Spectrum5-碳酸盐颗粒）和2号样品（30MPa，120℃，钾长石颗粒及粒表片状黏土绿泥石）不同温度、压力体系下，颗粒溶蚀前后的扫描电子显微镜下现象对比。可以看到表面均见丰富的粒内溶孔，溶蚀后的斜长石矿物表面出现了大量的次生微裂缝，溶蚀后颗粒边缘的孔隙、裂缝增多。长石微观结构组分发生显著的变化，边缘呈港湾状，棱角化变钝，解理缝扩大，部分长石剩下残余斑状。溶蚀使得一些孔隙直径扩大，或产生微裂缝，使孔隙连通性变好。由此可以推测，在混合酸性溶液持续进入的较高温压环境条件下，溶蚀作用导致砂岩中的长石类矿物孔隙度变大，孔隙结构得到改善。

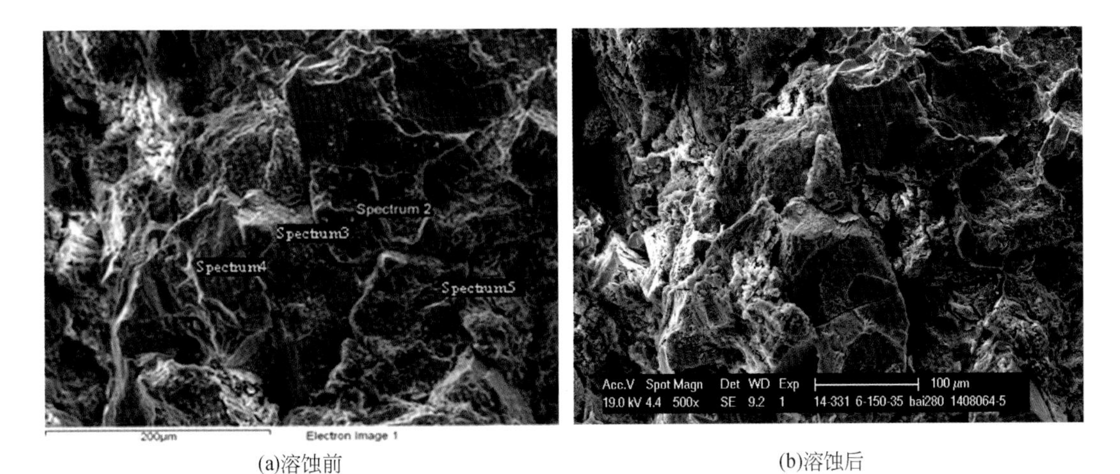

(a)溶蚀前　　(b)溶蚀后

图 10-2　6 号样品溶蚀前后效果对比

(a)溶蚀前　　(b)溶蚀后

图 10-3　2 号样品溶蚀前后效果对比

2. 离子浓度变化

每种样品，在单一条件下的溶蚀实验结束后，检测流体中 Al^{3+}、Si^{4+}、Ca^{2+}、K^{+}、Fe^{2+} 离子的浓度变化，图 10-4 和图 10-5 分别为白 123 井和白 280 井的溶蚀实验结果。图 10-6 为 2 号样品不同岩石组构条件下离子组分含量变化图。

五、古成岩环境分析

鄂尔多斯盆地陇东地区延长组长 6–长 8 油层组成岩特征与该地区的古温度、古压力、古流体特征有密切的关系。根据现有资料，研究区取心段埋深在 1000～1500m，地层温度不超过 160℃。

温度-压力条件	溶蚀前	溶蚀后	长石溶蚀率
65℃, 15MPa	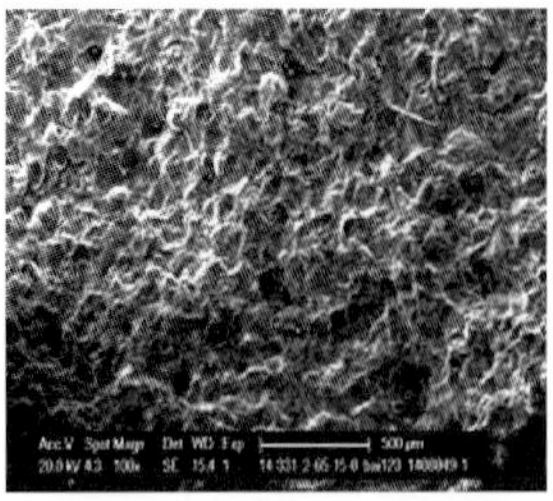		2.39%
90℃, 20MPa	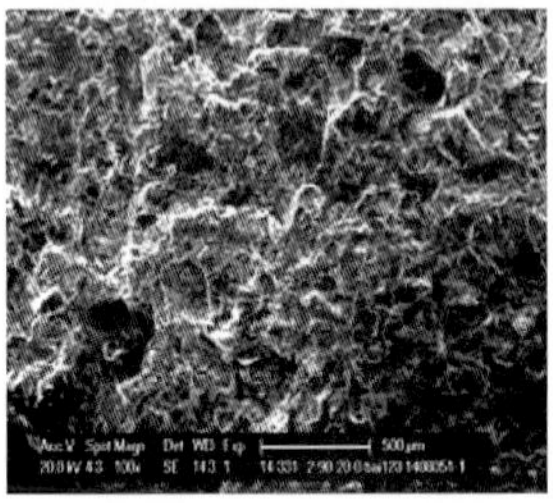		2.81%
120℃, 30MPa	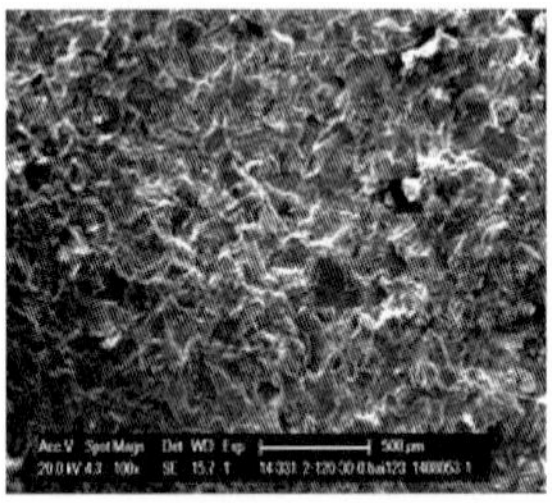	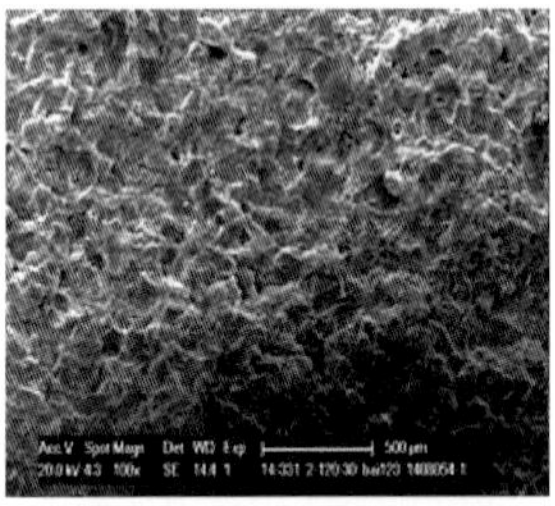	3.49%
150℃, 35MPa		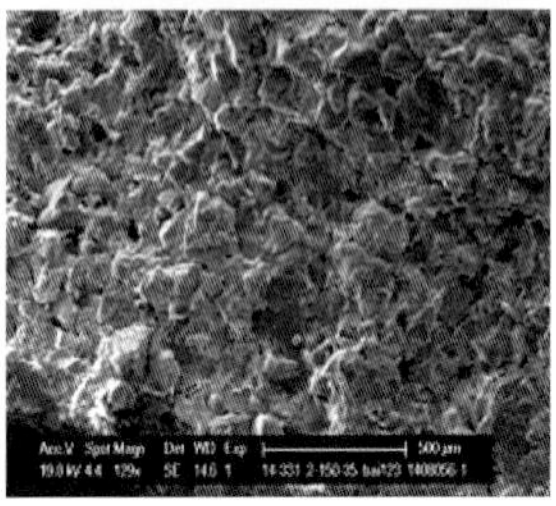	4.71%

图 10-4　白 123 井溶蚀实验结果

1. 古温度

古地温梯度高于现今地温梯度，其他地温分析结果支持这一推论。推测高古地温梯度的原因可能是中生代地壳厚度较薄和中侏罗世末一期热事件。

如根据单井热史模拟及多种古地温恢复方法对盆地中生代晚期的古地温梯度进行恢复，发现庆 36 井在中生代晚期 130 ~ 100Ma 时地温梯度高达 4. 4℃/100m，鄂尔多斯盆地南部古地温梯度也高达 4. 00 ~ 4. 80℃/100m（任战利等，2006）。

本次根据致密砂岩中石英包裹体测温，长 6_3 均一温度为 65. 0 ~ 159. 2℃，平均值为 119. 2 ℃；长 8_1 均一温度为 71. 9 ~ 168. 5 ℃，平均值为 113. 1 ℃；长 6、长 8 均一温度主要分布在 90 ~ 150℃（图 10-7）。

温度-压力条件	溶蚀前	溶蚀后	长石溶蚀率
65℃, 15MPa			1.76%
90℃, 20MPa			1.87%
120℃, 30MPa			2.47%
150℃, 35MPa			3.35%

图 10-5　白 280 井溶蚀实验结果

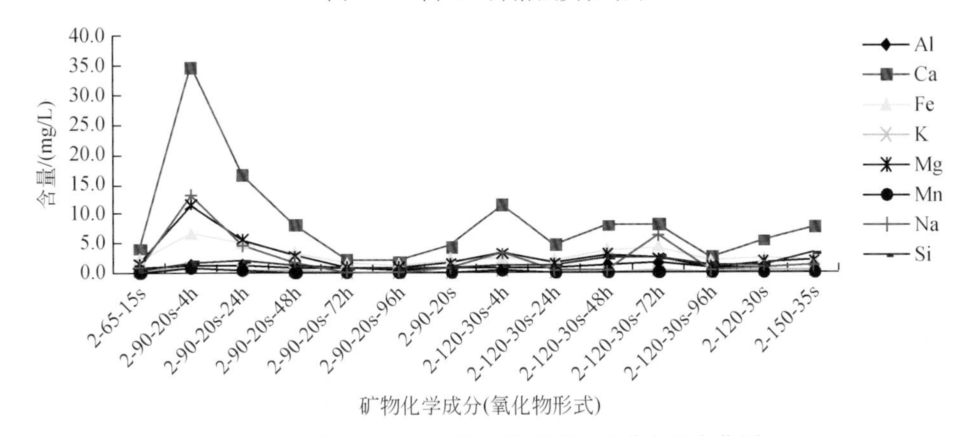

图 10-6　陇东地区 2 号样品溶液离子组分含量变化图

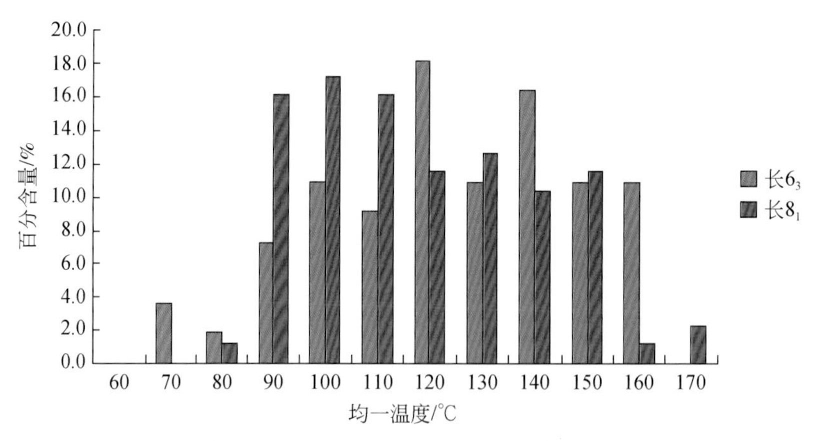

图 10-7　陇东地区长 6_3、长 8_1 砂岩中包裹体均一温度分布

2. 古压力

鄂尔多斯盆地中生界地层压力系数整体偏低。其垂向分布特征与地层埋深关系密切，压力系数具有随埋深增加而逐渐增大的趋势，同时地层压力随深度增加呈线性增大，实测地层压力均偏离静水压力线。

在整体异常低压的背景上呈现出西高东低的分布格局，在晚三叠世到早白垩世期间的压力增大并达到最大值，早白垩世末以来的压力降低直至现今的异常低压。恢复的华庆和陇东两个地区中生界地层平均压力分别为 36.5MPa 和 35.1MPa。构造抬升引起的孔隙反弹、地层降温、溶蚀增孔等作用使得地层压力逐渐降低，其地层压力降幅分别达 19.06MPa 和 20.80MPa，最终形成了现今地层压力为 10～18MPa 的异常低压分布格局。

3. 成岩流体性质

据油田水分析资料，现今油田水全部为 $CaCl_2$ 型，Cl^- 含量为 14168～90072mg/L，总矿化度为 23.6～149.9g/L，阳离子 $K^+ + Na^+$、Ca^{2+}浓度较大，其次是 Mg^{2+}，阴离子主要为 Cl^-，其次为 SO_4^{2-}、HCO_3^-，水的酸碱度主要是酸性及弱酸性（pH=5～7），这与陇东地区延长组中长石等非稳定矿物遭受溶蚀所需要的物化条件和溶蚀时所释放的主要金属阳离子类型相吻合。

长 6 油层组沉积期古盐度特征对现今地层水矿化度具有明显的控制作用，长 6 期半咸水的湖泊性质，是长 6 油田水高矿化度的主要原因，而长 8 油田水矿化度较低。

4. 成藏期岩石物性及其与现今物性的差异性

根据储层物性分析，陇东地区长 8 与长 6 油层组储层的孔隙度分布区间差别不大，均分布于 6%～16%，其孔隙度平均值也较接近，分别为 10.5%、10.7%；然而，两者的渗透率却有显著的差别，长 8 的渗透率主要为 $0.1\times10^{-3}\sim10\times10^{-3}\mu m^2$，而长 6 的渗透率主要为 $0.01\times10^{-3}\sim1\times10^{-3}\mu m^2$，两个油层组储层的渗透率平均值也相差较大，分别为 $1.8\times10^{-3}\mu m^2$ 和 $0.5\times10^{-3}\mu m^2$。

恢复的陇东地区长8_1古孔隙度范围一般在10%～28%，平均值为17.35%（罗晓容，2008）。成藏期的物性明显好于现今的物性，油藏具有先成藏后致密的特征，这也是本次实验长石溶蚀率低的原因之一。

六、溶蚀实验结果分析

1. 现今砂岩结构组分

X衍射分析表明，华庆油田长6_3砂岩骨架组分主要为石英、斜长石、钾长石，其中斜长石含量明显高于钾长石（表10-1）。华庆油田长6_3和马岭油田长8_1主要为长石砂岩、岩屑长石砂岩，少量的长石岩屑砂岩（图10-8，图10-9），推测大量的钾长石在成岩作用过程中被溶解。

阴极发光也同样证实钾长石受到很大程度溶蚀，溶蚀后的残余晶体在阴极发光中呈蓝色，从图中估计，被溶解的长石可能占岩石的5%～10%，甚至更高。

2. 现今砂岩孔隙类型

华庆油田长6_3砂岩的孔隙类型有原生粒间孔、溶孔、微孔，其中以粒间孔-溶孔、溶孔-粒间孔组合类型为主。

(a)正长石、钠长石、条纹长石

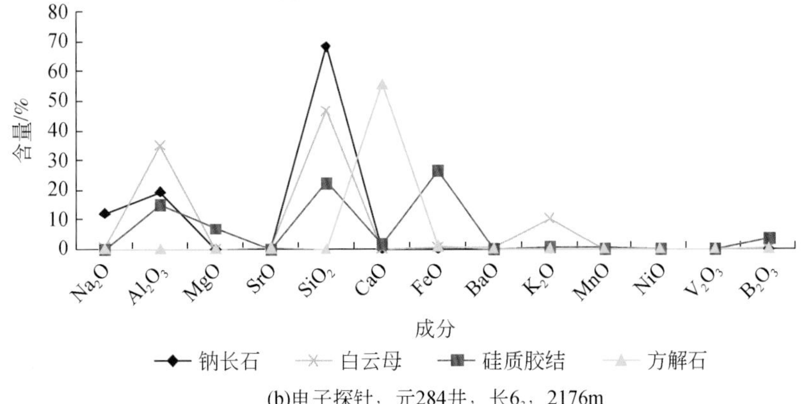

(b)电子探针，元284井，长6_3，2176m

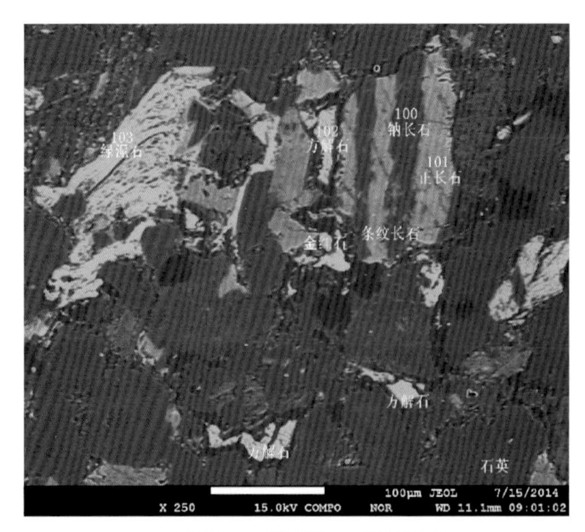

(c)正长石、钠长石、条纹长石

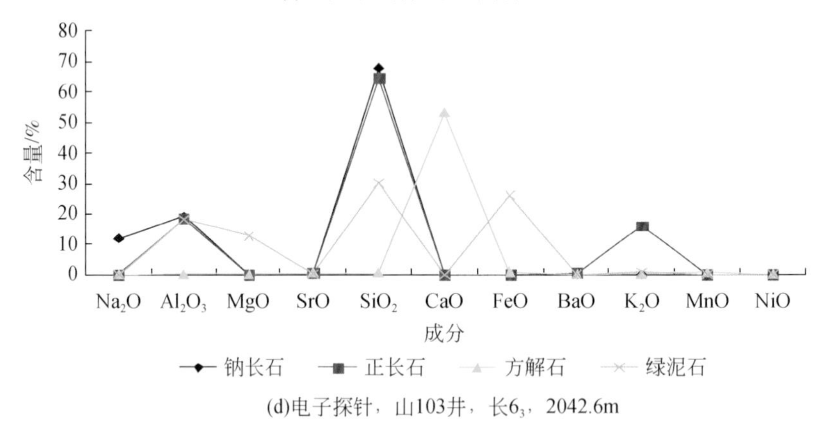

(d)电子探针，山103井，长6_3，2042.6m

图 10-8　华庆油田长 6_3 砂岩薄片及电子探针分析

(a)正长石、钠长石

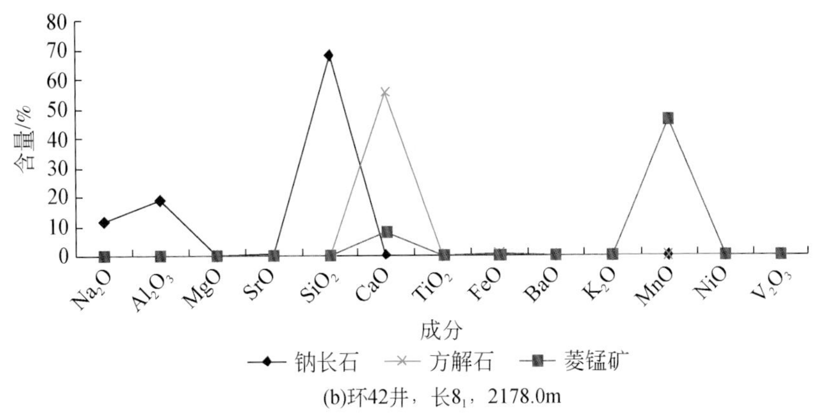

(b)环42井，长8_1，2178.0m

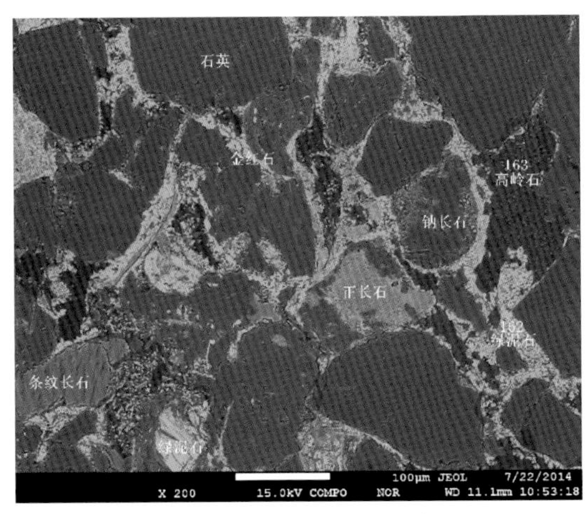

(c)正长石、钠长石、条纹长石

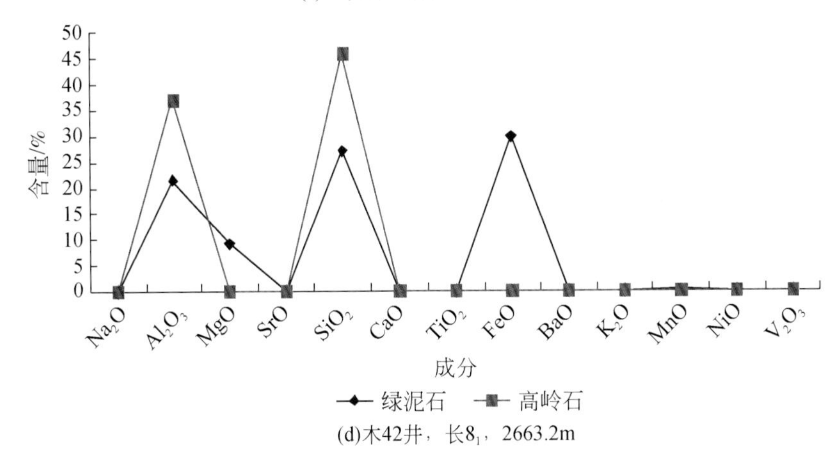

(d)木42井，长8_1，2663.2m

图 10-9　马岭油田长 8_1砂岩薄片及电子探针分析

溶蚀作用总体上较弱，砂岩的储集空间以原生粒间孔为主，其次为长石溶孔，还有岩屑溶孔和粒间溶孔。

3. 砂岩溶蚀率实测

统计结果显示，华庆油田长 6_3 长石溶蚀率分布在 0 ~ 7%（表 10-2），主要分布在 0 ~ 1%、1% ~ 2%。根据溶蚀前后样品失重变化来计算溶蚀率；结果显示：

（1）两个样品均显示出随着温度升高，溶蚀率增大的趋势，可见温度是控制溶蚀作用的主要因素。

（2）2 号样品溶蚀率较 6 号样品溶蚀率高，主要原因为 2 号样品较 6 号样品杂基含量高，在溶蚀过程中容易被流体冲刷脱落；杂基冲洗脱落后，增加了粒间孔隙，有利于溶蚀作用的发生，也和长石等易溶组分的含量有关。

（3）通过溶蚀实验得到的溶蚀率和研究区实测溶蚀率吻合度较高。

表 10-2　华庆油田长 6_3 长石溶孔及溶蚀率

类型	长石类含量/%	长石溶孔含量/%	原始长石含量/%	长石溶蚀率/%
分布区间	8.2 ~ 53.3	0 ~ 2.4	8.2 ~ 53.6	0 ~ 6.7
平均值	33.8	0.5	34.2	1.5

第二节　深埋砂岩储层长石溶孔率的定量计算

一、计算目的与研究现状

早期研究表明，延长组长石砂岩储层中次生孔隙是砂岩储层中重要的油气储集空间，砂岩储层中的次生孔隙主要由长石、岩屑等不稳定的骨架颗粒及早期形成的碳酸盐胶结物等溶蚀形成。陇东地区长 8_1 长石含量高达 35% ~ 55%，作为分布最广泛的骨架组分之一，长石溶蚀产生的次生孔隙（即长石溶孔）是最重要的次生孔隙类型之一，砂岩中的孔隙至少有 1/3 是由次生孔隙贡献的，长石溶孔有效提高了砂岩储层的孔隙度和渗透率，尤其对深部埋藏的砂岩储层孔渗条件有着明显的改善。

自 20 世纪 70 年代以来，国内外许多研究者深入研究了砂岩储层中成岩作用与次生孔隙的形成及演化、次生孔隙的形成机制及识别标志等问题。对于溶蚀介质，学者们普遍认为次生孔隙是由有机质热成熟过程中形成的有机酸或有机质脱羧作用所产生的 CO_2 形成的酸性流体溶蚀长石等不稳定组分形成的，而近年来有不少研究认为近地表暴露或浅埋藏阶段大气淡水的淋滤和溶解作用也是形成次生孔隙的重要机制。许多研究者采用模拟实验研究了矿物结构与成分、流体性质和反应温压条件等因素对长石溶蚀速率和溶蚀量的影响。罗孝俊和杨卫东（2001）、赖兴运等（2004）、黄可可等（2009）、远光辉等（2013）依据热力学原理探讨了温度、pH、有机酸类型等因素对长石溶蚀程度的影响，而李汶国等（2005）、赵国泉等（2005）定量计算了当溶蚀产物为高岭石时钾长石、钠长石和钙长石溶蚀理论上可产生的次生孔隙率。他们的计算表明，封闭系统中钾长石溶蚀仍能产生可观的次生孔隙，钠长石次之，而钙长石溶蚀几乎不产生次生孔隙。

虽然，对于鄂尔多斯盆地延长组长石溶蚀机理和次生孔隙形成机制存在一些不同看法，但普遍认为长 8 油层组的次生孔隙主要是埋藏成岩过程中与长 7 烃源岩有关的有机酸溶蚀长石所形成的。

本次研究基于热力学原理，提出了依据溶蚀产物自生黏土矿物的含量定量计算深埋条件下长石溶蚀产生的次生孔隙率的新方法。在对陇东地区长 8_1 储层的矿物岩石学特征进行详细研究的基础上，本书依据新方法对长 8_1 储层在深埋条件下长石溶蚀产生的次生孔隙率进行了计算，并与实测面孔率和溶蚀模拟实验结果进行对比来验证计算结果的可靠性和计算方法的可行性，为陇东地区油气资源的勘探和开发提供依据。

二、储层岩石学特征

通过对陇东地区 29 口井 51 块岩心样品的薄片镜下观察，本区储层岩性以岩屑质长石砂岩和长石砂岩为主，长石质岩屑砂岩次之，碎屑组分以石英和长石为主，其中长石含量为 20% ~56%，平均为 35.9%，主要为正长石和酸性斜长石，正长石含量略高于斜长石；石英含量为 16% ~66%，平均为 32.7%；岩屑含量为 5% ~25%，平均为 11.5%，以喷出岩岩屑、石英岩岩屑、千枚岩岩屑、粉砂岩岩屑、泥岩岩屑为主；黑云母和白云母含量为 1% ~16%，平均为 4.2%；填隙物含量较高，为 5% ~34%，平均为 15.2%，填隙物中主要有绿泥石和伊利石等黏土矿物、方解石和白云石等碳酸盐胶结物以及硅质胶结等。

碎屑颗粒粒度主要为中粒-细粒（0.1 ~0.5mm），大多呈次圆-次棱角状，分选中等-好，成熟度中等，反映了沉积区距离物源较近、沉积水动力较强的特点。颗粒间接触关系以点-线接触为主，胶结方式为孔隙式胶结和基底式胶结。

三、长石溶蚀与次生孔隙特征

陇东地区长 8_1 储层的储集空间由原生孔隙和次生孔隙构成，包含少量的微孔和微裂隙。次生孔隙由粒间溶孔、长石溶孔、晶间孔、岩屑溶孔、碳酸盐胶结物溶孔等构成，其中长石溶孔占据主导地位，镜下特征为长石溶蚀形成粒内溶孔，甚至完全溶蚀形成铸模孔［图 10-10（a）、（b）］。

偏光显微镜观察和扫描电子显微镜分析表明，正长石的溶蚀程度高于酸性斜长石，长石溶蚀生成的自生黏土矿物主要是伊利石，少量为高岭石。这些自生伊利石主要以鳞片状或网状集合体形式［图 10-10（c）、（d）］分布在颗粒表面或充填于长石溶孔中，在扫描电子显微镜下呈卷曲片状或丝缕状［图 10-10（e）、（f）］。

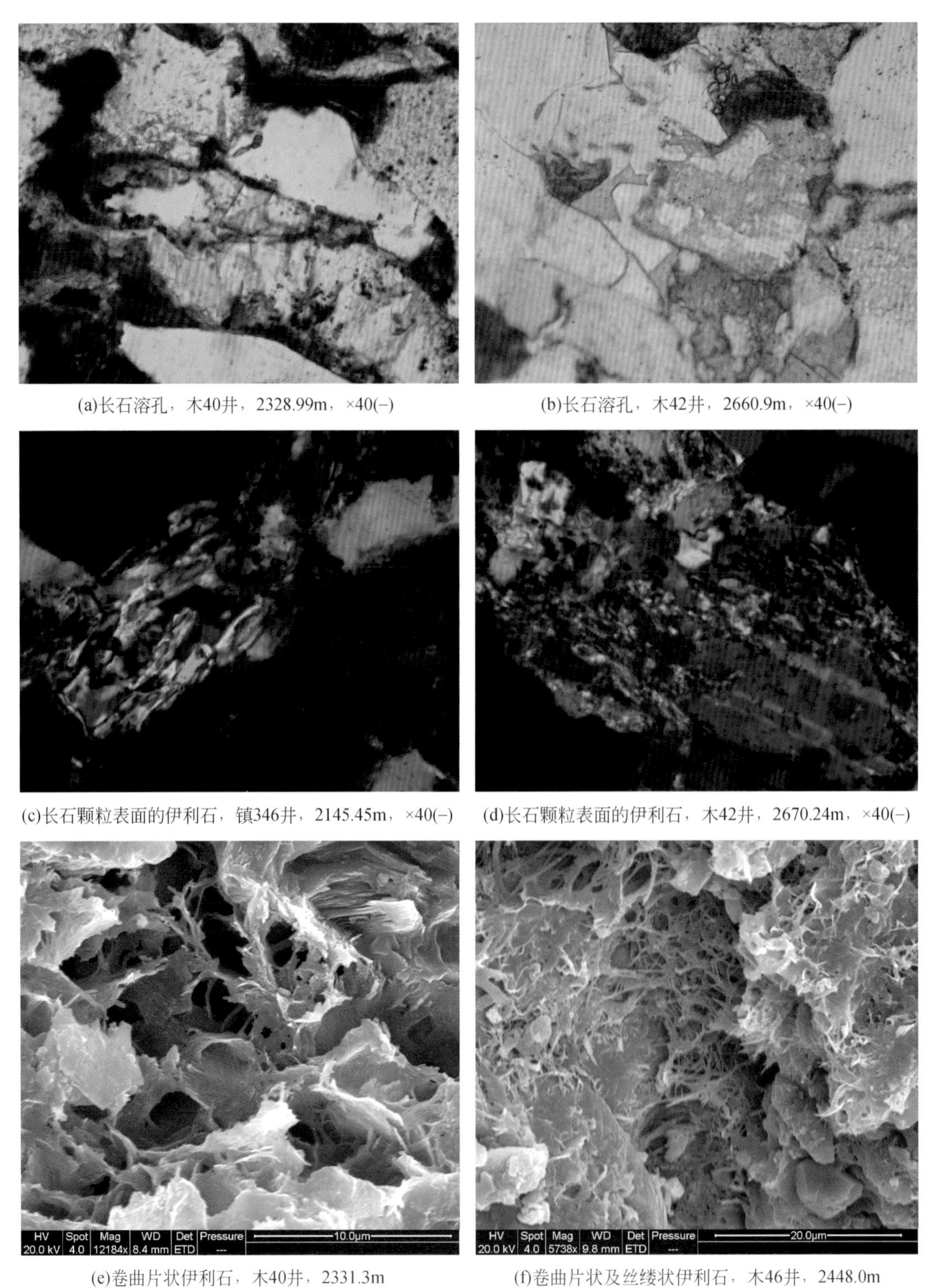

(a)长石溶孔，木40井，2328.99m，×40(−)

(b)长石溶孔，木42井，2660.9m，×40(−)

(c)长石颗粒表面的伊利石，镇346井，2145.45m，×40(−)

(d)长石颗粒表面的伊利石，木42井，2670.24m，×40(−)

(e)卷曲片状伊利石，木40井，2331.3m

(f)卷曲片状及丝缕状伊利石，木46井，2448.0m

图 10-10　陇东地区长 8_1 储层长石溶孔与自生伊利石

四、长石溶孔率计算原理

在有酸性介质存在时，钾长石（Or）、钠长石（Ab）及钙长石（An）与水接触均会发生溶蚀反应，生成高岭石等自生黏土矿物，其反应式分别为

$$2KAlSi_3O_8(\text{钾长石}) + 2H^+ + H_2O \longrightarrow Al_2Si_2O_5(OH)_4(\text{高岭石}) + 4SiO_2(\text{石英}) + 2K^+ \tag{10-1}$$

$$2NaAlSi_3O_8(\text{钠长石}) + 2H^+ + H_2O \longrightarrow Al_2Si_2O_5(OH)_4(\text{高岭石}) + 4SiO_2(\text{石英}) + 2Na^+ \tag{10-2}$$

$$CaAl_2Si_2O_8(\text{钙长石}) + 2H^+ + H_2O \longrightarrow Al_2Si_2O_5(OH)_4(\text{高岭石}) + Ca^{2+} \tag{10-3}$$

埋藏条件下的储层可看作封闭体系，即溶蚀产物全部保留在储层中。将溶蚀反应的体积差定义为固体产物的体积之和减去固体反应物的体积，根据矿物的摩尔体积数据（表10-3）进行计算可知，上述三个溶蚀反应的体积差均为负数（分别为 $-28.1cm^3/mol$、$-10.3\ cm^3/mol$ 和 $-1.4\ cm^3/mol$），即反应后固相体积减小，这部分体积差就是钾长石、钠长石和钙长石溶蚀所产生的次生孔隙。以原始矿物（钾长石、钠长石或钙长石）所占体积为准，反应（10-1）~（10-3）产生的次生孔隙度分别为12.9%、5.1%和1.4%，与李汶国等（2005）的计算结果一致。

表10-3　矿物的摩尔体积

矿物	钾长石	钠长石	钙长石	α石英	高岭石	伊利石
摩尔体积/(cm^3/mol)	109.1	100.2	100.7	22.7	99.3	140.6

当古地温达到120~140℃并且孔隙流体中含有足够量的钾离子时，将发生高岭石的伊利石化作用。溶蚀反应（10-1）~（10-3）伴随高岭石伊利石化作用的净效果等价于三种长石溶蚀生成伊利石的反应，即

$$3KAlSi_3O_8(\text{钾长石}) + 2H^+ \longrightarrow KAl_3Si_3O_{10}(OH)_2(\text{伊利石}) + 6SiO_2(\text{石英}) + 2K^+ \tag{10-4}$$

$$3NaAlSi_3O_8(\text{钠长石}) + K^+ + 2H^+ \longrightarrow KAl_3Si_3O_{10}(OH)_2(\text{伊利石}) + 6SiO_2(\text{石英}) + 3Na^+ \tag{10-5}$$

$$CaAl_2Si_2O_8(\text{钙长石}) + 2K^+ + 4H^+ \longrightarrow 2KAl_3Si_3O_{10}(OH)_2(\text{伊利石}) + 3Ca^{2+} \tag{10-6}$$

反应（10-5）和（10-6）所需的钾离子可由反应（10-4）提供。定量计算表明，只要储层中钾长石的溶蚀量（以体积计）达到钠长石溶蚀量的54.4%，则钾长石溶蚀产生的 K^+ 足以使钠长石溶蚀生成的高岭石全部转化为伊利石。同样只要储层中钾长石的溶蚀量达到钙长石溶蚀量的108.3%，则钾长石溶蚀产生的 K^+ 能够使钙长石溶蚀生成的高岭石全部转化为伊利石。溶蚀反应（10-4）~（10-6）的体积差分别为 $-50.6cm^3/mol$、$-23.9cm^3/mol$ 和 $-20.9cm^3/mol$，以原始矿物所占体积为准，这些反应产生的次生孔隙度分别为15.5%、8.0%和6.9%。显然，相对于溶蚀产物为高岭石的情形，当三种长石的溶

蚀产物为伊利石时能够产生更多的次生孔隙。

因为反应式（10-1）～（10-6）均只生成一种自生黏土矿物，所以可根据产物高岭石或伊利石的含量计算三种长石溶蚀所产生的次生孔隙度。对于反应式（10-1）～（10-6），相应计算公式分别为

$$\text{钾长石溶蚀产生的次生孔隙率} = 0.28 \times \text{高岭石含量} \tag{10-7}$$

$$\text{钠长石溶蚀产生的次生孔隙率} = 0.10 \times \text{高岭石含量} \tag{10-8}$$

$$\text{钙长石溶蚀产生的次生孔隙率} = 0.014 \times \text{高岭石含量} \tag{10-9}$$

$$\text{钾长石溶蚀产生的次生孔隙率} = 0.36 \times \text{伊利石含量} \tag{10-10}$$

$$\text{钠长石溶蚀产生的次生孔隙率} = 0.17 \times \text{伊利石含量} \tag{10-11}$$

$$\text{钙长石溶蚀产生的次生孔隙率} = 0.08 \times \text{伊利石含量} \tag{10-12}$$

五、计算结果

如前所述，普遍认为鄂尔多斯盆地延长组长 8 储层的次生孔隙主要是埋藏成岩过程中与长 7 烃源岩有关的有机酸溶蚀长石所形成的，因此本计算方法应用的前提条件——封闭体系假定能够近似满足。陇东地区长 8_1 储层中的自生黏土矿物除了绿泥石外，主要是伊利石，高岭石和伊蒙混层矿物含量很低，另外正长石的溶蚀程度高于酸性斜长石。这些特征意味着长石类矿物溶蚀形成的高岭石基本转化成伊利石，因此本书根据自生伊利石含量（以体积分数计）计算各类长石溶蚀产生的次生孔隙率。

正长石和斜长石成分的电子探针分析表明绝大多数正长石中钾长石的含量超过 80%（摩尔百分数），而斜长石以钠长石组分为主（摩尔百分数大于 80%），未发现富钙长石的斜长石，这与长石族矿物中基性斜长石的热力学性质最不稳定，且极易在同生至浅埋藏条件下消耗殆尽的特点一致。因此本书将正长石的成分近似为纯的钾长石，斜长石的成分近似为纯的钠长石，根据式（10-10）和式（10-11）计算次生孔隙率。在统计伊利石含量时，将正长石表面及周围孔隙中的自生伊利石视为正长石溶蚀的产物，将斜长石表面及周围孔隙中的自生伊利石视为斜长石溶蚀的产物，对充填于正长石与斜长石颗粒之间孔隙中的自生伊利石则进行均分。

通过偏光显微镜观察测定了 51 块铸体薄片的正长石及斜长石含量、面孔率及其中的次生孔隙率以及分别由正长石和斜长石溶蚀产生的自生伊利石含量，然后代入式（10-10）和式（10-11）分别计算正长石和斜长石溶蚀产生的次生孔隙率。部分样品的矿物含量实测数据、长石溶孔率计算值以及实测值（单位均为体积百分数）列于表 10-4 中。表 10-4 显示，长石溶孔率的计算值变化范围在 0.6%～2.0%，平均为 1.32%；而长石溶孔率实测值的范围是 0～3.0%（由于铸胶技术的限制以及后期碳酸盐胶结物的充填，部分铸体薄片的次生孔隙率甚至总孔隙率几乎为零），平均为 1.44%（排除实测值为零的样品）。对于多数样品，本书的计算值与实测值比较接近或略偏低。总的来说，本书提出的理论方法的计算结果与长 8_1 储层的实际情况吻合较好。

表 10-4　长石溶孔率计算值及实测值

井号	井深/m	正长石含量/%	斜长石含量/%	正长石溶蚀产物伊利石含量/%	正长石溶孔率（计算值）/%	斜长石溶蚀产物伊利石含量/%	斜长石溶孔率（计算值）/%	长石溶孔率（计算值）/%	长石溶孔率实测值/%
白 281	1979. 20	23. 4	27	3. 02	1. 09	1. 91	0. 32	1. 41	1. 2
白 282	1920. 40	18. 8	15. 8	2. 93	1. 05	1. 89	0. 32	1. 38	1. 6
木 40	2304. 52	17	18	4. 00	1. 45	1. 00	0. 17	1. 62	1. 0
木 40	2326. 18	24	17	3. 6	1. 30	1. 30	0. 22	1. 52	2. 0
木 40	2328. 99	17	19	2. 9	1. 05	1. 30	0. 21	1. 26	0. 5
木 41	2683. 54	44	8	4. 13	1. 49	3. 13	0. 53	2. 02	1. 1
木 42	2660. 90	17	18	2. 6	0. 92	1. 00	0. 17	1. 09	2. 0
木 42	2669. 30	14	17	2. 1	0. 76	0. 60	0. 10	0. 86	/
木 42	2670. 24	16	18	2. 1	0. 74	1. 00	0. 17	0. 91	0. 2
木 42	2673. 50	14	12	2. 7	0. 98	0. 70	0. 12	1. 10	0. 2
木 46	2442. 21	12. 9	30. 1	2. 94	1. 06	3. 25	0. 55	1. 61	1. 0
木 46	2442. 31	17	12	3. 7	1. 32	0. 60	0. 11	1. 43	0. 5
木 46	2447. 40	20	17	4. 3	1. 55	1. 00	0. 18	1. 73	2. 0
木 46	2447. 60	8. 5	34	2. 28	0. 82	3. 80	0. 65	1. 47	1. 5
里 37	2235. 15	8. 5	12. 8	1. 78	0. 64	2. 81	0. 48	1. 12	0. 9
里 37	2236. 05	19. 6	28. 4	2. 11	0. 76	2. 00	0. 34	1. 10	/
里 79	2166. 50	31. 2	12	3. 03	1. 09	2. 52	0. 43	1. 52	/
里 79	2173. 84	21. 6	18	2. 79	1. 00	2. 12	0. 36	1. 36	1. 8
里 82	2265. 74	12	4	2. 03	0. 73	1. 38	0. 23	0. 97	1. 2
里 82	2321. 92	18	9	2. 71	0. 98	2. 27	0. 39	1. 36	1. 6
里 90	2186. 50	24. 8	9. 6	1. 67	0. 60	1. 90	0. 32	0. 92	/
里 163	2509. 10	15	18	2. 9	1. 05	1. 40	0. 23	1. 28	0. 2
镇 346	2145. 45	18	16	2. 7	0. 98	0. 80	0. 14	1. 12	/
镇 346	2151. 15	20	18	3. 0	1. 09	1. 30	0. 22	1. 31	3. 0
镇 346	2153. 96	16	18	2. 6	0. 94	0. 70	0. 12	1. 06	0. 5

“/”表示未测出长石溶孔率。

虽然，本计算方法将储层视为封闭体系的假定对于深埋储层基本符合实际；但是浅埋藏储层并非封闭体系，而是开放-半封闭体系，因此本方法不再适用。在浅埋藏条件下长石溶蚀释放的硅和铝元素随地层水迁移并离开储层（而不在原地形成自生黏土矿物沉淀）从而产生更多的次生孔隙。因为研究区长 8_1 储层中有部分长石溶孔形成于浅埋藏阶段，所以本方法的计算值低于实测值是合理的。

六、计算结果与模拟溶蚀实验结果对比

借助扫描电子显微镜对反应前后的样品进行定位观察和能谱分析，发现砂岩中的长石颗粒和方解石胶结物发生了较明显的溶蚀（图 10-11）。在四组不同的温度-压力条件下，样品反应后增加的次生孔隙率各不相同（表 10-5）。总的来说，溶蚀率随温度、压力的升高而增大（其中温度是主要因素）。在 90℃和 120℃的温度条件下的溶蚀率分别为 1.87%和 2.47%。考虑到深埋条件下长石的大量溶蚀主要发生在生油高峰形成之前（100～120℃），这时有机质分解产生的有机酸溶液（尤其是二元羧酸）可以使长石等铝硅酸盐

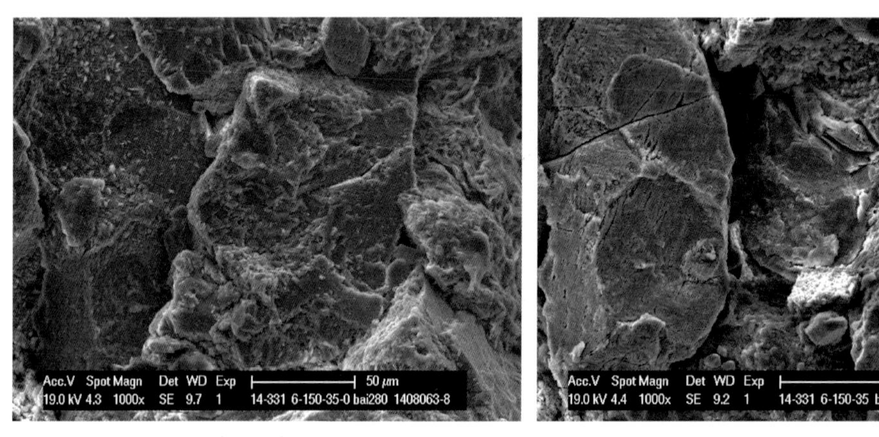

(a)溶蚀前钾长石颗粒及方解石胶结物　　(b)溶蚀后钾长石颗粒及方解石胶结物

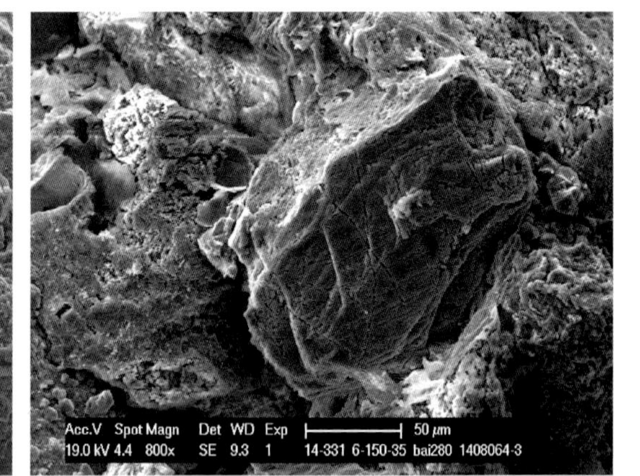

(c)溶蚀前方解石颗粒及方解石胶结物　　(d)溶蚀后方解石颗粒及方解石胶结物

图 10-11　长石颗粒与方解石胶结物在溶蚀实验前后变化对比图（扫描电镜定位）

矿物发生强烈的溶蚀并形成次生孔隙，因此上述两个实验温度能够大致代表储层中长石大规模溶蚀的温度上下限。本书中长石溶孔率的计算值和实测值均低于人工实验值，考虑到溶蚀模拟实验产生的溶孔中有相当比例是由碳酸盐胶结物溶蚀产生的，本方法的计算结果是比较合理的。

表 10-5　白 280 井样品溶蚀率实验结果

温度-压力条件	溶孔率/%
65℃，15MPa	1.76
90℃，20MPa	1.87
120℃，30MPa	2.47
150℃，35MPa	3.35

通过上述分析计算认为：以长石溶孔为主的次生孔隙是陇东地区长 8_1 储层的重要储集空间，在深埋条件下正长石的溶蚀程度高于斜长石，长石溶蚀产物主要是自生伊利石和少量高岭石。根据自生伊利石含量计算了正长石及斜长石溶蚀产生的次生孔隙率（即长石溶孔率）。51 块样品长石溶孔率计算平均值为 1.32%，与长石溶孔率的实测值（平均 1.44%）接近，计算结果与长 8_1 储层的实际情况吻合较好。与溶蚀模拟实验产生的溶孔率相比，本方法计算结果是合理的。

第十一章　主要成岩作用引起的孔隙增减量计算与物性恢复

通过前面几章对研究区致密砂岩储层成岩因素、特征、分布以及演化史和物性主控因素研究，有必要对不同成岩阶段和过程中因成岩引起的增减孔量变化进行恢复，以便在此基础上进一步预测储层有利物性分布区带。

第一节　国内外储层物性演化研究现状

砂岩储层体自沉积以后，其孔隙度演化就受到两方面的地质作用控制：一是砂岩自身的物质特征，主要为砂岩的成分成熟度、结构成熟度和粒径等；二是砂岩所处的地质背景或盆地动力学环境，如盆地的地热场、流体性质及与岩石的相互作用（地层水和大气渗入水等）、埋藏热演化轨迹和构造变形作用等。众多学者研究成果及油田勘探实践表明，随着埋藏深度的增加，砂岩孔隙度会逐渐降低。

目前，国内外众多学者根据研究需求先后采用不同研究思路和方法建立了多种储层孔隙度预测、计算和物性恢复模型，具体体现在两大方面。

一、建立孔隙度随深度、分选、时间、温度的统计学公式

Athy 于 1979 年最早提出根据储层埋藏深度来预测孔隙度的关系式：

$$P = p(\mathrm{e}^{-bx}) \tag{11-1}$$

式中，P 为孔隙度；p 为地表泥岩的平均孔隙度；b 为常数；x 为埋藏深度。

Waxwell 等根据实验数据推导了温度和时间对孔隙度演化的影响：

$$\left(\frac{a}{p}\right)^{x} = 1 + t \times \left[\mathrm{e}^{\frac{(T-b)}{cT}}\right] \tag{11-2}$$

式中，a 为大气压力条件下初始孔隙度；p 为样本最终孔隙度；t 为时间；T 为绝对温度；x、b 和 c 为常数。

在前人研究的基础之上，Scherer 总结共 13 种较为重要的影响因素。第一类为结构参数，包括粒度、颗粒分选度、球度（颗粒形状）、颗粒磨圆度（棱角度）和颗粒的排列方式，其中颗粒大小和分选度是最重要的结构参数，对孔隙度和渗透率影响贡献最大；第二类为颗粒的排列方式；第三类为岩屑类型；第四类为沉积物年龄；第五类为地温梯度。

Scherer 收集了世界上不同盆地不同储层的 428 个砂岩岩心数据，通过回归分析，列举了对砂岩孔隙度影响最重要的几个因素：储层的埋藏深度、石英颗粒的百分含量、颗粒分选性、地温梯度和沉积物年龄。利用回归分析，他提出了以下孔隙度预测方程：

$$\text{孔隙度} = 18.60 + 4.73 \times \text{石英} + 17.37/\text{分选系数} - 3.8 \times \text{深度} \times 10^{-3} - 4.65 \times \text{年代} \tag{11-3}$$

式中，孔隙度为总体积百分含量（%）；石英为占碎屑体积的百分含量（%）；分选系数为 Trask 分选系数；深度单位为 m；年代单位为百万年（Ma）。

$$\text{Trask 分选系数} = \sqrt{\frac{Q_1}{Q_3}} \tag{11-4}$$

式中，Q_1 为颗粒粒径累计 75% 的颗粒大小；Q_3 为颗粒粒径 25% 的颗粒大小。

这些方法的优点在于简单易行，适用于压实作用为主的储层；不足之处在于均只考虑了压实作用的影响，对于溶解作用、胶结作用和自生矿物的生长引起的孔隙度的变化在定量与储层的孔隙度变化模型中均没有加以讨论，不适用于其他成岩作用为主控因素的储层。

二、建立增减孔半定量模型

通过镜下观察统计储层岩矿特征，孔隙度模型反演和包裹体分析，确定成岩时间。寿建峰和朱国华（1998）、吕正祥（2005）、纪友亮等（2007）、孟元林（2008）等在孔隙度演化模型的建立过程中，考虑了其他成岩作用对孔隙度演化的影响。

纪友亮等（2007）提出了综合利用统计法、反演法以及物理模拟法恢复不同地质历史时期物性的方法。统计法主要是从不同构造部位、不同沉积类型、不同粒度以及不同分选等因素出发分别统计油（气）层和水层的物性参数随深度变化的关系。

反演法主要是对所研究储层的孔隙结构特征和物性参数，依据现今的镜下特征、成岩现象及成岩事件的期次与本区的成岩阶段对应得出这种成岩现象发生时对应的时间及深度，结合包裹体测温，伊利石测年等推断出不同期次胶结物的形成时间，然后对不同期次胶结物进行“回剥”，得到的胶结物体积与现在孔隙体积之和即为胶结物出现之前的孔隙体积，逐步回推各种成岩现象，并对储层的孔隙度进行计算、统计和恢复，得出不同时期储层的物性演化规律（图 11-1）。

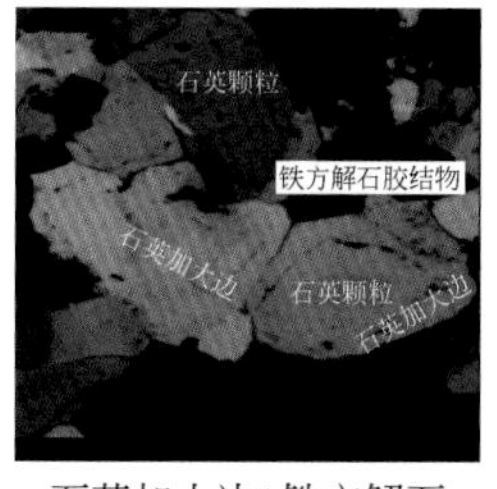

石英加大边+铁方解石胶结物发育

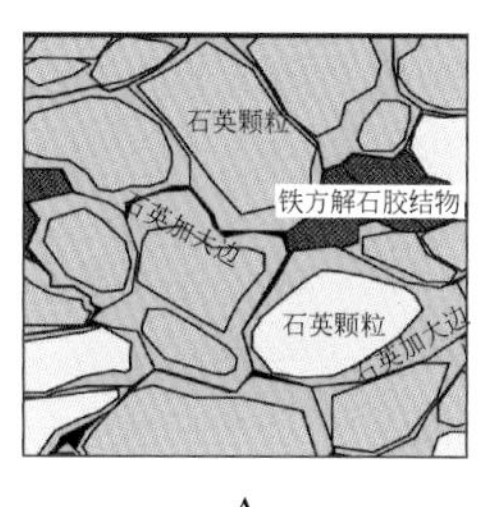

A

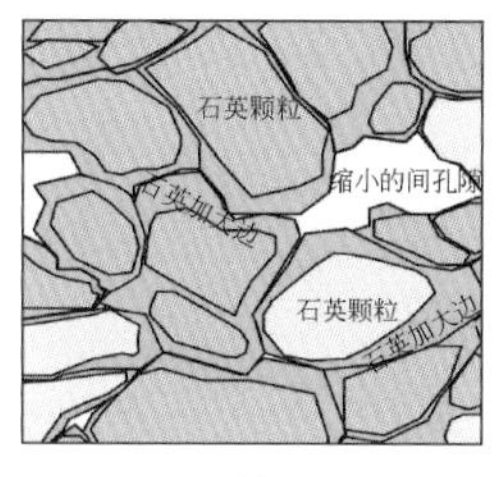

B

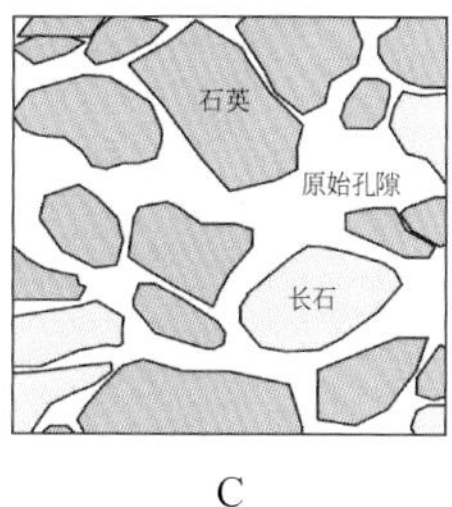

C

图 11-1　孔隙演化史恢复示意图（纪友亮，2007）

物理模拟法主要是利用物理模拟实验模拟出不同的地质因素（储层岩性、所处沉积类型、储层内部的地层流体性质、沉积盆地的地温梯度和构造埋藏史等）对储层演化的影响，虽然模拟实验只是在排除其他因素的干扰之后对单因素做的研究，和实际的地质条件可能相差很大，但是对于我们认识各因素对物性演化的影响仍有重要的意义。

通过统计法统计不同构造部位、不同沉积体系以及不同粒级的油层和水层的孔隙度随深度变化的散点图，结合物理模拟实验得出的不同粒度储层物性参数演化曲线，利用数学方法对散点图进行回归，得出其垂向演化曲线的数学表达式及其参数。在分析化验数据比较少的深度，利用物理模拟实验的参数进行补充，同时利用反演法对以上分析所得到的曲线进行回剥校正，得到不同构造部位、不同沉积体系以及不同粒级的油层和水层的孔隙度演化曲线，从而可以恢复地质历史时期的储层物性。

张荣虎等（2011）提出利用模型公式建立孔隙度演化的方法，认为需要综合考虑沉积、成岩以及构造作用对其孔隙增减的影响，找出其物性主控因素，通过建立模型从而对地质历史时期的孔隙度进行恢复。

通过分析各个控制因素对孔隙增减的影响，将影响孔隙变化的因素分为构造、胶结、溶蚀、裂缝四个方面，即

$$\phi_{现今}=\phi_{原始}+\phi_{构造减孔}+\phi_{胶结减孔}+\phi_{溶蚀增孔}+\phi_{裂缝增孔} \quad (11\text{-}5)$$

因此综合考虑影响储层孔隙变化的因素，运用多模型物性预测方法，对储层物性进行预测和恢复，即

$$\phi_{预测}=\phi_{模型}+\Delta\phi_{裂缝增孔}+\Delta\phi_{溶蚀增孔}+\Delta\phi_{构造减孔}+\Delta\phi_{胶结减孔} \quad (11\text{-}6)$$

式中，$\Delta\phi_{溶蚀增孔}$为待预测点溶蚀增孔量与模型中约束值的差值；$\Delta\phi_{裂缝增孔}$为待预测点裂缝孔隙度与模型中约束值的差值；$\Delta\phi_{胶结减孔}$为待预测点胶结量与模型中约束值的差值；$\Delta\phi_{构造减孔}$为待预测点构造减孔量与模型中约束值的差值。

这些方法的优点在于考虑了成岩作用的影响，对成藏期的物性进行了半定量化的预测；不足之处在于增减孔量受人为因素影响，增减孔时间受成岩作用时间准确度影响；增减孔量为一个半定量的值，未建立随时间、深度变化的模型公式。

第二节　致密储层物性恢复方法

本书在前人的基础上，采用刘震的增减孔量随深度演化的模型，并对模型进行改良，综合考虑了成岩作用，不仅分成岩作用阶段建立物性恢复模型（分段性），还综合考虑岩矿特征建立不同沉积微相、粒度、分选的储层增减孔量随时间深度演化的定量模型。

一、分析砂岩孔隙度及成岩作用剖面特征

由于陇东地区长6储层砂岩以细砂岩为主，因此选取细砂岩地层建立孔隙度剖面，分析细砂岩地层的孔隙度在垂向上的展布特征及其与深度的关系。结合岩心分析、测井资料和镜下薄片观察可知现今孔隙度随深度演化的特征主要可分为三段：<900m是压实作用为主的阶段；900～1300m是压实和胶结作用为主的阶段；1300～2300m是溶蚀作用为主的阶段（图11-2）。现今深埋的储层也经历了浅层的压实作用和胶结作用过程。

结合研究区埋藏史成岩演化序列可知，研究区不同成岩阶段的成岩作用和对物性的影响表现在：220～190Ma为机械压实作用阶段，是减孔主要因素；190～150Ma为机械压实+胶结作用阶段，是减孔因素之一；150～120Ma，温度在70～90℃，受有机酸浓度的影响，是以溶蚀作用为主的阶段，为主要增孔因素，因此，孔隙度恢复主要考虑压实作用造成的减孔和溶蚀作用造成的增孔（图11-3）。

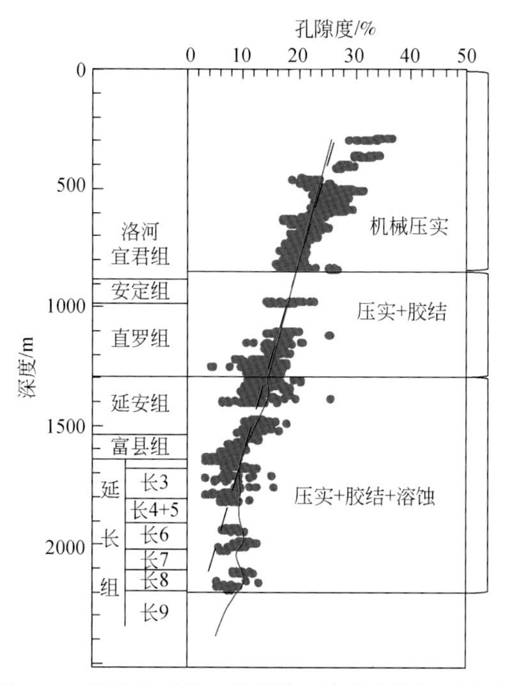

图 11-2　陇东地区长 6 储层孔隙演化史恢复示意图

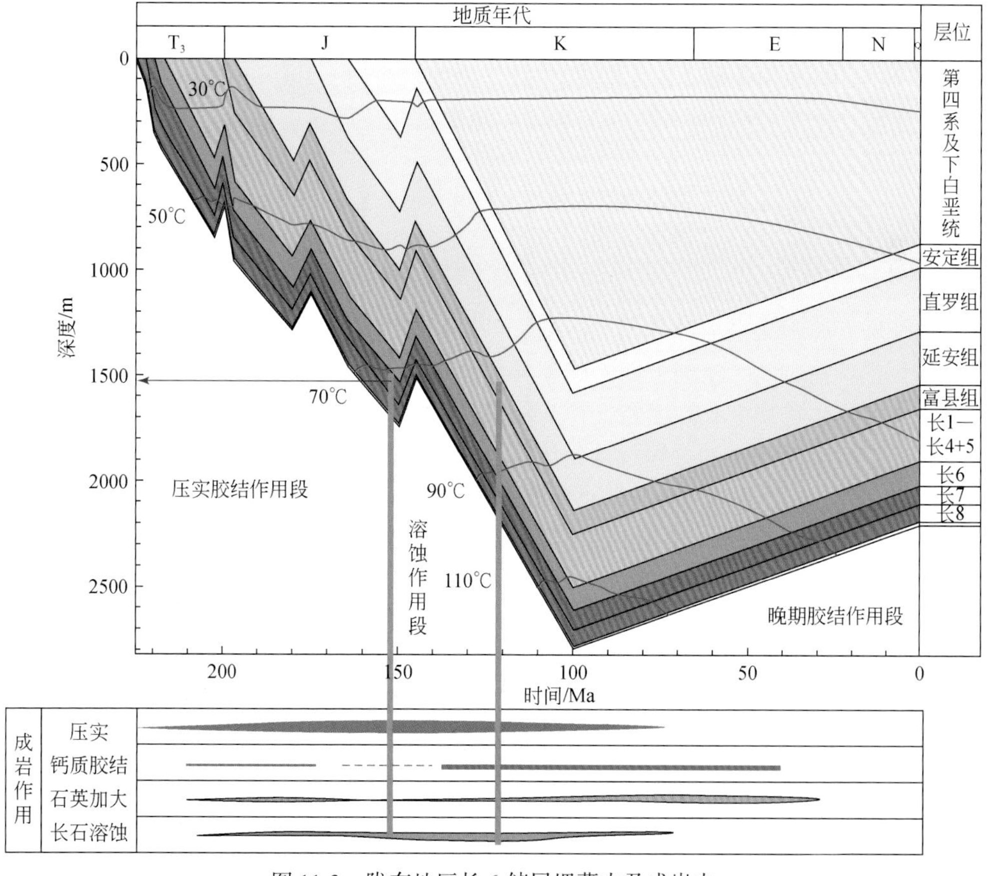

图 11-3　陇东地区长 6 储层埋藏史及成岩史

通过上述分析得出结果如下：

（1）研究区长 6 地层孔隙度演化受到压实、胶结和次生溶蚀作用的影响，按照效应分析原则可以分为减孔作用（压实和胶结作用）和增孔作用（次生溶蚀作用）两个过程。

（2）减孔作用在孔隙度演化的整个阶段持续存在，浅部以压实为主，深部压实胶结作用同时存在并控制孔隙演化，整个减孔过程具有持续性、一致性特征。

在上述分析的基础上建立减孔效应模型，包括机械压实、压实和胶结阶段；增孔效应模型，主要源于有机酸次生溶蚀；总孔隙度演化模型=减孔模型+增孔模型。

二、孔隙演化模拟计算

1. 减孔作用模拟

孔隙度减小源于地层的压实和胶结作用。前面分析，研究区长 6_3 上部压实阶段及下部压实和胶结综合作用对孔隙度变化的影响效应具有继承性和一致性，减孔过程是一个连续的指数模型，因此根据效应模拟原则，可以把浅部纯压实作用模型向下延伸来代替孔隙度减小模型。本书采用刘震等提出的双元函数模型来模拟孔隙度减小的过程，孔隙度与埋深、埋藏时间的关系如下：

$$\phi = aZ + bZt + ct + \phi_0 \tag{11-7}$$

式中，a、b、c 和 ϕ_0 为常数；Z 为埋深，m；t 为埋藏时间，Ma；ϕ_0 为初始孔隙度，%。

根据压实、压实胶结作用段（<1300m）储层物性、埋深、埋藏时间回归出一个压实、胶结减孔模型：

$$\phi_n = 38 - 0.0136 \times Z - 0.068 \times t + 2.45 \times 10^{-5} Z \times t \tag{11-8}$$

2. 增孔作用模拟

孔隙度增大源于次生溶蚀作用。溶剂、可溶矿物、流体活跃性是次生溶蚀作用发生的必要条件，三者在时间、空间上匹配的差异导致次生溶蚀孔隙发育程度不同。本书结合正演和反演方法，先将现今孔隙度特征作为约束条件确定次生孔隙的大小，然后从成因分析入手正演孔隙度溶蚀增大的过程。首先计算没有次生孔隙情况下的剩余孔隙度，则现今实际的孔隙度 ϕ_t 与 ϕ_n 的差值 $\Delta\phi$ 就是次生增孔量。前人研究表明次生溶蚀发育在 70～90℃ 的温度窗口内，温度小于 70℃ 时地层缺少有机酸，不能形成大量的次生孔隙，而当地层温度高于 90℃ 时，由于酸浓度降低和原油侵位，次生溶蚀作用也很微弱。因此增孔过程模拟的关键是地层在溶蚀窗口内演化过程的模拟。根据化学动力学原理，溶解速率与有机酸浓度成正比，因此孔隙度随浓度变化率为

$$\frac{\partial \phi_s}{\partial t} = kC + c \tag{11-9}$$

式中，ϕ_s 为溶蚀形成的孔隙度，%；k 为比例常数；c 为待定常数；C 为有机酸浓度，mol/L。

根据 Carothers 等研究表明，油田水中有机酸浓度随温度变化曲线近似于抛物线，最大

浓度对应 80℃左右，因此可以建立有机酸浓度与温度的关系：

$$C = aT^2 + bT + c_1 \tag{11-10}$$

式中，T 为地层温度,℃；a、b、c_1为待定常数。根据温度与时间的关系：$T=k_2t+c_2$，将式（11-10）转换为浓度随时间的演化函数，代入式（11-9），可得酸化窗口内孔隙度变化率模型：

$$\frac{\partial\phi_s}{\partial t} = a't^2 + b't + c' \tag{11-11}$$

式中，t 为时间，Ma；a'、b'、c'为待定常数。将式（11-11）中时间转换为地史时间，设定模型的时间范围界于地层温度首次达到 70℃的时间 t_1与首次达到 90℃的时间 t_2之间，代入边界条件：$t-t_1=0$ 时，$\phi_s=0$ 且孔隙度变化率为 0；$t-t_2=0$ 时，$\phi_s=\Delta\phi$，增孔率曲线为中心对称曲线。解式（11-11）可得地层次生增孔量在酸化窗口内的函数模型：

$$\phi_s = -\frac{2\Delta\phi}{\Delta t^3}(t-t_1)^3 + \frac{3\Delta\phi}{\Delta t^2}(t-t_1)^2 \tag{11-12}$$

根据现有的次生孔隙特征，结合次生孔隙形成及演化中经历的地质过程，发现在砂岩层深埋后，已经形成的次生孔隙基本停止演化。增孔模型为

$$\phi_s = \begin{cases} 0，\ t > t_1 \\ -\dfrac{2\Delta\phi}{\Delta t^3}(t-t_1)^3 + \dfrac{3\Delta\phi}{\Delta t^2}(t-t_1)^2，\ t_1 \geqslant t \geqslant t_2 \\ \Delta\phi，\ t \leqslant t_2 \end{cases} \tag{11-13}$$

式中，t_1为地温首次达到 70℃对应的时间；$\Delta\phi$ 为现今溶蚀孔隙度；t_2为地温首次达到 90℃对应时间。

三、构建总孔隙度演化模型

$$\phi_s = \begin{cases} \phi_n，\ t > t_1 \\ \phi_n - \dfrac{2\Delta\phi}{\Delta t^3}(t-t_1)^3 + \dfrac{3\Delta\phi}{\Delta t^2}(t-t_1)^2，\ t_1 \geqslant t \geqslant t_2 \\ \phi_n + \Delta\phi，\ t \leqslant t_2 \end{cases} \tag{11-14}$$

减孔和增孔作用模型叠加构成总孔隙度演化模型。减孔作用过程从沉积初期持续至今，其模型是一个随时间和深度变化的函数；增孔作用的过程只在特定的时间段及酸化窗口内存在，其模型为一个分段函数；二者叠加的总孔隙度模型也是一个随时间和埋深变化的分段函数。式（11-14）即为砂岩地层孔隙度的演化模型，该模型以时间为变量，可以计算任意时间点上的孔隙度。但同时要注意，该模型要以现今实际孔隙度作为约束条件进行检验与校正。

四、形成单井增减孔模型并恢复演化史

利用砂岩孔隙度演化模型，结合地层埋藏史和热史研究成果，可以恢复地层在任意时

间点上的孔隙度。以里 54 井为例，分析华庆油田长 6_3砂岩孔隙度的演化过程。

1. 减孔模型

里 54 井总共经历了 4 次抬升剥蚀，其时间和对应埋深分别如表 11-1 所示。带入减孔作用模型：$\phi=38-0.0136\times Z-0.068\times t+2.45\times10^{-5}Z\times t$，可得四次抬升剥蚀后的孔隙度（图 11-4）。

表 11-1　里 54 井抬升剥蚀孔隙度统计

时间/Ma	202.5	180	149.5	100	0
深度/m	610	1090	1530	2610	2020
孔隙度/%	29.8	23.9	19.35	9.36	8.6

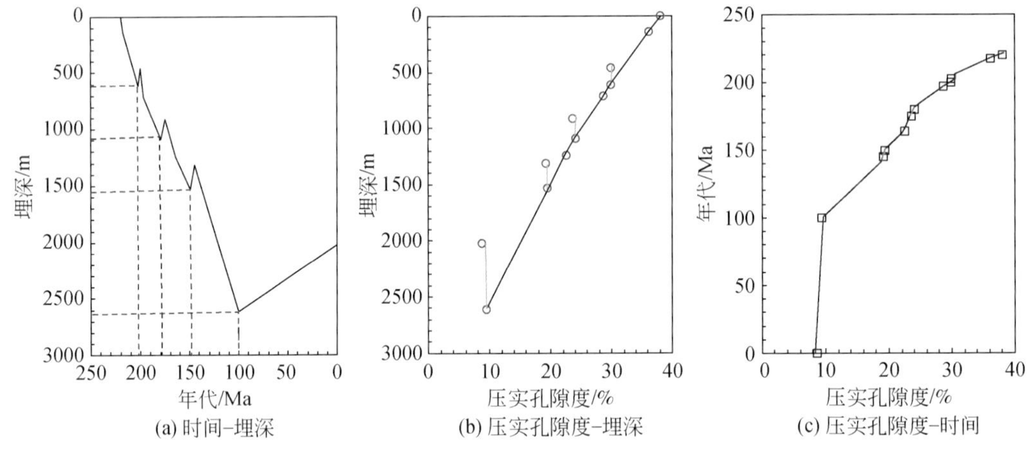

图 11-4　华庆油田里 54 井长 6_3 压实减孔量随时间和深度变化关系

2. 增孔模型

研究区溶蚀孔主要来自有机酸对长石和碳酸盐矿物的溶蚀作用，有机酸的溶蚀窗口温度为 70～90℃，在 152Ma 之前，长 6 地层处在酸化增孔窗口之上，次生增孔量为 0（图 11-5）；152～122Ma 时，地层温度处在 70～90℃，进入次生增孔窗口，这一过程溶蚀孔隙累积增加 3.57%；122Ma 之后，地温升高有机酸分解加上石油侵位，溶蚀作用停止，次生增孔量为 0，累计次生增孔量为 3.57%；43Ma 时地层再次进入酸化增孔温度窗口，但排酸期已过，所以这一阶段的次生增孔量保持为 3.57%。

3. 总孔隙度模型

通过综合减孔模型和增孔模型可以得到里 54 井的总孔隙度演化模型：在达到酸化窗口（70℃）对应的 152Ma 之前，该井对应的长 6_3 地层到 152Ma 之前主要为压实减孔，孔隙度从初始的 38% 减少到 19.42%；之后，长 6_3地层进入有机酸的溶蚀窗口（70～90℃），对应的地质年代为 152～122Ma，在进行压实减孔过程的同时经历溶蚀增孔。该过程中，压实减孔造成的孔隙度减少为 1.87%，溶蚀作用造成的孔隙度增加为 3.72%，这段时期

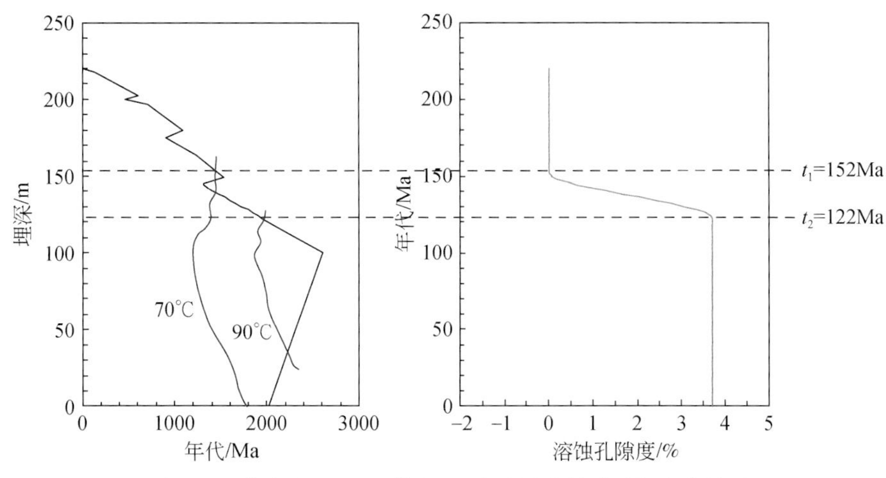

图 11-5　华庆油田里 54 井长 6_3 溶蚀增孔量随时间变化关系

内孔隙度总体是增加了 1.85%，最大值达到 21.27%。在 122～100Ma 时，古地温超过 90℃，有机酸分解造成溶蚀作用主导的增孔作用停止，增加的孔隙度保持在 3.72%，地层继续接受压实减孔作用，到 100Ma 时压实孔隙度为 9.36%，则总孔隙度为 13.08%；100Ma 至今，地层抬升，压实作用对孔隙度的变化不再起作用，有机酸的溶蚀作用亦未达到酸化窗口（43Ma）时地层再次进入酸化增孔温度窗口（但排酸期已过），所以这一阶段的次生增孔量仍保持为 3.57%，地层主要是胶结作用造成孔隙度减小，约 1%，此时长 6_3 地层的总孔隙度约为 11%，即现今的致密储层（图 11-6）。

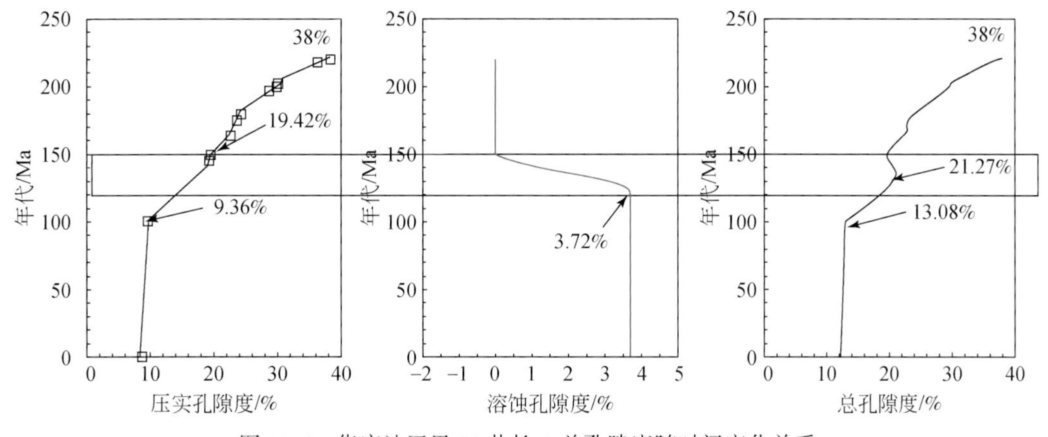

图 11-6　华庆油田里 54 井长 6_3 总孔隙度随时间变化关系

综合分析可知，里 54 井单井物性演化特征：220～162Ma，压实减孔为主，孔隙度降低为 22.3%；162～152Ma，压实胶结减孔，孔隙度降低速率减缓；152～122Ma，溶蚀增孔，在 138Ma 孔隙度达到一个高值；118～100Ma，油气充注期，孔隙度为 17%～13%，此时也达到最大埋深；100Ma 至现今，主要为胶结作用减孔，减孔量不大，为 1%～2%。油气充注期物性较好（图 11-7）。

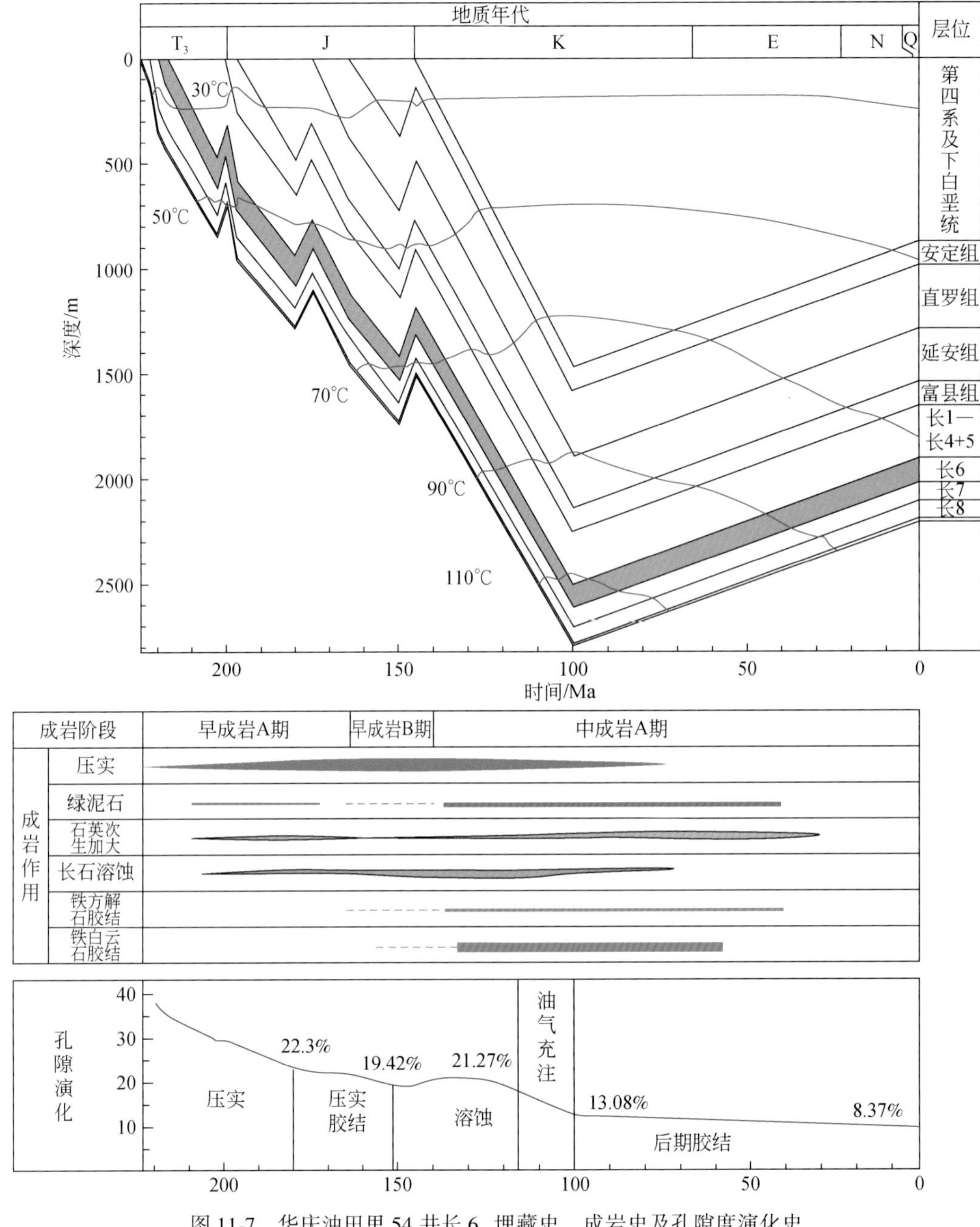

图 11-7　华庆油田里 54 井长 6_3 埋藏史、成岩史及孔隙度演化史

按照上述研究方法对马岭油田里 161 井长 8_1 进行物性恢复，结果表明：220～170Ma，压实减孔为主，孔隙度降低为 8%～17%；170～155Ma，压实胶结减孔，孔隙度降低速率减缓；155～100Ma，溶蚀增孔，在 140Ma 孔隙度达到一个高值；130～120Ma，油气充注期，孔隙度为 8%～21%；100Ma 至现今，主要为胶结作用减孔，孔隙度为 8%～15%。油气充注期物性较好（图 11-8）。

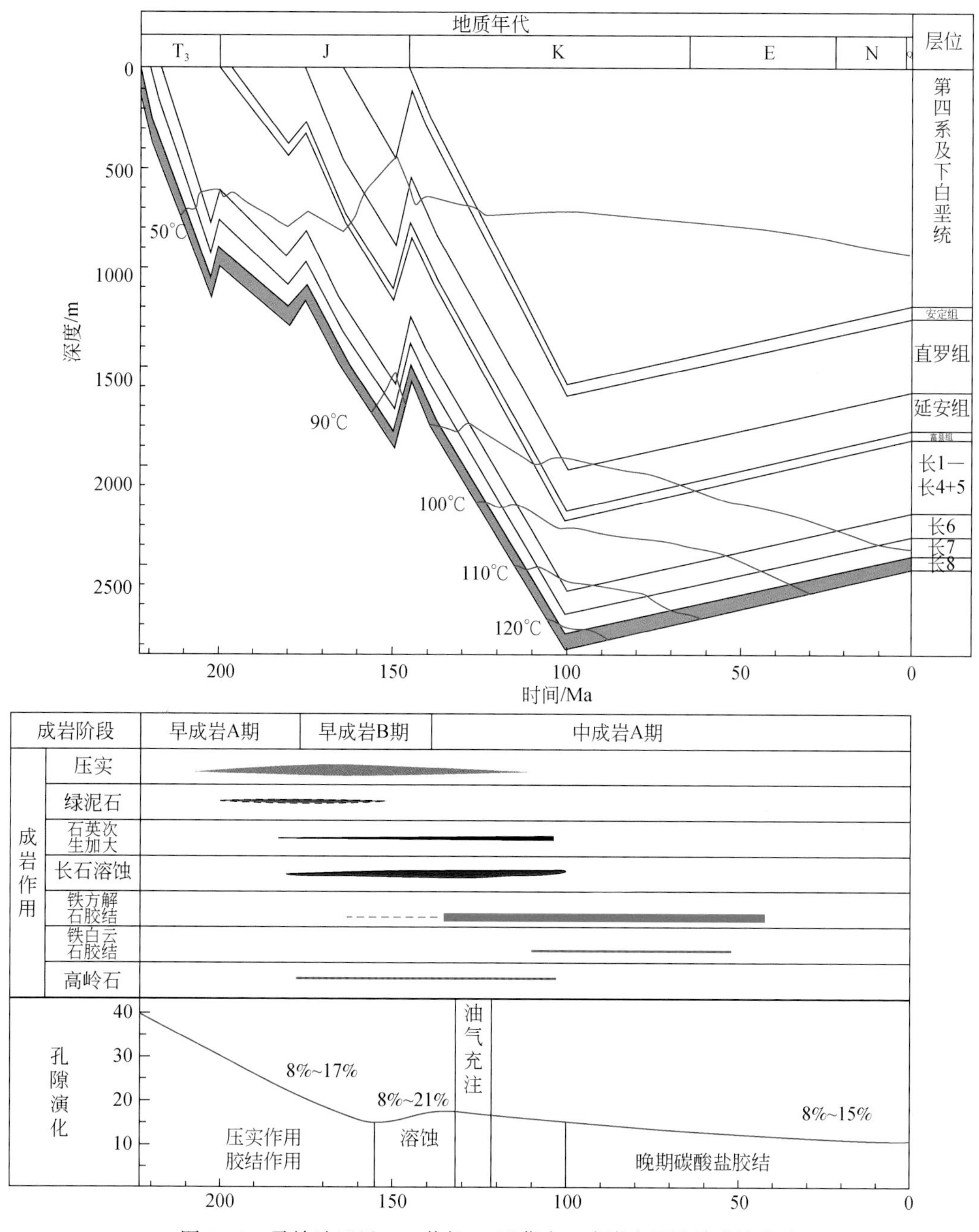

图 11-8 马岭油田里 161 井长 8_1 埋藏史、成岩史及孔隙度演化史

第三节　剖面孔隙分布演化特征与有利区带预测

在单井孔隙演化的基础上，针对不同成岩相，结合成岩参数的平面和剖面分布特征来对成藏期剖面上的物性进行恢复。地震剖面和连井剖面相互标定，结合埋藏史确定成藏期的古埋深（图 11-9）。现今华庆油田剖面井长 6_3 埋深为 1860～2200m，在 100Ma 最大埋深为 2450～2880m（图 11-10）。

根据时间和埋深公式计算压实-胶结段的孔隙度，结合成岩作用时间和成岩参数的分布特征进行物性恢复。现今溶蚀孔发育特点表明，研究区溶蚀增孔量大部分为 2%～4%，胶结物减孔量大部分为 0～6%，恢复之后的成藏期孔隙度和现今孔隙度具有差异。

剖面上现今孔隙度为 6%～18%，大部分为 8%～12%，属于致密储层，成藏期储层孔隙度为 6%～18%，大部分为 10%～14%。剖面上的储层孔隙演化过程为，从埋藏的成藏期开始主要经历了压实作用阶段，残余原始粒间孔的孔隙度为 8%～12%，溶蚀作用增加的孔隙度为 2%～4%，成藏期到现今主要为晚期碳酸盐胶结，减少的孔隙度为 0～6%。因此，压实作用期孔隙度为 8%～12%，溶蚀完孔隙度增加变为 10%～16%，胶结作用减少的孔隙度为 4%～16%。油气充注在胶结作用之前，此时储层尚未致密（图 11-11，图 11-12）。

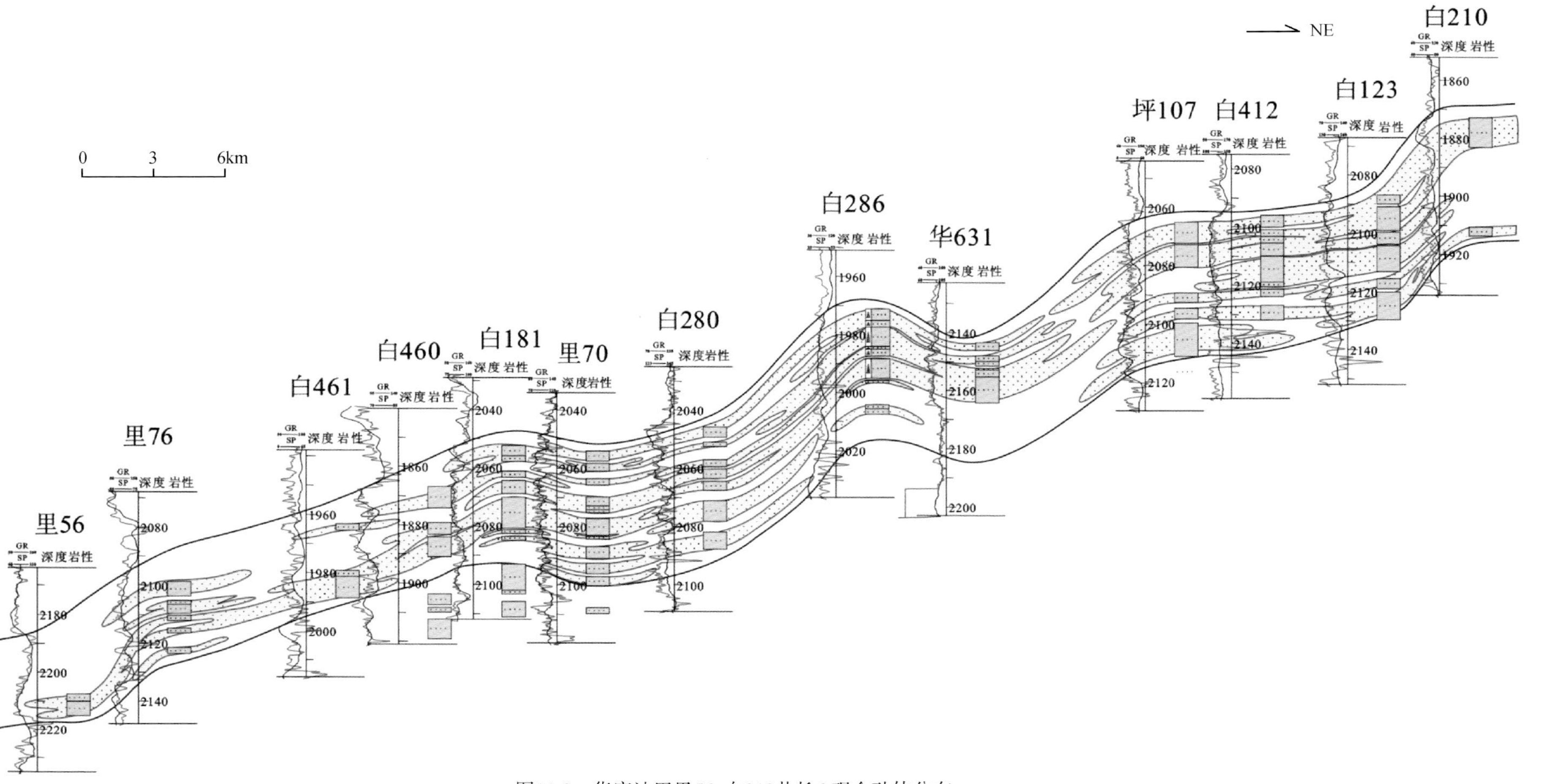

图11-9 华庆油田里56–白210井长6_3现今砂体分布

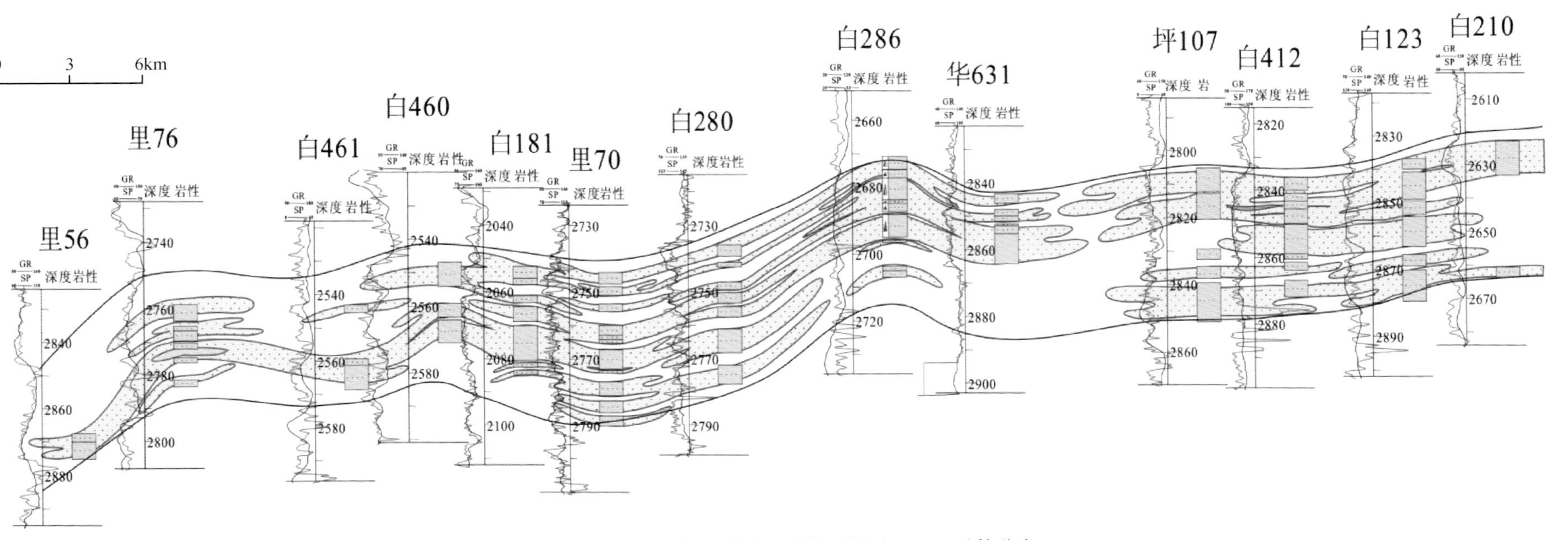

图11-10　华庆油田里56–白210井长6_3最大埋深时(100Ma)砂体分布

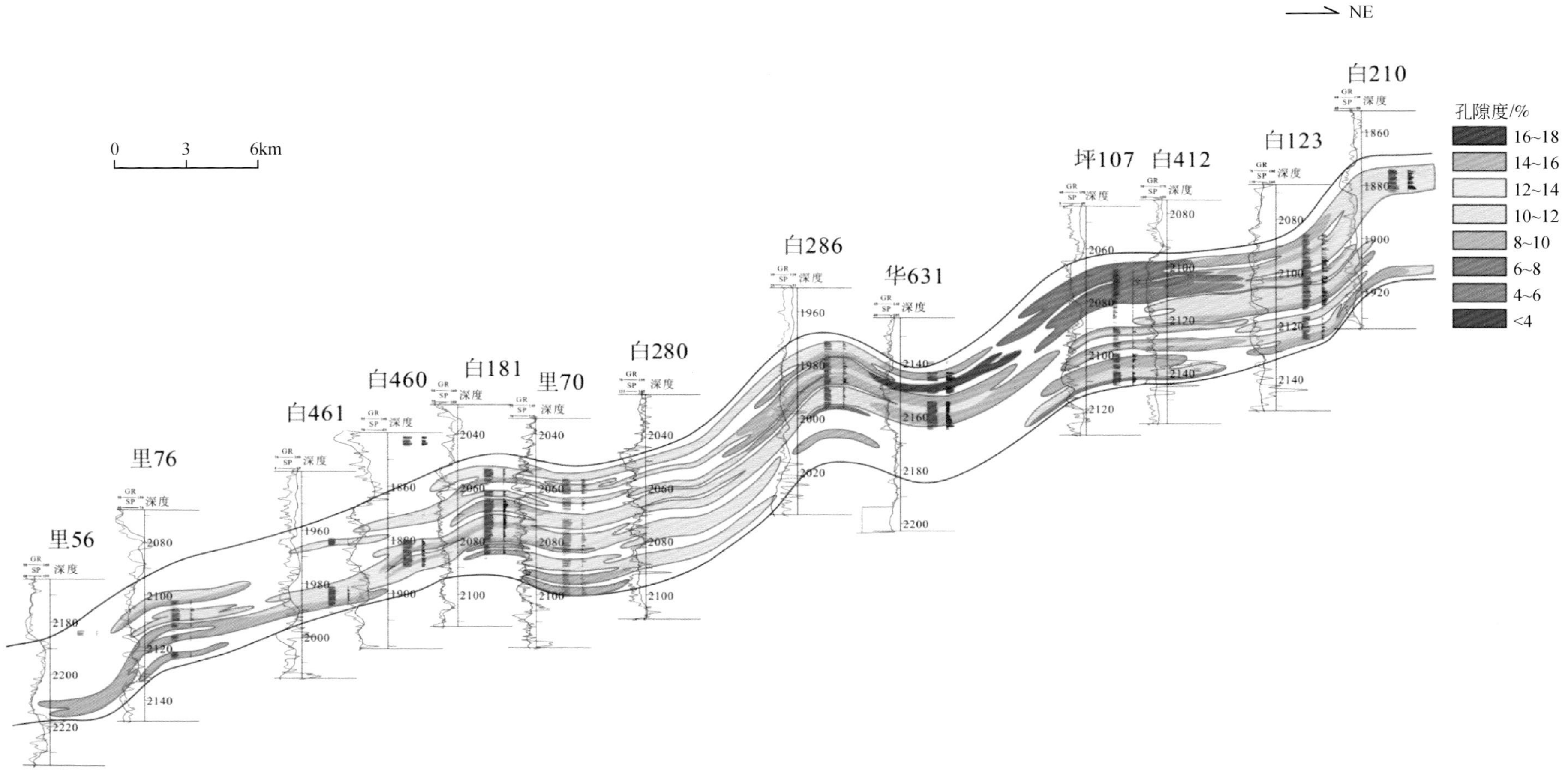

图11-11　华庆油田白210–里56井长6_3现今孔隙度横剖面分布

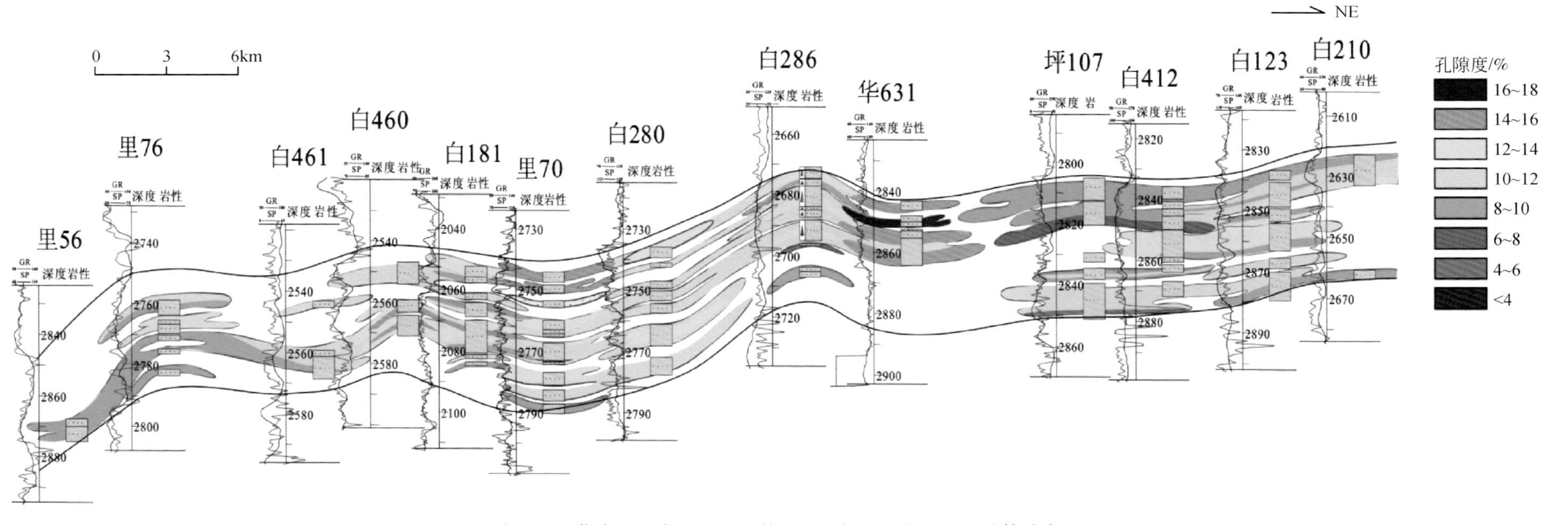

图11-12 华庆油田白210-里56井长6_3最大埋深时(100Ma)砂体分布

第十二章　储层砂岩成岩致密序次及剖面演化差异

第一节　成岩时间、期次与致密序次分析

一、流体包裹体岩相特征分析与成藏期次确定

1. 方法与样品选择

流体包裹体记录了大量的有关流体介质性质、组分、物化条件和地球动力学条件的信息，形成后受外界影响较小，包裹体温度、压力和成分的分析可作为有效的直接恢复油气原始面貌的重要途径（Toth，1980；Eadington，1991）。烃类包裹体的岩相学特征、组分、荧光光谱特征结合埋藏史、热史可以确定油气充注的时间，而成岩矿物中的盐水包裹体的温度可以确定成岩矿物的形成时间，两者结合可确定成岩和成藏的相互关系。前人研究主要采用包裹体岩相学观察和测温来确定成藏期次，包裹体岩相学观察过程中包裹体的颜色、相态等判断受研究人员的水平所限，可能存在误差；而伴生盐水包裹体测温过程中，某些情况下很难找到伴生的盐水包裹体，或者所找到的是非伴生的，导致结果有误差。

本次在研究区低渗储层成岩过程恢复研究中，由于不同成熟度的烃类包裹体其荧光颜色具有差异，首次采用烃类包裹体微束荧光光谱方法直接对包裹体的荧光强度进行测量，对陇东地区华庆油田长 6_3 和马岭油田长 8_1 重点探井的储层 32 块样品、124 个数据点分别进行烃类及盐水包裹体产状、测温、盐度分析，恢复了不同成岩阶段的温度；进一步对 32 块样品、57 个数据点进行了烃类包裹体光谱分析，明确了华庆油田长 6_3 和马岭油田长 8_1 的主成藏时间，划分了成藏期次。

2. 包裹体产状、放光特性与成藏期次

1）华庆油田长 6_3 包裹体特征

长 6_3 发育三期包裹体：第一期包裹体为气液两相，发黄绿色荧光，主要位于方解石胶结物及石英颗粒裂纹中，为低熟原油；第二期包裹体为气液两相，发蓝绿色荧光，主要位于石英加大边及穿石英颗粒裂纹中，为成熟原油；第三期包裹体为气液两相，发亮蓝色荧光，主要位于穿石英颗粒裂纹中，为较高成熟原油（图 12-1）。

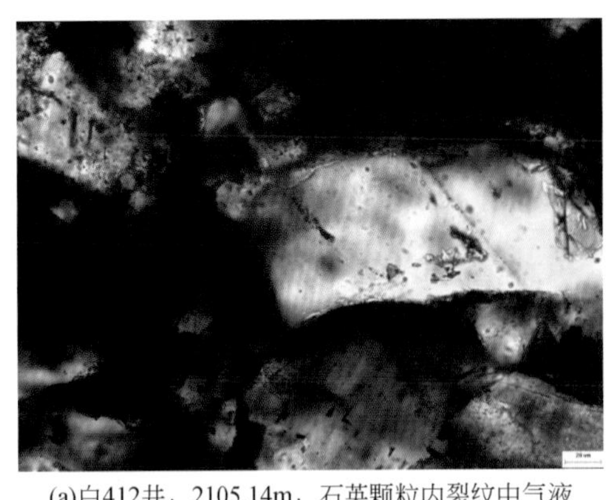
(a)白412井，2105.14m，石英颗粒内裂纹中气液两相的油包裹体和同期盐水包裹体，透射光

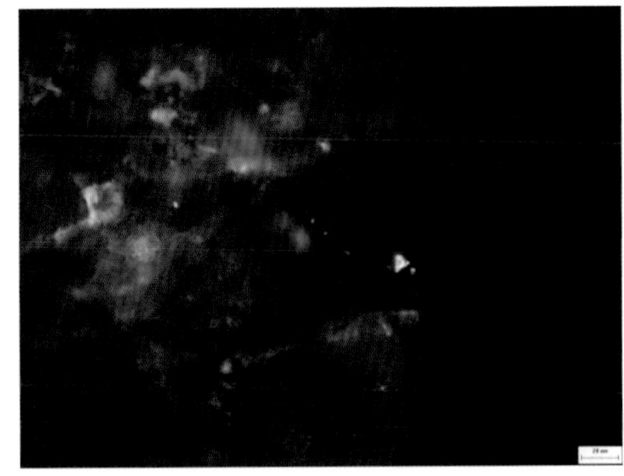
(b)白412井，2105.14m，石英颗粒裂纹中发黄绿色荧光的油包裹体，荧光

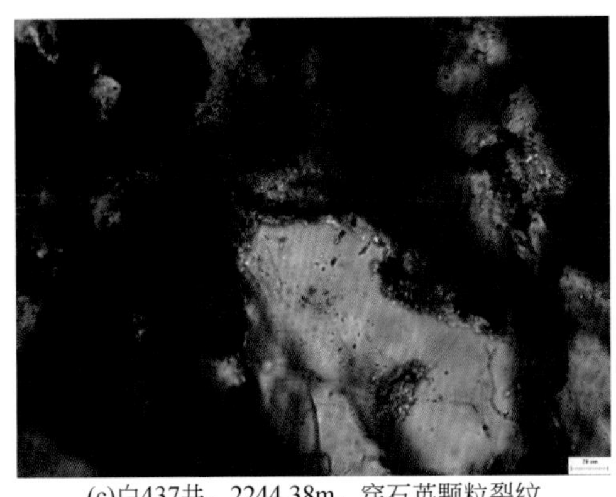
(c)白437井，2244.38m，穿石英颗粒裂纹气液两相油包裹体，透射光

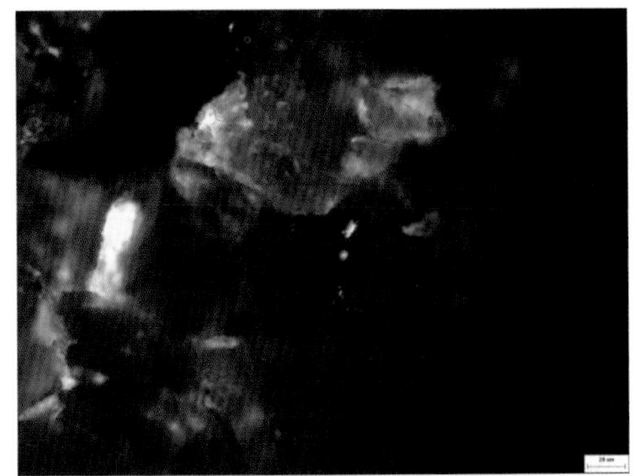
(d)白437井，2244.38m，穿石英颗粒裂纹中发蓝绿色荧光油包裹体，荧光

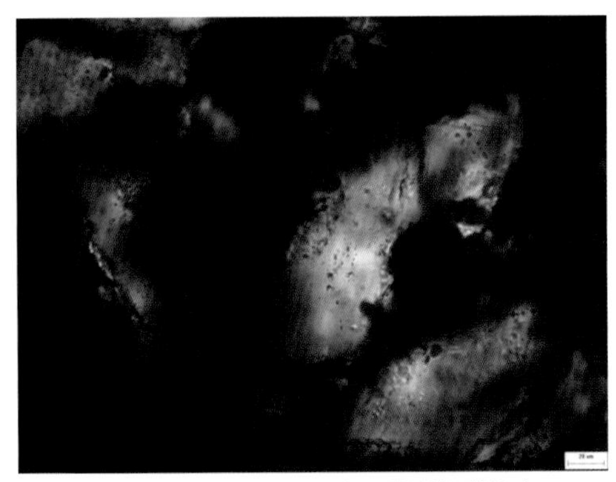
(e)里45井，2281.7m，穿石英颗粒裂纹中气液两相油包裹体，透射光

(f)里45井，2281.7m，穿石英颗粒裂纹中发蓝绿色荧光油包裹体，荧光

图 12-1　华庆油田长 6_3 包裹体镜下特征

2）马岭油田长 8_1 包裹体特征

长 8_1 薄片中流体包裹体类型主要包括盐水包裹体和气液两相油包裹体。包裹体的大小一般为 1 ~ 10μm，形态有椭圆形、正方形、长条形和不规则状。流体包裹体宿主矿物主

要为石英，主要存在于石英颗粒内裂纹和穿石英裂纹中，少量位于方解石胶结物中。盐水包裹体主要为气液两相，在投射光和紫外光下呈无色［图 12-2（a），（b）］。气液两相油包裹体在透射光下呈无色–褐色，在紫外光激发下呈黄绿色、蓝绿色和亮蓝色荧光（图 12-2）。

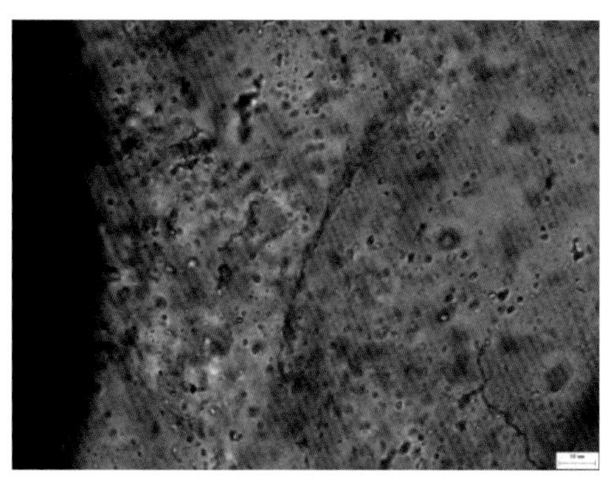

(a)木46井，2442.6m，石英颗粒内裂纹中气液两相的油包裹体和同期盐水包裹体，透射光

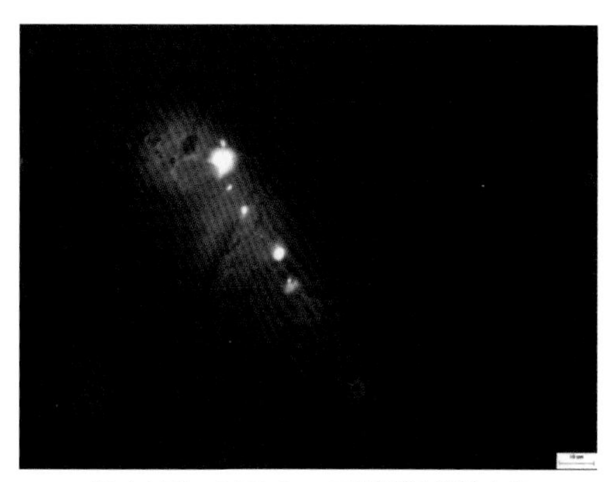

(b)木46井，2442.6m，石英颗粒裂纹中发黄绿色荧光的油包裹体，荧光

(c)里163井，2506.91m，方解石胶结物中气液两相油包裹体，透射光

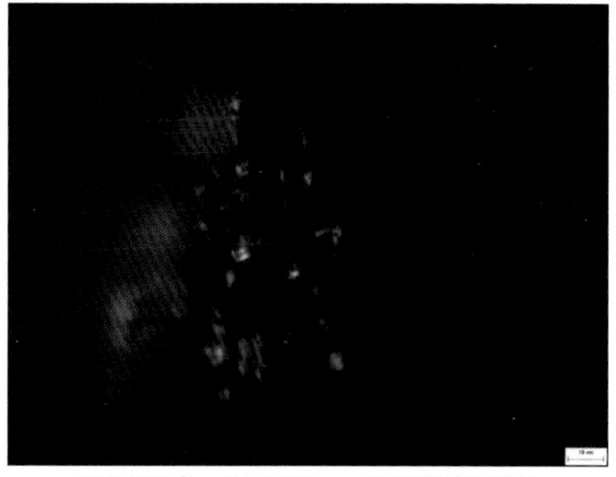

(d)环305井，2459.28m，穿石英颗粒裂纹中发亮蓝色荧光油包裹体，荧光

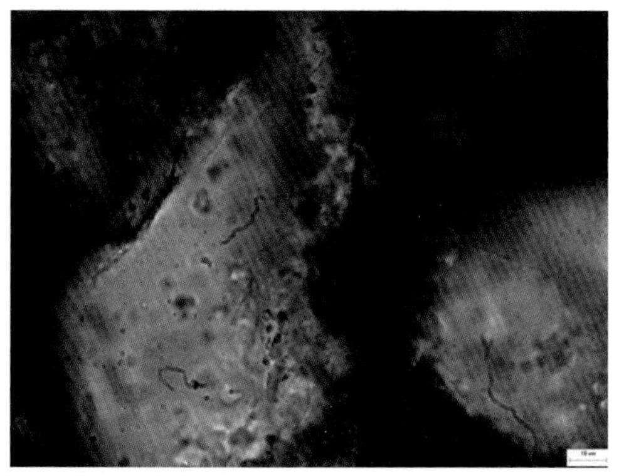

(e)木40井，2325.5m，穿石英颗粒裂纹中气液两相油包裹体，透射光

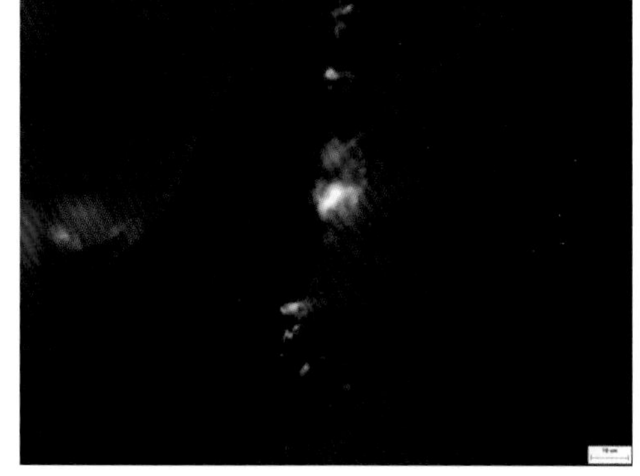

(f)木40井，2325.5m，穿石英颗粒裂纹中发蓝绿色荧光油包裹体，荧光

图 12-2　马岭油田长 8_1 包裹体镜下特征

在长 6_3 和长 8_1 储层 25 块样品中，有 18 块样品检测到油包裹体。根据油包裹体观察产状、宿主矿物、荧光颜色、裂缝切割关系等认为，可将该区可能存在三期油包裹体：一期为石英颗粒内裂纹中和方解石胶结物中的气液两相油包裹体，发黄绿色荧光，主峰波长 530～550nm［图 12-2（a）～（c）］；二期为位于穿石英颗粒裂纹内的发蓝绿色荧光的气液两相油包裹体，主峰波长 490～510nm［图 12-2（e），（f）］；三期为穿石英颗粒裂纹内的发亮蓝色荧光的气液两相油包裹体，主峰波长 450～470nm［图 12-2（d）］。综合分析可知，长 6_3 和长 8_1 包裹体均有三期。

3. 包裹体荧光光谱及成藏期次

油包裹体的荧光颜色或光谱特征主要与石油比重有关，而比重又与石油成因分异作用和成熟度有关，所以油包裹体荧光光谱是包裹体中油成熟度分析和进行区域油源对比的重要依据。将不同井的光谱图叠合到同一张图上，可以就光谱的强度、主峰值及其子峰形态进行对比，从而对油气的组分、油气源及油气的充注或运移期次进行定性分析。如果不同井区和层位的微束荧光光谱特征存在较多相似性，表明它们可能具有相似成熟度和相同的来源，反之，则表明它们可能是不同来源或同一来源的不同成熟阶段充注。

在对陇东地区致密砂岩实验研究中，不仅对油包裹体的荧光光谱进行观察，还对油包裹体的荧光光谱进行了分析。通过对该区长 6_3 和长 8_1 油包裹体的荧光光谱图的叠合对比（图 12-3），进一步发现荧光光谱图同样存在三期：一期荧光颜色为黄绿色的油包裹体，波长范围为 538～552nm，平均主峰波长 λ_{max1} 为 540nm；二期荧光颜色为蓝绿色的油包裹体，主峰波长范围为 488～513nm，平均主峰波长 λ_{max3} 为 500nm；三期荧光颜色为亮蓝色的油包裹体，主峰波长范围为 456～469nm，平均主峰波长 λ_{max3} 为 460nm。

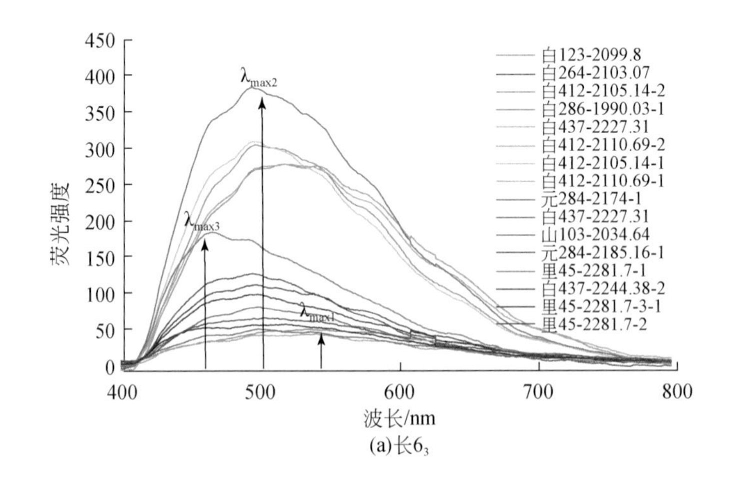

(a)长6_3

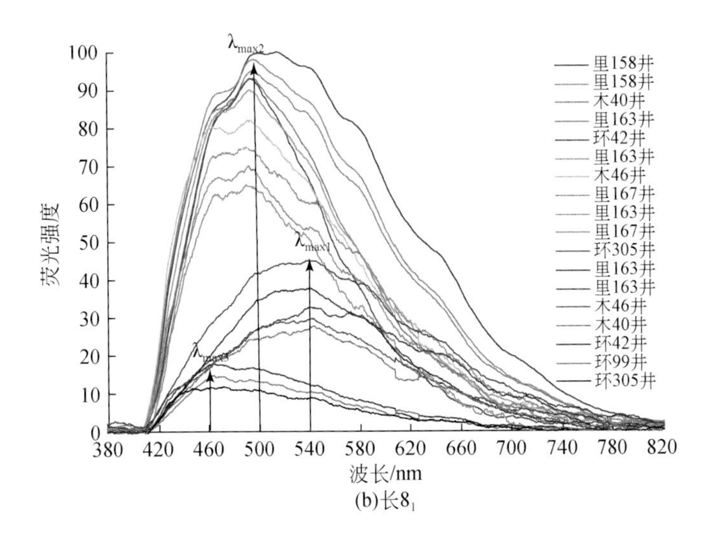

图 12-3　华庆油田三叠系延长组长 6_3 和马岭油田长 8_1 荧光强度

红绿商（Q）的方法在20世纪80年代国外已经有较为成熟的研究，国内学者则更多地将其应用于有机岩石学的研究。油包裹体微束荧光光谱的红绿商 Q 的定义为

$$Q=I_{650}/I_{500}$$

式中，I_{650}为光谱波长 650nm 所对应的荧光强度；I_{500}为光谱波长 500nm 所对应的荧光强度。

I_{650}值越大反映包裹体油中含有越多的大分子组分，成熟度越低，而 I_{500}值越大则反映包裹体油中含有更多的小分子组分，油成熟度越高。所以，红绿商（Q）越大，则包裹体中油的成熟度越低，反之，包裹体中油的成熟度越高。λ_{max}为油包裹体微束荧光光谱主峰对应的波长。λ_{max}越大则红移，成熟度越低；λ_{max}越小则蓝移，成熟度越高。Q 与 λ_{max}关系能够更好地反映油包裹体成熟度。但是该关系对于相同波长，存在 Q 不够收敛的缺点，因此我们提出一个新的荧光光谱参数 Q_{F535}，其计算依据为 $Q_{F535}=S(\lambda_{720}\sim\lambda_{535})/S(\lambda_{535}\sim\lambda_{420})$。即波长 720nm 和波长 535nm 所限定的面积与波长 535nm 和波长 420nm 所限定面积之比。

Q_{F535}越大，油包裹体液相密度越大，反映包裹体油中含有越多的大分子组分，成熟度越低；而 Q_{F535}越小，油包裹体液相密度越小，反映包裹体油中含有更多的小分子组分，油成熟度越高。

综合分析马岭油田长 8_1 和华庆油田长 6_3 有机包裹体显微荧光观察和荧光光谱特征以及油包裹体 Q_{F535}与 λ_{max}相关性（图 12-4～图 12-6）。认为研究区存在三期充注：第一期油包裹体的主峰波长在 540～560nm，Q_{F535}范围为 1.2～2；第二期油包裹体的主峰波长在 480～520nm，Q_{F535}范围为 0.4～1.4；第三期油包裹体的主峰波长在 440～480nm，Q_{F535}范围为 0.4～1.0。从三期包裹体的数量来说，以第二期为主。

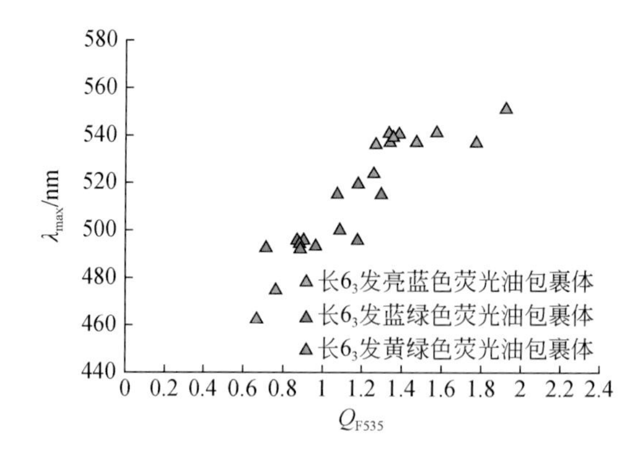

图 12-4　华庆油田长 6_3 油包裹体 Q_{F535} 与 λ_{max} 相关性

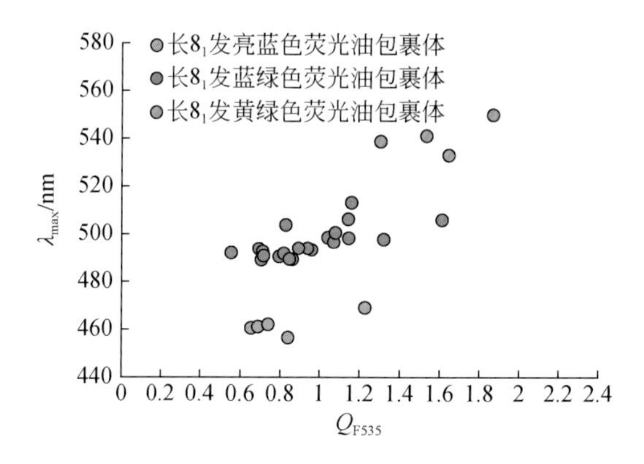

图 12-5　马岭油田长 8_1 油包裹体 Q_{F535} 与 λ_{max} 相关性

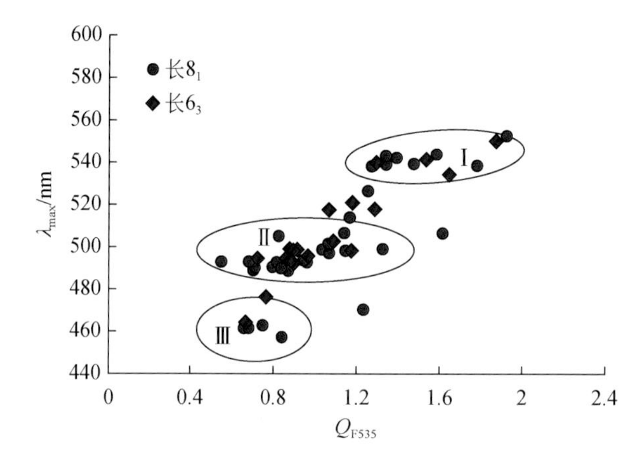

图 12-6　华庆油田长 6_3 和马岭油田长 8_1 λ_{max} 与 Q_{F535} 相关性及成藏期次划分

4. 利用包裹体均一化温度以及成岩模拟确定的主成藏时间

在研究中，与烃类伴生的盐水均一化温度数据表明，三期包裹体温度分别为 90 ~ 100℃、100 ~ 120℃、120 ~ 140℃（图 12-7），以第二期充注为主，主成藏时间为 128 ~ 95Ma，即早白垩世（图 12-8）。

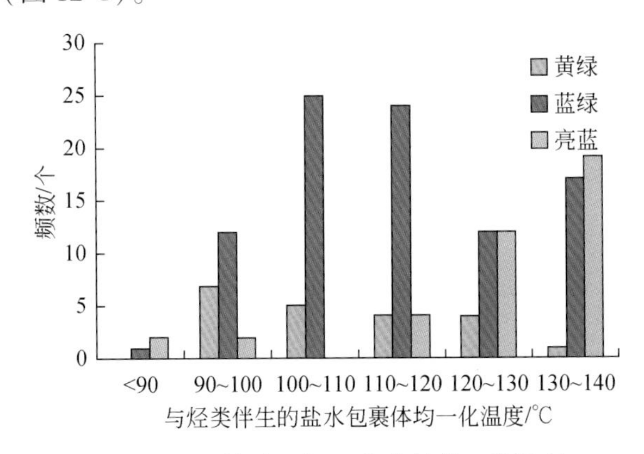

图 12-7 马岭油田长 8_1 包裹体均一化温度

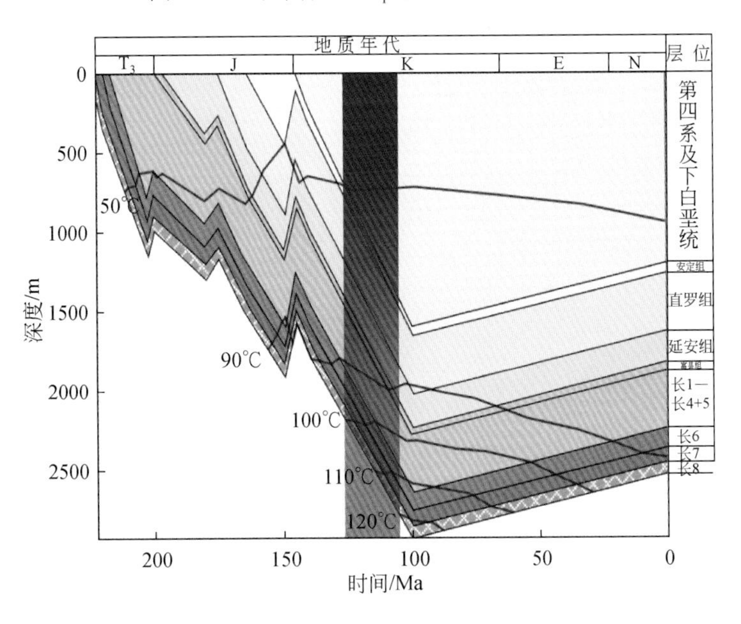

图 12-8 里 167 井长 8_1 埋藏史及成藏时间

二、成岩及成藏致密序次分析

1. 油气充注与方解石胶结致密

包裹体主要宿主矿物为石英和方解石，在对包裹体均一化温度的测定中同时可以测定胶结物形成时间以及与油气充注的关系。发现马岭油田长 8_1 方解石胶结物的温度也存在两期，即一期温度小于90℃，另一期温度为110～130℃，结合埋藏史过程分析，认为方解石胶结物和与原油伴生的盐水包裹体均一化温度同时反映了碳酸盐胶结成岩和油气成藏顺序，依次为早期方解石胶结—原油大量充注—晚期方解石胶结（图12-9，图12-10）。

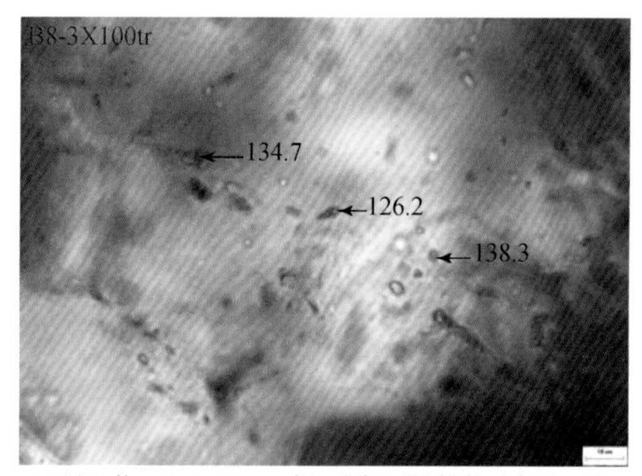

(a)环99井，2505.89m，长 8_1 方解石胶结物中气液两相盐水包裹体及均一化温度　(b)里163井，2506.91m，长 8_1 方解石胶结物中气液两相盐水包裹体及均一化温度

图12-9　马岭油田长 8_1 方解石胶结物中盐水包裹体及均一化温度

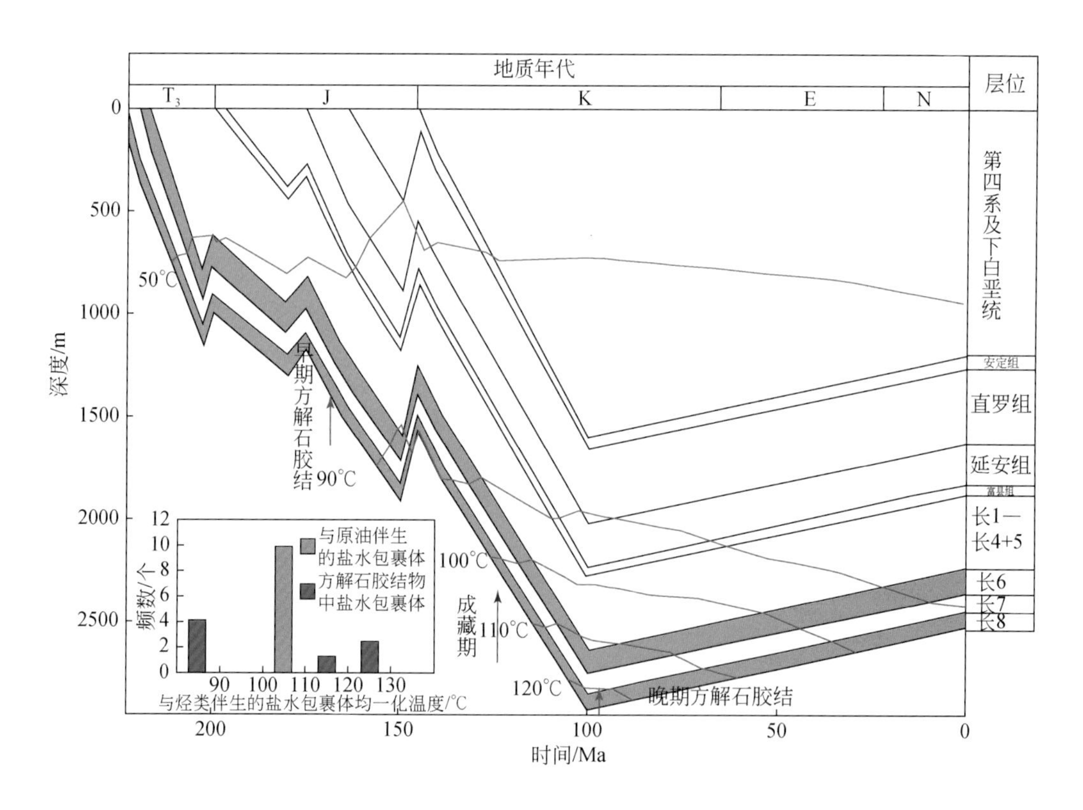

图12-10　马岭油田长 8_1 包裹体均一化温度显示的油气充注时间与方解石胶结物形成时间

2. 压实胶结作用、溶蚀作用、晚期胶结作用的形成时间与致密序次

依据里54井长8_1储层砂岩颗粒中包裹体确定的成岩演化中引起孔隙增减主要因素形成时间，机械压实作用阶段时间在220～190Ma；压实胶结作用阶段：减孔因素之一，大致发育在190～150Ma；溶蚀作用阶段：主要增孔因素之一，受有机酸浓度的影响，温度在70～90℃，时间在150～120Ma（图12-11）。

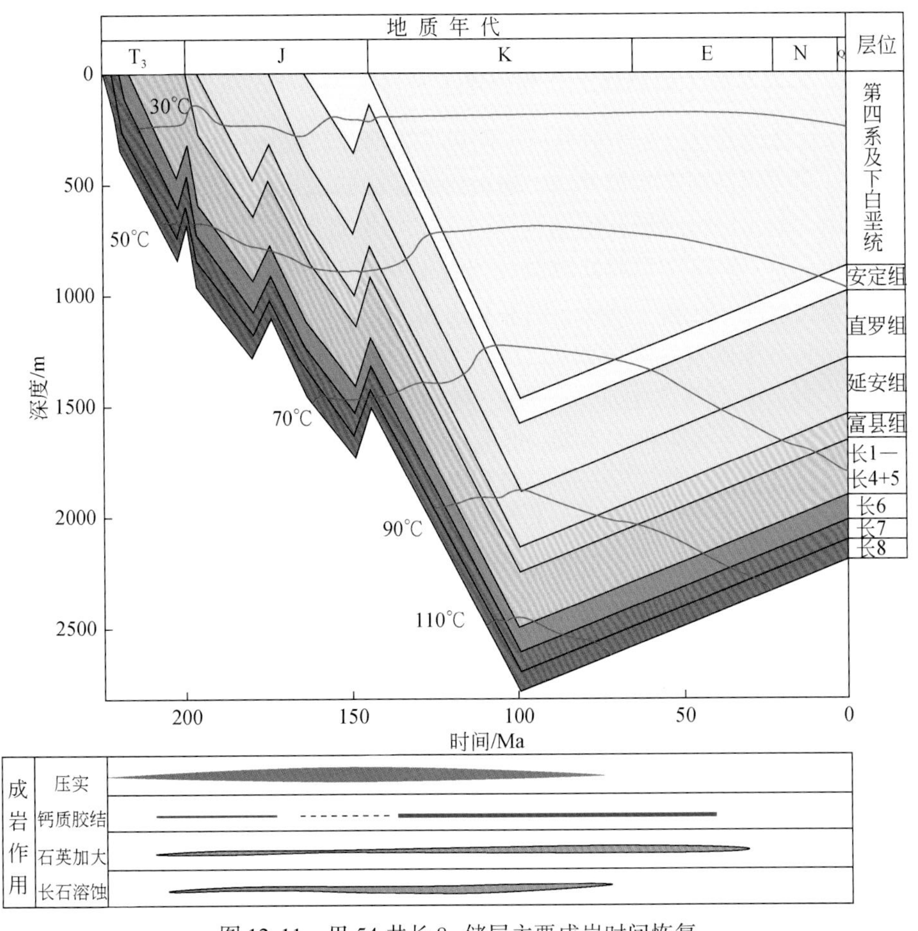

图12-11　里54井长8_1储层主要成岩时间恢复

3. 自生伊利石的致密过程分析

根据包裹体测温，华庆油田长6_3储层均一温度为65.0～159.2℃，平均值为119.2℃；长8_1均一温度为71.9～168.5℃，平均值为113.1℃；长6_3、长8_1均一温度主要分布在90～150℃。马岭油田长8_1储层的R_o通常为0.72%～1.17%，平均为0.94%。流体包裹体均一温度分布范围为70～170℃，有两个明显的峰值区，分别为80～100℃和120～130℃。砂岩普遍经受了较强的压实作用，碎屑颗粒以线接触为主。石英颗粒加大多为Ⅱ级，少数已达到Ⅲ级，扫描电子显微镜下可见石英雏晶在粒间孔中沉淀，晶面自形程度较高。黏土矿物含量较高，部分伊利石呈发丝状，绿泥石以叶片状、绒球状充填孔隙，书页状高岭石分布较为局限。溶蚀现象普遍发育，铁方解石未见溶蚀。依据碎屑岩成岩作用阶段划分标准，结合上述特征可知，长 6 处于中成岩阶段 A 期，长 8 处于中成岩阶段 A-B 期，长 8 较长 6 成岩演化程度高。依据自生伊利石 K-Ar 年龄测定以及成岩矿物显微结构观察，厘清了成藏时间和自生伊利石致密序次关系。三期原油充注时间分布是 158 ~ 128Ma、128 ~ 105Ma、105 ~ 100Ma。由于自生伊利石 K-Ar 年龄分布在 140 ~ 120Ma，所以自生伊利石形成于早期原油充注之后的主成藏期。

4. 偏光、荧光及电子显微镜下孔喉内自生矿物生长顺序与致密过程判断

综合运用铸体薄片法、X 衍射分析、阴极发光薄片、流体包裹体、高分辨率扫描电子显微镜、探针和铸体微观实验等方法，通过研究储层的成岩、物理、化学、地质等控制因素和成岩作用类型，分析判断孔喉结构中自生矿物发育条件、生长顺序和共生组合形式，精细表征产状分布、含量变化对孔喉结构以及储集空间的影响；结合岩石化学组分变化，分析了矿物颗粒溶蚀、迁移、堆积、结晶和占位关系以及有机质充填过程。以华庆油田元 210 井的长 6_3 长石细砂岩为例（图 12-12），在高倍电镜下孔喉中常见的自生矿物生长顺序和组合形式有：①石英次生加大Ⅰ期→高岭石结晶→伊蒙混层→伊利石→自生石英；②早期绿泥石膜→石英次生加大Ⅰ期→长石溶解→伊蒙混层；③石英次生加大Ⅰ期→自生高岭石→伊利石充填；早期绿泥石膜→自生高铁绿泥石→绿蒙混层→伊利石。偏光显微镜下长 6 主要自生矿物形成、成岩致密与油气聚集的序次关系。成岩演化有两套顺序序列：一是石英加大Ⅰ→绿泥石→石英加大Ⅱ→绿泥石→原油→方解石→石英加大Ⅲ→原油；二是绿泥石膜与黑云母绿泥石化→溶蚀→碳质沥青→溶蚀。自生矿物形成与油气聚集的顺序关系，成岩过程中随物化条件改变：长石溶蚀→组分迁移→沉淀→转化成黏土矿物→结晶绿泥石；石英加大Ⅰ→绿泥石→石英加大Ⅱ→绿泥石→原油→方解石→石英加大Ⅲ→原油；绿泥石膜与黑云母绿泥石化→溶蚀→碳质沥青→溶蚀。

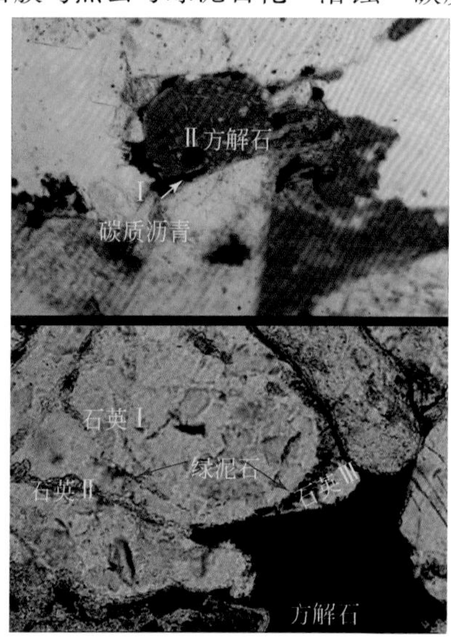

图 12-12　华庆油田元 210 井长 6_3 砂岩储层自生矿物与残留沥青的分布关系（偏光显微镜）

另外，荧光镜下发现沥青有三期充注：分别为①暗色，②黄色，③蓝色，反映与黏土矿物关系；在研究区采集的岩心样品中，颗粒之间的次生高岭石基本都受到沥青的浸染，表明次生高岭石应形成于原油充注之前。早期在孔隙内表面形成黏土矿物薄膜，黄白色荧光沥青构成颗粒的一部分，在薄膜包裹的孔隙内被后期蓝白色荧光原油充注（图12-13）。

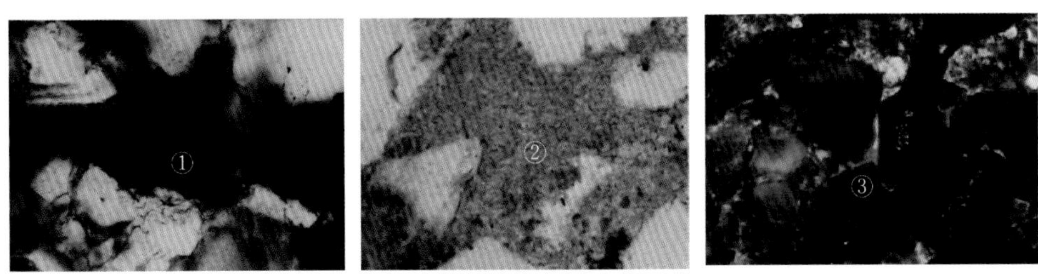

图12-13　西61井1782.6m，长6_3自生矿物成岩致密与孔喉中的原油（荧光显微镜）

三、成岩（藏）致密序次、孔喉演化与成藏时空匹配关系

通过上述多种技术方法和系列内容分析，厘清了延长组储层成岩（藏）致密序次、孔隙演化与成藏时期匹配关系（图12-14，图12-15），图12-14建立的陇东地区延长组

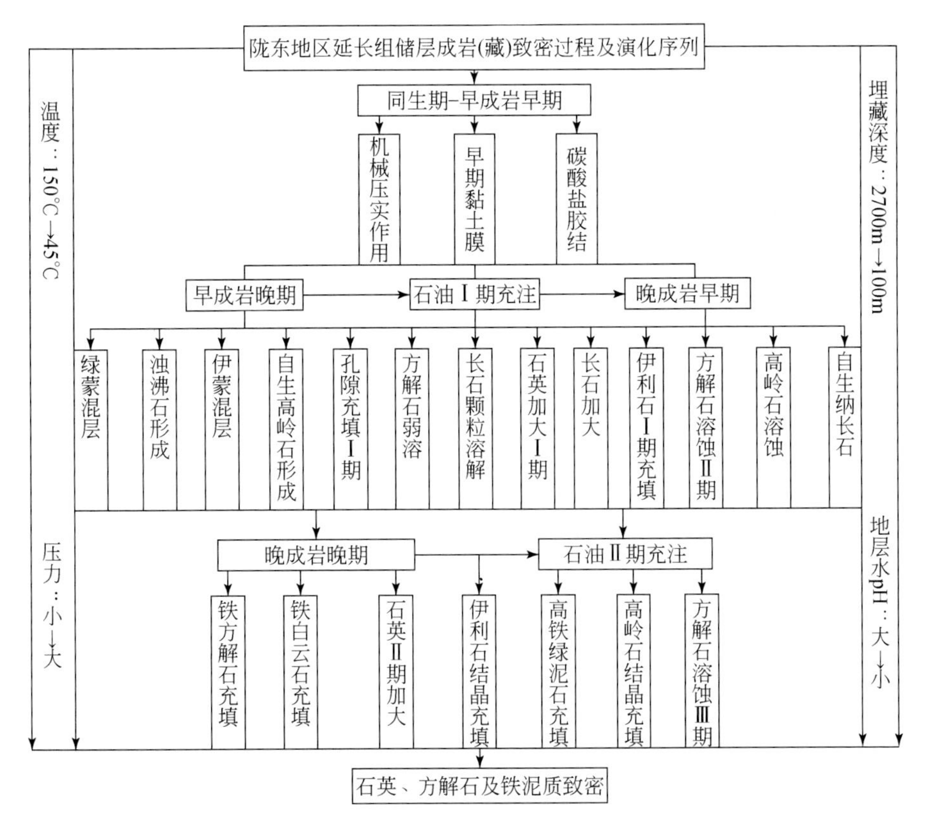

图12-14　陇东地区延长组致密砂岩储层成岩（藏）致密序次图

储层成岩（藏）致密序次为：机械压实→早期黏土膜（绿泥石膜或蒙脱石膜）→石英次生加大Ⅰ期→方解石沉淀Ⅰ期→伊蒙混层和绿蒙混层→（浊沸石形成）→孔隙充填Ⅰ期伊利石及绿泥石形成→长石颗粒溶解Ⅰ期→自生高岭石形成→石英Ⅱ期加大→长石次生加大→自生钠长石→方解石弱溶→方解石溶蚀Ⅱ期→高岭石溶蚀→伊利石Ⅱ期充填→高铁绿泥石形成→石油Ⅰ期充注→含铁方解石（连晶）胶结Ⅱ期→晚期铁方解石充填→晚期白云石充填→后期溶蚀作用→石油Ⅱ期充注→石英、方解石脉形成。

图 12-15 反映了研究区低渗储层的孔隙演化与油气成藏时空关系。

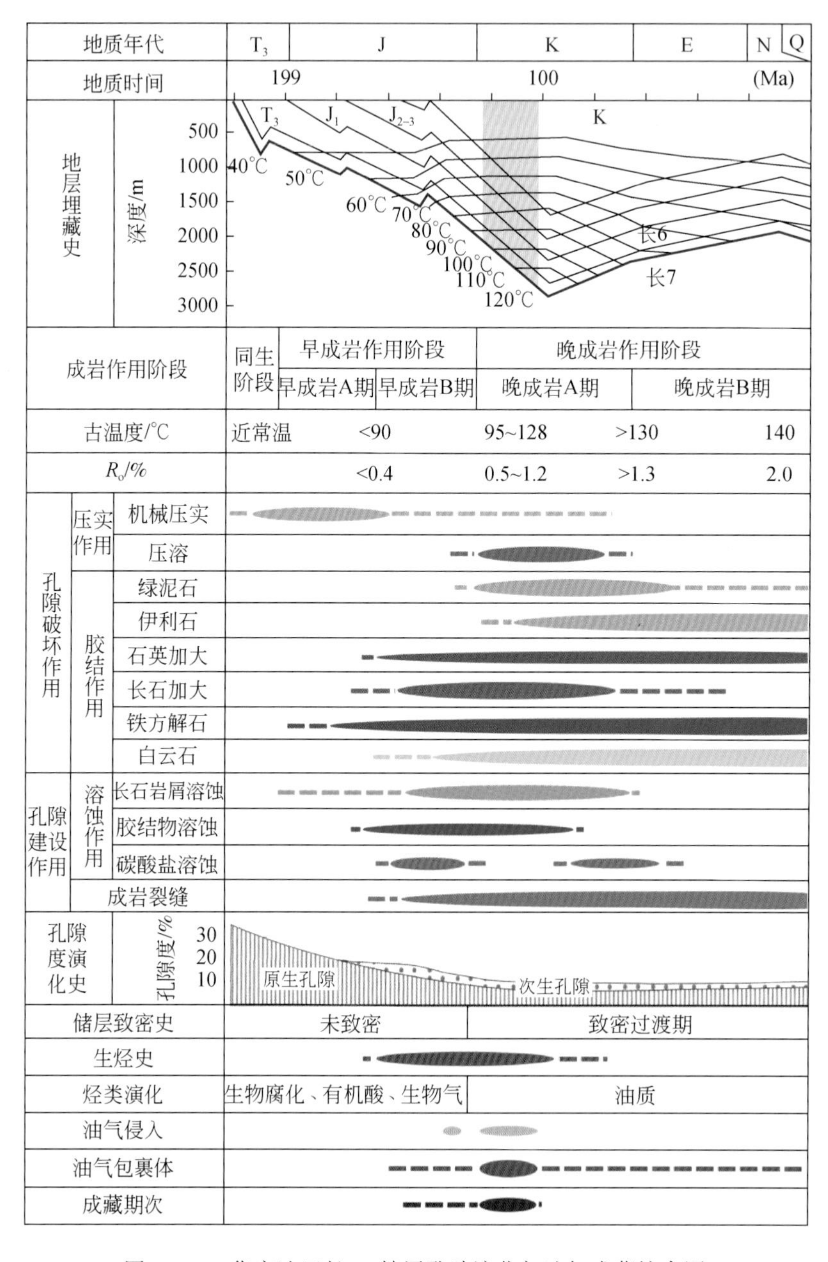

图 12-15　华庆油田长 6_3 储层孔隙演化与油气成藏综合图

第二节　储层砂岩成岩史及剖面演化差异

综合运用薄片分析、阴极发光、X 衍射分析、包裹体观察测温及包裹体荧光光谱等分析技术，通过研究储层成岩矿物共生占位关系和形成时间，恢复单井成岩史和剖面成岩史，据此进一步对比分析了华庆油田长 6_3 和马岭油田长 8_1 成岩相带以及演化差异，建立了单井和成藏期物性演化剖面。

一、岩心剖面储层主要成岩要素分布特征

华庆油田白 123 井长 6_3 总体成岩相属于绿泥石膜+残余原生粒间孔相，成岩要素剖面特征见图 12-16。特点是绿泥石膜发育，残余原生粒间孔发育，同时具有一些碳酸盐胶结物，储集空间类型主要为粒间孔，其次为长石溶孔，破坏储层孔隙空间的主要为铁方解石和铁白云石。因此，对于白 123 井，成岩史研究的是压实作用、长石溶蚀作用和碳酸盐胶结作用，其中压实作用是成岩演化的重点。

里 70 井长 6_3 储层属于含铁碳酸盐胶结、微孔、原生粒间孔相，它的特点是含铁碳酸盐胶结，残余原始粒间孔和微孔发育，储集空间类型主要为残余原生粒间孔，其次为微孔，破坏储层孔隙空间的主要为铁白云石和铁方解石（图 12-17），其含量较高。因此，对里 70 井而言，成岩史研究的重点是压实作用和碳酸盐胶结作用。

二、单井成岩史恢复

针对陇东地区长 6_3 和长 8_1 储层特征进行单井成岩史恢复。分别以里 54 井和里 161 井为例（图 12-18），恢复了长 6_3 和长 8_1 成岩演化过程。

（1）浅埋藏阶段（160Ma 以前）：埋深小于 1500m，相当于早侏罗世，处于早成岩 A 期，主要的成岩作用为压实作用、绿泥石胶结作用。此时的成岩环境为碱性成岩环境，发育方解石胶结物，起到了一定的抗压实作用。

（2）深埋藏早期（160～140Ma）：早成岩 B 期，此时烃源岩开始生烃，排出酸性流体，主要发育溶蚀作用。早期环境仍然为碱性环境，后期变为酸性环境，长石和方解石胶结物被溶蚀，此时溶蚀作用较弱。

（3）深埋藏晚期（140～100Ma）：进入中成岩 A 期，烃源岩开始大量排烃，烃类充注，之后碳酸盐胶结物开始形成。

（4）抬升阶段（100Ma 至今）：构造抬升，溶蚀作用结束，主要是晚期含铁方解石和白云石胶结。

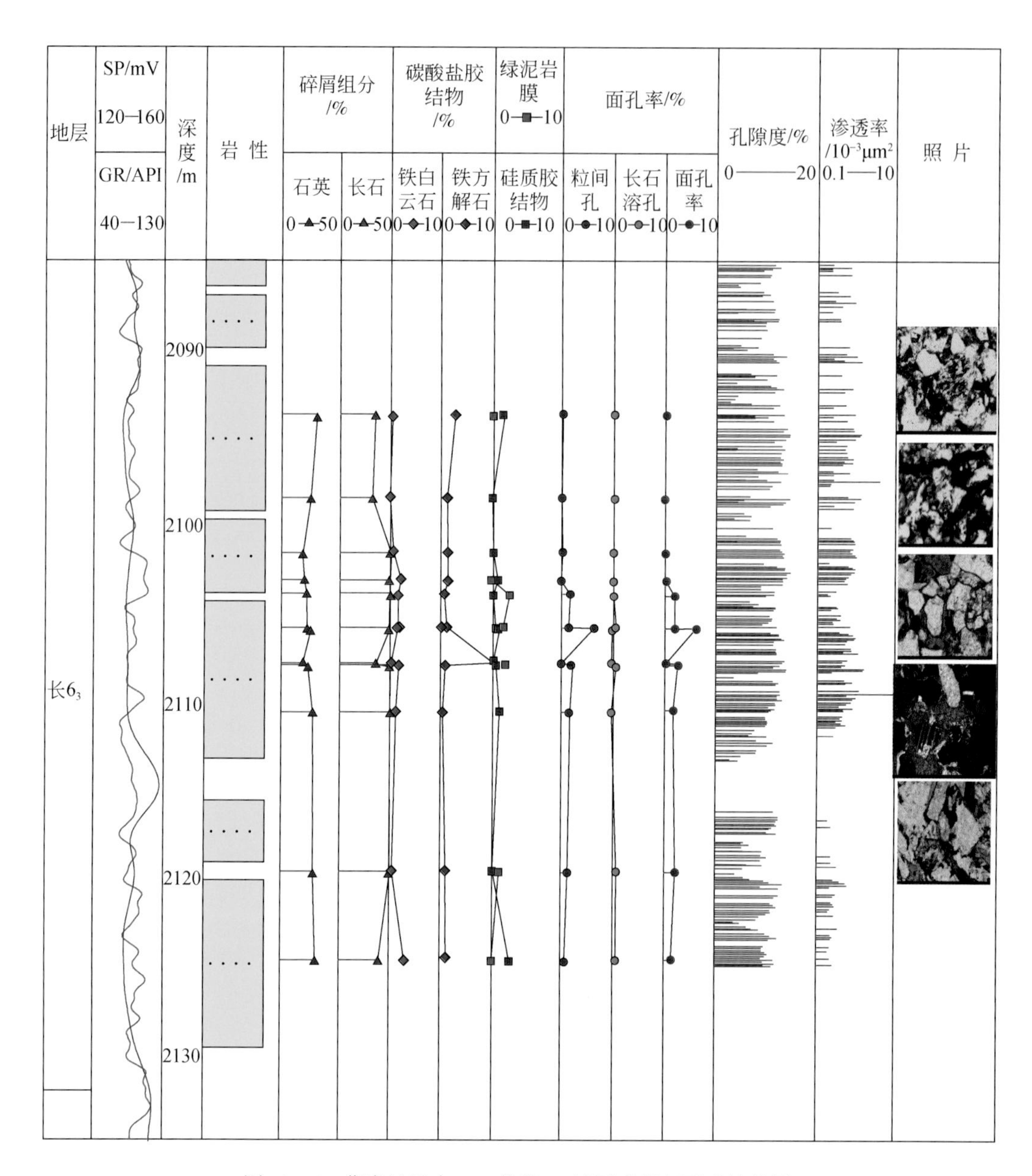

图 12-16　华庆油田白 123 井长 6_3 储层成岩相要素柱状图

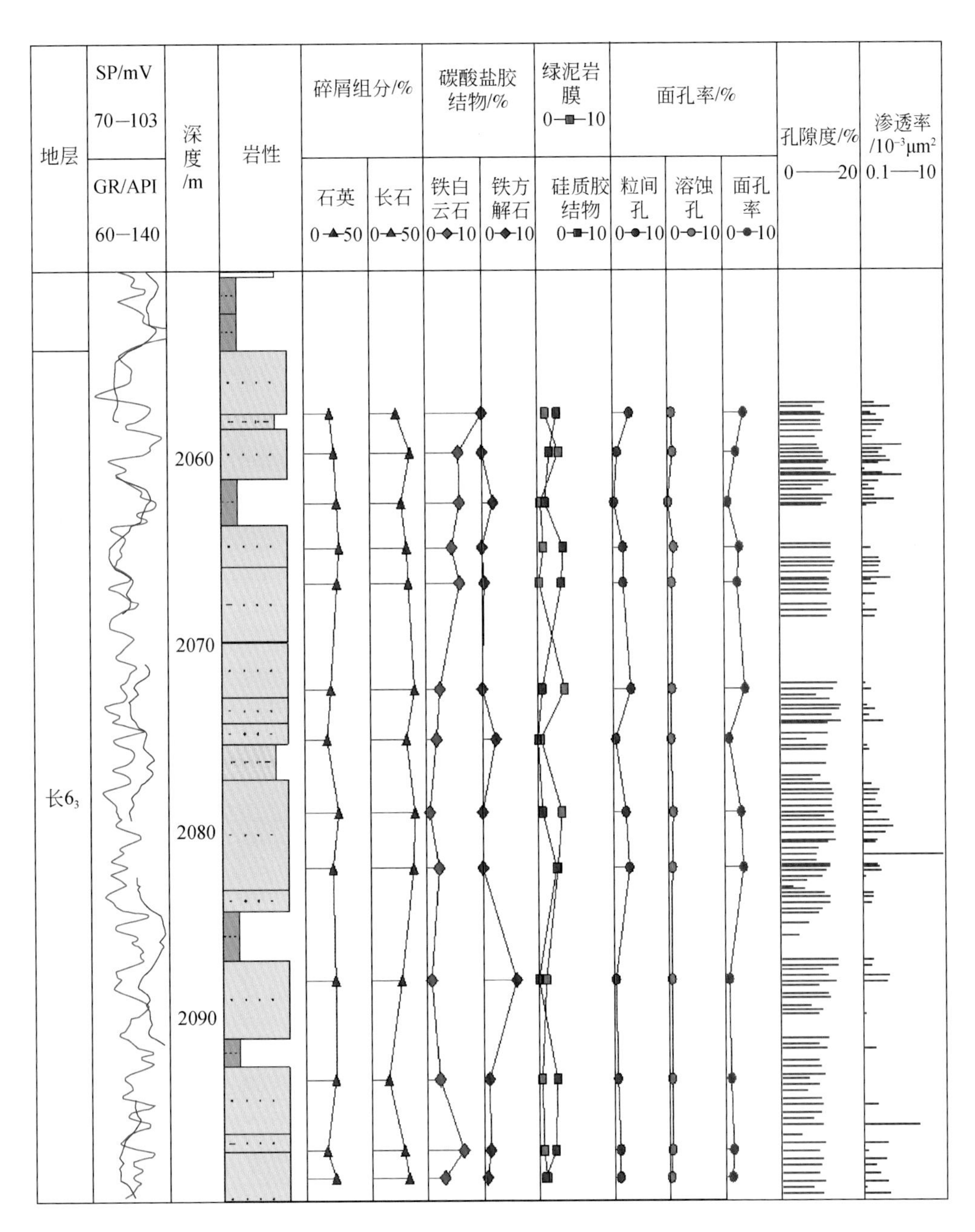

图 12-17　华庆油田里 70 井长 6_3 储层成岩相要素柱状图

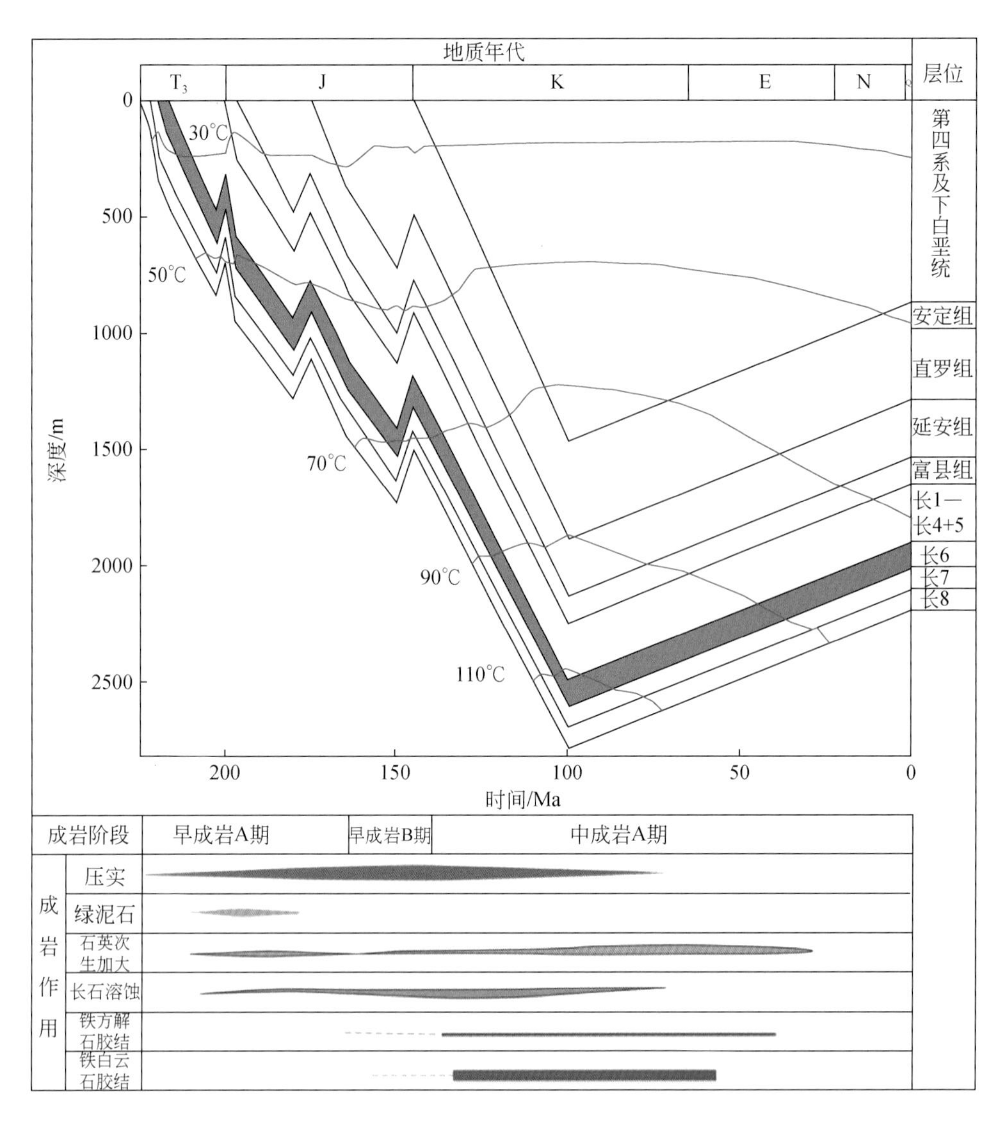

图 12-18　华庆油田里 54 井长 6_3 成岩史

以里 161 井为例（图 12-19）研究长 8_1 成岩演化过程：

（1）浅埋藏阶段（180Ma 以前），埋深小于 1500m，相当于早侏罗世，处于早成岩 A 期，主要的成岩作用为压实作用。此时的成岩环境为碱性成岩环境，发育方解石胶结物，起到了一定的抗压实作用。

（2）深埋藏早期（180～140Ma）：进入早成岩 B 期，此时烃源岩开始生烃，排出酸性流体，主要发育溶蚀作用。此阶段和长 6_3 的区别在于长 7 烃源岩生烃过程中形成的酸性水优先向长 8_1 流动。这些酸性水溶蚀长石等层状硅酸盐转化为高岭石，因此长 8_1 的高岭石含量较长 6_3 高。

（3）深埋藏晚期（140～100Ma）：进入中成岩 A 期，烃源岩开始大量排烃，烃类充注，之后碳酸盐胶结物开始形成。

(4) 抬升阶段 (100Ma 至今): 构造抬升, 溶蚀作用结束, 主要是晚期含铁方解石和白云石胶结。

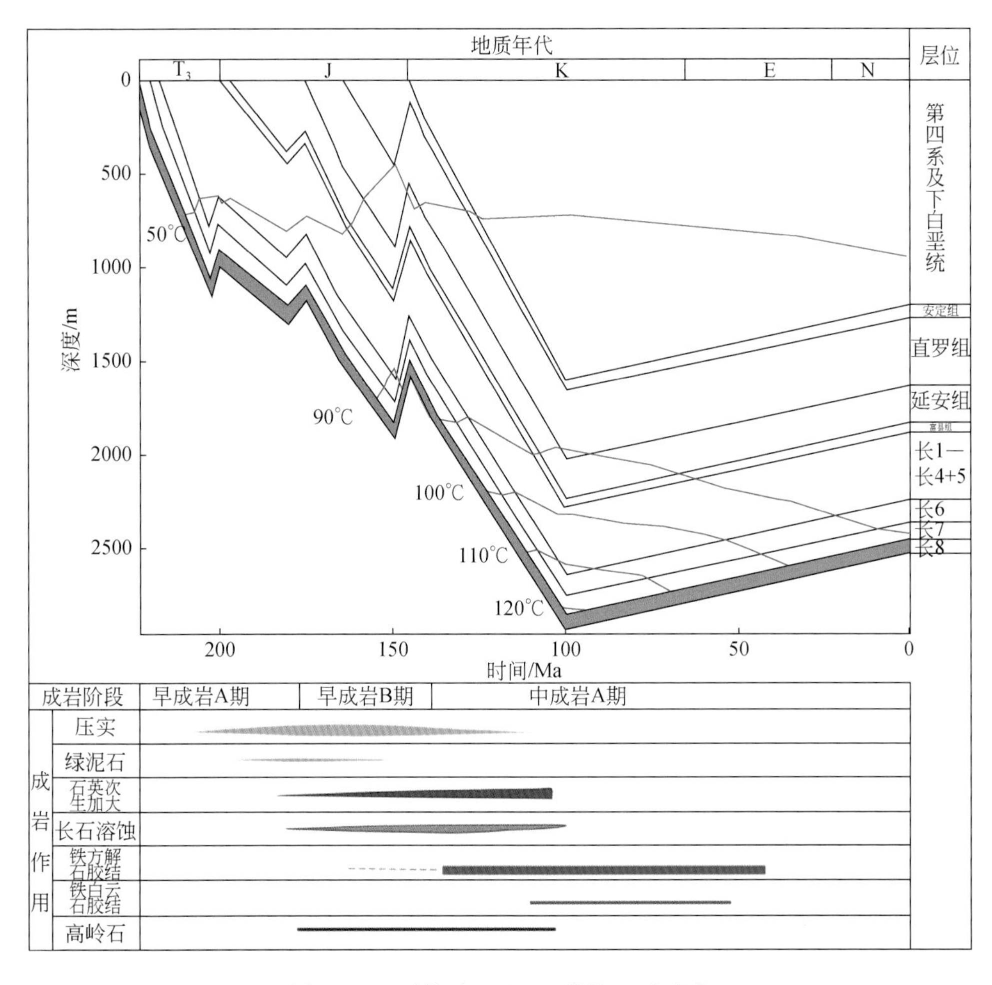

图 12-19　马岭油田里 161 井长 8_1 成岩史

第三节　连井剖面成岩要素组合与差异演化特征

陇东地区长 6-长 8 成岩指标中, 镜质组反射率均值大于 0.6%, 最高值达 1.2%, 小于 1.3%; 热解峰顶温度为 430～470℃; 出现绒球状绿泥石, 含铁方解石和含铁白云石, 长石和火山岩屑被溶蚀。虽然成岩作用普遍进入中成岩 A 期, 在凹陷中的深埋部位, 有的已达到晚成岩 B 期, 但连井剖面上因沉积物组分、埋深、孔喉介质的差异, 成岩变化存在较大的差异, 进一步影响储层成岩发育和孔渗分布 (图 12-20)。

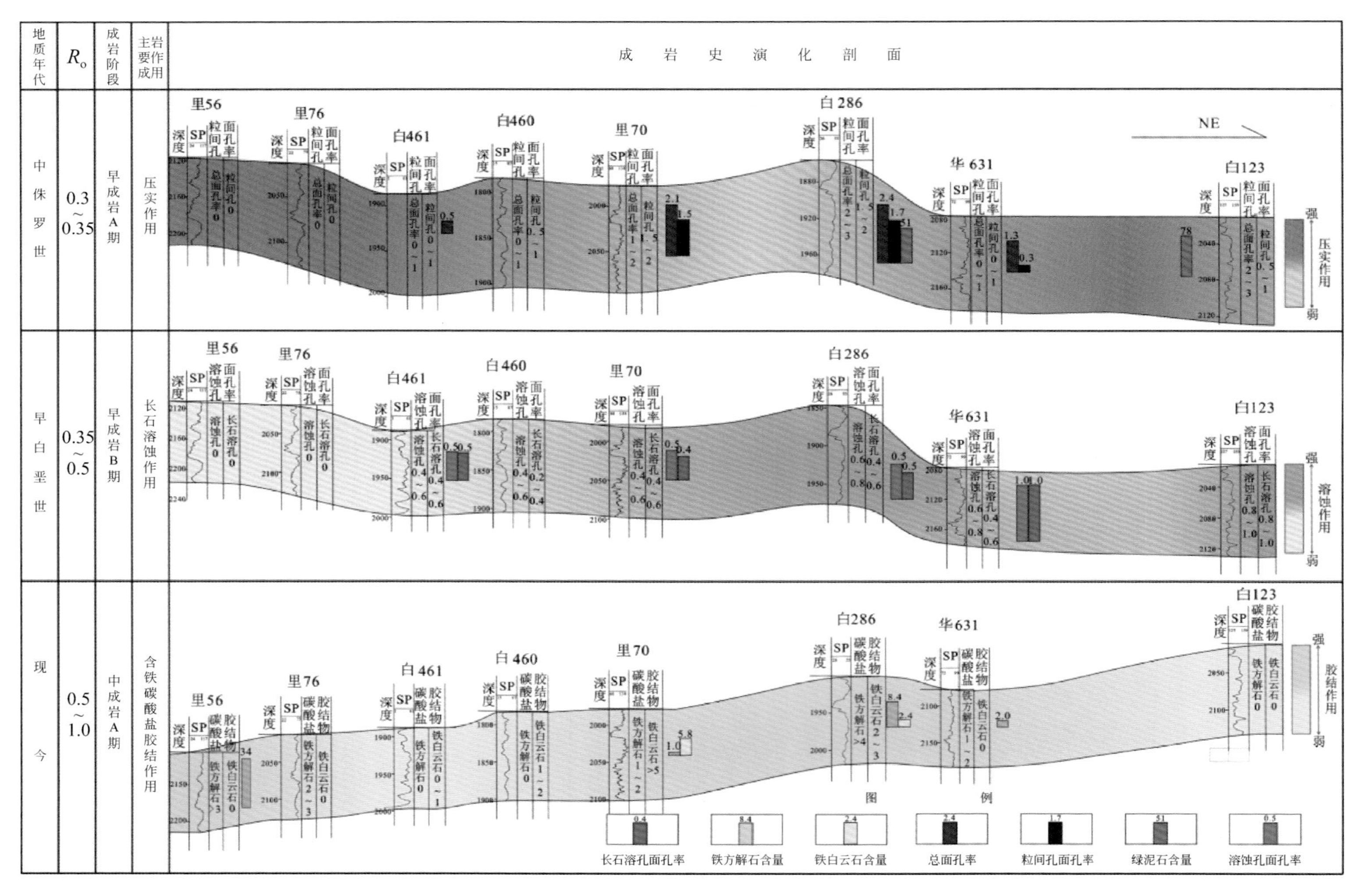

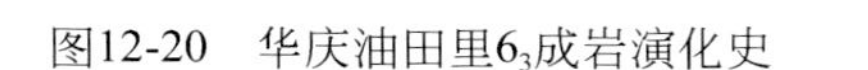

图12-20　华庆油田里6_3成岩演化史

1）早成岩A期

在中侏罗世，陇东地区马岭油田和华庆油田长7属于早成岩A期，对应的埋藏深度小于1500m，温度小于65℃，镜质组反射率为0.3%～0.35%。对于长6储层来说，早期的绿泥石环边抑制了石英次生加大，并部分影响了地层的压实，还有少量的早期方解石胶结物（图12-20）。

根据粒间孔面孔率数据可知，原生粒间孔残余最多的是位于研究区东北的白123井，中部的白286井（附图49）和里70井。压实作用的强弱和绿泥石膜的存在具有一定的关系，白123井绿泥石膜比较发育是原生粒间孔存在的主要原因，而这几口井的总面孔率和粒间孔面孔率的关系表明，粒间孔是主要的孔隙类型。

而原生粒间孔最少的是位于陇东地区西南部的白460井、白461井、里76井和里56井，那么原生粒间孔的减少是由于压实作用还是由于胶结作用，需要结合胶结作用进一步分析。

2）早成岩B期

在早白垩世，陇东地区马岭油田和华庆油田长7属于早成岩B期，对应的埋藏深度为1500～2000m，温度小于85℃，镜质组反射率为0.35%～0.5%。此时，主要以储层的长石和岩屑的溶蚀作用为主（图12-20）。

溶蚀作用最强的是位于陇东地区东北部的白123井，中部的里70井和白286井，且均是以长石溶蚀为主，而位于西南部的白460井、白461井、里56井溶蚀作用最弱。

3）中成岩A期

在早白垩世到现今，陇东地区马岭油田和华庆油田长7属于中成岩A期，对应的埋藏深度为2000～3000m，温度为85～130℃，镜质组反射率为0.5%～1.0%。此时主要成岩作用为晚期含铁碳酸盐胶结作用（图12-20）。

胶结作用最强的是位于陇东地区西南部的里56井，中部的白286井和里70井，而位于东北部的白123井，碳酸盐胶结作用最弱。

综上所述，位于陇东地区东北部的白123井，成岩相主要为绿泥石膜和原生粒间孔，它的成岩演化过程主要经历了早成岩期的弱压实作用，相对强的溶蚀作用，和中成岩期的弱胶结作用，所以粒间孔为主要孔隙类型。中部的华631井属于水云母+溶蚀粒间孔相，经历了早成岩期的弱压实作用、强溶蚀作用和中成岩期的弱胶结作用。因此，主要孔隙类型为溶蚀孔，其次为粒间孔。中部的白286井和里56井现今均属于碳酸盐胶结相，但是成岩演化过程不同。白286井经历了弱压实作用、强溶蚀作用和强胶结作用，而里56井经历了强压实作用、弱溶蚀作用和相对强胶结作用，而油气充注是在胶结作用之前，所以白286井所在成岩区仍然可以作为好的储集相带，而里56井所在成岩区属于差的储集相带。

第十三章　成岩相对孔喉分布及储层微观结构的影响

第一节　典型成岩相类型以及引起的储层微观结构及物性变化

一、压实压溶胶结相的分区及成因变化

1. 砂岩组分变化与显微结构特征

在陇东地区延长组长石砂岩快速沉积后，压实作用是沉积后到成岩对研究区低渗砂岩孔喉结构影响最主要的成岩作用类型之一。由于早期沉积物受到上覆水体和沉积物负荷压力，引发沉积物总体积缩小和孔隙度降低。实验以及计算结果均显示，压实作用属于对原生粒间孔隙以及杂基微孔隙影响最为明显、对储层储集性能破坏性很强的成岩作用之一。同时，随着岩层上覆压应力不断增大和成岩压实作用继续增强，骨架颗粒接触处发生压溶作用以及各种加大，改变了早期颗粒接触方式，形成了点接触、线接触、凹凸接触、缝合线等不同形式的接触方式。通过偏光显微技术分析，华庆油田长 6_3 砂岩的碎屑颗粒间以点–线接触为主，凹凸接触次之，压溶作用虽然普遍发育，但不十分强烈，以凹凸接触方式出现，很少见到缝合接触关系；马岭油田长 8_1 储层砂岩的碎屑颗粒以点–线接触、线接触为主，相比而言，因埋藏深度和地层温度大，长 8 储层承受的压实以及压溶作用更强。

铸体薄片面孔率统计，研究区压实作用强烈除与成岩中上覆地层压力不断增加有关外，在同层中，压实作用对孔隙类型占比和孔喉结构的影响与沉积微相分区（带）以及由沉积微相区（带）所控制的砂岩骨架颗粒中刚性石英、长石以及软塑性泥岩屑、云母片、杂基含量以及刚性颗粒之间接触方式有关（图 13-1）。在研究区延长组软组分含量统计结果表明，长 6_3 较长 8_1 低，但长 6_3 含砂质碎屑流以及浊流等快速流动形成砂岩时，易压实的碎屑颗粒明显偏高，泥质岩屑和云母被压实变形呈假杂基化，岩屑细砂岩中刚性和塑性颗粒相间分布易被紧密压实，砂岩中颗粒间铁泥质黏土软组分等压实胶结与定向压实造成云母挤压变形（图 13-2）；易溶的塑性火山岩屑、长石颗粒含量也较多，压溶以及长石石英加大边常见。相比而言，虽然长 8_1 也经历了较强的压实作用，但长 8_1 砂岩总体绿泥石黏土膜发育，其发育的砂岩物性较好，在辫状河三角洲前缘水下分流河道和河口砂坝微相绿泥石黏土膜发育较好，同时减小了孔喉空间，改变了孔喉结构，并制约粒间孔喉发育。在成岩过程中，影响储层质量差异的结构因素还有砂岩粒度大小及杂基含量，岩石粒度大小与压实率存在明显的负相关性，粒度越大，压实率越小；而杂基含量与储层压实率呈明

显的正相关性，随着杂基含量的增大，储层压实率呈明显增加的趋势。长6粒度较小、杂基含量较高是其储层质量较长8差的主要原因之一。

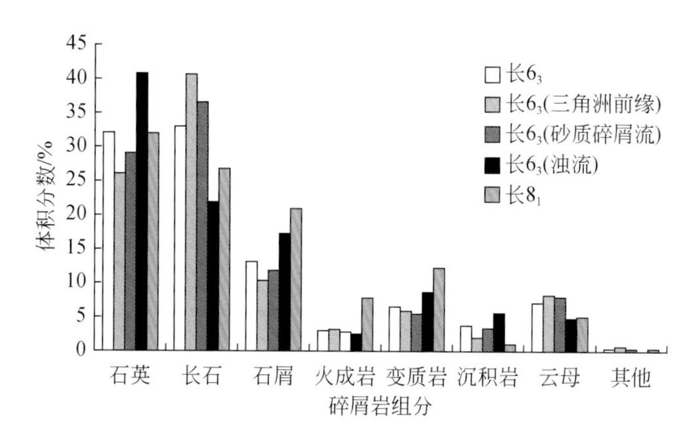

图13-1　陇东地区长6_3、长8_1砂岩中黏土软组分含量统计

图13-2　镇12井，2117.83m，长8_1铁泥质黏土压实胶结与定向压实造成云母挤压变形

2. 压实压溶对储层微观结构以及物性的影响

通过里156井长6_3成岩模拟计算（图13-3），压实压溶胶结相中砂岩孔隙度为2%～6%，渗透率为$0.01\times10^{-3}\sim1\times10^{-3}\mu m^2$，粒内溶孔-泥质微孔-成岩缝组合。压实作用在早成岩期，减孔量主要为23%～32%。压溶发生主要形成于晚成岩期，易压软颗粒组分多在三角洲前缘。

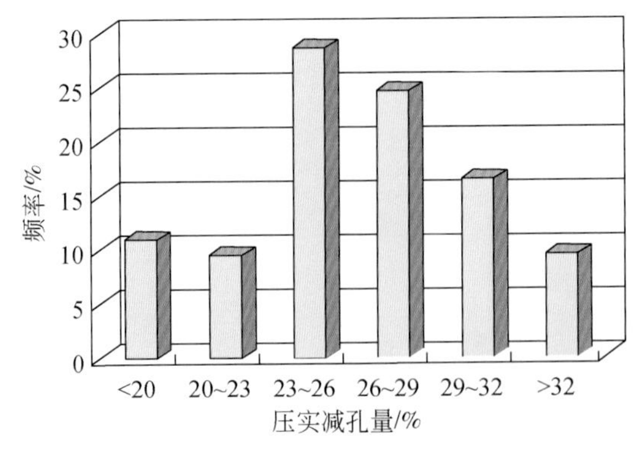

图 13-3　里 156 井长 6_3 砂岩压实胶结造成的减孔量

二、碳酸盐胶结（溶蚀）相类型、期次以及对储层物性的影响

碳酸盐充填孔隙是形成储层致密的重要原因之一，华庆油田长 6_3 和马岭油田长 8_1 碳酸盐胶结物有方解石、铁方解石和铁白云石胶结三种类型。沉积阶段成岩早期形成的方解石胶结物与杂基同沉积；成岩中晚期在颗粒之间以及孔喉中形成碳酸盐胶结物主要是由于铝硅酸盐矿物和变质岩、岩浆岩岩屑发生的水化作用，分别依次形成斑块状分布的自生铁方解石、铁白云石，是对储层孔喉结构影响最大的主要类型；成岩晚期方解石胶结作用是保持性成岩作用，由于曾经溶蚀，进一步结晶和斑块分布，统计结果显示对渗透率影响不大。

1. 早成岩期方解石胶结相发育分布特征

通常沉积后，在早成岩早期，与颗粒杂基准同生形成的碳酸盐含量高，以基底式胶结或者孔隙充填为主（图 13-4，图 13-5），碳酸盐含量为 5.81%，可成储层的钙夹层（图 13-6）主要为方解石胶结，受其影响，储层孔隙度、渗透率均较低，一般胶结后残余孔隙度小于 1%，渗透率小于 $0.1\times10^{-3}\mu m^2$，渗透率最低可降至 $0.001\times10^{-3}\mu m^2$。是成藏期主要减孔因素，最高 25% ~30%。

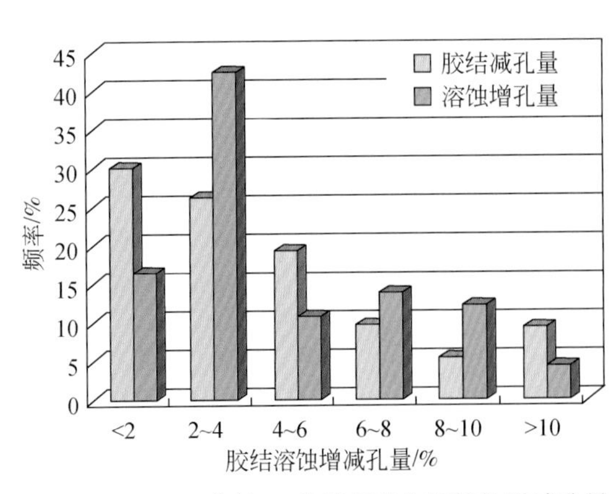

图 13-4　里 156 井长 6_3 砂岩碳酸盐胶结物增减孔量

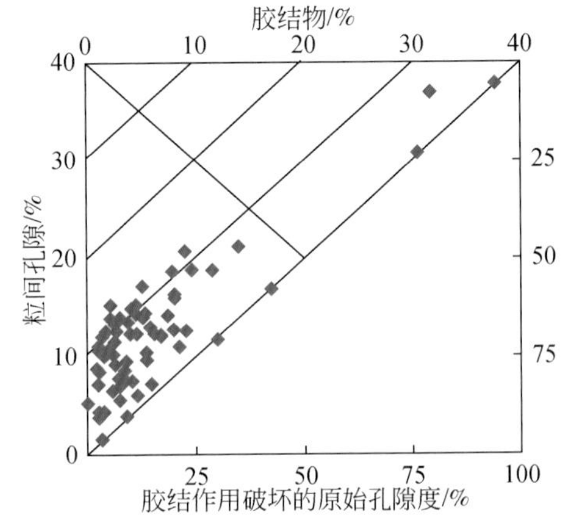

图 13-5　里 53 井长 8_1 钙质胶结物含量与增减孔量

在碳酸盐胶结物溶蚀相中，碳酸盐胶结物遭受不均匀溶蚀是储层非均质变强、孔喉结构变复杂的又一重要成岩作用类型。孔喉结构与溶蚀强度有关，溶解物主要为长石和方解石胶结物，其次为岩屑和黏土杂基。里156井长6_3砂岩碳酸盐胶结物溶孔见图13-7。陇东地区长6_3致密砂岩储层岩相类型与孔渗分区关系表明（图13-8），A区致密砂岩中碳酸盐胶结物较强溶蚀相区，孔隙度为6%～10%，渗透率为$0.01\times10^{-3}\sim1.0\times10^{-3}\mu m^2$，成岩中碳酸盐溶孔增量为2%～4%。

图13-6 里53井长8_1砂岩方解石基底式胶结物

图13-7 里156井长6_3砂岩碳酸盐胶结物溶孔

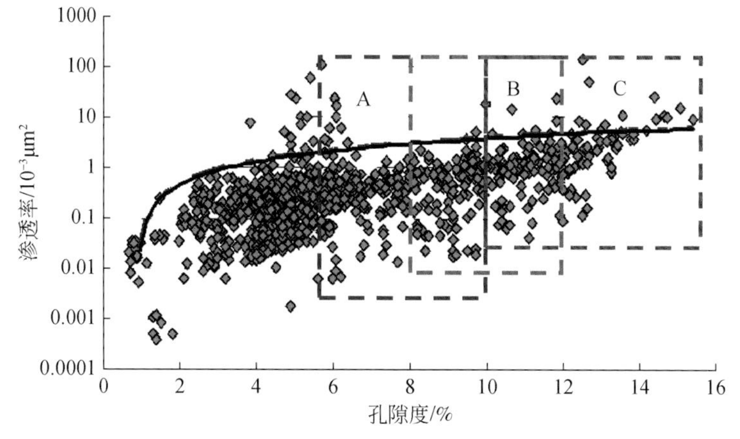

图13-8 华庆油田长6_3致密砂岩储层岩相类型与孔渗分区图

A. 碳酸盐致密胶结区；B. 长石强溶蚀改善区；C. 原生粒间保护区

2. 晚成岩期铁方解石（铁白云石）胶结时间及含量分布与孔喉致密

统计结果表明，铁方解石及铁白云石胶结是晚成岩期对物性影响较大的成岩作用类型之一。因其成因与同成岩期储层有机酸介质作用有关，受地层水的作用，孔隙流体富含Ca^{2+}的孔隙流体向上运移沉淀，在砂（水）层顶部常出现致密段，可见也是形成储层成藏后重要致密因素。但对马岭油田长8_1铁方解石含量与渗透率相关分析中，发现二者呈负相关性（图13-9），对面孔率影响较小，甚至相关性不明显，这与斑块状不均匀充填（图13-10）孔隙和后期再遭受溶蚀有关。

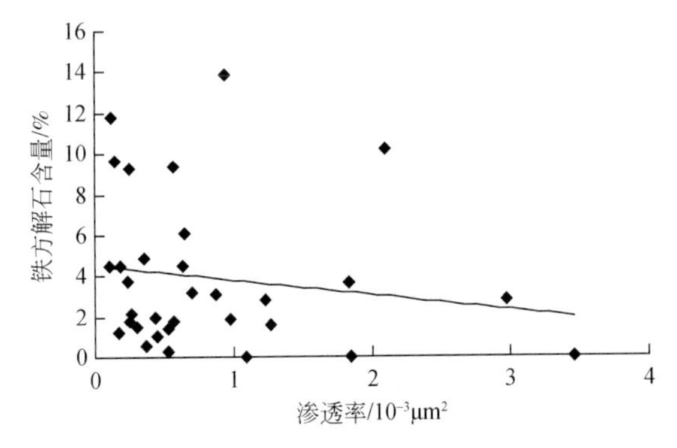

图 13-9　马岭油田长 8_1 铁方解石与渗透率关系图

图 13-10　镇 47 井，2224.1m，长 8_1 斑块状铁方解石

在华庆油田长 6_3 储层中，该区东南部和中西部发育铁方解石和铁白云石胶结物。铁方解石与铁白云石，富含 Fe^{2+}，分布广，含量为 1% ~2%，其中铁白云石的高值区主要分布在白 213 井-庙巷-华池、白马-元城（图 13-11）。含量高的地区，由于铁方解石和白云

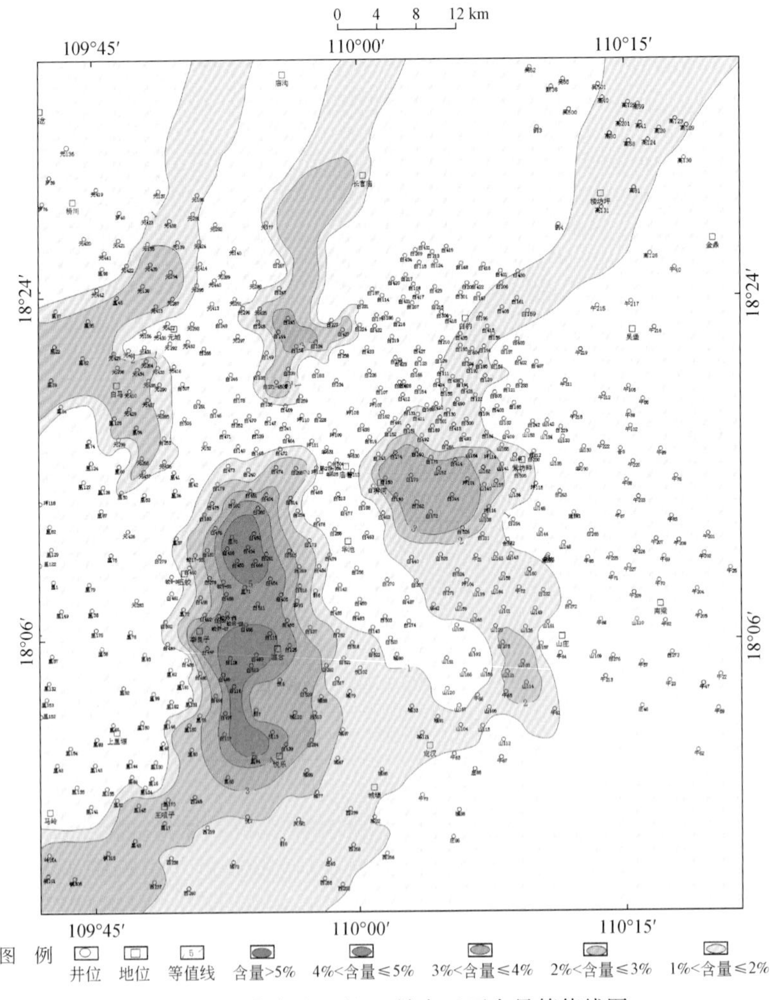

图 13-11　华庆油田长 6_3 铁白云石含量等值线图

石的进一步充填，更大地破坏了孔隙度，如午66井长6_3砂岩部分孔喉中充填少量自生铁白云石，由于含量高，呈连晶分布，充填了大部分的粒间孔隙。受其影响，喉道极细，渗透率很低，甚至形成致密层或储层间的隔夹层，对于油气藏有一定致密圈闭作用。

在里167井（2476.15m，长8_1）方解石胶结物中，方解石胶结和成藏的关系为：早期方解石胶结—原油充注—晚期铁方解石胶结。方解石胶结物中的盐水包裹体温度分别为小于90℃和110～130℃（图13-12），两期方解石胶结物形成时间分别为160～150Ma和100Ma；其中与烃类伴生的盐水包裹体温度为100～120℃，反映成藏时间为128～110Ma（图13-13）。

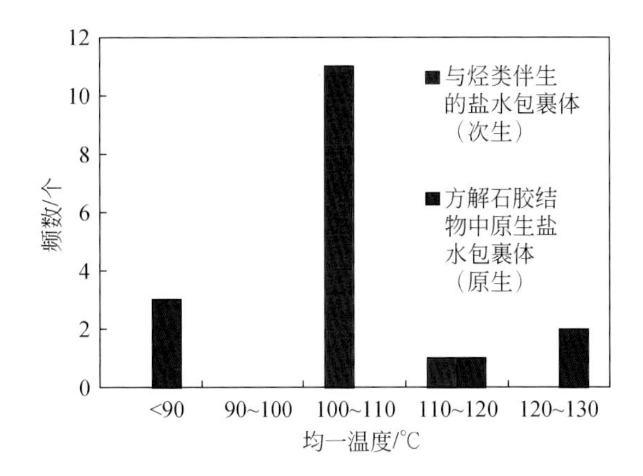

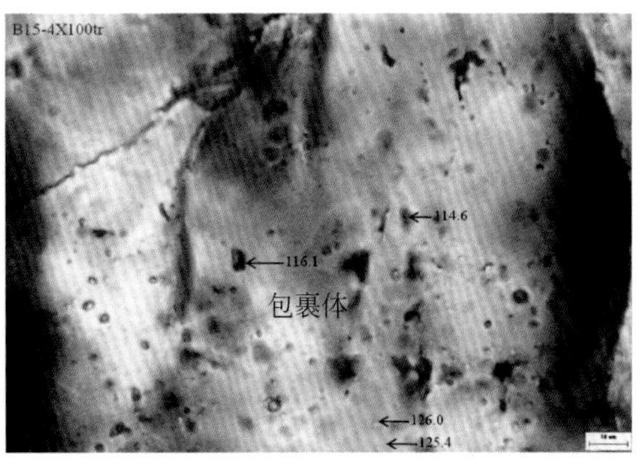

图13-12　里167井，2476.15m，长8_1砂岩方解石胶结物中的盐水包裹体温度

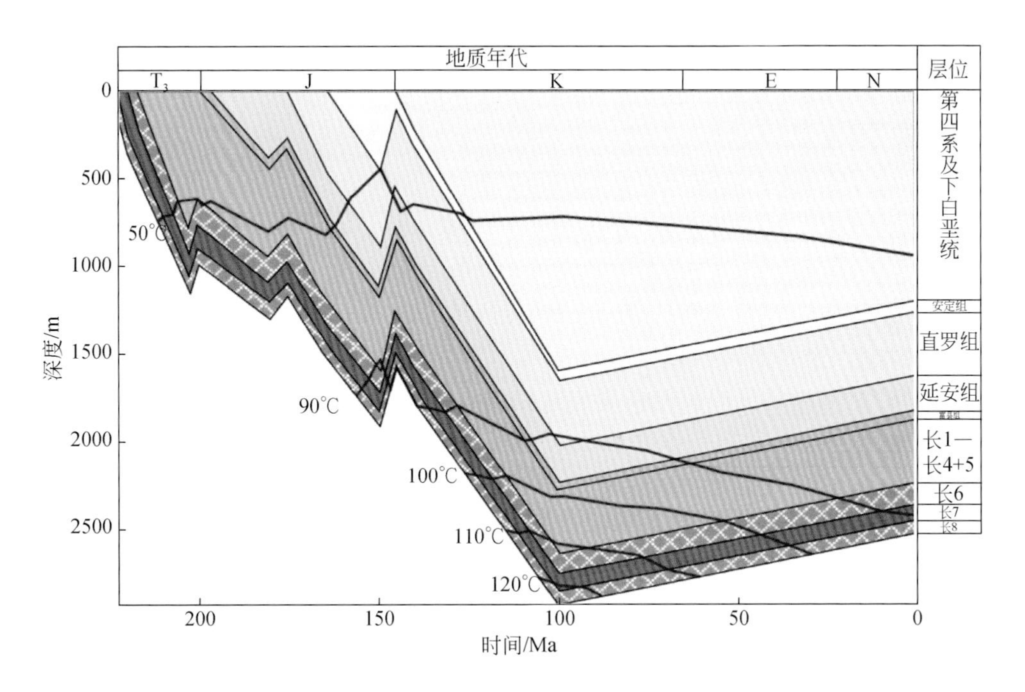

图13-13　里167井，2476.15m，长8_1埋藏史

3. 晚成岩期方解石胶结物及溶蚀引起的孔喉变化

深入分析统计结果进一步发现，在成岩晚期，因早期碳酸盐胶结物遭受溶蚀，砂岩中储层中方解石胶结物含量变化对孔喉的影响会出现不同的作用。由于孔喉中有机酸作用对铝硅酸盐矿物的溶解及黏土矿物的转化作用提供了条件，一方面为黏土矿物的转化成铁白云石提供物质来源，生成了新的铁方解石胶结物和铁白云石，发生在溶蚀作用之后，一般晶粒粗大，以孔隙充填为特征，呈不规则状分布在以线接触和凹凸接触为主的碎屑颗粒之间，充填于孔隙中的铁方解石或铁白云石会使孔隙体积大大降低［图 13-14（a）］；另一方面，有机酸作用会对易溶组分溶蚀造成新的孔隙类型，更重要的是进一步溶蚀喉道，扩大喉道半径，增加孔隙连通性，相应提高渗透率，所以导致砂岩储层中钙质胶结物含量与渗透率相关性不大［图 13-14（b）］。损伤了岩石的物性，表现为镜下可见长石、岩屑等颗粒溶蚀产生的次生孔隙再次被方解石和铁方解石充填，通常发育在深水浊流沉积的递变层理砂岩及水下分流河道、河口砂坝主砂带的边部位置。

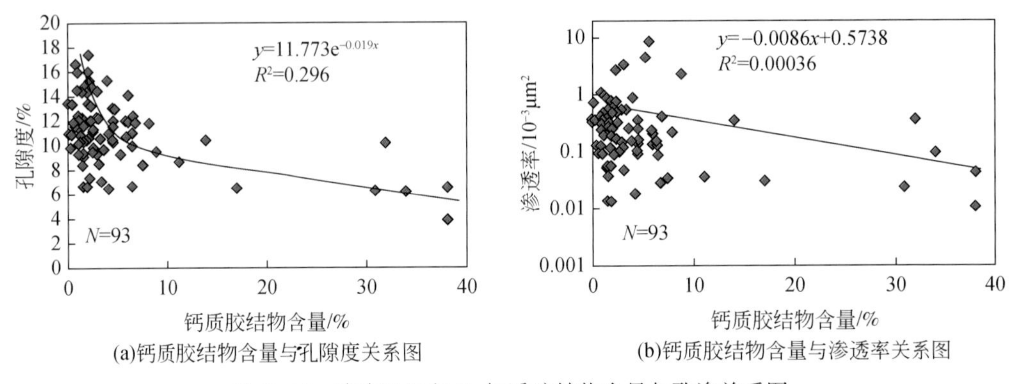

(a)钙质胶结物含量与孔隙度关系图　　(b)钙质胶结物含量与渗透率关系图

图 13-14　陇东地区长 8_1 钙质胶结物含量与孔渗关系图

三、硅质胶结相成因分布特征

据薄片鉴定资料统计，研究区硅质胶结有两种形式：一是由压溶作用在石英粒边缘形成的再生加大边，从早到晚成岩多期形成，二是成岩晚期形成长石溶蚀产生自生石英。再生加大是长 6_3 砂岩中常见的胶结作用方式，以石英次生加大较常见，多为Ⅰ级加大，部分可达Ⅱ级加大。长石碎屑的次生加大较少见。由石英次生加大减少的孔隙度为 1% ~ 2%，对岩石总孔隙度影响不大，但对缩小喉道、降低渗透率有较大影响，研究区含量变化以及具体分布见图 13-11。图中显示，石英加大边在研究区西南部，白马、庙巷、山庄西等地为高值区，含量为 1.5% ~3.2%。长 8_1 硅质胶结作用的表现为石英次生加大边及孔隙充填式胶结，当石英颗粒周边有绿泥石时不能形成次生加大，呈孔隙充填。石英加大边在储层致密化过程中有多期双重作用，早期长石和石英次生加大边的支撑，形成抑制颗粒压实，增强了砂岩抗压实能力，保护部分原生粒间孔；晚期挤占粒间孔。

根据华庆油田长 6_3 硅质含量分布（图 13-15）变化趋势分析，其含量变化明显是西南部高于东北部，与骨架颗粒中石英的含量变化趋势一致，于是推测研究区的硅质来源除与石英颗粒增加以及由此产生的压溶作用有重要依附关系外，来自西南物源体系的长石火山岩屑以及凝灰质的转化溶解也是来源之一。早期的石英胶结可以抵抗上覆地层的压力，对原生孔隙的保存有利（Marsha et al.，2012）；成岩晚期形成的自生石英分布在孔喉中形成充填相，含量增多，可明显地堵塞孔隙和喉道，起到降低孔渗的作用。

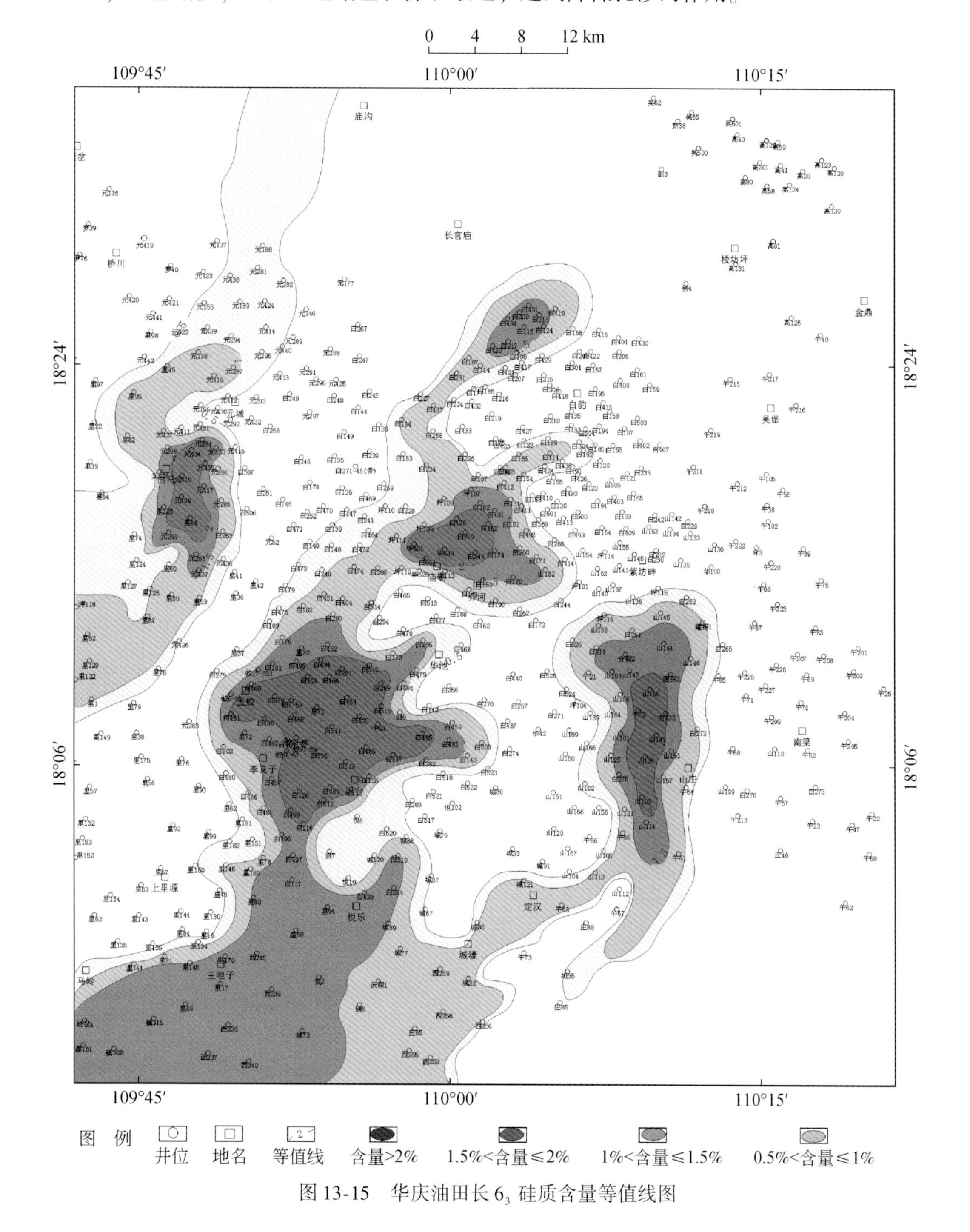

图 13-15　华庆油田长 6_3 硅质含量等值线图

四、早成岩期黏土薄膜-原生孔隙相

陇东地区早成岩期黏土薄膜常见绿蒙混层逐渐转化成绿泥石薄膜相。由于属于早成岩期，往往沿骨架颗粒表面垂直孔壁膜状生长着网状绿蒙混层、毛毡状、叶片状绿泥石，主要呈绿泥石环边（或孔隙衬里）胶结产状，环边胶结物薄膜厚0.01～0.02mm。虽然占据了部分原始孔隙，缩小原生粒间孔径，增加孔壁糙面、吸附性和表面黏滞力，改变润湿性和敏感性，但由于绿泥石沉淀后会继续生长到自生石英沉淀，该机理不断增强岩石的抗压实-压溶能力，并平衡逐渐加大的上覆载荷，从而使砂岩的原生孔隙、次生孔隙和喉道得以保存，小孔隙颗粒比表面积大，单位时间内流体流速高，为一种建设性成岩作用。

华庆油田长6_3储层中主要黏土矿物有自生绿泥石、自生高岭石、伊利石、伊蒙混层，原生孔隙分布与绿泥石薄膜相有一定对应关系。其中白252井中长6_3低铁绿泥石膜对原生粒间孔的保护作用很强（图13-16），该岩石相主要分布在三角洲前缘，一般孔隙度为8%～12%，渗透率为$0.2\times10^{-3}\sim1.2\times10^{-3}\mu m^2$，原生粒间孔含量为5.5%～8%。

马岭油田长8_1叠置水下河道部位主砂带内砂体颗粒粒度大，连通性较强，华庆油田长6_3类似，但各种成分含量有差异，其中绿泥石黏土膜更发育，孔隙度为8%～12%，渗透率为$0.18\times10^{-3}\sim0.5\times10^{-3}\mu m^2$。在环90井长$8_1$铸体分析中绿泥石环边环也有效地保护了粒间孔隙（图13-17），储层中绿泥石胶结物常与自生石英伴生。

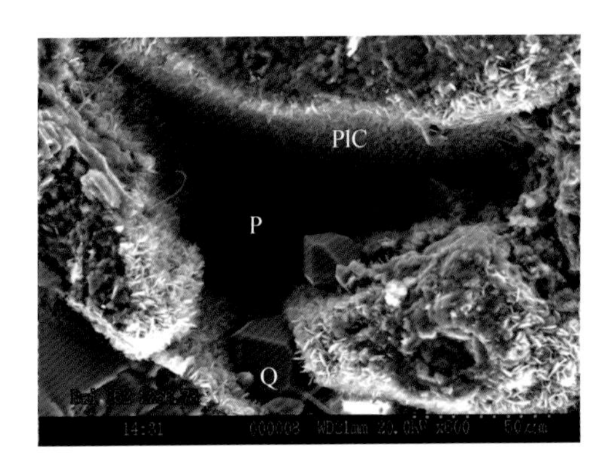

图13-16　白252井长6_3低铁绿泥石膜内原生孔

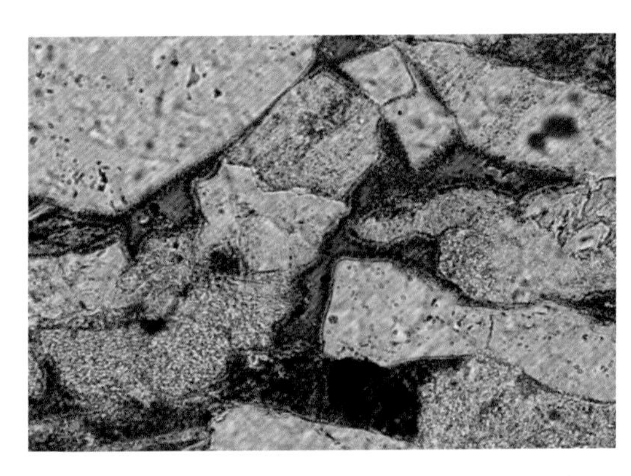

图13-17　环90井，2484.42m，长8_1绿泥石环边环

华庆油田长6_3绿泥石含量与原生粒间孔含量变化有对应关系，其中高孔隙区以受绿泥石膜保护的原生粒间孔为主，粒间扩大溶孔≥50μm，孔喉平均半径为35～50μm，其次是以成岩后剩余粒间孔、粒间扩大溶孔为主。在华庆油田长6_3低渗储层岩相类型与孔渗分区图（图13-8）中，与其他成岩相对比，属于相对高孔高渗的C区。绿泥石含量高值区主要分布在研究区的中部紫坊坪、白豹-乔河-华池-山庄的白166井、山125井附近，含量为1%～5.6%（图13-18）。

自生绿泥石膜的形成、分布与物源和沉积微相关系密切。绿泥石衬边的形成需要同沉积的富铁、镁质沉积物，水动力条件强的三角洲前缘水下分流河道会在搬运过程中带来大量的溶解铁和镁（如火山岩岩屑、黑云母等暗色矿物水化析出Fe^{2+}、Mg^{2+}），能够为绿泥石衬边的形成提供物质来源。

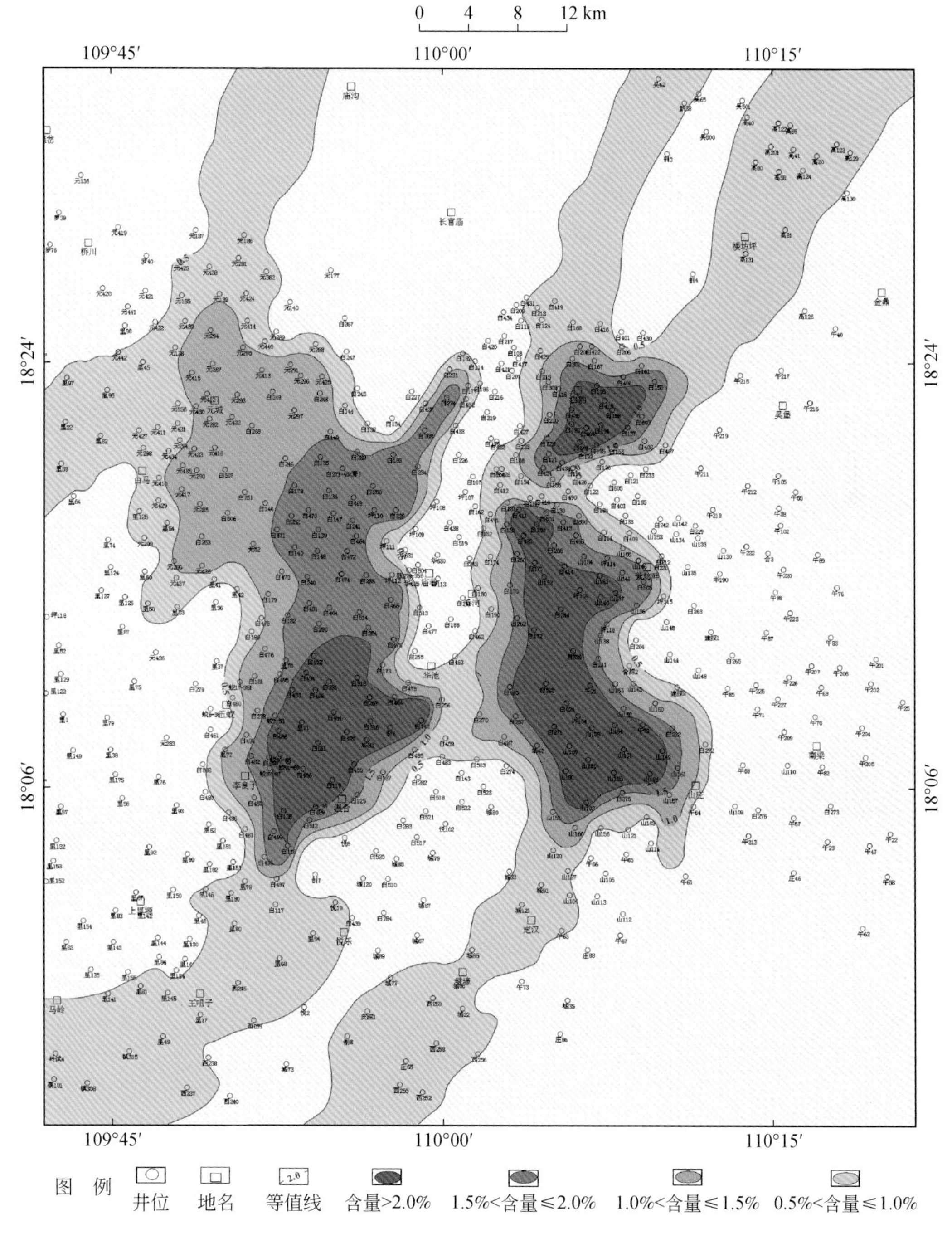

图 13-18　华庆油田长 6_3 原生粒间孔含量等值线图

进一步分析发现，绿泥石含量与长石溶孔之间有一定联系。图 13-19 与图 13-20 均显示研究区华庆油田长 6_3 储层和马岭油田长 8_1 储层中绿泥石含量与长石溶孔分布之间总体为负相关关系，特别是在华庆油田长 6_3 储层（图 13-19），二者之间明显互为消长关系。

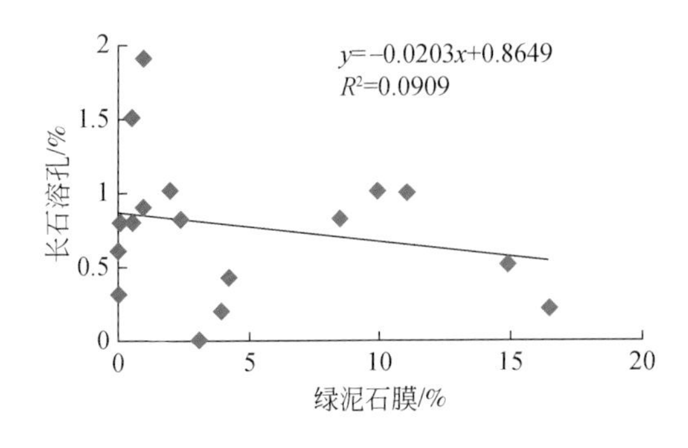

图 13-19　华庆油田长 6_3 绿泥石与长石溶孔的相关性

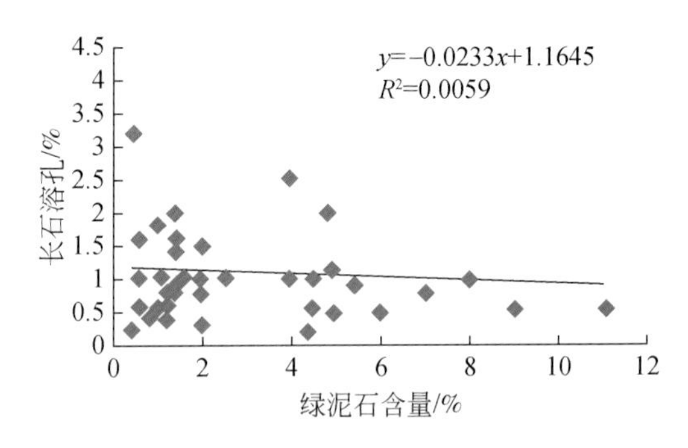

图 13-20　马岭油田长 8_1 绿泥石含量与长石溶孔相关性

五、长石（岩屑）颗粒溶蚀相

砂岩溶蚀率强度分级是定量表征孔喉结构的重要指标。孔喉结构与溶蚀强度有关，溶解物主要为长石（附图 43）和方解石胶结物，其次为岩屑和黏土杂基。统计表明，在长 6-长 8 次生孔隙中，长石溶孔和黏土矿物晶间微孔贡献率分别为 55. 2% 和 32. 5%，是次生孔隙的主体，也是微纳米孔的主体。

长石溶蚀与构造和埋深引起的古温度和古压力变化以及酸性古流体有密切关系，根据扫描电子显微镜、探针、铸体微观实验以及包裹体测试表明，延长组长石溶孔有一定成因基础。陇东地区长石溶蚀与构造和埋深引起的古温度和古压力变化以及酸性古流体有密切关系。一方面，包裹体测试表明，埋深 1800～2500m 的长 6-长 8 长石砂岩，地温不超过 160℃，另外，根据扫描电子显微镜、探针（图 13-21）和铸体微观实验结果，分别统计计算了华庆油田长 6_3 长石含量以及 3 种常见长石溶蚀孔隙的含量。电子探针分析结果也显示，视域范围存在石英、方解石、伊利石和绿泥石和反条纹长石等颗粒，反条纹长石（A）中深蓝色是钠长石，浅蓝色是正长石，以 3μm 宽度有规律交生形成条纹纹像结构［图 13-21（a）］，纹像结构长石中钾长石被选择性溶蚀是形成岩石结构差异性的重要因素之一［图 13-21（b）］。

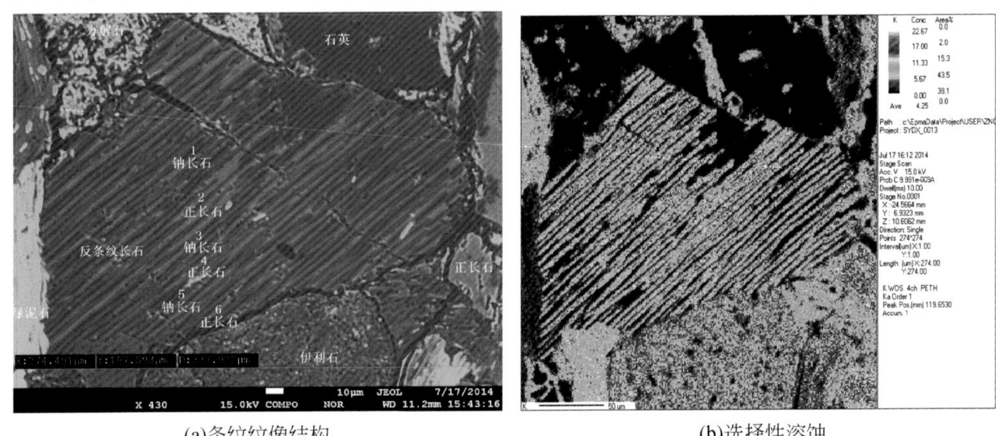

(a)条纹纹像结构　　(b)选择性溶蚀

图 13-21　正长石中钾、钠长石规律交生形成条纹纹像结构与选择性溶蚀

砂岩溶蚀率强度分级不仅反映溶蚀成岩作用强度，而且可以定量表征孔喉结构，但早期为视溶蚀率。根据视溶蚀率大小，溶蚀强度分为3级：强溶蚀，视溶蚀率≥60%；中等溶蚀，60%>视溶蚀率>25%；弱溶蚀，视溶蚀率≤25%。在华庆油田长6_3储层中，长石含量与长石类型有关，长石含量高，溶蚀孔隙含量高，相同条件下，不同长石种类遭受溶蚀的方式以及量不同，最常见的斜长石从边缘开始溶解形成锯齿状或港湾状，斜长石或钾长石的双晶结合面、破裂缝或边缘等也是溶解薄弱环节，强烈溶蚀可使长石整体溶解呈现为蜂窝状或渣状。元210井长6_3钠长石晶内溶孔（图13-22）和白433井，1974.39m，长6_3长石铸模孔均显示为强溶蚀（图13-23）。长石岩屑强溶蚀相物性分布区（图13-8）的B区，长石强溶蚀改善区，孔隙度为8%～12%，渗透率为$0.1\times10^{-3}\sim10\times10^{-3}\mu m^2$。

图13-22　元210井长6_3钠长石晶内溶孔

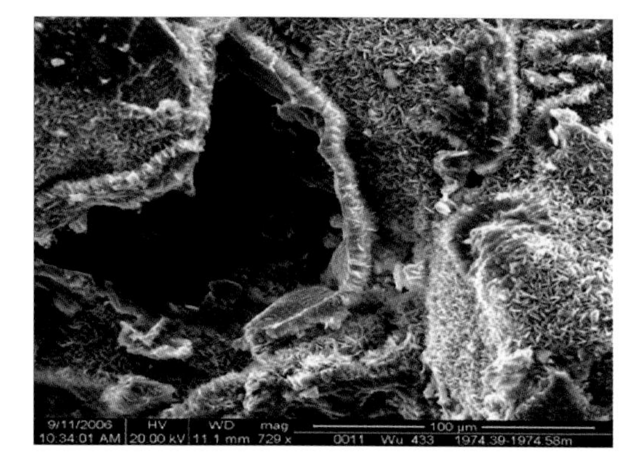

图13-23　白433井，1974.39m，长6_3长石铸模孔

根据典型井里167井长8_1不同埋藏深度下的碎屑长石统计结果显示，在1600～1800m深埋下，粒内溶蚀作用通常随着埋藏深度增加和层位变老而增强，长石（尤其是钾长石）被溶蚀变化最明显，并且，砂岩中长石大量溶蚀、伊利石致密早于成藏主峰期，长石的溶蚀产物主要为伊利石、伊蒙混层和绿泥石；流体包裹体均一温度为90～150℃（图13-24），峰值

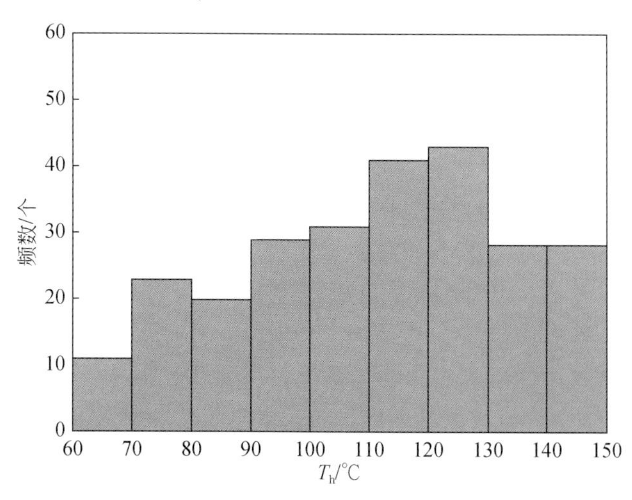

图13-24　里167井长8_1储层流体包裹体均一温度直方图

为 110 ~ 130℃，长石的溶蚀和伊利石致密同时进行，时间为晚成岩 A 期，伊蒙混层转化到绿泥石为晚成岩 B 期。溶蚀实验也表明，在 90℃ 和 120℃ 温度条件下溶蚀率分别达 1.87% 和 2.47%。

长石在成岩演化中长石对储层质量表现为直接和间接影响，一方面作为易溶矿物，易形成溶蚀孔隙（主要是粒内孔隙）；另一方面，长石蚀变导致自生伊利石形成。自生伊利石仅在大量富 K^+ 水介质流经的环境中形成，故其成因与埋藏成岩作用的相对封闭条件下长石溶解有关。

六、自生伊利石胶结充填相

自生伊利石胶结充填是研究区最常见的自生矿物充填相，由于伊利石的形成过程条件和方式不同，在孔喉中有多种结构和产状形式，常见的有环 75 井，2718.7m，长 8_1 晶体结构好的丝缕状、毛发状、蜂窝状或搭桥状网状结构（图 13-25），也有白 480 井，2006.35m，长 6_3 粒间晶体结构差的蜂窝状、片状以及卷曲片状结构（图 13-26），转化过程、条件变化可以由不同途径形成伊蒙混层和绿蒙混层的多种结晶结构。

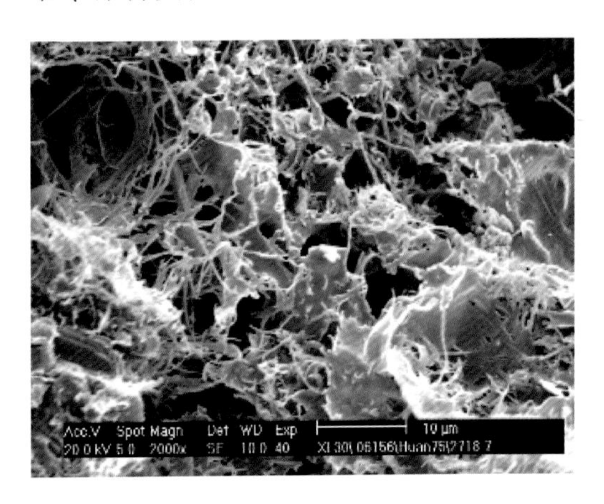

图 13-25　环 75 井，2718.7m，长 8_1 粒间丝缕状毛发状自生伊利石

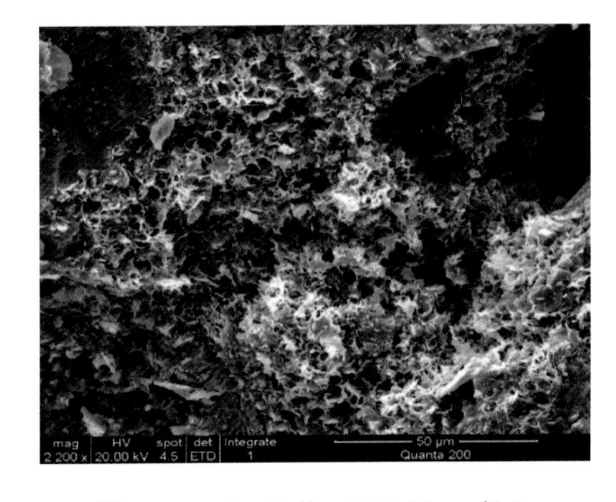

图 13-26　白 480 井，2006.35m，长 6_3 粒间卷曲片状水云母

在华庆油田长 6_3 储层中伊利石含量分布等值线见图 13-27，主要分布在研究区西南部白马、五蛟–李良子、白 283-白 274 井区三个高值区，含量为 4% ~8%。随着深度有增加的趋势。砂岩粒间以及孔喉中分布的伊利石，含量往往与方解石及自生石英负相关（图 13-28），为排斥关系，也就是说它形成于高温高压偏碱性环境，由蒙脱石转化而成。

马岭油田长 8_1 储层中的伊利石多数与自生石英共生，属于高铁伊利石，晶体结构好，呈丝缕状、毛发状、蜂窝状或搭桥状网状结构，部分保留少量高岭石或绿蒙混层基体，是由来自长 7 的富铁有机酸介质形成的偏酸性高岭石进一步分解作用结晶而成。可见伊利石可以从不同途径转换而来，最终在砂岩孔喉中伊利石均可以形成复杂的孔喉结构和晶间微孔，总体含量与渗透率呈负相关（图 13-29）。

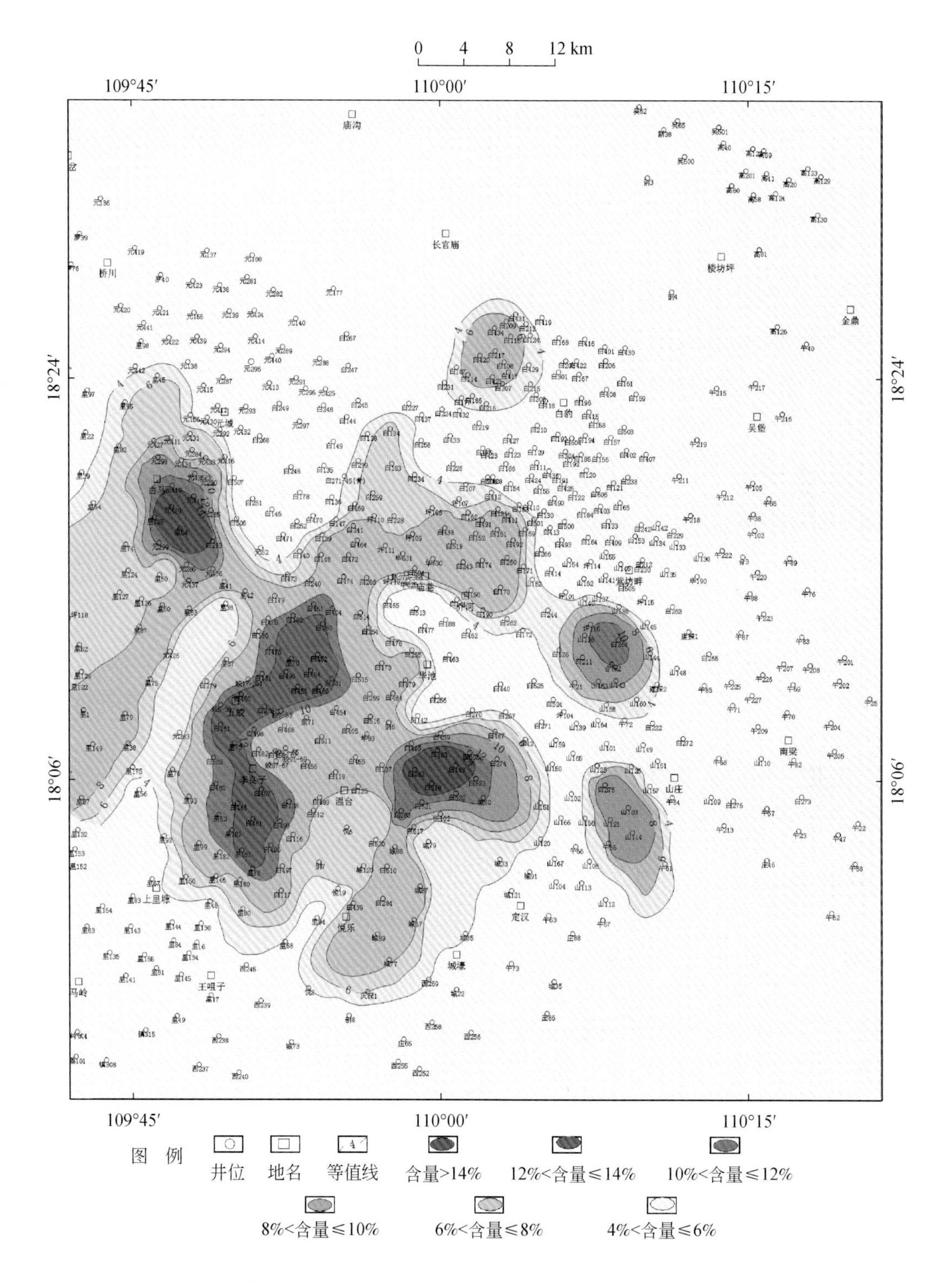

图 13-27　华庆油田长 6_3 砂岩中伊利石含量等值线图

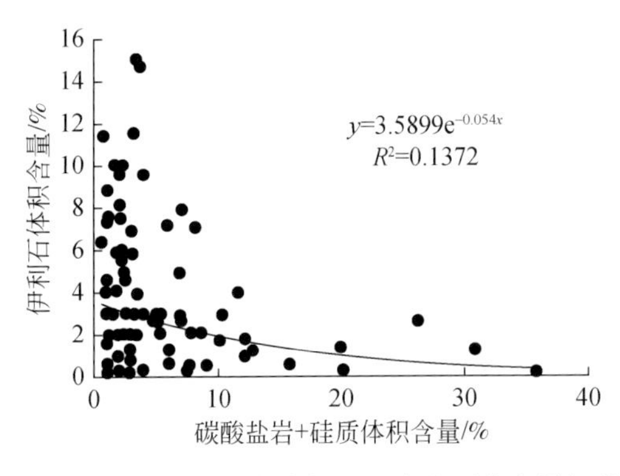

图 13-28 伊利石含量与方解石及自生石英含量相关性

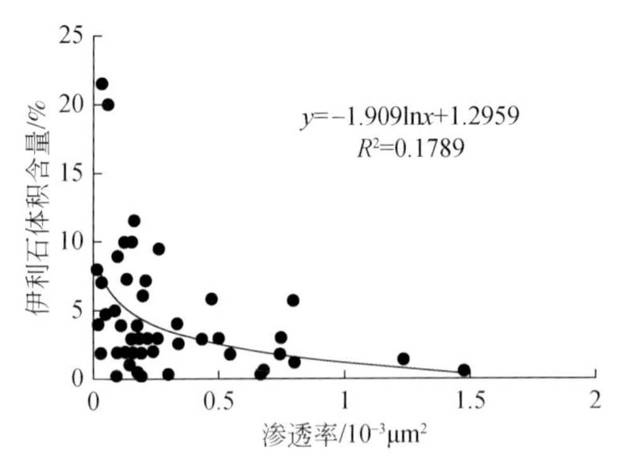

图 13-29 伊利石含量与渗透率相关性

华庆油田长 6_3 和马岭油田长 8_1 储层，砂岩中长石以及火山凝灰质含量均较高，它们在成岩演化过程中分解转化，为颗粒之间以及孔喉中伊利石形成提供了丰厚的物质基础。在成岩晚期，一旦孔隙流体本身富 K^+，或由于储层物性较差甚至渗透性砂体被渗透性很差的泥页岩体所包围，长石溶解产生的 K^+、Na^+ 等碱性离子不能及时移走，在溶解速度大于介质迁移速度的情况下，这些碱性离子就会在孔隙中逐渐积累，从而改变孔隙介质的组成和性质，成为富 K^+ 的碱性环境，这样会导致长石溶解更容易形成伊利石而不是高岭石，并伴随自生石英的沉淀。研究区共统计了 16 口井 127 个样品分析，结果华庆油田长 6_3 储层中伊利石的绝对含量平均值为 4.25%，较马岭油田长 8_1 的 1.8% 高。从其含量与渗透率关系图（图 13-29）可以看出，华庆油田长 6_3 和马岭油田长 8_1 储层孔喉中黏土矿物自生序列为毛毡状蒙脱石→网状伊蒙混层→蠕虫状高岭石→叶片状伊利石→丝缕状伊利石→绒球状绿泥石→搭桥式浮生绿泥石。其中丝缕状浮生伊利石是主要降渗因素，其次是由高岭石和蒙脱石转化引起。随着伊利石含量的增加，砂岩孔隙度、渗透率均呈降低的趋势，但孔隙度降低的幅度较小，而渗透率则呈指数级降低。因此，伊利石胶结形成的大量微孔隙是导致储层孔隙结构的差异，并造成长 6_3 砂岩孔隙度与长 8_1 砂岩孔隙度相差较小，而渗透率较低的重要原因。

七、晚成岩期自生高铁绿泥石、石英、钠长石充填相

晚成岩期自生高铁绿泥石多为绒球状绿泥石充填在粒间孔喉中（图 13-30），其形成顺序为早期绿泥石膜→自生石英［图 13-30（b）］→高铁绿泥石［图 13-30（a）］。白 123 井长 6_3 孔喉中的自生钠长石也形成较晚［图 13-30（a）］。晚成岩期形成的上述自生矿物以及沉淀同时影响孔喉结构，如元 210 井长 6_3 喉道壁上自生石英［图 13-30（b）］。由于自生矿物充填成岩相形成于不同成岩阶段，自生矿物类型、含量、产状习性以及赋存状态不仅改变孔喉微观结构，对储层渗透率值和渗流性质也有不同程度与方式的影响。其中喉道内部叶片状高岭石、石英等既分隔、堵塞孔喉，减小喉道半径，也增加渗流通道迂曲度、渗流阻力，造成大孔隙颗粒比表面积小，单位时间内流量高但流速低，改变了渗流性质。另外，经历成岩后孔隙度为 8% ~ 12%，渗透率为 $0.3\times10^{-3}\mu m^2 \sim 0.5\times10^{-3}$，类粒间溶孔、粒间（内）溶孔为主，孔喉半径平均为 30 ~ 45μm。在喉道内部叶片状丛生或丝缕

状桥式浮生的伊利石和绿泥石，既分隔、堵塞大孔喉，减小喉道连通性、储集空间和渗透率，同时增加渗流通道迂曲度、渗流阻力，改变渗流性质，以非达西流为主。粒内溶孔、黏土矿物集合体晶间，孔隙度为5%～8%，渗透率为$0.12\times10^{-3}\mu m^2$～0.3×10^{-3}；以微纳米孔为主，孔喉半径平均为4～30μm，其中纳米级孔（平均孔径≤0.9μm）≤50%。

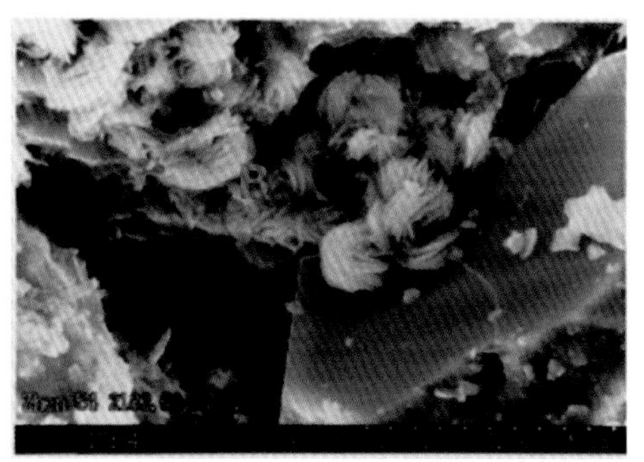

(a)镇54井，2182.60~2182.80m，长8砂岩中绒球状绿泥石黏土矿物充填粒间孔喉

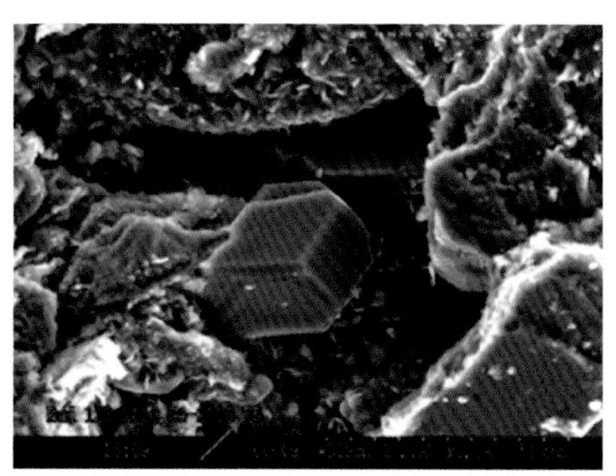

(b)白123井长6_3砂岩孔喉中的自生钠长石

图13-30　陇东地区长6、长8储层中孔喉中充填的自生矿物

八、成岩微裂缝相

研究区主要为粒内溶孔-泥质微孔-成岩缝组合，刚性颗粒构造挤压缝可在早成岩或成岩各阶段形成，部分被充填（图13-31）；压溶主要发生于晚成岩期，是改善渗透率增加非均质性的主要因素之一。成岩微裂缝相，总体物性差，非均质性强（图13-32），孔隙度为2%～6%，渗透率为0.02×10^{-3}～$1.2\times10^{-3}\mu m^2$，一般孔隙度≤5%，渗透率$<0.12\times10^{-3}\mu m^2$，孔喉半径平均为200nm～20μm，其中纳米级孔（≤1μm）≥60%，属于非达西流。

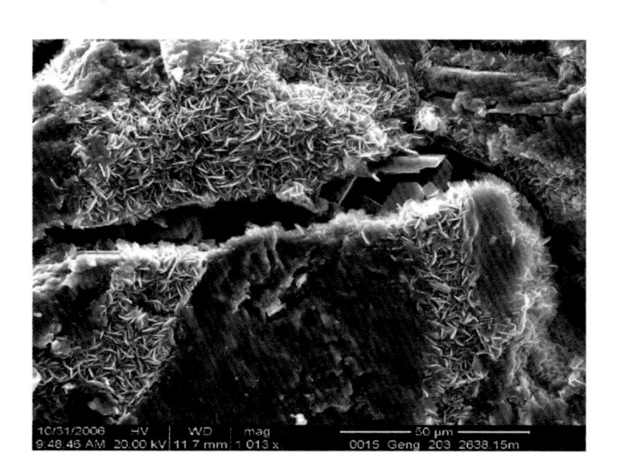

图13-31　元293井，2170.47m，长6_3成岩早期

图13-32　耿203井，2338.15m，长6_3，破裂微裂缝

第二节 成岩矿物组合特征与分区差异

一、华庆油田长 6_3 成岩矿物组合分区特征

主要成岩自生矿物有绿泥石（包括薄膜状及绿泥石填隙胶结）、伊利石、网状黏土、铁方解石、铁白云石、硅质加大、长石质加大等（附图48）。研究区东北和西南部矿物组合差异明显，东北部绿泥石胶结发育，特别是绿泥石薄膜胶结发育较好，往西南方向绿泥石填隙胶结含量增高；西南部伊利石及铁方解石组合发育，铁白云石也较为发育，含量可达1%～6%。从东北往西南部依次划分为以下几个成岩矿物组合分区。

1）A_1期绿泥石膜分布区

绿泥石薄膜胶结物含量高，可达4%～6%，其次为伊利石及绿泥石填隙，也可见少量的铁方解石及铁白云石。主要分布在紫坊畔–吴堡地区，以山136井、白156井较为典型。

2）A_2期绿泥石填隙分布区

主要表现为绿泥石填隙胶结含量高，一般为3%～10%，一般以绒球状充填孔隙，比绿薄膜状泥石铁含量高，其次为伊利石、绿泥石膜、少量的方解石及铁方解石，主要分布在山157井附近、白豹–华池两个地区，白豹–华池地区以白224、白153井、白463等井较为典型。

3）A_2期伊利石分布区

主要表现为伊利石胶结含量高，其次为铁方解石及铁白云石，在定汉、五蛟–上里塬、长官庙3个地区发育。定汉地区以白483等井较为典型。西南部的五蛟–上里塬地区发育，以里151井、里79井较典型，伊利石含量为8%～13%，少量的方解石、铁方解石、白云石、铁白云石。长官庙地区以白134井、白472井为代表。

4）A_2期伊利石+铁碳酸盐分布区

主要表现为伊利石胶结含量高，其次为铁方解石及铁白云石，含铁碳酸盐含量明显增加，铁白云石含量为2%～12%。主要发育在大凤川、悦乐、元城三个地区。大凤川地区以山103井较为典型；悦乐地区以里70井、白482井、白116井较为典型，伊利石含量为7%～14%，铁白云石含量一般为3%～6%，铁方解石含量一般小于1%；元城地区伊利石含量为8%～17%，铁方解石、铁白云石含量为5%～7%。

二、马岭油田长 8_1 成岩矿物组合分区特征

主要成岩自生矿物有伊利石、绿泥石、高岭石、铁方解石、铁白云石、石英次生加大，少量的长石质加大、方解石、网状黏土。个别井见凝灰质、硬石膏胶结（环42井），及方解石、菱铁矿（环27井）。研究区西北部黏土矿物高岭石及铁方解石含量较高，东部伊利石含量高，一般含量大于10%。中部主要为含铁方解石、绿泥石及伊利石组合，南部

为少量伊利石及硅质加大胶结。具体划分为以下几个成岩矿物组合分区。

1）A_1期黏土矿物+方解石分布区

主要为黏土矿物及方解石，黏土矿物主要为伊利石、绿泥石及网状黏土，少量高岭石，主要分布在研究区西南部，以镇 87 井、里 138 井较为典型。

2）A_1期伊利石+硅质分布区

主要组合为伊利石及硅质胶结物，含有绿泥石、含铁碳酸盐等，伊利石含量为 1% ~7%，硅质以次生加大边为主，含量为 1% ~3%，主要分布在南部的桐川–蔡家庙地区，以镇 246 井、镇 288 井、镇 359 井较为典型。其他类型胶结物一般小于 1%。

3）A_2期伊利石+高岭石+（含）铁碳酸盐分布区

主要分布在木钵地区，在里 185 、环 39、环 32 等井区发育，铁方解石含量一般为 2% ~7%（里 185 井含量高达 14%），高岭石含量为 2% ~7%，伊利石含量为 1% ~4%。

4）A_2期伊利石+绿泥石+（含）铁碳酸盐分布区

主要分布在八珠地区，在里 56、里 69、里 167 等井发育。铁方解石含量一般为 1% ~5%，伊利石含量为 3% ~6%，绿泥石填隙胶结物含量为 2% ~6%。环 23 井、环 42 井见含量 1% ~3% 的铁白云石，环 42 井见凝灰质及硬石膏。

5）A_2期伊利石+（含）铁碳酸盐分布区

主要分布在马岭地区，在里 156 等井发育。铁方解石含量为 1%，伊利石含量为 4%。

6）B 期伊利石或伊利石+绿泥石分布区

主要分布在东部的坪庄–五蛟及北部的郝家涧地区，伊利石胶结物含量高，一般大于 10%，可见绿泥石薄膜及填隙式胶结，其他胶结物含量一般小于 2%，该组合在坪庄–五蛟地区的里 70 、里 37、里 54 等井发育较为典型。

三、成岩作用的差异性分析综合

华庆油田长 6_3 储层及马岭油田长 8_1 储层经历不同沉积和成岩环境过程，不仅不同区块有其各自特点，而且不同层位之间也存在差异（表 13-1）。

表 13-1 华庆油田长 6_3 与马岭油田长 8_1 储层成岩作用差异性

区块及层位	沉积微相	岩性特征	成岩作用特点
华庆油田长 6_3	砂质碎屑流及重力流浊积	砂岩长石含量高，粒度小，岩屑、云母以及凝灰质等易溶组分含量高，填隙物含量较高，特别是伊利石含量	东北部绿泥石薄膜式胶结及原生孔发育；西南部伊利石、铁方解石及铁白云石胶结较发育，次生孔为主；中部原生孔及次生孔均较发育。伊利石、绿泥石分区明显。 伊利石、碳酸盐和硅质等胶结物含量由东北部向西南依次增高。铁碳酸盐胶结物含量高

续表

区块及层位	沉积微相	岩性特征	成岩作用特点
马岭油田长8_1	三角洲水下分流河道及河口砂坝	砂岩粒间填隙物较少，火山岩屑含量较高，以中基性喷发岩岩屑、中浅变质岩屑等为主	成岩作用产物组合类型多，主要有伊利石+高岭石+（含）铁碳酸盐、伊利石+绿泥石+（含）铁碳酸盐、伊利石+（含）铁碳酸盐等，黏土矿物高岭石发育。 溶解作用较强，次生孔也发育

第三节　影响成岩相类型发育分布的主要因素

1. 物源引起的岩石组分分区是形成成岩相类型及演化的物质基础

1）长石含量与黏土矿物生成以及对孔隙类型及结构的影响

在成岩演化中，一方面作为易溶矿物，易形成溶蚀孔隙（主要是粒内孔隙）；另一方面，长石蚀变自生伊利石、蒙脱石、绿泥石以及伊蒙混层等黏土矿物或者集合体。其中自生伊利石是最常见的黏土矿物，在大量富 K^+水介质流经的环境中形成，成因与埋藏成岩作用的相对封闭条件下的长石溶解有关。华庆油田长 6_3 砂层组长石含量较高，为成岩演化过程中伊利石的形成提供了物质基础。统计分析表明，华庆油田长 6_3 储层中伊利石的绝对含量平均值（4.25%）较马岭油田长 8_1（1.8%）高很多。从其含量与孔隙度、渗透率关系图可以看出，随着伊利石含量的增加，砂岩孔隙度、渗透率均呈降低的趋势，但孔隙度降低的幅度较小，而渗透率则呈指数级降低。因此，伊利石胶结形成的大量微孔隙是导致储层孔隙结构差异，并造成长 6_3 砂岩孔隙度与长 8_1 砂岩孔隙度相差较小，而渗透率较低的重要原因。此外，如果孔隙流体本身富 K^+，或储层物性较差甚至渗透性砂体被渗透性很差的泥页岩体所包围，长石溶解产生的 K^+、Na^+等碱性离子不能及时移走，在溶解速度大于介质迁移速度的情况下，碱性离子就会在孔隙中逐渐积累，从而改变孔隙介质的组成和性质，成为富 K^+的碱性环境，长石溶解更容易形成伊利石而不是高岭石，并伴随自生石英的沉淀堵塞原有孔隙和喉道，改变孔喉结构面貌。

2）岩屑成分差异对成岩作用的影响

不同类型的岩屑在成岩过程中蚀变生成的自生胶结物及其赋存方式不同，其对储层储集性能的影响有明显差异。研究区砂岩颗粒中，火山岩岩屑是最常见且易溶的岩屑颗粒之一，因物源不同各个区带分布不均匀。火山岩岩屑在成岩过程中发生蚀变形成绿泥石胶结物的母岩碎屑。含量高低和分布变化影响溶孔和自生矿物分布，特别是孔喉中高铁绿泥石的分布，形成于孔隙衬边或者充填孔隙中，均对储集层孔渗性有重要的影响。孔隙衬边方式产出的绿泥石沉淀膜以及成岩过程中的再生长，不仅提高了岩石的机械强度和抗压实能力，而且降低了自生石英与孔隙水的接触面积从而抑制石英的次生加大，使砂岩中的原生粒间孔隙得以保存。马岭油田长 8_1 火山岩岩屑含量高，尤其富含喷发岩岩屑，在成岩过程中发生蚀变形成绿泥石膜胶结，使得长 8 油层组绿泥石膜含量（4.1%）较华庆油田长 6_3（2.6%）高，而且保存有较多的粒间孔隙。较多的原生粒间孔隙为后期酸性流体的进入提供了良好的通道，从而有利于溶蚀对储层的进一步改造。

碳酸盐岩岩屑溶解主要为晚成岩期（含）铁碳酸盐胶结物的形成提供了物质基础，晚期碳酸盐胶结物主要是铁方解石和铁白云石，二者均是影响降低储层孔隙度、渗透率的重要因素。碳酸盐胶结和交代作用在研究区长 8_1 和长 6_3 砂岩中普遍存在，铸体薄片镜下观察以及扫描电子显微镜观察均少见碳酸盐胶结物溶解，且主要为后期（含）铁碳酸盐胶结物，单华庆油田长 6_3 以铁白云岩岩屑含量（2.3%）较长 8 油层组（1.3%）普遍偏高，因而长 6_3 砂层组储层质量较长 8_1 差。随着含铁碳酸盐胶结物含量的增高渗透率有进一步降低的趋势。

3）塑性组分含量对成岩作用的影响

陇东地区内常见的塑性组分有千枚岩、页岩、板岩、泥岩等岩屑和云母等塑性颗粒，并以千枚岩岩屑和云母为主。这些塑性岩屑及颗粒抗压性弱，受压易变形。在这些塑性组分含量高的地方，压实作用较强烈。特别是在埋藏早期，在压实作用下这些塑性成分易被压实变形，挤入颗粒间孔隙中形成假杂基，堵塞喉道，极大地降低了储层的孔隙度和渗透率，对储层储集性能造成很大的破坏作用。长 6_3 储层的塑性组分含量比长 8_1 砂层组高，较高的塑性组分含量导致压实作用强，是长 6_3 储层质量较长 8_1 砂层组差的原因之一。在最大埋藏深度相当的同一层储层中，不同区带中物源导致的塑性组分含量差异不同。随着岩石中塑性组分含量的增加，压实率呈明显升高的趋势。

2. 沉积微相决定砂层厚度、粒度分选、成熟度及杂基含量

在陇东地区不同沉积微相带中，砂层厚度、粒度分选、成熟度及杂基含量不同，成岩作用类型存在差别。其中长 8_1 绿泥石薄膜胶结大面积发育的区带主要分布于受东北物源影响的三角洲前缘水下分流河道和河口砂坝微相，颗粒分选性好，原生粒间孔多，所以整体物性较好；而在长 6_3 深水浊流相沉积中，虽然砂岩粒度小，分选好，杂基含量少，但颗粒绿泥石薄膜胶结不发育，原生粒间孔发育差，加上碳酸盐胶结物含量高，且不均匀，为后期不均匀溶蚀型次生孔隙形成提供了物质基础，物性以及结构相对较差。

3. 成岩介质条件是矿物转化和形成自生矿物的重要因素之一

根据成岩矿物组合分析，在华庆油田长 6_3 为相对封闭的高压还原成岩环境，处于封闭体系中的白豹北长 6_3 砂岩中的钾长石，受孔隙碱性热液溶解，形成了自生矿物蒙脱石，进而转化成伊利石；而马岭油田长 8_1 为开放的弱还原环境，斜长石、钠长石和钾长石等骨架颗粒在酸性水介质中溶解，形成的大量高岭石成为主要自生黏土矿物之一。一方面，高岭石晶形发育较好，单晶呈假六方片状，集合体呈书页状或蠕虫状集合体，赋存在原生粒间孔和次生溶孔中，造成孔隙堵塞；另一方面，高岭石晶粒间的晶间孔增加了微孔数量，改变了孔隙类型结构，并具有一定的储集能力，对储集层物性起到改善作用。

在综合分析上述成岩作用以及成岩相与储层致密、成藏时间、发育形式、分布特征、

对孔喉结构的影响方式以及影响成岩相类型发育分布的主要因素后，总结了相互之间的关系，见表 13-2。

表 13-2　不同分布区带成岩相类型、形成时间以及对孔喉结构的影响

成岩相类型	成岩相	形成期与成藏关系	发育形式与分布区带	对孔喉、渗流的影响方式
压实压溶胶结相类	黏土质压实胶结相	早成岩期成藏前	软颗粒与粒间黏土填隙物，杂砂岩和粉砂岩带	减小原生粒间孔隙和喉道
	铁泥质压实胶结相			
	早期硅质压溶胶结相	早成岩晚期—晚成岩早期	石英早期加大，石英颗缘	减小孔隙，增加成岩缝
碳酸盐胶结相类	碳酸盐胶结相	成藏前后多期致密	基底式和孔隙中成斑块状	减小孔喉，降低渗流
	铁方解石胶结相	早成岩晚期、晚成岩期，成藏期及期后	孔隙中及粒间成斑块状	减小孔喉，降低渗流
	铁白云石胶结相			
溶蚀相类	碳酸盐胶结物溶蚀相	成藏期及期后	非均质发育，高渗带	增扩孔喉，有利渗流
	长石岩屑及黏土杂基溶蚀相	早成岩晚期与晚成岩早期，成藏前后	非均质，长石岩屑砂岩	主要增加微孔喉
	压溶微裂缝相		石英砂岩及钙（泥）砂岩	增加微缝，提高渗流
黏土矿物薄膜相类	绿泥石薄膜相	同生及早成岩期，成藏前	颗粒表面薄膜及孔隙衬里，高渗带	有利于保护原生粒间孔隙和喉道，提高渗流
	伊蒙混层薄膜相			
自生矿物充填相类	伊利石、绿泥石充填相	晚成岩，成藏期及期后	粒间非均质分布，主要见于长石、岩屑以及杂砂岩	降低孔喉均质性
	高岭石充填相			减小大孔喉，增加微孔隙
	石英、钠长石等矿物共生相		粒间非均质分布，长石砂岩	

第十四章　多尺度孔隙结构参数非均质对储层渗流的影响

第一节　致密储层多尺度非均质孔隙结构形成的岩性基础

1. 岩性组分特征与孔喉类型成因

致密砂岩储层岩的组分特征是影响储层成岩作用、孔隙结构及储层物性的重要因素。通过偏光显微镜、铸体薄片、扫描电子显微镜以及岩石化学分析和统计发现，储层以浅灰色、灰色长石砂岩、岩屑长石砂岩为主，含少量岩屑砂岩。其中华庆油田长 6_3 砂层组碎屑组分中长石含量为36.62%，石英含量为28.01%，岩屑组分为19.59%（表14-1）；马岭油田长 8_1 砂岩中石英含量为27.50%~31.30%，长石含量为22.59%~30.41%，岩屑含量为25.13%~31.18%，石英、长石、岩屑的比例近乎为1∶1∶1（表14-2）。

表14-1　华庆油田长 6_3 储层砂岩碎屑成分及填隙物含量统计表

层位	碎屑含量/%			填隙物/%	样品数
	石英	长石	岩屑		
长 6_3	28.01	36.62	19.59	15.78	668

表14-2　马岭油田长 8_1 储层砂岩碎屑成分及填隙物含量统计表

层位	碎屑含量/%			填隙物/%	样品数
	石英	长石	岩屑		
长 8_1^1	27.50	22.59	31.18	18.53	24
长 8_1^2	31.30	26.80	25.37	16.53	120
长 8_1^3	29.17	30.41	25.13	15.29	55

砂岩碎屑颗粒磨圆度以次棱角状、次圆-次棱角状为主，粒度较小，以细-中粒为主，极细-细粒和细粒次之，以分选中等、好为主。砂岩填隙物普遍含量较高，华庆油田长 6_3 为15.78%，马岭油田长 8_1 为15.29%~18.53%。填隙物类型多样，其中以自生黏土矿物和碳酸盐胶结物为主，硅质胶结物含量较低，黏土矿物以高岭石、绿泥石为主，碳酸盐胶结物则主要为方解石和铁方解石。砂岩碎屑胶结类型以孔隙式-基底式胶结为主。上述岩性中颗粒以及填隙物中有大量不稳定易溶组分是次生孔隙、多种孔喉类型以及多尺度非均质孔隙结构形成的重要物质基础。长石、岩屑以及胶结物中形成的各类溶蚀孔隙受沉积成岩共同影响，粒间孔隙溶蚀只是成岩溶蚀孔隙，在原有的粒间孔基础上对储层进行了溶蚀

改造，由沉积、成岩或构造作用形成的微裂缝在研究区储层中虽发育较少，但对孔隙的连通性起重要作用，使储层物性得到进一步改善。

通过铸体薄片、扫描电子显微镜资料统计，研究区砂岩储层的孔隙类型复杂，华庆油田长 6_3 储层中主要有粒间孔、长石溶孔、岩屑溶孔，次为杂基微孔隙和伊利石晶间孔、微裂隙及粒间溶孔。偏光显微镜下铸体分析的平均面孔率较低，一般为2.6%～4.1%，其中粒间孔平均为1.56%，长石溶孔为0.98%，岩屑溶孔为0.31%，其余还有黏土矿物晶间孔、杂基微孔、粒间溶孔、微裂隙等其他类型孔隙。在扫描电子显微镜下能够分辨，马岭油田长 8_1 储层相比华庆油田长 6_3 储层孔隙类型，面孔率总体降低至2.4%～3.8%，其中长石溶孔含量增加到1.08%，杂基中高岭石晶间微孔增加。主要孔隙组合类型为粒间孔-溶蚀孔，粒间孔发育于颗粒碎屑之间，为原生孔隙，是在压实过程中碎屑颗粒间残存的空间，在马岭油田长 8_1 砂岩储层中，既有绿泥石薄膜状包绕碎屑颗粒后剩余的粒间孔隙，也发育高岭石晶间微孔隙。

2. 砂岩粒度结构与原生孔隙结构分布

砂岩粒度分布受颗粒沉积时水动力条件控制，既是反映原始沉积条件的直接标志，可直接提供沉积时水动力条件。华庆油田长 6_3 和马岭油田长 8_1 储层，既有强牵引流分流水道成因的中细砂岩，沉积物沉积时水动力能量强，粒度结构分选性好，原始粒间孔隙发育；也有快速递变悬浮沉积的浊流粉细砂岩，分选性差；还有搬运沉积过程快而复杂的河口砂坝，分选中等-较好，孔隙类型多样。粒度结构与孔隙发育受沉积成岩条件控制，典型的原生孔隙以及多尺度孔隙分布主要受控于原始沉积环境，长 6_3 和长 8_1 有不同特征。

第二节　致密储层孔喉结构主要类型划分与组合特性

重点依据成岩类型、作用形式以及转化过程引起的微观孔喉结构及渗流特性改变程度，划分了特低渗致密砂岩（渗透率小于 $1\times10^{-3}\mu m^2$）对应的四类储层类型。

Ⅰ类：孔隙度为12%～15%，渗透率大于 $0.5\times10^{-3}\mu m^2$，粒间扩大溶孔≥50μm，孔喉半径平均为35～50μm。主要由成岩后剩余粒间孔和粒间扩大溶孔组成（图14-1）。其中剩余粒间孔是由于早成岩期沿骨架颗粒表面垂直孔壁膜状生长的网状绿蒙混层、毛毡状、叶片状绿泥石膜影响，缩小了沉积早期原生粒间孔径而形成。增加孔壁糙面，增加吸附性和表面黏滞力，改变润湿性和敏感性，但小孔隙颗粒比表面积大，单位时间内流体流速高。

Ⅱ类：孔隙度为8%～12%，渗透率为 0.5×10^{-3}～0.3×10^{-3} um²，孔喉半径平均为30～45μm。主要由类粒间溶孔、粒间（内）溶孔组成。晚成岩期，自生矿物与沉淀同时影响孔喉结构，喉道壁上有自生石英，喉道内部有叶片状高岭石，既分隔、堵塞孔喉（图14-2），减小喉道半径，也增加渗流通道迂曲度、渗流阻力，导致大孔隙颗粒比表面积小，单位时间内流量高但流速低，改变了渗流性质。

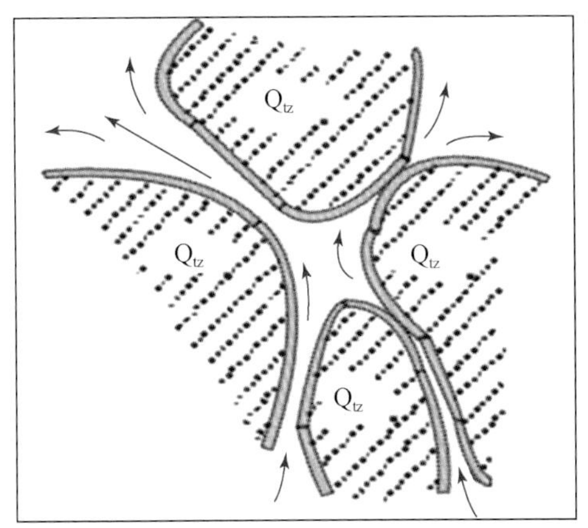

图 14-1　庄 133 井长 8_1 膜状绿泥石和剩余粒间孔隙

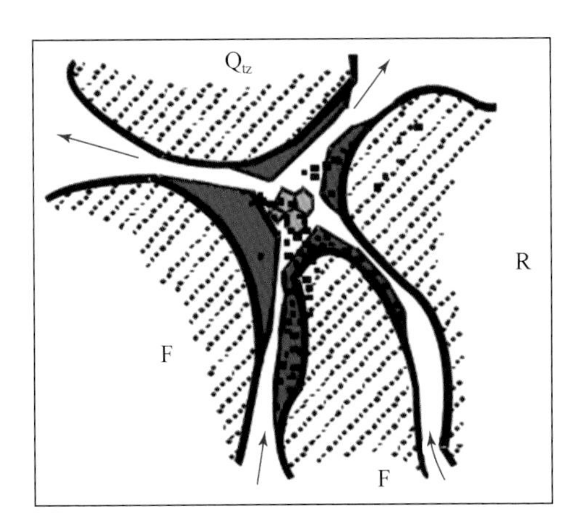

图 14-2　白 210 井长 6_3 粒间溶蚀孔内分布的自生石英

Ⅲ类：粒内溶孔、黏土矿物集合体晶间（图 14-3），孔隙度为 5%～8%，渗透率为 $0.12\times10^{-3}\mu m^2$～0.3×10^{-3}；以微纳米孔为主，孔喉半径平均为 4～30μm，其中纳米级孔（平均孔径≤0.9μm）≤50%。主要是在晚成岩期，在喉道内部叶片状丛生或丝缕状桥式浮生的伊利石和绿泥石，既分隔、堵塞大孔喉，减小喉道连通性、储集空间和渗透率，同时增加渗流通道迂曲度、渗流阻力，改变渗流性质，以非达西流为主。

Ⅳ类：主要由成岩微裂缝、碳酸盐胶结物溶蚀孔（图 14-4）、黏土矿物集合体和晶间纳米级孔（图 14-5）为主组成，一般孔隙度≤5%，渗透率小于 $0.10\times10^{-3}\mu m^2$，孔喉半径平均为 200nm～20μm，其中纳米级孔（≤1μm）≥60%。在不同成岩阶段，黏土矿物类型、含量、产状习性以及赋存状态改变孔喉微观结构，对储层渗透率值和渗流性质影响程度和方式有差异，属于非达西流。

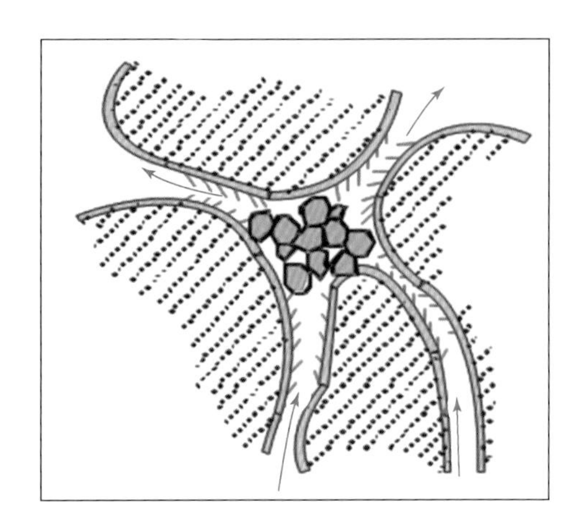

图 14-3　镇 346 井，2153. 8m，长 8_1 粒内自生矿物与晶间孔隙

图 14-4　庄 35 井长 8_1 粒间碳酸盐胶结物内溶孔

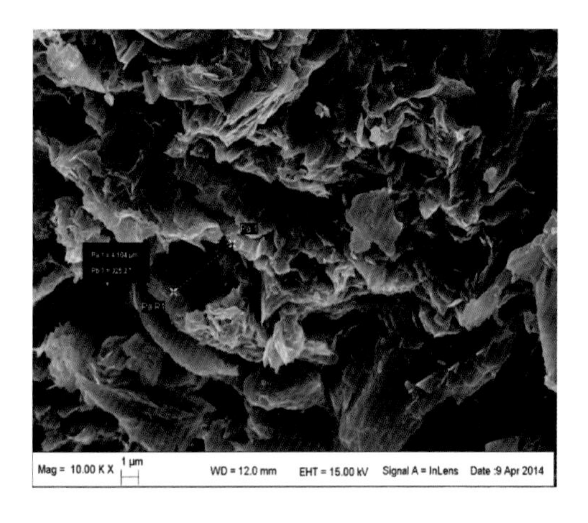

图 14-5　白 123 井长 6_3 砂岩中伊利石晶间微孔

第三节　砂岩粒度与孔喉结构参数相关性及长 6_3 和长 8_1 差异对比

陇东地区延长组砂岩沉积物粒度受沉积时水动力条件控制，不仅是反映原始沉积条件和搬运形式的直接标志，为沉积环境和搬运水动力方式分析提供重要依据，同时通过颗粒变化与孔喉之间关系以及相关性分析，能够寻找沉积和成岩过程中，引起低渗储层孔喉微观结构和渗透性能变化的主要控制因素。深入分析华庆油田长 6_3 粒度与孔隙度相关性（图 14-6）可以看出，砂岩粒度变化总体上与孔隙度呈正相关，但相关系数较低，且粒度越小，相关性越差，粉砂岩中沉积因素对物性变化不起主要影响作用；但粒度不仅与喉道半径相关性（图 14-7）强，也与喉道结构具有较强相关性（图 14-8，图 14-9）。从马岭油田长 8_1 粒度与分选系数相关性（图 14-10）可以看出，砂岩粒度变化总体上与孔隙度以及孔喉结构均呈正相关，虽然相关系数较低，但总体反映粒度越小，相关性越差，反之亦

然，表明马岭油田长 8_1 砂岩中沉积因素是孔隙度以及孔喉结构均质性的重要影响因素之一；但在粒度与中值半径相关图中（图 14-11），相关性较差，特别是粒度越大，孔隙半径不一定越大，相关性差，表明成岩胶结以及溶蚀次生孔隙成为重要影响因素之一，这与埋藏较深、成岩孔隙水作用较强，成岩演化历史长、胶结与溶蚀均较华庆油田长 6_3 储层复杂有关。

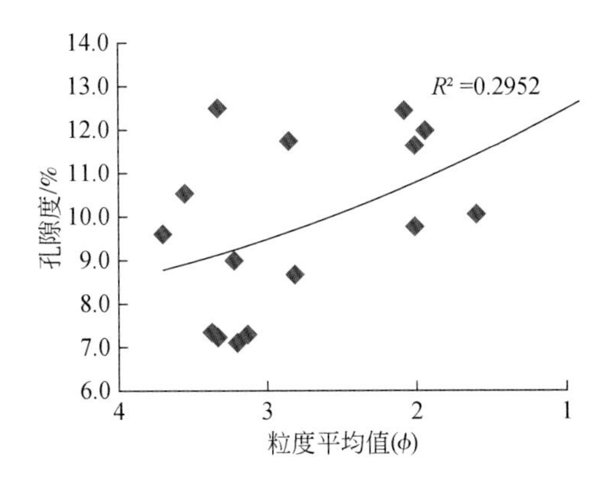

图 14-6　华庆油田长 6_3 粒度与孔隙度相关性

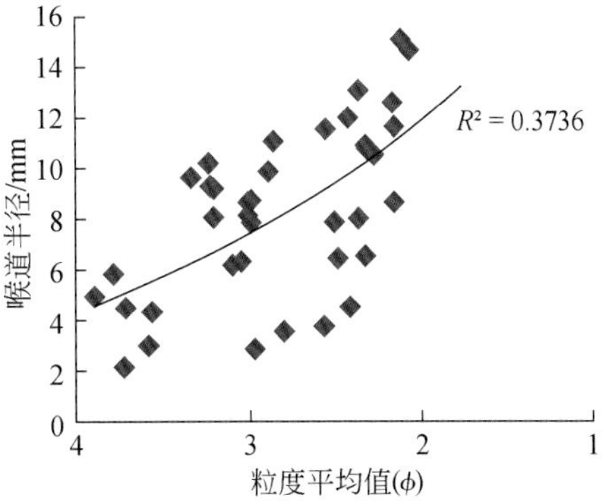

图 14-7　华庆油田长 6_3 粒度与喉道半径相关性

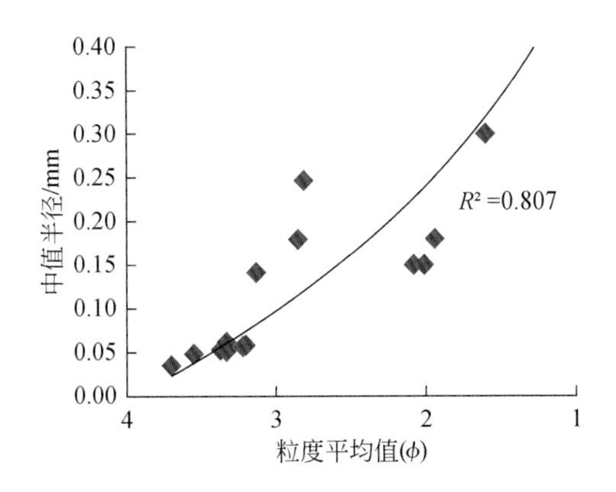

图 14-8　华庆油田长 6_3 粒度与中值半径相关性

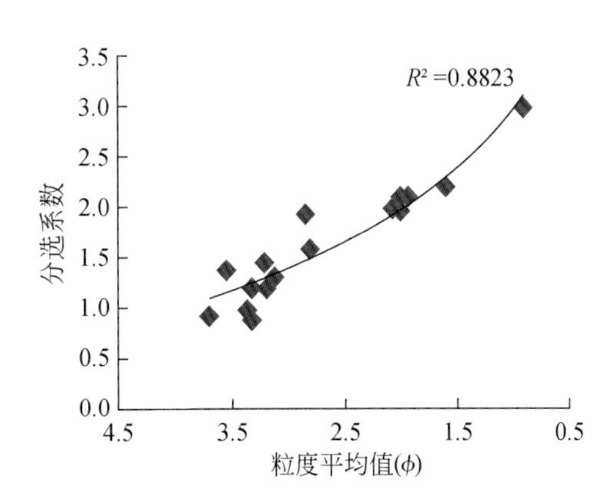

图 14-9　华庆油田长 6_3 粒度与分选系数相关性

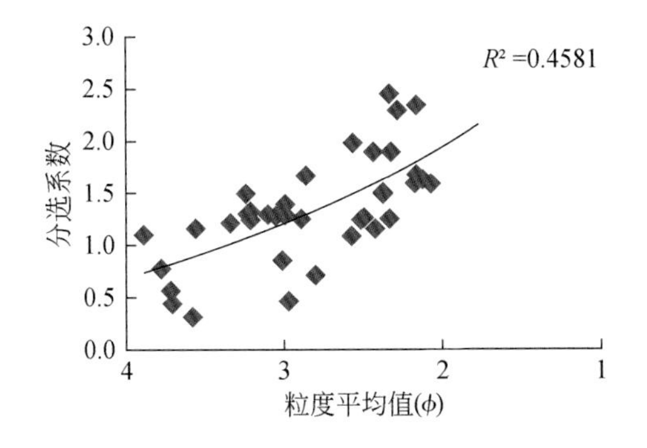

图 14-10　马岭油田长 8_1 粒度与分选系数相关性

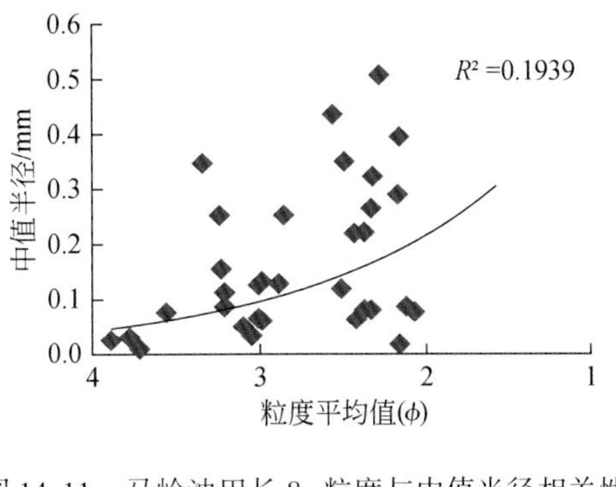

图 14-11　马岭油田长 8_1 粒度与中值半径相关性

第四节　物性相关性及变化反映的孔喉成因特征

在统计华庆油田长 6_3 储层 4644 个样本后得出，储层孔隙度范围为 0.0016% ~ 18.65%，平均值为 9.731%，主要分布范围为 7.8% ~ 12.6%（图 14-12）；渗透率范围为 $0.000002\times10^{-3}\sim19.47\times10^{-3}\mu m^2$，平均为 $0.292\times10^{-3}\mu m^2$，主要分布范围为 $0.1\times10^{-3}\sim0.5\times10^{-3}\mu m^2$（图 14-13）。在统计马岭油田长 8_1 储层 927 个样本后得出，储层孔隙度为 1.09% ~ 16.98%，平均值为 9.204%，主要分布范围为 6.5% ~ 15.2%（图 14-14）；渗透率为 $0.0012\times10^{-3}\sim5.45\times10^{-3}\mu m^2$，平均为 $0.333\times10^{-3}\mu m^2$，主要分布范围为 $0.09\times10^{-3}\sim0.28\times10^{-3}\mu m^2$（图 14-15）。依据现行中石油以及长庆油田储层分类标准，研究区无论是华庆油田长 6_3 还是马岭油田长 8_1 储集层，均属于低孔-特低孔和特低-超低渗致密储层。

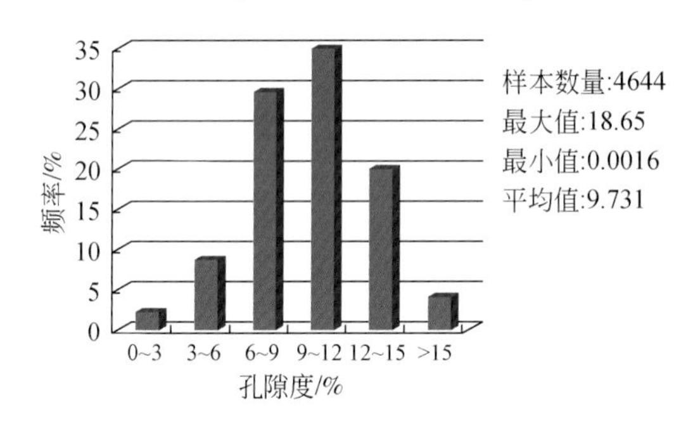

图 14-12　华庆油田长 6_3 储层孔隙度分布特征

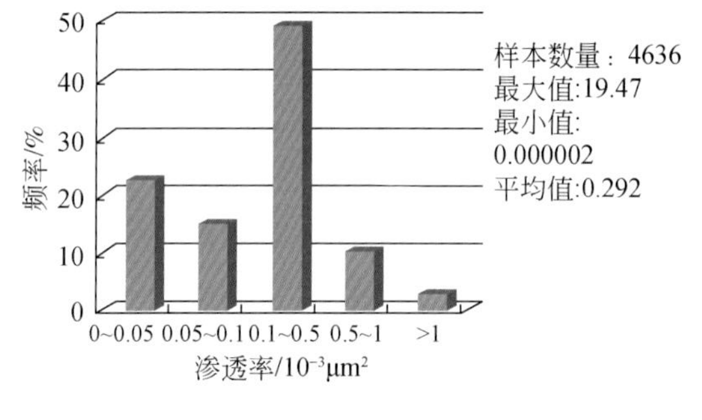

图 14-13　华庆油田长 6_3 储层渗透率分布特征

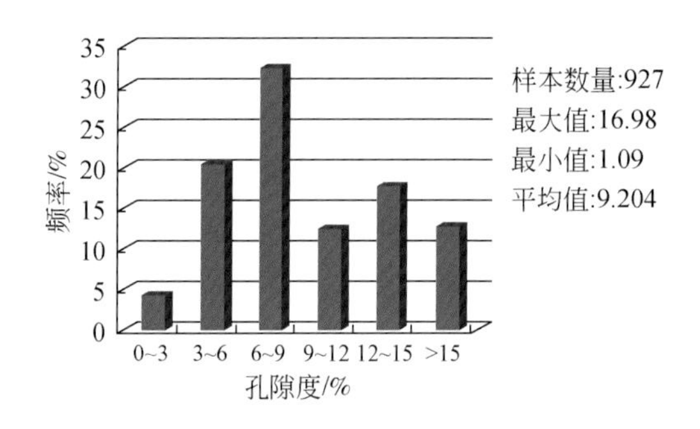

图 14-14　马岭油田长 8_1 储层孔隙度分布特征

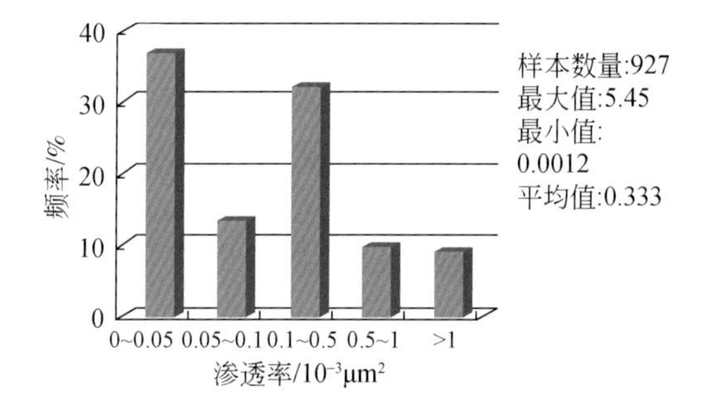

图 14-15　马岭油田长 8_1 储层渗透率分布特征

依铸体薄片、扫描电子显微镜和压汞曲线综合分析，总体上华庆油田长 6_3（图 14-16）以及马岭油田长 8_1 储层孔隙度与渗透率之间均呈正相关性（图 14-17），渗透率随孔隙度的增大而增大。但从相关系数 R^2 分析，二者分别为 0.5919 和 0.6339，总体上长 6_3 孔渗相关性较长 8_1 差一些。进一步深入对比分析华庆油田长 6_3 储层不同样品分析结果以及之间的相互关系，发现长 6_3 孔渗之间的非均质性差异较大，对比同一孔隙度的不同样品，其渗透率甚至相差 10 倍，或者更多，而相同渗透率之间的不同样品，孔隙度也相差约 5%。这种差异表明，华庆油田长 6_3 致密砂岩储层的微观孔隙结构受成岩胶结和杂基组分影响更加复杂多样，也说明砂岩的储渗能力主要依赖于砂岩粒间孔隙、基质孔隙与喉道大小。

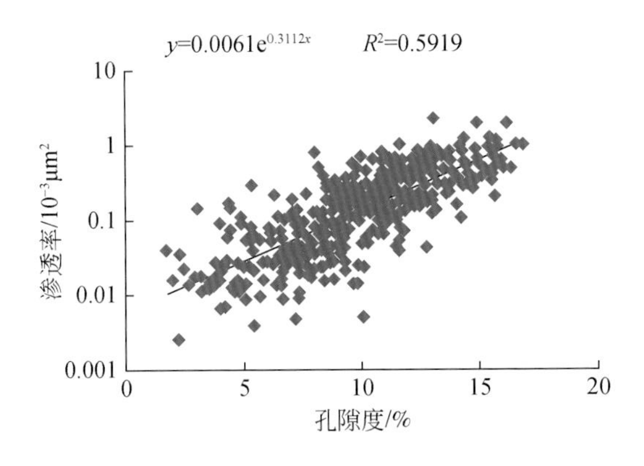

图 14-16　华庆油田长 6_3 孔隙度与渗透率相关性

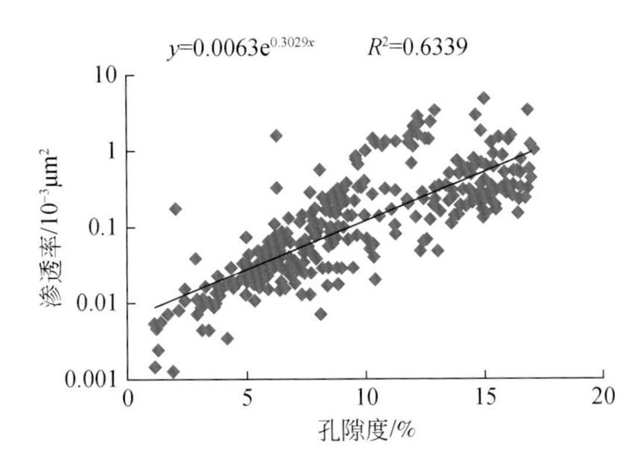

图 14-17　马岭油田长 8_1 孔隙度与渗透率相关性

在马岭油田长 8_1 储层中，对于压汞实验及物性数据，不仅统计分析了总体物性相关特征，而且对不同砂体小层进行了分析。其中总体上马岭油田长 8_1 储层的渗透率与孔隙度也具有良好的正相关性，相关系数 R^2 为 0.6339。但进一步分析长 8_1 两个不同砂体小层的物性分析，发现相关指数以及关系存在明显差异（图 14-18，图 14-19），长 8_1^2 和长 8_1^3 的相关系数 R^2 分别为 0.6175 和 0.4518，前者好于后者。特别是从图 14-18 可以看出，长 8_1^2 低渗砂岩中孔隙度与渗透率相关性与孔隙度高低有关，在孔隙度 8% 附近明显具有二分性，即当孔隙度小于平均值 8% 时，孔渗相关性相对较差，当孔隙度大于平均值 8% 时，孔渗相关性明显变好，渗透率随孔隙度增加而增大的趋势更加明显，反之，当孔隙度小于平均值 8% 时，孔隙度值越小，与渗透率相关性越差，所以特低孔特低渗储层中孔喉结构的非均质更强，由于粒间组分复杂，杂基、黏土矿物以及胶结物增多，一方面，次生溶蚀孔隙和扩大的喉道导致低孔高渗；另一方面，杂基微孔隙以及黏土矿物晶间微孔对储层物性以及孔喉结构非均质性的影响越来越明显。

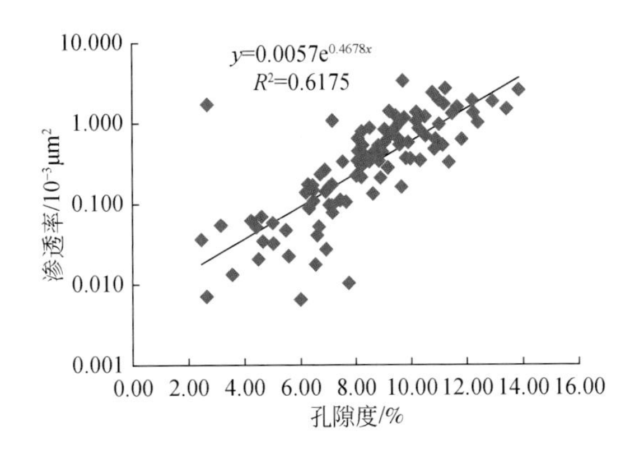

图 14-18　马岭油田长 8_1^2 孔隙度与渗透率相关性

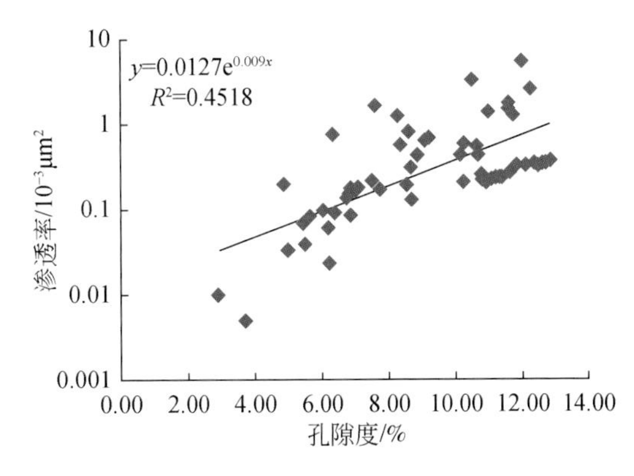

图 14-19　马岭油田长 8_1^3 孔隙度与渗透率相关性

第五节　高压压汞参数相关性变化揭示的孔喉非均质特征

1. 高压压汞毛细管压力曲线发育类型

储层微观孔隙结构是影响岩石渗流性质的重要因素。定量表征孔隙结构的参数很多，主要包括反映孔喉大小、分选、连通性及控制流体运动特征的参数。本次研究中主要使用的参数有排驱压力、饱和中值压力、喉道中值半径、孔喉分选系数、变异系数、退汞效率和最大进汞饱和度。排驱压力和饱和中值压力越低，中值半径越粗，退汞效率越高，储层物性就越好；反之，储层物性就越差。

通常，储层的毛细管压力曲线依据形态分为 a、b、c、d、e、f 六种类型，其中 a 类毛细管力曲线平缓段很长且接近坐标轴，说明喉道粗大且分布集中，岩石具有好的储集性和渗透性；b 类毛细管力曲线平缓段长，几乎与横坐标轴平行，说明喉道分布十分集中，分选很好，但喉道偏细，储集性、渗透性不如 a 类；c 类毛细管力曲线平缓段长但少于 b 类长度，平缓段高度高于 b 类，说明分选性好，但喉道细小储集性差；d 类不具平缓段呈现下凹状，说明分选差，喉道偏细；e 类曲线呈现上凹状，说明分选差，喉道偏细；f 类毛细管力曲线是一条斜线，说明喉道根本没有分选。研究区长 6_3-长 8_1 的高压压汞实验毛细管压力曲线形态在常见的 a、b、c、d、e、f 类型中有低渗特征。

华庆油田长 6_3 储层样品的压汞毛细管力曲线形态（图 14-20）以符合 6 种典型的毛细管力曲线中的 c 类为主。可以看出，c 类毛细管力曲线的中间段平缓，分选性较好，孔喉均匀较细偏度，但是排驱压力较高。总体上研究区储层中这类岩石孔喉分布均匀，变异系数为 0.0659～0.1616。然而排驱压力几乎都大于 1MPa，喉道细小，中值半径为 0～0.2467μm，

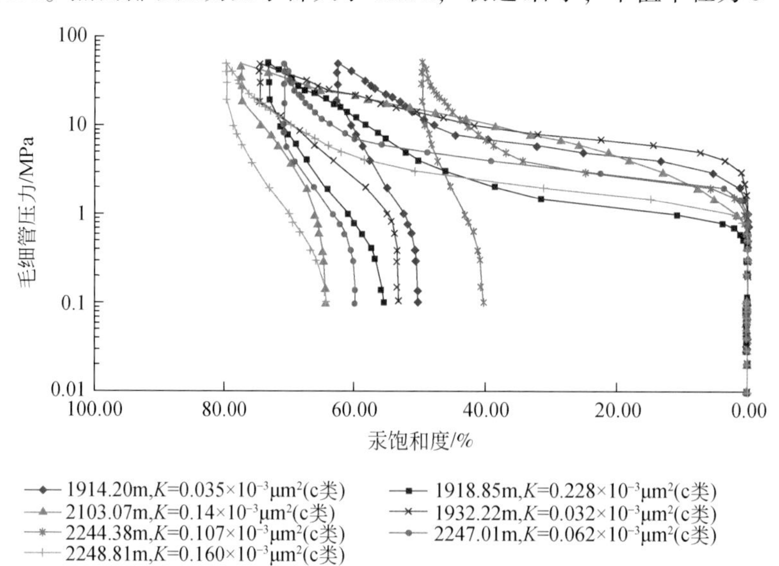

图 14-20　华庆油田长 6_3 高压压汞毛细管压力曲线分布特征

多小于0.1μm。进一步分析高压压汞毛细管力曲线特征发现，华庆油田长6_3储层毛细管压力参数变化较大，储集层孔隙结构具有较强的非均质性，总体具有排驱压力低，平均为2.816MPa，最大进汞饱和度较高，平均为70.75%，孔隙与喉道间的连通性相对较好的特点。研究区储层平均中值压力为9.854MPa，中值半径为0.091μm，喉道变异系数为0.102，分选中等；退汞效率较低，平均为20.86%。

图14-21中显示了马岭油田长8_1储层中具有代表性样品的高压压汞毛细管力曲线与孔喉特征参数分布特征。可以看出，压汞毛细管力曲线形态上多符合6种典型的毛细管力曲线中的c类和e类。其中c类毛细管力曲线中间段平缓，分选性较好，孔喉均匀较细偏度，但是排驱压力较高。研究区储层中这类岩石孔喉分布均匀，变异系数为0.0334～0.1038。然而排驱压力大于1MPa，喉道细小，中值半径为0.062～0.1330μm，多小于0.1μm。其孔隙度较低，渗透率一般小于$0.2\times10^{-3}\mu m^2$，最大进汞饱和度相对较低；e类毛细管力曲线平缓段不如c类明显，中间段近似斜坡状，孔喉分布不均匀，略细偏度。变异系数为0.2161～1.174。排驱压力小于0.5MPa，孔喉尺寸相对较大，中值半径多大于0.1μm，气体渗透率多为$1\times10^{-3}\mu m^2$数量级。

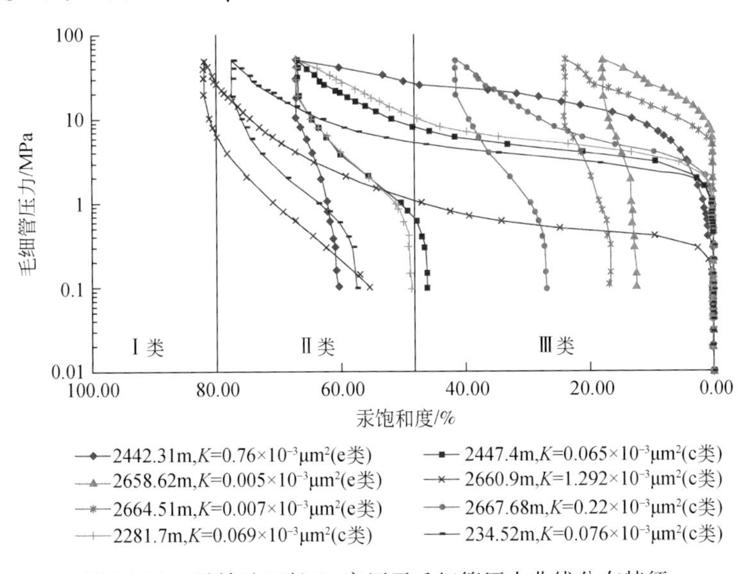

图14-21　马岭油田长8_1高压汞毛细管压力曲线分布特征

研究区储层毛细管压力曲线可分为三种类型：Ⅰ类孔隙结构，以图中Ⅰ类曲线为代表，其孔隙度大于10%，渗透率为0.228×10^{-3}～$1.292\times10^{-3}\mu m^2$，曲线形态以偏粗偏度为主，有较长的平台段，储层分选较好，排驱压力变化范围为0.34～1.2MPa，平均为0.79MPa，中值压力变化范围为1.21～4.1MPa，平均为2.74MPa，中值半径变化范围为0.18～0.61μm，平均为0.35μm；Ⅱ类孔隙结构，以图中Ⅱ类曲线为代表，该类压汞曲线在研究区最为常见，孔隙度变化范围为6.5%～10.5%，渗透率范围为0.035×10^{-3}～$0.76\times10^{-3}\mu m^2$，曲线平台阶段较短，分选相对较好，排驱压力变化范围为0.97～5.35MPa，平均为2.31MPa，中值压力变化范围为0～36.16MPa，平均为9.56MPa，中值半径变化范围为0～0.25μm，平均为0.09μm；Ⅲ类孔隙结构，以图中Ⅲ类曲线为代表，孔隙度变化范围为2.86%～6.5%，渗透率小于$1\times10^{-3}\mu m^2$，曲线向右上方靠拢，倾斜角度较大，基本无平台，分选较差，排驱压力变化范围为1.93～17.03MPa，平均为8.65MPa，中值压力和中值半径都为0。

总体上，陇东地区华庆油田长6_3以及马岭油田长8_1储层均具有较强的非均质性，以Ⅱ类孔隙结构和Ⅲ类毛细管压力曲线为主。

2. 压汞参数相关性与孔喉成因

在常规储层中，喉道的分选系数越大，说明喉道具有越差的分选性，渗透率也就越差。但在马岭油田长8_1^2低渗储层中，无论是孔隙度和渗透率之间，还是孔隙度和渗透率与喉道分选系数之间，均呈现正相关关系（图14-22），即孔喉分选越差，孔隙度和渗透率反而越高。研究区的喉道分布具有单峰特征，分布集中，峰值含量高，随着渗透率的增大，较大喉道的数量增加幅度较大，而且喉道分布范围广，较大的喉道可为低渗油藏中油水渗流做出重要贡献。这些特征一方面说明成岩过程中溶蚀形成较大孔喉、改善储集性能及连通性其重要作用；另一方面，反映喉道是控制低渗油藏渗流能力的决定性因素。

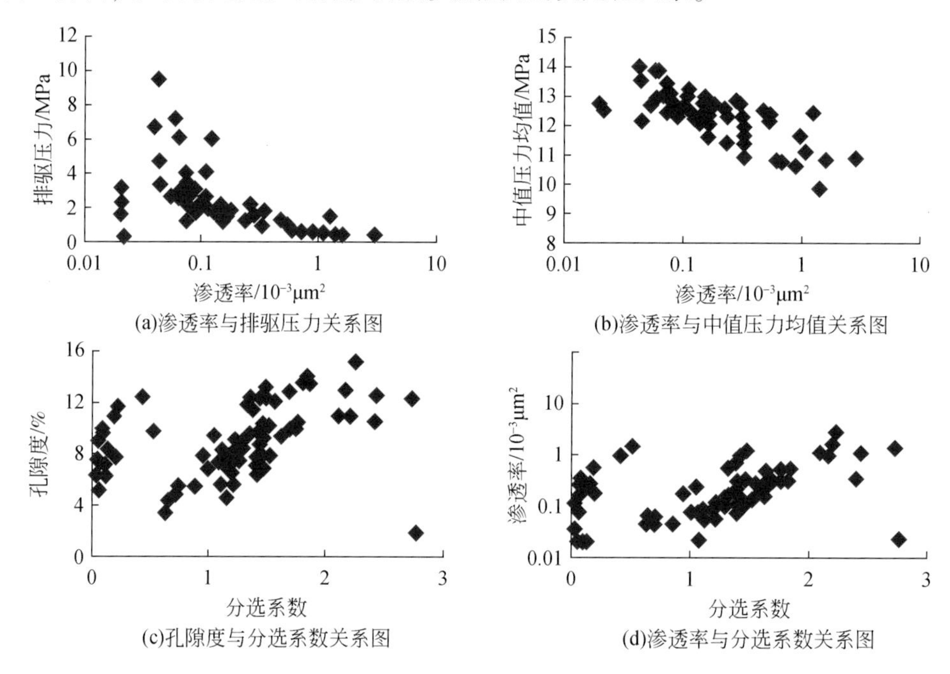

图14-22　马岭油田长8_1储层物性与排驱压力及喉道分选参数相关性

另外，相比华庆油田长6_3，马岭油田长8_1砂岩的孔隙喉道更偏细，大-中孔微喉多，渗透率和孔隙度与中值压力、中值压力均值、排驱压力多为负相关，其中与排驱压力相关性最典型。相比而言，在马岭油田长8_1的不同砂层中孔隙结构非均质性更突出，储层毛细管压力参数变化也较大（表14-3），其中长8_1^1排驱压力为1.59MPa，最大中值半径0.26μm，最大进汞饱和度较高，平均为71.96%，偏度都为正值，储层最小平均中值压力4.49MPa，孔隙与喉道间的连通性相对最好，显然也与成岩晚期，靠近长7的有机酸介质进入对储层溶蚀形成大次生孔喉有关。

表 14-3　研究区长 8_1 砂岩储层孔喉结构参数统计表

层位	孔隙度/%	渗透率/$10^{-3}\mu m^2$	孔隙大小				孔喉分布特征			孔隙连通性
			排驱压力/MPa	中值压力/MPa	中值半径/μm	偏度	分选系数	变异系数	退汞效率/%	最大进汞饱和度/%
长 8_1^1	11.44	1.13	1.59	4.49	0.26	1.08	0.99	0.16	33.31	71.96
长 8_1^2	10.57	0.84	1.89	6.92	0.20	0.78	1.08	0.12	24.82	69.27
长 8_1^3	10.29	0.85	1.34	5.58	0.19	0.03	1.67	0.14	25.16	75.60

第六节　多尺度孔喉结构参数变化对储集及渗流能力的影响

上述高压压汞实验测试的孔渗结果以及相关性分析表明，在研究区低渗-特低渗致密砂岩储层中，在粒间孔隙主流大孔喉中，孔喉半径虽然变化较大，但总体相关性尚可，所以孔喉半径和喉道参数决定储层渗透率大小。于是，认为研究区储层的孔喉结构参数是影响储层物性的主要因素，有必要利用压汞实验结果分尺度探讨孔喉半径与进汞量的关系，以及不同喉道参数对渗透率的影响，以此进一步阐明多尺度孔隙结构参数非均质性变化对渗流的影响。

1. 喉道半径尺度变化对渗透率的影响

进一步分析高压压汞毛细管压力曲线发现，在华庆油田长 6_3 储层及马岭油田长 8_1 储层中，不同渗透率的岩心，不同尺度孔喉半径所占总孔喉的比例有明显差异，其中华庆油田长 6_3 储层分布情况见图 14-23，马岭油田长 8_1 储层分布特征见图 14-24。在半对数坐标内，纳米尺度孔喉所占总孔喉的比例随渗透率的增加而降低，亚微米级尺度孔喉占总孔喉的比例随渗透率的增大略微呈现出先升高后降低的趋势；在渗透率较低时，微米级孔喉所占总孔喉的比例较小，基本不随渗透率的增加而改变，渗透率增加至 $1\times10^{-3}\mu m^2$后，随渗透率的增加而增大。而对于渗透率小于 $1\times10^{-3}\mu m^2$的实验样品，纳米级与亚微米级孔喉占总孔喉的比例均较高，且相差不多。随着渗透率的上升，较大半径喉道所占比例逐渐上升，不同的渗透率样品，孔喉半径大小均表现出很强的非均质性。

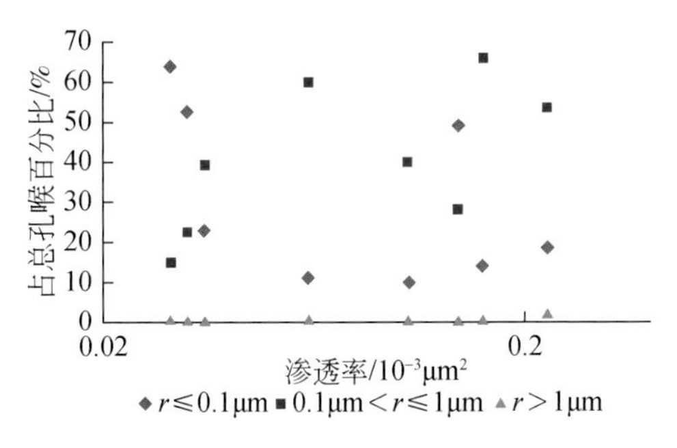

图 14-23　华庆油田长 6_3 储层不同尺度喉道半径占比分布

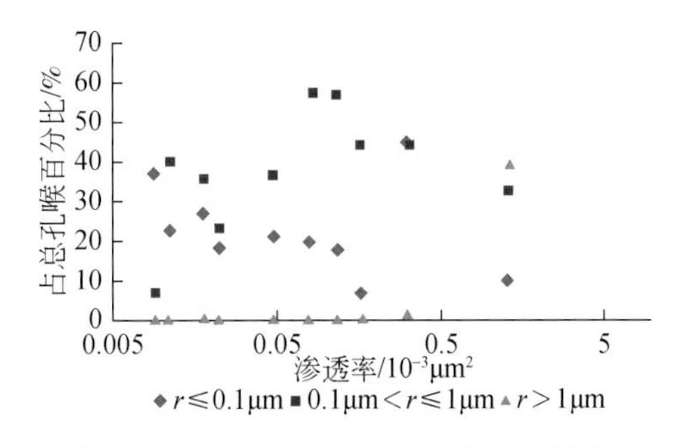

图 14-24　马岭油田长 8_1 储层不同尺度喉道半径占比分布

此外，对渗透率的贡献率也不相同，其中华庆油田长 6_3 储层不同尺度喉道半径对渗透率贡献值分布特征见图 14-25，而马岭油田长 8_1 储层不同尺度喉道半径对渗透率贡献值见图 14-26。可以看出，相同比例下的纳米级孔喉与亚微米级孔喉，亚微米孔喉对渗透率的贡献率要远远高于纳米级孔喉，对岩心的渗流起主导作用。渗透率大于 $1\times10^{-3}\mu m^2$ 的样品，微米孔喉占总孔喉比例增加，对渗透率的贡献率随微米级孔喉占总孔喉空间的比例增加，仍是分布较广的亚微米级孔喉对渗透率的贡献起主导作用。

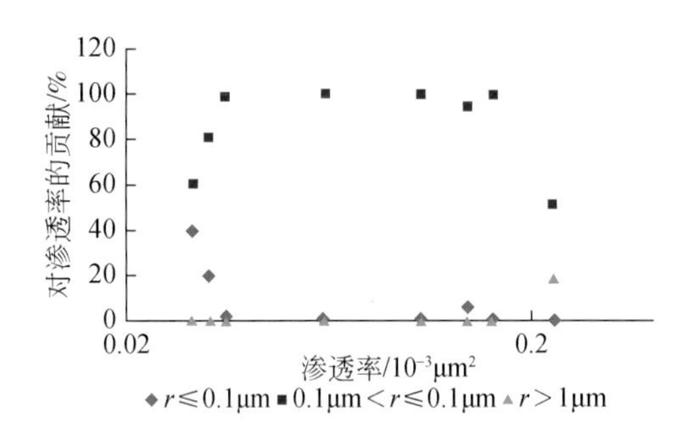

图 14-25 长 6_3 储层不同尺度喉道半径对渗透率贡献差异

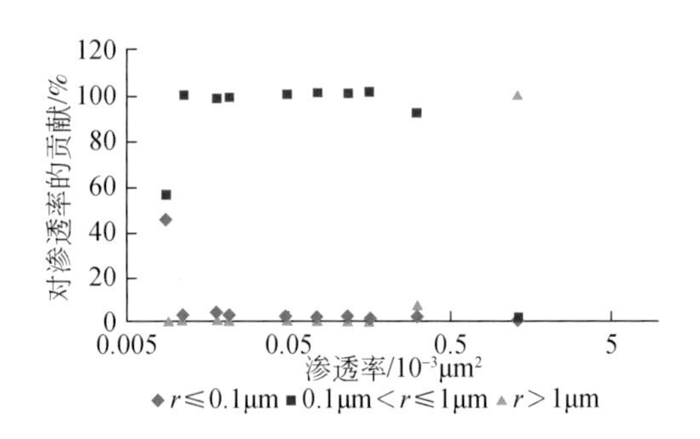

图 14-26 长 8_1 储层不同尺度喉道半径对渗透率贡献差异

埋藏深度与压力引起的成岩变化对研究区储层孔隙以及渗透率的改变在压汞参数上也有明显变化。图 14-27 和图 14-28 分别是华庆油田长 6_3 及马岭油田长 8_1 两口单井在 4 个深度处根据储层 8 个样品高压压汞实验获得的不同喉道半径参数分布图。图中显示，压力梯度较低时，渗流曲线存在非线性渗流段，且随岩心渗透率的降低，曲线右移，非线性段增长。进一步分析对应岩心的喉道分布曲线发现，随岩心渗透率降低，喉道半径分布曲线向左移动，喉道半径减小，相同压力梯度下，流体边界层较厚，使所有孔隙中的流体参与流动所需的压力增加，对应的非线性段加长。

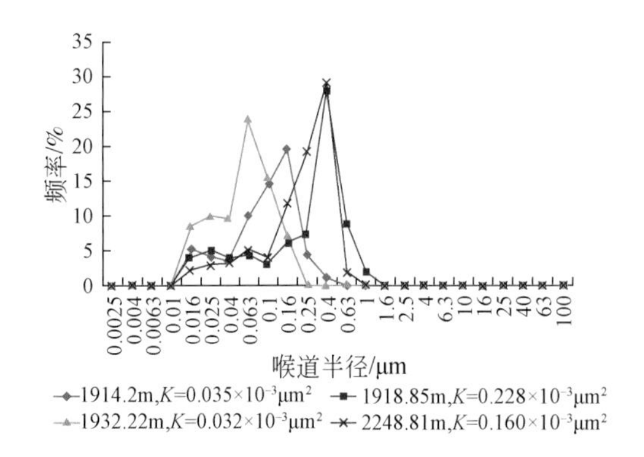

图 14-27 华庆油田长 6_3 岩心多尺度喉道分布曲线

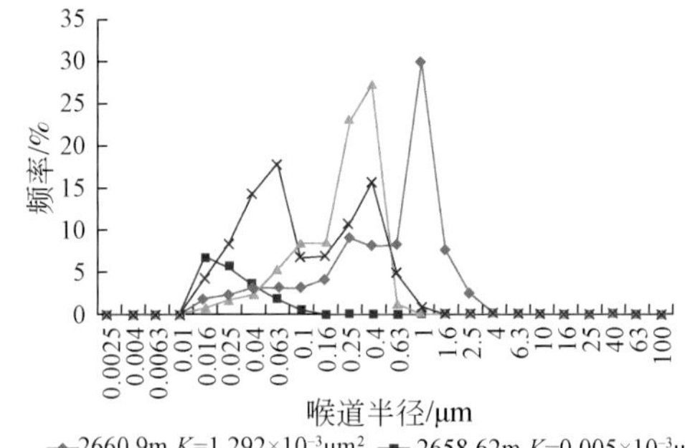

图 14-28 马岭油田长 8_1 岩心多尺度喉道分布曲线

2. 喉道半径尺度变化对压力梯度的影响

在低渗–特低渗致密砂岩储层中，喉道半径尺度变化是引起复杂多孔结构的主要原因，同时影响其中流动介质的渗流特性。当喉道半径尺度变化复杂到一定程度后，岩石孔隙结构、渗流流体性质以及流体与孔隙介质相互作用就会导致赋存其中的介质液体渗流过程中偏离达西线性定律。同是，因原油在多孔介质内流动时多吸附在孔壁表面，并在颗粒表面会形成具有较高黏度和极限剪切应力的边界层，只有当驱动压力梯度克服了半径最大的喉道边界层后，流体才能流过储层喉道，此时的驱动压力梯度是真实（最小）启动压力梯度，于是产生具有启动压力梯度的非线性渗流特征。根据马尔哈辛得到的原油有效边界层厚度与驱替压力梯度和毛管半径关系可知，随驱替压力的增加，边界层厚度逐渐减小，在半径较小的喉道内流体先开始流动，随着参与流动的喉道数量继续增加，形成的流速-压差关系曲线会出现弯曲段；当驱替压力增加至一定程度，边界层厚度稳定不随驱替压力的增加而减小，岩心内可以流动的孔隙全部参与流动时，流速与压力梯度便开始呈现线性关系（图 14-29）。

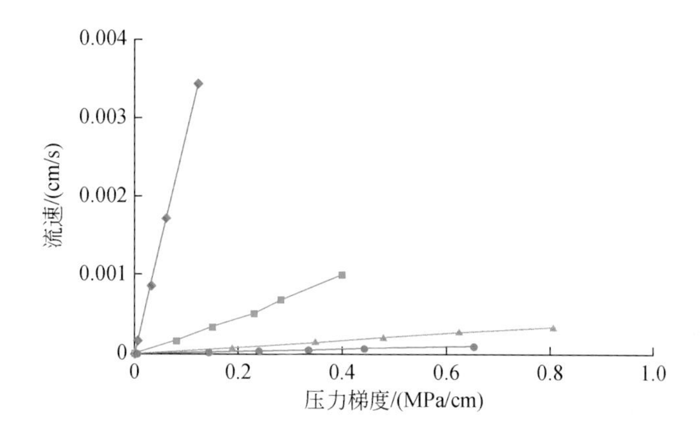

图 14-29　华庆油田长 8_1 低渗砂岩储层单相流的流速-压差关系

在华庆油田长 6_3 按照渗透率高低分别选择了 6 块实验岩心进行单相渗流实验（图 14-30），岩心的孔隙度分布在 9% ~14%，渗透率分布在 0.09×10^{-3} ~ $1.3\times10^{-3}\mu m^2$，均属于特低渗致密砂岩岩心。实验得到单相水的渗流流量与压力梯度的曲线结果如图 14-30（a）所示。从图 14-30（a）中可以看出，研究区低渗储层孔喉微观结构变化与拟启动压力梯度之间有如下特点：

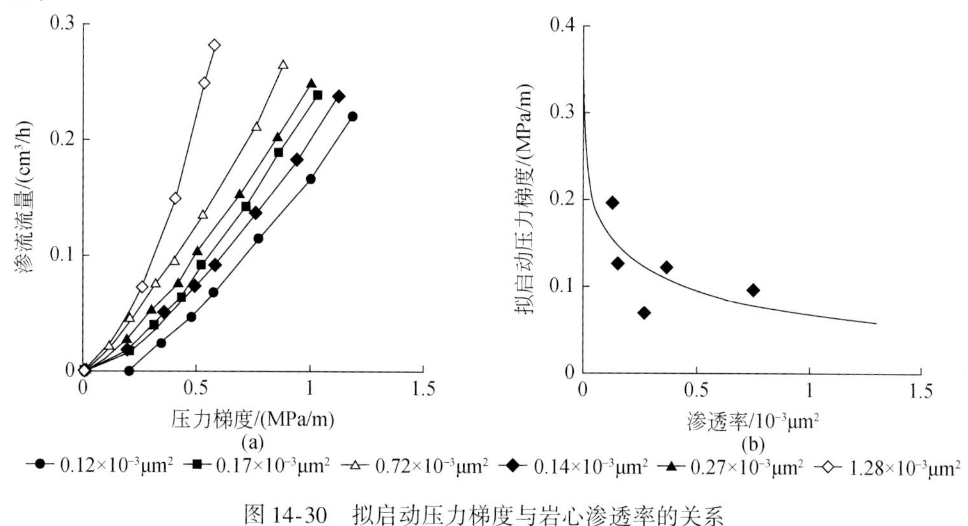

图 14-30　拟启动压力梯度与岩心渗透率的关系

（1）6 个样品中，渗透率为 $1.28 \times 10^{-3}\mu m^2$ 和 $0.12 \times 10^{-3}\mu m^2$ 的样品在低压力梯度时压力梯度与流量的关系表现为曲线，为非达西渗流特征；随着压力增加过渡为直线，转变为达西渗流。其余样品的渗流曲线基本呈直线。

（2）直线段的延伸与压力梯度轴的交点不经过坐标原点，具有拟启动压力梯度。

（3）随着压力增加，渗流流量增加，且渗透率越高，渗流流量增加的幅度也越大。

另外，通过数学方法拟合流量与压力梯度曲线在压力梯度坐标上的截距，可以求取岩心的拟启动压力梯度值，从图 14-30（b）可以看出，拟启动压力梯度大小与渗透率大小负相关明显，当渗透率低于 $0.25 \times 10^{-3}\mu m^2$ 时，随着渗透率的降低，拟启动压力迅速增大。

3. 多尺度孔隙半径与孔隙度含量之间相关性反映的均质性

根据高压压汞资料研究储层物性与孔喉结构非均质之间的关系发现，无论是华庆油田长 6_3 低渗致密砂岩（图 14-31），还是马岭油田长 8_1 低渗致密砂岩（图 14-32），虽然孔隙度与喉道半径之间总体上为正相关关系，但不同尺度喉道与孔隙之间相关性变化比较复杂，其中在华庆油田长 6_3 砂岩储层中，喉道中值半径小于 0.2mm 的中小孔喉半径并不随孔隙度的增加而变大，部分孔隙度高的样品喉道中值半径并不大，显然成岩胶结以及自生矿物对喉道堵塞和影响起重要作用；而在大于 0.2mm 的大中孔喉中，中值半径增大，孔隙总量并不增加，显然成岩溶蚀是影响改善喉道的重要因素。同样，多个样品显示，在马岭油田长 8_1 砂岩储层中，孔隙度的高低变化与喉道中值半径大小之间的相关性较差，反映储层组分、粒度结构以及成岩变化均比较复杂。

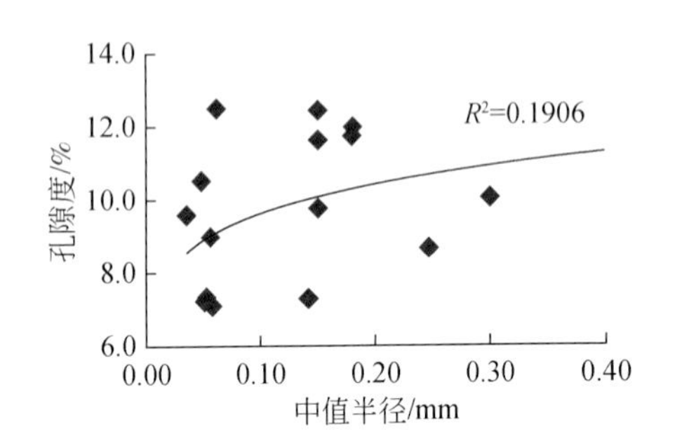

图 14-31　华庆油田长 6_3 孔隙度与中值半径相关性

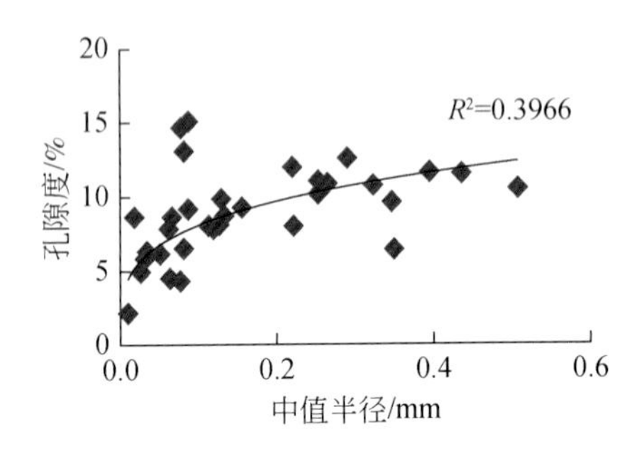

图 14-32　马岭油田长 8_1 孔隙度与中值半径相关性

4. 物性相关度降低反映不同储层的非均质性强

物性相关性也有多尺度变化，其中华庆油田长 6_3 孔隙度与渗透率之间的相关性（图 14-33）变化总体一致，但也有部分高孔低渗砂岩样品，表明化学胶结作用以及孔喉中自生矿物的破坏作用较强，由此也反映出均质性较差；马岭油田长 8_1 砂岩中（图 14-34），孔隙度高低变化对渗透率的变化不一致，孔隙度小于 10% 时，孔渗相关性好，属于粉细砂浊流沉积储层，粒度分选性以及孔喉结构均质性均较好，成岩影响弱；当孔隙度大于 10% 时，孔渗相关性变差，渗透率好坏与多种因素有关，其中后期成岩溶蚀改造是主要因素，侧面反映储层中组分结构以及杂基和易溶胶结物的含量比较复杂。它们都是导致孔喉结构非均质性变差的因素。

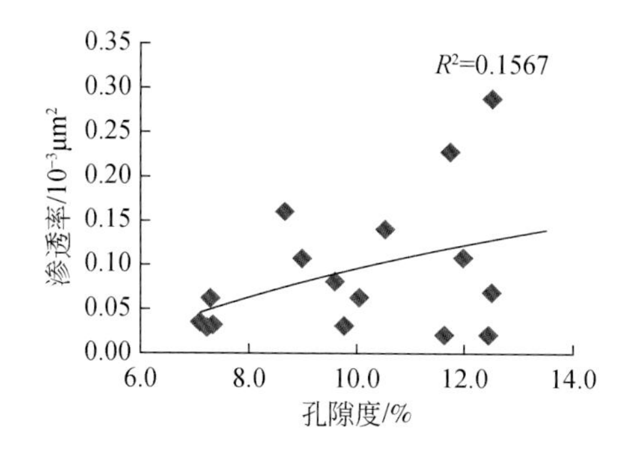

图 14-33　华庆油田长 6_3 孔隙度与渗透率相关性

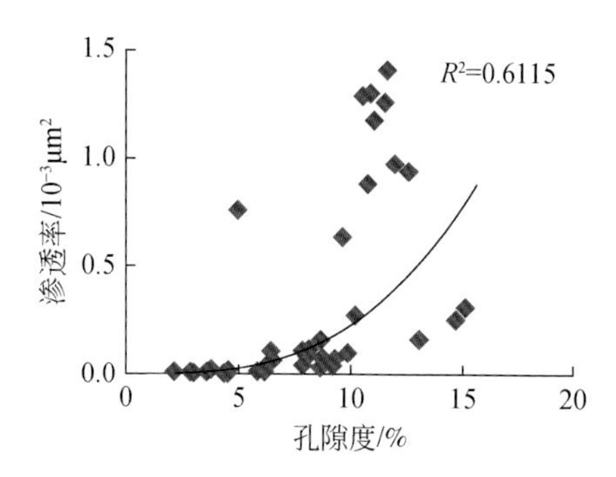

图 14-34　马岭油田长 8_1 孔隙度与渗透率相关性

第十五章　致密砂岩储层渗流空间特征定量评价

大量的研究表明，致密砂岩储层岩石微观渗流空间的结构和性质对于储层流体的渗流能力具有决定性的影响，因此本章通过对现有技术的综合运用，对评价渗流空间性质提出了一些定量指标。主要采用的技术有气测岩心的滑脱系数、覆压孔渗、压汞法（常规、恒速）、核磁共振可动流体饱和度测定，得到对研究区砂岩储层渗流空间的认识，从而提出相关的定量评价指标。

第一节　储层岩石孔隙结构特征及评价

对于中高渗透储层，其储层岩石的储集空间，常常就是其渗流空间，然而大量的研究表明，对于低渗致密储层并不是所有的储集空间都是其渗流空间，因此，研究其渗流空间的类型及大小对于认识和划分储层具有重要的意义，因此，本书在前述大量的地质研究的基础上，对研究区储层岩石孔隙结构通过压汞法和镜下研究相结合的方法，对研究区的渗流空间的类型和大小进行了评价，并选取了评价参数，为研究区储层分类及评价提供依据。

一、储层岩石渗流空间评价方法

本书对研究区储层岩石渗流空间的评价过程如下。

（1）利用铸体薄片或电镜资料分析微观孔隙结构，确定可能的储集空间和渗流空间类型。

（2）利用压汞数据资料，定量确定渗流空间特征和大小。

以下以研究区储层不同渗透率的5块岩心为例（表15-1）说明本书的分析思路和方法。

表15-1　研究区不同渗透率的5块岩心物性参数

样号	井号	层位	气测渗透率/$10^{-3}\mu m^2$	孔隙度/%
23	环42	长8_1	0.0318	7.42
59	里167	长8_1	0.101	7.34
18	木94	长8_1	0.353	11.7
58	镇92	长4+5	0.629	8.41
65	木48	长4+5	0.701	9.21

1. 镜下分析储集空间类型

铸体薄片实验结果表明（图15-1），研究区储层岩石的储集空间主要为微裂缝（主要为绕粒缝和粒内缝）和粒间孔、溶蚀孔、微孔的各种组合。

(a)23号样品细粒岩屑长石砂岩，溶孔，绿泥石膜粒内缝和绕粒缝较为发育，单偏光×100

(b)59号样品细粒岩屑长石砂岩，溶孔、粒间孔，铁方解石充填孔隙 单偏光×100

(c)59号样品溶孔，单偏光×100

(d)18号样品细粒长石岩屑砂岩，溶孔、粒间孔较为发育，单偏光×100

(e)58号样品细–中粒岩屑长石砂岩，粒间孔、溶孔，单偏光×100

(f)65号样品细–中粒长石岩屑砂岩，粒间孔、溶孔，单偏光×100

图 15-1　研究区 5 块岩心微观孔隙结构类型

2. 渗流空间类型和大小确定

由于镜下只能给出其储集空间的形貌特征，因此其大小和对渗透率的贡献常常需要通过压汞法得到。因此，通过压汞法又获取了这5块岩心的毛细管压力曲线（图15-2），然后对毛细管压力曲线及其主要特征参数进行了分析。结果表明：

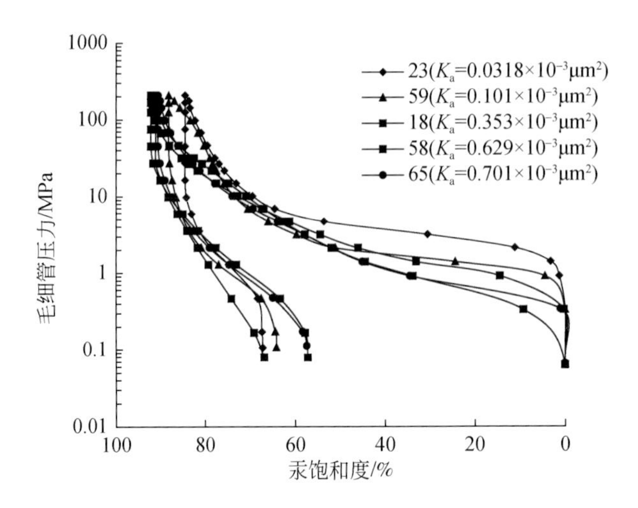

图15-2　研究区5块岩心的毛细管压力曲线典型特征

（1）通过对各岩心孔喉半径与其渗透率贡献率分布关系曲线进行分析（图15-3，图15-4），并确定累计渗透率贡献率达到90%以上的孔喉半径为储层岩石渗流空间半径，可以看出，这5块岩心渗流空间孔喉半径主要分布在0.2～6μm；大量的微孔（<0.2μm）不是主要的渗流空间，对渗透率的贡献小于10%；同时也可以看出，不同孔隙结构的岩心，渗透率贡献率曲线形状明显不同；渗透率低，其渗流空间的尺度不一定小；因此，孔喉半径与渗透率贡献率之间的关系曲线是判断储层孔隙结构类型的一个方法。

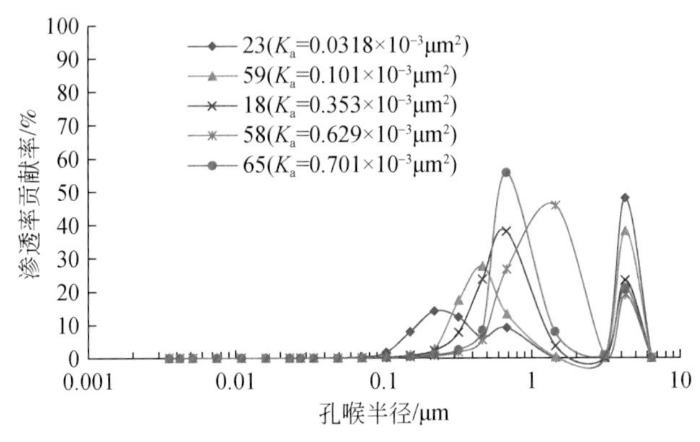

图15-3　研究区5块岩心孔喉半径与渗透率贡献率关系

（2）通过分析孔喉半径与进汞饱和度的关系曲线（图15-5，图15-6）可以看出，微孔（<0.2μm）占孔隙体积的40%～50%，因此微孔隙是致密储层的储集空间，但不是主要的渗流空间；主要的渗流空间是孔喉半径大于0.2μm的孔隙或微缝。同时可以看出，结合渗透率贡献率曲线能较好地确定储层岩石渗流空间在储层岩石孔隙空间中所占的体积。

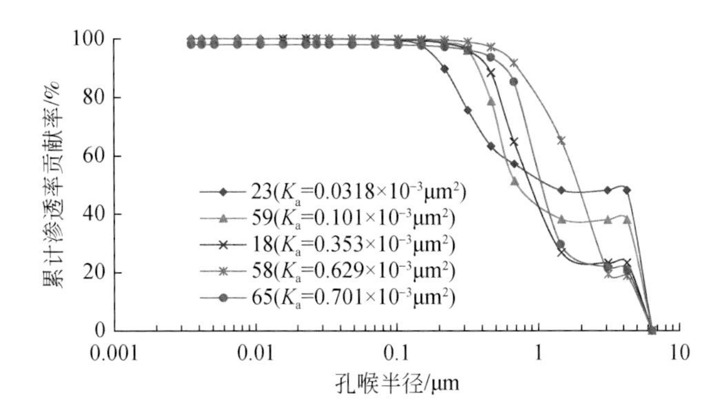

图 15-4　研究区 5 块岩心孔喉半径与累计渗透率贡献率关系

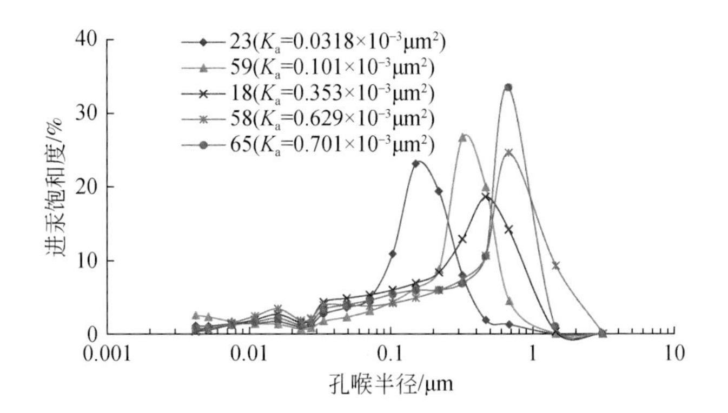

图 15-5　研究区 5 块岩心孔喉半径与进汞饱和度关系

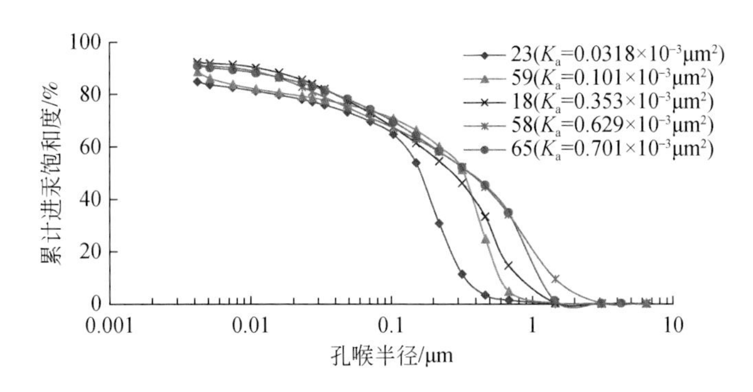

图 15-6　研究区 5 块岩心孔喉半径与累计进汞饱和度关系

（3）储层岩石的岩性和粒度对渗透率和孔隙结构有决定性影响（表 15-2），在分选、接触方式等其他条件基本相同的条件下，储层岩石越粗，微裂缝发育相对较弱，孔隙发育相对较好（如 65 号样品）（图 15-1，图 15-4），其渗流空间常常受孔隙控制；而累计渗透率较低时，微裂缝常常相对更为发育（如 23 号样品）；同时也可以看出，当渗透率相近时（如 58 号、65 号样品），孔隙结构有可能相差较大，如 58 号样品微裂缝相对更为发育（图 15-1），而累计渗透率贡献率曲线也明显有所差异（图 15-4）；因此，可以看出，研究区储层岩性和微观孔隙结构特征也有很明显的联系。

表 15-2　研究区 5 块岩心颗粒结构分析统计表（铸体薄片分析）

样号	岩性	气测渗透率 $/10^{-3}\mu m^2$	孔隙度 /%	最大粒径 /mm	主要粒径 /mm	分选性	磨圆度	支撑类型	接触方式	石英次生加大
23	细粒岩屑长石砂岩	0.0318	7.42	0.3	0.1～0.3	好	次棱、次圆	颗粒	点、线	偶见
59	细粒岩屑长石砂岩	0.101	7.34	0.4	0.1～0.4	中-好	次棱、次圆	颗粒	点、线	显著
18	细粒长石岩屑砂岩	0.353	11.7	0.4	0.1～0.3	好	次棱、次圆	颗粒	点、线	显著
58	细-中粒岩屑长石砂岩	0.629	8.41	0.6	0.1～0.5	中-好	次棱、次圆	颗粒	点、线	显著
65	细-中粒长石岩屑砂岩	0.701	9.21	0.5	0.1～0.5	中-好	次棱、次圆	颗粒	点、线	显著

（4）储层胶结物类型对储层渗透率和孔隙度也有明显影响，当水云母和绿泥石含量高（4%）时，储层岩石主要渗流空间常常是微裂缝，微裂缝对渗透率贡献较大（表 15-3，表 15-4，图 15-1）。

表 15-3　研究区 5 块岩心碎屑岩成分统计表（铸体薄片分析）

样号	气测渗透率 $/10^{-3}\mu m^2$	孔隙度 /%	石英 /%	钾长石 /%	斜长石 /%	岩浆岩 /%	变质岩 /%	沉积岩 /%	绿泥石 /%	云母 /%	钙化碎屑 /%	总量 /%
23	0.0318	7.42	50	17	7	4	5		2	5	1	90
59	0.101	7.34	52	13	8	5	8	1		3	1	90
18	0.353	11.7	41	7	5	4	9	17		1	3	87
58	0.629	8.41	48	16	6	3	12	2		2.5		89
65	0.701	9.21	50	12	7	3	10	7		1	1	91

表 15-4　研究区 5 块岩心胶结物成分分析统计表（铸体薄片分析）

样号	气测渗透率$/10^{-3}\mu m^2$	孔隙度/%	高岭石/%	水云母/%	绿泥石/%	铁方解石/%	铁白云石/%	硅质/%	总量/%
23	0.0318	7.42		5	4	1		1	10
59	0.101	7.34		4	3	2		1	10
18	0.353	11.7	1	3	3		5	2	13
58	0.629	8.41	1	4	3		2	1	11
65	0.701	9.21	2	3	2		1	2	10

（5）渗透率与最大孔喉半径（排驱压力）和渗透率贡献率在 90% 时对应的孔喉半径（r_{90}）有较好的相关性（表 15-5），最大孔喉半径和 r_{90} 越高，岩心渗透率越高；而前述研究表明，渗透率越低，微观孔结构中微裂缝对渗透率的贡献越大。本书还对各岩心的分维数进行了计算，分维数均较大，表明研究区致密储层微观孔隙结构非均质性比较强，这与镜下观察结构及前述的地质研究结果一致。

表 15-5　研究区用 5 块岩心孔隙结构特征参数

样号	气测渗透率 $/10^{-3}\mu m^2$	孔隙度 /%	最大进汞饱和度/%	退汞效率 /%	最大连通孔喉半径/μm	r_{90}	中值半径/μm	原生孔隙/%	次生孔隙/%	分形维数
23	0.0318	7.42	84.8	20.5	0.533	0.22	0.194	2	1	2.638
59	0.101	7.34	88.5	27.1	0.711	0.35	0.381	1	1	2.698
18	0.353	11.7	92.3	37.9	1.184	0.468	0.344	3	3	2.547
58	0.629	8.41	91.4	26.5	2.22	0.681	0.484	2	1	2.609
65	0.701	9.21	90.9	36.5	1.366	0.53	0.484	2.5	3.5	2.63

从以上可以看出，通过压汞法和铸体薄片分析，用渗透率贡献率为 90% 时的孔喉界限值 r_{90} 及其对应的岩性和微观孔隙结构特征，能够较好地描述储层的渗流空间类型和大小。

二、研究区储层岩石渗流空间特征

1. 渗流空间类型和岩性的关系

本书采用以上思路和方法，首先将研究区主要储层根据其岩性特征将孔隙结构进行了分类（表 15-6）。结果表明，不同岩性渗流空间差异较大，中-细砂岩主要为孔隙-喉道-微孔组合类型，但也有少量的微裂缝-孔组合（图 15-7）；粉-细砂岩主要是孔-微裂缝组合较多，孔隙-喉道组合类型相对较少（图 15-8）；细-粉砂岩主要是微孔-微裂缝组合（图 15-9）。

表 15-6　研究区储层岩石渗流空间结构分类

岩性	渗流空间特征	
	孔隙-喉道-微孔组合类型	孔（粒间孔、溶蚀孔和微孔）-微裂缝组合类型
中-细砂岩	较多	相对较少
粉-细砂岩	相对较少	较多
细-粉砂岩	少见	微孔-微裂缝组合占主要

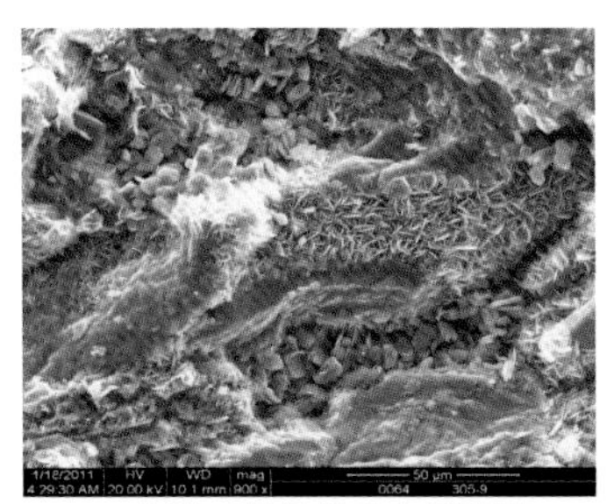
(a)高岭石晶间微孔和微裂缝（槐305井，长2）

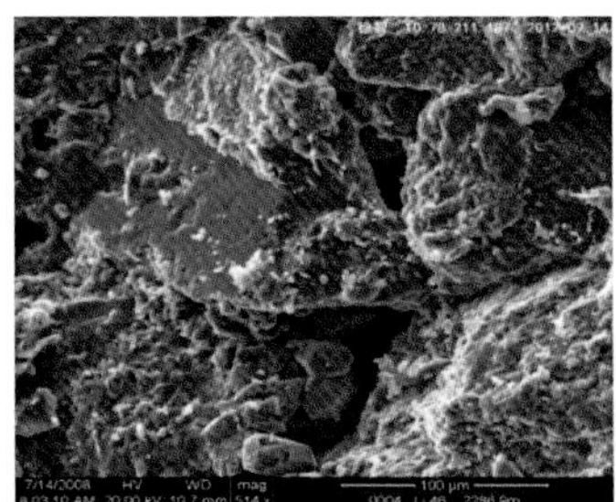
(b)粒间孔和微喉道(里46井，长8_1)

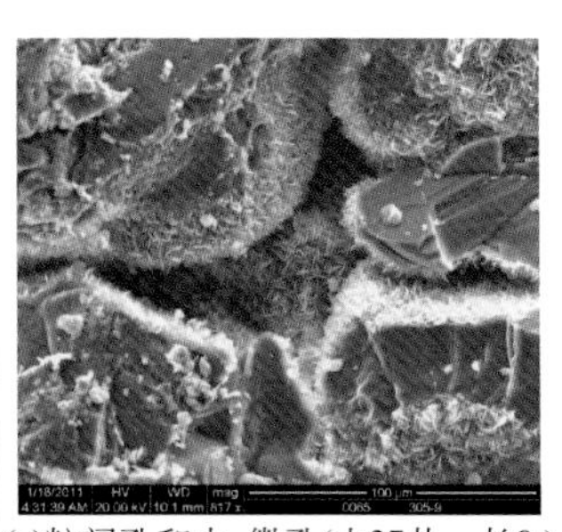
(c)粒间孔和中-微孔(木37井，长8_1)

(d)粒间孔、溶蚀孔、微裂缝组合
(白213井，长6_3)

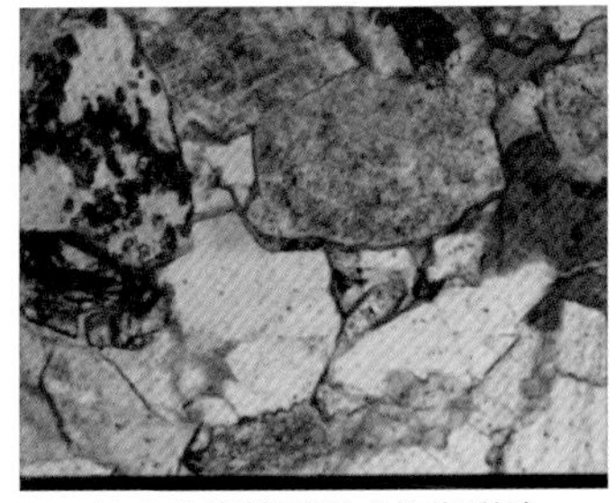
(e)中砂岩挤压形成的微裂缝
(里46井，长8_1)

(f)微裂缝、粒间孔、溶孔
(里46井，长8_1)

图 15-7　研究区中-细砂岩孔隙组合主要类型

(a)粒间孔与伊利石微孔组合
(白432井，长6)

(b)粒间孔和微裂缝组合
(槐43井，长2)

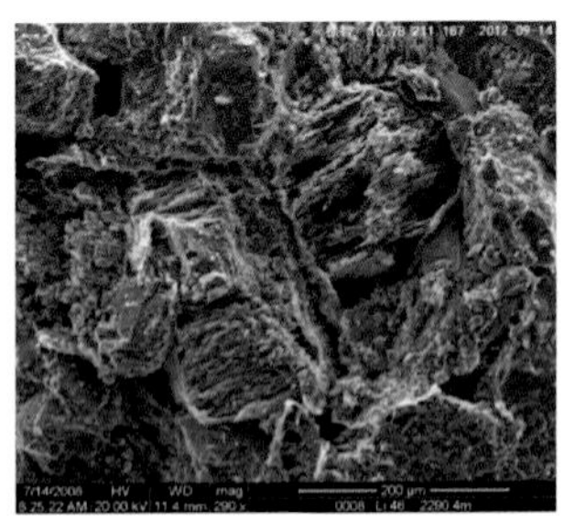
(c)微裂隙、粒间孔、溶蚀孔、微孔组合(里46井，长8_1)

(d)微孔和微裂缝
(里167井，长8_1)

(e)溶孔、微裂缝组合
(槐43井，长2)

(f)微缝和微孔组合
(槐43井，长2)

图 15-8　研究区粉细砂岩孔隙组合类型

(a)微孔和微裂隙(槐305井)

(b)粒间孔和微孔(里46井)

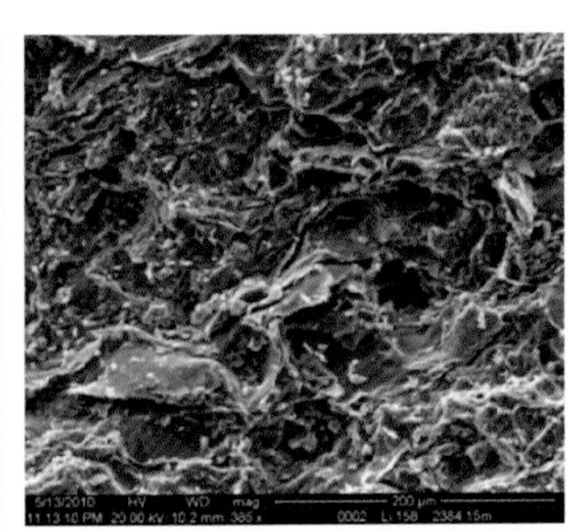
(c)微孔和微裂缝(里158井)

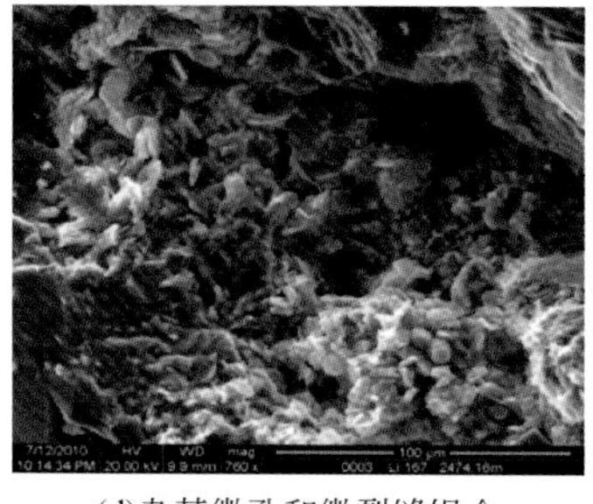

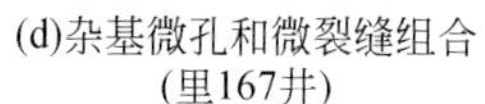

(d)杂基微孔和微裂缝组合
(里167井)

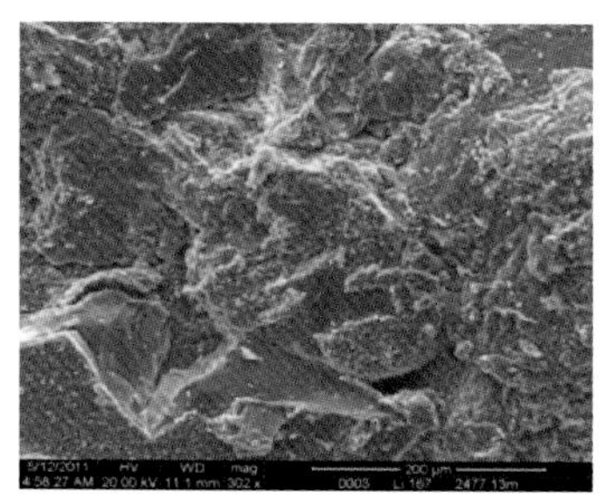

(e)微孔和微裂缝
(里167井，长8_1)

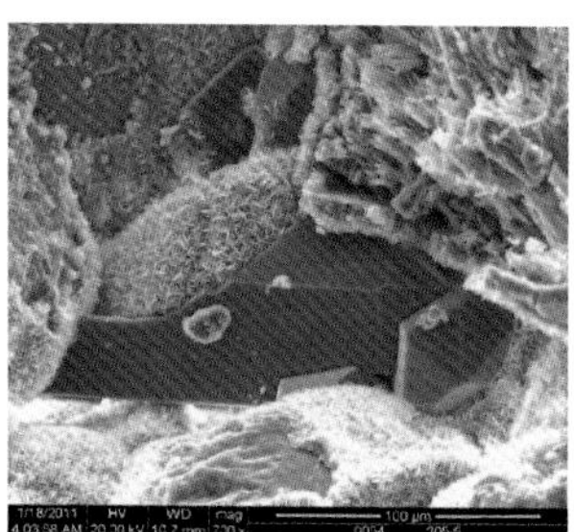

(f)微孔和微裂缝(槐305井)

图 15-9　研究区细-粉砂岩孔隙组合类型

各类岩性对应的典型毛细管压力曲线、渗透率贡献率曲线、累计进汞饱和度曲线特征及孔隙结构特征参数如图 15-10～图 15-13 和表 5-7。可以看出，不同岩性孔隙结构参数有较大区别。中细砂岩和粉细砂岩其渗透率贡献率为 90% 时，对应的孔喉半径下限在 0.10～0.25μm；而粉细砂岩渗透率贡献率为 90% 时，对应的孔喉半径下限在 0.06～0.1μm；这意味着研究区渗流空间主要为 0.08～0.25μm 以上的孔隙空间，其对应的累计进汞饱和度为 0.23%～48%，占储渗空间体积的 0.4%～61%。同时可以看出，微裂缝或大孔喉对渗透率贡献较大。

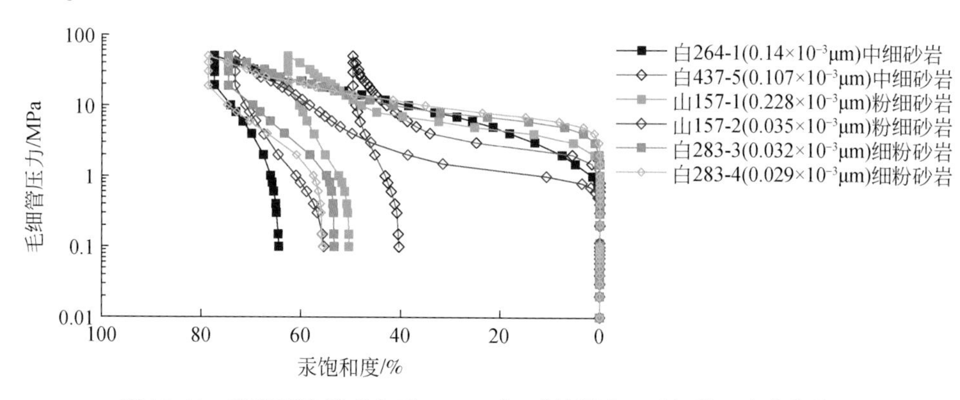

图 15-10　研究区渗透率小于 $0.3\times10^{-3}\mu m^2$ 储层岩心毛细管压力曲线特征

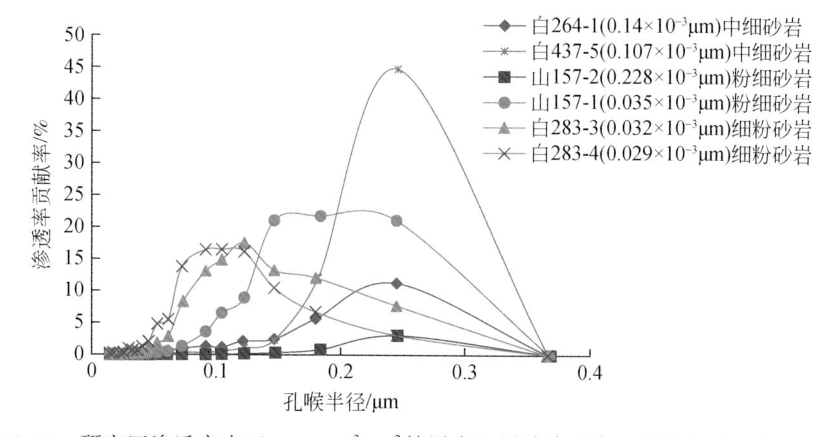

图 15-11　研究区渗透率小于 $0.3\times10^{-3}\mu m^2$ 储层岩心累计渗透率贡献率与孔喉半径的关系

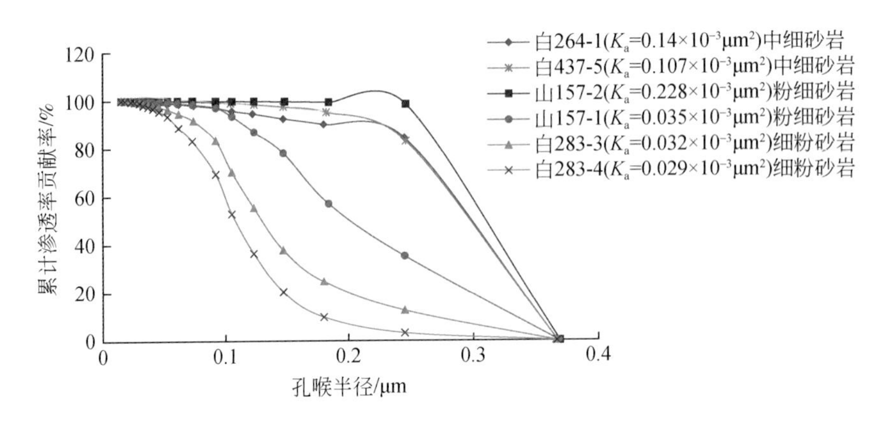

图 15-12　研究区渗透率小于 $0.3\times10^{-3}\mu m^2$ 储层岩心累计渗透率贡献率与孔喉半径的关系

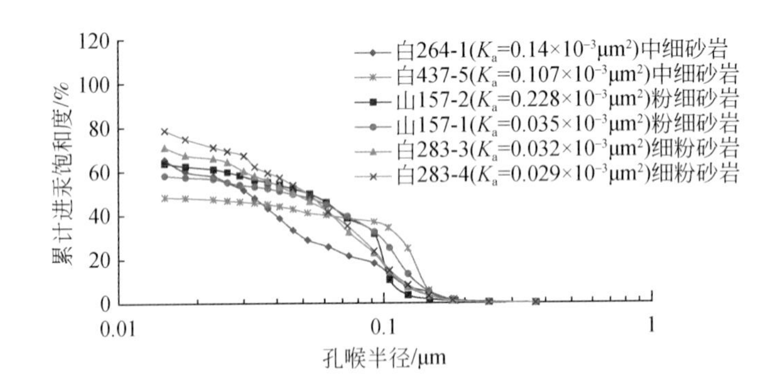

图 15-13　研究区渗透率小于 $0.3\times10^{-3}\mu m^2$ 储层岩心累计进汞饱和度与孔喉半径的关系

表 15-7　不同岩性长 8_1 致密砂岩储层毛细管压力曲线特征值及分形维数

样号	井号	岩性	气测渗透率/$10^{-3}\mu m^2$	孔隙度/%	最大进汞饱和度/%	退汞效率/%	最大连通孔喉半径/μm	中值半径/μm	分形维数
5	白 437-5	中细砂岩	0.107	8.990	49.59	18.76	0.380		2.813
1	白 264-1	中细砂岩	0.14	10.53	77.34	16.87	0.668	0.0484	2.614
2	山 157-2	粉细砂岩	0.228	11.740	73.19	24.43	0.879	0.1795	2.749
6	山 157-1	粉细砂岩	0.035	7.100	62.54	19.53	0.252	0.0585	2.688
4	白 283-4	细粉砂岩	0.029	7.23	78.57	29.20	0.137	0.0515	2.343
3	白 283-3	细粉砂岩	0.032	7.34	74.48	28.52	0.163	0.0532	2.473

2. 渗流空间大小特征分析

通过前述分析可以看出，研究区储层岩石渗流空间主要是 0.1μm 以上的孔隙。对这些孔隙的大小和特征，本书重点采用了恒速压汞数据进行分析。因为恒速压汞由于其手段自身的限制，只能获得 0.1μm 以上孔喉的大小性质，因此研究区储层岩石恒速压汞分析主要是获得的渗流空间的大小。

本书共进行了20块样品恒速压汞分析，得到了研究区储层岩石孔隙、喉道大小参数（表15-8）。分析结果表明，渗透率贡献值为90%时喉道半径的界限在0.2～2μm，渗透率贡献值为90%时孔隙半径的界限在129～180μm，渗透率贡献值为90%时进汞饱和度为0.35%～43.2%，下限值低于常规压汞数据，上限值与常规压汞基本相同。同时对比了长6_3和长8_1孔隙结构方面的差异，结果表明：

表15-8 研究区储层岩石恒速压汞特征参数

样品号	层位	孔隙度/%	渗透率/10^{-3}μm^2	平均喉道半径/μm	平均孔隙半径/μm	平均孔喉比	孔隙r_{90}/μm	喉道r_{90}/μm	孔喉体积比	喉道半径r_{90}值进汞饱和度/%
18	长8_1	12	0.353	1.59	123.69	184.09	160	1	300	2.1
23	长8_1	8.6	0.0318	0.45	127.56	408.04	160	0.42	510	14.7
27	长8_1	12.7	1.89	2.27	122.41	29.8	160	1.8	400	33.7
34	长8_1	13	2.614	1.72	129.83	156.07	160	1.2	300	35.9
46	长8_1	13.09	0.342	1.01	137.09	289.63	180	0.6	490	30.5
48	长8_1	5.2	0.518	0.77	136.55	377.12	180	0.5	590	1.66
58	长4+5	7.7	0.629	0.2	122.09	117.75	155	0.2	220	43.2
59	长8_1	5.1	0.101	1.06	121.73	176.71	160	0.7	300	34.4
61	长8_1	11.4	0.405	1.06	132.49	241.75	170	0.7	410	29.5
65	长4+5	10.2	0.71	1.86	120.07	108.56	155	1.2	190	22.1
1	长6_3	6.5	0.034	1.93	110.77	182.89	129	1	260	7.82
3	长6_3	5.8	0.1	1.26	121.02	230.99	150	0.8	380	30.3
4	长6_3	7.9		0.67	127.07	357.74	160	0.5	520	3.94
5	长6_3	7.1		0.57	125.16	440.74	158	0.45	700	29.6
7	长6_3	13.6	0.348	0.62	126.94	287.19	130	0.55	440	30.3
9	长6_3	7.1	0.164	2.76	129.57	255.85	160	2	480	0.35
51	长6_3	12.4	0.371	0.59	124.6	311.91	158	0.5	500	25.8
L158	长6_3	8.7	0.084	0.69	107.61	135.61	125	0.65	210	5.74

（1）相对较大喉道半径和微缝决定了储层岩石的渗透率，这与前面常规压汞的结果一致；长8_1储层2μm以下喉道相对更发育，长6_3储层大喉道（大于10μm）更为发育；渗透率为0.1×10^{-3}μm^2时，长8_3储层2μm以下喉道相对更发育，微观非均质性均较强（图15-14，图15-15）；同时渗透率贡献率为90%时对应喉道半径与渗透率没有明显关系，表明了储层孔隙结构的复杂性（图15-16）。

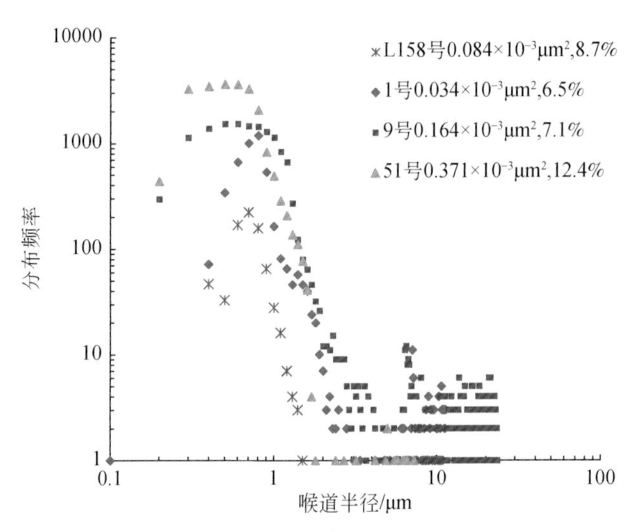

图 15-14　研究区长 6_3 储层喉道半径分布特征

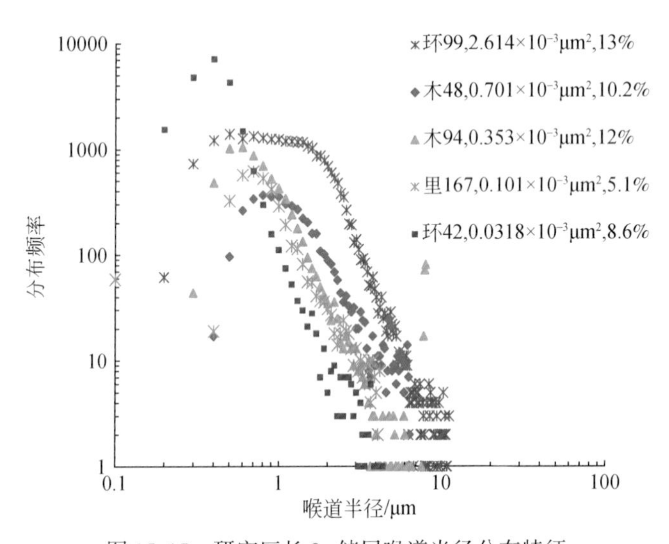

图 15-15　研究区长 8_1 储层喉道半径分布特征

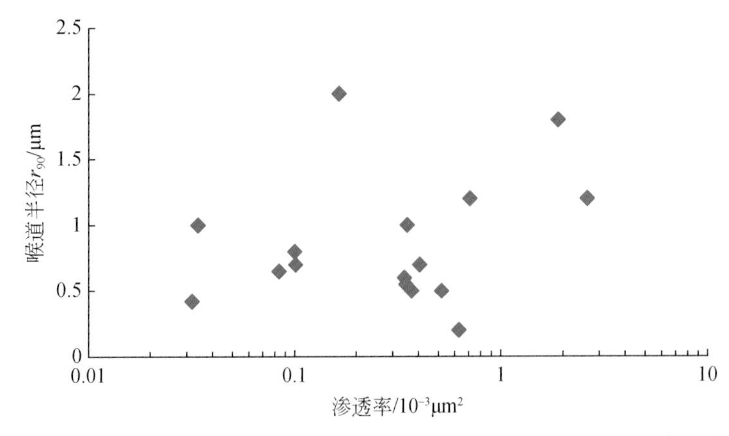

图 15-16　研究区储层岩石渗透率贡献值 90% 时的喉道半径与渗透率的关系

（2）长 6_3 和长 8_1 储层岩石孔隙半径均主要分布在 40～400μm（图 15-17、图 15-18），长 8_1 储层岩石孔道分布范围较宽，而长 6_3 分布相对集中；同时当渗透率贡献值在 90% 时，对应的孔道半径在 110～140μm，与渗透率关系不太明显（图 15-19）；从这些结果明显可以看出，储层岩石孔喉尺寸差异较大，常常相差 2～3 个数量级；但不同渗透率岩心孔道半径尺度差异较小；虽然尺度相差小，根据前述孔隙结构研究，致密砂岩储层所谓的喉道常常可能就是以微裂缝为主。

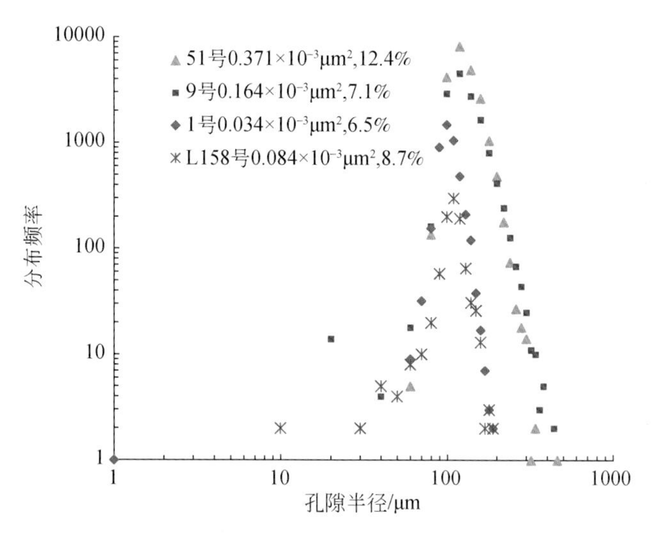

图 15-17　研究区长 6_3 储层孔隙半径分布特征

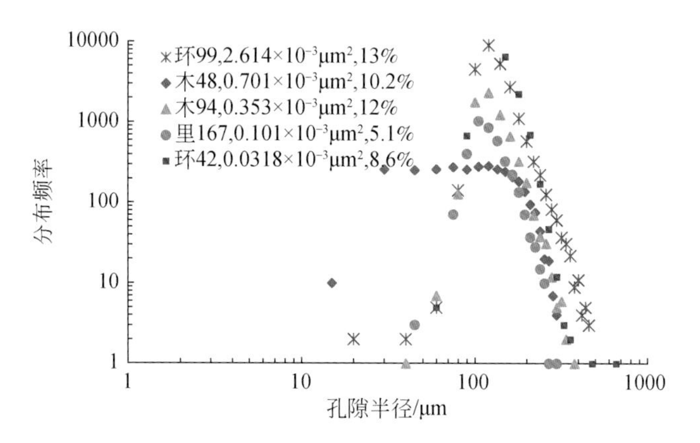

图 15-18　研究区长 8_1 储层孔隙半径分布特征

（3）研究区长 6_3 储层岩石孔喉体积比主要分布 30～800，而长 8_1 储层孔喉体积比主要分布在 20～900（图 15-20，图 15-21），长 8_1 储层孔喉体积比分布范围更广，孔喉体积比明显总体大于长 6_3，说明长 8_1 储层大孔隙少，而微孔隙相对较多，微观非均质性更强；同时储层孔喉体积比与渗透率的关系不太明显（图 15-22）。孔喉体积比大，在其他条件相近时意味着水驱油效率较低，因此长 8_1 储层水驱油效率仅从孔隙结构的角度分析时，应该较长 6_3 储层水驱油效率低。

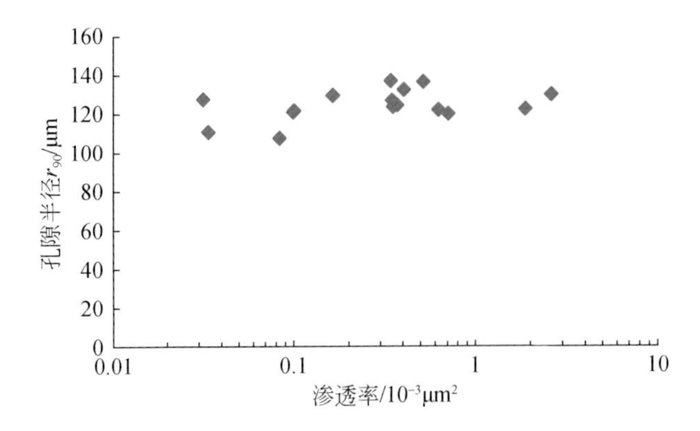

图 15-19　研究区渗透率贡献为 90% 时的孔隙半径与渗透率的关系

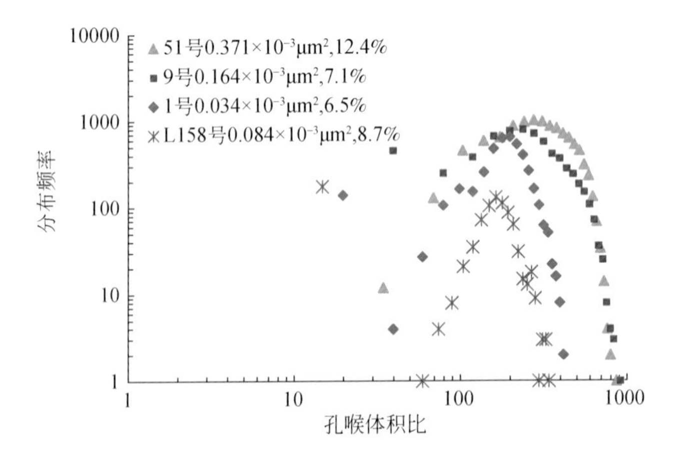

图 15-20　研究区长 6_3 储层岩石孔喉体积比分布特征

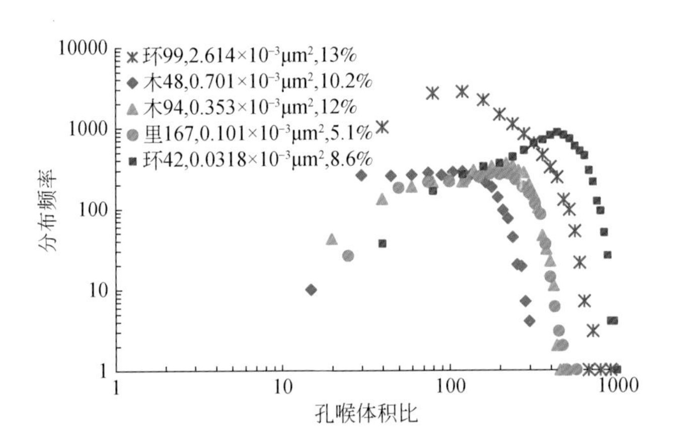

图 15-21　研究区长 8_1 储层岩石孔喉体积比分布特征

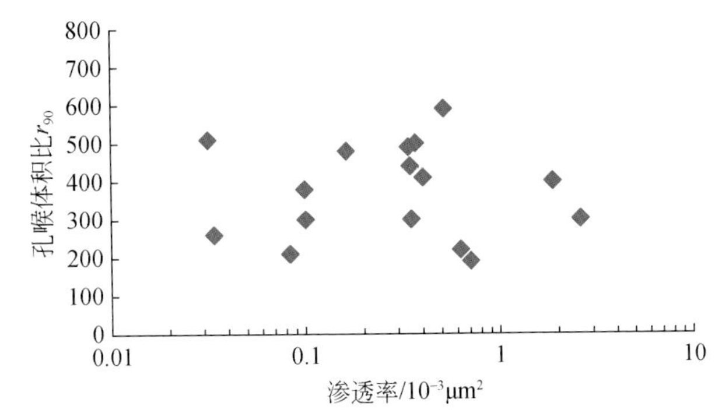

图 15-22　研究区渗透率贡献为 90% 时的孔隙体积比与渗透率的关系

三、研究区储层岩石孔隙结构分类参数

从以上研究可以看出，渗透率贡献值可以较好地反映研究区储层岩石孔隙结构的类型及储层岩石渗流空间大小的界限。且该参数容易获得，为此本书对研究区已有的 195 块常规压汞资料，求取了储层岩石孔喉半径累计渗透率贡献为 90% 时对应的孔喉半径（r_{90}值）作为反映储层渗流空间的界限值，并研究了该界限值与渗透率贡献为 90% 时累计进汞饱和度值（S_{Hg90}）、渗透率、孔隙度的关系。研究结果表明：

（1）r_{90}值与渗透率和孔隙度、进汞饱和度均具有较好的关系（图 15-23 ~ 图 15-25）；表明该值可以作为储层分类的一个指标。

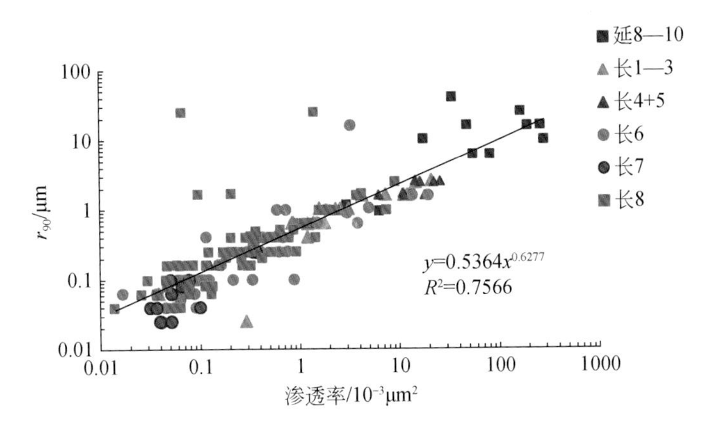

图 15-23　研究区储层 r_{90} 值与渗透率的关系

（2）同时可以看出，研究区长 6_3 和长 8_1 的 r_{90} 值对应的进汞饱和度主要分布在 20% ~ 52%（图 15-25），同一 r_{90} 值下，对应进汞饱和度差异大，最大相差 30% 左右，这表明致密储层孔隙结构复杂，孔隙结构及类型对渗流能力及渗流空间的体积大小影响很大；同时研究区长 6_3 和长 8_1 储层最大进汞饱和度在 76% ~ 92%，随渗透率、孔隙度的降低，长 6 储层降低不明显（图 15-26），长 8_1 储层当渗透率小于 $0.04\times10^{-3}\mu m^2$ 时，最大进汞饱和度才出现明显降低。

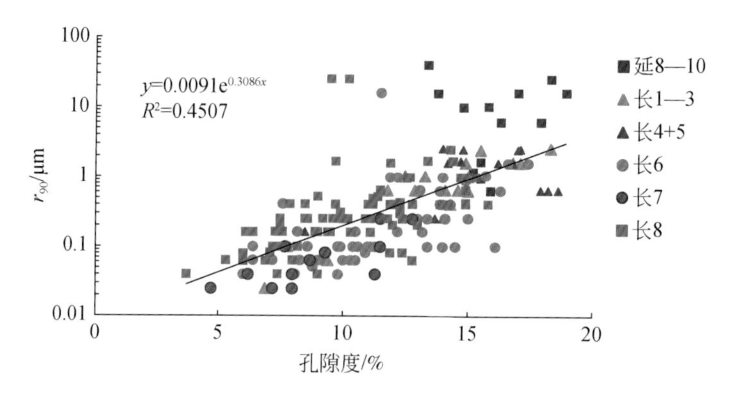

图 15-24　研究区储层 r_{90} 值与孔隙度的关系

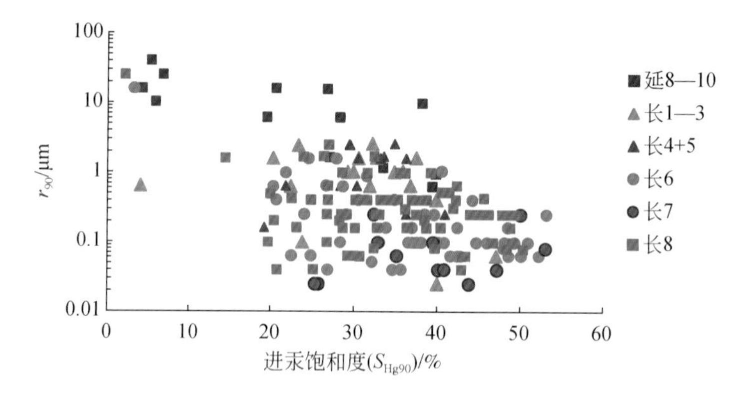

图 15-25　研究区储层岩石 r_{90} 对应进汞饱和度（S_{Hg90}）之间关系

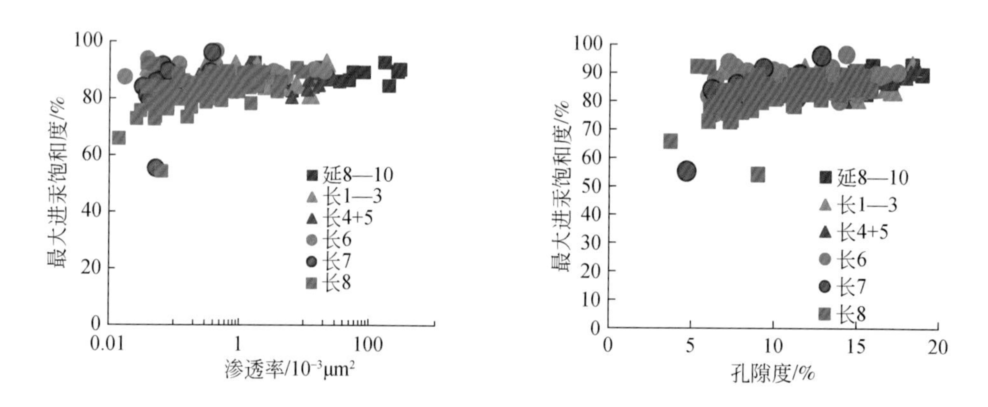

图 15-26　研究区储层岩石最大进汞饱和度与渗透率和孔隙度的关系

可以看出，r_{90} 值的大小较好地反映了储层渗流空间的大小，本书在上述研究的基础上，结合其他孔隙结构特征参数、物性特征参数及岩性特征，对研究区致密储层进行了初步的分类，将储层分为6类（表15-9）。

表 15-9　根据微观孔隙结构进行的储层分类表

储层分类	Ⅰ	Ⅱ	Ⅲ	Ⅳ	Ⅴ	Ⅵ
岩石类型	砂岩	砂岩、中-细砂岩	中-细砂岩、粉-细砂岩	中-细砂岩、粉-细砂岩	细-粉砂岩、粉-细砂岩	细-粉砂岩
有效孔隙度/%	>18	15 ~ 18	12 ~ 15	8 ~ 12	6 ~ 12	<6
渗透率/$10^{-3}\mu m^2$	≥10	1 ~ 10	0.5 ~ 1	0.3 ~ 0.5	0.04 ~ 0.3	<0.04
r_{90}/μm	>2	0.5 ~ 2	0.2 ~ 1	0.2 ~ 0.5	0.06 ~ 0.3	<0.06
S_{Hg90}/%	2 ~ 20	20 ~ 40	20 ~ 45	20 ~ 45	20 ~ 52	20 ~ 48
排驱压力/MPa	< 0.1	0.1 ~ 0.5	0.5 ~ 1	1 ~ 2	2 ~ 5	>5

第二节　储层岩石滑脱系数特征

研究表明，气体的渗流存在滑脱效应的影响，尤其是低渗致密岩心，由于其渗透率低，更容易存在气体滑脱效应。1941 年，Klinkenberg 在实验中发现了气体在低渗介质渗流过程中存在滑脱效应，给出了考虑气体滑脱效应的气测渗透率表达式为

$$K_a = K_\infty\left[1+\frac{b}{\bar{P}}\right] \tag{15-1}$$

式中，K_a 为视渗透率；K_∞ 为克氏渗透率；b 为滑脱系数；$\bar{P}$为平均压力。

因此本书对研究区致密储层岩石的这一性质进行了研究，以评价和认识储层的渗流空间特征。

一、实验方法

1. 实验岩心和流体

本书选取了研究区 17 块致密砂岩岩心，渗透率主要分布在 $0.00258\times10^{-3}\sim0.124\times10^{-3}\mu m^2$，气测渗透率的流体采用的是高纯氮气。

2. 实验步骤

本书孔隙度和渗透率的测定，参考了行业标准《岩心常规分析方法》（SY/T5336—2006），对气体体积的计量，做了更为精密的改进，本次实验可以计量到气体的体积精度为 0.02mL。环压选用的是 3MPa，气测压力范围为 0.05 ~ 0.5MPa。

二、研究区滑脱系数分布及其与渗透率的关系

本书测定了马岭油田 17 块不同渗透率的储层岩心在不同气驱压差下视渗透率 K_a 值，

及与平均压力的关系，并绘制渗透率（K_a）与平均压力倒数（$1/\bar{P}$）之间的关系曲线（图 15-27）。研究结果表明，从线性回归 K_a-（$1/\bar{P}$）图可以求得回归克氏渗透率 K_∞ 的范围在 $0.000243\times10^{-3}\sim0.103\times10^{-3}\mu m^2$，滑脱系数 b 的范围在 0.00930～0.290MPa（表 15-10）。

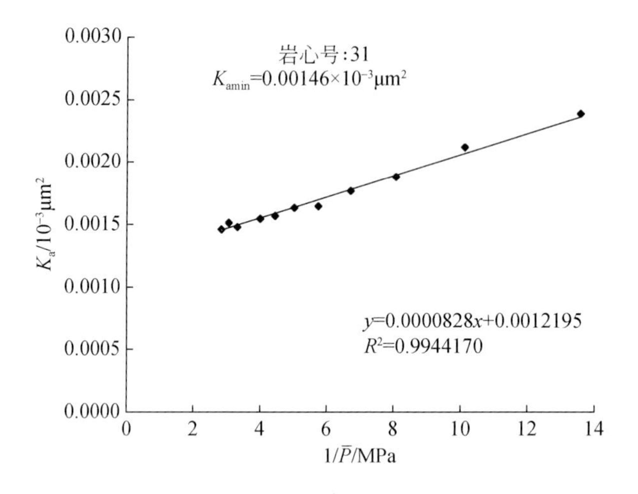

图 15-27　研究区储层渗透率（K_a）与平均压力倒数（$1/\bar{P}$）关系曲线

表 15-10　马岭油田部分储层岩心滑脱系数测定实验结果数据表

井号	岩心号	层位	ϕ/%	渗透率/$10^{-3}\mu m^2$	直径/cm	长度/cm	滑脱系数 b/MPa	R^2
环 42	24	长 8_1	0.71	0.00258	2.520	2.534	0.29	0.8898
环 32	44	长 8_1	0.58	0.00585	2.520	2.530	0.0692	0.9846
环 305	31	长 8_1	2.94	0.00485	2.520	2.546	0.0679	0.9944
里 158	28	长 8_1	1.23	0.0109	2.520	2.536	0.0427	0.9806
环 32	45	长 8_1	0.52	0.00287	2.520	2.546	0.0427	0.9831
白 286	32	长 8_1	1.51	0.0107	2.520	2.522	0.0946	0.9704
白 286	20	长 8_1	4.89	0.00691	2.520	2.528	0.0548	0.9653
环 32	43	长 8_1	0.22	0.0138	2.520	2.548	0.0093	0.8851
环 42	22	长 8_1	6.44	0.0224	2.520	2.528	0.117	0.9628
白 286	21	长 8_1	6.83	0.0575	2.520	2.532	0.0841	0.9838
环 42	23	长 8_1	7.42	0.0318	2.520	2.526	0.121	0.9674
里 158	30	长 8_1	9.18	0.0430	2.520	2.532	0.0642	0.9524
木 42	37	长 8_1	7.44	0.0818	2.520	2.530	0.0518	0.9721
里 167	27	长 8_1	6.71	0.0931	2.520	2.548	0.0634	0.9939
里 167	59	长 8_1	7.34	0.101	2.500	2.536	0.0634	0.9527

续表

井号	岩心号	层位	ϕ/%	渗透率/$10^{-3}\mu m^2$	直径/cm	长度/cm	滑脱系数 b/MPa	R^2
白 286	19	长 8_1	9.49	0.100	2.520	2.528	0.0586	0.9969
白 286	57	长 8_1	8.9	0.124	2.496	2.536	0.0459	0.9696

从 17 块岩样滑脱系数及克氏渗透率测试结果表明，虽然样品的滑脱系数分布范围较大，但主要分布在 0.04～0.12MPa，并且与克氏渗透率关系不明显（图 15-28）；同时与实验过程中最大实验压差对应的最小视渗透率和克氏渗透率之比（K_{amin}/K_∞）有较好的线性关系（图 15-29）；K_{amin}/K_∞ 值与克氏渗透率无明显的关系（图 15-30），该值分布在 1～1.5。

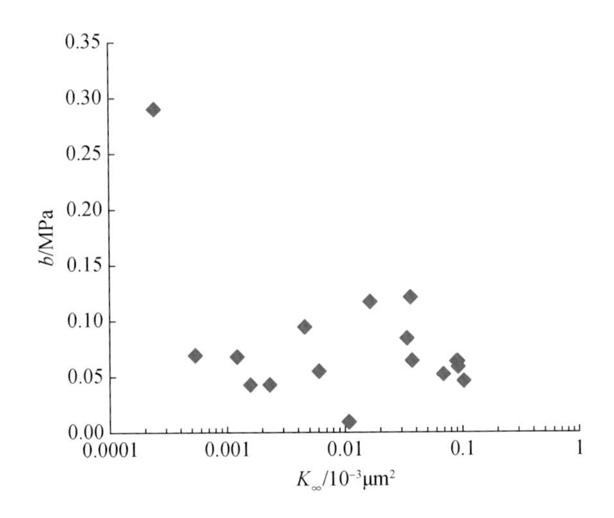

图 15-28　研究区储层岩石滑脱系数与克氏渗透率 K_∞ 的关系图

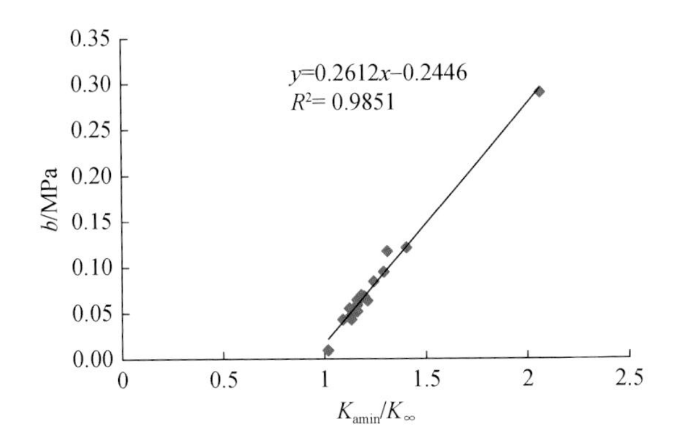

图 15-29　研究区储层岩石滑脱系数与 K_{amin}/K_∞ 克氏渗透率的关系图

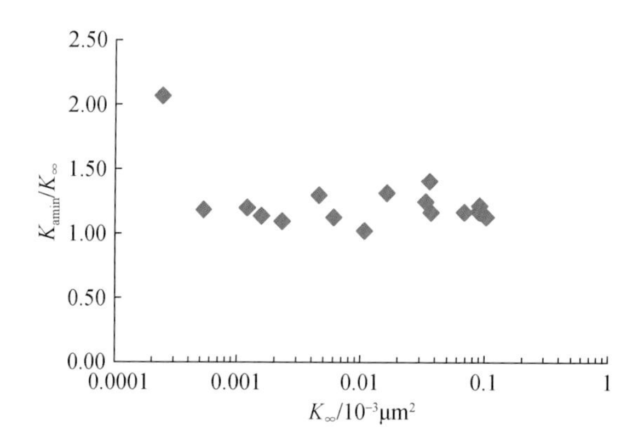

图 15-30　研究区储层岩石 K_{amin}/K_{∞} 值与克氏渗透率 K_{∞} 的关系图

实验结果说明，研究区致密砂岩储层岩心的孔隙结构对气体的滑脱效应影响更大；同时也进一步说明，研究区储层渗透率越低，大孔隙或微裂缝对流体渗流能力的贡献越大，因为滑脱系数并没有随渗透率的降低有明显的降低，说明其主要的渗流空间的尺度没有降低很多，这也是大部分岩心的滑脱系数并没有相应随渗透率降低而增加的主要原因，这也从侧面说明，微裂缝或大孔隙是致密储层主要的渗流空间，并且其尺度并不随储层渗透率的降低而大幅度降低，从另一个角度说明，储层渗透率的降低可能主要是微裂缝或大孔隙数量的减少或对渗透率不利的分布所致。

第三节　覆压对研究区储层渗透率和孔隙度的影响

随着油藏流体的持续开采，油藏孔隙压力不断降低，导致岩石骨架承受的有效应力增加，致使储层中的一些微孔隙、微裂缝被压缩，从而使其孔隙度和渗透率在上覆压力作用下减小，使之与常规岩心分析不一致，特别是对致密岩心影响较大。因此本书研究了覆压对研究区储层岩石孔隙度和渗透率的影响，从而对研究区渗流空间的性质得到进一步的认识。

一、覆压对研究区储层渗透率的影响

本项研究的实验方法是通过改变围压的大小，模拟不同上覆岩石压力，同时测定对应的气测渗透率。研究区 46 块储层岩心在围压 3MPa 和围压 30MPa 下气测的渗透率实验结果对比表明（图 15-31），研究区不同渗透率的岩心，覆压导致渗透率降低的幅度明显不同（表 15-11），当渗透率大于 $1\times10^{-3}\mu m^2$ 时，渗透率减小幅度一般小于 40%；渗透率在 $1\times10^{-3}\sim0.3\times10^{-3}\mu m^2$ 时，渗透率减小幅度一般为 30% ~70%；渗透率为 $0.1\times10^{-3}\sim0.3\times10^{-3}\mu m^2$ 时，渗透率减小幅度一般为 40% ~80%；渗透率为 $0.06\times10^{-3}\sim0.1\times10^{-3}\mu m^2$ 时，渗透率减小幅度为 50% ~90%；渗透率小于 $0.06\times10^{-3}\mu m^2$ 时，渗透率减小幅度为 60% ~90%。可以看出，随着渗透率的降低，研究区长 6_3 和长 8_1 致密储层岩心覆压渗透率同常规

渗透率差异越大，表明渗透率越低，应力敏感性越强，这与目前的其他学者的研究结果一致；同时也可以看出，同一渗透率下，不同岩心应力敏感程度差异较大，根据研究区储层渗流空间特点，这种差异主要是由于微观孔隙结构的差异造成，大量的研究表明，微裂缝发育的储层岩石应力敏感程度相对更高。因此，同一渗透率下，孔隙结构微缝较发育的储层岩石应力敏感性相对较强，从这个角度也可以判断储层岩石微缝的相对发育程度。

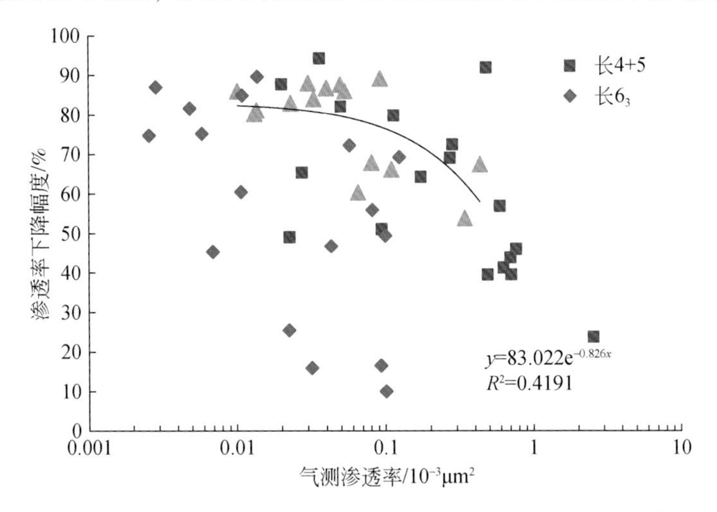

图 15-31　研究区储层 30MPa 覆压前后渗透率减小幅度与气测渗透率的关系

表 15-11　研究区储层覆压对储层渗透率的影响程度分类表

渗透率/$10^{-3}\mu m^2$	渗透率减小百分数/%
≥1	<40
1～0.3	30～70
0.1～0.3	40～80
0.06 ～0.1	50～90
≤0.06	60～90

二、覆压对研究区致密岩心气测渗透率影响的定量关系

本书对研究区 8 块渗透率为 0.00502×10^{-3}～$0.111\times10^{-3}\mu m^2$ 的岩心逐步提高围压，围压从 3MPa 增大到 30MPa 时气测渗透率变化与围压的关系见实验典型曲线（图 15-32），实验岩心性质见表 15-10。实验结果表明，围压与气测渗透率具有较好的幂函数关系。拟合方程如式 15-2 所示，相关系数在 0.93～0.99。

$$K_a = a_o P^{-c} \tag{15-2}$$

式中，a_o为拟合系数；K_a 为气测渗透率，$10^{-3}\mu m^2$；c 为拟合系数；P 为围压，MPa。

分析表明，拟合系数 a_o和 c 与气测渗透率也有较好的幂函数关系（图 15-33），拟合方程中拟合系数 a_o随渗透率的增加而增加，拟合系数 c 随渗透率的增加而减小。

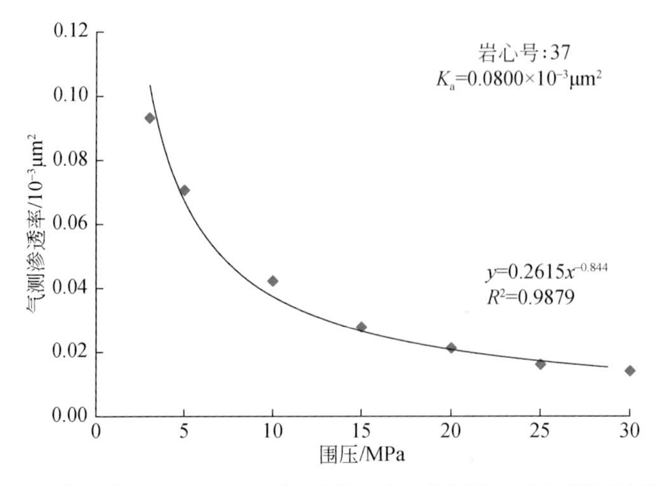

图 15-32　研究区渗透率小于 $0.111\times10^{-3}\mu m^2$ 储层岩心气测渗透率与围压的关系典型曲线

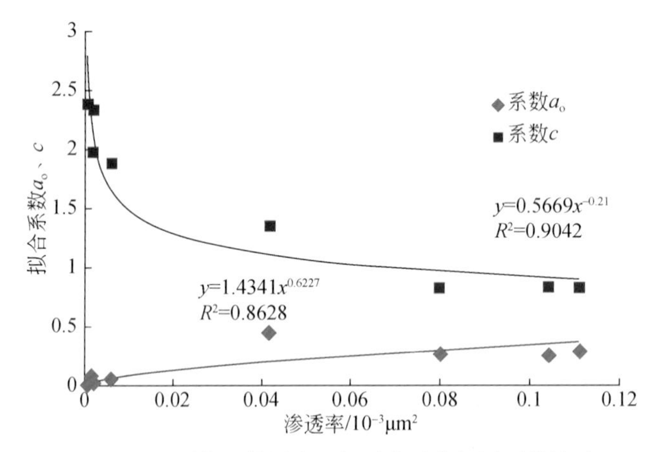

图 15-33　研究区储层岩心气测渗透率与围压的关系

本书对以上实验数据进一步分析表明（图 15-34），在岩样受压初期，即围压在 10MPa

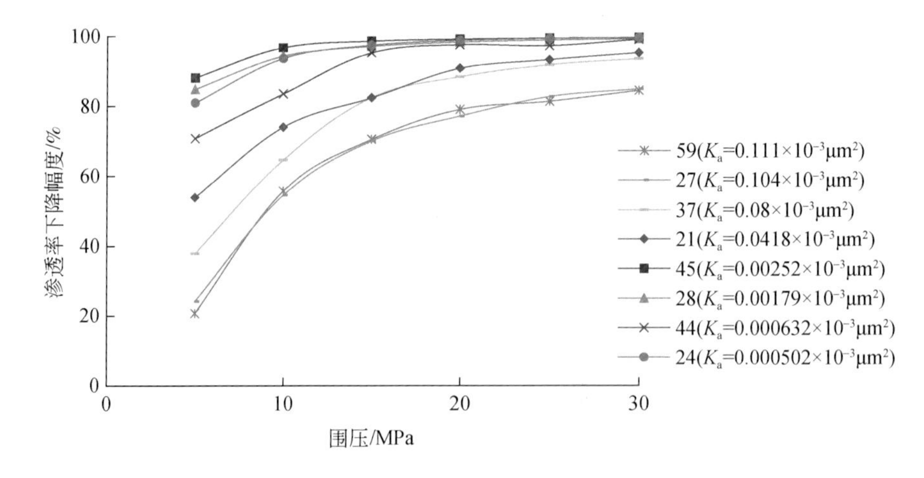

图 15-34　研究区储层岩石渗透率下降幅度与围压的关系

以下时，致密岩心渗透率越小，岩心的渗透率下降幅度越大，而围压呈急剧增加的趋势。在本书实验范围内，围压增加幅度为54.6%～96.8%；围压为10MPa之后，渗透率伤害变化趋于平缓。由此推断，研究区致密储层应力敏感性相对较强。

三、覆压对研究区储层孔隙度的影响

本书对研究区3MPa和30MPa围压下46块岩心孔隙度进行了测定。实验结果表明，孔隙度变化很小，具有渗透率越大，30MPa围压下孔隙度与3MPa围压下孔隙度相差越大的趋势。从图15-35～图15-37更明显地看出，3MPa围压下孔隙度与30MPa围压下孔隙度之差主要分布在-0.4%～0.4%之间，且随着孔隙度和渗透率的增加而增加，但覆压对研究区致密储层孔隙度总体影响不大；同时可以看出，本次研究出现了30MPa围压下孔隙度大于3MPa围压下孔隙度的情况，尤其是当渗透率小于$0.1\times10^{-3}\mu m^2$、孔隙度小于8%时；并且当渗透率小于$0.02\times10^{-3}\mu m^2$、孔隙度小于5%时，30MPa孔隙度均大于3MPa围压下孔隙度，这表明，岩心的孔隙空间在高的围压下出现了膨胀现象，即压胀现象，本书暂时称为孔隙度压胀现象。通过与渗透率数据对比表明，本次实验出现的压胀现象只是孔隙度有所增加，没有导致渗透率明显的增加现象。

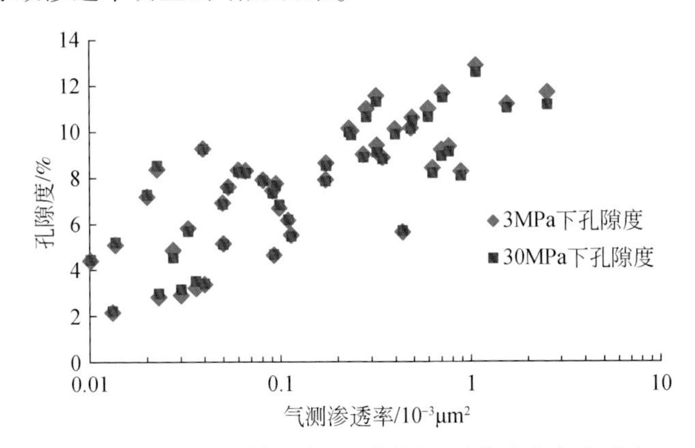

图15-35　研究区储层岩心不同围压下孔隙度大小对比

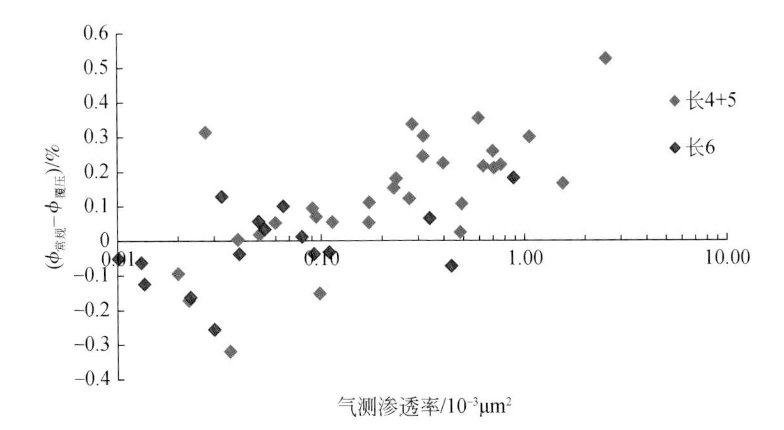

图15-36　3MPa围压下孔隙度与30MPa围压下孔隙度之差与渗透率的关系

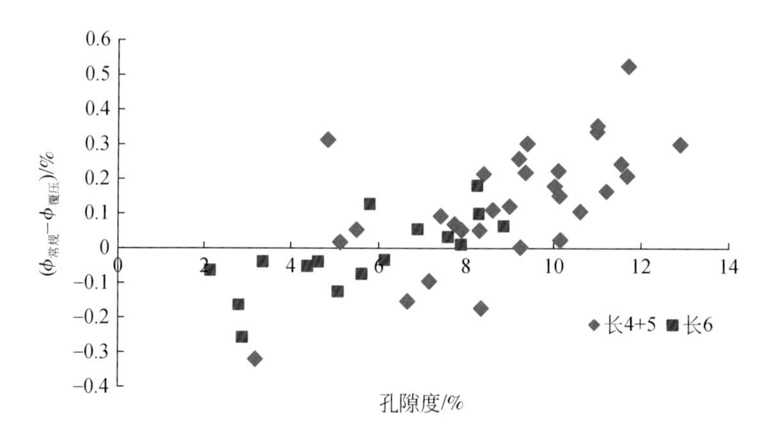

图 15-37　3MPa 围压下孔隙度与 30MPa 围压下孔隙度之差与孔隙度的关系

本次实验小于 $0.1\times10^{-3}\mu m^2$ 渗透的致密岩心共计 22 块，其中出现孔隙度压胀现象的有 11 块岩心，占总数的 50%，因此研究区出现的孔隙度压胀现象确实是存在的，但这种压胀现象并没有伴随渗透率的变化明显增大，因此本书初步分析认为可能是由于岩石内部岩石颗粒相对滑动形成了少量新的孔隙空间，但形成的新孔隙空间只增加了孔隙度，对渗透率影响不明显，但从这个角度上说明，研究区储层覆压增大，岩石颗粒之间有可能产生滑移。

第四节　储层可动流体饱和度分类特征

一、T_2 谱图及参数特征与影响因素

研究区储层孔隙微小，比表面积大，黏土类型各不相同，含量高低不等，孔隙结构复杂，因此导致储层可动流体饱和度有可能存在很大差异，因此本书对研究区致密 20 块岩心样品进行了核磁共振测试分析（表 15-12），从该角度对渗流空间的性质进行进一步认识和评价。

本次实验 20 块长 6 和长 8 储层的核磁共振实验样品分析结果表明：

（1）研究区储层岩石的 T_2 谱分布有 5 种典型特征，反映了孔隙结构的复杂性，从而导致可动流体分布的复杂性；结合前述孔隙结构研究，其对应了研究区 5 种类型的渗流空间，即：①孔隙为主，分布均匀［图 15-38（a）］；②孔隙+微缝为主，分布均匀［图 15-38（b）］；③微缝为主，分布不均匀［图 15-38（c）］；④孔隙为主，分布不均匀［图 15-38（d）］；⑤孔隙+微缝为主，分布不均匀。

（2）从 T_2 截止值与孔渗和可动流体饱和度的关系可以看出（图 15-39），T_2 截止值随着可动流体饱和度、孔隙度、渗透率的增大有增大的趋势，但相关性较差，这是由于复杂的孔隙结构导致的。

表 15-12　研究区储层岩心核磁共振测试实验结果数据表

井号	岩心编号	深度/m	层位	核磁孔隙度/%	气测孔隙度/%	气测渗透率/$10^{-3}\mu m^2$	可动流体饱和度/%	可动流体孔隙度/%	束缚水饱和度/%	T_2 加权平均值/ms		T_2 截止值/ms	可动流体饱和度分类
										饱和状态	离心后		
山 103	2	2042.56～2043.42	长 6_3	6.38	6.4	0.04	42.99	2.75	57.01	47.02	5.12	9.64	Ⅲ
白 123	7	2097.50～2097.66	长 6_3	12.42	12.4	0.62	57.73	7.16	42.27	82.4	6.86	11.57	Ⅱ
白 123	9	2109.15～2110.00	长 6_3	10.69	10.7	0.36	53.72	5.75	46.28	68.8	6.69	9.64	Ⅱ
白 412	10	2111.13～2111.22	长 6_3	4.76	4.8	0.02	38.28	1.84	61.72	60.17	11.84	24.04	Ⅲ
白 412	11	2113.75～2113.85	长 6_3	9.56	9.6	0.16	48.51	4.66	51.49	64.35	6.86	11.57	Ⅲ
元 284	14	2176.40～2176.50	长 6_3	5.52	5.5	0.04	42.12	2.32	57.88	38.69	8.12	13.89	Ⅲ
元 284	15	2182.15～2182.24	长 6_3	9.03	9	0.25	46.92	4.22	53.08	33.37	14.04	16.68	Ⅲ
白 286	19	1983.90～1983.94	长 8_1	8.58	8.6	0.56	43.24	3.72	56.76	19.01	9.07	11.57	Ⅲ
环 42	22	2176.12～2176.21	长 8_1	6.11	6.1	0.12	44.22	2.7	55.78	40.94	8.88	13.89	Ⅲ
里 167	25	2465.00～2465.10	长 8_1	5.78	5.8	0.12	44.76	2.6	55.24	58.82	6.86	13.89	Ⅲ
里 167	26	2471.00～2471.05	长 8_1	3.08	3.1	0.18	48.33	1.5	51.67	43.65	9.6	13.89	Ⅲ
环 305	32	2457.62～2457.70	长 8_1	2.03	2	0.04	40.58	0.81	59.42	54.49	6.92	16.68	Ⅲ
木 42	37	2674.48～2674.58	长 8_1	7.46	7.5	0.46	42.96	3.22	57.04	13.23	6.16	4.64	Ⅲ
木 42	38	2667.99～2668.10	长 8_1	7.58	7.6	0.22	48.43	3.68	51.57	67.72	9.64	9.64	Ⅲ
木 42	39	2664.90～2665.00	长 8_1	2.26	2.3	0.01	40.44	0.93	59.56	61.31	11.84	20.02	Ⅲ
白 280	40	2210.07～2210.17	长 8_1	7.29	7.3	0.18	54.42	3.97	45.58	46.56	13.67	11.57	Ⅱ
白 280	41	2219.17～2219.27	长 8_1	1.13	1.1	0.004	36.07	0.4	63.93	39.58	11.54	20.02	Ⅲ
白 280	42	2223.84～2223.94	长 8_1	2.47	2.5	0.01	40.97	1.02	59.03	60.17	11.84	20.02	Ⅲ
环 32	43	2274.62～2274.70	长 8_1	0.6	0.6	0.003	35.84	0.22	64.16	23.84	6.07	9.64	Ⅲ
环 32	45	2277.83～2277.92	长 8_1	0.71	0.7	0.003	35.06	0.25	64.94	21.84	6.07	9.64	Ⅲ

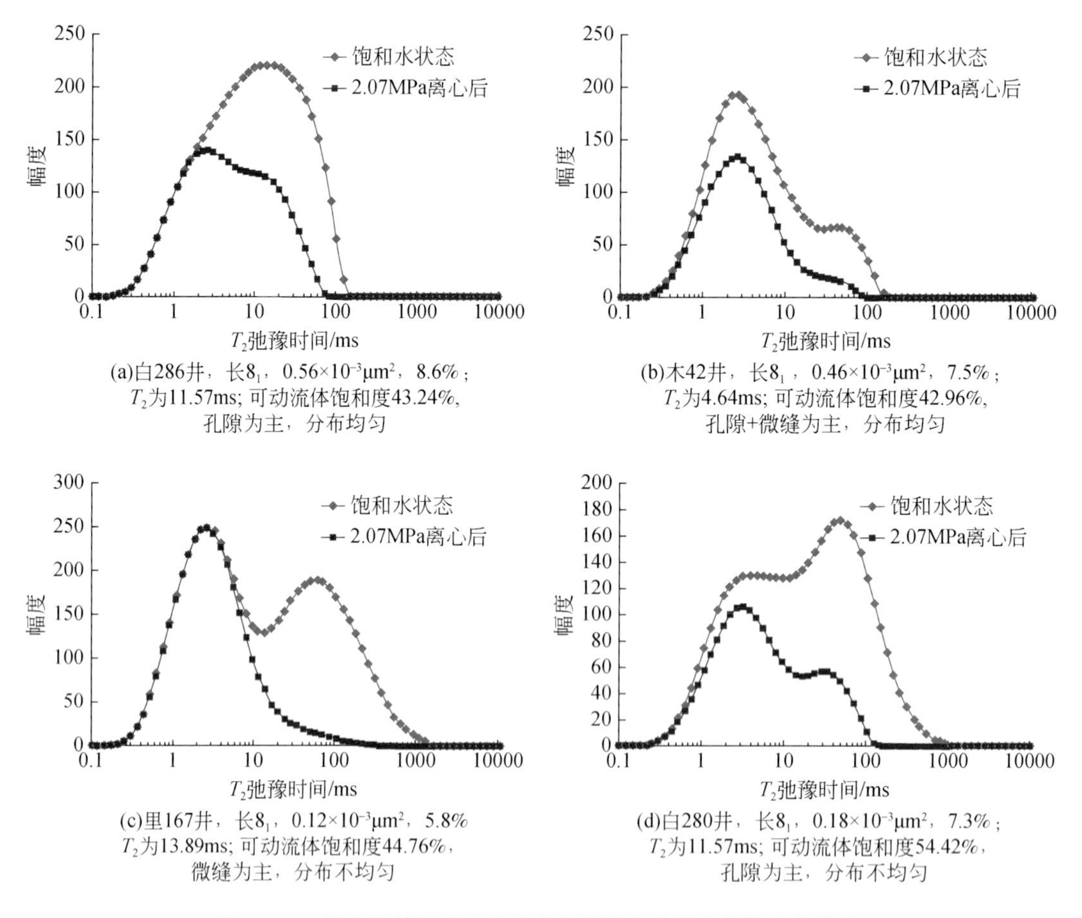

(a)白286井，长8_1，$0.56\times10^{-3}\mu m^2$，8.6%；T_2为11.57ms; 可动流体饱和度43.24%，孔隙为主，分布均匀

(b)木42井，长8_1，$0.46\times10^{-3}\mu m^2$，7.5%；T_2为4.64ms; 可动流体饱和度42.96%，孔隙+微缝为主，分布均匀

(c)里167井，长8_1，$0.12\times10^{-3}\mu m^2$，5.8%；T_2为13.89ms; 可动流体饱和度44.76%，微缝为主，分布不均匀

(d)白280井，长8_1，$0.18\times10^{-3}\mu m^2$，7.3%；T_2为11.57ms; 可动流体饱和度54.42%，孔隙为主，分布不均匀

图 15-38　研究区储层岩心核磁共振图谱与渗流空间类型的关系

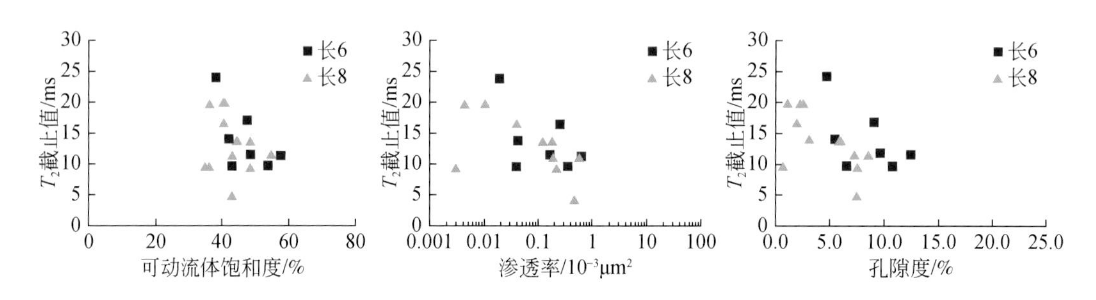

图 15-39　T_2 截止值与孔隙度、渗透率和可动流体饱和度的关系

二、可动流体饱和度与孔渗的关系

综合陇东地区前人研究及本次 20 块长 6_3 和长 8_1 储层的核磁共振实验样品分析结果表明：

研究区长 6_3 储层可动流体饱和度分布在38%～65%；长 8_1 储层可动流体饱和度分布在36%～60%，略低于长 6_3 储层；可动流体饱和度与储层渗透率和孔隙度均存在较好的关系，即渗透率和孔隙度增加，可动流体饱和度呈幂指数关系增加（图15-40，图15-41）。本书根据可动流体饱和度与物性的关系，对储层进行了分类，见表15-13。

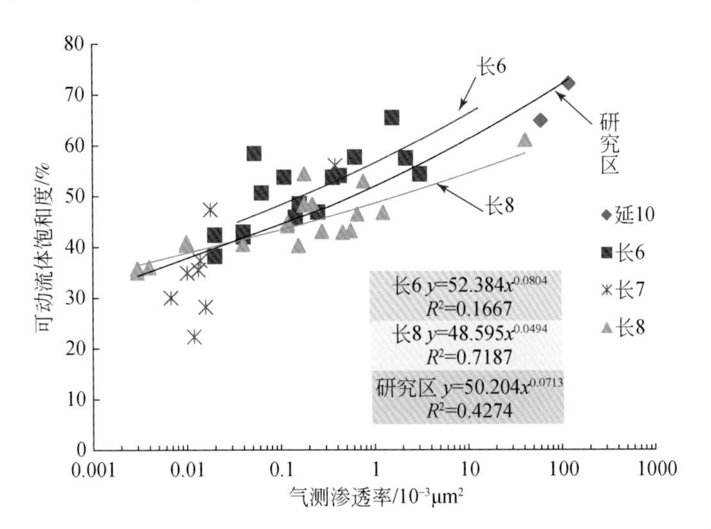

图15-40　可动流体饱和度与气测渗透率的关系

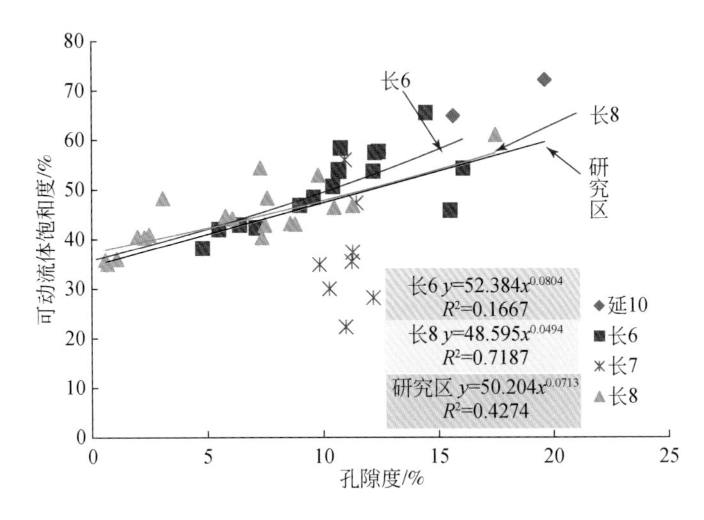

图15-41　可动流体饱和度与孔隙度的关系

表15-13　研究区根据可动流体饱和度的储层分类表

储层分类	Ⅰ	Ⅱ	Ⅲ	Ⅳ	Ⅴ	Ⅵ
有效孔隙度/%	>18	15～18	12～15	8～12	5～8	<5
渗透率/$10^{-3}\mu m^2$	≥10	1～10	0.5～1	0.3～0.5	0.02～0.3	<0.02
核磁可动流体饱和度/%	>60	50～60	45～50	42～45	40～45	<40

第十六章　致密砂岩储层岩石渗流能力评价

储层岩石流体渗流能力评价是储层分类及致密油藏开发需要认识的一个非常重要的方面。本章通过真实砂岩模型、岩心流动实验对研究区致密储层流体的渗流特征进行了研究，在此基础上选择了合理的流体渗流能力评价参数。

第一节　微观渗流特征

从评价储层流体渗流能力角度，本书对单相流体的微观流动特征利用真实砂岩模型进行了研究。本书选择了研究区 3 块储层岩心，物性及制作的模型尺寸见表 16-1。

表 16-1　微观模型实验用岩性物性参数表

井名	样号	层位	取样深度/m	岩心孔隙度/%	岩心气测渗透率/$10^{-3}\mu m^2$	模型尺寸/cm		
						模型厚度	长度	宽度
木 31	20-2	长 4+5	2141.2	11.7	0.710	0.063	2.382	2.432
环 92	16-1	长 6_3	2363.4	8.87	0.342	0.063	2.360	2.300
镇 333	7-1	长 6_3	1972.3	7.59	0.0532	0.054	2.423	2.370

本书主要通过对单相水微观模型渗流实验，认识研究区致密储层微观渗流特征。实验方法是将染色的地层水注入 100% 饱和地层水的模型中，观察水的流动方向和分布状态及其影响因素。实验结果如图 16-1 ~ 图 16-3 所示。

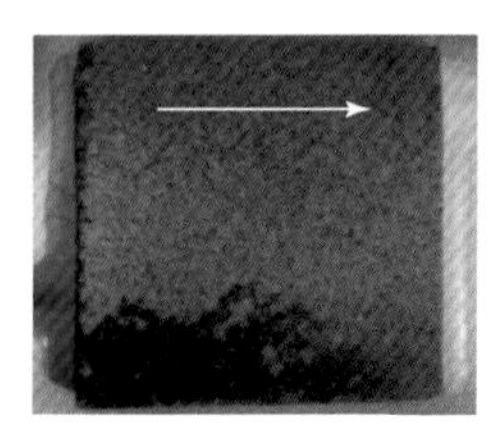

(a)0.004MPa下水流动面积16.4%

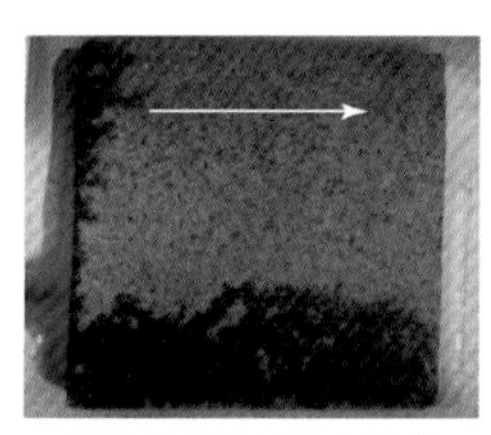

(b)0.006MPa下水流动面积27.8%

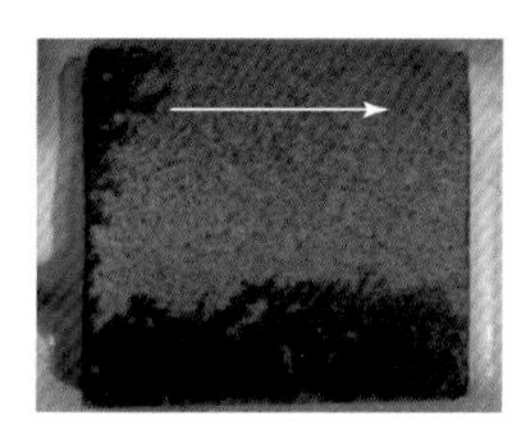

(c)0.008MPa下水流动面积31.4%

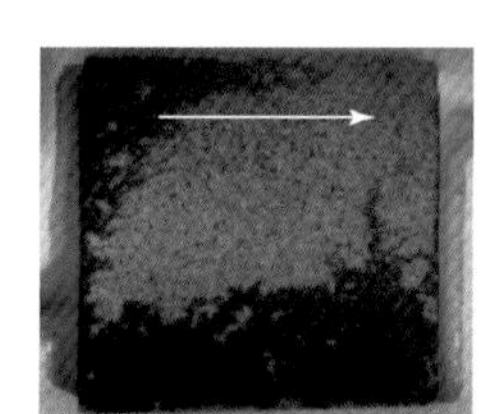

(d)0.014MPa下水流动面积43.5%

图 16-1　7-1 号模型单相水渗流过程图

3 块岩心模型的实验结果均表明：

（1）单相水的微观渗流是非常不均匀的，可以看出地层水只沿几个点进入模型，在模型中的流动也并不一定按加压的方向流动，有些地方明显没有被蓝色波及，这意味着，这些地方流体的流动速度很慢或流体没有参与流动，流体主要在某些通道中流动，形成通

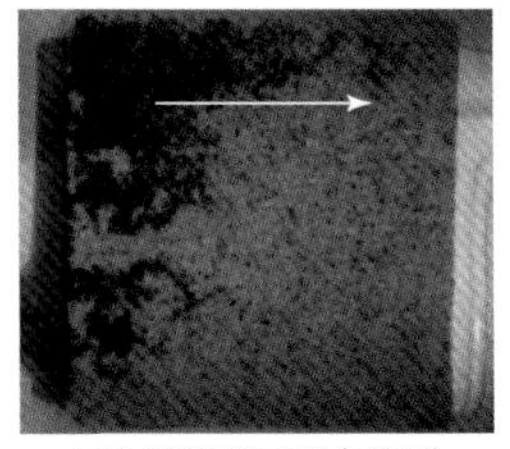
(a)0.008MPa下水流动状态19.9%

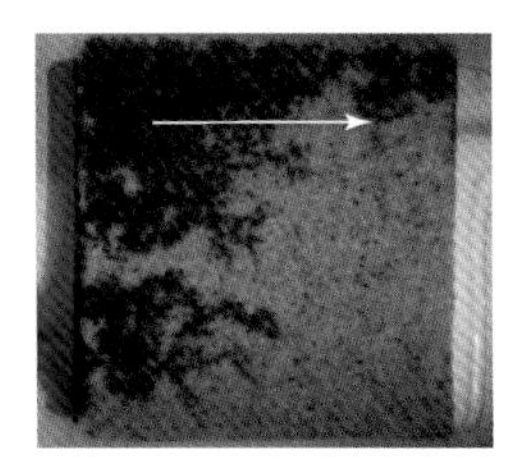
(b)0.012MPa下水流动状态32.1%

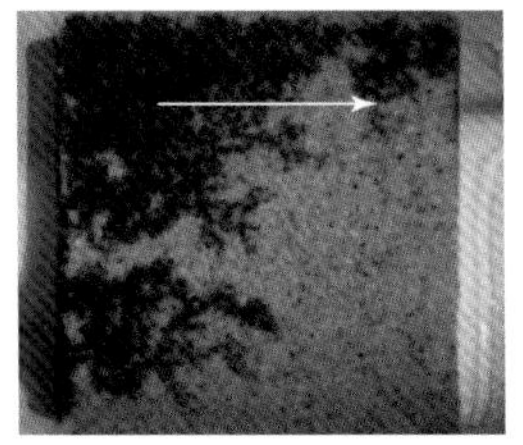
(c)0.016MPa下水流动状态33.7%

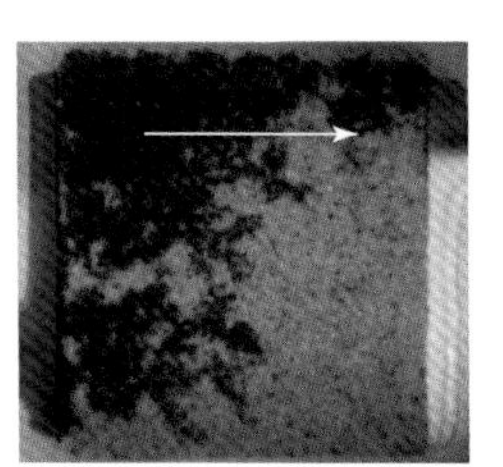
(d)0.02MPa下水流动状态36%

图 16-2　20-2 号模型单相水渗流过程图

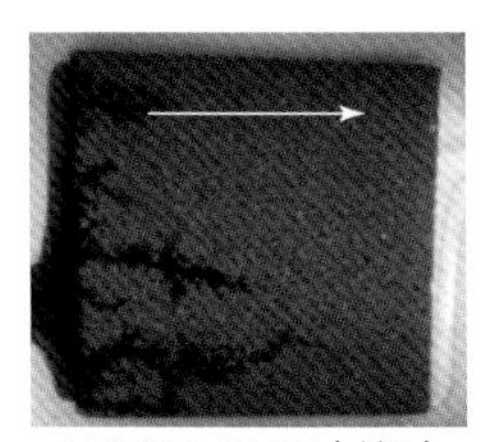
(a)0.004MPa下水流动状态9.77%

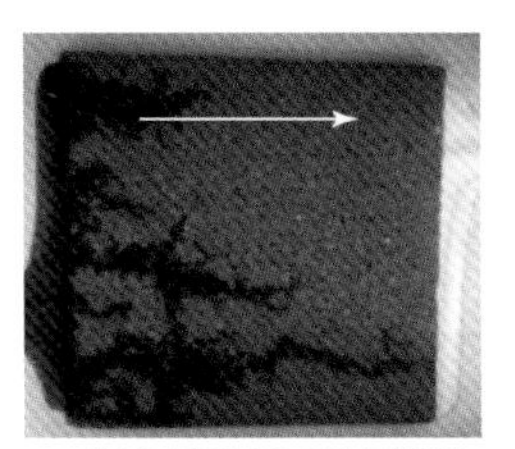
(b)0.005MPa下水流动状态16.7%

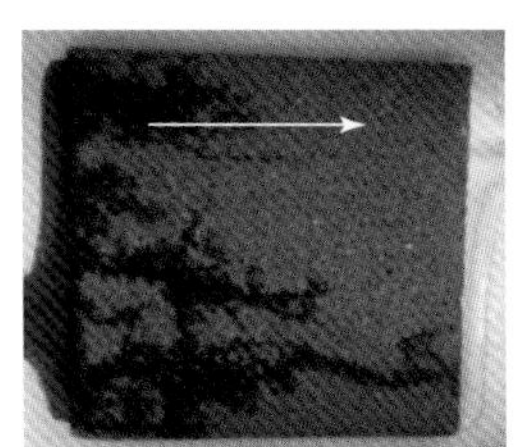
(c)0.006MPa下水流动状态25.3%

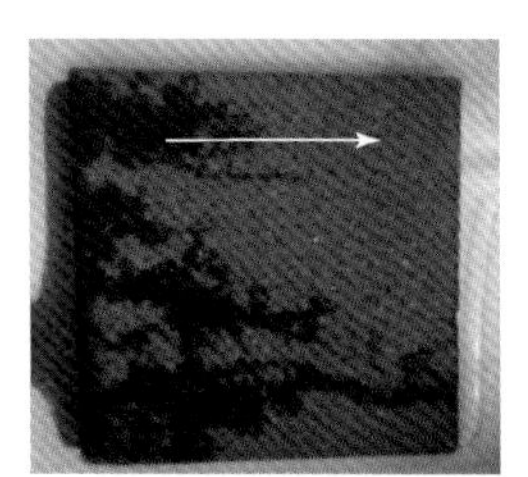
(d)0.007MPa下水流动状态34%

图 16-3　16-1 号模型单相水渗流过程图

道。流体的渗流特征进一步验证了低渗致密储层岩石微观非均质性强，3 块模型表现出来的非均质性有所不同，因此流体在模型中分布也有所不同，但都具有非均匀的特点。

（2）流体在模型中的流动与流动压力有明显的关系；压力越大，水明显流过的面积越大（蓝色）；在本项目实验条件最高压力下，3 块模型水明显流过的面积在 34% ~43.5%，其他区域的孔喉没有明显的参与流动，因此，低渗致密储层渗透率低，储层流体流动能力差，非均匀渗流可能是主要的原因之一。储层岩石微观非均匀渗流的存在，可能主要是低渗致密储层孔隙结构复杂，孔喉细小，存在微缝或大孔隙所致。

第二节　单相水和单相油渗流特征

本书对研究区低渗致密储层岩心进行了 10 块岩心的单相水和单相油的渗流实验，其主要目的是认识研究区储层流体的渗流能力及渗流特征。本次实验用水采用的是模拟地层水，实验用油采用的是模拟油，油水的黏度分别为 1.397mPa · s 和 1.14mPa · s。实验岩心物性参数见表 16-2。

表 16-2　单相流体渗流实验的岩心物性参数

井号	编号	层位	直径/cm	长度/cm	孔隙度/%	气测渗透率/$10^{-3}\mu m^2$
镇 92	58	长 4+5	2.530	3.586	7.73	0.629
木 48	65	长 4+5	2.530	3.630	10.2	0.701
木 94	18	长 8_1	2.516	2.558	12.0	0.353

续表

井号	编号	层位	直径/cm	长度/cm	孔隙度/%	气测渗透率/$10^{-3}\mu m^2$
木94	12	长8_1	2.516	2.550	11.4	0.166
木94	74	长8_1	2.518	2.548	9.63	0.0537
木94	81	长8_1	2.518	2.540	10.8	0.143
木94	114	长8_1	2.516	2.556	1.33	0.0878
里167	59	长8_1	2.500	2.536	4.96	0.101
环42	23	长8_1	2.520	2.526	1.30	0.0318
宁167	34	长8_1	2.514	2.556	3.64	0.0143

一、单相水渗流特征

1. 单相水渗流曲线特征

单相水渗流实验结果表明：

（1）研究区10块岩心的渗流曲线（流速与压力梯度的关系曲线）均表现为低压力梯度下是略微上凹的曲线，当在较大压力梯度时转换成直线，当压力继续增大，又开始有上凸的趋势（图16-4）；图16-5是各岩心的单相水渗流曲线上各压力点的渗透率（K_w）与最大压力梯度点渗透率（K_{wmax}）的比值，可以看出，随压力梯度的增加，所有的岩心渗透率均是上升的，到一定压力梯度后，一些岩心渗透率基本保持不变，但有些岩心渗透率明显降低，这主要是致密岩心微缝发育，较高压力下产生应力敏感所致。

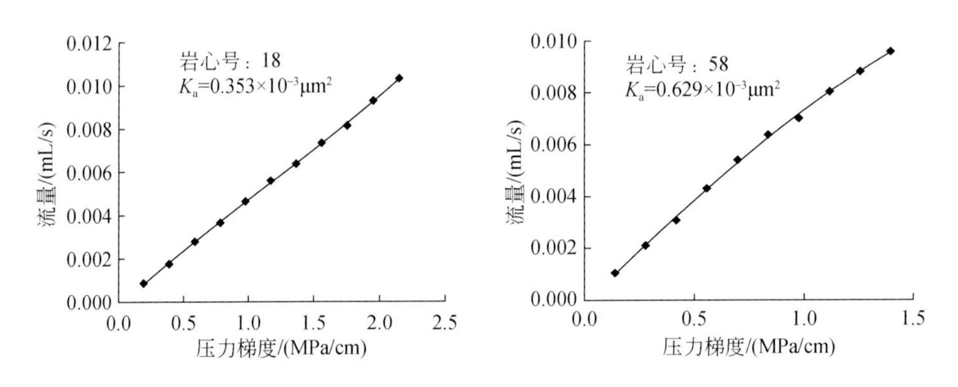

图16-4　研究区致密岩心单相水渗流典型曲线

（2）由图16-5还可以看出，在本次实验中最低压力梯度下渗透率与最高渗透率之比在0.74～0.97，即低压力梯度下单相水渗透率较高压下单相水渗透率低3%～26%；同时可以看出渗透率不随压力梯度增加的转折点在0.5～0.8MPa。

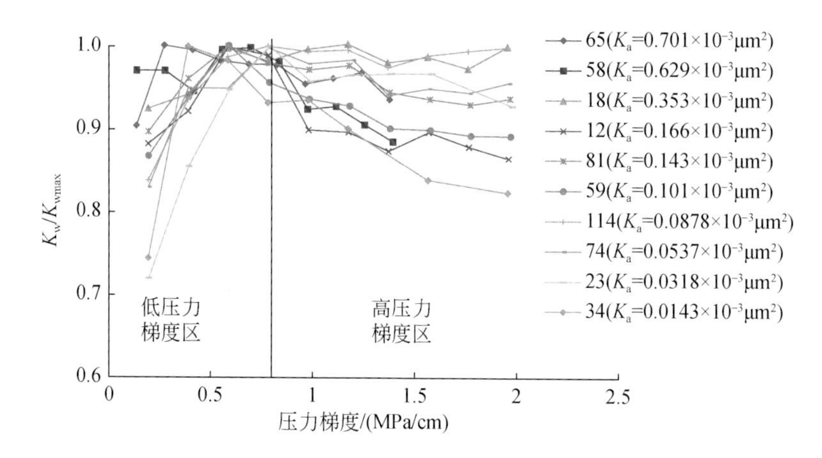

图 16-5　岩心单相水压力梯度与视渗透率与最大视渗透率比值的关系

2. 单相水的启动压力梯度

大量研究表明，有许多求取启动压力梯度的方法，这是因为渗流曲线得到的拟合方程常常差异较大所致，甚至有时难以获得拟合方程。本书是用式（16-1）拟合渗流曲线得到启动压力梯度的，并且与其他方法进行了对比，用该式得到的拟合相关程度相对较好。

$$y=ae^{-x}+bx+c \tag{16-1}$$

式中：a、b、c 为拟合参数；y 为实验渗流速度，mL/min；x 为压力梯度，MPa/cm。

用式（16-1）对本次实验得到的单相水渗流曲线数据进行拟合，拟合的相关系数均在 0.99 以上，并求得了启动压力梯度（表 16-3）。结果表明，研究区储层岩石单相水渗流的拟合方程得到的启动压力梯度为 0.0124～0.08MPa/cm。同时可以看出，启动压力梯度随渗透率的增加有降低的趋势，呈较好的指数关系（图 16-6）。因此本次实验得到的单相水启动压力梯度与气测渗透率的关系如式（16-2）所示。

$$y=0.0759e^{-2.351x},\quad R^2=0.9514 \tag{16-2}$$

式中，y 为启动压力梯度，MPa/cm；x 为气测渗透率，$10^{-3}\mu m^2$。

表 16-3　研究区致密岩心单相水启动压力梯度及拟合参数数据表

岩心号	气测渗透率/$10^{-3}\mu m^2$	孔隙度/%	拟合参数				启动压力梯度/(MPa/cm)
			$a/10^{-3}$	$b/10^{-3}$	$c/10^{-3}$	R^2	
65	0.701	9.21	−0.116	−0.0419	9.34	0.9995	0.0124
58	0.629	8.41	−0.317	−0.543	8.33	0.9989	0.0183
18	0.353	11.7	0.279	−0.93	5.61	0.9996	0.0456
12	0.166	11.2	0.179	−0.708	2.57	0.9982	0.0481
81	0.143	10.6	0.104	−0.427	2.00	0.9997	0.0506
59	0.101	7.34	0.09	−0.346	1.296	0.9998	0.0548
114	0.0878	3.95	0.018	−0.061	0.357	0.9998	0.0594

续表

岩心号	气测渗透率/$10^{-3}\mu m^2$	孔隙度/%	拟合参数				启动压力梯度/(MPa/cm)
			$a/10^{-3}$	$b/10^{-3}$	$c/10^{-3}$	R^2	
74	0.0537	9.30	0.038	-0.138	0.57	0.9996	0.0659
23	0.0318	7.42	-0.01	-0.006	0.465	0.9995	0.0689
34	0.0143	6.21	0.0039	-0.0164	0.0438	0.9985	0.0800

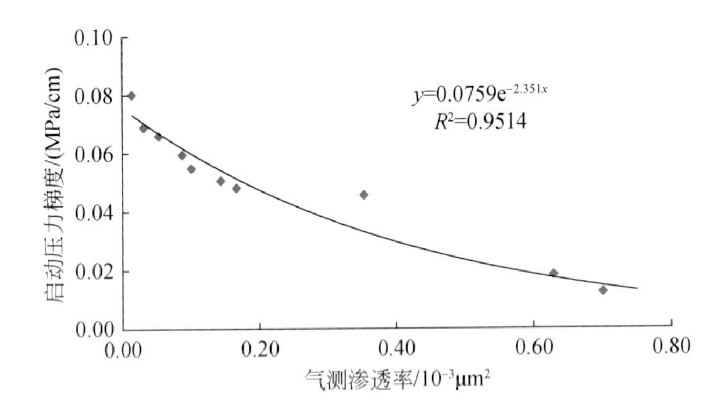

图 16-6　单相水启动压力梯度随气测渗透率变化曲线

3. 单相水流动能力分析

由于实验和求取启动压力梯度的计算方法对启动压力梯度值影响较大，因此本书尝试采用单相水渗流实验中单相水渗流最大一点的渗透率值与其气测渗透率的比值进行了比较，结果表明（表 16-4），单相水渗透率最大为气测渗透率的 31.2%，最小为气测渗透率的 4.82%。可以看出，研究区 10 块岩心中最大水测渗透率岩心是最小水相渗透率岩心渗透率的 309 倍，而最大气测渗透率仅是最小气测渗透率 49 倍，表明渗透率对水相流动能力影响很大，气测渗透率难以反映水相渗流能力。从表中也可以看出，致密岩心（K_a<0.1×$10^{-3}\mu m^2$）的水测渗透率与气测渗透率的比值基本小于渗透率大于 0.1×$10^{-3}\mu m^2$ 的岩心的，说明致密岩心的水相渗流能力更弱，同时也表明，用这个参数更能够反映地层水的流动能力。

表 16-4　研究区储层单相水渗透率与气测渗透率对比表

岩心号	气测渗透率/$10^{-3}\mu m^2$	孔隙度/%	单相水渗透率/$10^{-3}\mu m^2$	水测 K_w 气测 K_a 之比/%
65	0.701	9.21	0.214	30.5
58	0.629	8.41	0.172	27.3
18	0.353	11.7	0.110	31.2
12	0.166	11.2	0.0476	28.6
81	0.143	10.6	0.039	27.2

续表

岩心号	气测渗透率/$10^{-3}\mu m^2$	孔隙度/%	单相水渗透率/$10^{-3}\mu m^2$	水测 K_w 气测 K_a 之比/%
59	0.101	7.34	0.0242	24.0
114	0.0878	3.95	0.00683	7.78
74	0.0537	9.30	0.00979	18.2
23	0.0318	7.42	0.00979	30.8
34	0.0143	6.21	0.000692	4.82

二、单相油渗流特征

1. 单相油渗流曲线特征

研究区对以上实验岩心用模拟油驱替至束缚水状态，然后用同样的方法测单相油的渗流曲线。10 块岩心的渗流实验结果表明：

（1）渗流曲线特征与单相水基本相同，即均表现为低压力梯度下是略微上凹的曲线，当在较大压力梯度时转换成直线，当压力继续增大，又开始有上凸的趋势（图 16-7）；图 16-8 是各岩心单相油渗流曲线上各压力点的渗透率（K_o）与最大压力梯度点渗透率（K_{omax}）的比值，可以看出，随压力梯度的增加，所有的岩心渗透率均为上升趋势，到一定压力梯度后，一些岩心渗透率基本保持不变，但有些岩心渗透率有所降低，原因与单相水相似，主要是致密岩心较高压力下产生应力敏感所致；但对比可以看出，单相油应力敏感性相对较弱，这从另一个角度表明油的应力敏感性弱于水的应力敏感性。

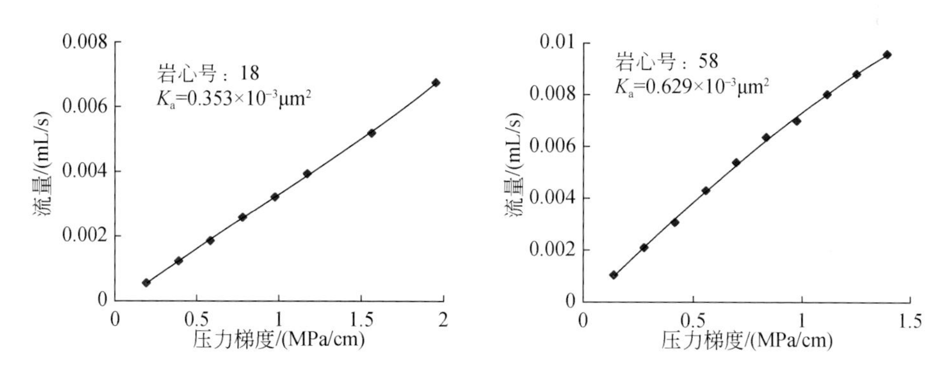

图 16-7　研究区致密岩心单相油渗流典型曲线

（2）由图 16-8 还可以看出，在本次实验中最低压力梯度下渗透率与最高渗透率之比在 0.36～0.97，即低压力梯度下单相油渗透率较高压下单相油渗透率低 3%～64%；同时可以看出渗透率不随压力梯度增加的转折点在 0.5～1MPa，且单相油渗流非达西渗流特征更明显。

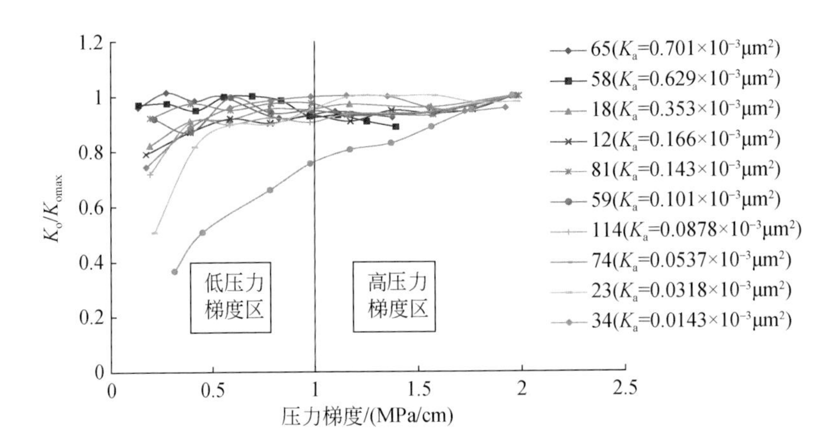

图 16-8　岩心单相油压力梯度与视渗透率与最大视渗透率比值的关系

2. 单相油启动压力梯度

研究区储层岩心的单相油压力梯度的求取方法与单相水完全相同，其结果见表 16-5，该方程拟合的相关系数在 0.99 以上。结果表明，研究区储层岩石用单相油渗流拟合方程法得到的启动压力梯度为 0.0135 ~ 0.183MPa/cm，高于单相水的启动压力梯度。

表 16-5　研究区储层岩心单相油启动压力梯度及拟合参数数据表

岩心号	气测渗透率/10^{-3}μm²	孔隙度/%	拟合参数				启动压力梯度/(MPa/cm)
			$a/10^{-3}$	$b/10^{-3}$	$c/10^{-3}$	R^2	
65	0.701	9.21	0.66	-1.81	7.43	0.9991	0.0135
58	0.629	8.41	-0.317	-0.543	8.33	0.9989	0.0183
18	0.353	11.7	0.205	-0.541	3.82	0.9997	0.0496
12	0.166	11.2	0.154	-0.382	1.67	0.9993	0.052
81	0.143	10.6	0.253	-0.728	2.02	0.9994	0.0539
59	0.101	7.34	0.06	-0.156	0.465	0.9998	0.0615
114	0.0878	3.95	0.01	-0.026	0.11	0.9998	0.065
74	0.0537	9.30	-0.001	-0.032	0.451	0.9991	0.0706
23	0.0318	7.42	-0.005	0.011	0.057	0.9994	0.103
34	0.0143	6.21	0.00025	-0.00009	0.00302	0.9996	0.183

从单相油启动压力梯度与气测渗透率关系图（图 16-9）来看，启动压力梯度与气测渗透率有较好的幂指数关系，其关系式如（16-3）所示。

$$y=0.0162x^{-0.569},\quad R^2=0.8975 \tag{16-3}$$

式中，y 为启动压力梯度，MPa/cm；x 为气测渗透率，10^{-3}μm²。

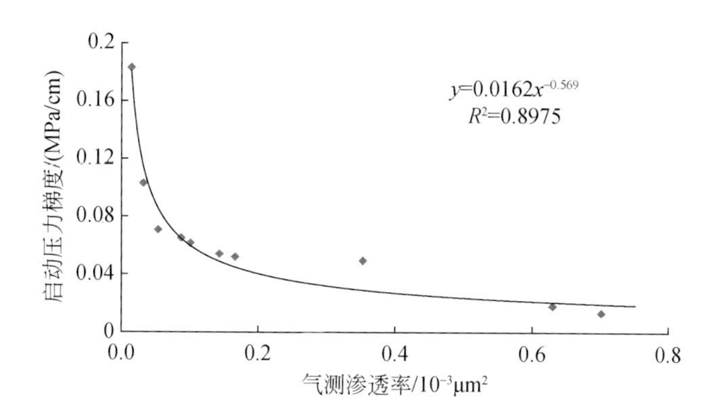

图 16-9 单相油启动压力梯度随气测渗透率变化曲线

3. 单相油流动能力分析

同单相水流动能力分析一样，也采用了单相油渗流曲线中最大的渗透率值与气测渗透率的比值分析单相油的流动能力，结果表明（表 16-6），该比值主要分布在 2.9% ~ 34.18%；同时可以看出，气测渗透率越小，该比值具有变小的趋势，尤其是渗透率小于 $0.1\times10^{-3}\mu m$ 后，该比值一般小于 10%；因此该参数也可以作为评价油相流动能力的一项参数。

表 16-6 研究区储层单相油渗透率与气测渗透率对比表

岩心号	气测渗透率/$10^{-3}\mu m^2$	孔隙度/%	单相油渗透率/$10^{-3}\mu m^2$	油测 K_o 与气测 K_a 之比/%
65	0.701	9.21	0.216	30.86
58	0.629	8.41	0.215	34.18
18	0.353	11.7	0.0892	25.29
12	0.166	11.2	0.0402	24.16
81	0.143	10.6	0.0427	29.77
59	0.101	7.34	0.0102	7.85
114	0.0878	3.95	0.00255	2.90
74	0.0537	9.30	0.00167	5.25
23	0.0318	7.42	0.0109	20.29
34	0.0143	6.21	0.00167	5.25

第三节 原油流动能力评价指标（K_{oi}/K_a）

由于得到比较准确的致密储层启动压力梯度的难度较大，且地层流体的渗流特征与压力梯度有很大关系，因此用该参数确定地层流体的渗流能力目前还有一定困难。从本书前述的实验可以看出，单相水和单相油的渗透率与气测渗透率的比值，较好地反映了地层流体的流动能力。然而，在开发实验中通常较少测定单相水的渗透率，常常测定单相油的渗透率，该数据容易获得，因此，本书尝试采用束缚水下单相油渗透率这个参数来评价储层流体的流动能力，以下重点对研究区该参数进行分析。

一、束缚水下单相油渗透率与气测渗透率的关系

本书对陇东地区（华庆、合水、镇北、南庄、西峰）137 块岩心单相油渗透率［即束缚水条件下油相渗透率（K_{oi}）］进行了测定。实验结果表明，单相油渗透率（K_{oi}）与气测渗透率（K_a）有较好的相关性（图 16-10）。另外，分析了陇东地区 412 块岩心单相油渗透率与气测渗透率的关系，也显示很好的相关性（图 16-11）。本次实验和收集数据都表明，同一气测渗透率条件下，长 6_3 油相渗透率大于长 8_1 储层油相渗透率，渗透率越低，这种优势越不明显；当渗透率大于 $0.1\times10^{-3}\mu m^2$ 时，长 6_3 储层油相渗透率较长 8_1 储层偏高；当渗透率小于 $0.1\times10^{-3}\mu m^2$ 时，长 8_1 储层油相渗透率明显大于长 6_3。

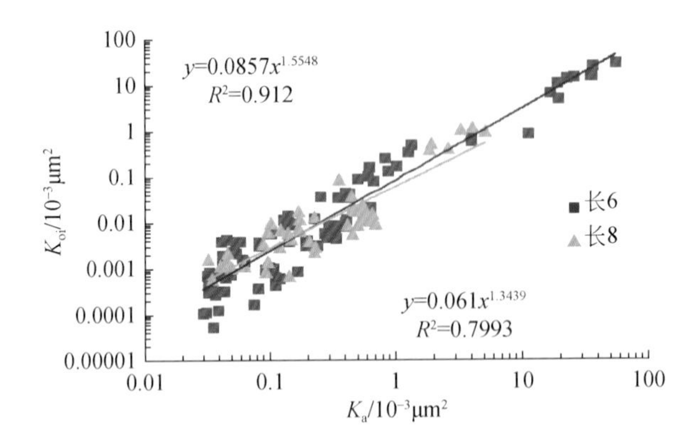

图 16-10　陇东地区束缚水下油相渗透率与气测渗透率的关系（本项目数据）

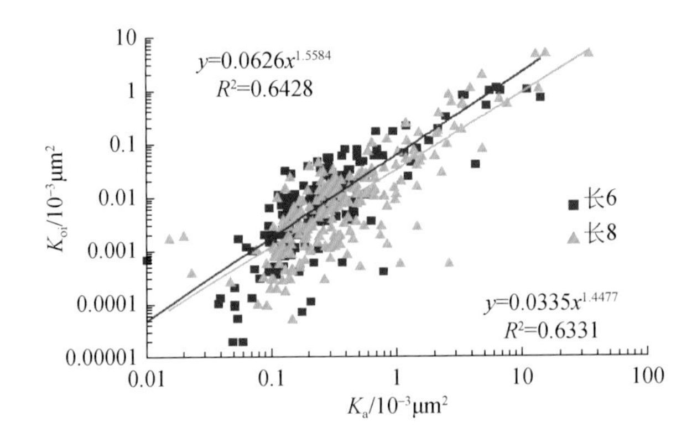

图 16-11　陇东地区束缚水下油相渗透率与气测渗透率的关系（长庆油田数据）

二、K_{oi}/K_a 评价指标与储层分类特征

由于束缚水下单相油渗透率与气测渗透率有较好的相关性，因此本书提出用束缚水下单相油渗透率（K_{oi}）与气测渗透率（K_a）之比，作为研究区储层流体流动能力评价指标（K_{oi}/K_a），该指标容易获得且直观，并与气测渗透率有较好的相关性（图 16-12，图 16-13）。本书用该指标对研究区储层进行分类，其结果见表 16-7。研究结果表明，当渗透率大于 $0.1\times10^{-3}\mu m^2$时，长 6_3 储层流体流动能力总体强于长 8_1 储层。

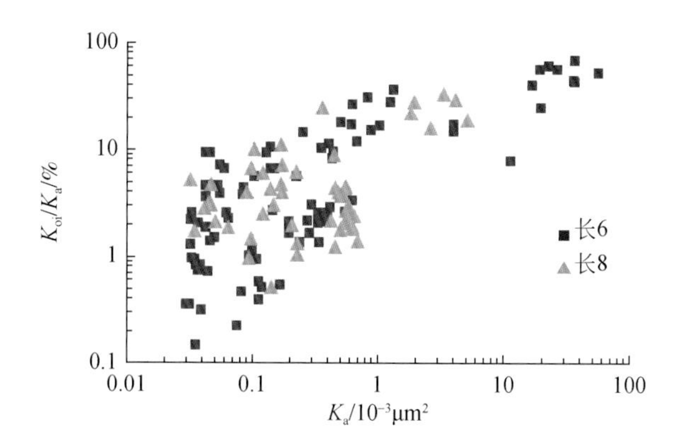

图 16-12　陇东地区束缚水下油相渗透率与气测渗透率之比（K_{oi}/K_a）的关系（本项目数据）

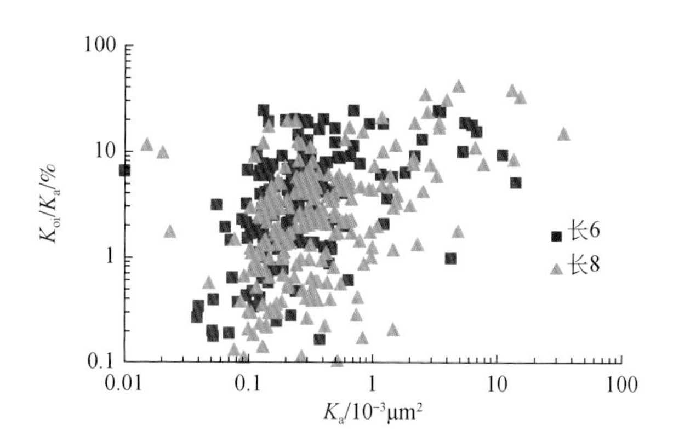

图 16-13　陇东地区束缚水下油相渗透率与气测渗透率之比的关系（K_{oi}/K_a）的关系（长庆油田数据）

表 16-7　陇东地区根据原油流动能力 K_{oi}/K_a 指标的储层分类表

储层类型	气测渗透率/$10^{-3}\mu m^2$	孔隙度/%	(K_{oi}/K_a)/%	$K_{oi}/10^{-3}\mu m^2$
Ⅰ	>10	>13.5	20 ~ 70	>1
Ⅱ	0.8 ~ 10	7.64 ~ 13.5	10 ~ 20	0.1 ~ 1
Ⅲ	0.3 ~ 0.8	6.53 ~ 12.8	1 ~ 20	0.004 ~ 0.2
Ⅳ	0.1 ~ 0.3	5.91 ~ 12.4	0.4 ~ 10	0.0004 ~ 0.04

续表

储层类型	气测渗透率/$10^{-3}\mu m^2$	孔隙度/%	(K_{oi}/K_a)/%	K_{oi}/$10^{-3}\mu m^2$
Ⅴ	0.04～0.1	4.85～11.8	0.2～10	0.001～0.01
Ⅵ	<0.04	<7.42	0.1～1	0.00004～0.004

本书用本次研究得到的流动能力评价指标（K_{oi}/K_a）对华庆油田长 6_3 与长 8_1 储层进行了研究，并对比了其储层的可流动孔隙度和启动压力梯度，可以看出，这两个储层流动参数指标有较为明显的差异（表 16-8，表 16-9），当气测渗透率大于 $0.3\times10^{-3}\mu m^2$时，长 6_3 储层原油的流动能力好于长 8_1 储层，但气测渗透率小于 $0.3\times10^{-3}\mu m^2$时，长 8_1 储层原油流动能力明显好于长 6_3 储层，这主要是气测渗透率小于 $0.3\times10^{-3}\mu m^2$时，长 8_1 储层岩石微纳米孔隙及微裂隙组合更为发育的结果，其可流动孔隙度低，也从另一个角度表明长 8_1 储层微孔更为发育。

表 16-8　华庆油田长 6_3 储层流动参数分类表

储层类型	气测渗透率/$10^{-3}\mu m^2$	孔隙度/%	(K_{oi}/K_a)/%	K_{oi}/$10^{-3}\mu m^2$	可流动孔隙度/%（核磁）	束缚水下单相油启动压力梯度/(MPa/cm)
Ⅰ	>10	>13.5	1～70	>1	/	/
Ⅱ	0.7～10	10.5～13.7	10～30	0.1～1	>7.16	<0.011
Ⅲ	0.4～0.7	8.75～11.6	2～20	0.004～0.1	5.75～7.16	0.0066～0.011
Ⅳ	0.2～0.4	6.3～8.75	0.2～1	0.004～0.04	2.13～5.75	0.011～0.027
Ⅴ	0.04～0.2	5.3～6.3	0.2～1	0.0001～0.01	2.32～4.66	0.004～0.039
Ⅵ	<0.04	<5.3	0.1～3	<0.0001	<2.43	>0.039

注："/" 表示未测出。

表 16-9　华庆油田长 8_1 储层流动参数分类表

储层类型	气测渗透率/$10^{-3}\mu m^2$	孔隙度/%	(K_{oi}/K_a)/%	K_{oi}/$10^{-3}\mu m^2$	可流动孔隙度/%（核磁）	束缚水下单相油启动压力梯度/(MPa/cm)
Ⅰ	/	/	/	/	/	/
Ⅱ	1～10	>10.8	20～30	0.6～1	>3.72	>0.018
Ⅲ	0.3～1	7.0～12.8	1～25	0.05～0.1	3.22～3.73	0.0405～0.106
Ⅳ	0.08～0.3	7.27～10.2	1～10	0.001～0.015	2.60～3.97	0.118～0.755
Ⅴ	<0.08	5～7	1～5	<0.002	0.22～0.81	0.288～0.755
Ⅵ	<0.03	<6	<5	<0.00167	<0.25	>0.288

注："/" 表示未测出。

第十七章　低渗致密砂岩储层定量化分类评价

第一节　国内有关低渗致密砂岩储层分类评价概况

罗蛰潭和王允诚（1986）在国内最早提出了低渗致密砂岩储层分类评价，其分类见表17-1。主要是根据孔渗参数进行的分类。

表 17-1　砂岩储层物性分类评价表（罗蛰潭和王允诚，1986）

类	亚类	孔隙度/%	渗透率/$10^{-3}\mu m^2$	评价
Ⅰ		>20	>100	好
Ⅱ	a	13～20	10～100	中上等
	b	13～20	5～50	中等
	c	12～18	1～20	中下等
Ⅲ	a	9～12	0.2～1.0	差
	b	7～9	0.1～0.5	很差
Ⅳ		<6（油） <4（气）	<0.1	非储集层

1992年，严衡文等在西安国际低渗透油气藏会议上，提出渗透率大于$100\times10^{-3}\mu m^2$为好储层；将渗透率为10×10^{-3}～$100\times10^{-3}\mu m^2$划分为低渗透储层；渗透率为0.1×10^{-3}～$10\times10^{-3}\mu m^2$划分为特低渗透储层。

唐曾熊（1994）在《油气藏的开发分类及描述》一书中，将渗透率大于$1000\times10^{-3}\mu m^2$的储层划分为高渗透率储层；将100×10^{-3}～$1000\times10^{-3}\mu m^2$划分为中渗透率储层，将10×10^{-3}～$100\times10^{-3}\mu m^2$划分为低渗透率储层，将小于$10\times10^{-3}\mu m^2$划分为特低渗透率储层。

1997年李道品在《低渗透砂岩油田开发》一书中提出低渗透储集层综合分类评价，将低渗透砂岩储层划分为四类：

Ⅰ类一般低渗透储层，渗透率为10×10^{-3}～$50\times10^{-3}\mu m^2$；

Ⅱ类特低渗透储层，渗透率为1×10^{-3}～$10\times10^{-3}\mu m^2$；

Ⅲ类超低渗透储层，渗透率为0.1×10^{-3}～$1\times10^{-3}\mu m^2$；

Ⅳ类致密层，渗透率为0.01×10^{-3}～$0.1\times10^{-3}\mu m^2$。

宋国初等（1997）等提出了根据储层孔隙结构及物性参数将储层划分为五类（表17-2）。

表 17-2　低渗砂岩储层孔隙结构分类表（宋国初等，1997）

类别	Ⅰ	Ⅱ	Ⅲ	Ⅳ	Ⅴ
孔隙度/%	>15	12.5～17.5	11.0～15	10.0～14	<10.0
渗透率/$10^{-3}\mu m^2$	>10	3.0～10	1.0～3.0	0.2～1	<0.2
排驱压力/MPa	<0.15	0.15～0.25	0.25～0.50	0.50～1.5	>1.5
中值压力/MPa	<1.5	1.0～2.5	2.0～5.0	3.0～7.5	>7.5
喉道均值/μm	>1.0	0.7～1.4	0.3～0.7	0.2～0.3	<0.2
孔隙组合	中小孔中细喉型	小孔中细喉型	小孔细喉型	细小孔微细喉型	微孔微喉型

1998 年实施的中石油行业标准《油气储层评价方法》（SY/T6285—1997），根据储层的物性参数将储层进行了划分见表 17-3。

表 17-3　含油碎屑岩储层孔隙度、渗透率评价分类标准（SY/T6285—1997）

级别	特高	高	中	低	特低	超低
孔隙度/%	≥30	25～30	15～25	10～15	5～10	<5
渗透率/$10^{-3}\mu m^2$	≥2000	500～2000	50～500	10～50	1～10	0.1～1

2011 中石油行业标准《油气储层评价方法》（SY/T 6285—2011）储层依据物性的分类标准见表 17-4。

表 17-4　碎屑岩储层依据孔隙度、渗透率分类标准（SY/T 6285—2011）

储层孔隙度类型	孔隙度 ϕ/%	储层渗透率类型	渗透率 $K/10^{-3}\mu m^2$
特高孔	$\phi \geqslant 30$	特高渗	$K \geqslant 2000$
高孔	$25 \leqslant \phi < 30$	高渗	$500 \leqslant K < 2000$
中孔	$15 \leqslant \phi < 25$	中渗	$50 \leqslant K < 500$
低孔	$10 \leqslant \phi < 15$	低渗	$10 \leqslant K < 50$
特低孔	$5 \leqslant \phi < 10$	特低渗	$1 \leqslant K < 10$
超低孔	$\phi < 5$	超低渗	$K < 1$

杨秋莲等（2007）提出了根据启动压力梯度将储层进行分类，其分类见表 17-5。

表 17-5　储层启动压力梯度分类表（杨秋莲等，2007）

分类	曲线特征	渗透率/$10^{-3}\mu m^2$	启动压力梯度/(MPa/m)
特低渗	低启动压力区	>1.0	<0.05
超低渗Ⅰ类	压力缓慢上升区	0.55～1.0	0.05～0.2
超低渗Ⅱ类	压力快速上升区	0.3～0.55	0.2～0.5
超低渗Ⅲ类	高压力区	0.1～0.3	0.5～1.1
非有效层	无明显特征	<0.1	>1.1

张仲宏等（2012）提出用主流喉道半径、可动流体、启动压力梯度、黏土矿物、原油黏度对低渗储层进行分类，其分类界限见表17-6，并结合物性参数对长庆、吉林、大庆低渗储层进行了储层分类对比，其分类界限见表17-7。

表17-6　低渗透油藏储层评价参数的分级界限（张仲宏等，2012）

参数	界限			
	Ⅰ类	Ⅱ类	Ⅲ类	Ⅳ类
主流喉道半径/μm	4～6	2～4	1～2	<1
可动流体饱和度/%	>65	50～65	35～50	20～35
启动压力梯度/(MPa/m)	<0.01	0.01～0.1	0.1～0.5	>0.5
黏土含量/%	<5	5～10	10～15	>15
原油黏度/(mPa·s)	<2	2～5	5～8	>8

表17-7　长庆、大庆、吉林低渗透油区储层分类评价渗透率界限（张仲宏等，2012）

油区	渗透率/$10^{-3}\mu m^2$			
	Ⅰ类	Ⅱ类	Ⅲ类	Ⅳ类
长庆	>1.0	0.5～1.0	0.2～0.5	0.1～0.3
大庆	5.0～10.0	2.0～5.0	1.0～2.0	<1.0
吉林	>4.0	1.0～4.0	0.4～1.0	<0.4

邹才能等（2013）将碎屑岩储层常规与纳米孔喉对比，对孔喉的尺度进行了划分，其划分界限见表17-8。

表17-8　碎屑岩储层常规与纳米孔喉对比（邹才能等，2013）

类型	常规孔喉		纳米级孔喉
	宏观孔喉	微米级孔喉	
孔喉半径大小	大于1mm	1μm～1mm	1μm
孔隙类型	原、次生孔隙	原、次生孔隙	原生孔隙为主
孔隙中流体运移规律	服从达西定律	基本服从达西定律	非达西定律
孔隙分布位置	粒间、粒内	粒内为主	晶间、粒内、有机质内
孔隙中油气赋存状态	游离为主	游离为主、吸附为辅	吸附与游离并存
孔喉连通性	孔喉连通好	连通较好	连通或孤立
孔隙形状	规则、条带状	不规则形	椭圆形、三角形、不规则形
比表面积	小		大、可达$200m^2/g$
孔隙度/%	12～30		3～12
覆压基质渗透率/$10^{-3}\mu m^2$	>0.1		≤0.1

续表

类型	常规孔喉		纳米级孔喉
	宏观孔喉	微米级孔喉	
毛细管压力	无	低	较高
观测手段	肉眼、放大镜	显微镜、常规 SEM 等	场发射扫描电镜、纳米 CT

长庆油田 2015 年提出了长 6_3、长 8_1 特低渗–超低渗透注水开发油藏流动单元划分标准，其标准见表 17-9。

表 17-9　陇东地区长 6_3、长 8_1 特低渗–超低渗透注水开发油藏流动单元划分标准

参数		Ⅰ类	Ⅱ类	Ⅲ类
主要取值	$K/10^{-3}\mu m^2$	≥1.5	0.8～1.5	0.3～0.8
	$K\phi$	≥18	8.4～18	3.2～8.4
	FZI	>0.8	0.5～0.8	0.3～0.6
参考取值	$K_H/\mu m$	40～100	10～70	5～30
	$\phi/\%$	≥12	10～13	9～11
	沉积微相	河道主体或河口砂坝	分流河道	分流河道侧翼
	砂地比	≥0.7	0.6～0.7	0.3～0.6
特殊参数	微裂缝	裂缝发育	裂缝发育	裂缝较发育
非均质性	级差（平均值）	9	8	7
	变异系数（平均值）	0.8	0.5	0.2
	突进系数（平均值）	1.8	1.7	1.6

第二节　低渗致密砂岩储层分类渗流能力参数确定依据

根据目前已有储层分类的认识及本书取得的研究成果，对渗流能力评价参数的确定和选取得到以下认识：

（1）大量的研究表明，低渗致密储层启动压力梯度实验获取困难，受实验方法影响较大，同时由于目前主要是用渗流曲线的低压非线性段确定启动压力梯度，但求取方法和拟合方程目前学术界还没有比较一致的意见，因此难以获得比较准确可靠的值；如木 48、镇 92、木 94、里 167、环 42、环 99、西 33-033、西 28-31、平 17-14 等井的启动压力梯度，不同方法测定差异较大（图 17-1）。如本次研究的 34 号岩心渗流曲线（图 17-2）中，渗流速度达到 10^{-6}mL/s，得到渗流曲线比较困难。因此本书建议启动压力梯度不作为储层渗流能力评价分类参数。

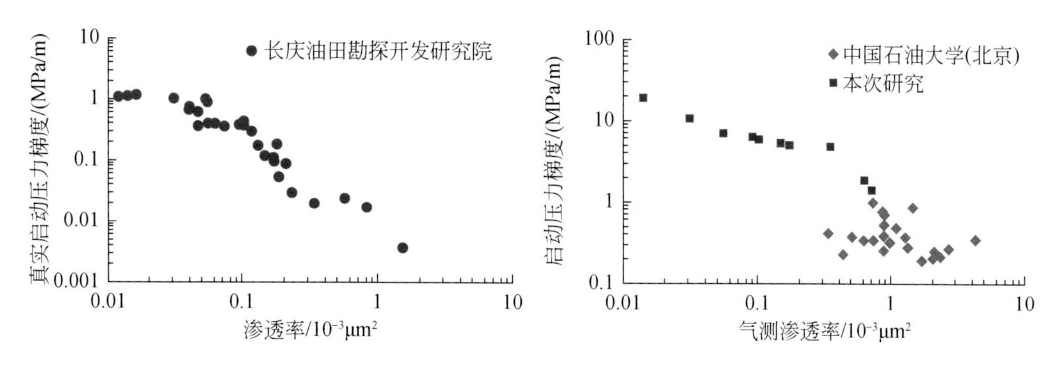

图 17-1　不同方法得到的启动压力梯度对比

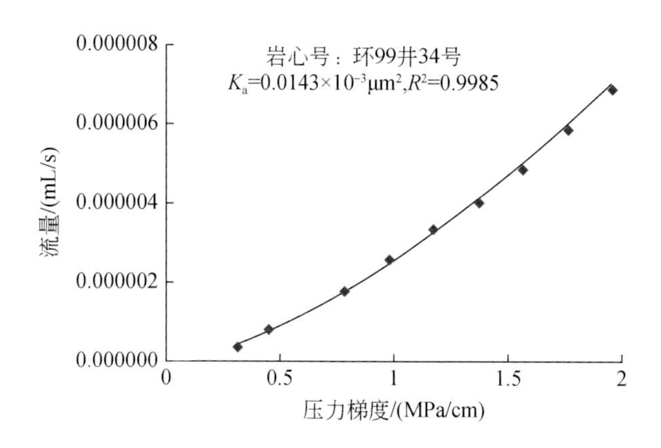

图 17-2　研究区致密砂岩储层典型渗流曲线

（2）可动流体饱和度（核磁）大小反映了储层流体在微观孔喉中流动的难易程度、渗流空间大小及渗流空间的结构特征，并且该参数与储层孔渗有较好的关系（第十五章有论述），因此本书认为可以作为储层渗流能力分类评价参数之一。

（3）本书提出的 K_{oi}/K_a 代表储层油相的渗流能力，并且与孔渗有较好的关系（第十六章有论述），因此本书认为可以作为储层渗流能力评价参数之一。

（4）本书提出的 r_{90} 界限值，即孔喉半径渗透率贡献值为 90% 时对应的孔喉半径值，该值反映了储层岩石的渗流空间下限的大小，同时该值与孔渗也有较好的关系（第十五章有论述），因此本书认为可以作为渗流能力评价参数之一。

（5）低渗储层应力敏感性与物性存在较好的对应关系，同时在一定程度上能反映储层裂缝发育程度，因此可以作为渗流评价参数之一。

综上，本书选取的储层渗流能力评价的主要参数为可动流体饱和度（核磁）、K_{oi}/K_a、r_{90} 界限值及储层岩石应力敏感性。

第三节　低渗致密砂岩储层定量化分类评价

根据本书确定的储层渗流能力评价参数、静态地质的研究成果及行业相关标准和成果，本书对研究区低渗致密砂岩储层依据定量参数的分类进行评价，其结果见表 17-10。

表 17-10　低渗-特低渗储层定量化分类评价表

储层分类		Ⅰ	Ⅱ	Ⅲ	Ⅳ	Ⅴ
静态评价参数	岩石类型	中砂岩、中-细砂岩	中-细砂岩	中-细砂岩、粉-细砂岩	粉-细砂岩、细-粉砂岩	细-粉砂岩
	填隙物含量/%	< 3	3 ~ 5	5 ~ 8	8 ~ 10	>10
	岩石密度/g · cm^{-3}	<2. 30	2. 30 ~ 2. 35	2. 35 ~ 2. 40	2. 40 ~ 2. 45	>2. 45
	主要孔隙类型	粒间孔	粒间孔、粒间溶孔	粒间、粒内溶孔、微孔	粒间孔、微孔、微缝	微孔、微缝
	有效孔隙度/%	>18	15 ~ 18	12 ~ 15	8 ~ 12	8 ~ 12
	渗透率/10^{-3} μm^2	≥10	1 ~ 10	0. 5 ~ 1	0. 3 ~ 0. 5	<0. 3
	平均孔径/μm	>50	40 ~ 50	35 ~ 45	30 ~ 40	30 ~ 40
	微纳米级孔喉/总孔喉/%	<10	10 ~ 25	20 ~ 30	25 ~ 35	>30
	排驱压力/MPa	< 0. 1	0. 1 ~ 0. 5	0. 5 ~ 1	1 ~ 2	>2
	应力敏感性	弱	弱中	中等	中强	强
动态参数	可动流体饱和度(核磁)/%	>60	50 ~ 60	45 ~ 50	40 ~ 45	<40
	K_{oi}/K_a 流动指标	>30	5 ~ 30	2 ~ 20	1 ~ 10	0. 1 ~ 10
	r_{90} 界限值/μm	>2	0. 5 ~ 2	0. 2 ~ 1	0. 2 ~ 0. 5	<0. 3
	渗流特征	非达西-达西流	达西-非达西流	非达西流	非达西流	非达西流

参 考 文 献

白斌,朱如凯,吴松涛,等. 2013. 利用多尺度 CT 成像表征致密砂岩微观孔喉结构. 石油勘探与开发,40(3):329-333.

鲍强,王娟茹. 2009. 分形几何在储层微观非均质性研究中的应用. 石油地质与工程,23(3):122-124.

操应长,杨田,王艳忠,等. 2017a. 超临界沉积物重力流形成演化及特征. 石油学报,38(6):607-620.

操应长,杨田,王艳忠,等. 2017b. 深水碎屑流与浊流混合事件层类型及成因机制. 地学前缘,24(3):234-248.

曹喆,柳广弟,柳庄小雪,等. 2014. 致密油地质研究现状及展望. 天然气地球科学,25(10):1499-1508.

伏万军. 2000. 黏土矿物成因及对砂岩储集性能的影响. 古地理学报,2(3):59-68.

高辉,孙卫,田育红,等. 2011. 核磁共振技术在特低渗砂岩微观孔隙结构评价中的应用. 地球物理学进展,1:294-299.

高永德,孙殿强,陈鸣,等. 2018. 陵水 17-2 深水气田黄流组重力流沉积特征及模式. 中国海上油气,30(1):23-30.

韩文学,高长海,韩霞. 2015. 核磁共振及微、纳米 CT 技术在致密砂岩储层研究中的应用——以鄂尔多斯盆地长 7 段为例. 断块油气田,22(1):62-66.

何涛,王芳,汪伶俐,等. 2013. 致密砂岩储层微观孔隙结构特征——以鄂尔多斯盆地延长组长 7 储层为例. 岩性油气藏,25(4):23-26.

侯健,邱茂鑫,陆努,等. 2014. 采用 CT 技术研究岩心剩余油微观赋存状态. 石油学报,35(2):319-325.

黄可可,黄思静,佟宏鹏,等. 2009. 长石溶解过程的热力学计算及其在碎屑岩储层研究中的意义. 地质通报,28(4):474-482.

黄思静,谢连文,张萌,等. 2004. 中国三叠系陆相砂岩中自生绿泥石的形成机制及其与储层孔隙保存的关系. 成都理工大学学报(自然科学版),31(3):273-281.

黄思静,黄可可,冯文立,等. 2009. 成岩过程中长石、高岭石、伊利石之间的物质交换与次生孔隙的形成:来自鄂尔多斯盆地上古生界和川西凹陷三叠系须家河组的研究. 地球化学,38(5):498-506.

黄延章. 1998. 低渗透油层渗流机理. 北京:石油工业出版社.

纪友亮,杜金虎,赵贤正,等. 2007. 饶阳凹陷下第三系层序类型及发育模式. 沉积学报,25(1):1-9.

贾承造,邹才能,李建忠,等. 2012. 中国致密油评价标准、主要类型、基本特征及资源前景. 石油学报,33(3):343-350.

赖兴运,于炳松,陈军元,等. 2004. 碎屑岩骨架颗粒溶解的热力学条件及其在克拉 2 气田的应用. 中国科学(D 辑)地球科学,34(1):45-53.

李爱芬,任晓霞,王桂娟,等. 2015. 核磁共振研究致密砂岩孔隙结构的方法及应用. 中国石油大学学报(自然科学版),39(6):92-98.

李超正,柳广弟,曹喆,等. 2016. 鄂尔多斯盆地陇东地区长 7 段致密砂岩微孔隙特征. 天然气地球科学,27(7):1235-1247.

李道品. 1997. 中国油田开发丛书:低渗透砂岩油田开发. 北京:石油工业出版社.

李道品. 1997. 低渗透砂岩油田开发. 北京:石油工业出版社.

李劲峰,曲志浩,孔令荣. 1999. 都善油田三间房组油层微观水驱油特征明. 新疆石油地质,20(5):

422-425.
李晋宁 . 2017. 泥页岩储层孔隙结构表征和连通方式研究 . 南京:南京大学 .
李汶国,张晓鹏,钟玉梅,等 . 2005. 长石砂岩次生溶孔的形成机理 . 石油与天然气地质,26(2):220-223,229.
李秀华,夏文杰 . 1986. 砂岩中的杂基类型与鉴别标志 . 矿物岩石,6(3):32-38.
刘宝珺 . 2002. 吐哈盆地台北凹陷黏土矿物纵向异常演化与成因分析 . 中国地质大学学报,27(5):504-508.
刘广峰,白耀星,王文举,等 . 2017. 致密砂岩储层微观孔喉结构及其对渗流特征的影响——以鄂尔多斯盆地周长地区长 8 储层为例 . 科学技术与工程,17(5):29-34.
刘林玉,曲志浩,孙卫,等 . 1998. 新疆鄯善油田碎屑岩中的黏土矿物特征 . 西北大学学报(自然科学版),28(5):443-446.
吕正祥 . 2005. 川西孝泉构造上三叠统超致密储层演化特征 . 成都理工大学学报(自然科学版),1:24-28.
罗晓容 . 2008. 油气成藏动力学研究之我见 . 天然气地球科学,19(2):149-156.
罗孝俊,杨卫东 . 2001. 有机酸对长石溶解度影响的热力学研究 . 矿物学报,21(2):183-188.
罗蛰潭,王允诚 . 1986. 油气储集层的孔隙结构 . 北京:科学出版社 .
马新仿,张士诚,郎兆新,等 . 2005. 孔隙结构特征参数的分形表征 . 油气地质与采收率,12(6):16-29.
马旭鹏 . 2010. 储层物性参数与其微观孔隙结构的内在联系 . 勘探地球物理进展,33(3):216-219.
孟元林 . 2008. 储层孔隙度预测与孔隙演化史模拟方法探讨——以辽河拗陷双清地区为例 . 沉积学报,26(5):780-788.
庞雄,柳保军,颜承志,等 . 2012. 关于南海北部深水重力流沉积问题的讨论 . 海洋学报,34(3):114-118.
蒲秀刚,吴永平,周建生,等 . 2005. 低渗油气储层孔喉的分形结构与物性评价新参数 . 天然气工业,25(12):37-39.
任战利,张盛,高胜利,等 . 2006. 鄂尔多斯盆地热演化程度异常分布区及形成时期探讨 . 地质学报,80(5):674-684.
佘源琦,王明磊,张遂安,等 . 2015. 鄂尔多斯盆地延长组长 7 段致密油微观赋存形式定量研究 . 石油勘探与开发,42(6):757-762.
师调调 . 2012. 华庆油田长 6 储层微观孔隙结构及渗流特征研究 . 西安:西北大学 .
寿建峰,朱国华 . 1998. 砂岩储层孔隙保存的定量预测研究 . 地质科学,33(2):244-250.
宋国初,李克勤,凌升阶 . 1997. 陕甘宁盆地大油田形成与分布 . 中国陆相大油田 . 北京:石油工业出版社,276-279.
孙卫,曲志浩,陈付星,等 . 1994. 砂岩微观孔隙模型在安塞油田水驱油机理研究中的应用 . 低渗透油田开发技术——全国低渗透油田开发技术座谈会论文选 . 北京:石油工业出版社 .
唐曾熊 . 1994. 油气藏的开发分类及描述 . 北京:石油工业出版社 .
王凤娇 . 2017. 致密气藏微尺度渗流机理研究 . 大庆:东北石油大学 .
王廷印,刘金坤,王士政 . 1993. 阿拉善北部中蒙边界地区晚古生代拉伸作用及构造岩浆演化 . 中国区域地质,12(4):317-327.
王伟,朱玉双,陈大友,等 . 2015. 低渗透油藏微观渗流特征及影响因素研究:以鄂尔多斯盆地姬塬地区长 6 油层组为例 . 地质科技情报,34(2):159-164.
王勇,鲍志东,刘虎 . 2007. 低孔低渗储层评价中数学方法的应用研究 . 西南石油大学学报,29(5):8-12.
杨华,梁晓伟,牛小兵,等 . 2017. 陆相致密油形成地质条件及富集主控因素——以鄂尔多斯盆地三叠系延长组长 7 段为例 . 石油勘探与开发,44(1):12-20.
杨秋莲,李爱琴,孙燕妮,等 . 2007. 超低渗储层分类方法探讨 . 岩性油气藏,19(4):51-56.

杨仁超,尹伟,樊爱萍,等. 2017. 鄂尔多斯盆地南部三叠系延长组湖相重力流沉积细粒岩及其油气地质意义. 古地理学报,19(5):791-806.

杨晓宁,张惠良,朱国华. 2005. 致密砂岩的形成机制及其地质意义. 海相油气地质,10(1):31-36.

姚军,王晨晨,汲广胜,等. 2013. 利用升尺度模拟研究低渗透油藏渗流规律. 西安石油大学学报(自然科学版),28(4):41-43,89.

喻建,马捷,路俊刚,等. 2015. 压汞一恒速压汞在致密砂岩储层微观孔喉结构定量表征中的应用——以鄂尔多斯盆地华池-合水地区长7储层为例. 石油实验地质,37(6):789-795.

远光辉,操应长,葸克来,等. 2013. 东营凹陷北带古近系碎屑岩储层长石溶蚀作用及其物性响应. 石油学报,34(5):853-866.

张帆,孙卫,王斌,等. 2017. 鄂尔多斯盆地华庆地区长6_3储层成岩作用及其对储层物性的影响. 石油地质与工程,31(1):1-6.

张国印,王志章,郭旭光,等. 2015. 准噶尔盆地乌夏地区风城组云质岩致密油特征及"甜点"预测. 石油与天然气地质,36(2):219-229.

张洪,张水昌,刘少波,等. 2014. 致密油充注孔喉下限的理论及实例分析. 石油勘探与开发,41(3):367-374.

张惠良,张荣虎,王月华,等. 2006. 黏土膜对砂岩储集性能的影响——以塔里木盆地群6井区泥盆系东河塘组下段为例. 石油实验地质,28(5):493-498.

张哨楠,丁晓琪. 2010. 鄂尔多斯盆地南部延长组致密砂岩储层特征及其成因. 成都理工大学学报(自然科学版),37(4):386-394.

张曙光,石京平,刘庆菊,等. 2004. 低渗致密砂岩气藏岩石的孔隙结构与物性特征. 新疆地质,22(4):438-441.

张文正,杨华,李剑锋,等. 2006. 论鄂尔多斯盆地长7段优质油源岩在低渗透油气成藏富集中的主导作用—强生排烃特征及机理分析. 石油勘探与开发,33(3):289-293.

张文正,杨华,杨奕华,等. 2008a. 鄂尔多斯盆地长7优质烃源岩的岩石学、元素地球化学特征及发育环境. 地球化学,37(1):59-64.

张文正,杨华,李善鹏. 2008b. 鄂尔多斯盆地长9_1湖相优质烃源岩成藏意义. 石油勘探与开发,35(5):557-562,568.

张亦楠. 2013. 张韩地区长2储层微观孔隙结构和渗流机理特征研究. 西安:西北大学.

张仲宏,杨正明,刘先贵,等. 2012. 低渗透油藏储层分级评价方法及应用. 石油学报,3:99-103.

赵国泉,李凯明,赵海玲,等. 2005. 鄂尔多斯盆地上古生界天然气储集层长石的溶蚀与次生孔隙的形成. 石油勘探与开发,32(1):53-55,75.

赵政章,杜金虎. 2012. 致密油气. 北京:石油工业出版社.

郑荣才,郭春利,梁西文,等. 2016. 四川盆地大安寨段非常规储层的储集空间类型与评价. 岩性油气藏,28(1):16-29.

钟大康. 2017. 致密油储层微观特征及其形成机理——以鄂尔多斯盆地长6-长7段为例. 石油与天然气地质,38(2):49-61.

周张健. 1994. 蒙脱石伊利石化的控制因素、转化机制及其转化模型的研究综述. 地质科技情报,13(4):41-46.

朱筱敏. 2008. 沉积岩石学. 北京:石油工业出版社.

朱玉双,曲志浩,孔令荣,等. 1999. 靖安油田长2、长6油层驱油效率影响因素闭. 石油与天然气地质,20(4):333-335.

朱玉双,曲志浩,孔令荣,等. 2000. 安塞油田王窑区、坪桥区长6油层储层特征及驱油效率分析闭. 沉积学报,18(2):279-283.

禚喜准,张林炎,陈骁帅,等. 2016. 泥质杂基含量对柴达木盆地昆2井孔隙演化模式影响的压实模拟实验研究. 地质论评,61(6):1447-1455.

邹才能,陶士振,侯连华,等. 2013. 非常规油气地质. 北京:地质出版社.

邹才能,翟光明,张光亚,等. 2015. 全球常规-非常规油气形成分布、资源潜力及趋势预测. 石油勘探与开发,42(13):13-25.

Alvaro P, Faruk C. 1999. Modification of Darcy's law for the threshold pressure gradient. Journal of Petroleum Science & Engineering, 22: 237-240.

Baker J C, Hacord P J, Martin K R, et al. 2000. Diagenesis and petrophysics of the Early Permian Moogooloo sandstone, southern Camarvon Basin, Western Australia. AAPG Bulletin, 84(2): 250-265.

Bates C C. 1953. Rational theory of delta formation. Bulletin of American Association of Petroleum Geology, 37(9): 2119-2162.

Berger G, Velde B, Aigouy T, et al. 1999. Potassium sources and illitization in Texas Gulf Coast shale diagenesis. Journal of Sedimentary Research, 69(1): 151-157.

Bouma A H. 1962. Sedimentology of some Flysch Deposits: A Graphic Approach to Facies Interpretation. Amsterdam: Elsevier.

Curtis M E, Sondergeld C H, Ambrose R J, et al. 2012. Microstructural investigation of gas shales in two and three dimensions using nanometer-scale resolution imaging. AAPG Bulletin, 96(4): 665-677.

Diekinson W R. 1970. Interprating detrital modes of graywaeke and arkose. Sedimentary Petrology, 40(2): 695-707.

Eadington P J. 1991. Fluid history analysis—a new concept for prospect evaluation. The APEA Jounrnal, 31(2): 282-294.

Fisher R V. 1971. Features of coarse-grained, high-concentration fluids and their deposits. Journal of Sedimentary Petrology, 41: 916-927.

Foster M D. 1962. Interpretation of the composition and a classification of the chlorites. US Geology Survey Professional Paper, 414A. US Government Printing Office, Washington DC, 1-30.

Gaudette H E, Eades J L, and Girm R E. 1965. The nature of illite. Clays and Clay Minerals, 13: 33-48.

Gill S, Yemane K. 1999. Illitization in a Paleozoic, peat-forming enviorment as evidence for biogenic potassium accumulation. Earth and Planetary Science Letters, 170(3): 327-334.

Haldorsen H H. 1990. Stochastic modeling. Journal of Petroleum Technology, 42: 404-412.

Heezen B C. 1959. Dynamic processes of abyssal sedimentation: erosion, transportation, and redeposition on the deepseafloor. Geophys J R Astron Soc, 2: 142-163.

Hoffman J, Hower J. 1979. Clay mineral assemblages as low grade metamorphic geothermometers: application to the thrust faulted disturbed belt of Montana//Scholle P A, Schluger P S(eds). Aspects of Diagenesis, SEPM Spec Publ, 26: 55-79.

Hower J, Mowatt T C. 1966. The mineralogy of illites and mixed layer illite/montmorillonites. American mineralogist, 51: 825-854.

Kuenen Ph H, Migliorini C I. 1950. Turbidity currents as a cause of graded bedding. Journal of Geology, 58: 91-127.

Laid J. 1988. Chlorite: Metamorphic petrology. Reviews in Mineralogy, 19: 405-453.

Lanson B, Beaufort D, Berger G, et al. 2002. Authigenic kaolin and illitic mineral diagenesis of sandstones: a review. Clay Minerals, 37: 1-22.

Lowe D R. 1979. Sediment gravity flows: their classiflcation and some problems of application to naturalflows and deposits. //Doyle L J, Pilkey Jr O H(eds.). Geology of Continental Slopes. SEPM Spec Publ, 27: 75-82.

Mayall M, Jones E, Casey M. 2006. Turbidite channel reservoirs-key elements in facies prediction and effective development. Marine and Petroleum Geology, 23: 821-841.

Miller R J, Low P F. 1963. Threshold gradient for water flow in clay systemsl. Soil Science Society of America Journal, 27(6): 605.

Mulder T, Syvitski J P M. 1995. Turbidity currents generated at river mouths during exceptional discharges to the world oceans. Journal of Geology, 103: 285-299.

Mulder T, Syvitski J P M, Skene K I. 1998. Modelling of erosion and deposition by turbidity currents generated at river mouths. Journal of Sedimentary Research, 68: 124-137.

Mullen J. 2010. Petrophysical characterization of the eagle ford shale in South Texas. Canadian Unconventional Resources and International Petroleuμm Conference, 19-21 October, Calgary, Alberta, Canada. SPE138145, 2010.

Nishiyama N, Yokoyama T. 2013. Estimation of water film thickness in geological media associated with the occurrence of gas entrapment. Procedia Earth and Planetary Science, 7(6): 20-623.

Olumide T, Saif A, Martin J B, et al. 2008. Predictive pore-scale modeling: from three-dimensional images to multiphase flow simulations. Annual Technical Conference, Denver, Colorad. SPE paper, 15535.

Richard H. 2003. Worden and Sadoon Morad. Clay Mineral Cements in sandstones. London: Blackwell publishing.

Schowalter T T. 1979. Mechanics of secondary hydrocarbon migration and entrapment. American Association of Petroleum Geologists Bulletin (AAPG), 25: 723-760.

Shanmugam G, Moiola R J. 1985. Submarine fan models problems and solutions. //Bouma A H, Normark W R, Barnes N E (eds.). Submarine fans and related turbidite systems. New York: Springer-Verlag, 29-34.

Shanmugam G, Moiola R J. 1995. Reinterpretation of depositional processes in a classic flysch sequence (Pennsylvanian Jackfork Group), Ouachita Mountains, Arkansas and Oklahoma. American Association of Petroleum Geologists Bulletin, 79: 672-695.

Shaw H F. 2006. Clay mineralogy of Carboniferous sandstone reservoirs, on shore and offshore UK. Clay Minerals, 41: 417-432.

Toth J. 1980. Cross-formational gravity-flow of groudwater: Amechanism of the transport and accumulation of petroleum (the genealized hydraulic theory of petroleum migration). AAPG studies in Geology, 10: 121-167.

Velde B, Vasseur G. 1992. Estimation of the diagenetic smectite to illitc transformation in time-temperature space. American mineralogist, 77: 967-976.

von Engelhardt W, Tunn W. 1995. The flow of fluids through sandstones. Illinois State Geological Survey, 194.

Walker R G. 1967. Turbidite sedimentary structures and their relationship to proximal and distal depositional environments. Journal of Sedimentary Petrology, 37: 24-43.

Wilson M D, Pittman E D. 1977. Authigenic clays in sandstones: recognition and influence on reservoir properties and paleoenvironmental analysis. Sedimentary Petrology, 47(1): 3-31.

附　　图

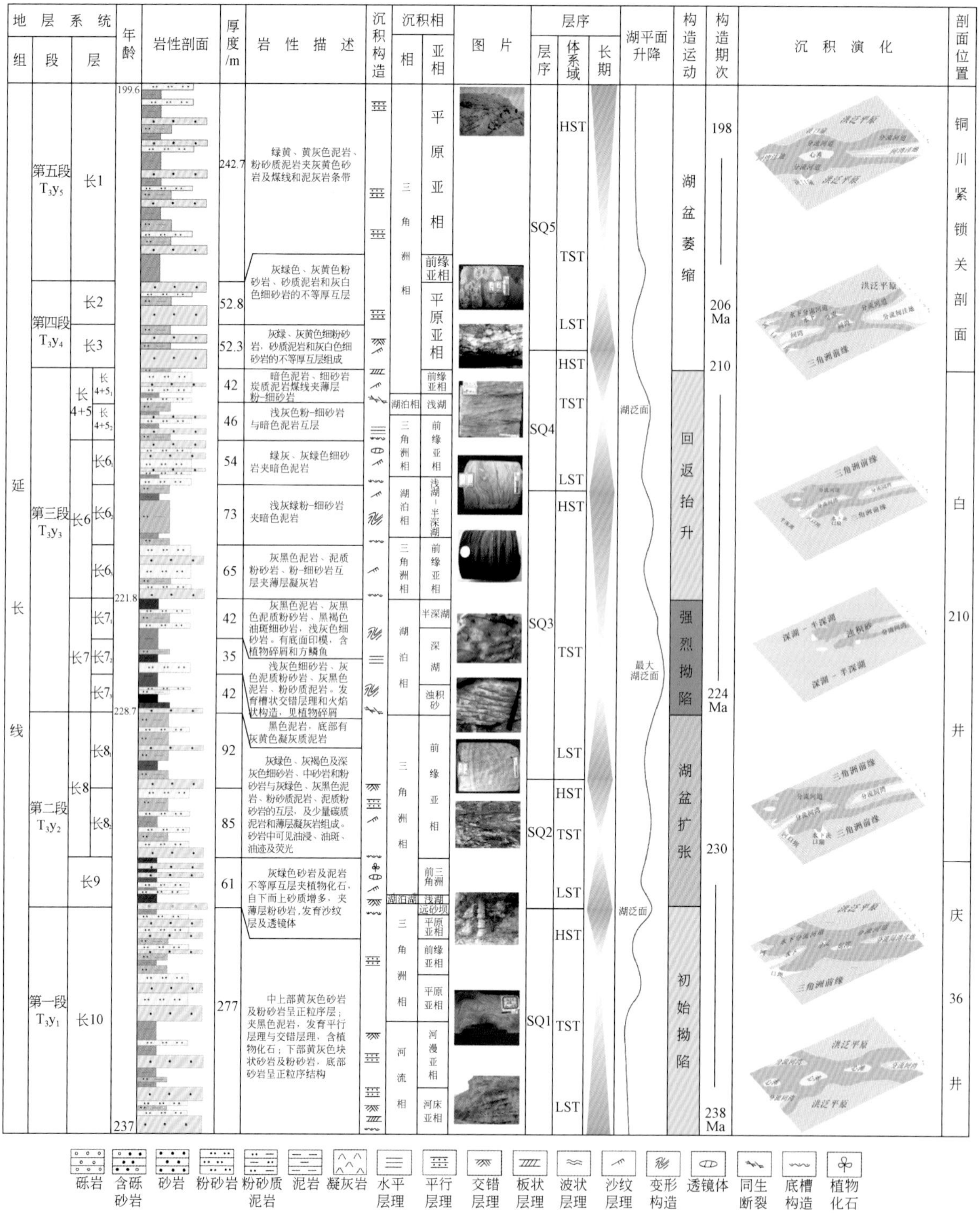

组	段	层	年龄	厚度/m	岩性描述	沉积相：相	沉积相：亚相
延长组	第五段 T_3y_5	长1	199.6	242.7	绿黄、黄灰色泥岩、粉砂质泥岩夹灰黄色砂岩及煤线和泥灰岩条带	三角洲相	平原亚相
	第四段 T_3y_4	长2		52.8	灰绿色、灰黄色粉砂岩、砂质泥岩和灰白色细砂岩的不等厚互层	三角洲相	前缘亚相；平原亚相
		长3		52.3	灰绿、灰黄色细粉砂岩，砂质泥岩和灰白色细砂岩的不等厚互层组成	三角洲相	平原亚相；前缘亚相
	第三段 T_3y_3	长4+5 长$4+5_1$		42	暗色泥岩、细砂岩炭质泥岩煤线夹薄层粉-细砂岩	湖泊相	浅湖
		长4+5 长$4+5_2$		46	浅灰色粉-细砂岩与暗色泥岩互层	三角洲相	前缘亚相
		长6 长6_1		54	绿灰、灰绿色细砂岩夹暗色泥岩	三角洲相	前缘亚相
		长6 长6_2		73	浅灰绿粉-细砂岩夹暗色泥岩	湖泊相	浅湖-半深湖
		长6 长6_3		65	灰黑色泥岩、泥质粉砂岩、粉-细砂岩互层夹薄层凝灰岩	三角洲相	前缘亚相
		长7 长7_1	221.8	42	灰黑色泥岩、灰黑色泥质粉砂岩、黑褐色油斑细砂岩，浅灰色细砂岩。有底面印模，含植物碎屑和方鳞鱼	湖泊相	半深湖
		长7 长7_2		35	浅灰色细砂岩、灰色泥质粉砂岩、灰黑色泥岩、粉砂质泥岩。发育槽状交错层理和火焰状构造，见植物碎屑	湖泊相	深湖
		长7 长7_3		42	黑色泥岩，底部有灰黄色凝灰质泥岩	湖泊相	浊积砂
	第二段 T_3y_2	长8 长8_1	228.7	92	灰绿色、灰褐色及深灰色细砂岩、中砂岩和粉砂岩与灰绿色、灰黑色泥岩、粉砂质泥岩、泥质粉砂岩的互层，及少量碳质泥岩和薄层凝灰岩组成。砂岩中可见油浸、油斑、油迹及荧光	三角洲相	前缘亚相
		长8 长8_2		85		三角洲相	前缘亚相
		长9		61	灰绿色砂岩及泥岩不等厚互层夹植物化石，自下而上砂质增多，夹薄层粉砂岩，发育沙纹层及透镜体	三角洲相；湖泊湖	前三角洲；浅湖；远砂坝
	第一段 T_3y_1	长10	237	277	中上部黄灰色砂岩及粉砂岩呈正粒序层；夹黑色泥岩，发育平行层理与交错层理，含植物化石；下部黄灰色块状砂岩及粉砂岩，底部砂岩呈正粒序结构	三角洲相；河流相	平原亚相；前缘亚相；平原亚相；河漫亚相；河床亚相

层序	体系域	湖平面升降	构造运动	构造期次	剖面位置
SQ5	HST、TST、LST		湖盆萎缩	198—206 Ma	铜川紧锁关剖面
SQ4	HST、TST、LST	湖泛面	回返抬升	210	白210井
SQ3	HST、TST、LST	最大湖泛面	强烈拗陷	224 Ma	白210井
SQ2	HST、TST、LST		湖盆扩张	230	庆36井
SQ1	HST、TST、LST	湖泛面	初始拗陷	238 Ma	庆36井

图例：砾岩　含砾砂岩　砂岩　粉砂岩　粉砂质泥岩　泥岩　凝灰岩　水平层理　平行层理　交错层理　板状层理　波状层理　沙纹层理　变形构造　透镜体　同生断裂　底槽构造　植物化石

附图1　陇东地区延长组沉积相、层序格架、构造-沉积演化综合图

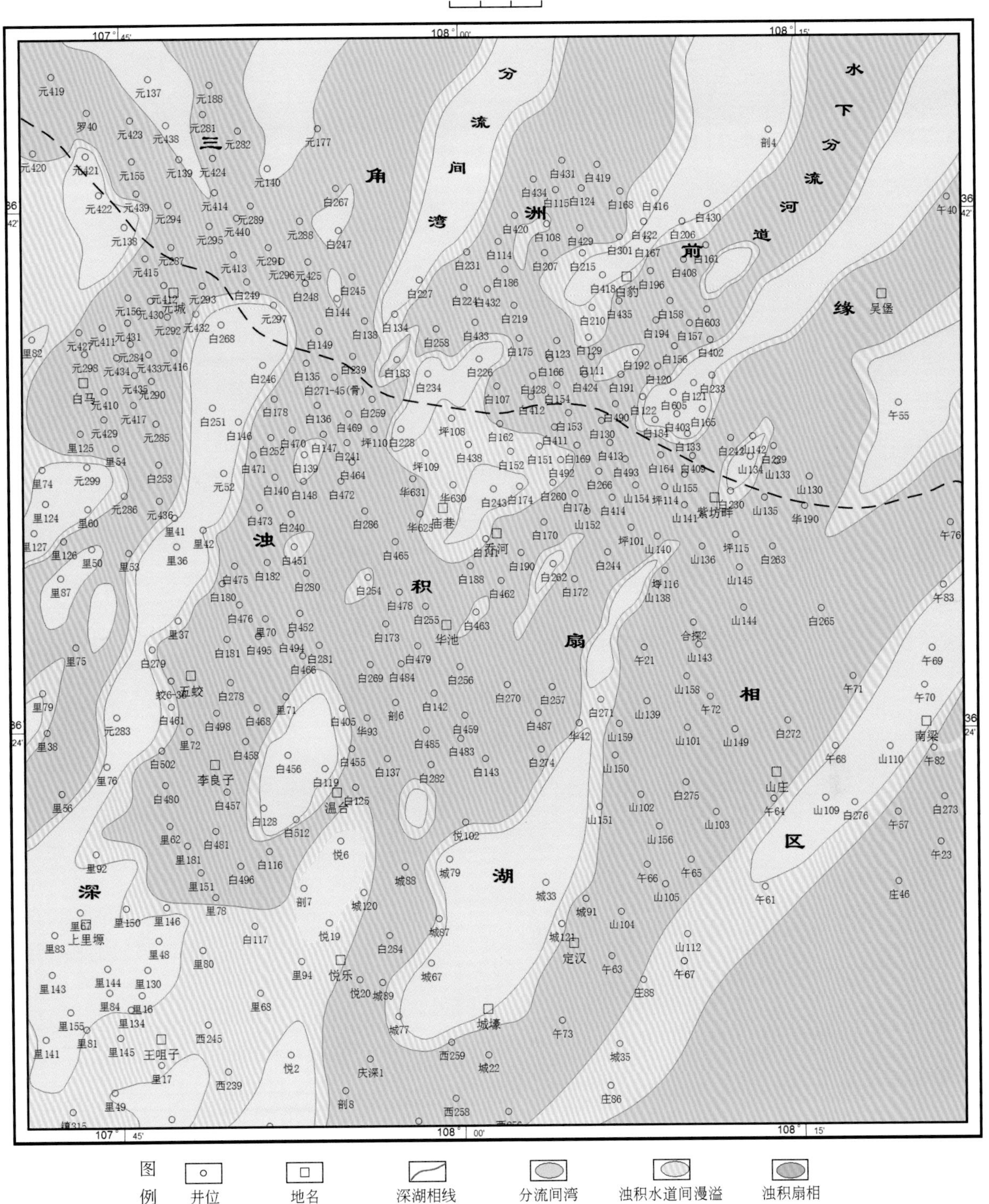

附图2　华庆油田长6_3^1沉积相平面图

0 3 6 9km

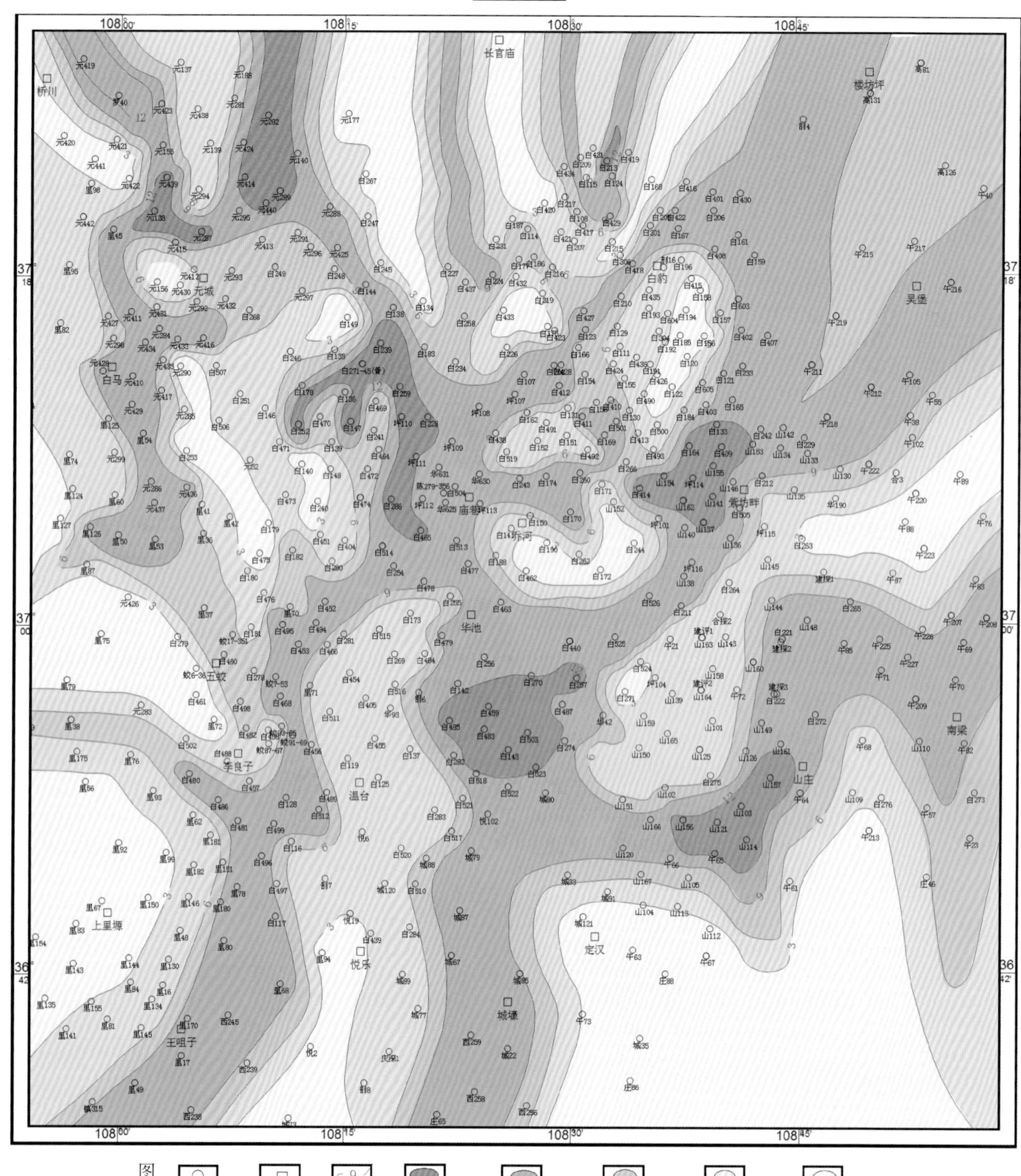

图例 井位 地名 等厚线(m) 砂厚>12m 9m<砂厚≤12m 6m<砂厚≤9m 3m<砂厚≤6m 砂厚≤3m

附图3 华庆油田长6_3^1砂体厚度等值线图

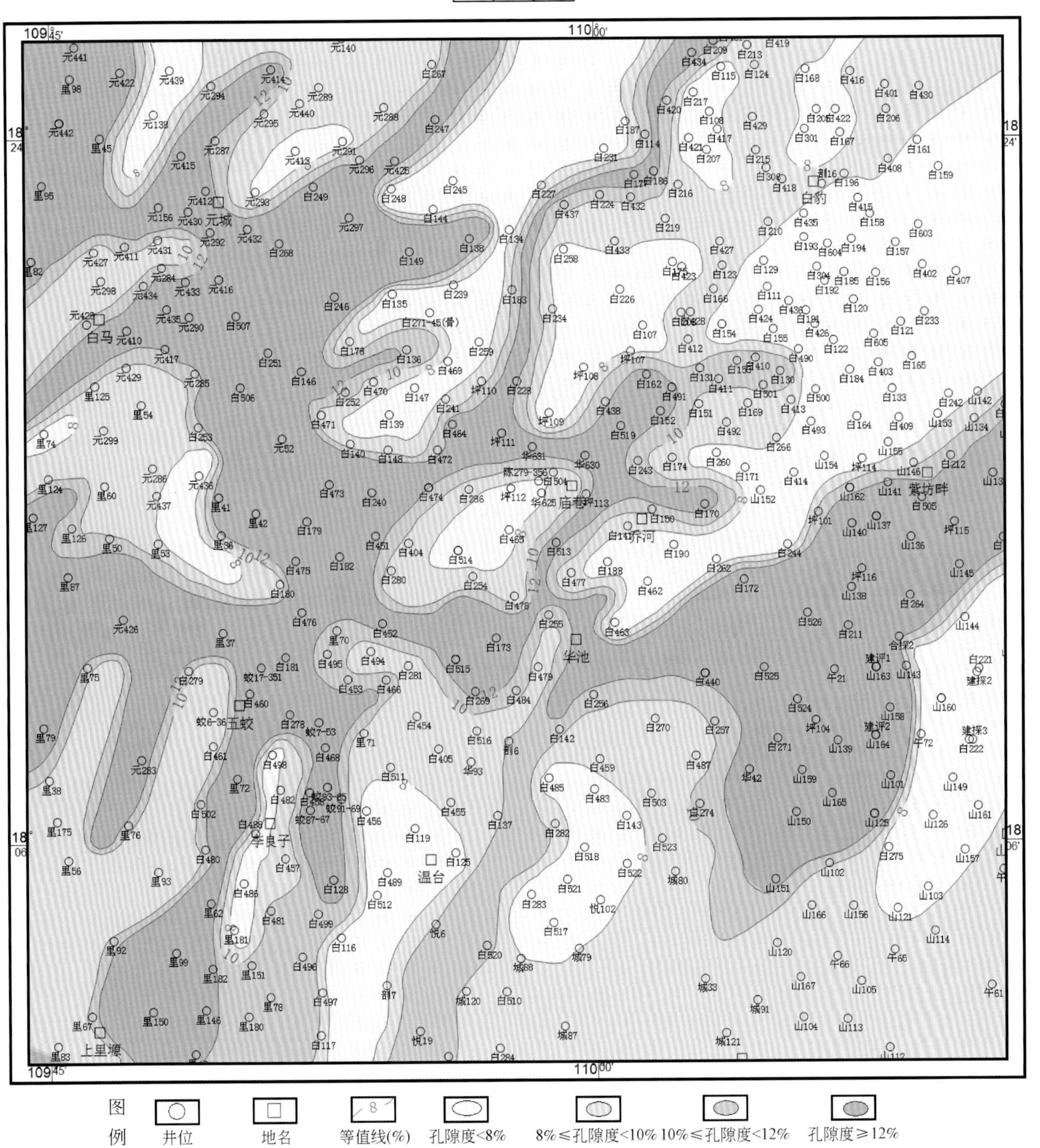

附图4 华庆油田长6_3^1储层孔隙度平面分布图

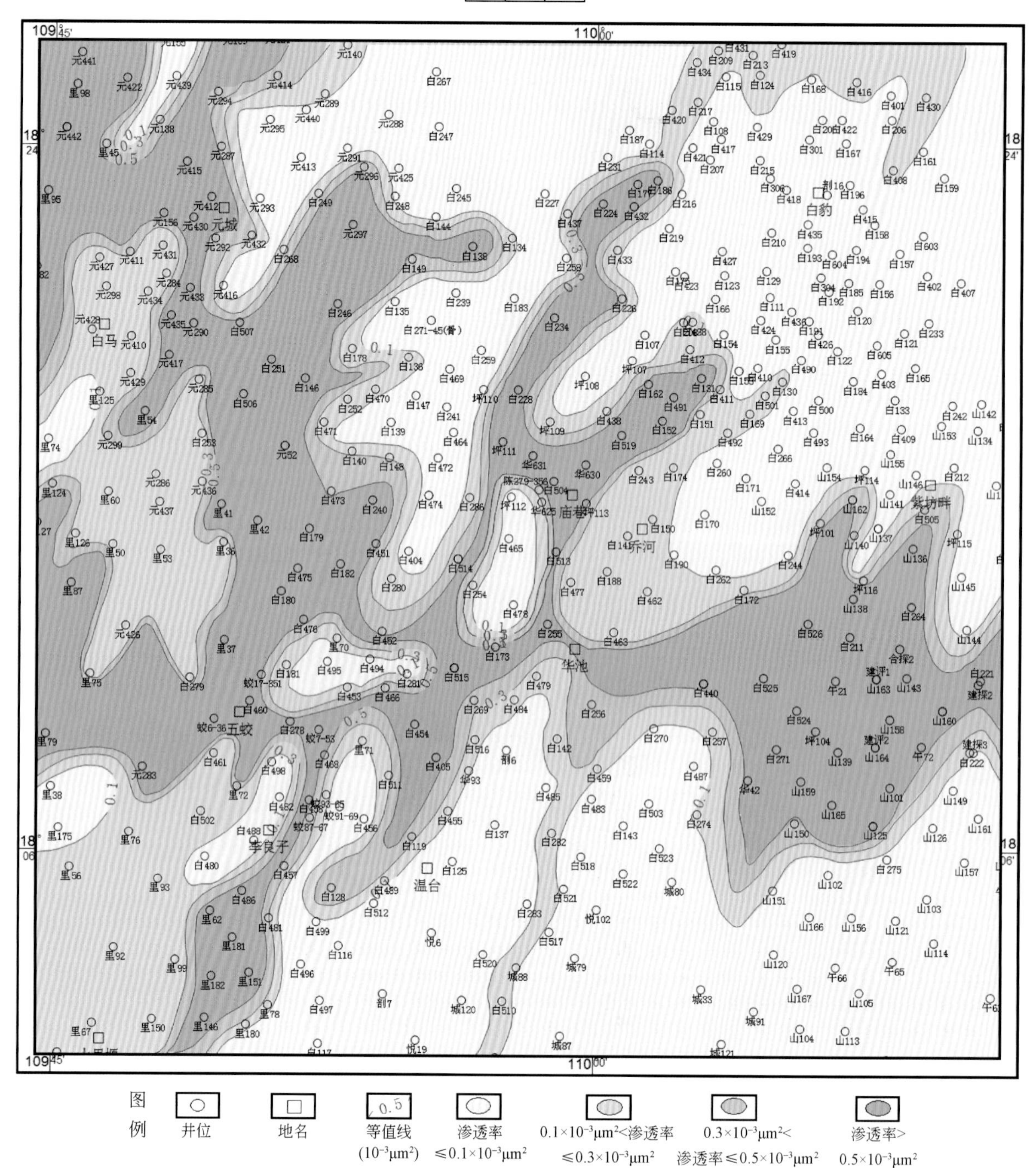

附图5　华庆油田长6_3^1储层渗透率平面分布图

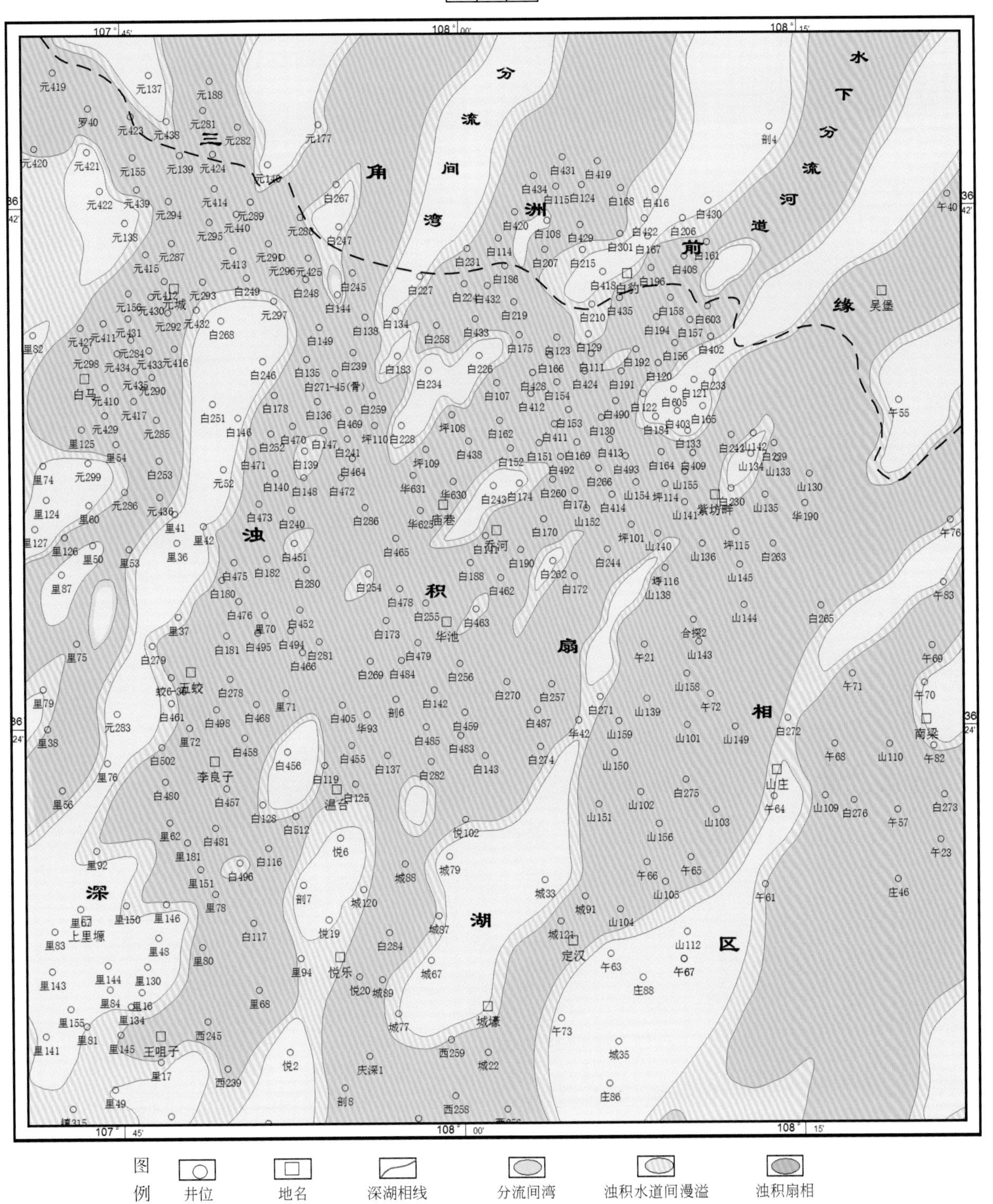

附图6 华庆油田长6_3^2沉积相平面图

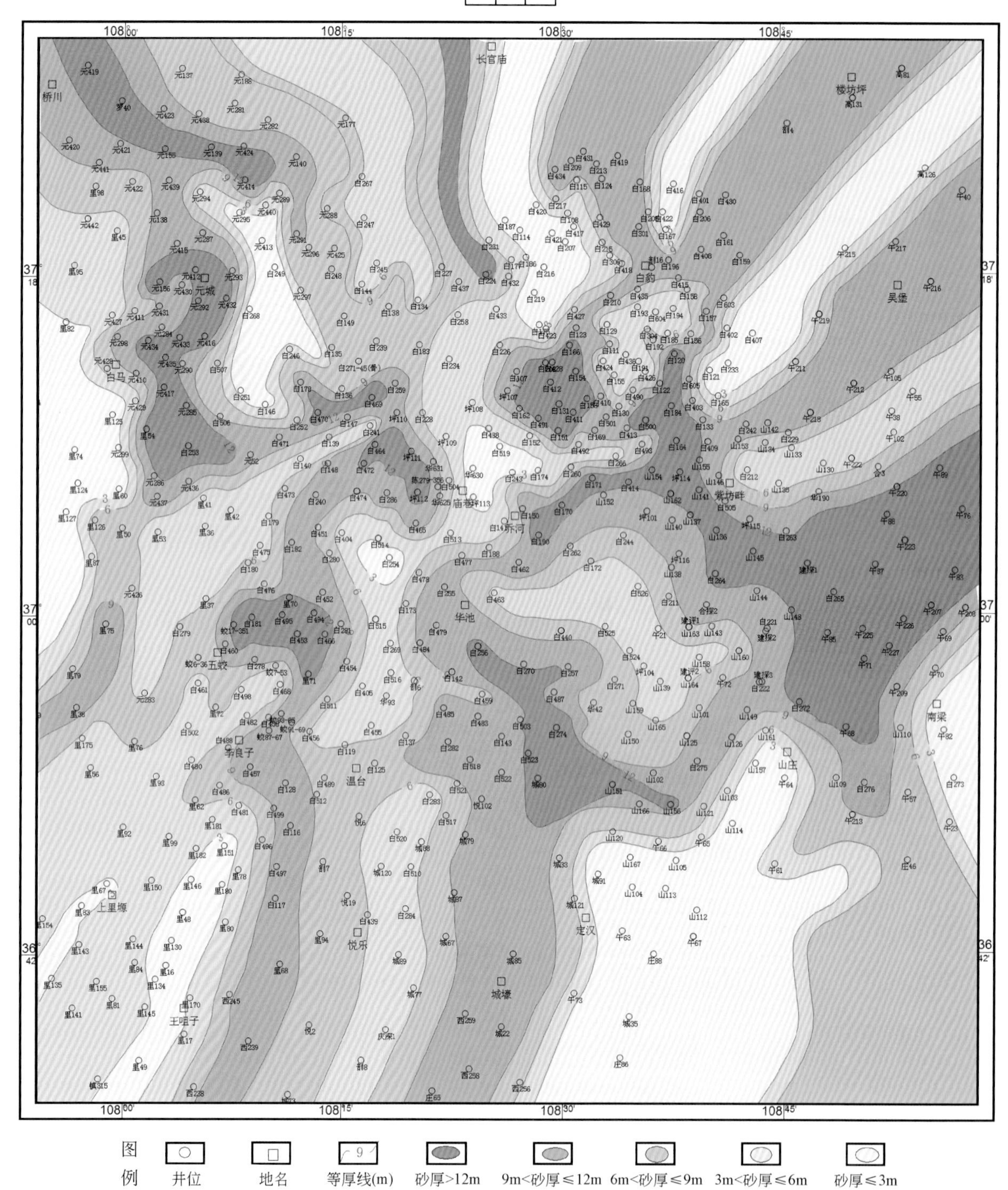

附图7 华庆油田长 6_3^2 砂体厚度等值线图

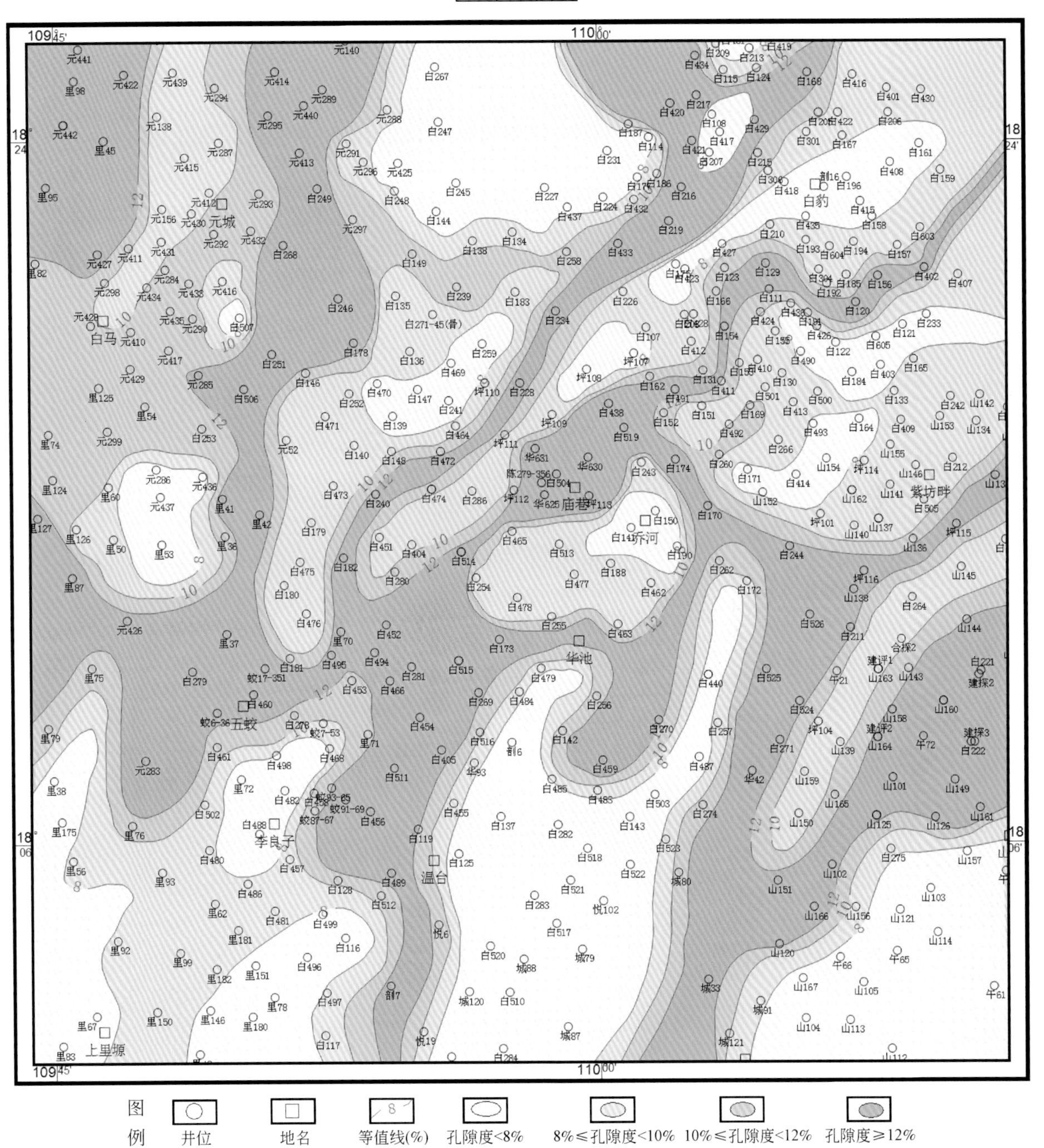

附图 8　华庆油田长 6_3^2 储层孔隙度平面分布图

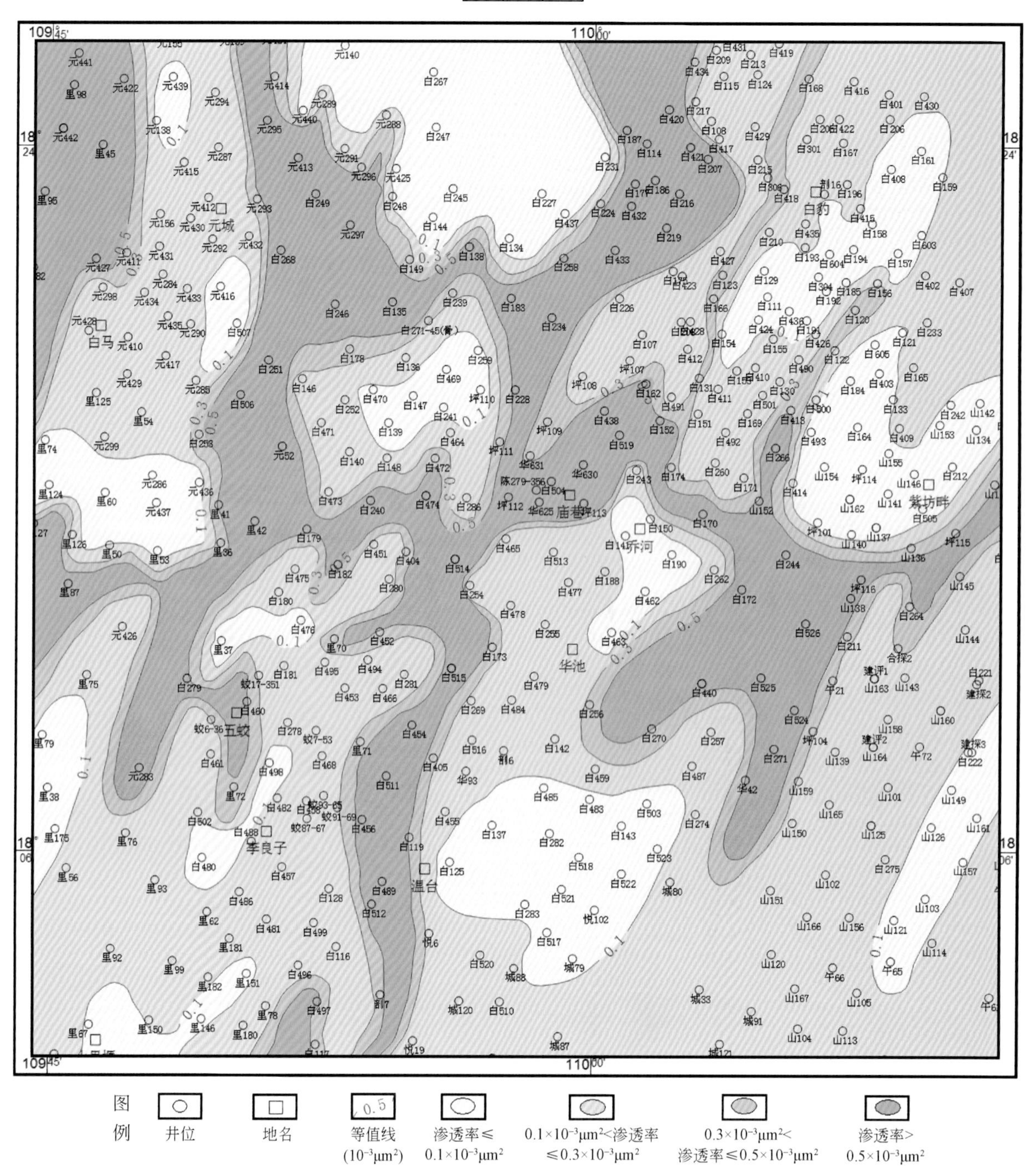

附图9 华庆油田长 6_3^2 储层渗透率平面分布图

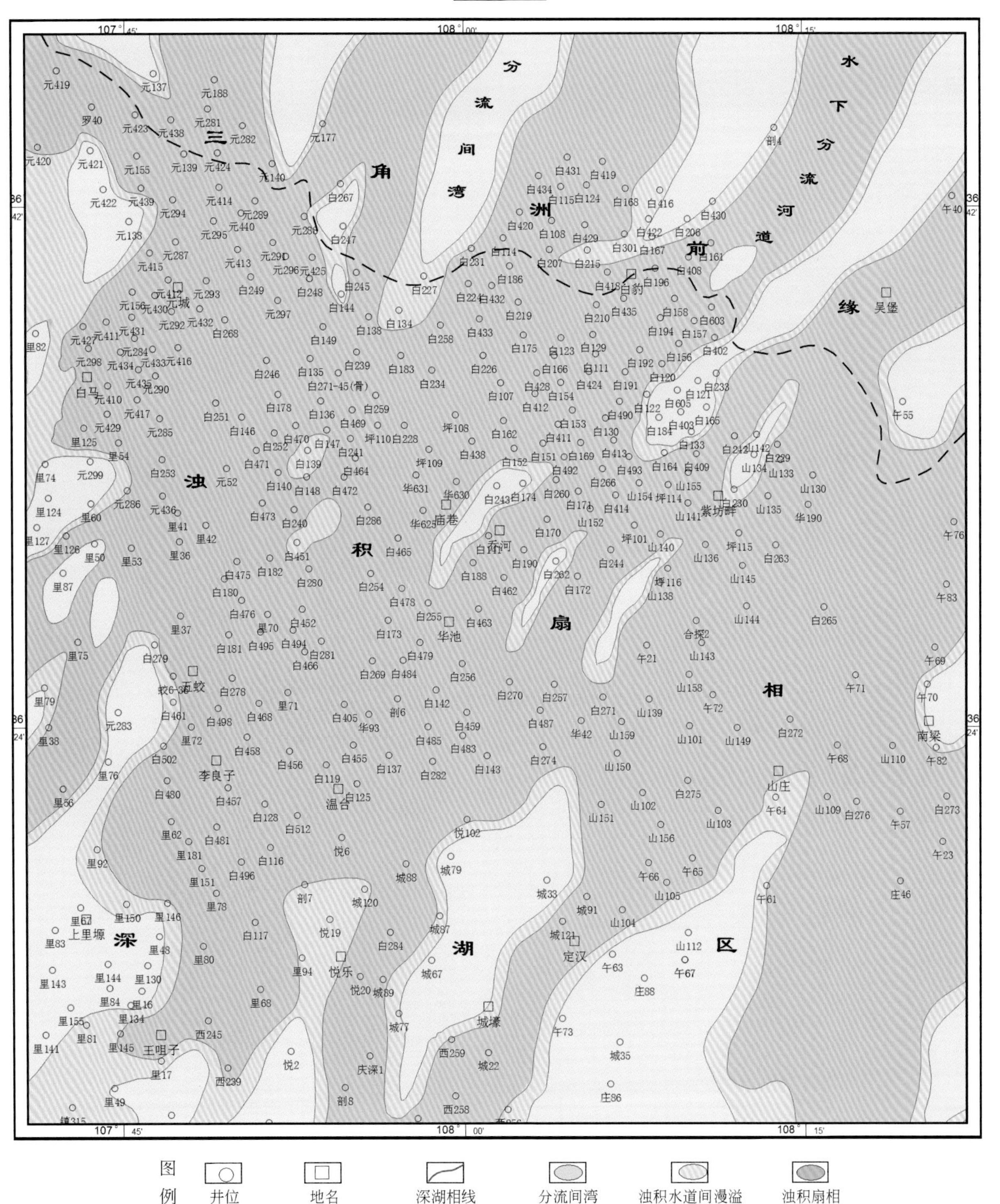

附图 10 华庆油田长 6_3^3 沉积相平面图

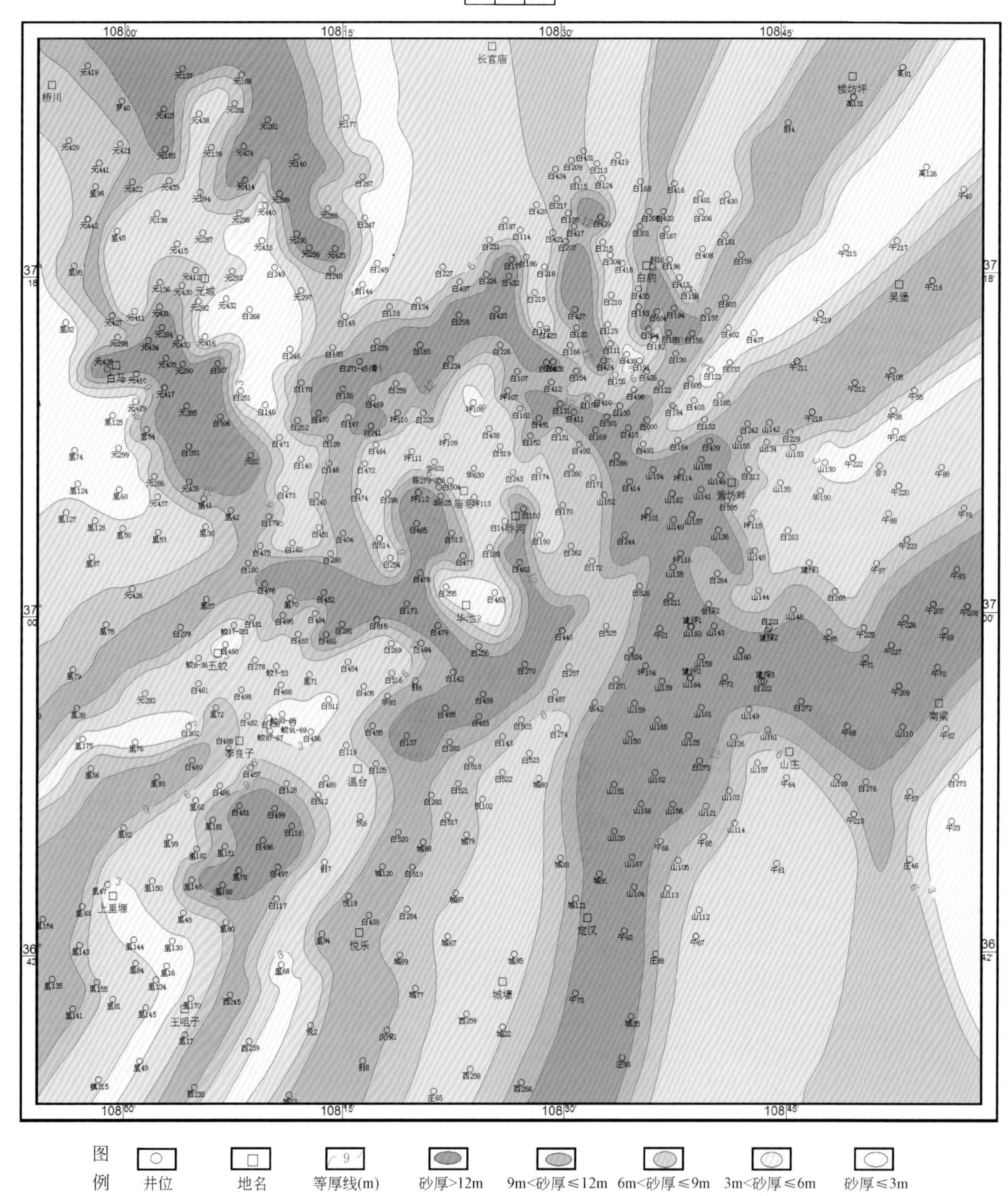

附图 11　华庆油田长 6_3^3 砂体厚度等值线图

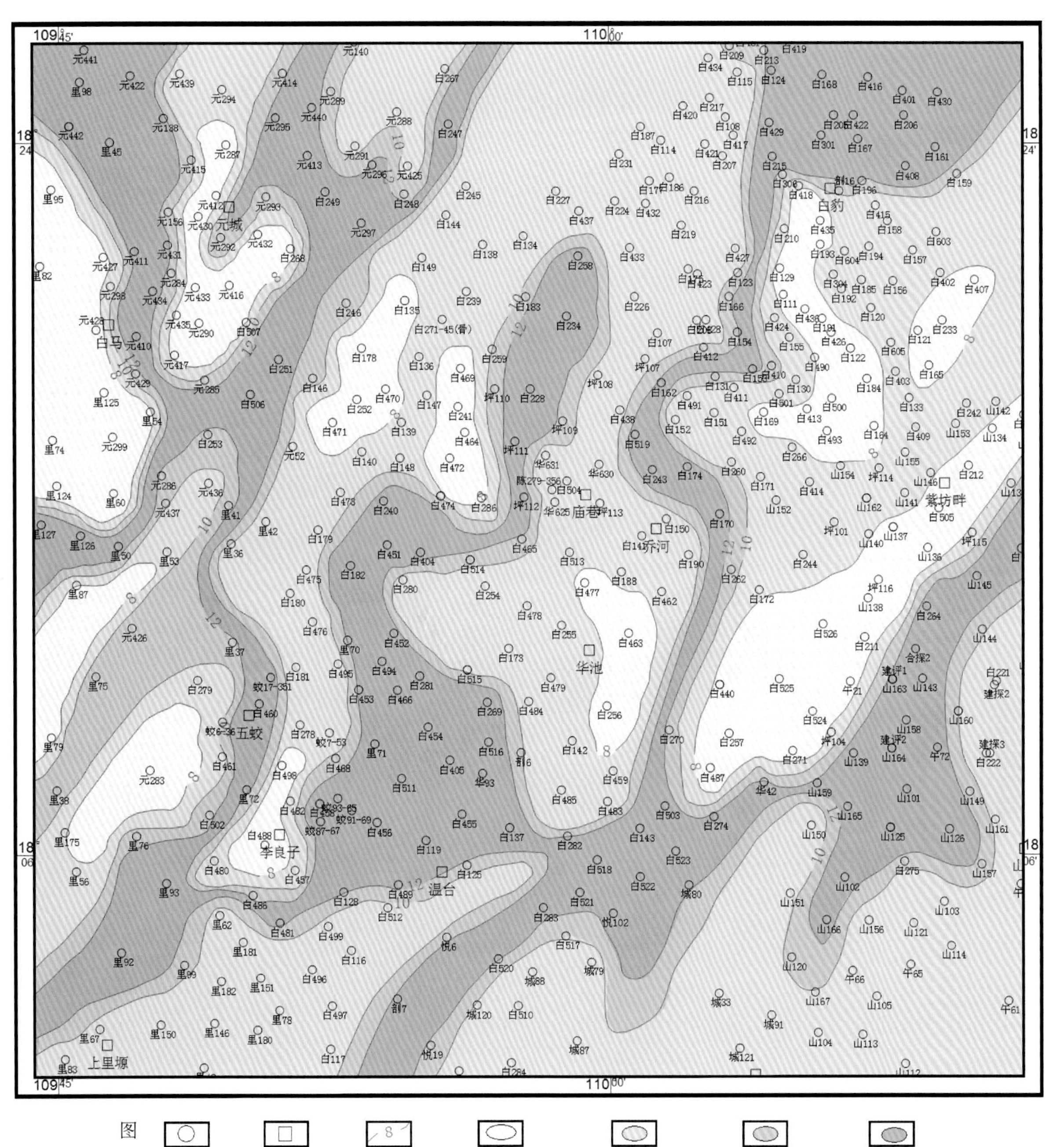

附图 12　华庆油田长 6_3^3 储层孔隙度平面分布图

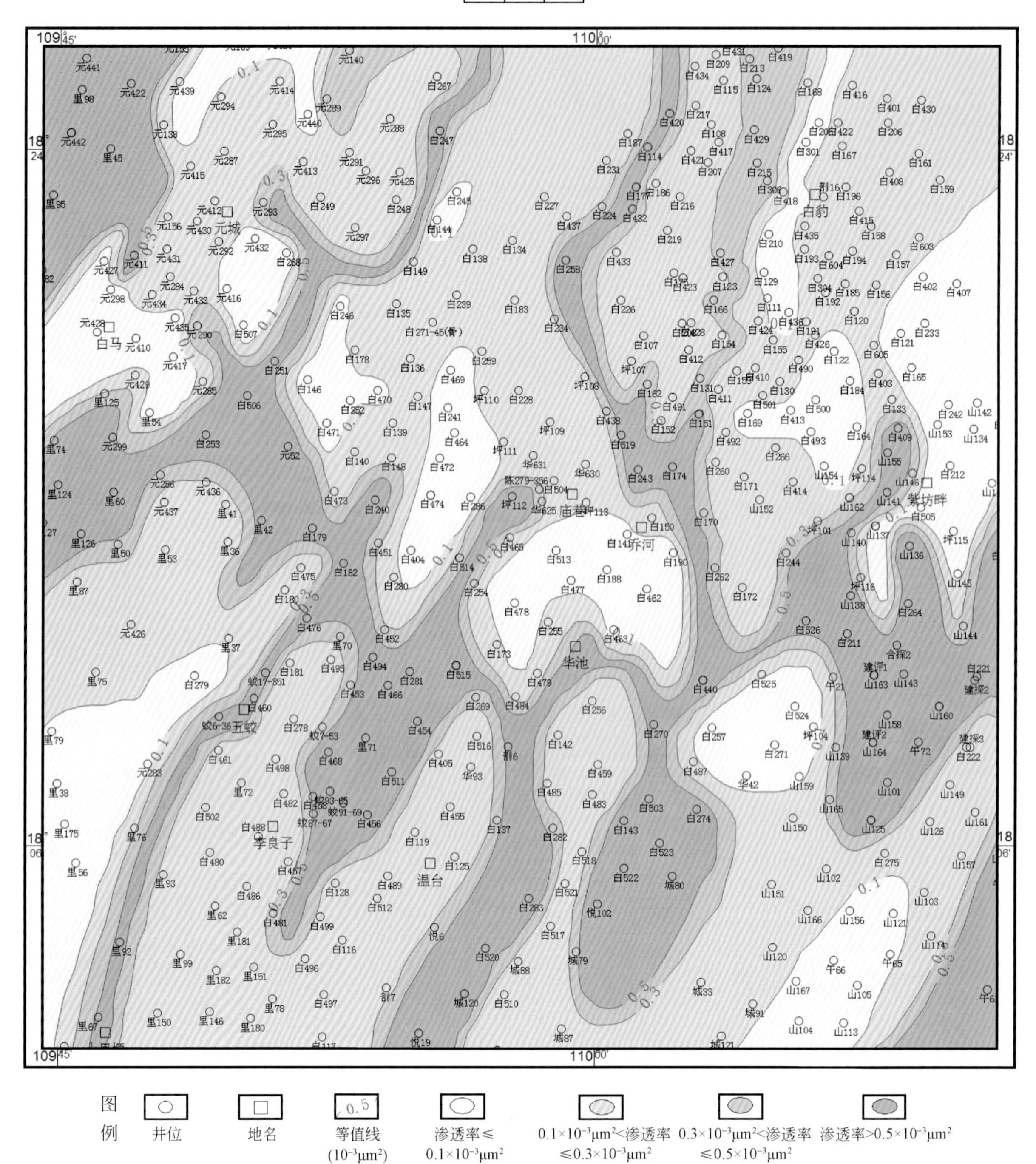

附图 13 华庆油田长 6_3^3 储层渗透率平面分布图

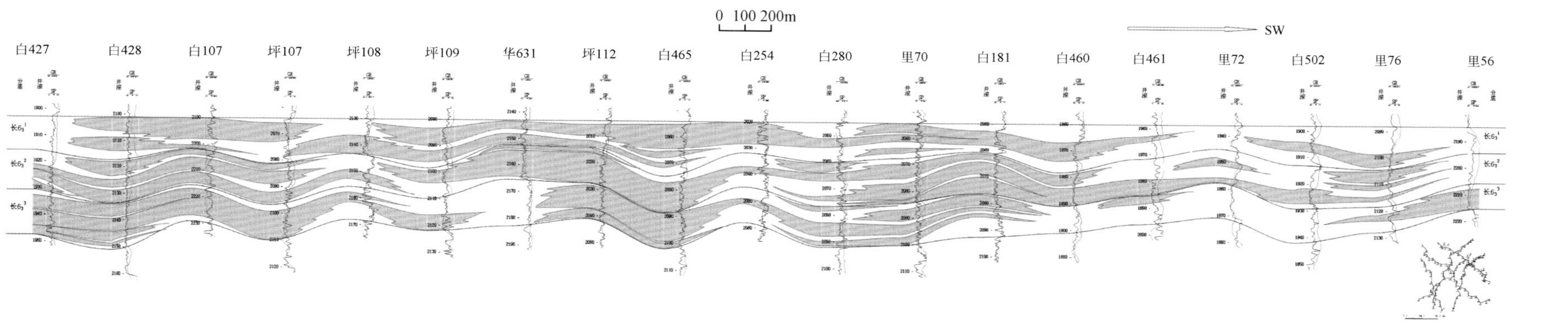

附图14　华庆油田白427井—里56井延长组长6_3砂体横剖面图

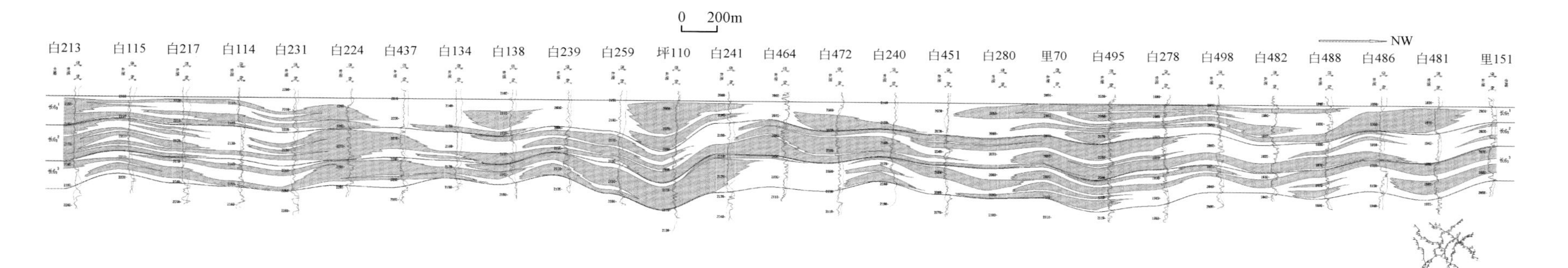

附图15　华庆油田白213井—里151井延长组长6_3砂体横剖面图

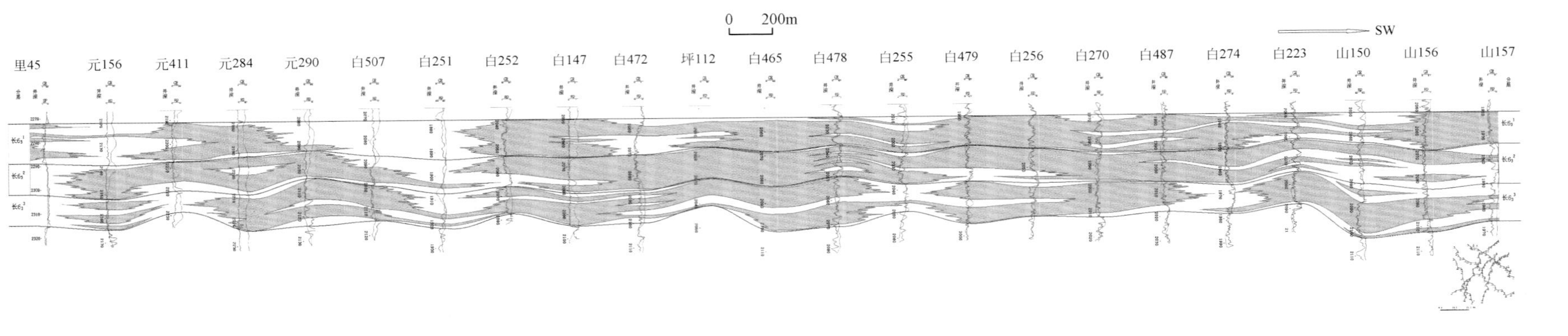

附图16　华庆油田里45井—山157井延长组长6_3砂体横剖面图

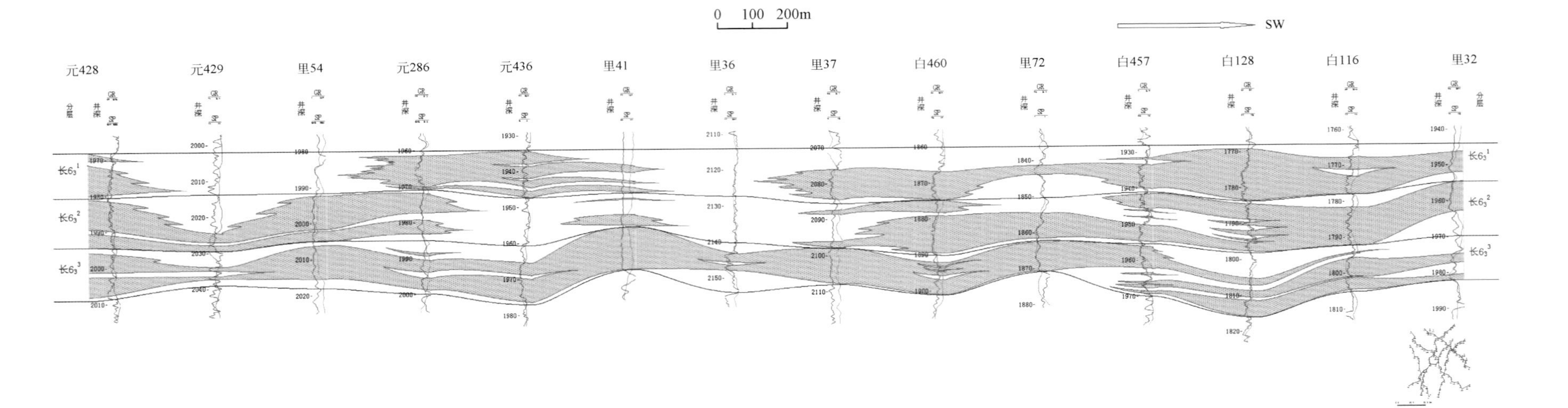

附图17　华庆油田元428井—里32井延长组长6_3砂体横剖面图

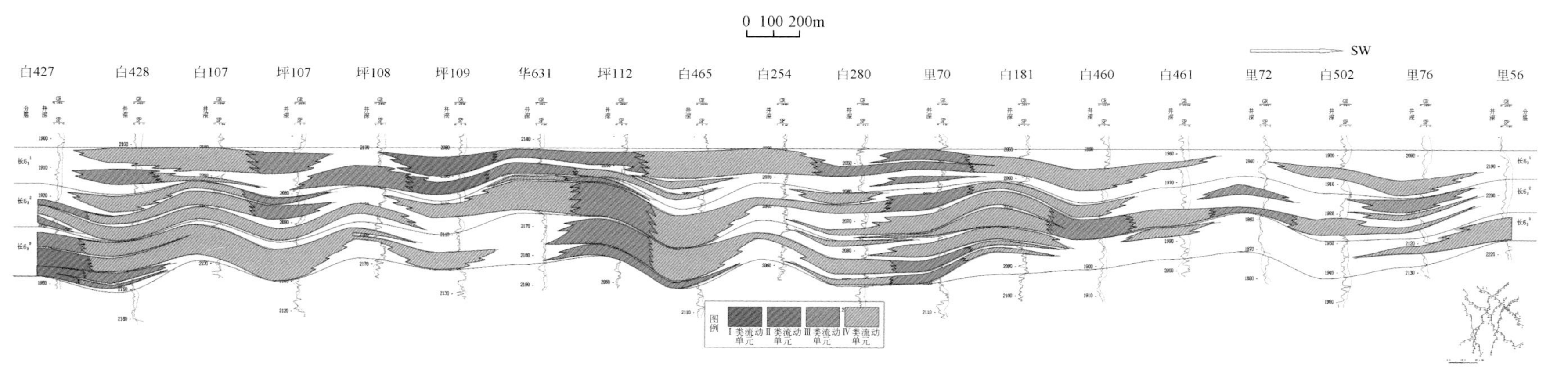

附图18　华庆油田白427井—里56井长6_3顺流向连井剖面流动单元图

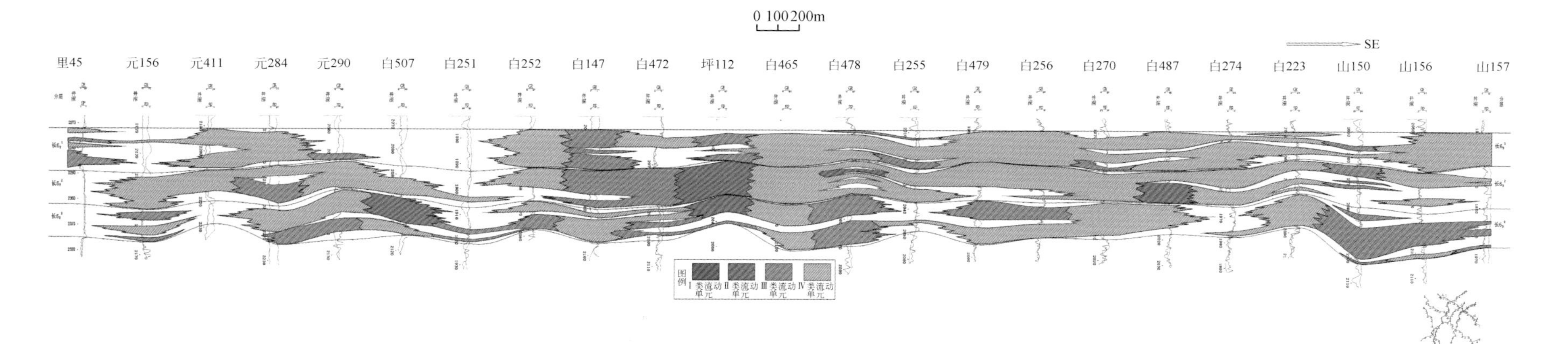

附图19　华庆油田里45井—山157井长6_3垂流向连井剖面流动单元图

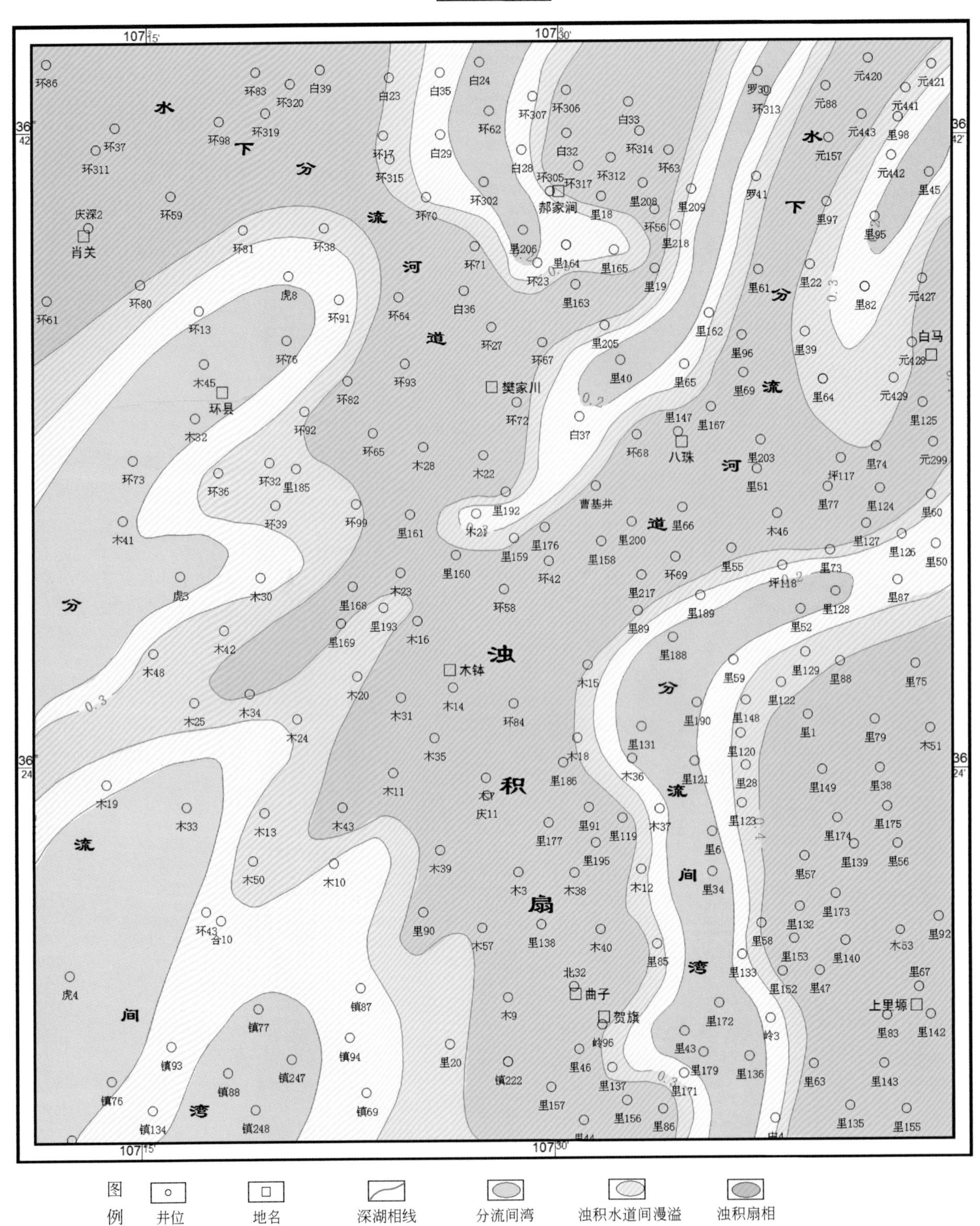

附图20 马岭油田长8_1^1沉积相平面图

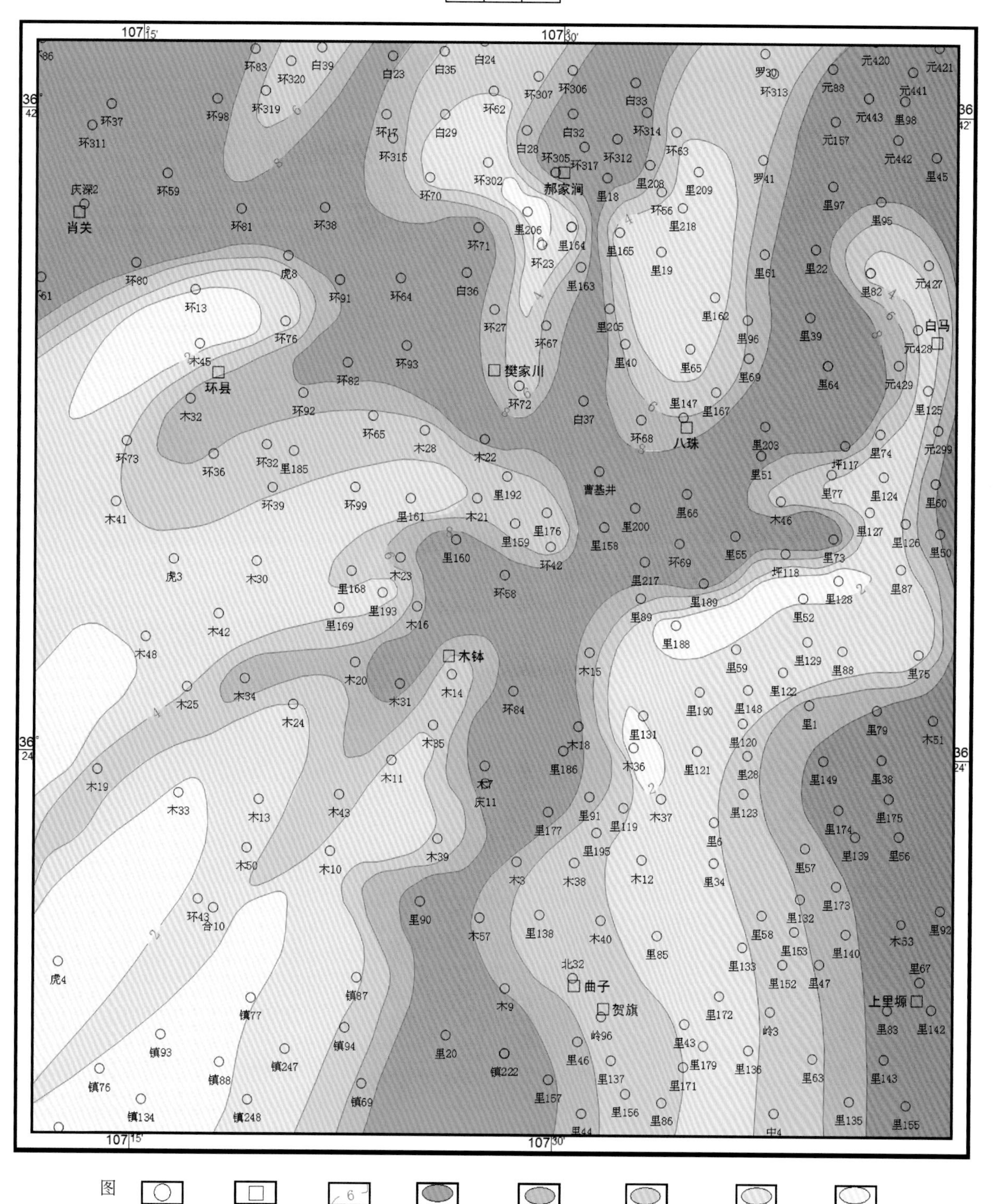

附图21　马岭油田长8_1^1砂体厚度等值线图

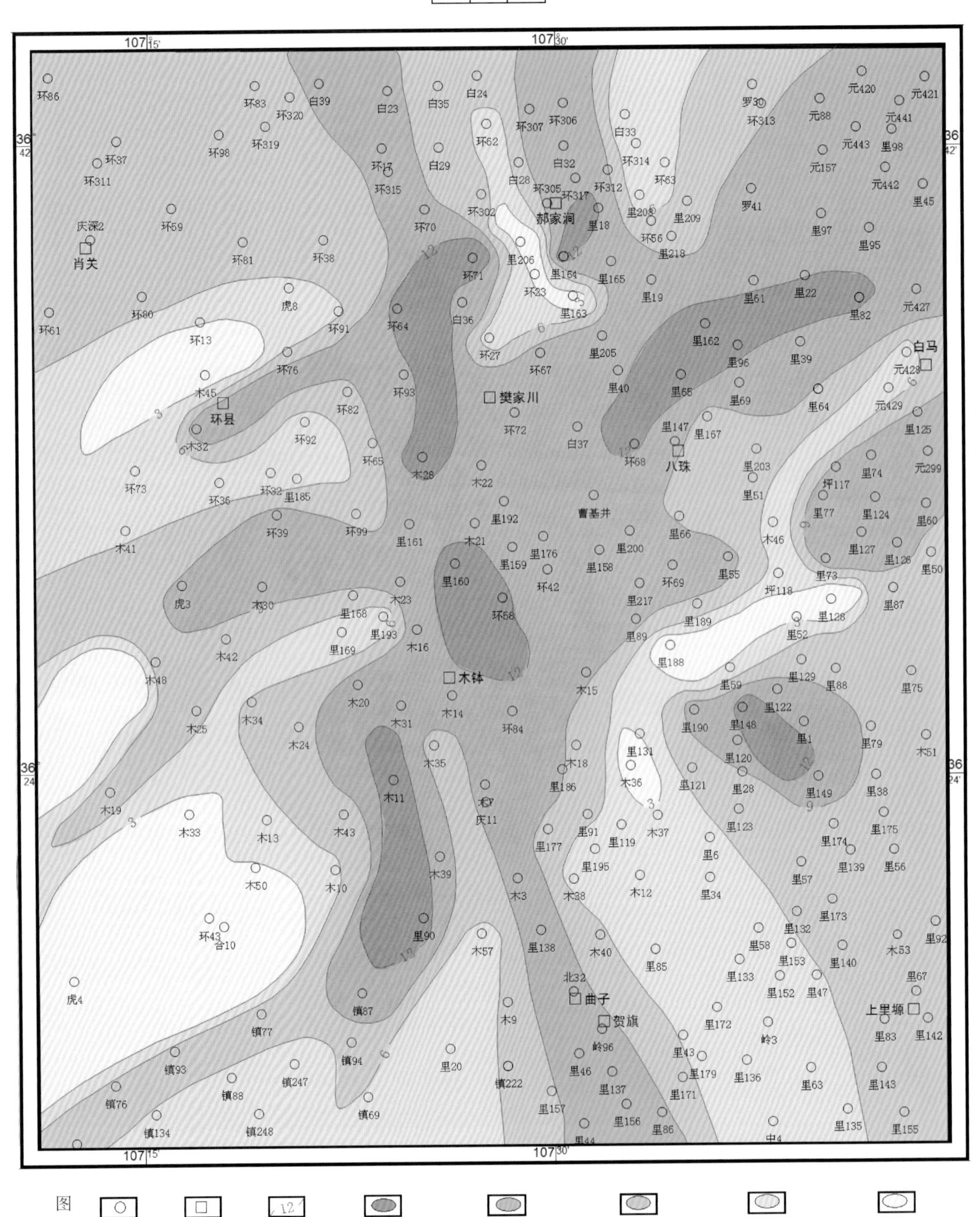

附图22 马岭油田长8_1^1储层孔隙度平面分布图

附图23 马岭油田长8_1^1储层渗透率平面分布图

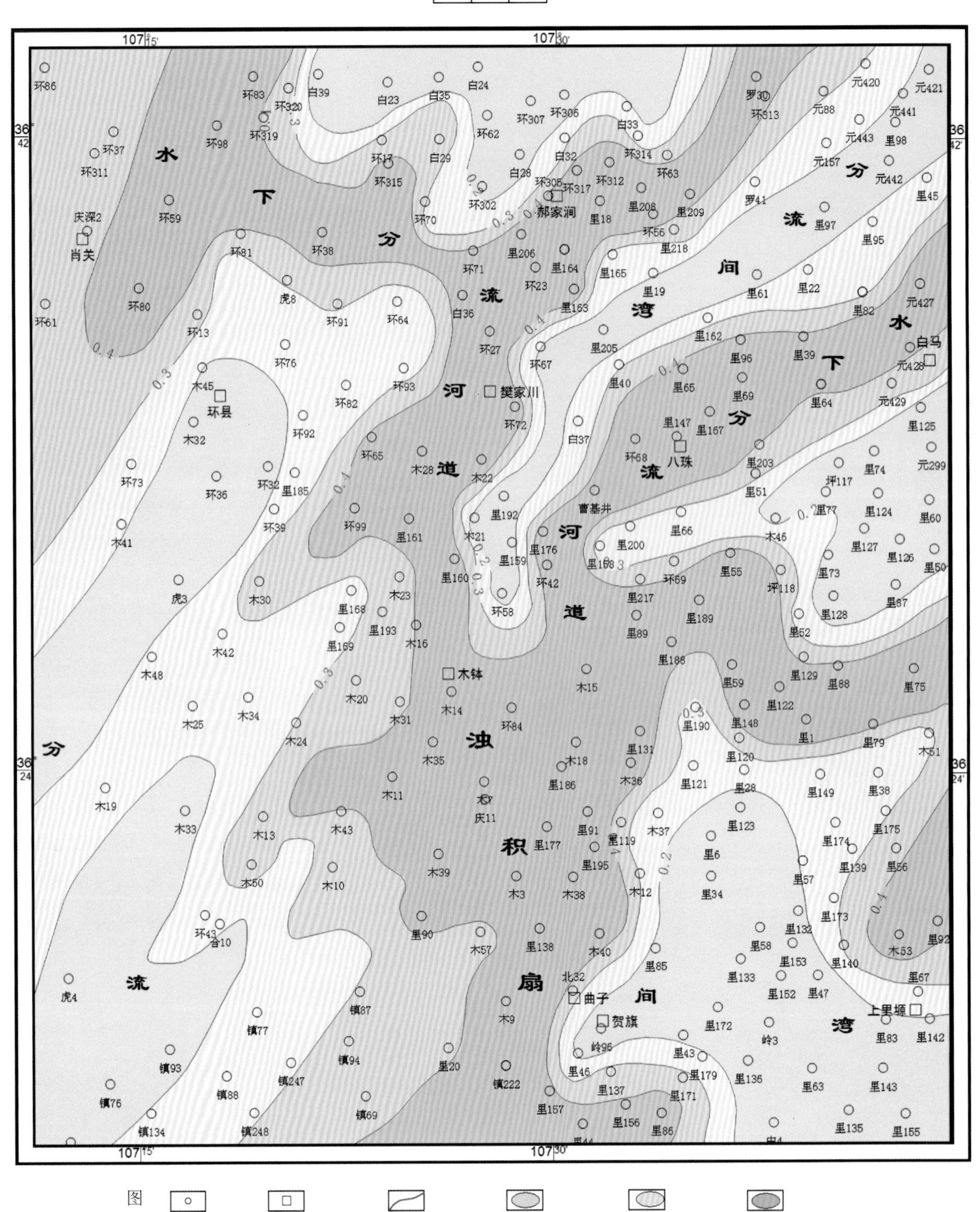

附图24 马岭油田长8_1^2沉积相平面图

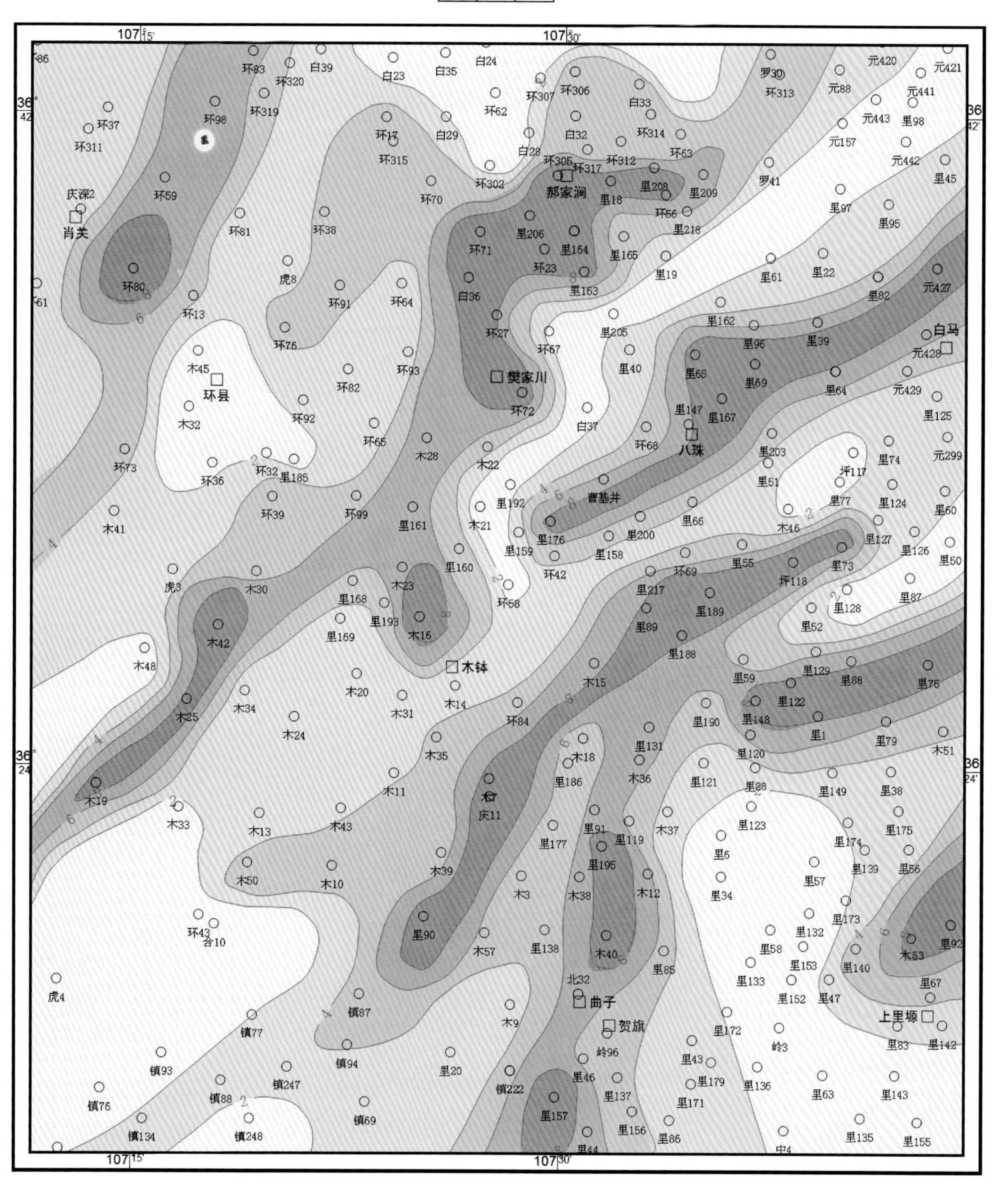

图例

井位　地名　等厚线(m)　砂厚>8m　6m<砂厚≤8m　4m<砂厚≤6m　2m<砂厚≤4m　砂厚≤2m

附图 25　马岭油田长 8_1^2 砂体厚度等值线图

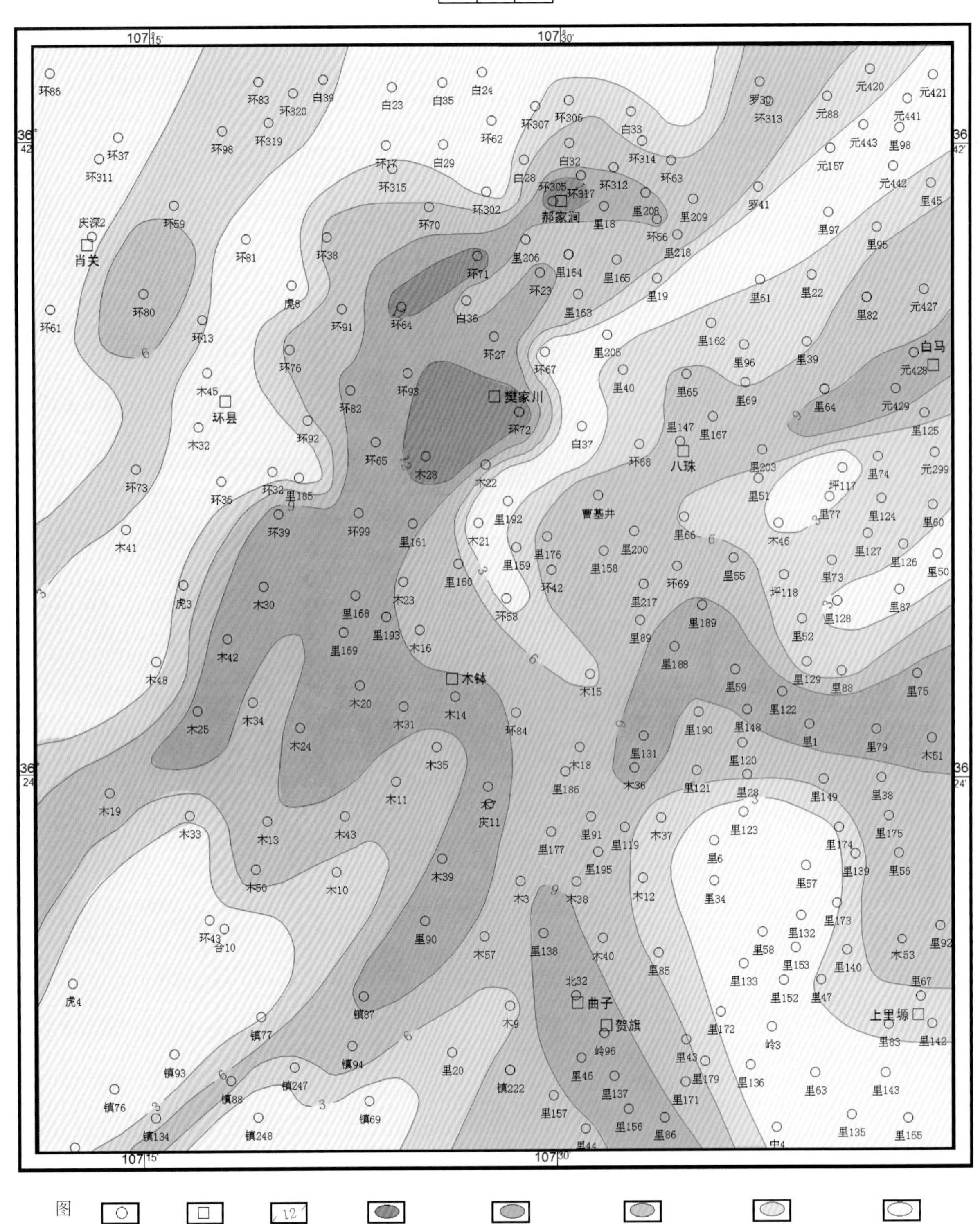

图例 井位 地名 等值线(%) 孔隙度>12% 9%<孔隙度≤12% 6%<孔隙度≤9% 3%<孔隙度≤6% 孔隙度≤3%

附图26 马岭油田长8_1^2储层孔隙度平面分布图

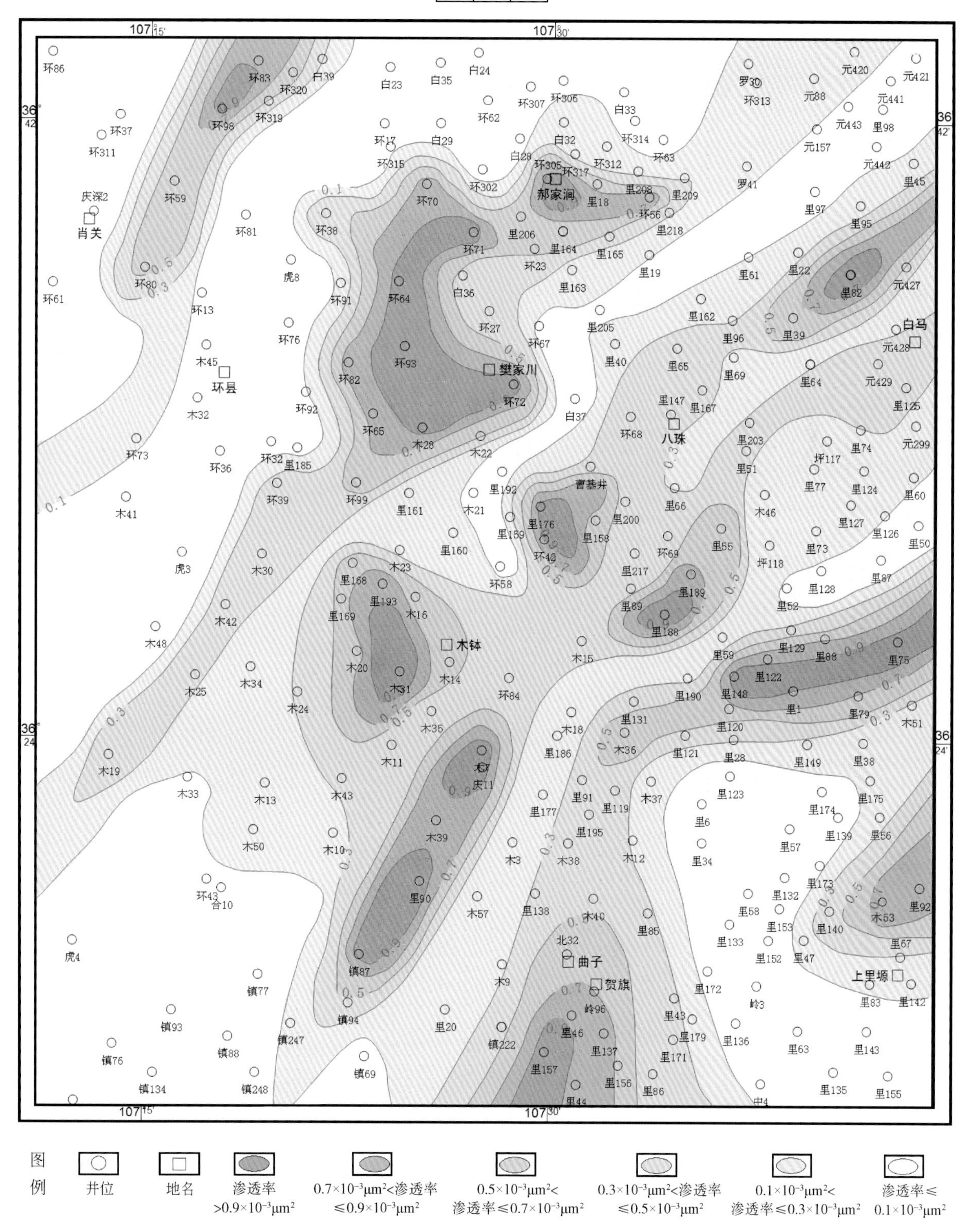

附图 27 马岭油田长 8_1^2 储层渗透率平面分布图

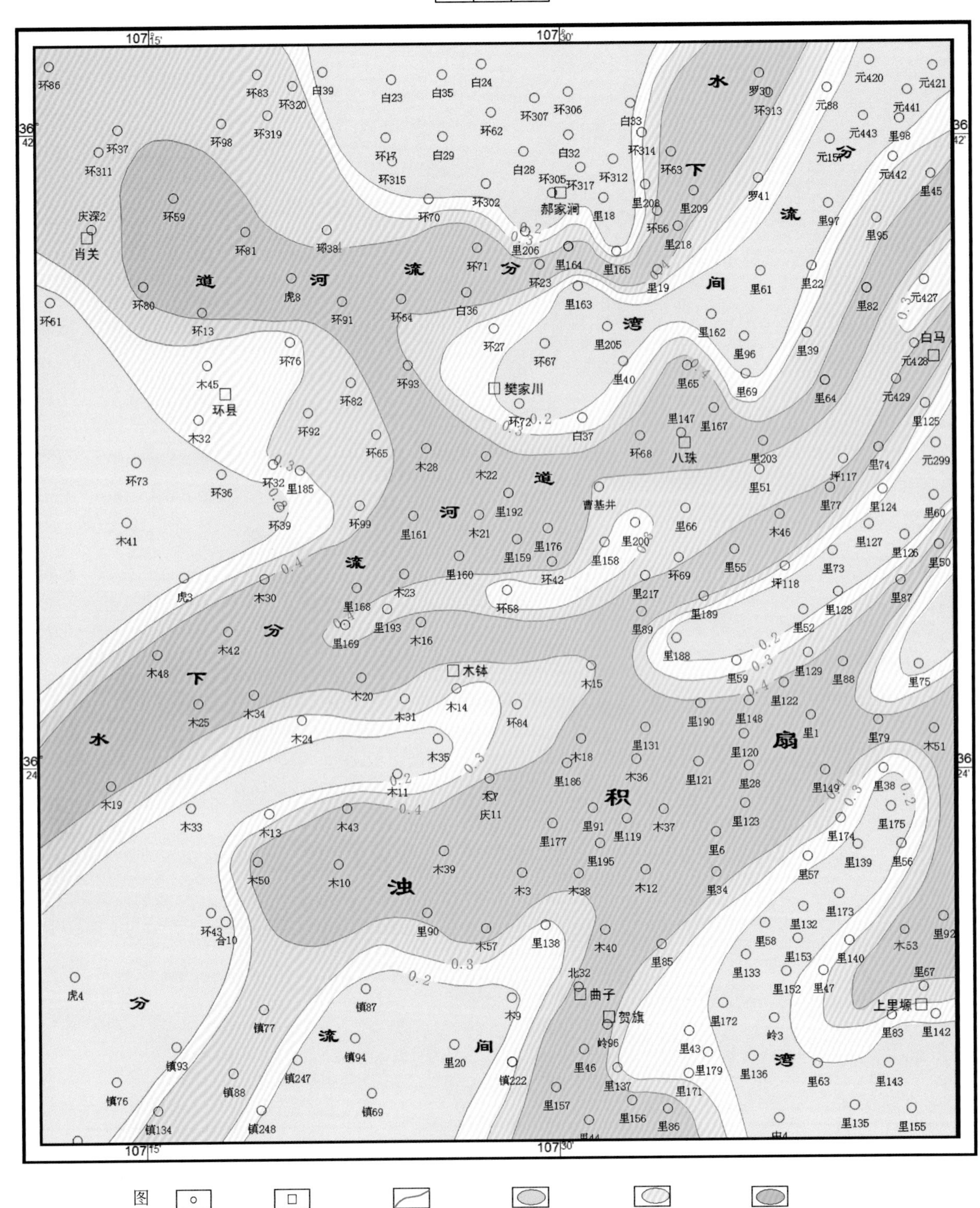

图例
井位　地名　深湖相线　分流间湾　浊积水道间漫溢　浊积扇相

附图28　马岭油田长8_1^3沉积相平面图

0 2 4 6km

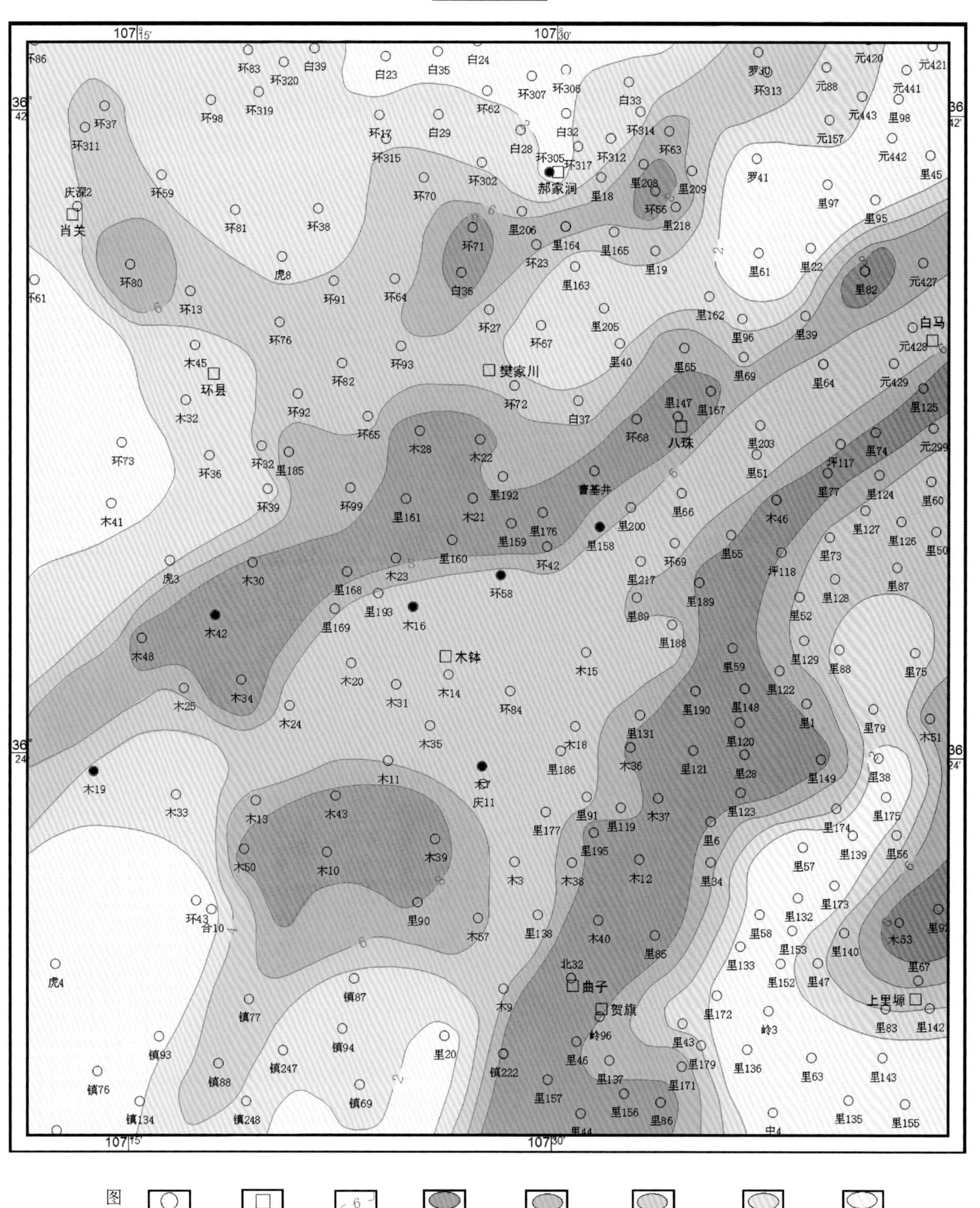

图例
井位 地名 等厚线(m) 砂厚>8m 6m<砂厚≤8m 4m<砂厚≤6m 2m<砂厚≤4m 砂厚≤2m

附图29 马岭油田长8_1^3砂体厚度等值线图

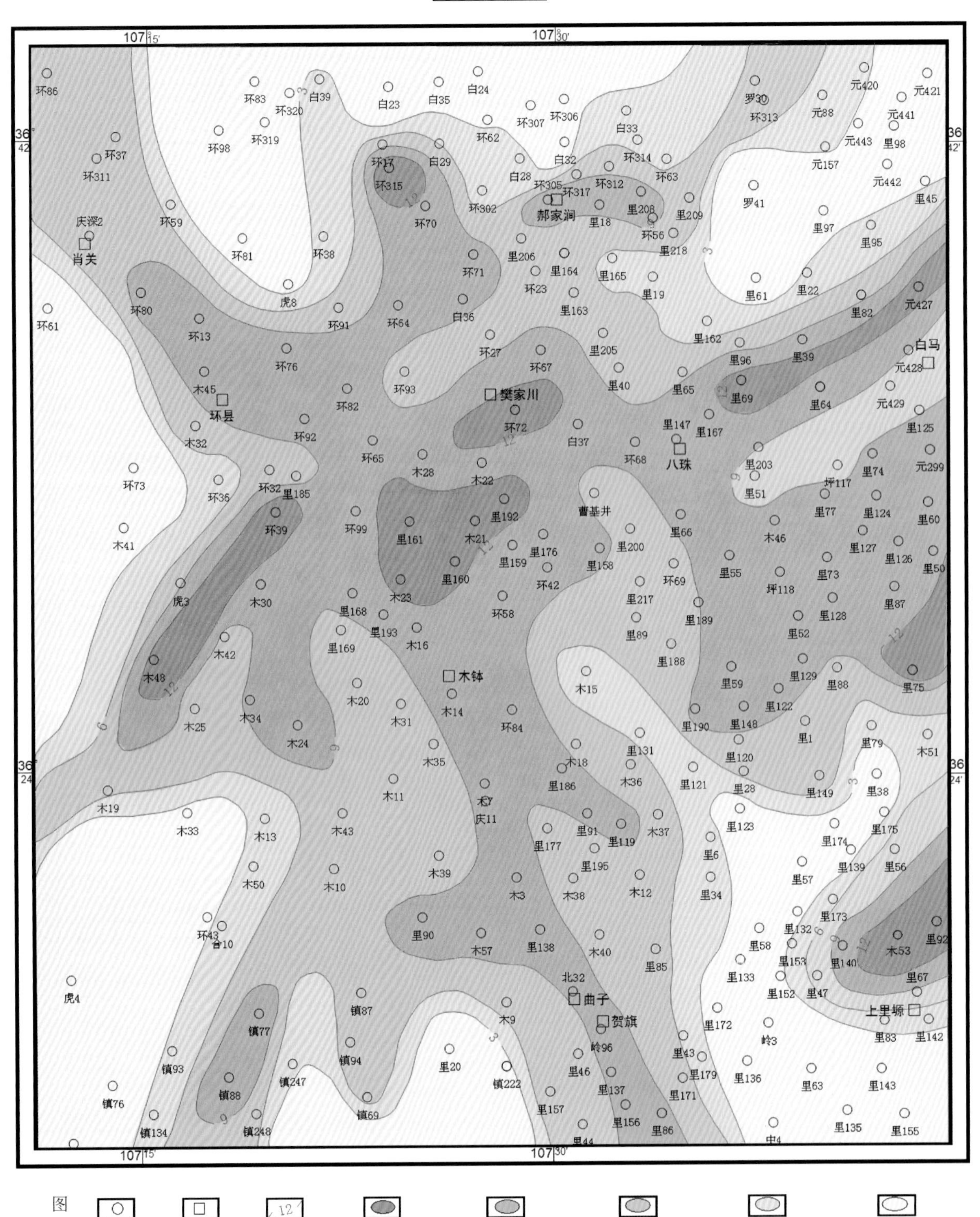

附图30 马岭油田长 8_1^3 储层孔隙度平面分布图

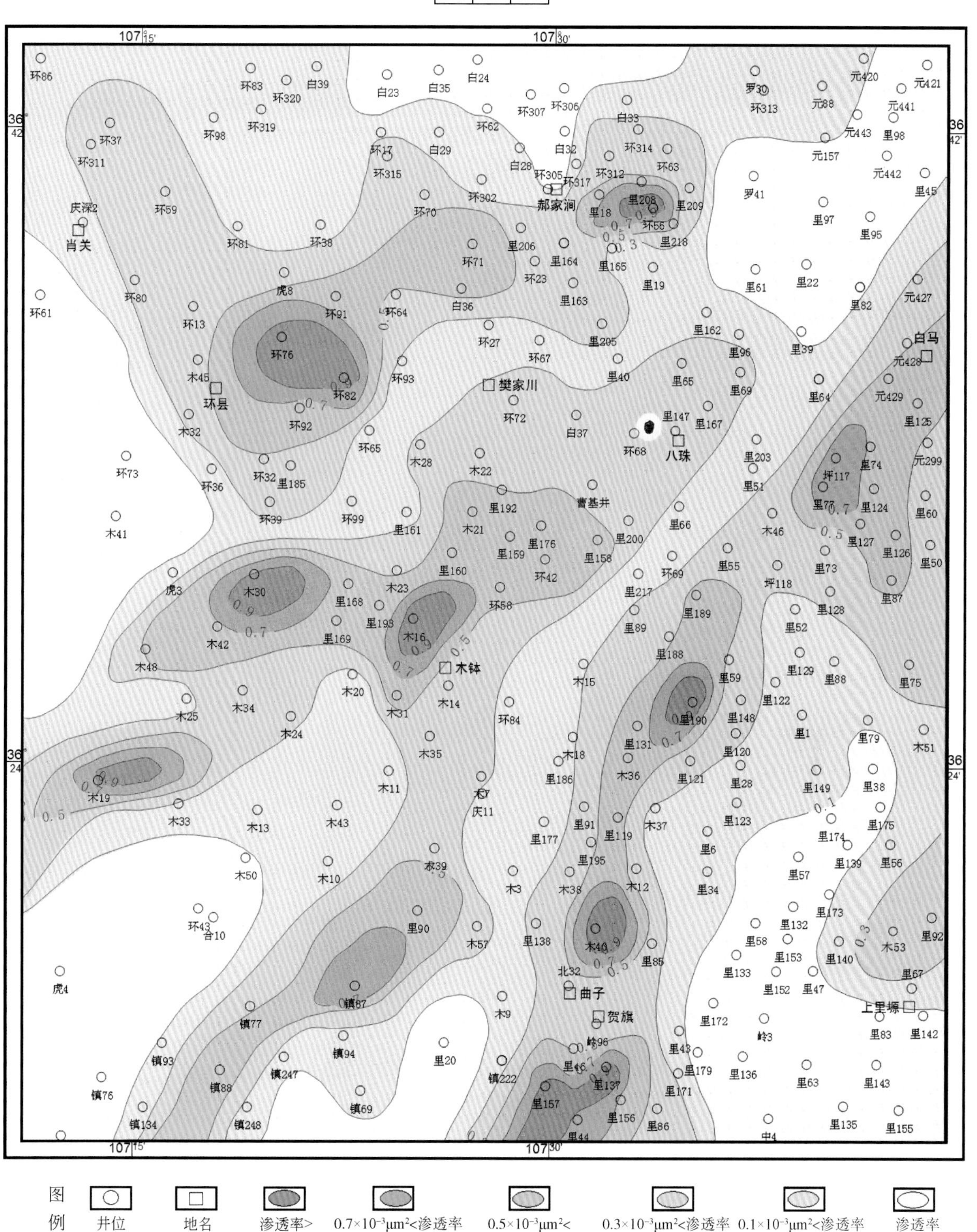

附图 31　马岭油田长 8_1^3 储层渗透率平面分布图

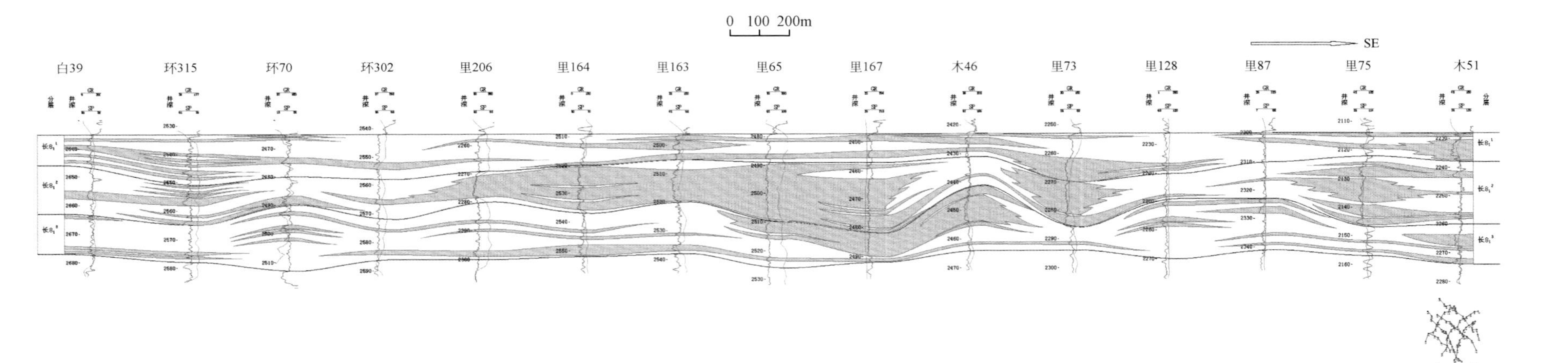

附图32 马岭油田白39井—木51井延长组长8_1砂体横剖面图

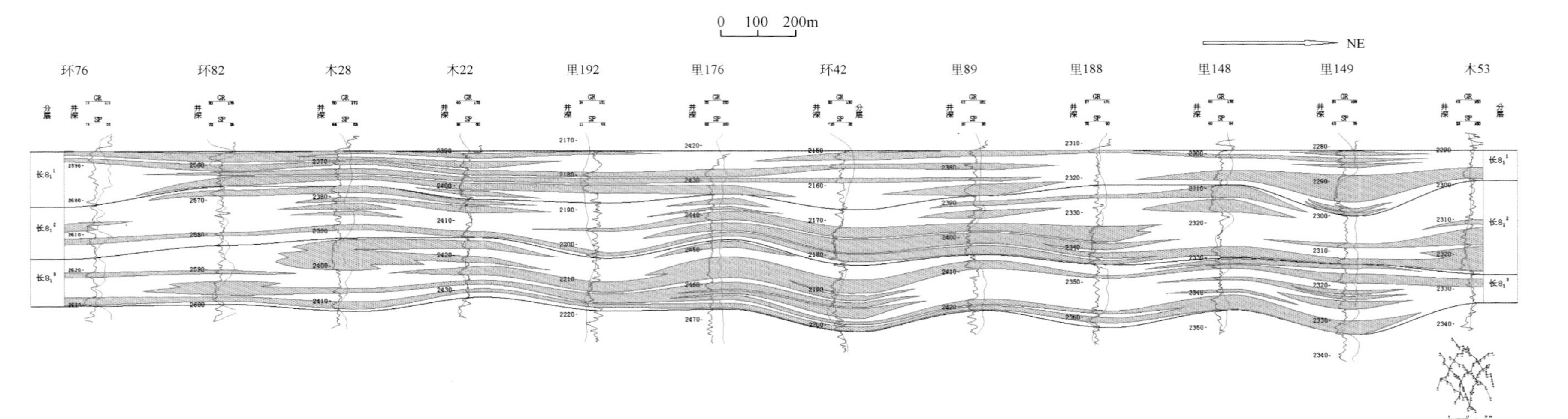

附图33 马岭油田环76井—木53井延长组长8_1砂体横剖面图

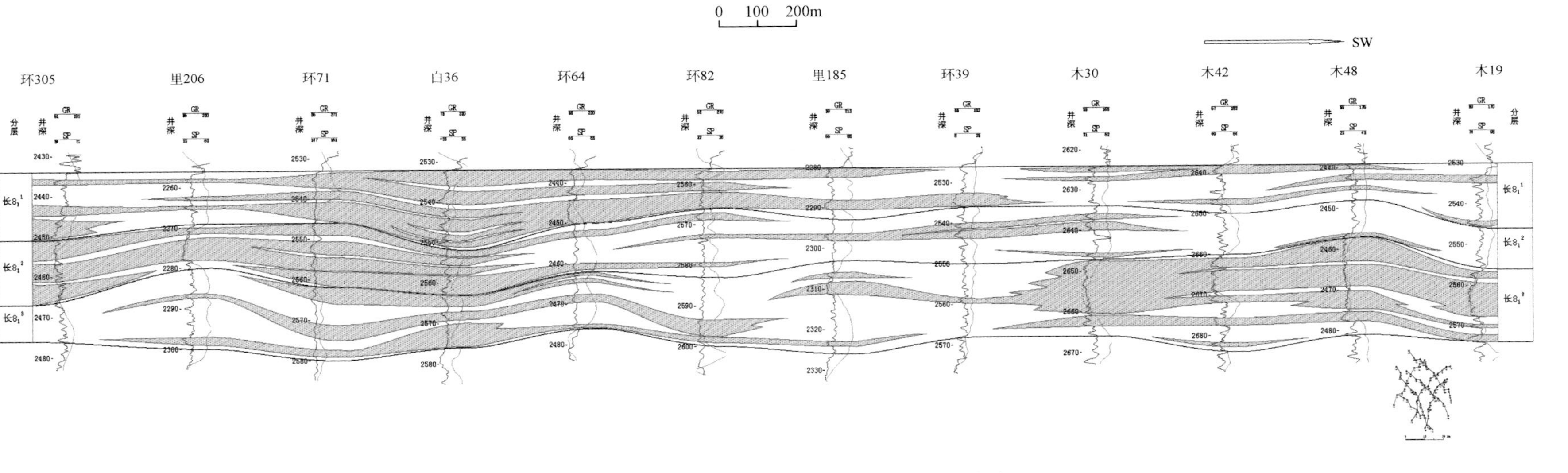

附图34　马岭油田环305井—木19井延长组长8_1砂体横剖面图

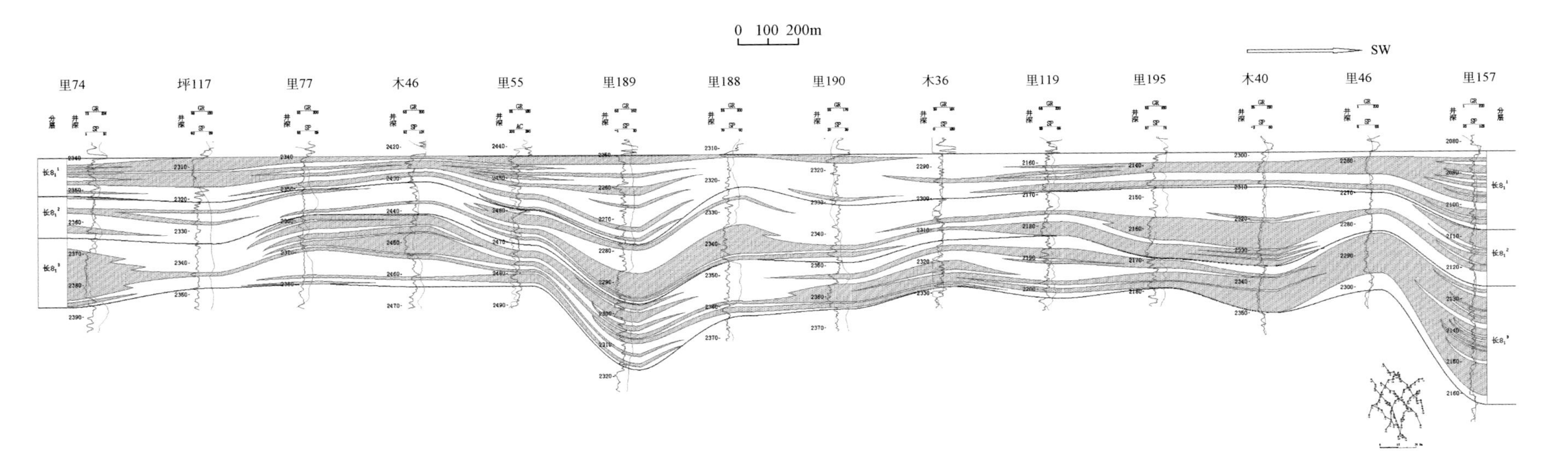

附图35　马岭油田里74井—里157井延长组长8_1砂体横剖面图

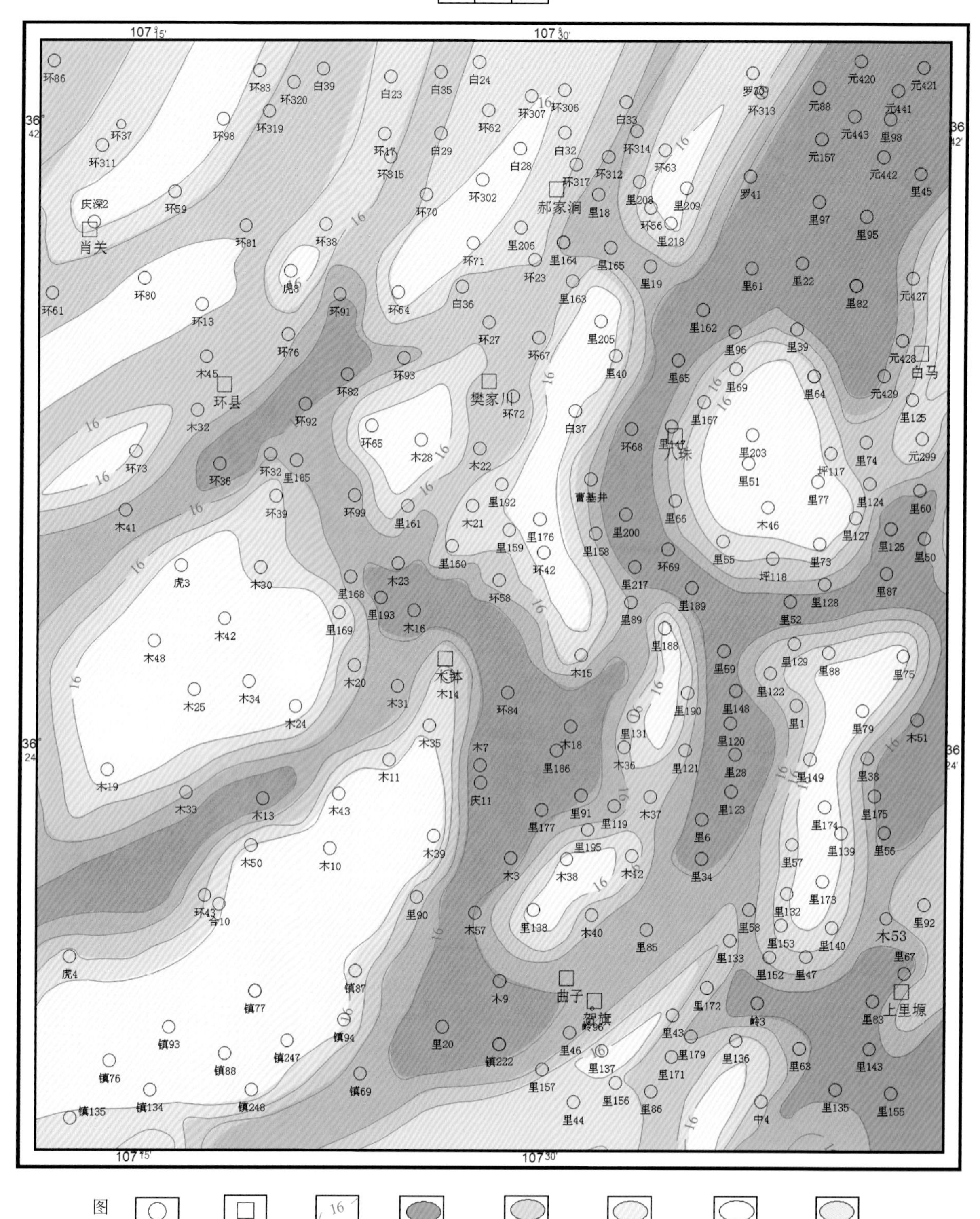

附图 36　马岭油田长 8_2 砂体厚度等值线图

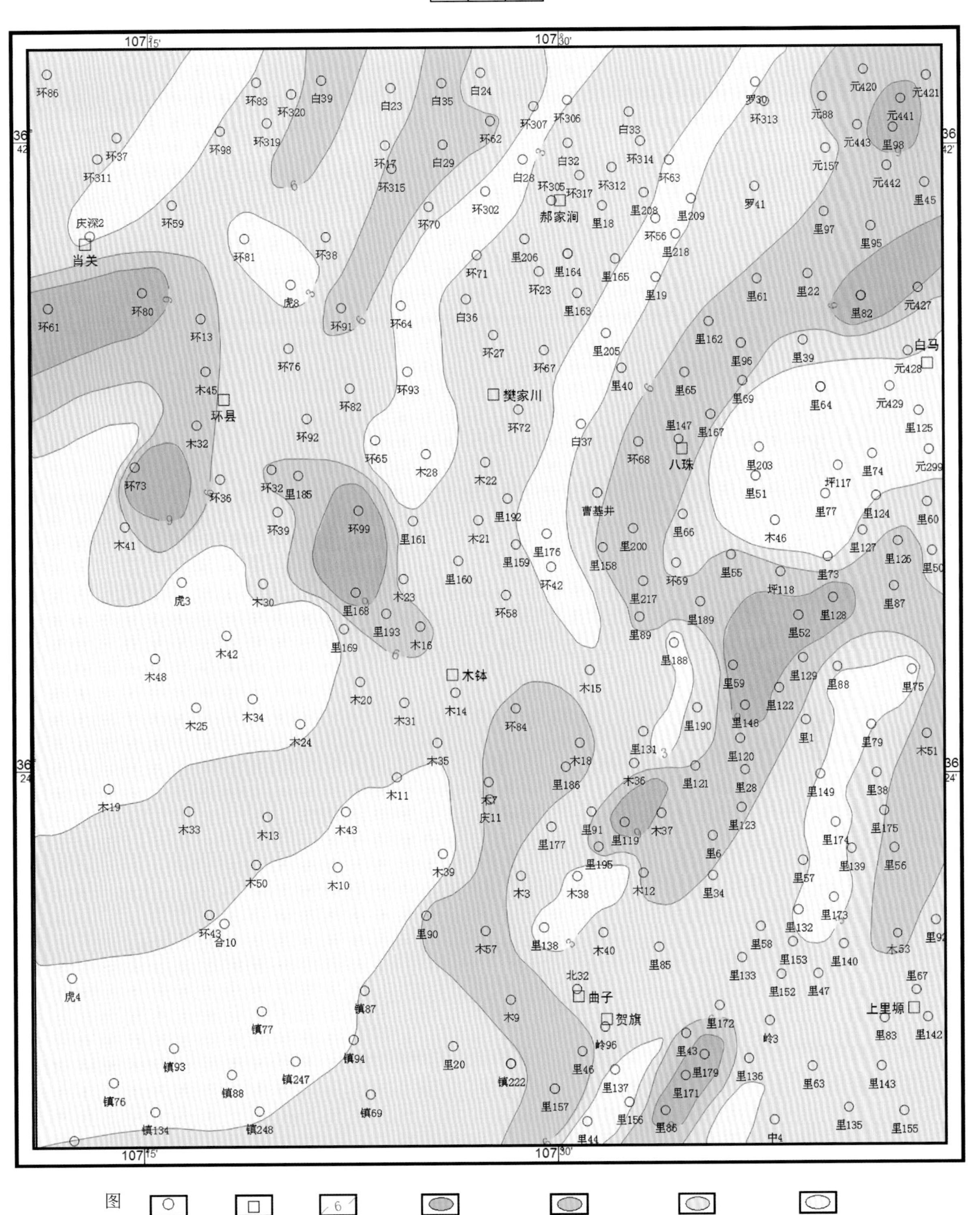

附图 37　马岭油田长 8_2 储层孔隙度平面分布图

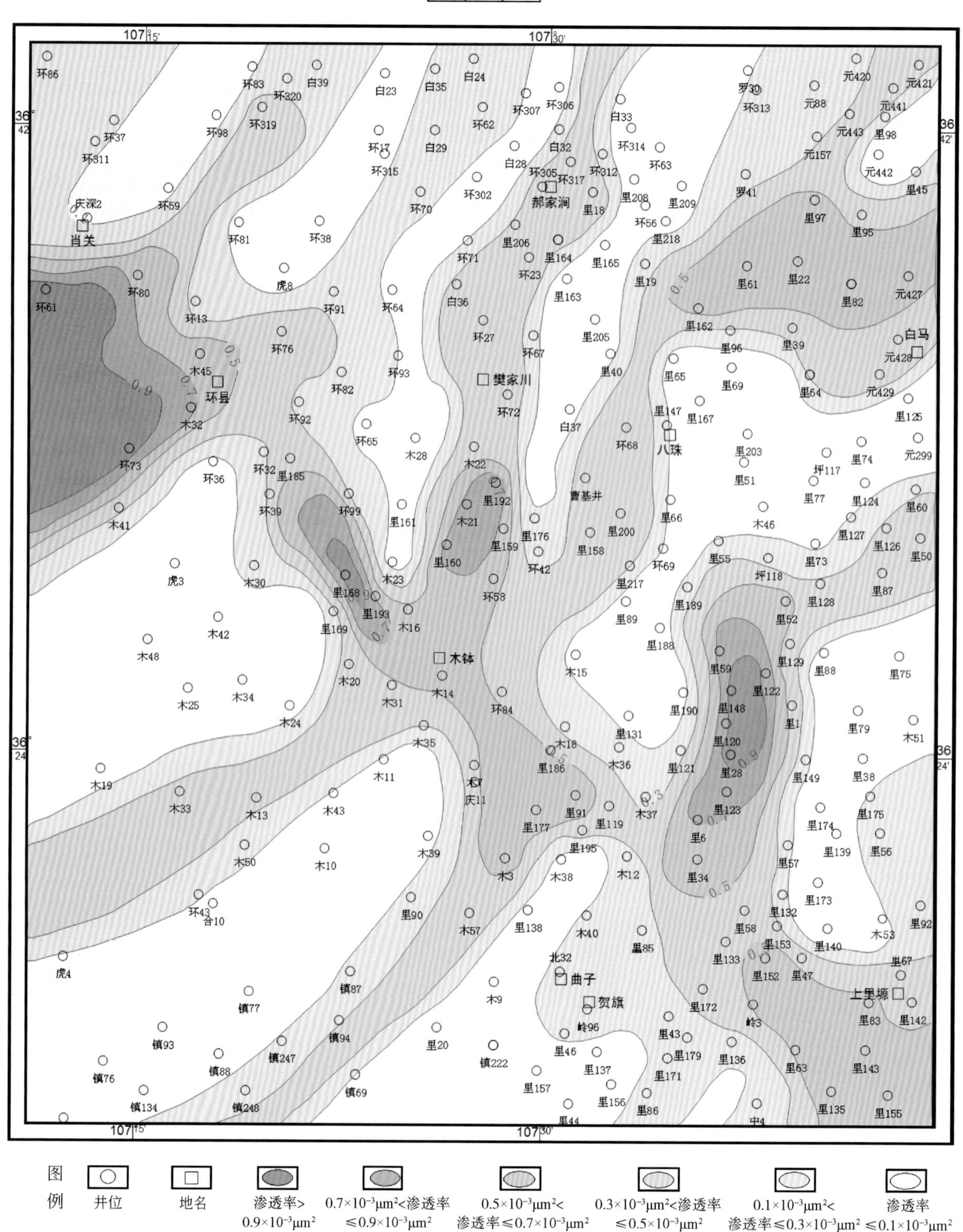

附图38　马岭油田长8_2储层渗透率平面分布图

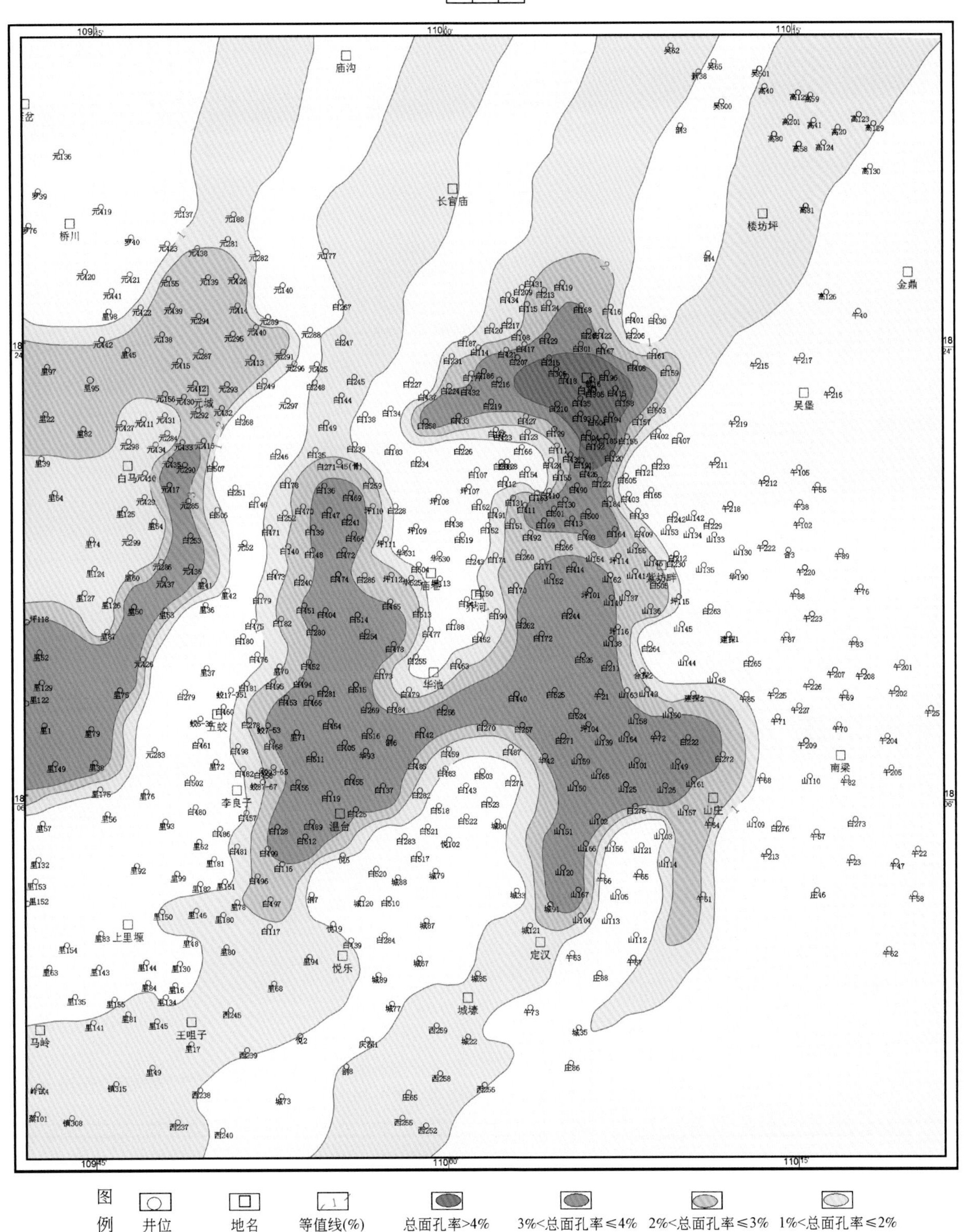

附图 39 华庆油田长 6_3 储层总面孔率平面分布图

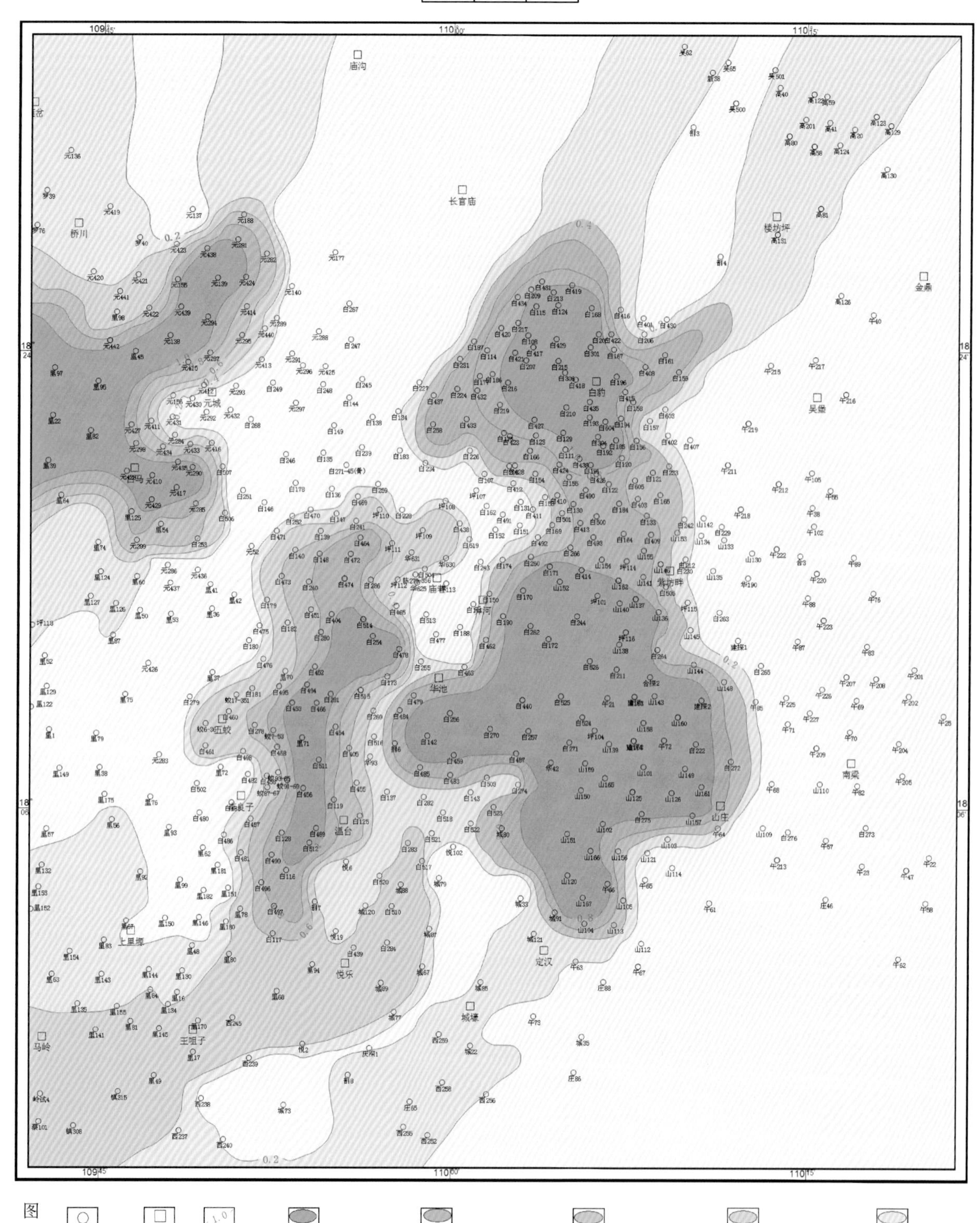

附图 40　华庆油田长 6_3 储层胶结物溶孔含量平面分布图

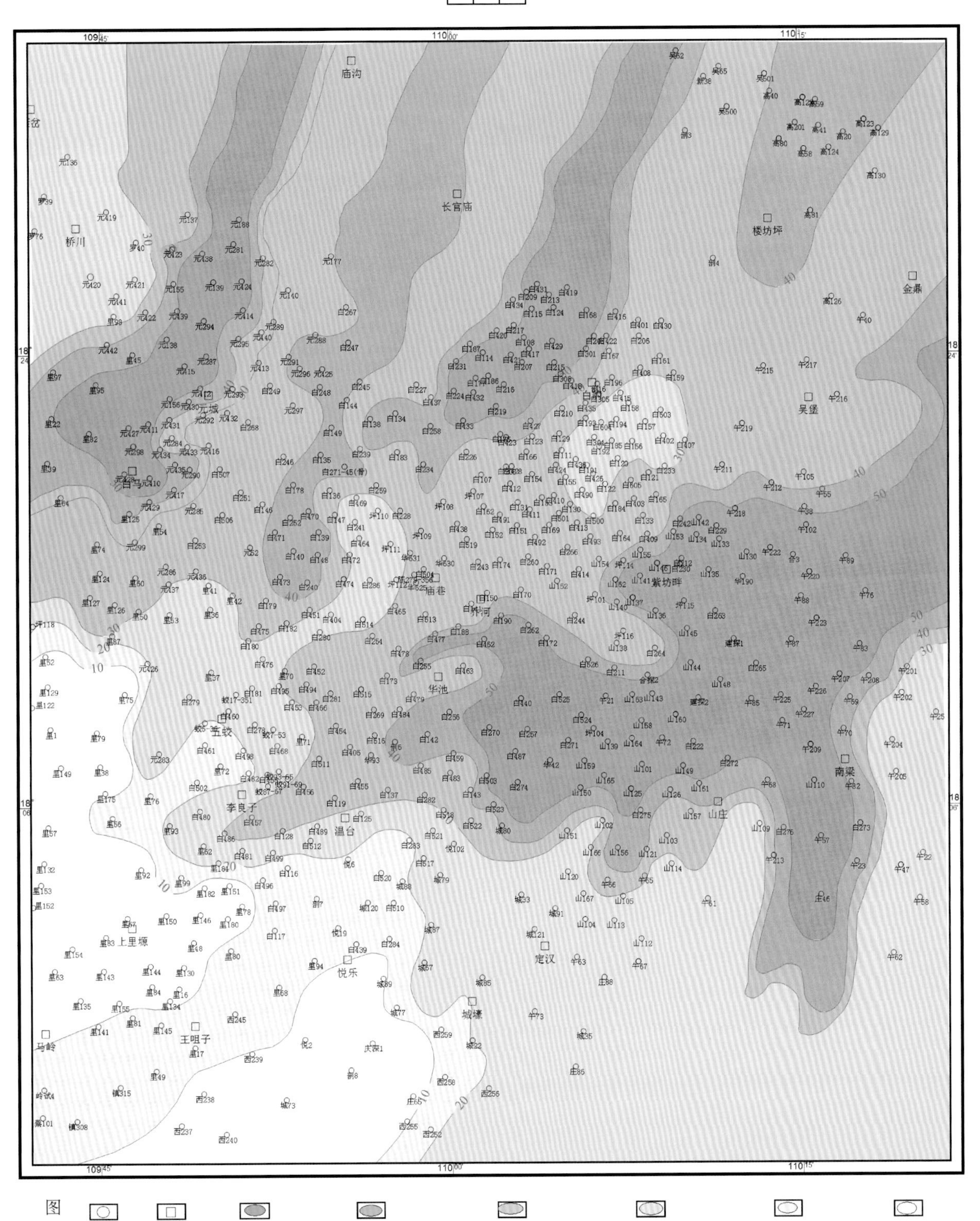

附图41 华庆油田长6_3储层长石颗粒含量平面分布图

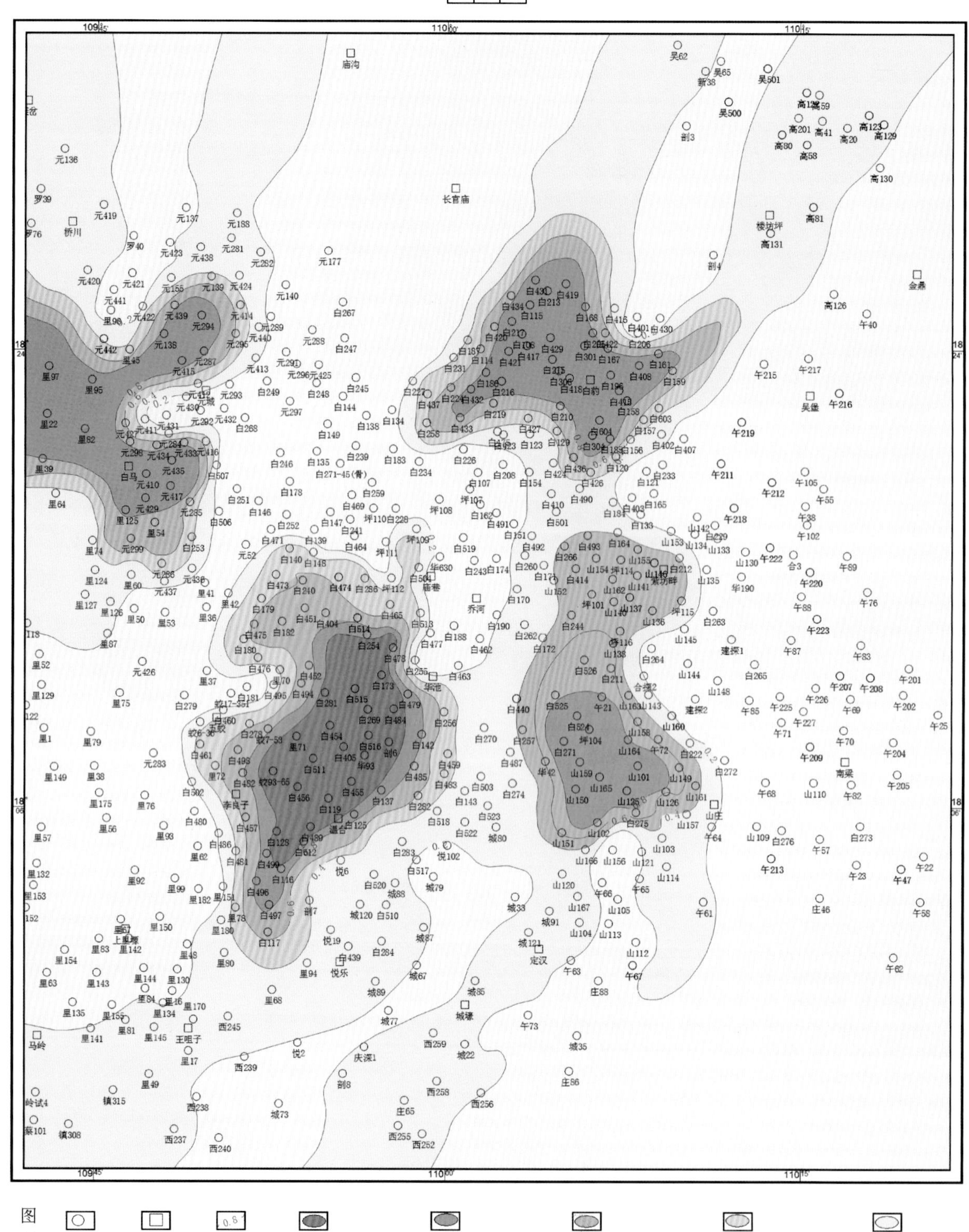

图例　井位　地名　等值线(%)　溶孔含量≥1%　0.8%<溶孔含量≤1%　0.6%<溶孔含量≤0.8%　0.4%<溶孔含量≤0.6%　0.2%<溶孔含量≤0.4%

附图 42　华庆油田长 6_3 储层长石溶孔含量平面分布图

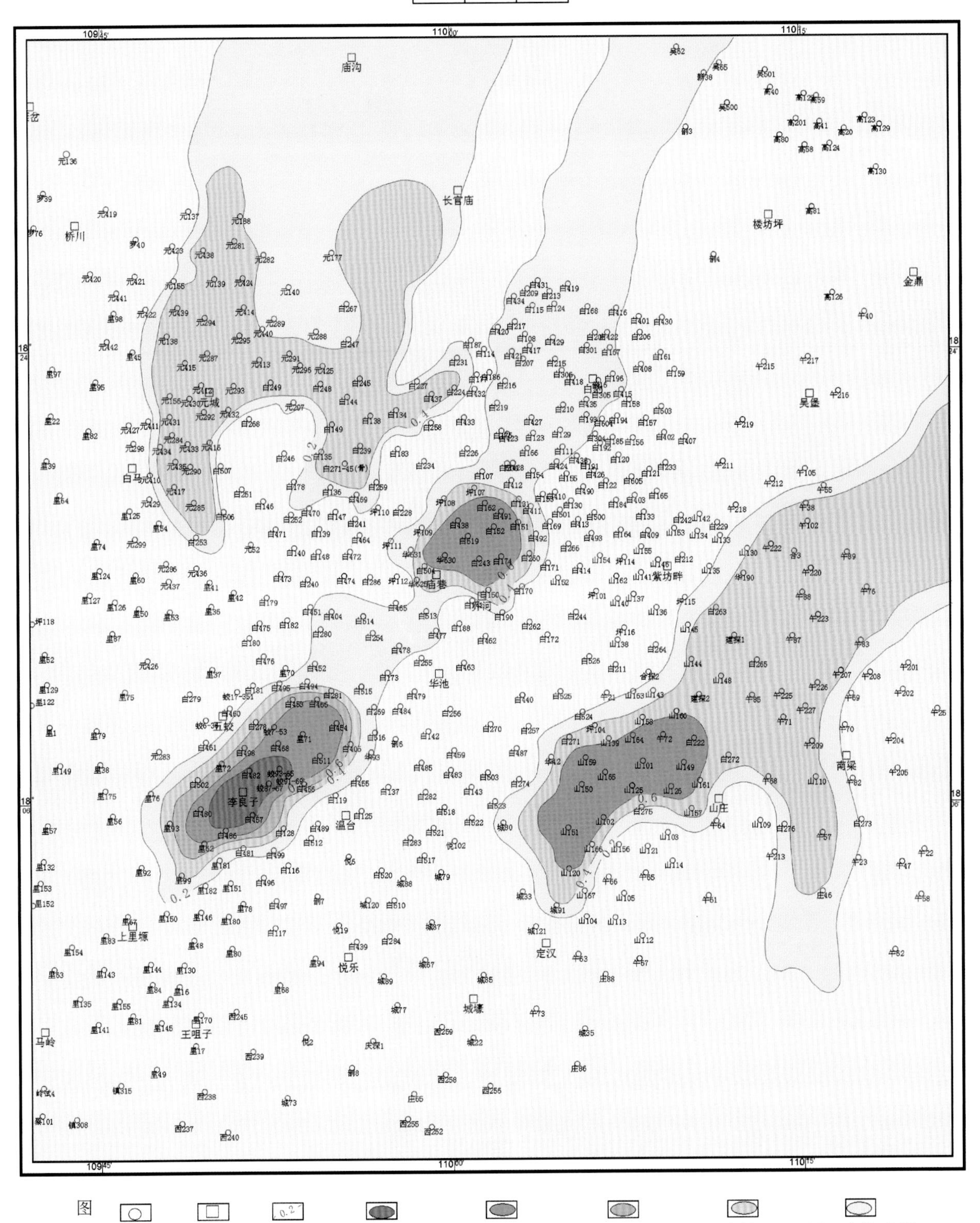

附图43 华庆油田长6_3长石质胶结(加大边)含量平面分布图

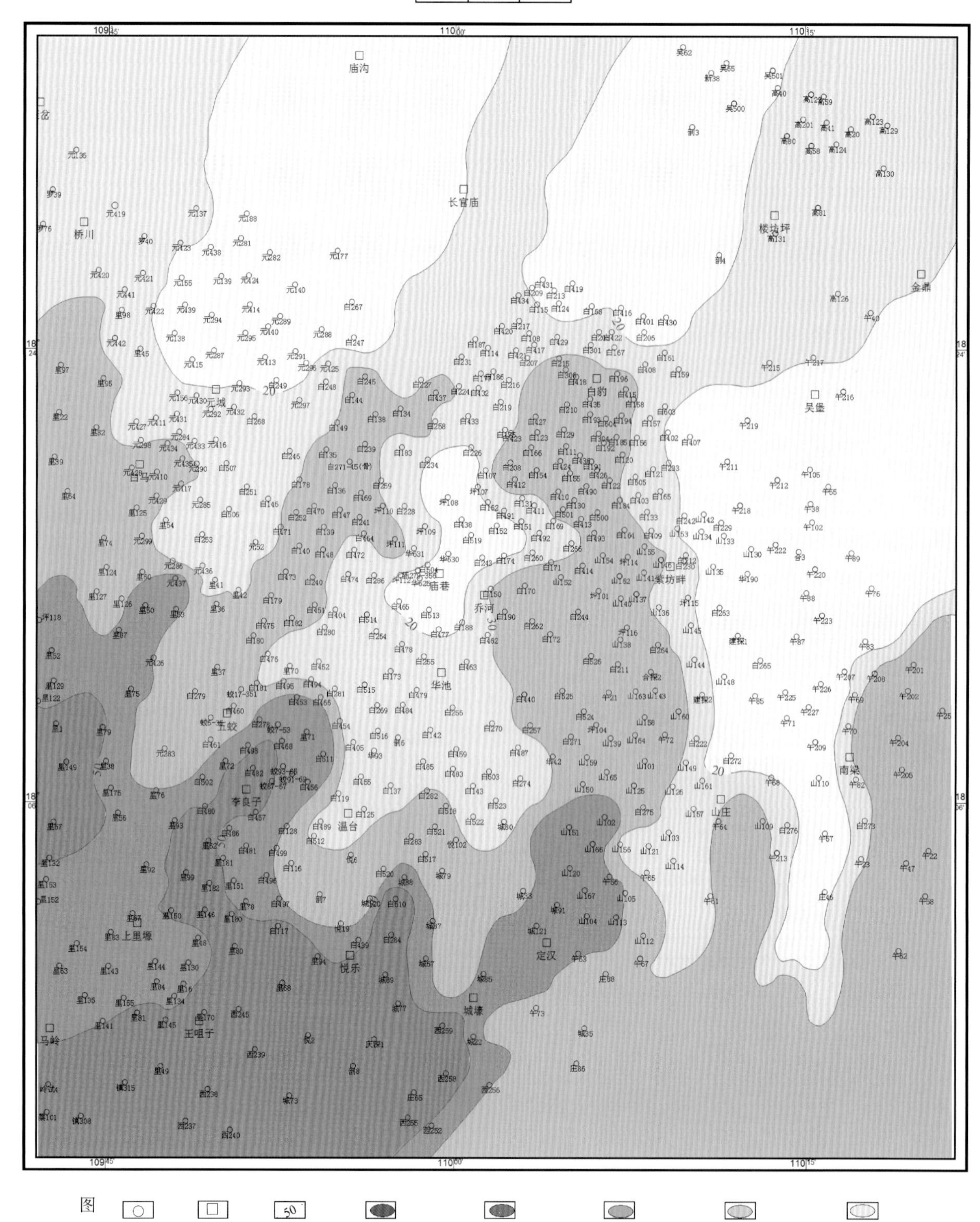

附图44　华庆油田长6_3砂岩石英颗粒含量平面分布图

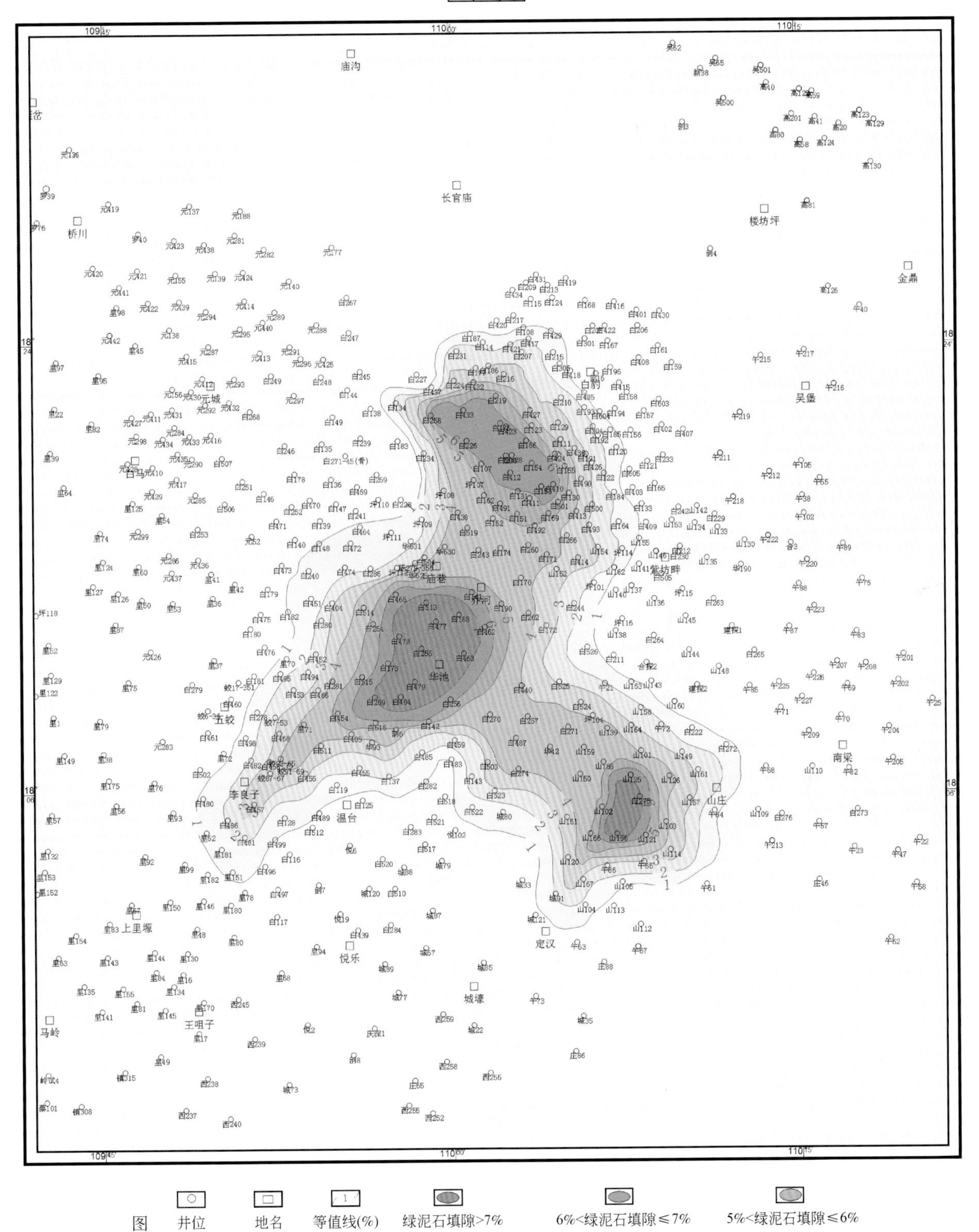

附图45　华庆油田长6_3储层填隙物中绿泥石含量平面分布图

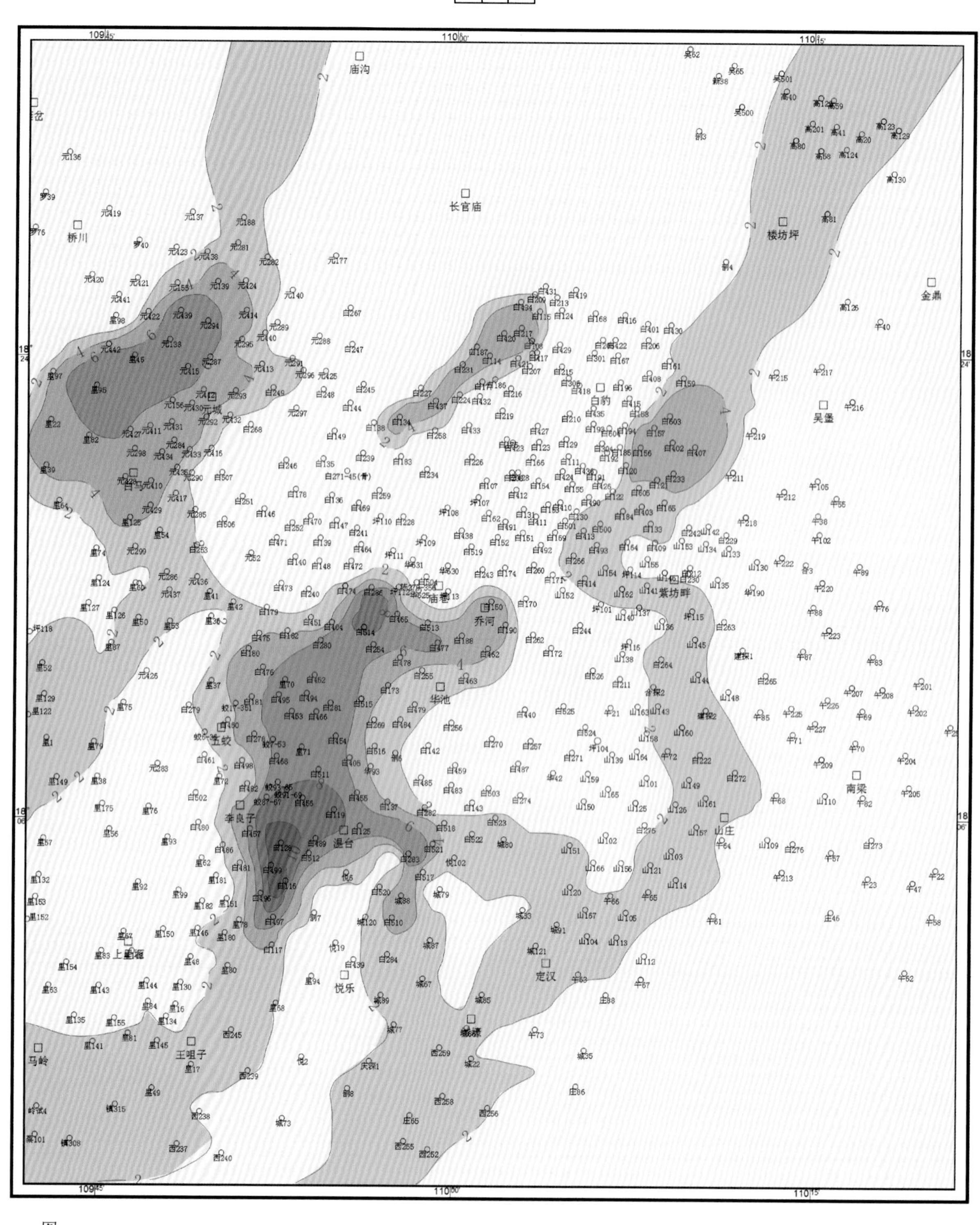

附图46　华庆油田长6_3储层碳酸盐胶结物含量平面分布图

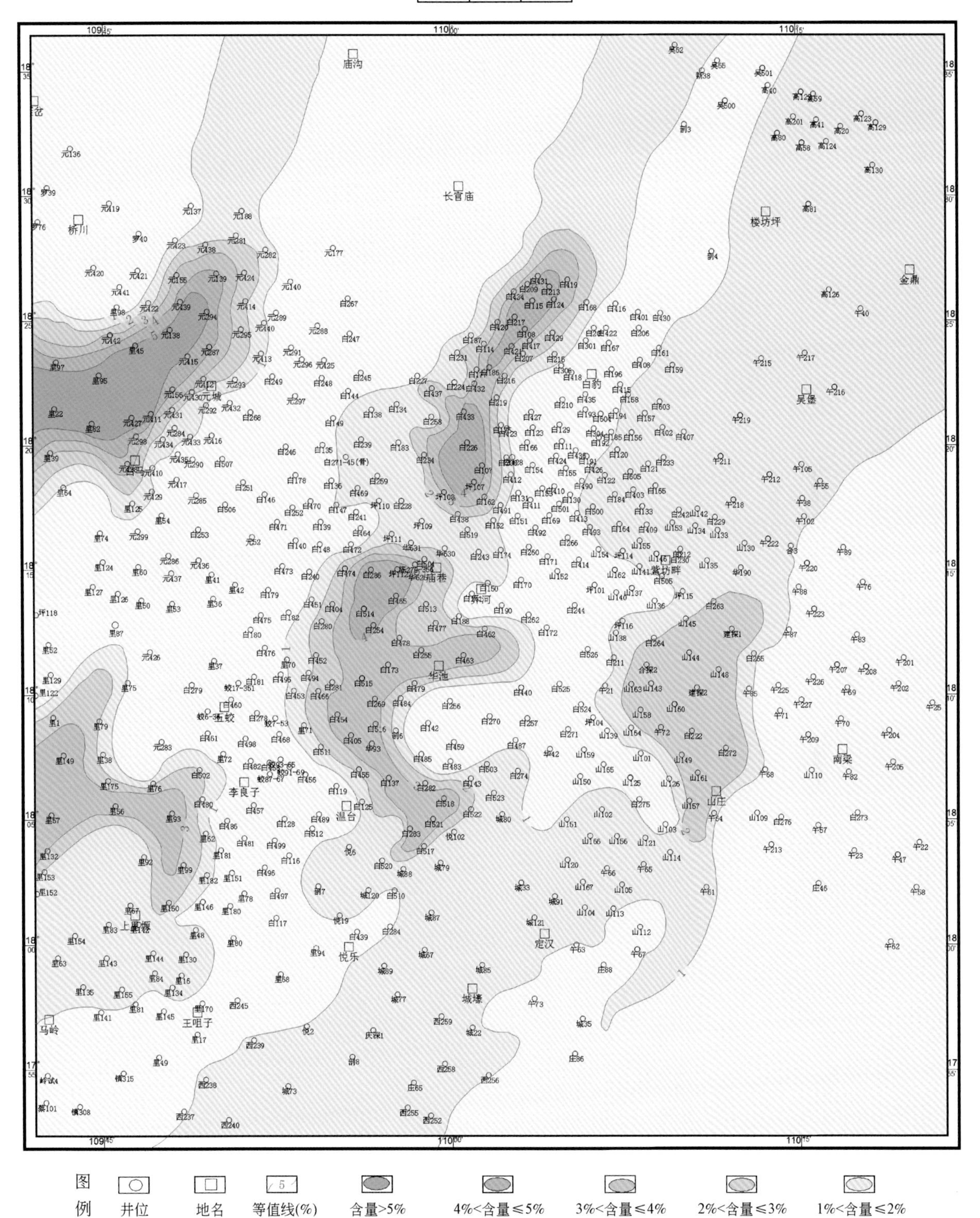

附图 47　华庆油田长 6_3 储层自生铁方解石胶结物含量平面分布图

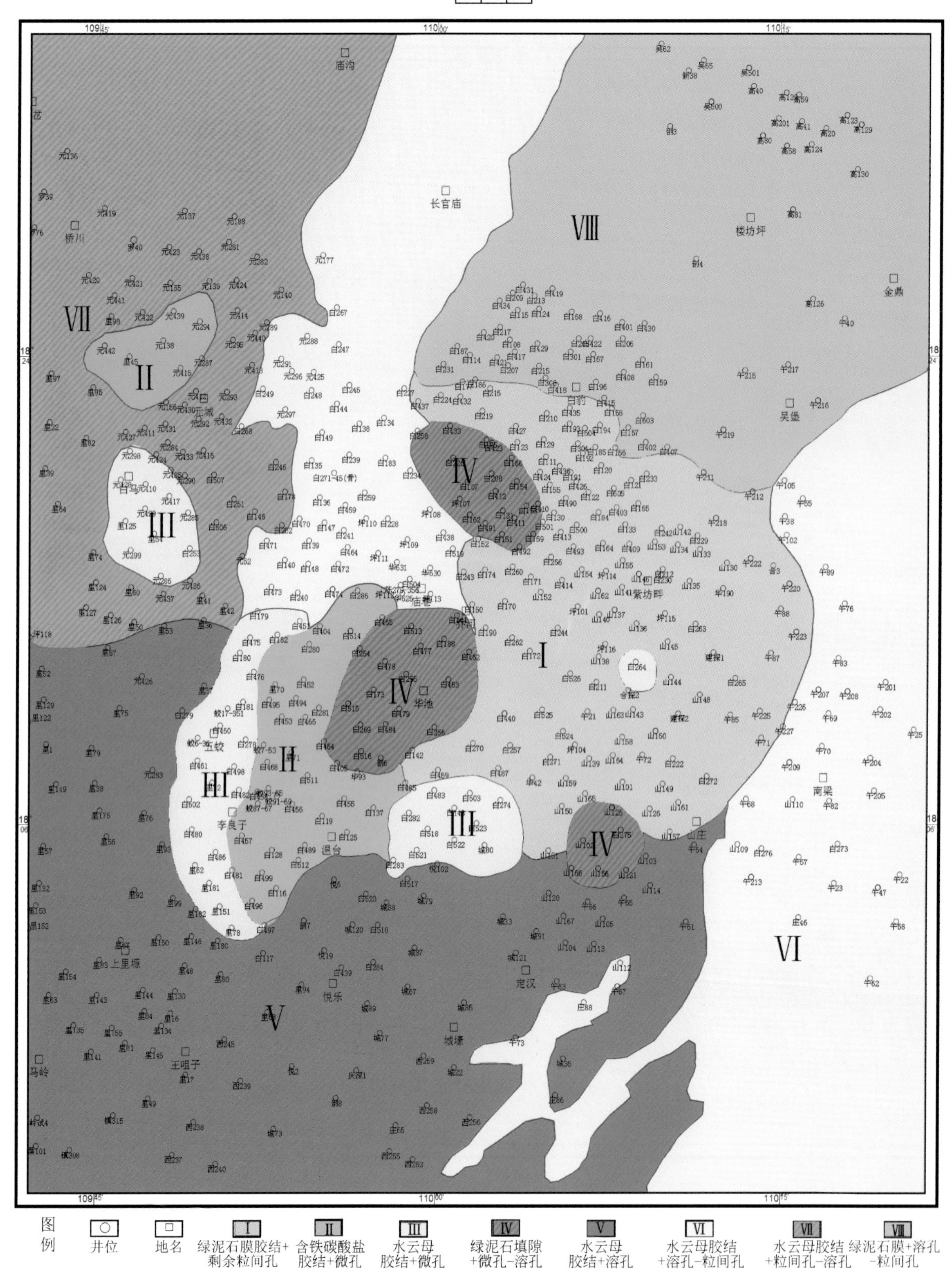

附图48 华庆油田长6_3储层成岩矿物组合及成岩相平面图

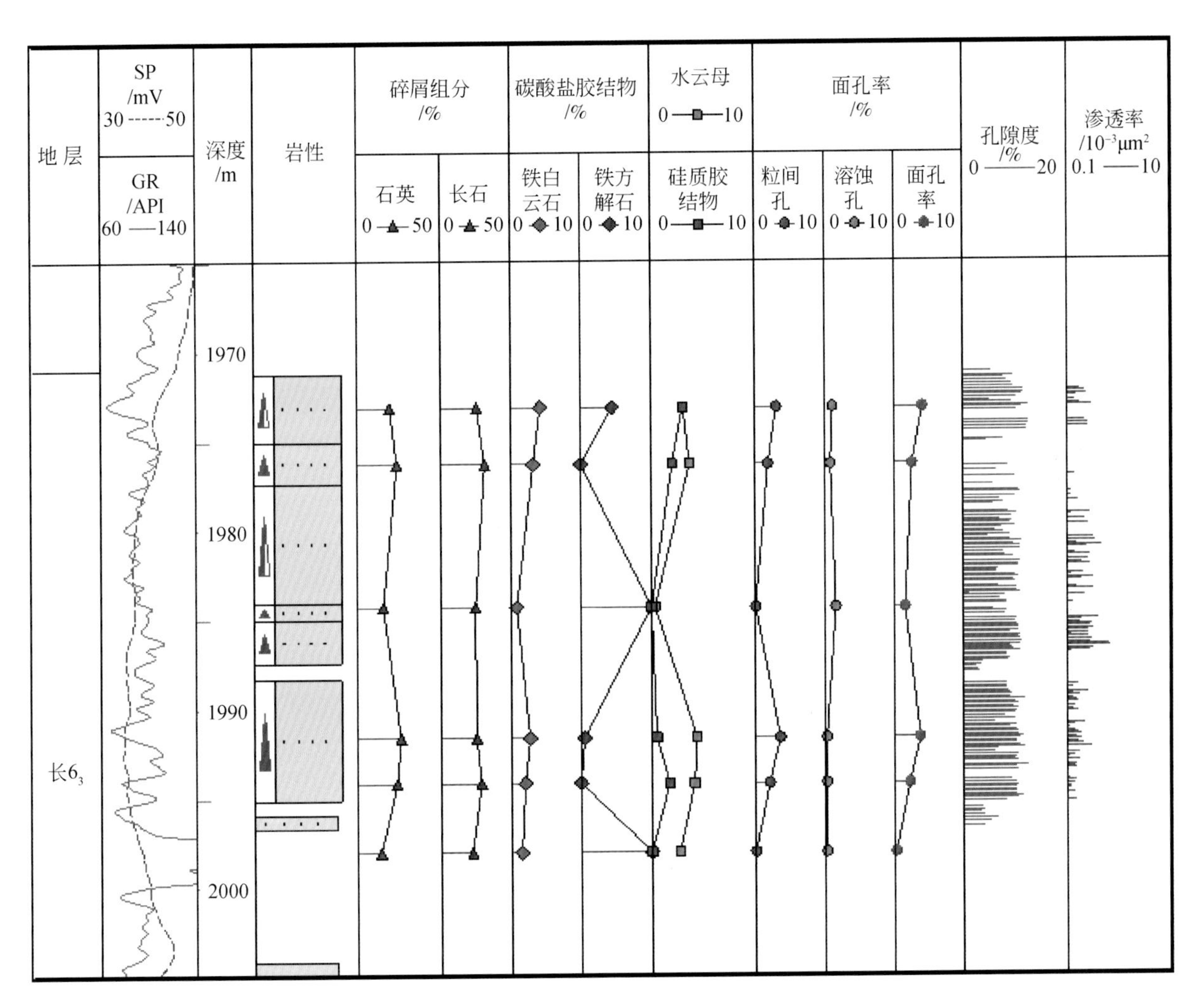

附图 49　华庆油田白 286 井长 6_3 储层成岩相要素柱状图